计算机基础与实训教材系列

Office 2010

基础与实战

郑少京　季建莉　编著

清华大学出版社
北　京

内 容 简 介

本书由浅入深、循序渐进地介绍了微软公司推出的办公自动化套装软件——Office 2010 中文版。全书共分为 14 章，详细介绍了 Word 2010 基础操作，格式化文本，Word 2010 表格与对象处理，文档初级排版，文档高级排版，Excel 2010 基础操作，格式化工作表，数据计算，管理与分析数据，PowerPoint 2010 基础操作，丰富幻灯片内容，PowerPoint 幻灯片设计，演示文稿的放映、打印和打包等内容。最后本书还结合多个综合实例讲述 Office 2010 在商务应用中的重要性与实用性。

本书内容丰富，结构清晰，语言简练，图文并茂，具有很强的实用性和可操作性，既可作为大中专院校、职业学校及各类社会培训学校的优秀教材，又可作为广大初、中级电脑用户的自学参考书。

本书对应的电子教案、实例源文件和习题答案可以到 http://www.tupwk.com.cn/edu 网站下载。

图书在版编目(CIP)数据

Office 2010 基础与实战/郑少京，季建莉 编著. —北京：清华大学出版社，2012.7
(计算机基础与实训教材系列)

ISBN 978-7-302-28718-6

Ⅰ. ①O…　Ⅱ. ①郑…　②季…　Ⅲ. ①办公自动化—应用软件—教材　Ⅳ. ①TP317.1

中国版本图书馆 CIP 数据核字(2012)第 088179 号

责任编辑：胡辰浩　易银荣
装帧设计：孔祥丰
责任校对：成凤进
责任印制：张雪娇

出版发行：清华大学出版社
网　　址：http://www.tup.com.cn，http://www.wqbook.com
地　　址：北京清华大学学研大厦 A 座　　**邮　　编**：100084
社 总 机：010-62770175　　**邮　　购**：010-62786544
投稿与读者服务：010-62776969，c-service@tup.tsinghua.edu.cn
质 量 反 馈：010-62772015，zhiliang@tup.tsinghua.edu.cn
印 刷 者：北京富博印刷有限公司
装 订 者：北京市密云县京文制本装订厂
经　　销：全国新华书店
开　　本：190mm×260mm　　**印　　张**：21.5　　**字　　数**：578 千字
版　　次：2012 年 7 月第 1 版　　**印　　次**：2012 年 7 月第 1 次印刷
印　　数：1～5000
定　　价：35.00 元

产品编号：035072-01

编审委员会

计算机基础与实训教材系列

丛书序

计算机已经广泛应用于现代社会的各个领域，熟练使用计算机已经成为人们必备的技能之一。因此，如何快速地掌握计算机知识和使用技术，并应用于现实生活和实际工作中，已成为新世纪人才迫切需要解决的问题。

为适应这种需求，各类高等院校、高职高专、中职中专、培训学校都开设了计算机专业的课程，同时也将非计算机专业学生的计算机知识和技能教育纳入教学计划，并陆续出台了相应的教学大纲。基于以上因素，清华大学出版社组织一线教学精英编写了这套“计算机基础与实训教材系列”丛书，以满足大中专院校、职业院校及各类社会培训学校的教学需要。

一、丛书书目

本套教材涵盖了计算机各个应用领域，包括计算机硬件知识、操作系统、数据库、编程语言、文字录入和排版、办公软件、计算机网络、图形图像、三维动画、网页制作以及多媒体制作等。众多的图书品种可以满足各类院校相关课程设置的需要。

⊙ 已出版的图书书目

《计算机基础实用教程》	《中文版 Excel 2003 电子表格实用教程》
《计算机组装与维护实用教程》	《中文版 Access 2003 数据库应用实用教程》
《五笔打字与文档处理实用教程》	《中文版 Project 2003 实用教程》
《电脑办公自动化实用教程》	《中文版 Office 2003 实用教程》
《中文版 Photoshop CS3 图像处理实用教程》	《JSP 动态网站开发实用教程》
《Authorware 7 多媒体制作实用教程》	《Mastercam X3 实用教程》
《中文版 AutoCAD 2009 实用教程》	《Director 11 多媒体开发实用教程》
《AutoCAD 机械制图实用教程(2009 版)》	《中文版 Indesign CS3 实用教程》
《中文版 Flash CS3 动画制作实用教程》	《中文版 CorelDRAW X3 平面设计实用教程》
《中文版 Dreamweaver CS3 网页制作实用教程》	《中文版 Windows Vista 实用教程》
《中文版 3ds Max 9 三维动画创作实用教程》	《电脑入门实用教程》
《中文版 SQL Server 2005 数据库应用实用教程》	《中文版 3ds Max 2009 三维动画创作实用教程》
《中文版 Word 2003 文档处理实用教程》	《Excel 财务会计实战应用》
《中文版 PowerPoint 2003 幻灯片制作实用教程》	《中文版 AutoCAD 2010 实用教程》
《中文版 Premiere Pro CS3 多媒体制作实用教程》	《AutoCAD 机械制图实用教程(2010 版)》
《Visual C#程序设计实用教程》	《Java 程序设计实用教程》

(续表)

《Mastercam X4 实用教程》	《SQL Server 2008 数据库应用实用教程》
《网络组建与管理实用教程》	《中文版 3ds Max 2010 三维动画创作实用教程》
《中文版 Flash CS3 动画制作实训教程》	《Mastercam X5 实用教程》
《ASP.NET 3.5 动态网站开发实用教程》	《中文版 Office 2007 实用教程》
《AutoCAD 建筑制图实用教程（2009 版）》	《中文版 Word 2007 文档处理实用教程》
《中文版 Photoshop CS4 图像处理实用教程》	《中文版 Excel 2007 电子表格实用教程》
《中文版 Illustrator CS4 平面设计实用教程》	《中文版 PowerPoint 2007 幻灯片制作实用教程》
《中文版 Flash CS4 动画制作实用教程》	《中文版 Access 2007 数据库应用实例教程》
《中文版 Dreamweaver CS4 网页制作实用教程》	《中文版 Project 2007 实用教程》
《中文版 InDesign CS4 实用教程》	《中文版 CorelDRAW X4 平面设计实用教程》
《中文版 Premiere Pro CS4 多媒体制作实用教程》	《中文版 After Effects CS4 视频特效实用教程》
《电脑办公自动化实用教程（第二版）》	《中文版 3ds Max 2012 三维动画创作实用教程》
《Visual C# 2010 程序设计实用教程》	《Office 2010 基础与实战》
《计算机组装与维护实用教程（第二版）》	

二、丛书特色

1、选题新颖，策划周全——为计算机教学量身打造

本套丛书注重理论知识与实践操作的紧密结合，同时突出上机操作环节。丛书作者均为各大院校的教学专家和业界精英，他们熟悉教学内容的编排，深谙学生的需求和接受能力，并将这种教学理念充分融入本套教材的编写中。

本套丛书全面贯彻“理论→实例→上机→习题”4 阶段教学模式，在内容选择、结构安排上更加符合读者的认知习惯，从而达到老师易教、学生易学的目的。

2、教学结构科学合理，循序渐进——完全掌握“教学”与“自学”两种模式

本套丛书完全以大中专院校、职业院校及各类社会培训学校的教学需要为出发点，紧密结合学科的教学特点，由浅入深地安排章节内容，循序渐进地完成各种复杂知识的讲解，使学生能够一学就会、即学即用。

对教师而言，本套丛书根据实际教学情况安排好课时，提前组织好课前备课内容，使课堂教学过程更加条理化，同时方便学生学习，让学生在学习完后有例可学、有题可练；对自学者而言，可以按照本书的章节安排逐步学习。

3、内容丰富、学习目标明确——全面提升“知识”与“能力”

本套丛书内容丰富，信息量大，章节结构完全按照教学大纲的要求来安排，并细化了每一章内容，符合教学需要和计算机用户的学习习惯。在每章的开始，列出了学习目标和本章重点，便于教师和学生提纲挈领地掌握本章知识点，每章的最后还附带有上机练习和习题两部分内容，教师可以参照上机练习，实时指导学生进行上机操作，使学生及时巩固所学的知识。自学者也可以按照上机练习内容进行自我训练，快速掌握相关知识。

4、实例精彩实用，讲解细致透彻——全方位解决实际遇到的问题

本套丛书精心安排了大量实例讲解，每个实例解决一个问题或是介绍一项技巧，以便读者在最短的时间内掌握计算机应用的操作方法，从而能够顺利解决实践工作中的问题。

范例讲解语言通俗易懂，通过添加大量的“提示”和“知识点”的方式突出重要知识点，以便加深读者对关键技术和理论知识的印象，使读者轻松领悟每一个范例的精髓所在，提高读者的思考能力和分析能力，同时也加强了读者的综合应用能力。

5、版式简洁大方，排版紧凑，标注清晰明确——打造一个轻松阅读的环境

本套丛书的版式简洁、大方，合理安排图与文字的占用空间，对于标题、正文、提示和知识点等都设计了醒目的字体符号，读者阅读起来会感到轻松愉快。

三、读者定位

本丛书为所有从事计算机教学的老师和自学人员而编写，是一套适合于大中专院校、职业院校及各类社会培训学校的优秀教材，也可作为计算机初、中级用户和计算机爱好者学习计算机知识的自学参考书。

四、周到体贴的售后服务

为了方便教学，本套丛书提供精心制作的 PowerPoint 教学课件(即电子教案)、素材、源文件、习题答案等相关内容，可在网站上免费下载，也可发送电子邮件至 wkservice@vip.163.com 索取。

此外，如果读者在使用本系列图书的过程中遇到疑惑或困难，可以在丛书支持网站(http://www.tupwk.com.cn/edu)的互动论坛上留言，本丛书的作者或技术编辑会及时提供相应的技术支持。咨询电话：010-62796045。

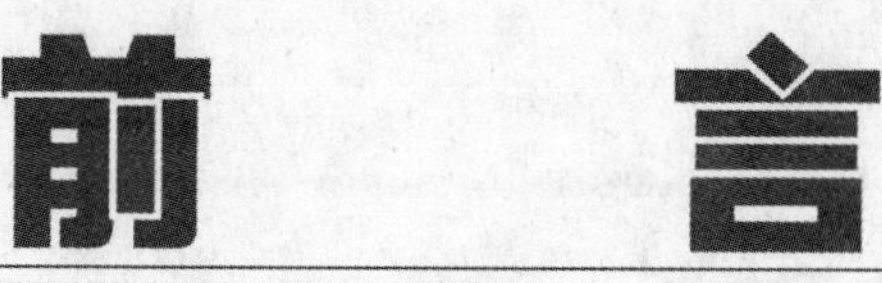

前 言

当今社会竞争越来越激烈，通过办公自动化提高工作效率可以让自己处于领先地位。Microsoft 公司推出的 Office 2010 办公套装软件以其强大的功能和体贴入微的设计，方便的操作方法而受到广大用户的欢迎。

本书从教学实际需求出发，合理安排知识结构，从零开始、由浅入深、循序渐进地讲解 Office 2010 的基本知识和使用方法，本书共分为 14 章，主要内容如下：

第 1 章介绍 Word 2010 基础操作，包括文档的基本操作、输入和编辑文本等方法。

第 2 章介绍格式化文本的方法和技巧，包括设置文本和段落、设置项目符号和编号等。

第 3 章介绍表格和对象的处理方法，包括在 Word 文档中创建表格、图片、图形等对象。

第 4 章介绍文档初级排版的技巧，包括文档的页面设置、特殊排版方式等。

第 5 章介绍文档高级排版的技巧，包括插入目录、索引、文档审阅和修订的方法。

第 6 章介绍 Excel 2010 基础操作，包括工作表的常用操作、单元格的基本操作等方法。

第 7 章介绍格式化工作表的方法和技巧，包括数据和表格的格式化、添加对象等。

第 8 章介绍数据计算的技巧，包括公式的基本操作、插入和嵌套函数等方法。

第 9 章介绍管理与分析数据的方法，包括数据排序和筛选、分类汇总、创建图表等。

第 10 章介绍 PowerPoint 2010 基础操作，包括创建演示文稿、操作幻灯片等方法。

第 11 章介绍丰富幻灯片内容，包括插入对象、创建相册、插入视频和音频等方法。

第 12 章介绍幻灯片设计技巧，包括设置母版、页眉、页脚、切换动画等方法。

第 13 章介绍演示文稿的放映、打印和打包的方法和技巧。

第 14 章以综合实例帮助读者巩固本书所学的知识。

本书图文并茂，条理清晰，通俗易懂，内容丰富，在讲解每个知识点时都配有相应的实例，方便读者上机实践。同时在难于理解和掌握的部分内容上给出相关提示，使读者能够快速地提高操作技能。此外，本书配有大量综合实例和练习，让读者在不断的实际操作中更加牢固地掌握书中讲解的内容。

除封面署名的作者外，参加本书编写的人员还有洪妍、方峻、何亚军、王通、高鹊妮、严晓雯、杜思明、孔祥娜、张立浩、孔祥亮、陈笑、陈晓霞、王维、牛静敏、牛艳敏、何俊杰、王维、葛剑雄等人。由于作者水平有限，书中难免有不足之处，欢迎广大读者批评指正。我们的邮箱是 huchenhao@263.net，电话是 010-62796045。

作 者

推荐课时安排

章　名	重点掌握内容	教学课时
第 1 章　Word 2010 基础操作	1. Word 2010 启动和退出 2. Word 2010 的工作界面 3. 文档的基本操作 4. 输入和编辑文本 5. 打印预览与打印	2 学时
第 2 章　格式化文本	1. 设置文本格式 2. 设置段落格式 3. 设置项目符号和编号 4. 设置边框和底纹	2 学时
第 3 章　Word 2010 表格与对象处理	1. 使用表格 2. 插入与设置图片和形状 3. 插入与设置艺术字 4. 插入与设置文本框 5. 插入与设置 SmartArt 图形和图表 6. 插入与编辑公式	3 学时
第 4 章　文档初级排版	1. 设置页面大小 2. 设置页眉和页脚 3. 插入与设置页码 4. 设置页面背景 5. 使用模板和样式 6. 特殊排版方式	3 学时
第 5 章　文档高级排版	1. 插入目录 2. 使用书签 3. 索引 4. 文档审阅和修订 5. 长文档的编辑策略	2 学时
第 6 章　Excel 2010 基础操作	1. 初识 Excel 2010 2. 工作表的常用操作 3. 单元格的基本操作 4. 输入与编辑表格数据	2 学时
第 7 章　格式化工作表	1. Excel 2010 数据的格式化 2. 表格的格式化设置 3. 美化工作表 4. 添加对象修饰工作表	2 学时

(续表)

章　名	重点掌握内容	教学课时
第 8 章　数据计算	1. 运算符的类型与优先级 2. 公式的基本操作 3. 插入函数 4. 嵌套函数	2 学时
第 9 章　管理与分析数据	1. 数据的排序和筛选 2. 分类汇总 3. 使用图表分析数据 4. 创建数据透视表 5. 创建数据透视图	2 学时
第 10 章　PowerPoint 2010 基础操作	1. 初识 PowerPoint 2010 2. 创建演示文稿 3. 幻灯片的基本操作 4. 演示文本的基本操作 5. 使用项目符号和编号	2 学时
第 11 章　丰富幻灯片内容	1. 插入和设置对象 2. 插入相册 3. 插入和设置视频 4. 插入和设置声音	2 学时
第 12 章　PowerPoint 幻灯片设计	1. 设置幻灯片母版 2. 设置页眉和页脚 3. 应用设计模板和主题颜色 4. 设置幻灯片背景 5. 设置幻灯片切换效果 6. 设置幻灯片动画效果	2 学时
第 13 章　演示文稿的放映、打印和打包	1. 创建交互式演示文稿 2. 设置和控制幻灯片放映 3. 演示文稿页眉设置和打印输出 4. 打包演示文稿	2 学时
第 14 章　综合实例	1. 使用 Word 2010 编辑文档 2. 使用 Excel 2010 制作表格 3. 使用 PowerPoint 2010 制作演示文稿	2 学时

注：1. 教学课时安排仅供参考，授课教师可根据情况做调整。

2. 建议每章安排与教学课时相同时间的上机练习。

目录 CONTENTS

计算机基础与实训教材系列

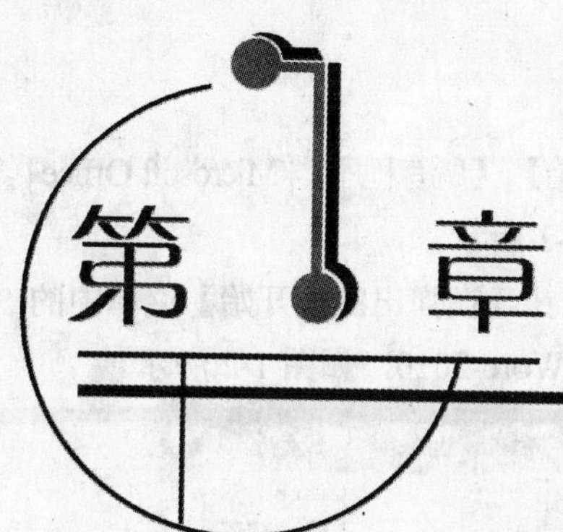

第1章 Word 2010 基础操作

学习目标

Word 2010 是美国 Microsoft 公司最新推出的文字处理软件。它继承了 Windows 友好的图形界面，可方便地进行文字、图形、图像和数据处理，是最常使用的文档处理软件之一。用户只有在充分了解和掌握 Word 2010 的基础知识后，才可以更好地使用其处理文档，并且更加深入地学习和领会 Word 2010 的中高级操作技巧。

本章重点

- Word 2010 启动和退出
- Word 2010 的工作界面
- 文档的基本操作
- 输入和编辑文本
- 打印预览与打印

1.1 初识 Word 2010—实战 1：创建“读者服务卡”文档

Word 2010 是一个功能强大的文档处理软件。它既能制作各种简单的办公商务和个人文档，又能提供给专业人员制作版式复杂的文档用于印刷。使用 Word 2010 来处理文件，大大提高了企业办公自动化的效率。本节以创建“读者服务卡”文档为例介绍 Word 2010 的基本操作方法。

1.1.1 启动和退出 Word 2010

同其他基于 Windows 的程序一样，Word 2010 的启动与退出可以通过多种方法来实现。下面将介绍启动和退出 Word 2010 的方法。

1. 启动 Word 2010

启动 Word 2010 的方法很多，最常用的有以下几种。

- 从【开始】菜单启动：启动 Windows XP 后，选择【开始】|【所有程序】| Microsoft Office | Microsoft Word 2010 命令，启动 Word 2010，如图 1-1 所示。
- 从【开始】菜单的【高频】栏启动：单击【开始】按钮，在弹出的【开始】菜单中的【高频】栏中选择 Microsoft Word 2010 命令，启动 Word 2010，如图 1-2 所示。

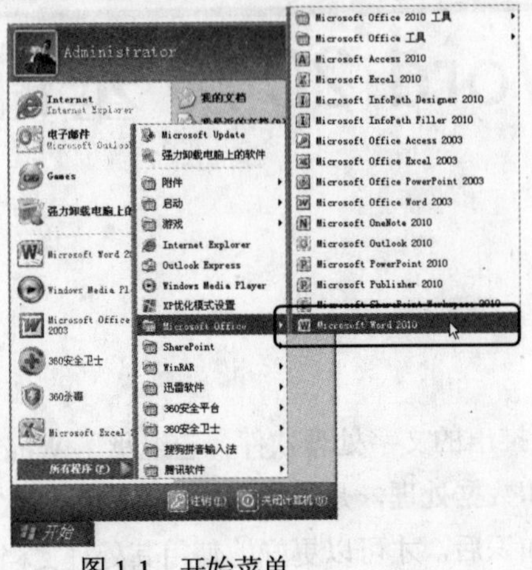
图 1-1　开始菜单

图 1-2　从【高频】栏选择

- 通过桌面快捷方式启动：当 Word 2010 安装完后，可手动在桌面上创建 Word 2010 快捷图标。操作时在【开始】菜单的 Microsoft Word 2010 处右击，从弹出的快捷菜单中选择【发送到】|【桌面快捷方式】命令即可，如图 1-3 所示。双击桌面上的快捷图标，就可以启动 Word 2010 了。

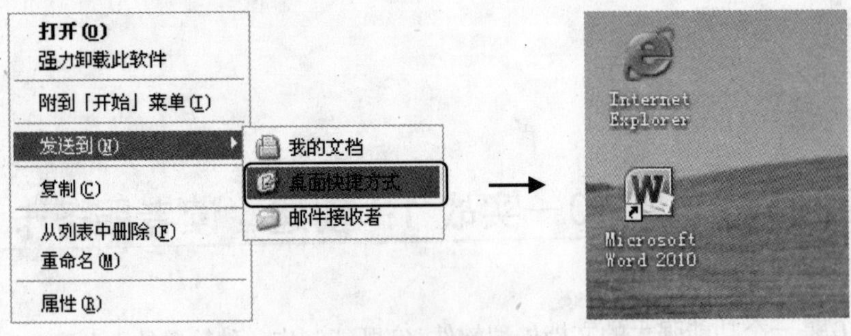

图 1-3　桌面快捷方式

2. 退出 Word 2010

退出 Word 2010 有很多方法，常用的主要有以下几种。

- 单击 Word 2010 窗口右上角的【关闭】按钮。
- 单击【文件】按钮，从弹出的【文件】菜单中选择【退出】命令。
- 双击快速访问工具栏左侧的【程序图标】按钮。
- 单击【程序图标】按钮，从弹出的快捷菜单中选择【关闭】命令。

◉ 按 Alt+F4 快捷键。

1.1.2　Word 2010 的工作界面

启动 Word 2010 后，即可进入其主界面，如图 1-4 所示。Word 2010 的操作界面主要由快速访问工具栏、标题栏、【文件】按钮、功能区和功能选项卡、标尺、状态栏及文档编辑区等部分组成。

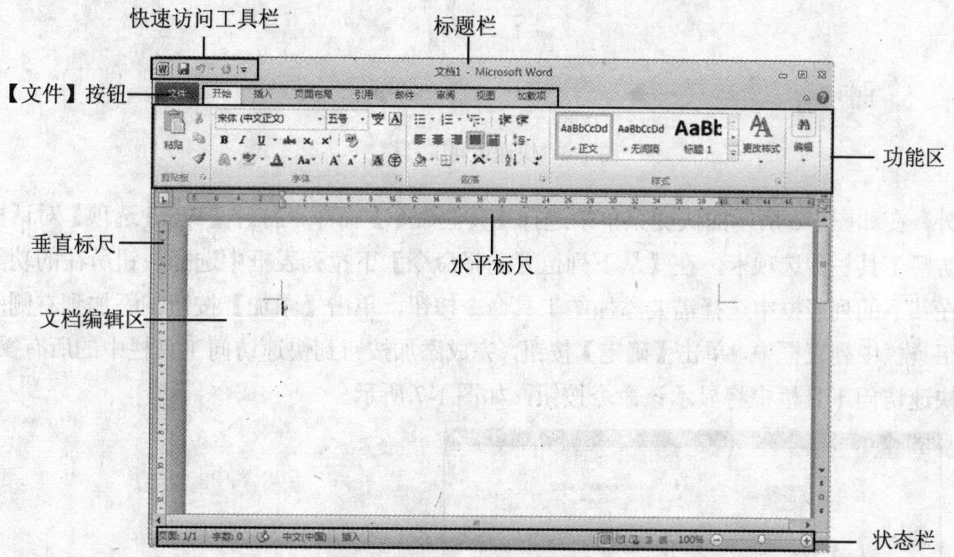

图 1-4　Word 2010 的操作界面

1. 标题栏

标题栏位于窗口的顶端，用于显示当前正在运行的程序名及文件名等信息，如图 1-5 所示。标题栏最右端有 3 个按钮，分别用来控制窗口的最小化、最大化和关闭应用程序。

图 1-5　标题栏

◉ 单击【最小化】按钮，可将窗口最小化为任务栏中的一个图标按钮。

◉ 单击【最大化】按钮，可将窗口显示大小布满整个屏幕。

◉ 单击【还原】按钮，可使窗口恢复到用户自定义的大小。

知识点

当窗口最小化后，单击桌面任务栏中的图标按钮，可将该窗口恢复到最小化前的状态。

2. 快速访问工具栏

快速访问工具栏位于Word工作界面的顶部左侧，使用它可以快速执行需频繁使用的命令，如保存、撤销、重复等。单击快速访问工具栏右侧的【自定义快速工具栏】按钮，在弹出的快捷菜单中可以将频繁使用的工具按钮添加到快速访问工具栏中，如图1-6所示。

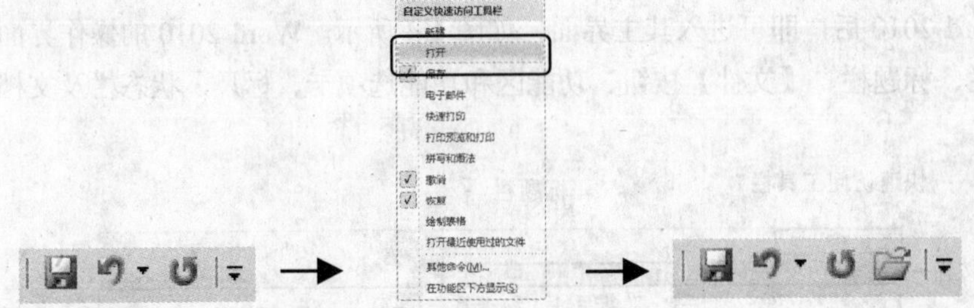

图1-6　快速访问工具栏

另外，在如图1-6所示的快捷菜单中选择【其他命令】命令，打开【Word选项】对话框的【快速访问工具栏】选项卡，在【从下列位置选择命令】下拉列表框中选择按钮所在的功能选项卡，在其下的列表框中选择需要添加的工具命令按钮，单击【添加】按钮，添加到右侧的快速访问工具栏中列表框中，单击【确定】按钮，完成添加按钮到快速访问工具栏中的所有操作，此时在快速访问工具栏中将显示该命令按钮，如图1-7所示。

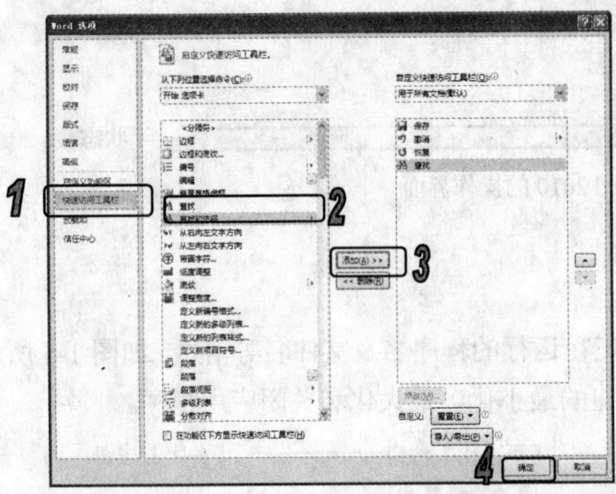

图1-7　将功能区中的命令按钮添加到快速访问工具栏中

知识点

在Word 2010中，单击【文件】按钮，从弹出的【文件】菜单中选择【选项】命令，打开【Word选项】对话框，在该对话框中可以进行一些Word 2010常规设置、显示设置、高级设置、保存设置、自定义功能区等操作。

3. 【文件】按钮

【文件】按钮位于工作界面左上角，取代了Word 2007版本中的Office按钮。单击【文件】

按钮，弹出【文件】菜单，如图 1-8 所示，在其中可以进行新建、打开、保存以及打印等操作。

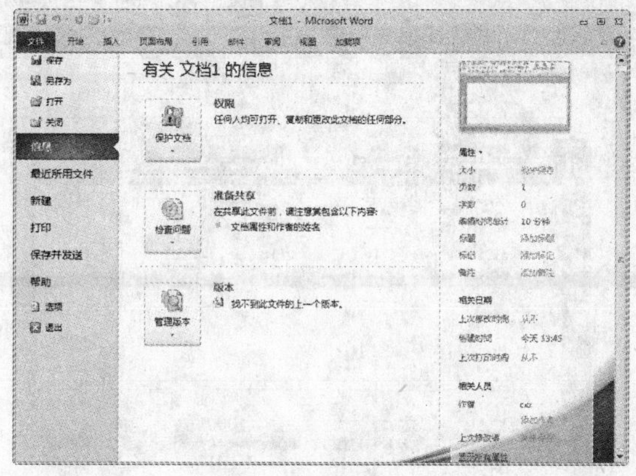

图 1-8 【文件】菜单

知识点

【开始】菜单中的这些命令类似于 Word 2003 版本中用户熟悉的菜单和工具栏。

4. 功能区

Word 2010 界面最大的变化就是用功能选项卡和功能区替代了以往版本的菜单和工具栏。为了便于浏览，功能区包含若干个围绕特定方案或对象进行组织的功能选项卡，并且每个选项卡的控件又细分为几个组。

功能区是菜单和工具栏的主要显现区域，包含所有的按钮和对话框，如图 1-9 所示。

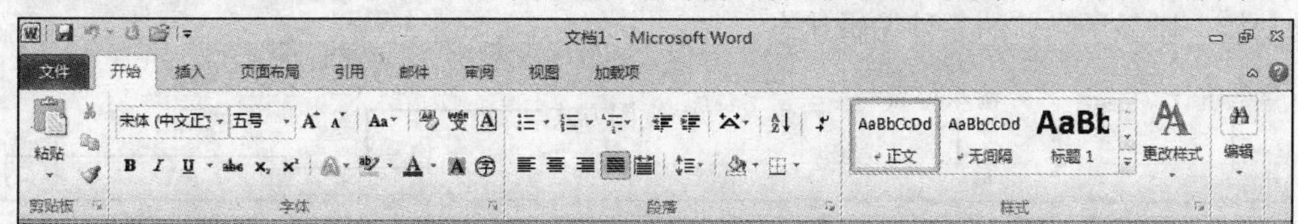

图 1-9 Word 2010 的功能区

- 功能选项卡：在顶部有 8 个功能选项卡(相当于原来版本的菜单)，每个选项卡代表一个活动区域。
- 功能组：每个选项卡都包含若干个功能组，这些组将相关命令按钮显示在一起。
- 命令按钮：用于执行一个命令或显示一个命令菜单。对于 Word 老用户而言，都比较熟悉功能区中的命令按钮，如果对某个按钮感到陌生，只需将鼠标指向该按钮，即可查看其功能提示，如图 1-10 所示。

功能区将 Word 2010 中的所有选项巧妙地集中在一起，以便于用户查找与使用。然而，有时用户不需要查找选项，而只是想处理文档并希望拥有更多的内容。这时，可以临时隐藏功能区，双击活动选项卡或单击【功能区最小化】按钮，功能区就会隐藏，效果如图 1-11 所示。再次双击活动选项卡，即可显示功能区。

知识点

如果要查看所有命令，只需再次双击活动选项卡，或者单击【展开功能区】按钮，功能区又会重新显示。

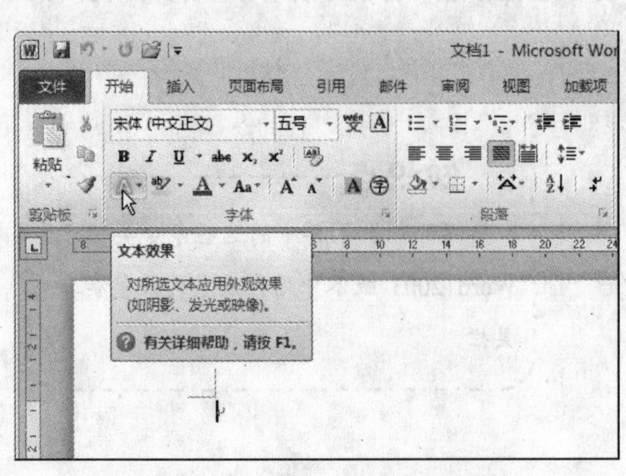

图 1-10　显示命令按钮的功能提示

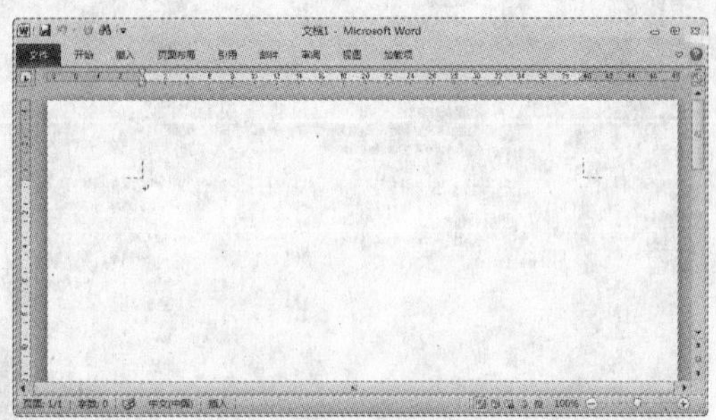

图 1-11　隐藏功能区

5. 状态栏

状态栏位于 Word 窗口的底部，显示了当前的文档信息，如图 1-12 所示，如当前显示的文档是第几页、当前文档的总页数和当前文档的字数等。在状态栏中还可以显示一些特定命令的工作状态，如录制宏、当前使用的语言等，当这些命令的按钮为高亮时，表示目前正处于工作状态，若变为灰色，则表示未在工作状态下。状态栏还提供有视图方式、显示比例和缩放滑块等辅助功能，以显示当前的各种编辑状态。

图 1-12　状态栏

6. 文档编辑区

文档编辑区位于操作界面右侧的分栏窗口中。它是 Word 中最重要的部分，所有的文本操作都将在该区域中进行，用来显示和编辑文档、表格、图表等。Word 2010 的文档编辑区除了可以进行文档的编辑之外，还有水平标尺、垂直标尺、水平滚动条和垂直滚动条等文档编辑的辅助工具，如图 1-13 所示。

知识点

导航窗格位于文档编辑区左侧，其功能非常强大，除了可以进行文本的搜索外，还可以显示文档结构，以及以缩略图的方式显示文档，如图 1-14 所示。默认情况下，Word 2010 工作界面并不显示导航窗格，这时，只要打开【视图】选项卡，在【显示】组中选中【导航窗格】复选框，即可打开导航窗格。另外，Word 2010 默认的工作界面也并不会显示标尺，要显示标尺，则可以在【视图】选项卡的【显示】组中选中【标尺】复选框。

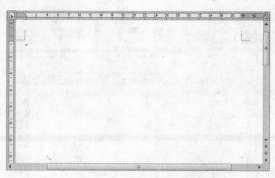

图 1-13 Word 2010 的文档编辑区

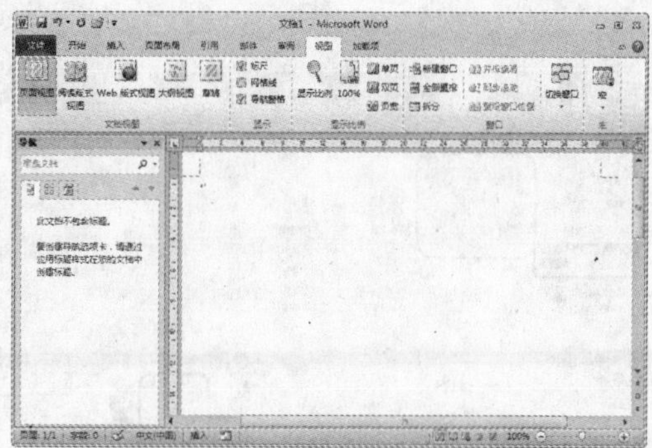

图 1-14 文档编辑区

1.1.3 新建和打开文档

每次启动 Office 软件中的 Word 组件时，系统将自动新建一个名为"文档 1"的空白文档，用户可直接使用，也可以通过它来打开已经编辑好的文档。下面分别对其进行讲解。

1. 新建文档

Word 文档是文本、图片等对象的载体，要制作出一篇工整、漂亮的文档，首先必须创建一个新文档。空白文档是指文档中没有任何内容的文档。每次启动 Word 2010 后系统将自动创建一篇空白文档外，除此之外，还可以使用以下几种方法创建空白文档。

- 单击【文件】按钮，从弹出的【文件】菜单中选择【新建】命令。
- 在快速访问工具栏中单击新添加的【新建】按钮。
- 按 Ctrl+N 组合键。

下面将通过启动 Word 2010 来创建一个新的空白文档，具体操作如下：

(1) 选择【开始】|【所有程序】| Microsoft Office | Microsoft Word 2010，启动 Word 2010 应用程序。

(2) 进入 Word 2010 工作界面，在其标题栏中可以看到当前文档的名称为"文档 1"。单击【文件】按钮，从弹出的菜单中选择【新建】命令，打开 Microsoft Office Backstage 视图，如图 1-15 所示。

(3) 在【可用模板】列表框中选择【空白文档】选项，单击【创建】按钮，系统自动新建一个名为"文档 2"的空白文档，如图 1-16 所示。

知识点

Word 2010 提供了多种模板，用户还可以通过模板创建文档，该部分内容将在第 4.2 节中进行详细介绍。另外，在如图 1-15 所示的任务窗格中，选择【根据现有文档新建】选项，打开【根据现有文档新建】对话框，选择所要参照的原始文档所在文件夹中的文档，单击【新建】按钮，即可创建一个和原始文档内容一致的新文档。

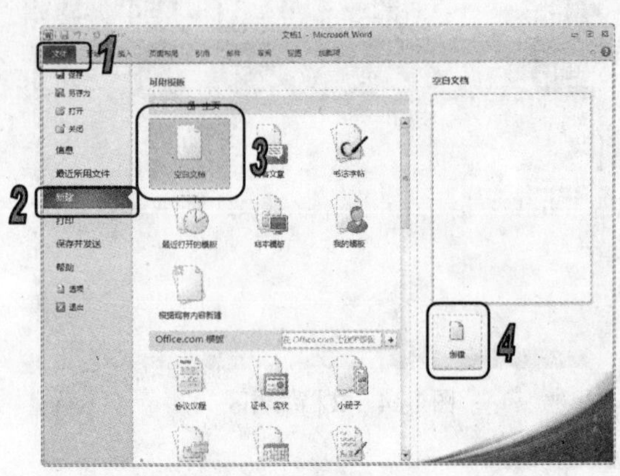

图 1-15 【新建文档】任务窗格

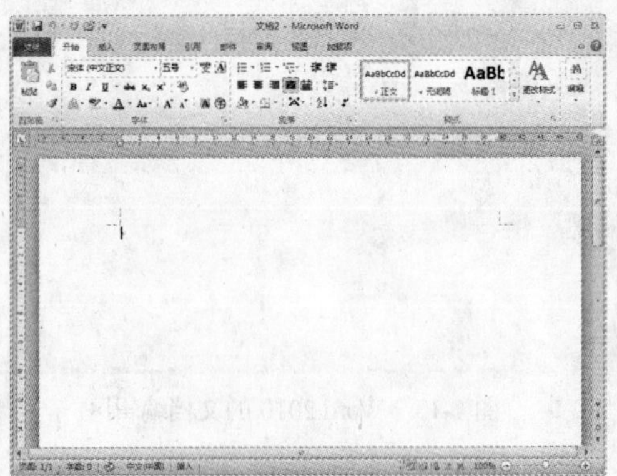

图 1-16 新建的空白文档

2. 打开文档

打开文档是 Word 的一项最基本的操作，任何文档都需要先将其打开，然后才能对其进行编辑。

在快速访问工具栏中单击【打开】按钮或单击【文件】按钮，从弹出的菜单中选择【打开】命令，打开【打开】对话框，在其中选择需要打开的文件，单击【打开】按钮即可，如图 1-17 所示。

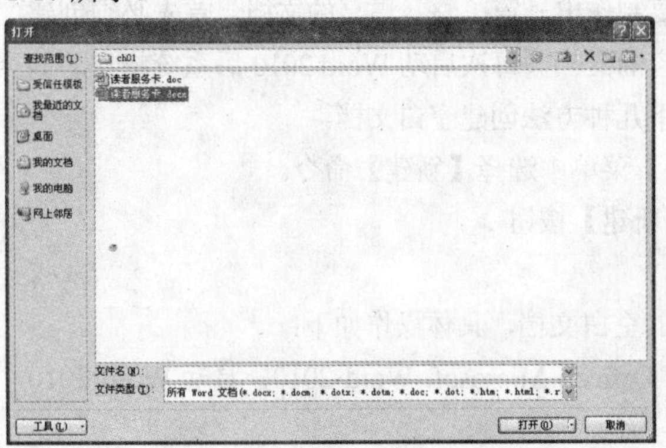

图 1-17 【打开】对话框

提示

在打开文档时，如果要一次打开多个连续的文档，可按住 Shift 键进行选择；如果要一次打开多个不连续的文档，可按住 Ctrl 键进行选择。

在【打开】对话框中，还可以选择多种方式打开文档，例如以只读方式或以副本方式打开文档等。在该对话框中单击【打开】按钮右侧的小三角按钮，在弹出的菜单中选择文档的打开方式即可，如图 1-18 所示。

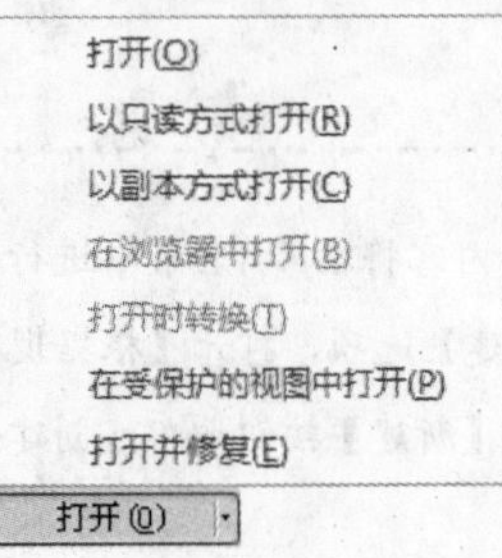

知识点

以只读方式打开的文档，对文档的编辑修改将无法直接保存到原文档上，而需要将编辑修改后的文档另存为一个新的文档；以副本方式打开的文档，将打开一个文档的副本，而不打开原文档，对该副本文档所做的编辑修改将直接保存到副本文档中，而对原文档则没有影响。

1.1.4 保存和关闭文档

文档建立或修改好后，需要先将其保存到计算机磁盘上，然后进行关闭操作，从而防止因计算机突然死机、停电等情况造成文档中的信息丢失。下面将介绍保存和关闭文档的具体方法。

1. 保存文档

由于日常办公时，断电很容易使未保存的文档丢失，所以要养成随时保存文档的好习惯。常用的保存方法有以下几种。

- 保存新建的文档：单击【文件】按钮，从弹出的【文件】菜单中选择【保存】命令或单击快速访问工具栏上的【保存】按钮，在打开的【另存为】对话框中，设置保存路径、名称及保存格式。
- 另存为已保存过的文档：单击【文件】按钮，从弹出的【文件】菜单中选择【另保存】命令，在打开的【另存为】对话框中，设置保存路径、名称及保存格式。

提示

为了防止在编辑过程中忘记保存而导致内容丢失，Word 2010 可以自动保存正在编辑的文档。设置保存方法很简单，单击【文件】按钮，从弹出的【文件】菜单中选择【选项】命令，打开【Word 选项】对话框的【保存】选项卡，选中【保存自动恢复信息时间间隔】复选框，设置时间间隔值，单击【确定】按钮即可。

下面将“文档 2”以“读者服务卡”为名保存，具体操作如下：

(1) 在“文档 2”文档中，选择【文件】|【保存】命令，或者单击【常用】工具栏上的【保存】按钮，打开【另存为】对话框。

(2) 在【保存位置】下拉列表框中选择文件的保存位置，在【文件名】文本框中输入文本“读者服务卡”，如图 1-19 所示。

(3) 单击【保存】按钮，文档将以“读者服务卡”为名进行保存，效果如图 1-20 所示。

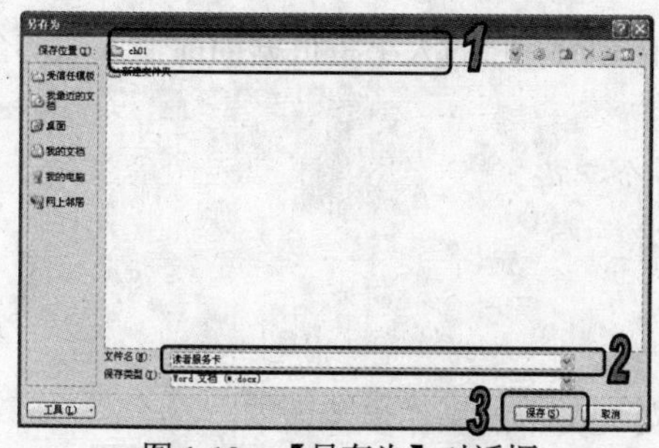

图 1-19 【另存为】对话框

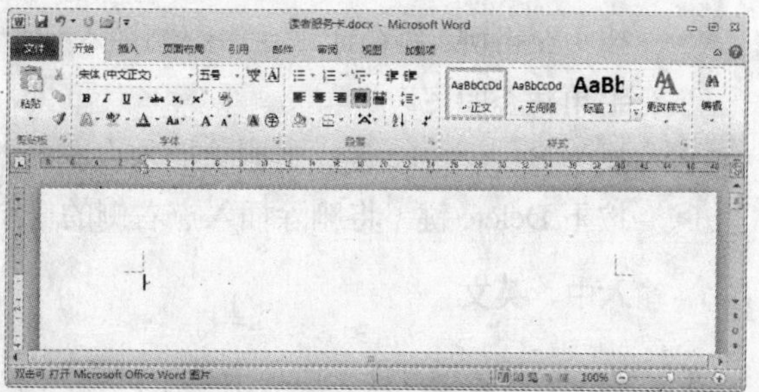

图 1-20 以“读者服务卡”为名保存文档

2. 关闭文档

对文档完成所有的操作后，可单击【文件】按钮关闭，从弹出的【文件】菜单中选择【关闭】命令。

在关闭文档时，如果没有对文档进行编辑、修改，可直接关闭；如果对文档进行了修改，但还没有保存，系统将会自动弹出一个如图 1-21 所示的提示框，询问是否保存对文档所做的修改。单击【保存】按钮，即可保存并关闭该文档。

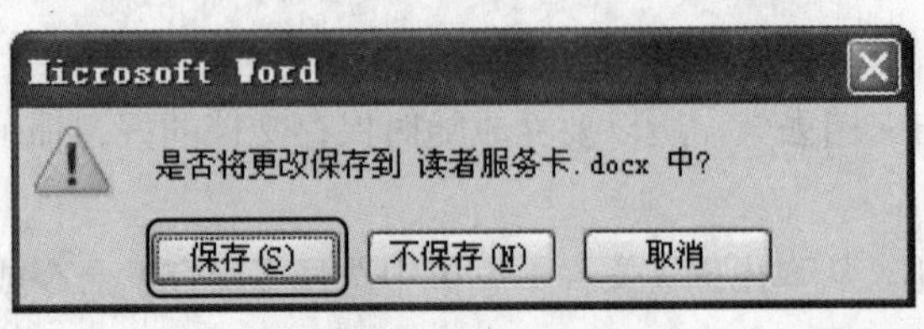

图 1-21　提示对话框

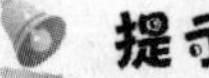

> **提示**
>
> Word 2010 允许同时打开多个 Word 文档进行编辑操作，因此关闭文档并不等于退出 Word 2010，这里只是关闭当前文档。

1.2　编辑文本—实战 2：输入“读者服务卡”正文

创建新文档后，就可以选择合适的输入法输入文档内容，并对其进行插入符号、简单编辑等操作。

1.2.1　输入文本

输入文本是 Word 中的一项基本操作。当新建一个文档后，在文档的开始位置将出现一个闪烁的光标，称之为“插入点”，在 Word 中输入的任何文本，都会在插入点处出现。定位了插入点的位置后，选择一种输入法，即可开始输入文本。

在文本的输入过程中，Word 2010 将遵循以下原则：

- 按下 Enter 键，将在插入点的下一行处重新创建一个新的段落，并在上一个段落的结束处显示 ↵ 符号。
- 按下空格键，将在插入点的左侧插入一个空格符号，它的大小将根据当前输入法的全半角状态而定。
- 按下 Back Space 键，将删除插入点左侧的一个字符。
- 按下 Delete 键，将删除插入点右侧的一个字符。

1. 输入中、英文

在新建的空白文档“读者服务卡”中，输入中、英文文本的操作步骤如下：

(1) 打开“读者服务卡”空白文档，将鼠标指针移至窗口任务栏中的输入法图标上，单击鼠标左键，从弹出的快捷菜单中选择所需输入法，如图 1-22 所示。

(2) 在插入点处直接输入“读者服务卡”，然后按 Home 键，将插入点移至该行的行首，

按空格键，将文本“读者服务卡”移至该行的中间位置，如图 1-23 所示。

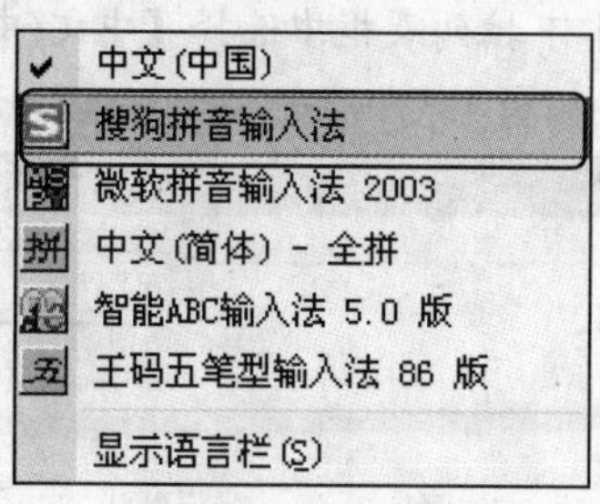

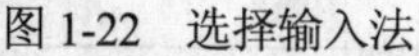

图 1-22　选择输入法

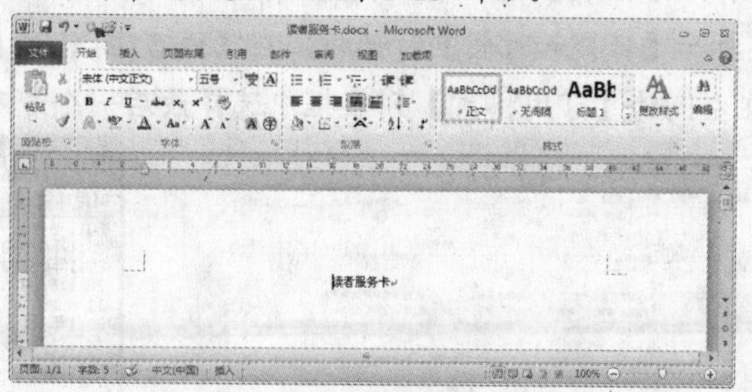

图 1-23　输入文档标题

(3) 按 End 键，将插入点移至该行的末尾，然后再按 Enter 键，插入点跳至下一行的中间位置。

(4) 按 Back Space 键，将需插入点移至该行的行首，继续输入所需要的中文。当输入文字到达文档编辑区的右边界时，插入点将自动换至下一行，而不需要使用回车键。只有在结束一段文本的输入时才需要按下回车键，如图 1-24 所示。

(5) 在输入完一段文字后，按下 Enter 键表示段落结束。继续输入文本，完成“读者服务卡”的输入，效果如图 1-25 所示。

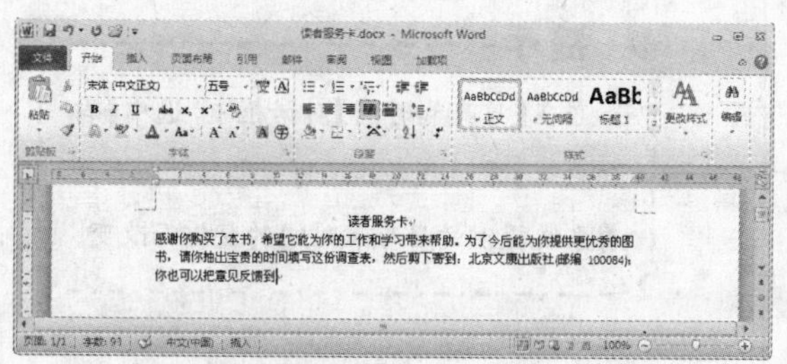

图 1-24　输入文本内容

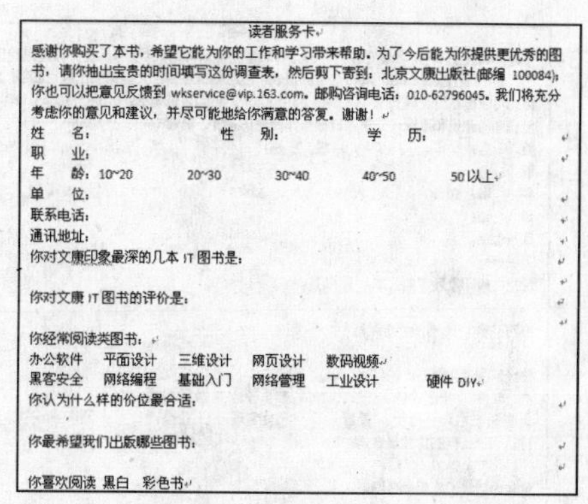
读者服务卡

感谢你购买了本书，希望它能为你的工作和学习带来帮助。为了今后能为你提供更优秀的图书，请你抽出宝贵的时间填写这份调查表，然后剪下寄到：北京文康出版社(邮编 100084)；你也可以把意见反馈到 wkservice@vip.163.com。邮购咨询电话：010-62796045。我们将充分考虑你的意见和建议，并尽可能地给你满意的答复。谢谢！

姓　名：　性　别：　学　历：

职　业：

年　龄：10~20　20~30　30~40　40~50　50以上

单　位：

联系电话：

通讯地址：

你对文康印象最深的几本 IT 图书是：

你对文康 IT 图书的评价是：

你经常阅读类图书：

办公软件　平面设计　三维设计　网页设计　数码视频

黑客安全　网络编程　基础入门　网络管理　工业设计　硬件 DIY

你认为什么样的价位最合适：

你最希望我们出版哪些图书：

你喜欢阅读　黑白　彩色书

图 1-25　“读者服务卡”文档效果

提示

当遇到输入英文时，单击任务栏上的输入法图标，在弹出的快捷菜单中选择【中文(中国)】命令，切换到英文状态，按键盘上的对应的字母键输入英文字母。

2. 输入日期时间

通过 Word 2010 的日期时间功能，用户可直接插入系统的当前日期与时间，并可选择日期与时间的格式。

下面将在“读者服务卡”文档中输入日期，具体操作如下：

(1) 打开“读者服务卡”文档，将插入点定位到文档末尾，按 Enter 键换行，然后按空格键，将插入点定位到文档右下角，如图 1-26 所示。

(2) 打开【插入】选项卡，在【文本】组中单击【日期和时间】按钮。

(3) 打开【日期和时间】对话框，在【语言(国家/地区)】下拉列表框中选择【中文(中国)】选项，在左侧的【可用格式】列表框中选择最后一个选项，如图 1-27 所示。

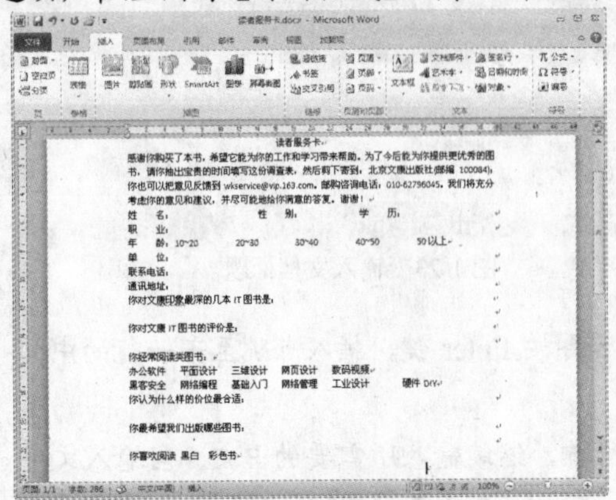
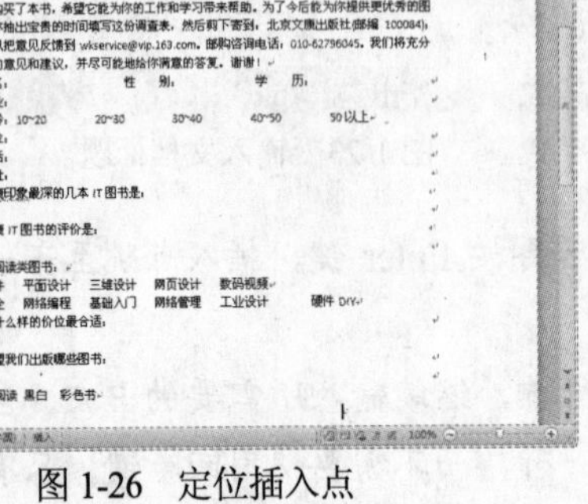

图 1-26　定位插入点

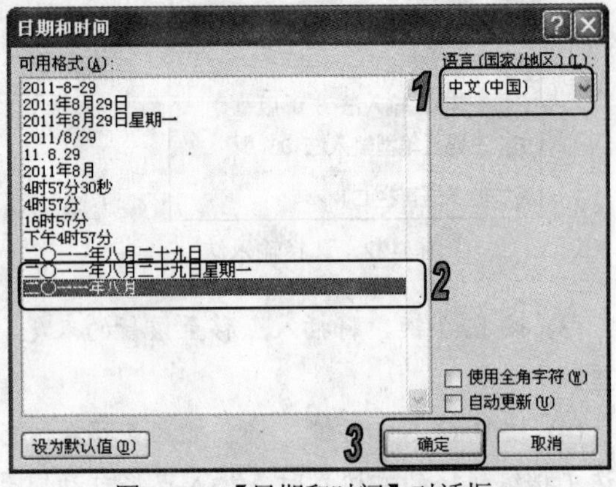

图 1-27　【日期和时间】对话框

(4) 单击【确定】按钮，关闭对话框，返回文档编辑区，即可看到插入的日期和时间的效果，如图 1-28 所示。

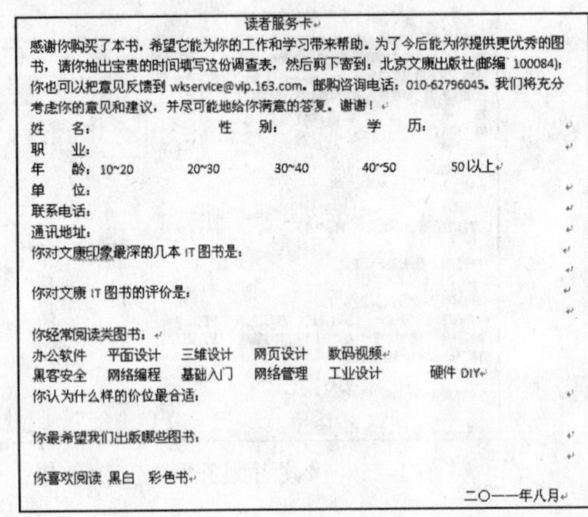

读者服务卡

感谢你购买了本书，希望它能为你的工作和学习带来帮助。为了今后能为你提供更优秀的图书，请你抽出宝贵的时间填写这份调查表，然后寄到：北京文康出版社(邮编 100084)；你也可以把意见反馈到 wkservice@vip.163.com。邮购咨询电话：010-62796045。我们将充分考虑你的意见和建议，并尽可能地给你满意的答复。谢谢！

姓　名：　　性　别：　　学　历：

职　业：

年　龄：10~20　20~30　30~40　40~50　50以上

单　位：

联系电话：

通讯地址：

你对文康印象最深的几本 IT 图书是：

你对文康 IT 图书的评价是：

你经常阅读类图书：

办公软件　平面设计　三维设计　网页设计　数码视频

黑客安全　网络编程　基础入门　网络管理　工业设计　硬件 DIY

你认为什么样的价位最合适：

你最希望我们出版哪些图书：

你喜欢阅读 黑白　彩色书

二〇一一年八月

图 1-28　插入日期和时间后的效果

> **提示**
>
> 在【日期和时间】对话框中，选中【自动更新】复选框，插入的日期和时间会随着系统提供的日期和时间的变化而改变。

3. 插入特殊符号

在输入文本的过程中，有时需要插入一些特殊符号，例如希腊字母、商标符号、图形符号和数字符号等，这时通过键盘是无法输入的。Word 2010 提供了插入符号和特殊符号的功能。

打开【插入】选项卡，在【符号】组中单击【符号】按钮，从弹出的列表框中选择一种符号，如图 1-29 所示。若单击【其他符号】按钮，则打开如图 1-30 所示的【符号】选项卡，在其中选择要插入的符号即可。切换至【特殊字符】选项卡，在其中可以选择诸如“版权所有”、“注册”和“商标”等特殊符号，如图 1-31 所示。

另外，打开【加载项】选项卡，在【菜单命令】组中单击【特殊符号】按钮，打开【插入特殊符号】对话框，如图 1-32 所示。在其中可以插入一些特殊符号，如标点符号、特殊符号、

数字符号、数字序号、单位符号等。

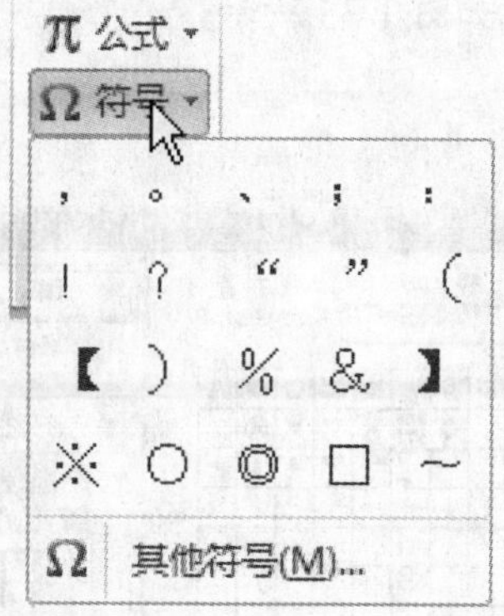

图 1-29　单击【符号】按钮

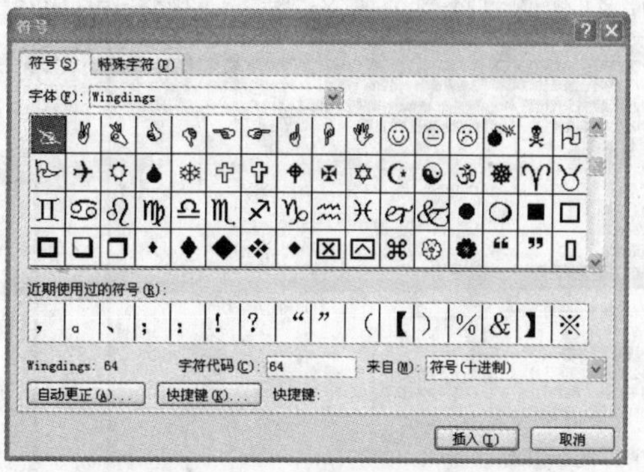

图 1-30　【符号】选项卡

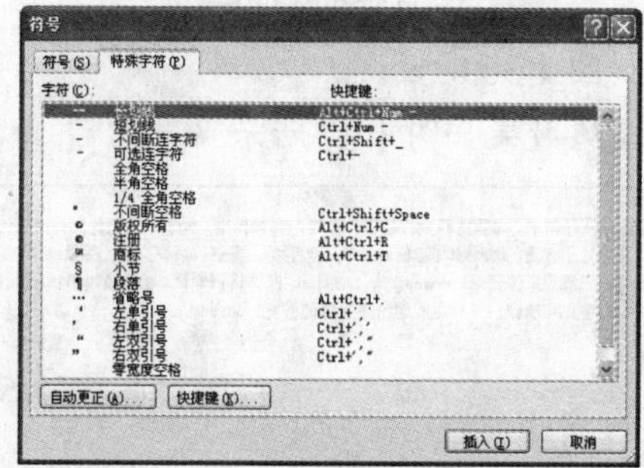

图 1-31　【特殊字符】选项卡

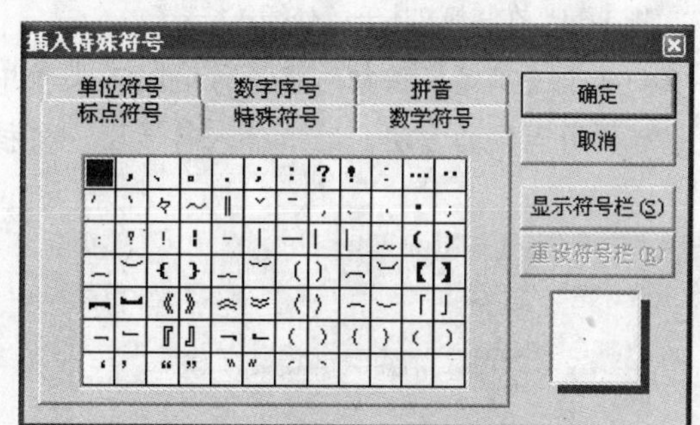

图 1-32　【插入特殊符号】对话框

下面将在“读者服务卡”文档中输入特殊符号○和□，具体操作方法如下：

(1) 打开“读者服务卡”文档，将插入点定位在文本“10~20”之前，打开【加载项】选项卡，在【菜单命令】组中单击【特殊符号】按钮，打开【插入特殊符号】对话框。

(2) 打开【特殊符号】选项卡，选择符号○，单击【确定】按钮，如图 1-33 所示。

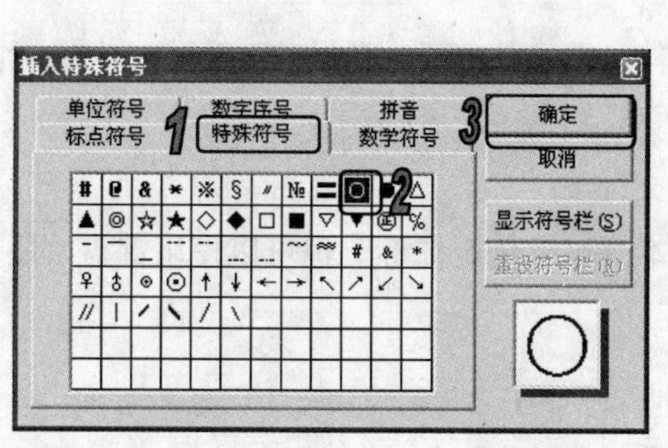

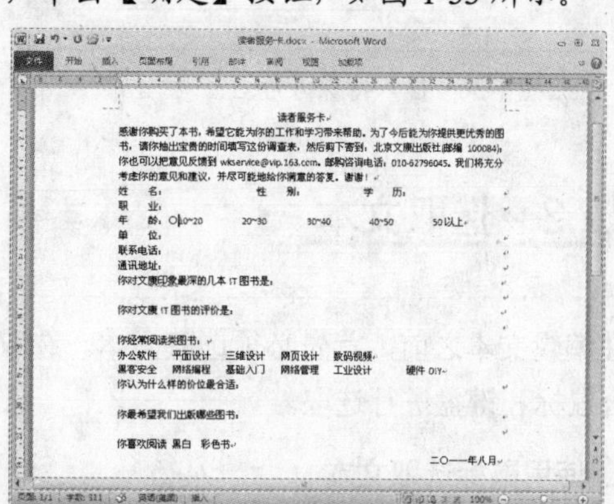

图 1-33　插入特殊符号○

(3) 使用同样的方法，在其后的年龄段文本前插入符号○，其效果如图 1-34 所示。

(4) 将插入点定位在文本“办公软件”之前，打开【加载项】选项卡，在【菜单命令】组中单击【特殊符号】按钮，打开【插入特殊符号】对话框。

(5) 打开【特殊符号】选项卡，并在其中选择符号□，如图 1-35 所示。

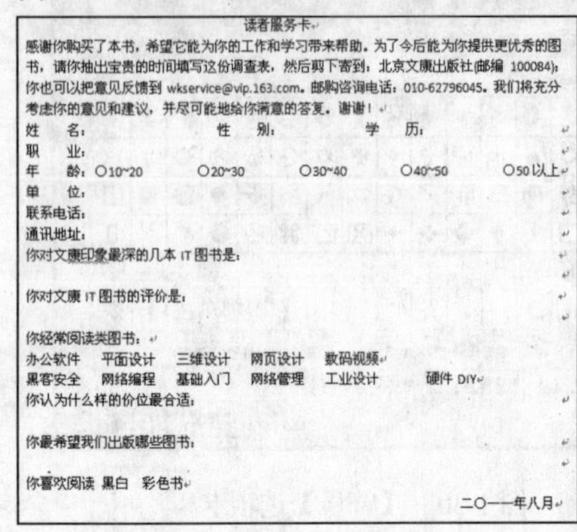

读者服务卡

感谢你购买了本书，希望它能为你的工作和学习带来帮助。为了今后能为你提供更优秀的图书，请你抽出宝贵的时间填写这份调查表，然后剪下寄到：北京文康出版社(邮编 100084)；你也可以把意见反馈到 wkservice@vip.163.com。邮购咨询电话：010-62796045。我们将充分考虑你的意见和建议，并尽可能地给你满意的答复。谢谢！

姓 名： 性 别： 学 历：

职 业：

年 龄：○10~20 ○20~30 ○30~40 ○40~50 ○50以上

单 位：

联系电话：

通讯地址：

你对文康印象最深的几本 IT 图书是：

你对文康 IT 图书的评价是：

你经常阅读类图书：

办公软件 平面设计 三维设计 网页设计 数码视频

黑客安全 网络编程 基础入门 网络管理 工业设计 硬件 DIY

你认为什么样的价位最合适：

你最希望我们出版哪些图书：

你喜欢阅读 黑白 彩色书

二○一一年八月

图 1-34 在其他文本开始处插入符号○

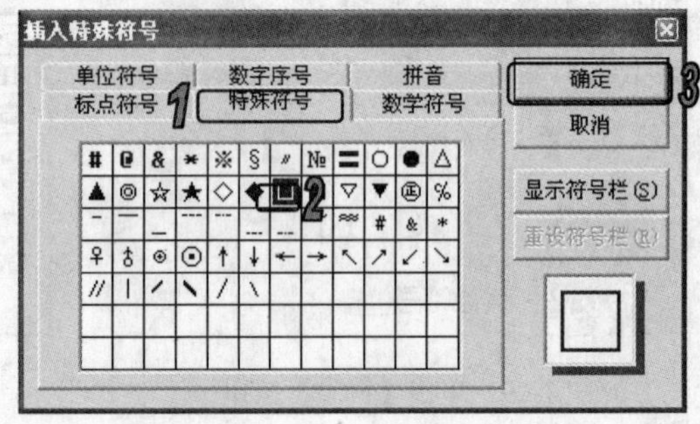

图 1-35 选择特殊符号□

(6) 单击【确定】按钮，将符号□插入文档中，如图 1-36 所示。

(7) 使用同样的方法，继续插入符号□，文档的最终效果如图 1-37 所示。

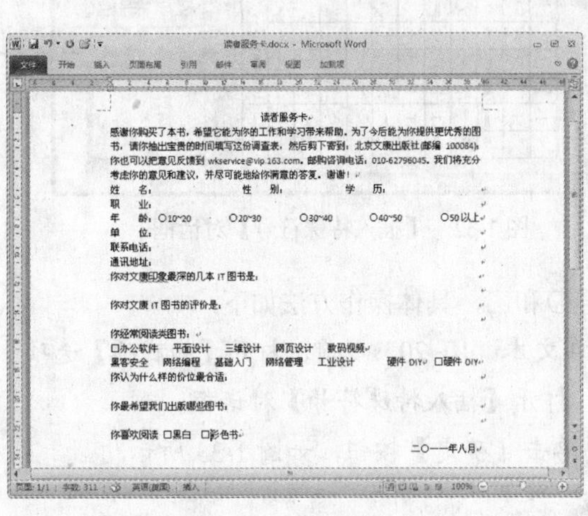

图 1-36 插入特殊符号□

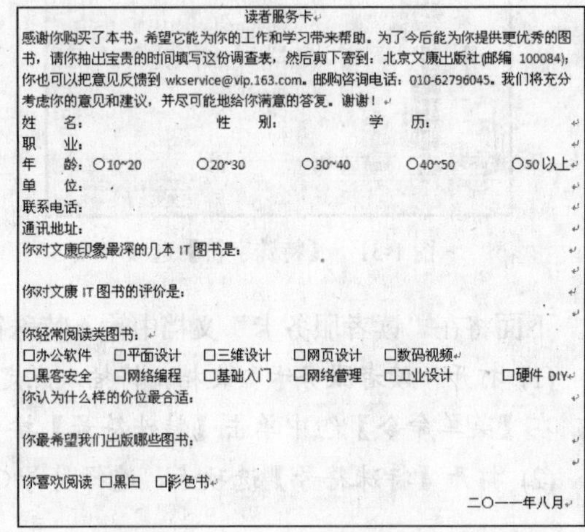

读者服务卡

感谢你购买了本书，希望它能为你的工作和学习带来帮助。为了今后能为你提供更优秀的图书，请你抽出宝贵的时间填写这份调查表，然后剪下寄到：北京文康出版社(邮编 100084)；你也可以把意见反馈到 wkservice@vip.163.com。邮购咨询电话：010-62796045。我们将充分考虑你的意见和建议，并尽可能地给你满意的答复。谢谢！

姓 名： 性 别： 学 历：

职 业：

年 龄：○10~20 ○20~30 ○30~40 ○40~50 ○50以上

单 位：

联系电话：

通讯地址：

你对文康印象最深的几本 IT 图书是：

你对文康 IT 图书的评价是：

你经常阅读类图书：

□办公软件 □平面设计 □三维设计 □网页设计 □数码视频

□黑客安全 □网络编程 □基础入门 □网络管理 □工业设计 □硬件 DIY

你认为什么样的价位最合适：

你最希望我们出版哪些图书：

你喜欢阅读 □黑白 □彩色书

二○一一年八月

图 1-37 在其他文本开始处插入符号□

1.2.2 选取文本

在编辑文本之前，首先必须选取文本。选取文本既可以使用鼠标，也可以使用键盘，还可以结合鼠标和键盘进行选取。

1. 使用鼠标选取文本

鼠标可以轻松地改变插入点的位置，因此使用鼠标选取文本十分方便。

- 拖动选取：将鼠标指针定位在文本起始位置，再按住鼠标左键不放，向目标位置移动鼠标光标选取文本。

◉ 单击选取：将鼠标光标移到要选定行的左侧空白处，当鼠标光标变成↗形状时，单击鼠标即可选取该行的文本内容。

◉ 双击选取：将鼠标光标移到文本编辑区左侧，当鼠标光标变成↗形状时，双击鼠标左键，即可选取该段的文本内容；将鼠标光标定位到词组中间或左侧，双击鼠标即可选取该字或词。

◉ 三击选取：将鼠标光标定位到要选取的段落中，三击鼠标可选中该段的所有文本内容；将鼠标光标移到文档左侧空白处，当鼠标变成↗形状时，三击鼠标即中选可文档中所有内容。

2. 使用键盘选取文本

使用键盘上相应的快捷键，同样可以选取文本。选取文本内容的快捷键所代表的功能如表1-1 所示。

表 1-1 选取文本的快捷键及功能

快 捷 键	功 能
Shift+→	选取光标右侧的一个字符
Shift+←	选取光标左侧的一个字符
Shift+↑	选取光标位置至上一行相同位置之间的文本
Shift+↓	选取光标位置至下一行相同位置之间的文本
Shift+Home	选取光标位置至行首
Shift+End	选取光标位置至行尾
Shift+PageDowm	选取光标位置至下一屏之间的文本
Shift+PageUp	选取光标位置至上一屏之间的文本
Ctrl+Shift+Home	选取光标位置至文档开始之间的文本
Ctrl+Shift+End	选取光标位置至文档结尾之间的文本
Ctrl+A	选取整篇文档

3. 鼠标键盘结合选取文本

使用鼠标和键盘结合的方式不仅可以选取连续的文本，也可以选择不连续的文本。

◉ 选取连续的较长文本：将插入点定位到要选取区域的开始位置，按住 Shift 键不放，再移动鼠标光标至要选取区域的结尾处，单击鼠标，并释放 Shift 键即可选取该区域之间的所有文本内容。

◉ 选取不连续文本：选取任意一段文本，按住 Ctrl 键，再拖动鼠标选取其他文本，即可同时选取多段不连续的文本。

◉ 选取整篇文档：按住 Ctrl 键不放，将鼠标光标移到文本编辑区左侧空白处，当鼠标光标变成↗形状时，单击鼠标左键即可选取整篇文档。

◉ 选取矩形文本：将插入点定位到开始位置，按住 Alt 键不放，再拖动鼠标即可选取矩形文本。

知识点

在【开始】选项卡的【编辑】组中，单击【选择】按钮，从弹出的快捷菜单中选择【全选】命令，或者按下 Ctrl+A 组合键，可以选取整篇文档。

1.2.3 复制、移动与删除文本

在编辑文档的过程中，经常需要将一些重复的文本进行复制以节省输入时间，或将一些位置不正确的文本从一个位置移到另一个位置，或将多余的文本删除。

1. 复制文本

通常情况下，用户可以通过复制操作来简化文本的输入。常用的复制文本的方法主要有以下两种。

◉ 使用鼠标拖动复制文本：选取要复制的文本，按住 Ctrl 键的同时，按住鼠标左键拖动其到目标位置，释放鼠标左键即可，或者选取需要复制的文本，按下鼠标右键拖动到目标位置，松开鼠标会弹出一个快捷菜单，从中选择【复制到此位置】命令。

◉ 使用剪贴板复制文本：选取要复制的文本，在【开始】选项卡的【剪贴板】组中，单击【复制】按钮，或者按 Ctrl+C 组合键，复制文本，然后将插入点移到目标位置处，在【剪贴板】组中单击【粘贴】按钮，或者按 Ctrl+V 组合键，粘贴文本。

2. 移动文本

通常情况下，用户经常需要将整块文本移至其他位置，用于组织和调整文档的结构。常用的移动文本的方法主要有以下两种。

◉ 使用鼠标拖动移动文本：选取要移动的文本，按住鼠标左键拖动其到目标位置，释放鼠标左键即可，或者选取需要移动的文本，按下鼠标右键拖动到目标位置，松开鼠标会弹出一个快捷菜单，从中选择【移动到此位置】命令。

◉ 使用剪切移动文本：选取要移动的文本，在【开始】选项卡的【剪贴板】组中，单击【剪切】按钮，或者按 Ctrl+X 组合键，剪切文本，然后将插入点定位在目标位置处，在【剪贴板】组中单击【粘贴】按钮，或者按 Ctrl+V 组合键，粘贴文本。

3. 删除文本

对文本内容进行删除有以下几种方法。

◉ 按 BackSpace 键，删除光标前的字符。

◉ 按 Delete 键，删除光标后的字符。

◉ 选择文本，按 Back Space 键或 Delete 键均可删除所选文本。

◉ 选择要删除的文本，在【开始】选项卡的【剪贴板】组中，单击【剪切】按钮。

下面将在文档“读者服务卡”中使用移动、删除等命令对文本进行操作，其步骤如下：

(1) 打开“读者服务卡”文档，选取文本“姓名：”和文本“性别：”之间的空格，打开【开始】选项卡，在【字体】组中单击【下划线】按钮，添加下划线，如图 1-38 所示。

(2) 使用同样的方法，在其他位置添加下划线，效果如图 1-39 所示。

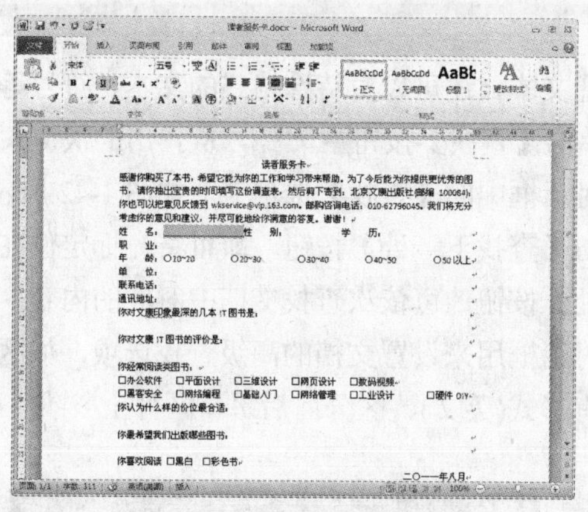

图 1-38　添加下划线

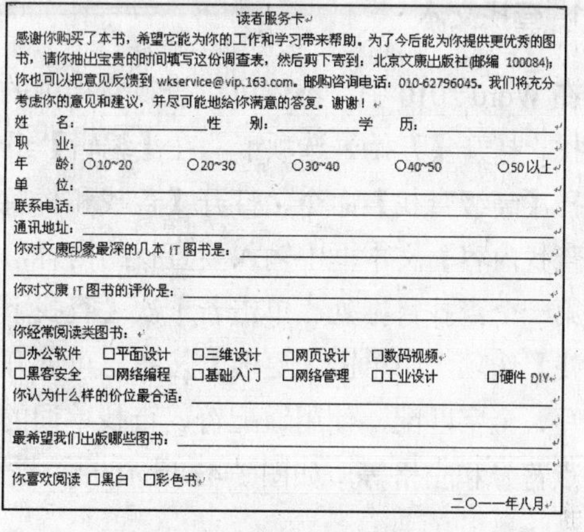

读者服务卡

感谢你购买了本书，希望它能为你的工作和学习带来帮助。为了今后能为你提供更优秀的图书，请你抽出宝贵的时间填写这份调查表，然后剪下寄到：北京文康出版社(邮编 100084)；你也可以把意见反馈到 wkservice@vip.163.com。邮购咨询电话：010-62796045。我们将充分考虑你的意见和建议，并尽可能地给你满意的答复。谢谢！

姓　名：________性　别：________学　历：________

职　业：________

年　龄：○10~20　○20~30　○30~40　○40~50　○50以上

单　位：________

联系电话：________

通讯地址：________

你对文康印象最深的几本 IT 图书是：________

你对文康 IT 图书的评价是：________

你经常阅读类图书：

□办公软件　□平面设计　□三维设计　□网页设计　□数码视频

□黑客安全　□网络编程　□基础入门　□网络管理　□工业设计　□硬件 DIY

你认为什么样的价位最合适：________

最希望我们出版哪些图书：________

你喜欢阅读　□黑白　□彩色书

二〇一一年八月

图 1-39　添加下划线后的效果

(3) 选取文本“□网络编程”，在【开始】选项的【剪贴板】组中单击【剪切】按钮，将插入点定位在该行的行首，然后在【开始】选项的【剪贴板】组中【粘贴】按钮，移动文本至行首，如图 1-40 所示。

(4) 选取文本“□工业设计”，在【开始】选项的【剪贴板】组中单击【剪切】按钮，将其删除，文档的效果如图 1-41 所示。

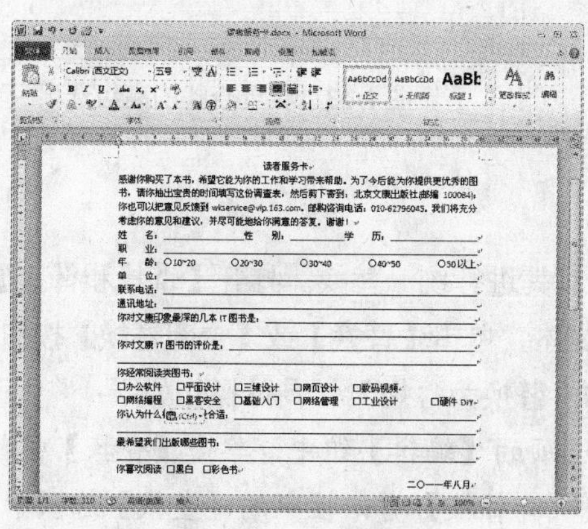

图 1-40　移动文本

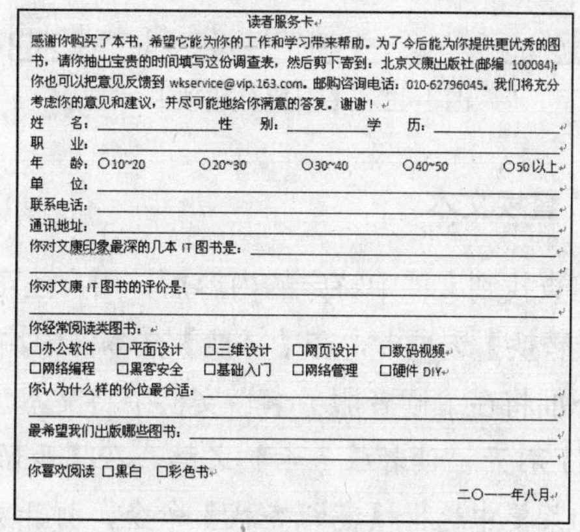

读者服务卡

感谢你购买了本书，希望它能为你的工作和学习带来帮助。为了今后能为你提供更优秀的图书，请你抽出宝贵的时间填写这份调查表，然后剪下寄到：北京文康出版社(邮编 100084)；你也可以把意见反馈到 wkservice@vip.163.com。邮购咨询电话：010-62796045。我们将充分考虑你的意见和建议，并尽可能地给你满意的答复。谢谢！

姓　名：________性　别：________学　历：________

职　业：________

年　龄：○10~20　○20~30　○30~40　○40~50　○50以上

单　位：________

联系电话：________

通讯地址：________

你对文康印象最深的几本 IT 图书是：________

你对文康 IT 图书的评价是：________

你经常阅读类图书：

□办公软件　□平面设计　□三维设计　□网页设计　□数码视频

□网络编程　□黑客安全　□基础入门　□网络管理　□硬件 DIY

你认为什么样的价位最合适：________

最希望我们出版哪些图书：________

你喜欢阅读　□黑白　□彩色书

二〇一一年八月

图 1-41　删除文本内容

提示

选取文本，并右击，从弹出的快捷菜单中选择【剪切】或【复制】命令，然后将插入点移动到目标位置，右击，从弹出的快捷菜单中选择【粘贴】命令，同样可以实现文本的移动或复制操作。

1.2.4　查找与替换文本

在文档中查找某一个特定内容，或在查找到特定内容后，将其替换为其他内容，可以说是一项费时费力，又容易遗漏出错的工作。Word 2010 提供了查找与替换功能，使用该功能可以非常轻松、快捷地完成操作。

1. 查找文本

在 Word 2010 中，不仅可以查找文档中的普通文本，还可以对特殊格式的文本、符号等进行查找。打开【开始】选项卡，在【编辑】组中单击【查找】按钮，从弹出的快捷菜单中选择【高级查找】命令，打开【查找和替换】对话框中的【查找】选项卡，如图 1-42 所示。在【查找内容】文本框中输入要查找的内容，单击【查找下一处】按钮，即可将光标定位在文档中第一个查找目标处。单击若干次【查找下一处】按钮，可依次查找文档中对应的内容。在【查找】选项卡中单击【更多】按钮，可展开该对话框用来设置文档的高级查找选项，如区分大小写、全字匹配、使用通配符、查找单词的所有形式(英文)、区分前后缀、区分全/半角、忽略标点符号和空格等，如图 1-43 所示。

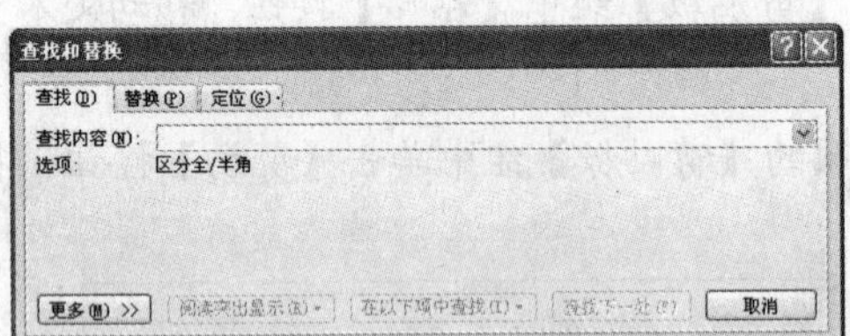

图 1-42　【查找】选项卡

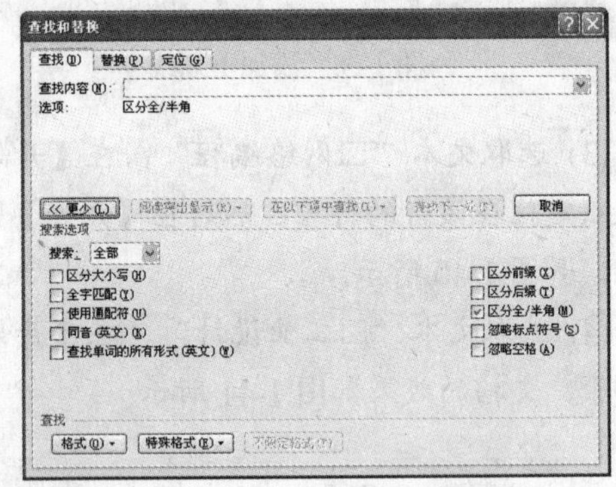

图 1-43　设置查找的高级选项

2. 替换文本

在查找到文档中特定的内容后，用户还可以对其进行统一替换。打开【查找和替换】对话框的【替换】选项卡，在【替换】文本框中输入文本，单击【替换】或【全部替换】按钮即可。

下面将在“读者服务卡”文档中将文本“你”替换为“您”，具体操作如下：

(1) 打开“读者服务卡”文档，在【开始】选项的【编辑】组中，单击【查找】按钮，从弹出的菜单中选择【高级查找】命令，打开【查找和替换】对话框中的【查找】选项卡。

(2) 在【查找内容】文本框中输入“你”，单击【查找下一处】按钮，即可将光标定位在第一个查找目标处，如图 1-44 所示。

(3) 单击若干次，可依次查找到文本“你”，查找结束后，将打开提示对话框，提示用户查找结束，如图 1-45 所示。

(4) 打开【替换】选项卡，在【查找内容】文本框中输入“你”，在【替换为】文本框中输

入“您”。

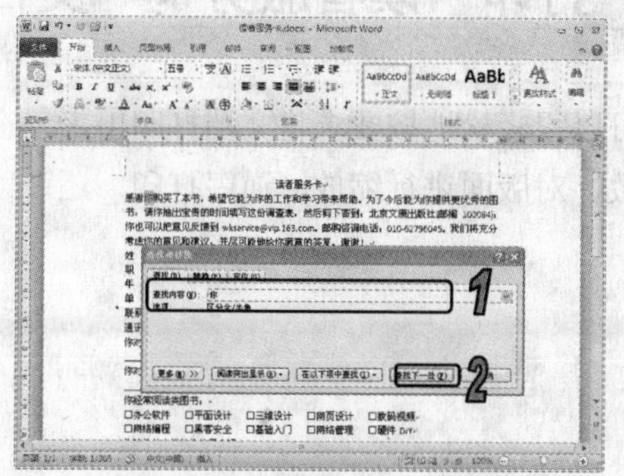

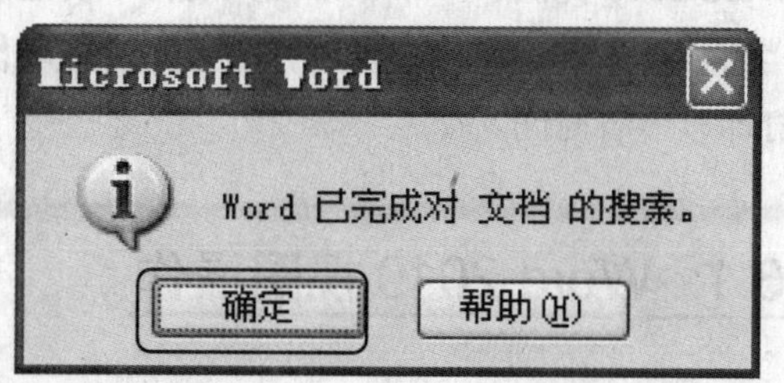

图 1-44　查找到第一个文本“你”　　图 1-45　提示查找结束

(5) 单击【替换】按钮，系统将自动将第 1 处文本“你”替换为“您”，并继续查找下一处文本，如图 1-46 所示。如果不想替换该处文本，单击【查找下一处】按钮。

(6) 单击【全部替换】按钮，弹出信息提示框，提示一次性完成的替换操作数，单击【确定】按钮，如图 1-47 所示。

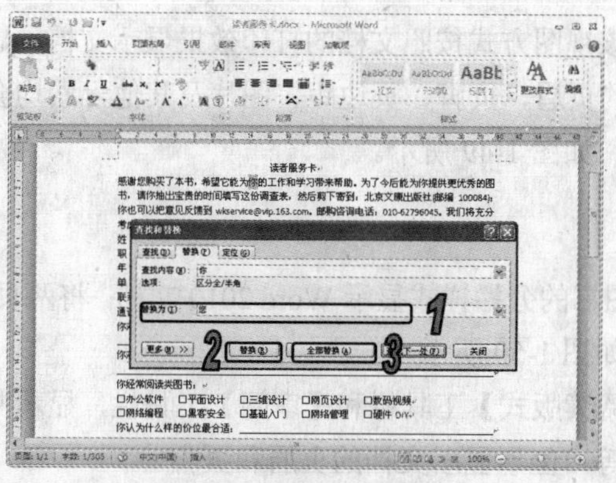

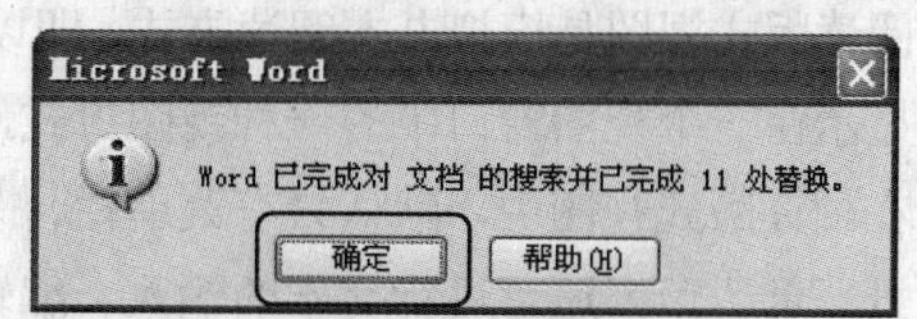

图 1-46　替换第一处目标文本　　图 1-47　替换提示信息

(7) 返回至【查找和替换】对话框，单击【关闭】按钮，文档的最终效果如图 1-48 所示。

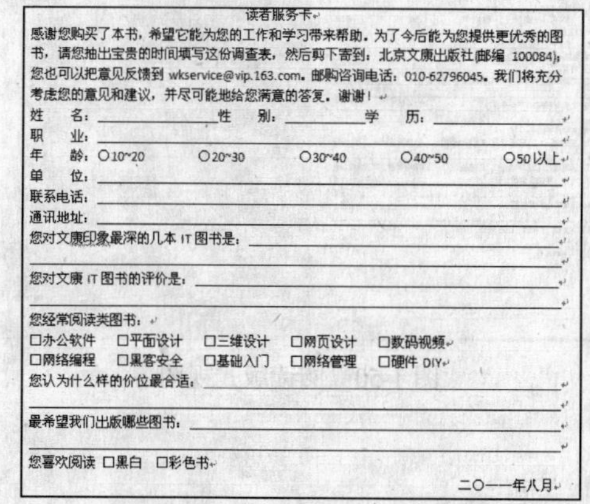

读者服务卡

感谢您购买了本书，希望它能为您的工作和学习带来帮助。为了今后能为您提供更优秀的图书，请您抽出宝贵的时间填写这份调查表，然后剪下寄到：北京文康出版社(邮编 100084)；您也可以把意见反馈到 wkservice@vip.163.com。邮购咨询电话：010-62796045。我们将充分考虑您的意见和建议，并尽可能地给您满意的答复。谢谢！

姓　名：________ 性　别：________ 学　历：________

职　业：

年　龄：○10~20　○20~30　○30~40　○40~50　○50 以上

单　位：

联系电话：

通讯地址：

您对文康印象最深的几本 IT 图书是：

您对文康 IT 图书的评价是：

您经常阅读类图书：

□办公软件　□平面设计　□三维设计　□网页设计　□数码视频

□网络编程　□黑客安全　□基础入门　□网络管理　□硬件 DIY

您认为什么样的价位最合适：

最希望我们出版哪些图书：

您喜欢阅读　□黑白　□彩色书

二〇一一年八月

图 1-48　替换所有的文本

知识点

在【查找和替换】对话框的【替换】选项卡中单击【更多】按钮，可以展开高级设置选项，在其中进行高级设置，如替换为有特定格式的文本、替换为特殊字符等。

1.3 打印预览与打印—实战 3：打印“读者服务卡”文档

Word 2010 提供了一个非常强大的打印功能，可以很轻松地按要求将文档打印出来，在打印文档前可以先预览文档、设置打印范围、打印份数、对版面进行缩放、逆序打印，还可以在后台打印以节省时间。

1.3.1 Word 2010 视图操作

Word 2010 中有 5 种文档显示的方式，即页面视图、Web 版式视图、阅读版式视图、大纲视图和草稿视图。

打开【视图】选项卡，在【文档视图】组中单击相应的视图按钮，或者在视图栏中单击视图按钮，即可将当前操作界面切换至相应的视图模式。

1. 页面视图

页面视图是 Word 2010 的默认视图方式，该视图方式按照文档的打印效果显示文档，显示与实际打印效果完全相同的文件样式，文档中的页眉、页脚、页边距、图片及其他元素均会显示其正确的位置，具有“所见即所得”的效果，如图 1-49 所示。

2. 阅读版式视图

阅读版式视图是模拟书本阅读方式，即以图书的分栏样式显示 Word 2010 文档，将两页文档同时显示在一个视图窗口中的一种视图方式，如图 1-50 所示。

在阅读版式视图中，默认只有菜单栏、【阅读版式】工具栏和【审阅】工具栏，显示文档的背景、页边距，还可进行文本的输入、编辑等，但不显示文档的页眉和页脚。

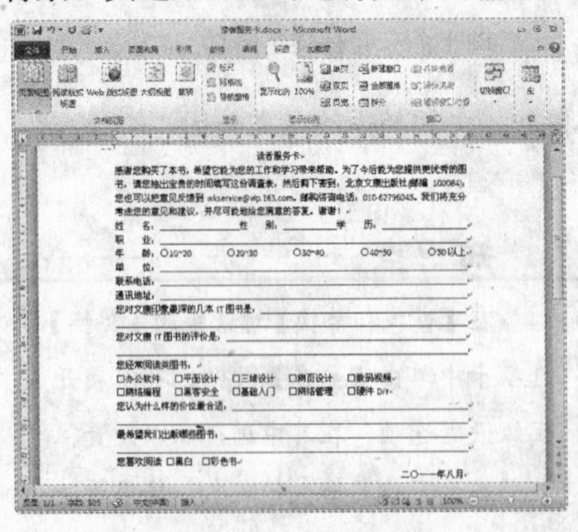

图 1-49　页面视图

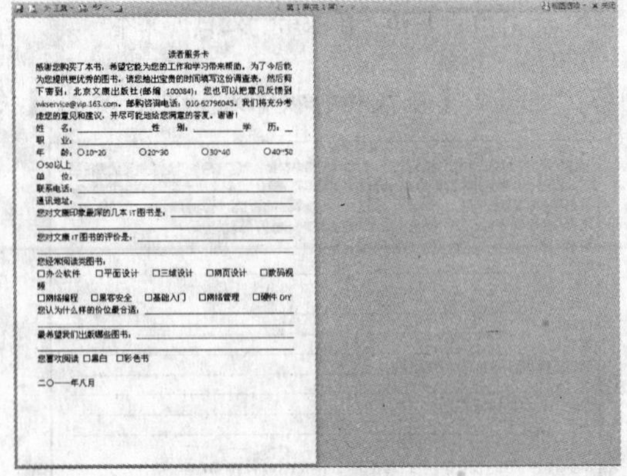

图 1-50　阅读版式视图

3. Web 版式视图

Web 版式视图是以网页的形式显示 Word 2010 文档，适用于发送电子邮件、创建和编辑

Web 页。使用 Web 版式视图，可以看到背景和为适应窗口而换行显示的文本，且图形位置与在 Web 浏览器中的位置一致，如图 1-51 所示。

4. 大纲视图

大纲视图主要用于设置 Word 2010 文档和显示标题的层级结构，并可以方便地折叠和展开各种层级的文档。大纲视图广泛用于 Word 2010 长文档的快速浏览和设置中。

在大纲视图中，新增了【大纲】功能选项卡，用于查看和组织文档的结构，如图 1-52 所示。

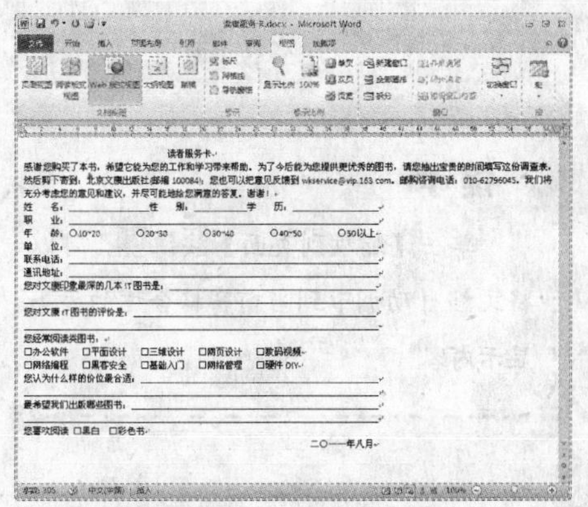

图 1-51　Web 版式视图

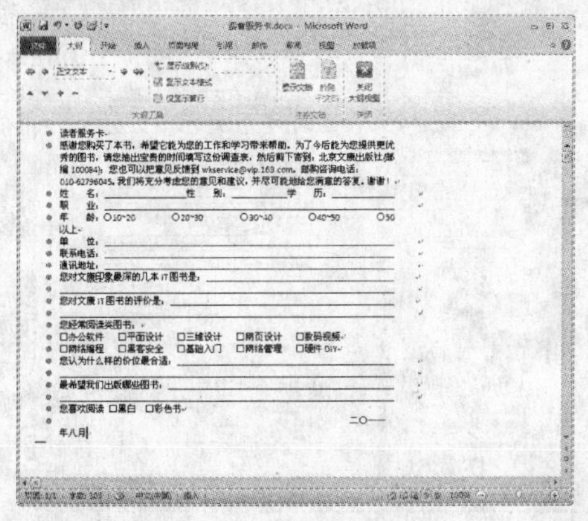

图 1-52　大纲视图

5. 草稿视图

草稿视图取消了页面边距、分栏、页眉页脚和图片等元素，仅显示标题和正文，是最节省计算机系统硬件资源的视图方式，如图 1-53 所示。

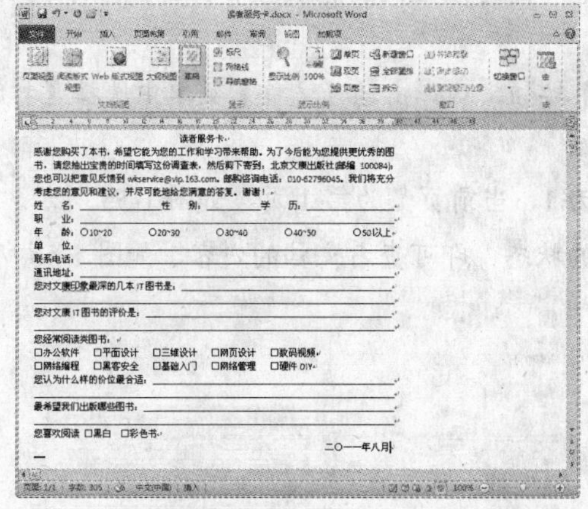

图 1-53　草稿视图

> **提示**
>
> 在 Word 2010 中，由于视图模式不同，其操作界面也会发生变化。

1.3.2　打印预览

在打印之前，如果想预览打印效果，可以使用打印预览功能，利用该功能观察的文档效果，实际上就是打印的真实效果，这就是所谓的所见即所得功能。

在 Word 2010 窗口中，单击【文件】按钮，从弹出的菜单中选择【打印】命令，在右侧的预览窗格中可以预览打印效果，如图 1-54 所示。

如果看不清楚预览的文档，可以多次单击预览窗格下方的缩放比例工具右侧的⊕按钮，以达到合适的缩放比例进行查看。单击⊖按钮，可以将文档缩小至合适大小，以多页方式查看文档效果。另外，拖动滑块同样可以对文档的显示比例进行调整。

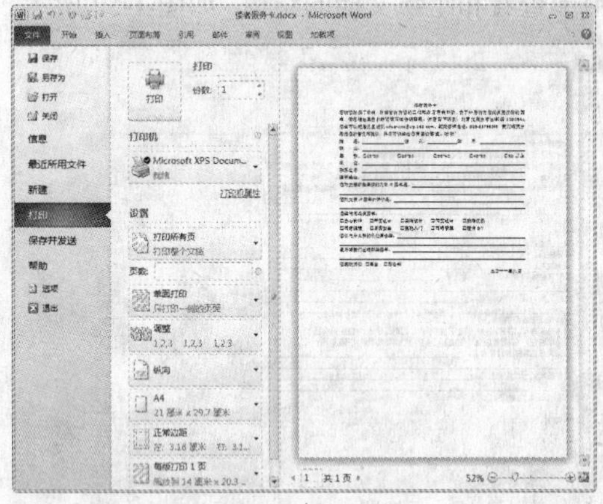

图 1-54　打印预览效果

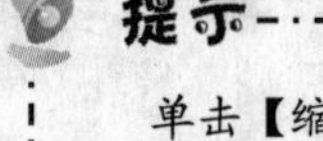

提示

单击【缩放到页面】按钮，可以将文档自动调节到当前窗格合适的大小显示内容。

在打印预览窗口可以进行如下操作。

◉　查看文档的总页数，以及当前预览的页码。

◉　可通过缩放比例工具设置以单页、双页、多页等显示方式进行查看。

下面将对“读者服务卡”文档进行打印预览，查看该文档的总页数和并分别显示比例为 75%、50%时的状态，具体操作如下：

(1) 打开“读者服务卡”文档，单击【文件】按钮，从弹出的【文件】菜单中选择【打印】命令，打开打印预览窗格。

(2) 此时在预览窗格下方查看文档的总页数为 1，当前页数为第 1 页，如图 1-55 所示。

(3) 在缩放比例工具中向右拖动滑块至 75%的状态，即可查看文档的内容，如图 1-56 所示。

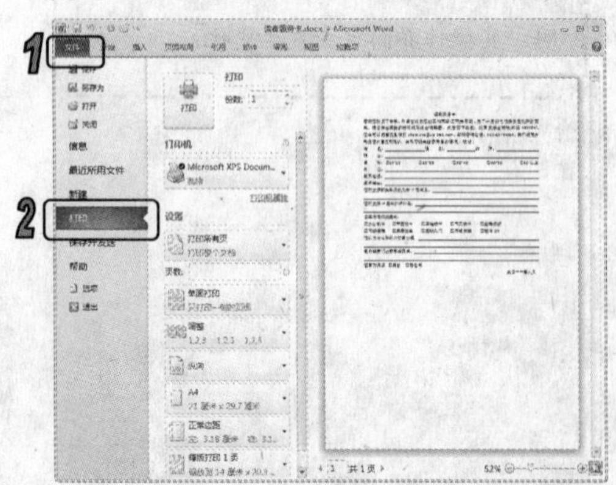

图 1-55　查看文档的总页数

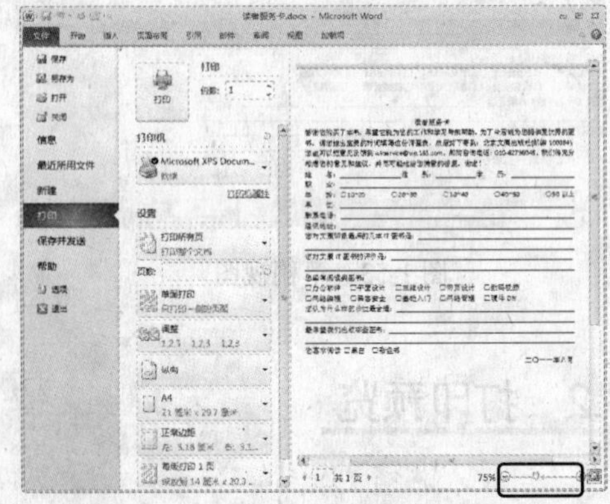

图 1-56　显示比例为 75%

(4) 单击 3 次按钮，将页面的显示比例调节到 50%的状态，查看文档的整体效果，如图 1-57 所示。

(5) 预览完文档后，单击【缩放到页面】按钮，即可将文档调节到当前窗格大小。

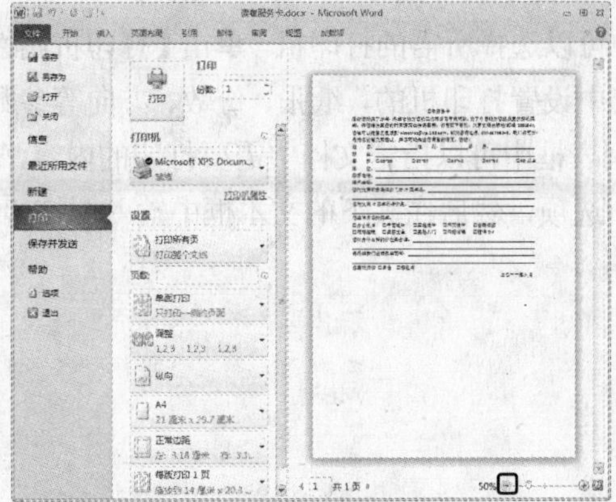

图 1-57　显示比例为 50%

提示

如果打开多页的文档，在【打印预览】窗格中，单击【下一页】按钮，切换至文档的下一页，查看该页文档的整体效果。

1.3.3　打印文档

如果一台打印机与计算机已正常连接，并且安装了所需的驱动程序，就可以在 Word 2010 中直接输出所需的文档。

1. 选择打印方式

打印文档有多种方法，可以根据不同要求设置打印方式。

- 打印当前文档：单击【文件】按钮，从弹出的【文件】菜单中选择【打印】命令，或者单击快速访问工具栏中的【快速打印】按钮。
- 打印未打开的文档：如果要打印未打开的文档，首先选中需要打印的文档(可以是一篇或者是几篇文档)，右击，从弹出的快捷菜单中选择【打印】命令即可，如图 1-58 所示。

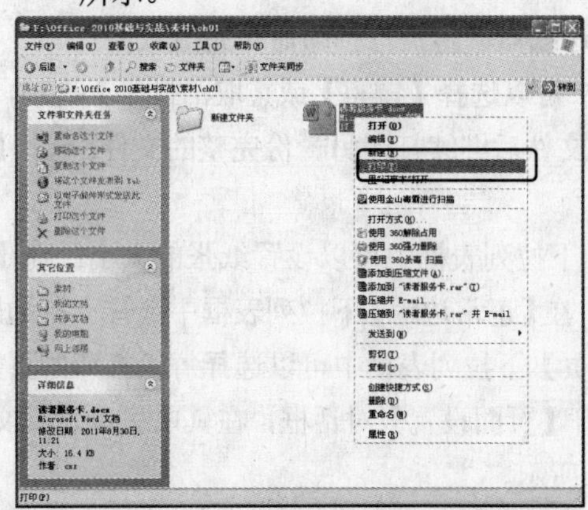

图 1-58　打印未打开的文档

提示

在打印当前文档时，执行【打印】命令后将打开 Microsoft Office Backstage 视图窗格；使用【快速打印】按钮则会直接将文档按系统默认的设置输送到打印机中进行打印。

2. 通过 Microsoft Office Backstage 视图窗格进行打印设置

在文档中单击【文件】按钮，从弹出的菜单中选择【打印】命令，将打开 Microsoft Office Backstage 视图窗格，在其中可以设置相应的选项，如图 1-59 所示。

- 选择打印机。在【打印机】下拉列表框中可以选择所需的打印机，单击【打印机属性】链接，打开【打印机属性】对话框，在其中设置打印机的，纸张、份数、方向等参数。
- 设置打印范围。在【打印所有页】下拉列表框中可以指定文档中需要打印的内容，如图 1-60 所示。选择【打印自定义范围】选项，然后在其下的文本框中输入要打印的页码或章节范围。

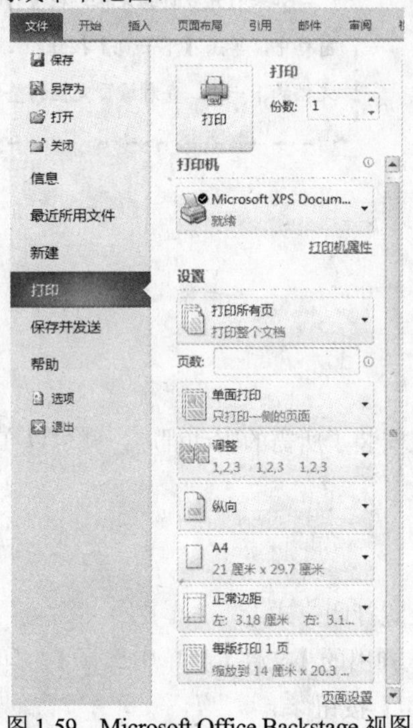
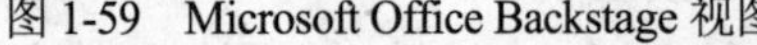

图 1-59　Microsoft Office Backstage 视图

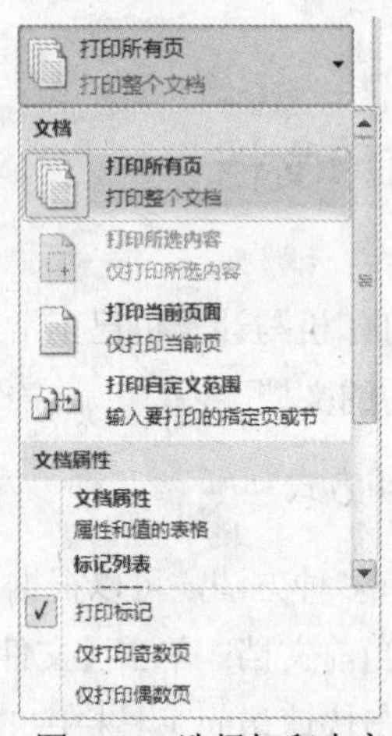

图 1-60　选择打印内容

- 打印多份。在右上角的【份数】微调框中可以输入要打印的份数。
- 手动打印双面。在【单面打印】下拉列表框中选择【手动双面打印】选项，打印完一面后，提示将打印后的纸背面向上放回送纸器，再执行打印命令完成双面打印。
- 设置逐份打印。在【调整】下拉列表框中可以选择【调整】或【取消排序】选项，选择【调整】选项，表示打印完一份完整的文件后继续打印另一份完整的文件；选择【取消排序】选项，表示多份一起打印。
- 设置纸张大小、方向和边距。在【A4】下拉列表框中可以设置纸张的大小；在【纵向】下拉列表框中可以选择打印的方向；在【正常边距】下拉列表框中选择一种边距。
- 设置每版打印的页数。在【每版打印 1 页】下拉列表框中可以选择每版打印的页数。
- 设置页面。单击【页面设置】链接，打开【页面设置】对话框，在其中可以设置文档页边距、纸张大小、版式等，如图 1-61 所示。

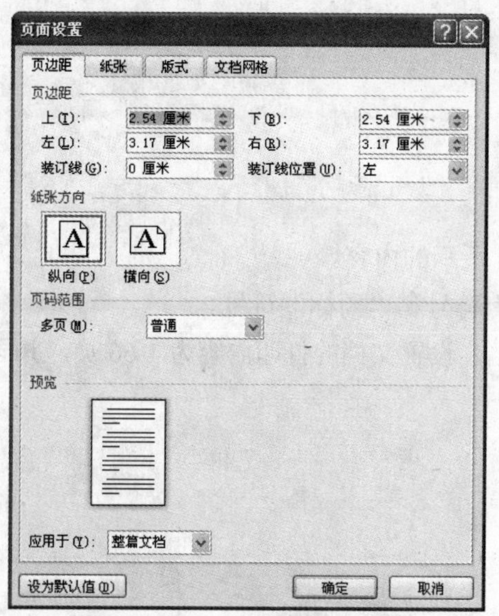

图 1-61　【页面设置】对话框

知识点

在输入打印页面的页码时，每个页码之间用“,”分隔，还可以使用“-”符号表示某个范围的页面，如输入“2-10”，表示打印从第 2 页到第 10 页的所有页面。如果输入“2-”表示打印从第 2 页到文档尾页的页面。

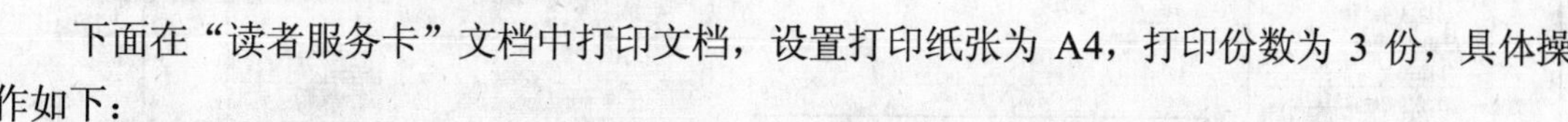

下面在“读者服务卡”文档中打印文档，设置打印纸张为 A4，打印份数为 3 份，具体操作如下：

(1) 打开“读者服务卡”文档，单击【文件】按钮，从弹出的菜单中选择【打印】命令，将打开 Microsoft Office Backstage 视图窗格。

(2) 在【打印机】列表框中选择要使用的打印机型号，在【份数】微调框中输入 3，如图 1-62 所示。

(3) 单击【打印机属性】按钮，打开【打印机属性】对话框，在【尺寸】下拉列表框中选择 A4 选项，单击【确定】按钮，如图 1-63 所示。

(4) 返回至 Microsoft Office Backstage 视图窗格中，单击【打印】按钮，即可开始打印“读者服务卡”文档。

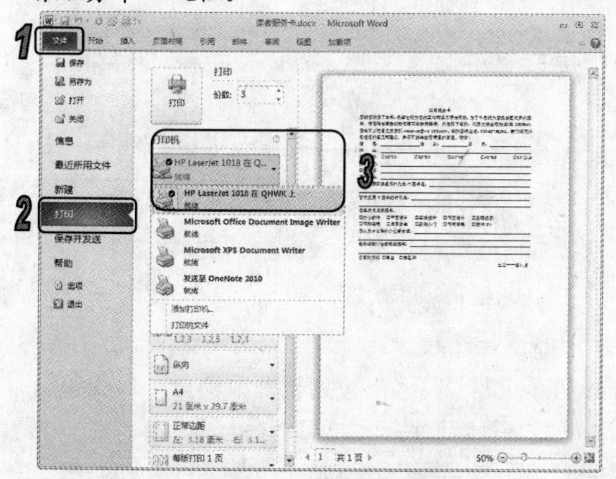

图 1-62　设置打印参数

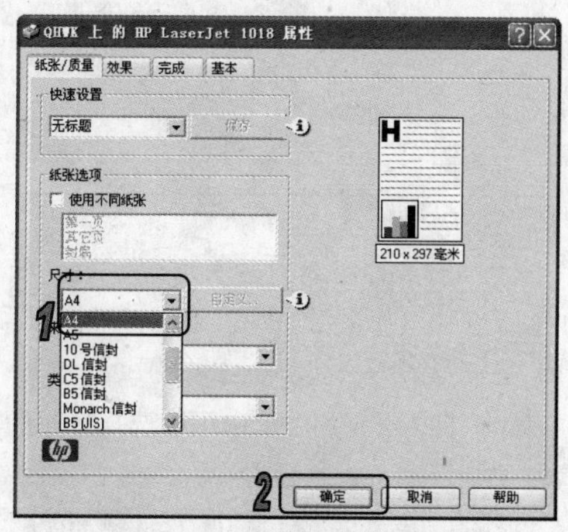

图 1-63　【打印机属性】对话框

1.4 习题

1. 简述启动和退出 Word 2010 的方法。

2. 简述 Word 2010 所提供的 5 种视图方式。

3. 新建一个 Word 文档，并输入如图 1-64 所示的内容。

4. 在文档中插入图 1-65 中的“版权所有”符号和“商标”符号。

5. 在预览窗口中查看如图 1-66 所示的文档，设置文档的打印内容为 1-66 页，并同时打印 5 份副本。

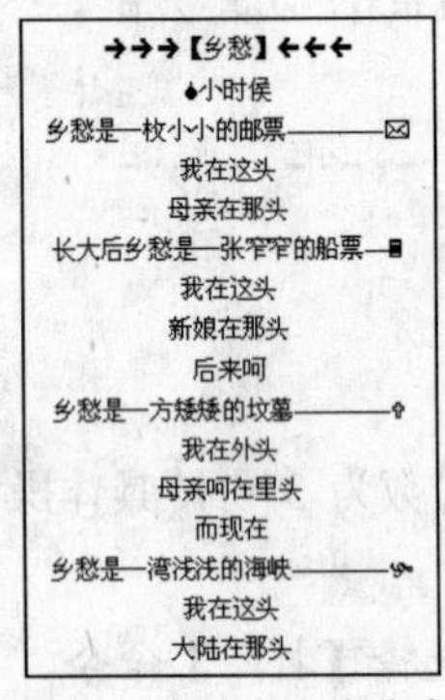

→→→【乡愁】←←←
♦小时侯
乡愁是一枚小小的邮票———✉
我在这头
母亲在那头
长大后乡愁是一张窄窄的船票——
我在这头
新娘在那头
后来呵
乡愁是一方矮矮的坟墓———
我在外头
母亲呵在里头
而现在
乡愁是一湾浅浅的海峡———
我在这头
大陆在那头

图 1-64 输入文本内容

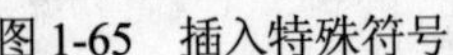

版权所有 ©2010–2011 Caoxz™

图 1-65 插入特殊符号

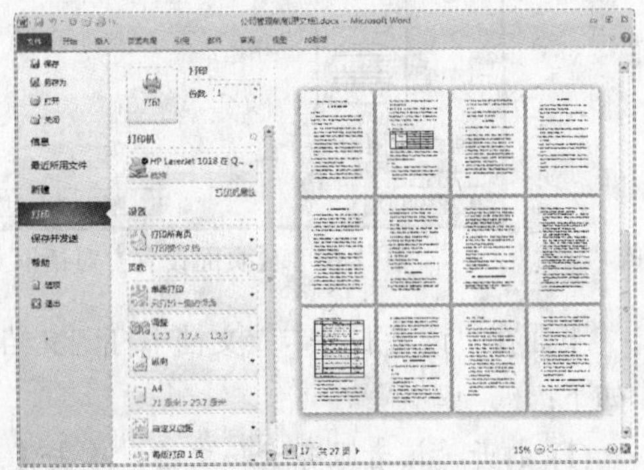

图 1-66 打印文档

第2章 格式化文本

学习目标

在 Word 文档中，文字是组成段落最基本的内容，任何一个文档都是从段落文本开始进行编辑的，当用户输入完所需的文本内容后就可以对相应的段落文本进行格式化操作，从而使文档更加美观。

本章重点

- 设置文本格式
- 设置段落格式
- 设置项目符号和编号
- 设置边框和底纹

2.1 文本与段落格式—实战 4：制作“企业培训公告”

在 Word 2010 中，为了使文档更加美观、条理清晰，通常需要对文本和段落样式进行设置。本节以制作企业培训报告为例，介绍设置文本与段落格式的方法。

2.1.1 使用功能区【字体】组设置

使用功能区的【字体】组可以快速地设置文本的样式，例如，设置字体、字号、颜色和字形等，如图 2-1 所示。

1. 设置字体

字体是指文字的外观，Word 2010 提供了多种可用的字体，默认字体为【宋体】。单击【字体】组中的【字体】下拉按钮，在弹出的下拉列表框中可为选择的文本设置字体样式。

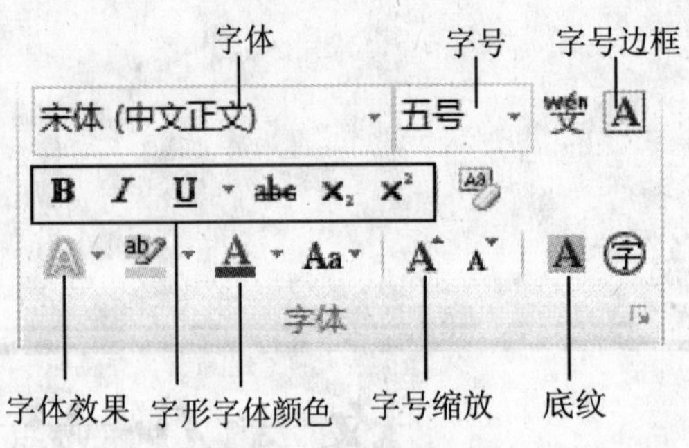

图 2-1 【字体】组

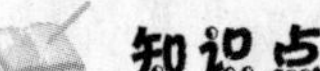

选中要设置格式的文本，此时选中文本区域的右上角将出现类似于【字体】组的浮动工具栏，通过工具栏提供的按钮可以进行文本格式的设置。

下面将创建“企业培训公告”文档，通过【字体】组设置文本字体格式，具体操作如下：

(1) 启动 Word 2010 应用程序，新建一个名为“企业培训公告”的文档，然后输入文本内容，如图 2-2 所示。

(2) 选取标题文本，在【开始】选项卡的【字体】组中，单击【字体】下拉按钮，从弹出的下拉列表框中选择【方正粗活意简体】选项，如图 2-3 所示。

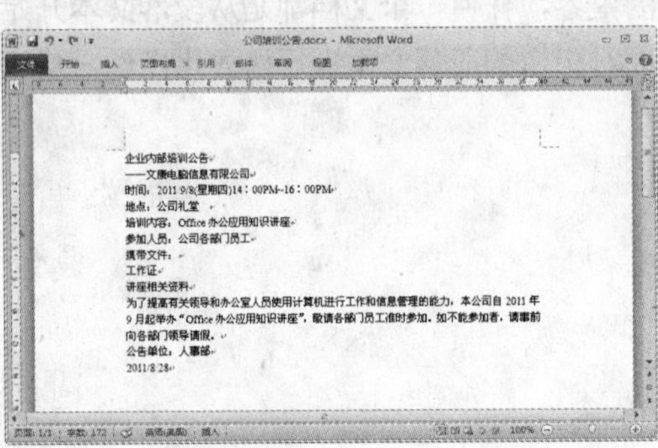

图 2-2 输入文本

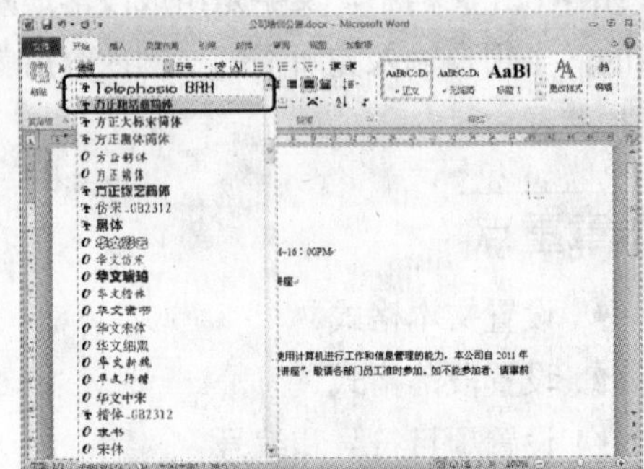

图 2-3 设置标题字体

(3) 选取正文最后一段文本，在【格式】工具栏的【字体】下拉列表框中选择【楷体】选项，如图 2-4 所示。

(4) 使用同样的方法，设置副标题段文本的字体为【隶书】，设置“公告单位”段文本的字体为【华文中宋】，效果如图 2-5 所示。

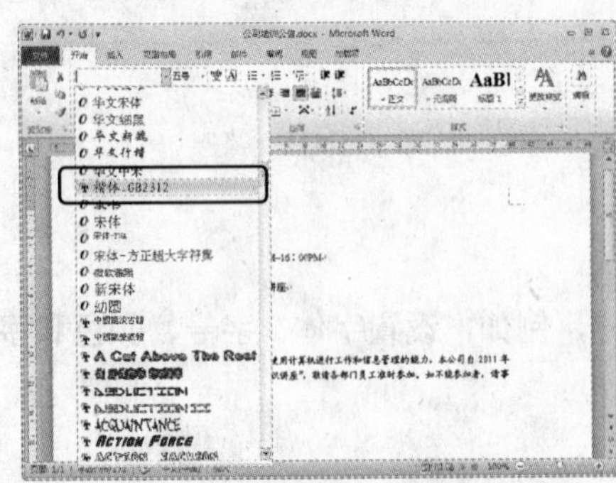

图 2-4 设置正文文本字体

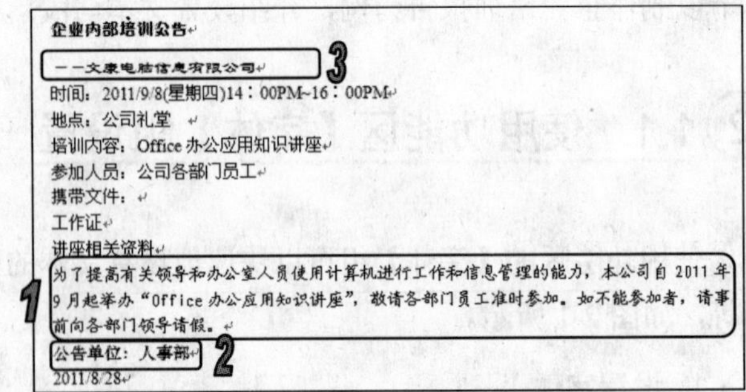
企业内部培训公告

——文康电脑信息有限公司 3

时间：2011/9/8(星期四)14：00PM~16：00PM

地点：公司礼堂

培训内容：Office 办公应用知识讲座

参加人员：公司各部门员工

携带文件：

工作证

讲座相关资料

1 为了提高有关领导和办公室人员使用计算机进行工作和信息管理的能力，本公司自 2011 年 9 月起举办“Office 办公应用知识讲座”，敬请各部门员工准时参加。如不能参加者，请事前向各部门领导请假。

公告单位：人事部 2

2011/8/28

图 2-5 设置字体后的文档效果

2. 设置字号

字号是指文字的大小。设置字号的方法与设置字体类似，在【字体】组中单击【字号】下拉按钮，在弹出的下拉列表框中可为选定的文本设置字号大小，默认字号为【五号】。

下面将在“企业培训公告”文档中，通过【字体】组设置文本字号，具体操作如下：

(1) 打开“企业培训公告”的文档，选取标题文本，在【开始】选项卡的【字体】组中，单击【字号】下拉按钮，从弹出的下拉列表框中选择【一号】选项，如图 2-6 所示。

(2) 选取副标题文本，在【字体】组中的【字号】下拉列表框中输入 24，然后按 Enter 键，完成字号设置，效果如图 2-7 所示。

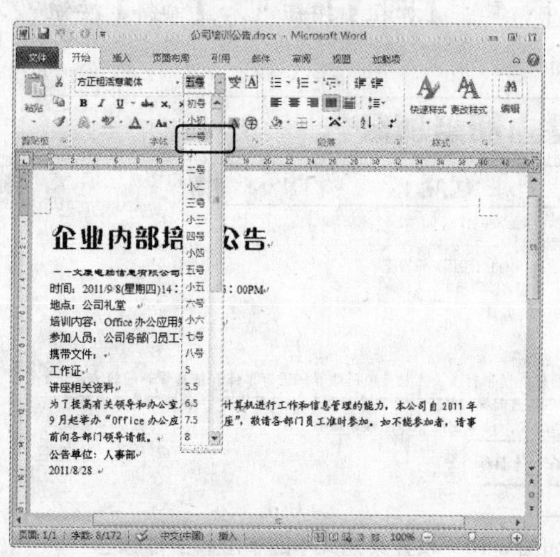

图 2-6　设置标题的字号

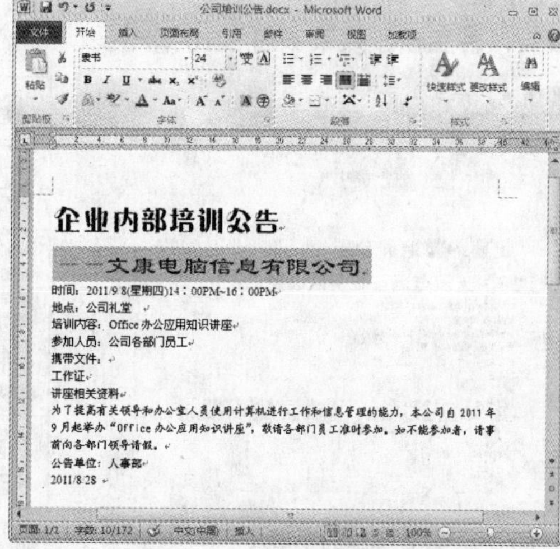

图 2-7　设置副标题字号

(3) 使用同样的方法，设置正文最后一段文本字号为【小四】，设置“公告单位”段文本的字号为 12，文档的最终效果如图 2-8 所示。

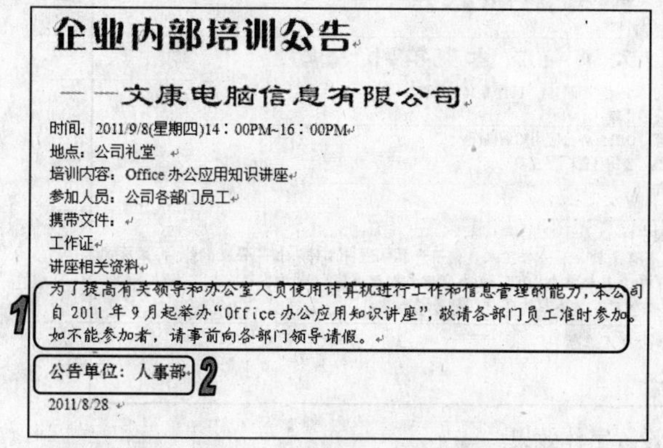

企业内部培训公告

——文康电脑信息有限公司

时间：2011/9/8(星期四)14：00PM~16：00PM

地点：公司礼堂

培训内容：Office 办公应用知识讲座

参加人员：公司各部门员工

携带文件：

工作证

讲座相关资料

1 为了提高有关领导和办公室人员使用计算机进行工作和信息管理的能力，本公司自 2011 年 9 月起举办“Office 办公应用知识讲座”，敬请各部门员工准时参加。如不能参加者，请事前向各部门领导请假。

公告单位：人事部 2

2011/8/28

图 2-8　设置字号后的文档效果

提示

Word 2010 有两种字号表示方法：一种是中文标准，用一号、二号等中文方式表示，最大的是初号，最小的是八号；另一种是西文标准，用 5、5.5 等阿拉伯数字表示，最小的是 5。

3. 设置字形、字体颜色和效果

字形包括文本的常规显示、加粗显示、倾斜显示及加粗和倾斜显示。在报刊和宣传海报中

常常通过设置字形、字体颜色和字体效果来突出重点，使文档看起来更生动、醒目。

下面将在“企业培训公告”文档中，通过工具栏设置字形及字体颜色，具体操作如下：

(1) 打开“企业培训公告”的文档，选取标题文本，在【开始】选项卡的【字体】组中，单击【加粗】按钮B，加粗显示。

(2) 在【字体】组中，单击【字体颜色】按钮A右侧的小三角按钮，在弹出的列表中选择【红色】色块，效果如图 2-9 所示。

(3) 选取副标题，单击【字体颜色】按钮A右侧的小三角按钮，在弹出的列表中选择【红色】色块。

(4) 选取“公告单位”段文本，在【字体】组中，单击【加粗】按钮B和【倾斜】按钮I，加粗和倾斜显示，效果如图 2-10 所示。

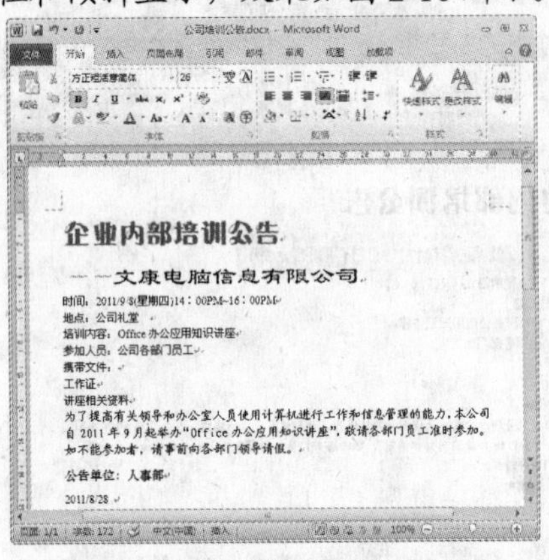

企业内部培训公告

——文康电脑信息有限公司

时间：2011/9/8(星期四)14：00PM~16：00PM

地点：公司礼堂

培训内容：Office 办公应用知识讲座

参加人员：公司各部门员工

携带文件：

工作证

讲座相关资料

为了提高有关领导和办公室人员使用计算机进行工作和信息管理的能力，本公司自 2011 年 9 月起举办“Office 办公应用知识讲座”，敬请各部门员工准时参加。如不能参加者，请事前向各部门领导请假。

公告单位：人事部

2011/8/28

图 2-9　设置标题的字形及字体颜色

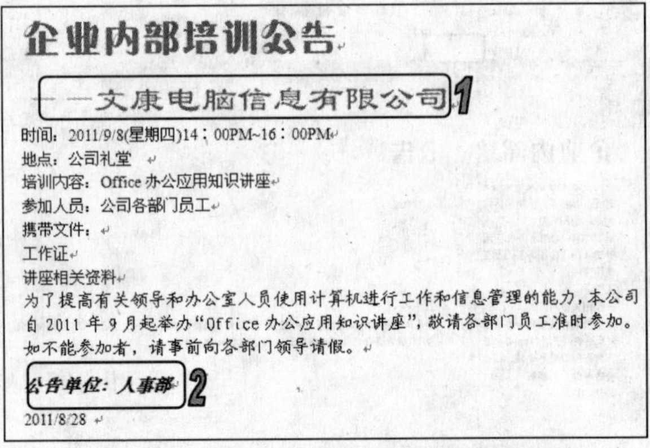

企业内部培训公告

——文康电脑信息有限公司 1

时间：2011/9/8(星期四)14：00PM~16：00PM

地点：公司礼堂

培训内容：Office 办公应用知识讲座

参加人员：公司各部门员工

携带文件：

工作证

讲座相关资料

为了提高有关领导和办公室人员使用计算机进行工作和信息管理的能力，本公司自 2011 年 9 月起举办“Office 办公应用知识讲座”，敬请各部门员工准时参加。如不能参加者，请事前向各部门领导请假。

公告单位：人事部 2

2011/8/28

图 2-10　设置其他文本的字形和字体颜色

(5) 选取标题文本，在【字体】组中，单击【文本效果】按钮A，从弹出的菜单中选择【阴影】|【居中偏移】命令，为标题应用阴影效果，如图 2-11 所示。

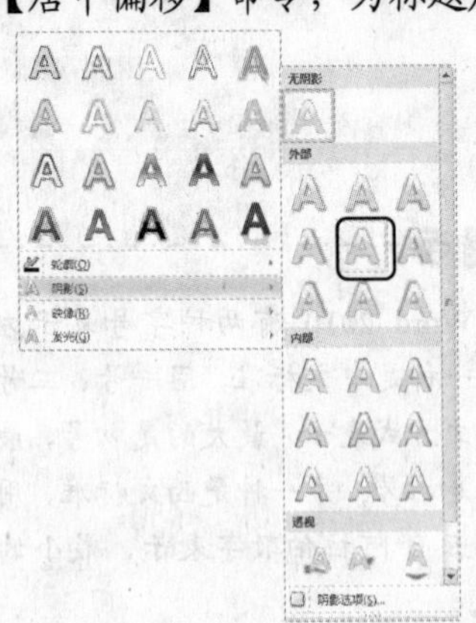

企业内部培训公告

——文康电脑信息有限公司

时间：2011/9/8(星期四)14：00PM~16：00PM

地点：公司礼堂

培训内容：Office 办公应用知识讲座

参加人员：公司各部门员工

携带文件：

工作证

讲座相关资料

为了提高有关领导和办公室人员使用计算机进行工作和信息管理的能力，本公司自 2011 年 9 月起举办“Office 办公应用知识讲座”，敬请各部门员工准时参加。如不能参加者，请事前向各部门领导请假。

公告单位：人事部

2011/8/28

图 2-11　设置字体效果

知识点

在【字体】组中单击【删除线】按钮abc，可以为文本添加删除线效果；单击【下标】按钮x_2，可以将文本设置为下标效果；单击【上标】按钮x^2，可以将文本设置为上标效果。

2.1.2　使用【字体】对话框设置

在【字体】对话框中不仅可以完成功能区【字体】组中所有字体的设置功能，而且还能给文本添加特殊的效果，设置字符间距等。

1. 设置字符格式

打开【开始】选项卡，在【字体】组中单击对话框启动器按钮，打开【字体】对话框中的【字体】选项卡，如图 2-12 所示。在【中文字体】或【西文字体】下拉列表框中选择文本使用的字体；在【字号】列表框中选择文本使用的字号，或直接在【字号】文本框中输入所需要的字号；在【字体颜色】下拉列表框中选择文本使用的颜色；在【字形】下拉列表框中选择文本使用的字形；在【效果】选项区域中设置文本效果，如删除线、上标、下标等。

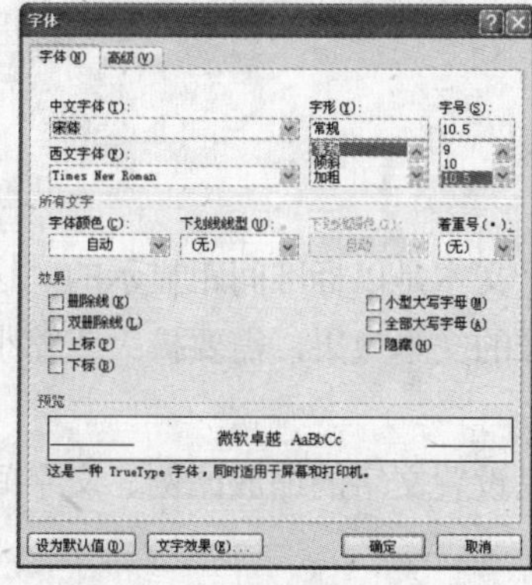

图 2-12　【字体】选项卡

提示

在【字体】对话框的【字体】选项卡中，设置完字体格式后，单击【设置为默认】按钮，可将设置的字体作为 Word 2010 的默认字体。

下面将在“企业培训公告”文档中，通过【字体】选项卡设置字符格式，具体操作如下：

(1) 打开“企业培训公告”的文档，选取标题文本，在【开始】选项卡中，单击【字体】组中右下角的对话框启动器按钮，打开【字体】对话框。

(2) 打开【字体】选项卡，在【下划线线型】下拉列表框中选择一种双线型，单击【确定】按钮，为标题文本添加双下划线，如图 2-13 所示。

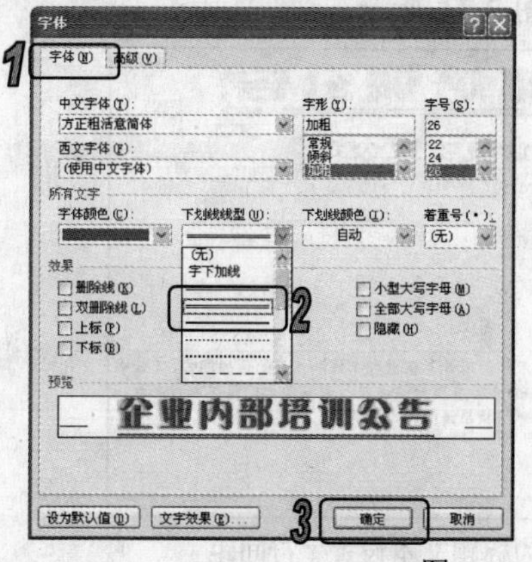

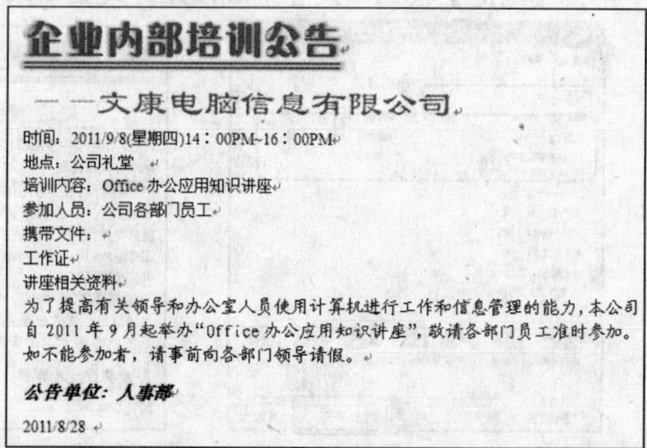

企业内部培训公告

——文康电脑信息有限公司

时间：2011/9/8(星期四)14：00PM~16：00PM

地点：公司礼堂

培训内容：Office 办公应用知识讲座

参加人员：公司各部门员工

携带文件：

工作证

讲座相关资料

为了提高有关领导和办公室人员使用计算机进行工作和信息管理的能力，本公司自 2011 年 9 月起举办“Office 办公应用知识讲座”，敬请各部门员工准时参加。如不能参加者，请事前向各部门领导请假。

公告单位：人事部

2011/8/28

图 2-13　为标题文本添加双下划线线型

(3) 选取“培训内容”后的文本“Office 办公应用知识讲座”，在【字体】组中单击对话框启动器按钮，打开【字体】对话框的【字体】选项卡。

(4) 在【着重号】下拉列表框中选择着重号，单击【确定】按钮，文档效果如图 2-14 所示。

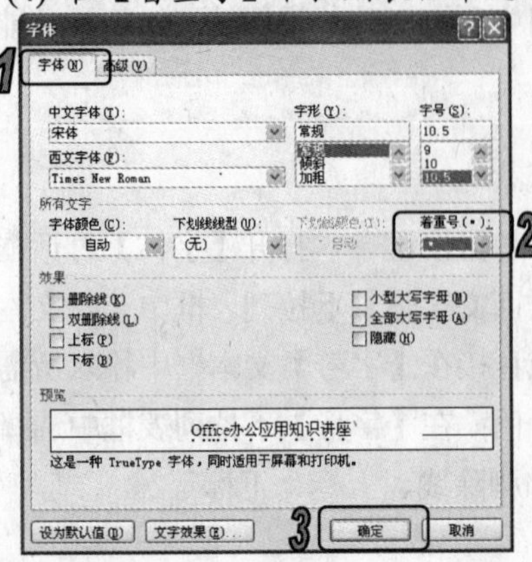

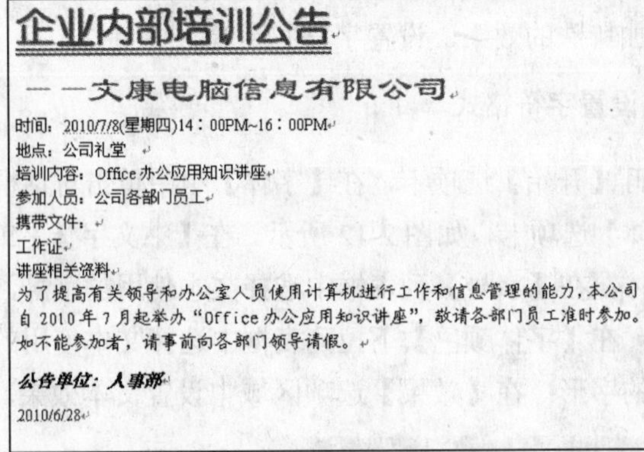

企业内部培训公告

——文康电脑信息有限公司

时间：2010/7/8(星期四)14：00PM~16：00PM

地点：公司礼堂

培训内容：Office办公应用知识讲座

参加人员：公司各部门员工

携带文件：

工作证

讲座相关资料

为了提高有关领导和办公室人员使用计算机进行工作和信息管理的能力，本公司自 2010 年 7 月起举办“Office 办公应用知识讲座”，敬请各部门员工准时参加。如不能参加者，请事前向各部门领导请假。

公告单位：人事部

2010/6/28

图 2-14　为文本添加着重号

2. 设置字符间距

字符间距是指文档中字与字之间的距离。在通常情况下，文本是以标准间距显示的，这样的字符间距适用于绝大多数文本。但有时候为了创建一些特殊的文本效果，需要扩大或缩小字符间距。

在【字体】对话框中，打开【高级】选项卡，在其中可以设置文字的缩放比例、文字间距和相对位置等详细参数。

下面将在“企业培训公告”文档中，通过【字体】选项卡设置字符间距，具体操作如下：

(1) 打开“企业培训公告”的文档，选取标题文本，在【开始】选项卡中，单击【字体】组中右下角的对话框启动器按钮，打开【字体】对话框。

(2) 打开【高级】选项卡，在【缩放】列表框中选择 150%；在【间距】下拉列表框中选择【加宽】选项，在【磅值】微调框中输入 1.5 磅；在【位置】下拉列表框中选择【降低】选项，在【磅值】微调框中输入 3 磅，如图 2-15 所示。

(3) 单击【确定】按钮，设置完成，此时文档效果如图 2-16 所示。

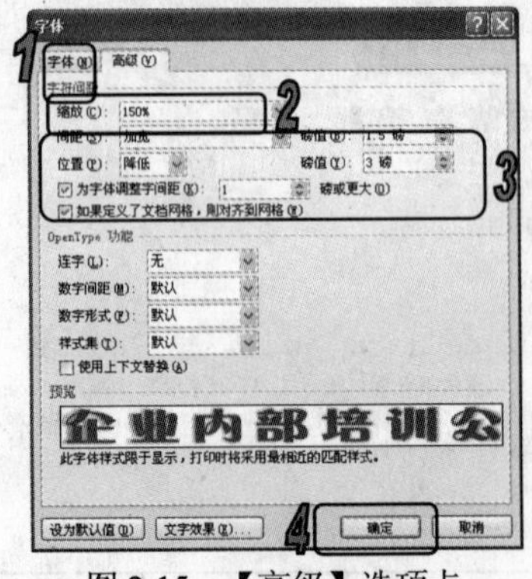

图 2-15　【高级】选项卡

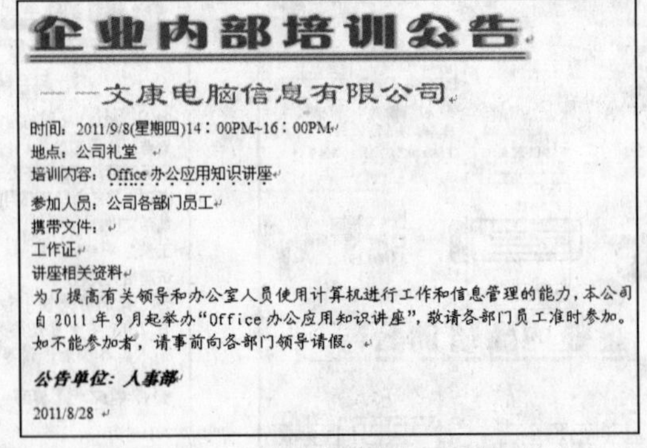

企业内部培训公告

——文康电脑信息有限公司

时间：2011/9/8(星期四)14：00PM~16：00PM

地点：公司礼堂

培训内容：Office办公应用知识讲座

参加人员：公司各部门员工

携带文件：

工作证

讲座相关资料

为了提高有关领导和办公室人员使用计算机进行工作和信息管理的能力，本公司自 2011 年 9 月起举办“Office 办公应用知识讲座”，敬请各部门员工准时参加。如不能参加者，请事前向各部门领导请假。

公告单位：人事部

2011/8/28

图 2-16　为标题文本设置字符间距

2.1.3　设置段落对齐方式

段落对齐指文档边缘的对齐方式，包括两端对齐、居中对齐、左对齐、右对齐和分散对齐。

- 两端对齐：默认设置，两端对齐时文本左右两端均对齐，但是段落最后一行中不满一行的文字右边是不对齐的。
- 左对齐：文本左边对齐，右边参差不齐。
- 右对齐：文本右边对齐，左边参差不齐。
- 居中对齐：文本居中排列。
- 分散对齐：文本左右两边均对齐，而且每个段落的最后一行不满一行时，将拉开字符间距使该行均匀分布。

设置段落对齐方式时，先选定要对齐的段落，或将插入点定位到段落的任意位置，然后可以通过单击【开始】选项卡的【段落】组(或浮动工具栏)中的相应按钮来实现，如图 2-17 所示，也可以通过【段落】对话框来实现，如图 2-18 所示。其中，使用【段落】组是最快捷方便、最常使用的方法。

图 2-17　【开始】选项卡的【段落】组

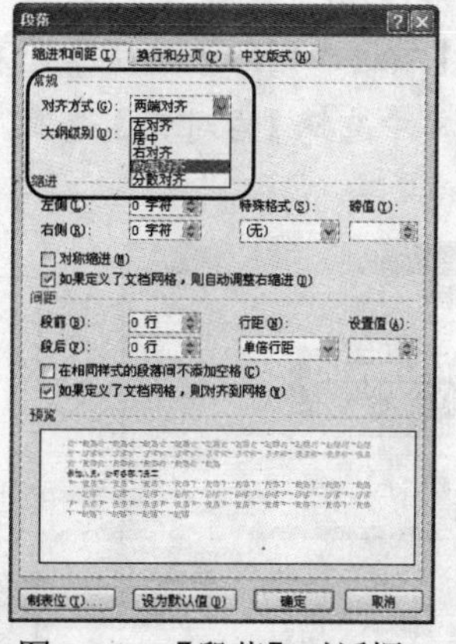

图 2-18　【段落】对话框

下面将在“企业培训公告”文档中，通过【格式】工具栏设置文档的段落对齐方式，具体操作如下：

(1) 打开“企业培训公告”文档，将插入点定位在标题文本中，打开【开始】选项卡，在【段落】组中单击【居中】按钮，将标题设为居中对齐，效果如图 2-19 所示。

(2) 选取副标题文本，在【段落】组中单击【右对齐】按钮，将副标题设为右对齐。

(3) 选取正文部分，在【段落】组中单击【两端对齐】按钮，将正文设为两端对齐，效果如图 2-20。

知识点

按 Ctrl+E 组合键，可以设置段落居中对齐；按 Ctrl+Shift+J 组合键，可以设置段落分散对齐；按 Ctrl+L 组合键，可以设置段落左对齐；按 Ctrl+R 组合键，可以设置段落右对齐；按 Ctrl+J 组合键，可以设置段落两端对齐。

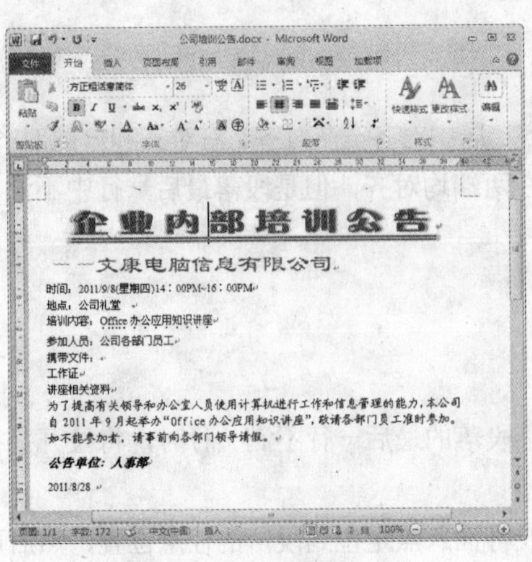

图 2-19　设置标题对齐方式

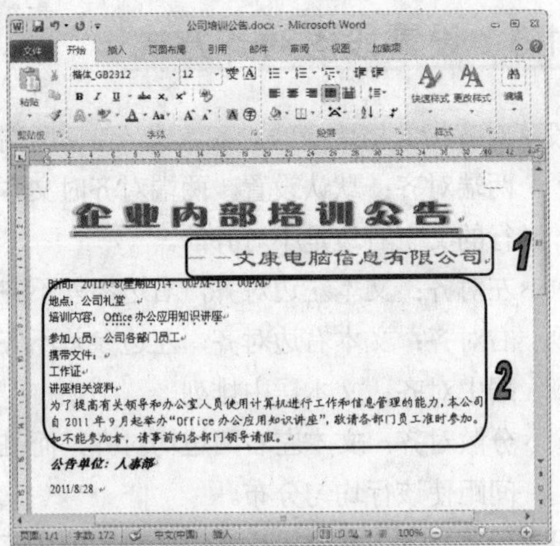

图 2-20　设置副标题和正文对齐方式

(4) 选取“公告单位”段文本和“时间”段文本，在【段落】组中单击对话框启动器按钮，打开【段落】对话框。

(5) 打开【缩进和间距】选项卡，在【常规】选项区域中单击【对齐方式】下拉按钮，从弹出的下拉菜单中选择【右对齐】选项，单击【确定】按钮，完成设置，文档最终效果如图 2-21 所示。

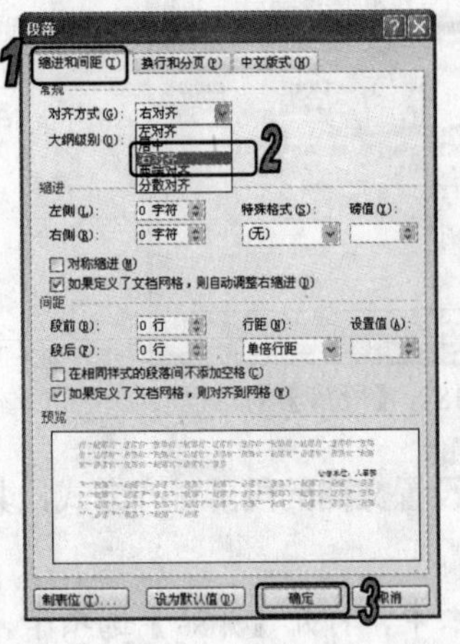

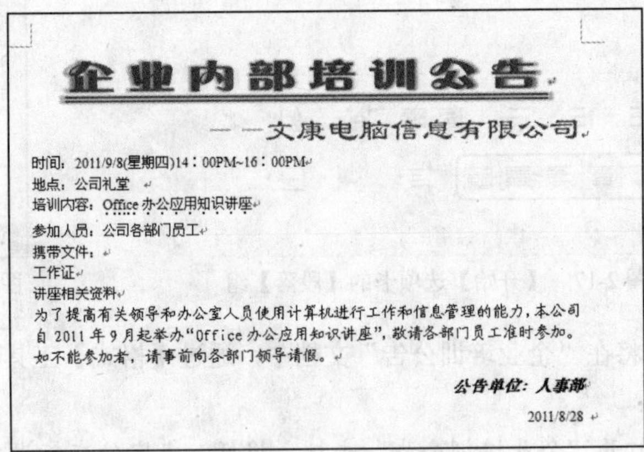

图 2-21　设置段落对齐方式后的文档效果

2.1.4　设置段落缩进

段落缩进是指段落中的文本与页边距之间的距离。Word 2010 提供了 4 种段落缩进的方式：左缩进、右缩进、悬挂缩进和首行缩进。

- 左缩进：设置整个段落左边界的缩进位置。
- 右缩进：设置整个段落右边界的缩进位置。

◉ 悬挂缩进：设置段落中除首行以外的其他行的起始位置。

◉ 首行缩进：设置段落中首行的起始位置。

1. 使用标尺设置段落缩进

通过水平标尺可以快速设置段落的缩进方式及缩进量。水平标尺中包括首行缩进标尺、悬挂缩进、左缩进和右缩进 4 个标记，如图 2-22 所示。拖动各标记就可以设置相应的段落缩进方式。

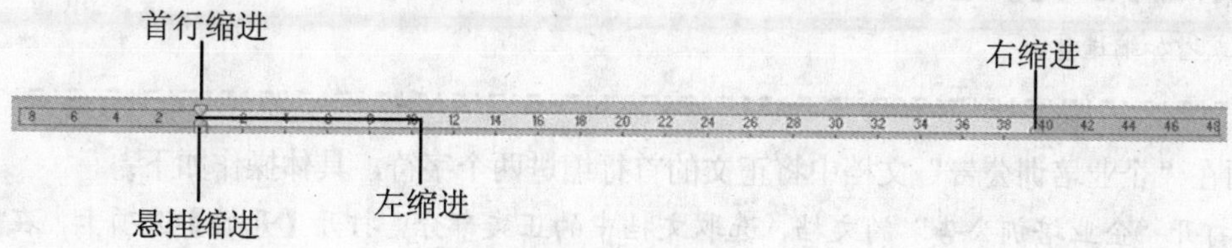

图 2-22　水平标尺

提示

在使用水平标尺格式化段落时，按住 Alt 键不放，用鼠标光标拖动标记，水平标尺上将显示具体的值，用户可以根据该值精确地设置缩进量。

使用标尺设置段落缩进时，先在文档中选择要改变缩进的段落，然后拖动缩进标记到缩进位置，可以使某些行缩进。在拖动鼠标时，整个页面上出现一条垂直虚线，以显示新边距的位置，如图 2-23 所示。

2. 使用【段落】对话框设置缩进

通过【段落】对话框可以更精确地设置段落缩进量。选择【格式】|【段落】命令，打开【段落】对话框的【缩进和间距】选项卡，如图 2-24 所示。

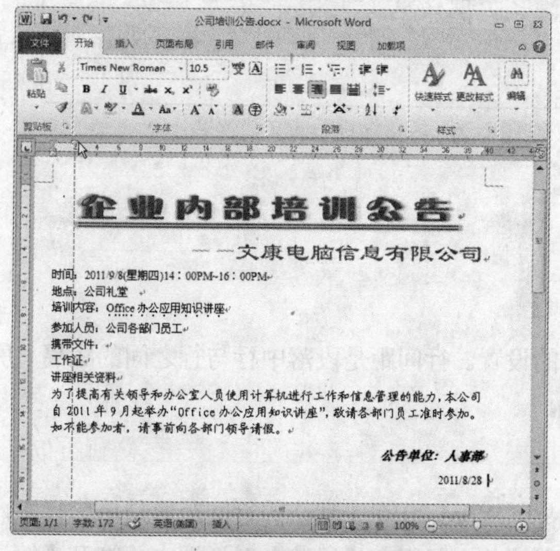

图 2-23　使用标尺设置段落缩进

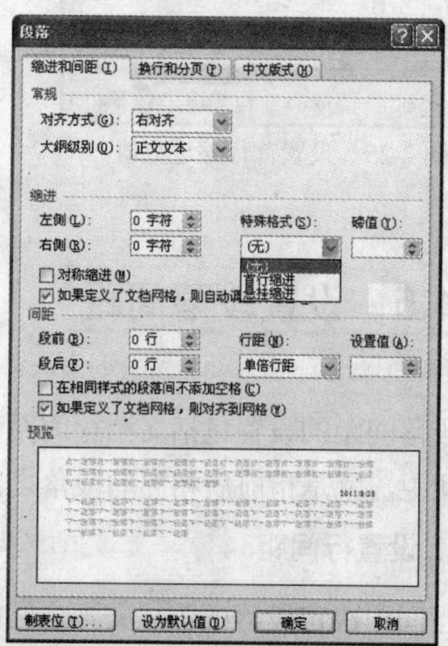

图 2-24　【缩进和间距】选项卡

在【缩进】选项区域的【左】文本框中输入左缩进值，则所有行从左边缩进；在【右】文本框中输入右缩进的值，则所有行从右边缩进；在【特殊格式】下拉列表框可以选择段落缩进的方式。

知识点

在【段落】组或【格式】浮动工具栏中，单击【减少缩进量】按钮或【增加缩进量】按钮可以减少或增加缩进量。

下面在“企业培训公告”文档中将正文的首行缩进两个字符，具体操作如下：

(1) 打开“企业培训公告”的文档，选取文档中的正文部分，打开【开始】选项卡，在【段落】组中单击对话框启动器按钮，打开【段落】对话框。

(2) 打开【缩进和间距】选项卡，在【特殊格式】下拉列表框中选择【首行缩进】选项，在【磅值】微调框中输入“2 字符”，如图 2-25 所示。

(3) 单击【确定】按钮，完成段落的缩进设置，效果如图 2-26 所示。

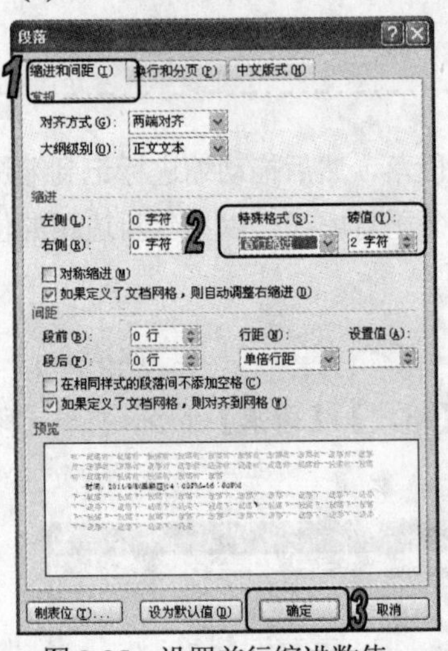

图 2-25　设置首行缩进数值

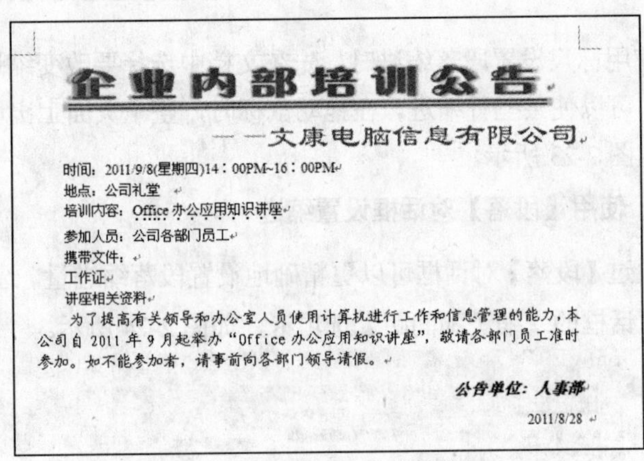
企业内部培训公告

——文康电脑信息有限公司

时间：2011/9/8(星期四)14：00PM~16：00PM

地点：公司礼堂

培训内容：Office 办公应用知识讲座

参加人员：公司各部门员工

携带文件：

工作证

讲座相关资料

为了提高有关领导和办公室人员使用计算机进行工作和信息管理的能力，本公司自 2011 年 9 月起举办“Office 办公应用知识讲座”，敬请各部门员工准时参加。如不能参加者，请事前向各部门领导请假。

公告单位：人事部

2011/8/28

图 2-26　段落缩进后的文档效果

2.1.5　设置段落间距

段落间距的设置包括文档行间距与段间距的设置。行间距是段落中行与行之间的距离。所谓段间距，就是指前后相邻的段落之间的距离。

1. 设置行间距

行间距决定段落中各行文本之间的垂直距离。Word 2010 中默认的行间距值是单倍行距，用户可以根据需要重新设置行间距。操作方法很简单，只需在【段落】对话框中，打开【缩进和间距】选项卡，在【行距】下拉列表框中选择相应的选项，在【设置值】微调框中输入间距

数值。

下面在“企业培训公告”文档中，通过【段落】对话框设置行间距，具体操作如下：

(1) 打开“企业培训公告”的文档，选取文档中的正文部分，打开【开始】选项卡，在【段落】组中单击对话框启动器按钮，打开【段落】对话框。

(2) 打开【缩进和间距】选项卡，在【行距】下拉列表框中选择【固定值】选项，在【设置值】微调框中输入“20 磅”，如图 2-27 所示。

(3) 单击【确定】按钮，完成正文段落行间距的设置，效果如图 2-28 所示。

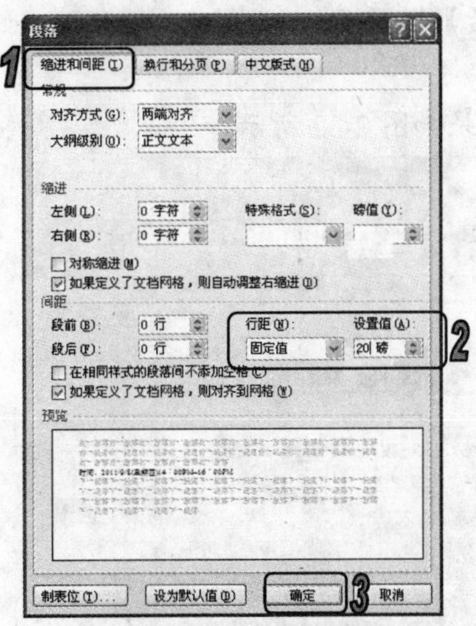

图 2-27 【缩进和间距】选项卡

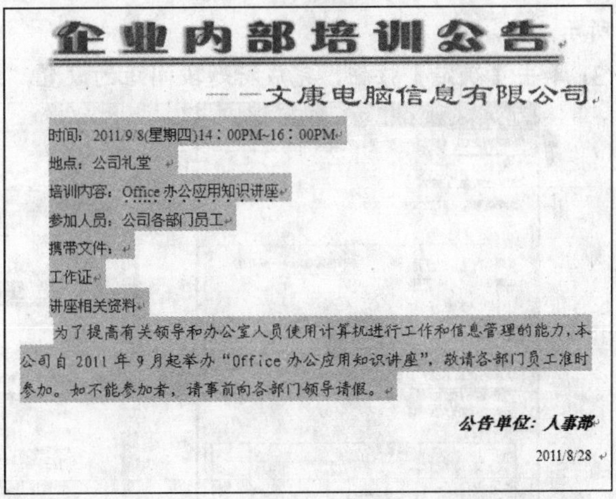

企业内部培训公告

——文康电脑信息有限公司

时间：2011/9/8(星期四)14：00PM~16：00PM

地点：公司礼堂

培训内容：Office 办公应用知识讲座

参加人员：公司各部门员工

携带文件：

工作证

讲座相关资料

为了提高有关领导和办公室人员使用计算机进行工作和信息管理的能力，本公司自 2011 年 9 月起举办“Office 办公应用知识讲座”，敬请各部门员工准时参加。如不能参加者，请事前向各部门领导请假。

公告单位：人事部

2011/8/28

图 2-28 设置行距后的正文效果

(4) 选取日期段文本，然后在【段落】组中单击对话框启动器按钮，打开【段落】对话框。

(5) 打开【缩进和间距】选项卡，在【行距】下拉列表框中选择【1.5 倍行距】选项，如图 2-29 所示。

(6) 单击【确定】按钮，完成设置，文档最终效果如图 2-30 所示。

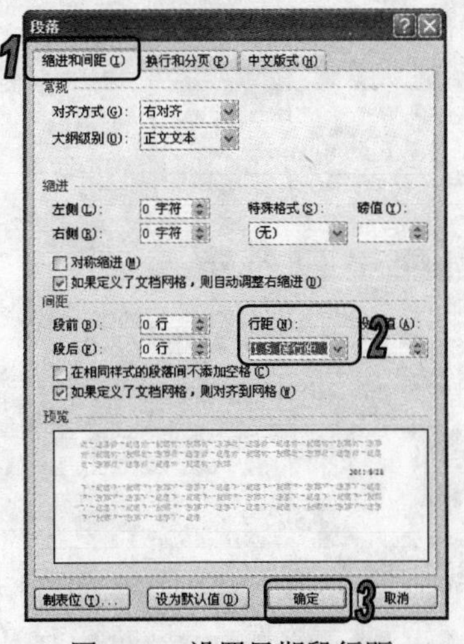

图 2-29 设置日期段行距

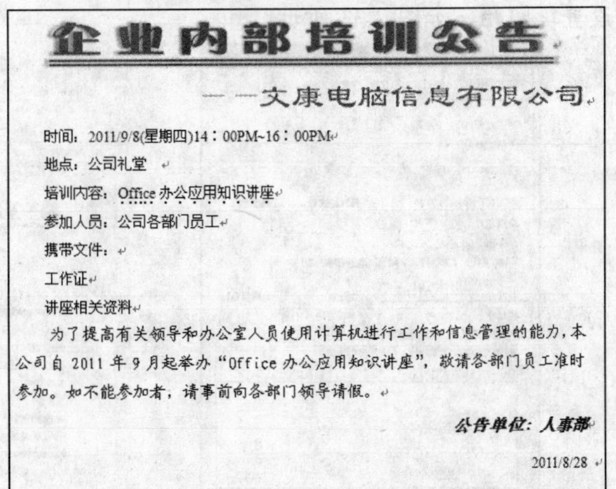

企业内部培训公告

——文康电脑信息有限公司

时间：2011/9/8(星期四)14：00PM~16：00PM

地点：公司礼堂

培训内容：Office 办公应用知识讲座

参加人员：公司各部门员工

携带文件：

工作证

讲座相关资料

为了提高有关领导和办公室人员使用计算机进行工作和信息管理的能力，本公司自 2011 年 9 月起举办“Office 办公应用知识讲座”，敬请各部门员工准时参加。如不能参加者，请事前向各部门领导请假。

公告单位：人事部

2011/8/28

图 2-30 显示文档的最终效果

2. 设置段间距

段间距决定段落前后空白距离的大小。在 Word 2010 中同样可以根据需要重新设置段落间距。在【段落】对话框中，打开【缩进和间距】选项卡，在【段前】和【段后】微调框中输入段间距数值即可。

下面在“企业培训公告”文档中，通过【段落】对话框设置段间距，具体操作如下：

(1) 打开“企业培训公告”的文档，将光标定位在标题段落中，打开【开始】选项卡，在【段落】组中单击对话框启动器按钮，打开【段落】对话框。

(2) 打开【缩进和间距】选项卡，在【段前】和【段后】微调框中分别输入“2 行”，如图 2-31 所示。

(3) 单击【确定】按钮，完成标题段间距的设置，效果如图 2-32 所示。

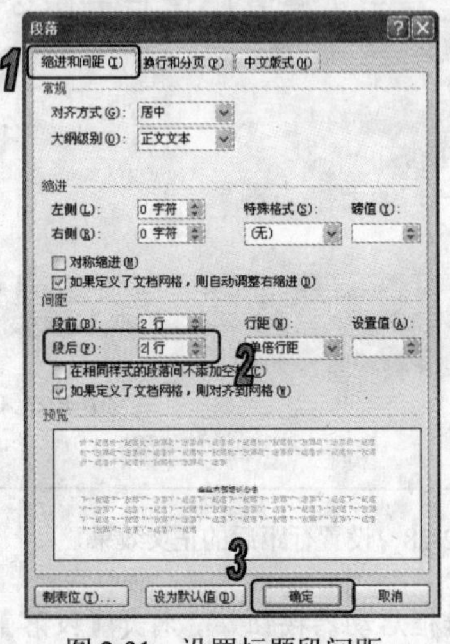

图 2-31　设置标题段间距

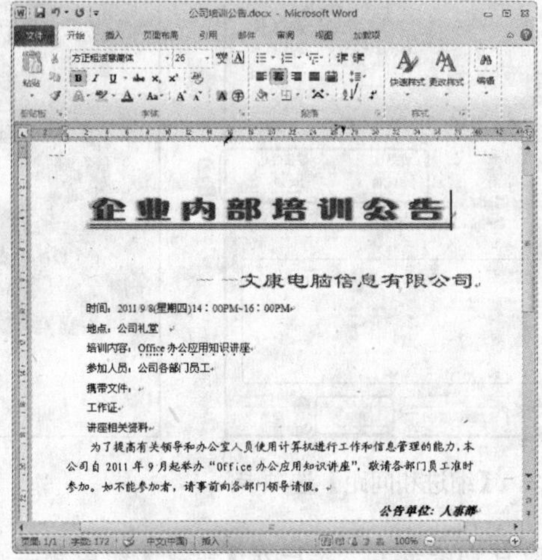

图 2-32　显示标题段间距效果

(4) 将光标定位在副标题段中，打开【段落】对话框的【缩进和间距】选项卡，在【段后】微调框中输入“1 行”，在行距下拉列表框中选择【单倍行距】选项单击【确定】按钮，为副标题设置段间距，如图 2-33 所示。

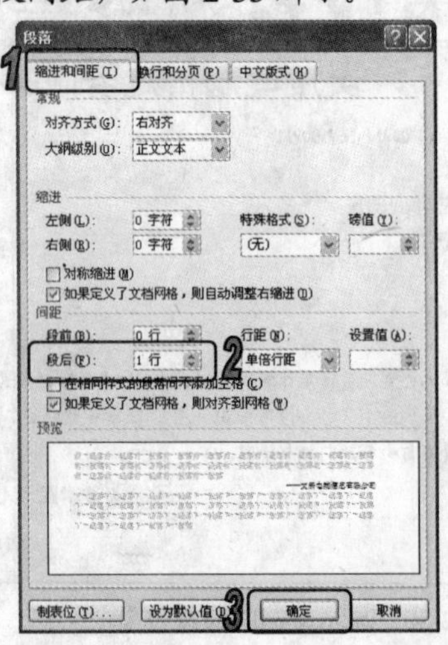

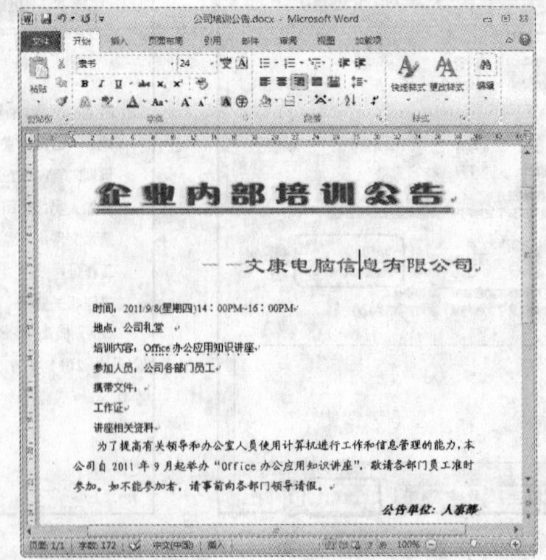

图 2-33　设置副标题段间距

(5) 将光标定位在“公告单位”段中，选择【格式】|【段落】命令，打开【段落】对话框的【缩进和间距】选项卡，在【段前】微调框中输入“1 行”，单击【确定】按钮，为“公告单位”段设置段间距，如图 2-34 所示。

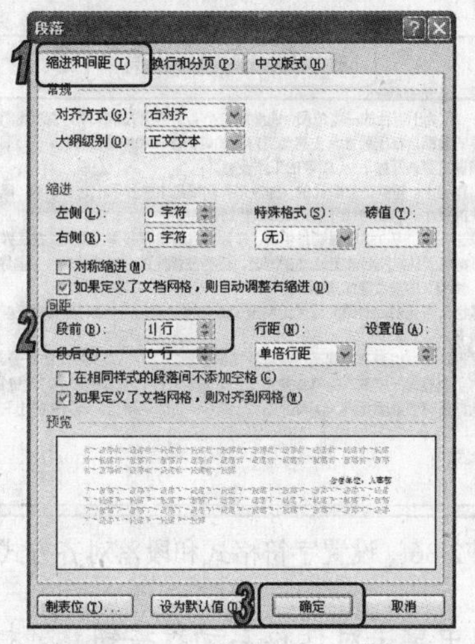

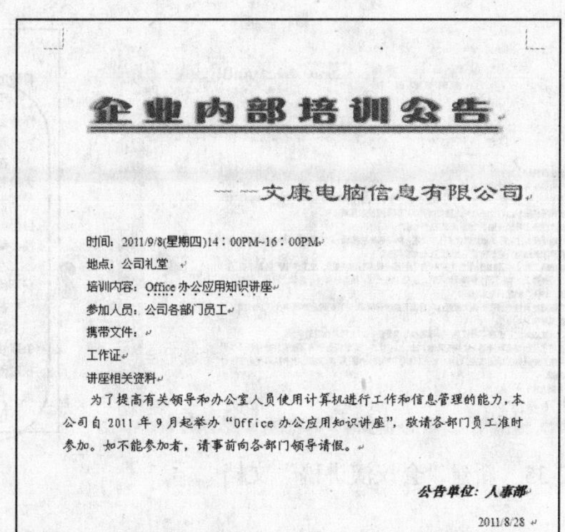

图 2-34 设置公告单位文本段间距

(6) 在快速访问工具栏中【保存】按钮，保存“企业培训公告”文档。

2.2 项目符号和编号—实战 5：制作“会议演讲稿”

使用项目符号和编号列表，可以对文档中并列的项目进行组织，或者将顺序的内容进行编号，使这些项目的层次结构更清晰、更有条理。Word 2010 提供了 7 种标准的项目符号和编号，并且允许用户自定义项目符号和编号。本节以制作会议演讲稿为例，介绍设置项目符号和编号的方法。

2.2.1 添加项目符号和编号

Word 2010 提供了自动添加项目符号和编号的功能。在以 1.、(1)、a 等字符开始的段落中按下 Enter 键，下一段开始将会自动出现 2.、(2)、b 等字符。

除了使用 Word 2010 的自动添加项目符号和编号功能，还可以在输入文本之后，选中需要添加项目符号或编号的段落，打开【开始】选项卡，在【段落】组中单击【项目符号】按钮，将自动在每一个段落前面添加项目符号；单击【编号】按钮，将以 1.、2.、3.的形式为各段进行编号。

下面将创建“会议演讲稿”文档，并添加项目符号和编号，具体操作如下：

(1) 启动 Word 2010，新建一个名为“会议演讲稿”的文档，然后输入如图 2-35 所示的文本内容。

(2) 选取标题文本，设置字体为【黑体】，字号为【二号】，居中对齐，字符间距为加宽6磅；选取除开头语段之外的正文文本，设置正文的段落格式为首行缩进两个字符，效果如图2-36所示。

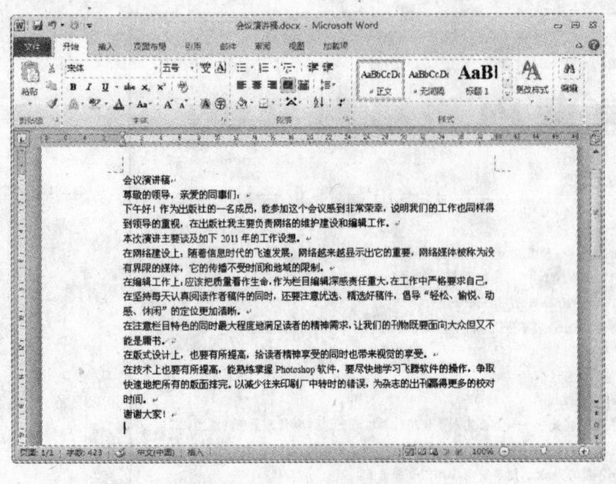

图2-35　新建“会议演讲稿”文档

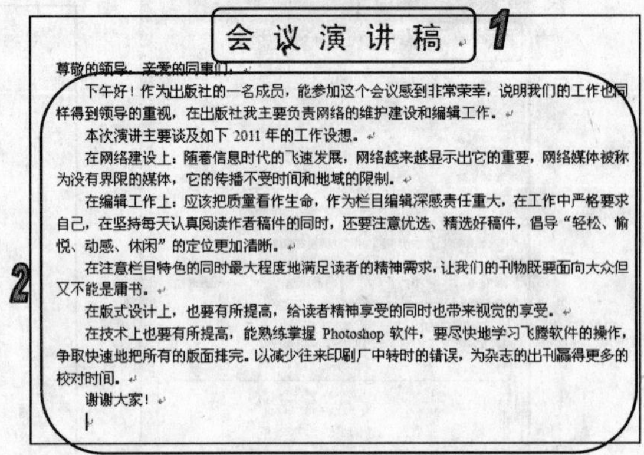

图2-36　设置字符格式和段落对齐方式

(3) 选取标题文本，在【开始】选项卡的【段落】组中单击对话框启动器按钮，打开【段落】对话框的【缩进和间距】选项卡，在【段前】和【段后】微调框中输入“1行”，单击【确定】按钮，为标题设置段间距，如图2-37所示。

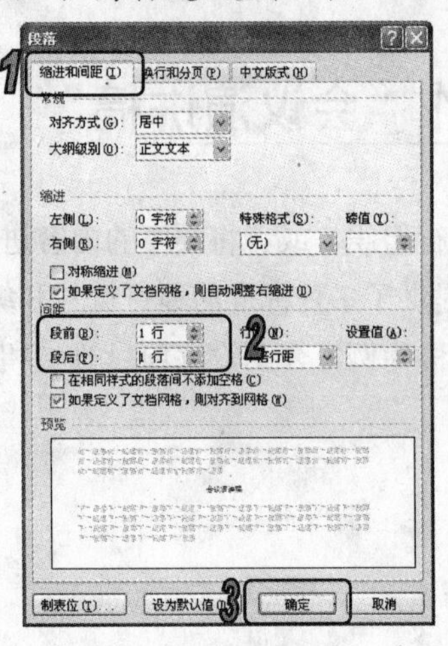

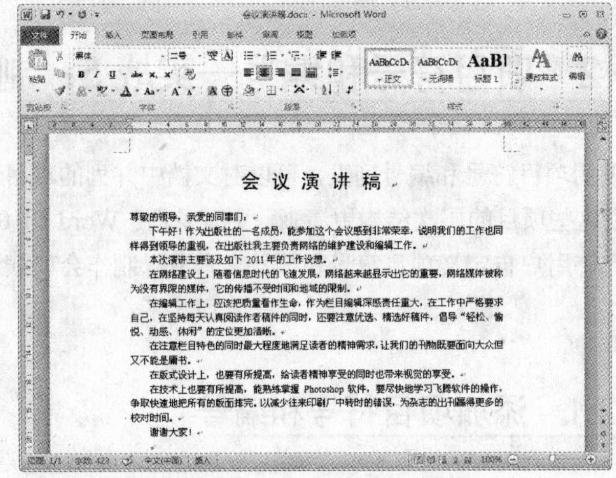

图2-37　为标题设置段间距

(4) 选择段落“工作设想”后面的两段并列项目，然后在【开始】选项卡的【段落】组中单击【项目符号】按钮，为其添加项目符号，效果如图2-38所示。

(5) 选取项目符号后面的三段并列文本，然后在【开始】选项卡的【段落】组中单击【编号】按钮，从弹出列表框中选择一种编号样式，即可为其添加编号，效果如图2-39所示。

知识点

要结束自动创建项目符号或编号，可以连续按Enter键两次，也可以按Backspace键删除新创建的项目符号或编号。

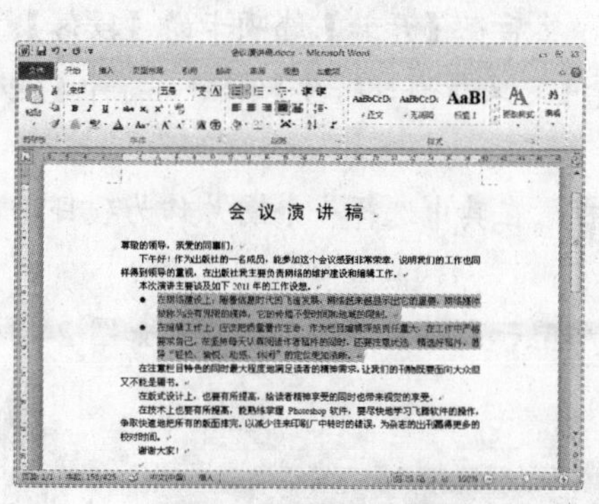

图 2-38 添加项目符号

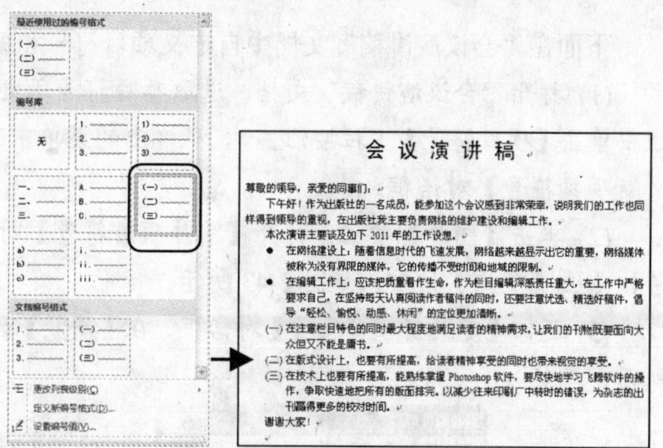

图 2-39 添加项目编号

2.2.2 自定义项目符号和编号

在 Word 2010 中，除了可以使用提供的项目符号和编号外，还可以使用图片等自定义项目符号和编号样式。

选取项目符号段落，打开【开始】选项卡，在【段落】组中单击【项目符号】下拉按钮，从弹出的下拉菜单中选择【定义新项目符号】命令，打开【定义新项目符号】对话框，如图 2-40 所示，在其中可以自定义一种新项目符号。

选取编号段落，打开【开始】选项卡，在【段落】组中单击【编号】下拉按钮，从弹出的下拉菜单中选择【定义新编号格式】命令，打开【定义新编号格式】对话框，如图 2-41 所示。在【编号样式】下拉列表中选择其他编号的样式，并在【起始编号】文本框中输入起始编号；单击【字体】按钮，可以在打开的对话框中设置项目编号的字体；在【对齐方式】下拉列表中选择编号的对齐方式。另外，在【开始】选项卡的【段落】组中单击【编号】下拉按钮，从弹出的下拉菜单中选择【设置编号值】命令，打开【起始编号】对话框，如图 2-42 所示，在【值设置为】微调框中可以自定义编号的起始数值。

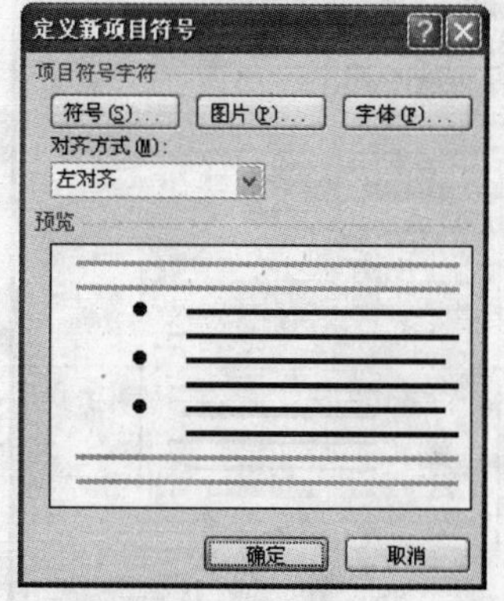

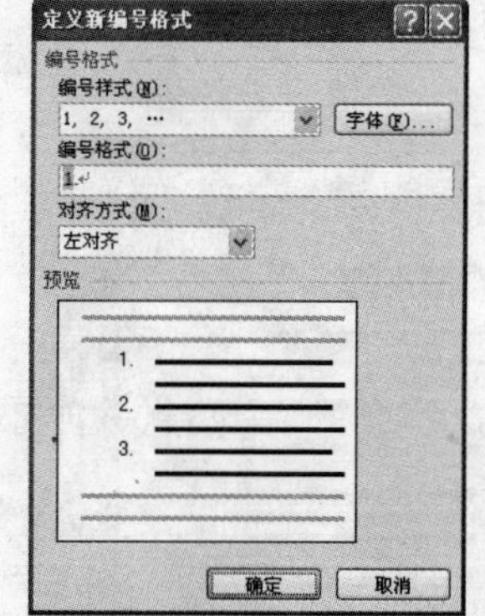

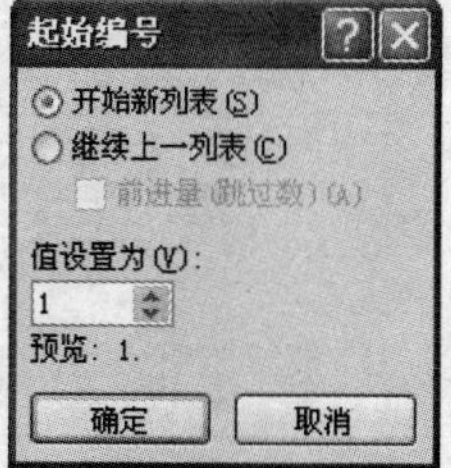

图 2-40 【定义新项目符号】对话框　图 2-41 【定义新编号格式】对话框　图 2-42 【起始编号】对话框

下面在“会议演讲稿”文档中自定义项目符号和编号，具体操作如下：

(1) 打开“会议演讲稿”文档，选取项目符号段文本，然后在【开始】选项卡的【段落】组中单击【项目符号】下拉按钮，从弹出的菜单中选择【定义新项目符号】命令，打开【定义新项目符号】对话框。

(2) 单击【图片】按钮，打开【图片项目符号】对话框，在其中选择一个图片作为项目符号，单击【确定】按钮，如图 2-43 所示。

(3) 返回【定义新项目符号】对话框，在【预览】区域中显示新项目符号的效果，如图 2-44 所示。

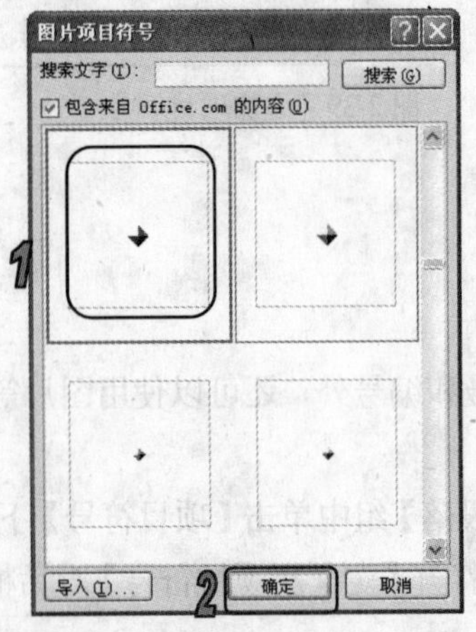

图 2-43 【图片项目符号】对话框

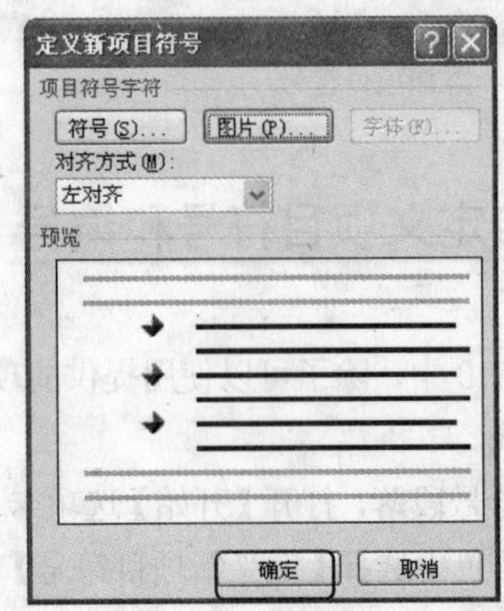

图 2-44 预览自定义的新项目符号效果

(4) 单击【确定】按钮，即可为所选的段落重新设置项目符号，效果如图 2-45 所示。

(5) 选取编号段文本，然后在【段落】组中单击【编号】下拉按钮，从弹出的下拉菜单中选择【定义新编号格式】命令，打开【定义新编号格式】对话框。

(6) 在该选项卡，在【编号样式】下拉列表框中选择一种编号样式，在【对齐方式】下拉列表框中选择【居中】选项，如图 2-46 所示。

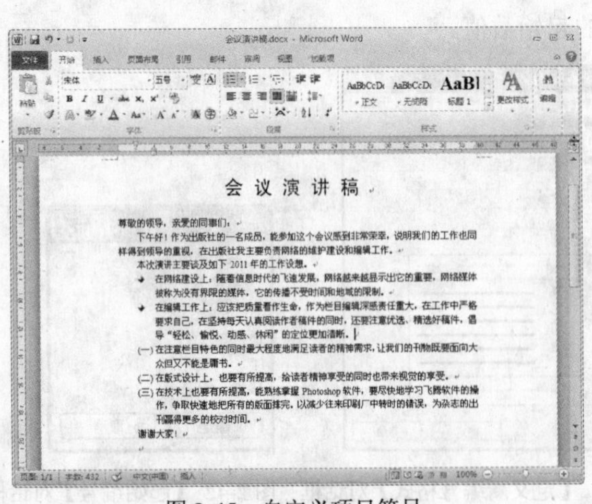

图 2-45 自定义项目符号

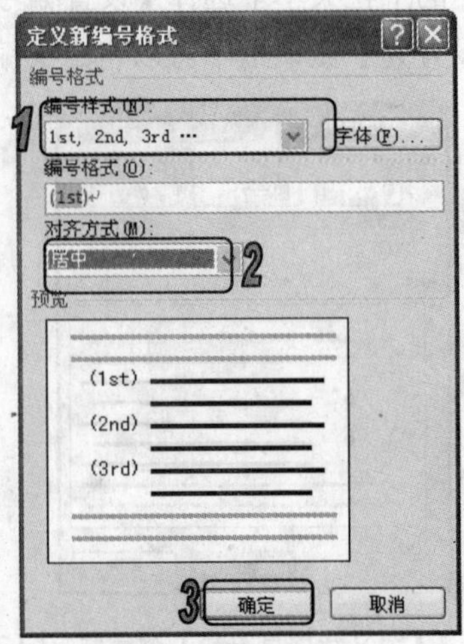

图 2-46 设置编号样式

(7) 单击【确定】按钮，为所选的段落重新设置编号，文档的效果如图 2-47 所示。

提示

在如图 2-44 所示的【定义新项目符号】对话框，单击【符号】按钮，打开如图 2-48 所示的【符号】对话框，选择一种符号，单击【确定】按钮，即可将所选的符号自定义为项目符号。

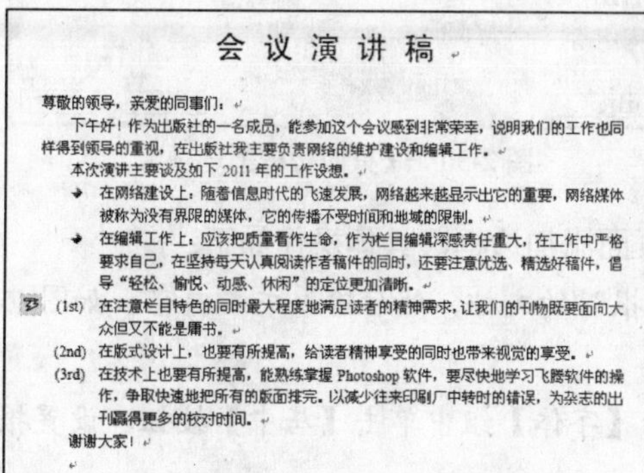

会 议 演 讲 稿

尊敬的领导，亲爱的同事们：

下午好！作为出版社的一名成员，能参加这个会议感到非常荣幸，说明我们的工作也同样得到领导的重视，在出版社我主要负责网络的维护建设和编辑工作。

本次演讲主要谈及如下 2011 年的工作设想。

- 在网络建设上：随着信息时代的飞速发展，网络越来越显示出它的重要，网络媒体被称为没有界限的媒体，它的传播不受时间和地域的限制。
- 在编辑工作上：应该把质量看作生命，作为栏目编辑深感责任重大，在工作中严格要求自己，在坚持每天认真阅读作者稿件的同时，还要注意优选、精选好稿件，倡导“轻松、愉悦、动感、休闲”的定位更加清晰。

(1st) 在注意栏目特色的同时最大程度地满足读者的精神需求，让我们的刊物既要面向大众但又不能是庸书。

(2nd) 在版式设计上，也要有所提高，给读者精神享受的同时也带来视觉的享受。

(3rd) 在技术上也要有所提高，能熟练掌握 Photoshop 软件，要尽快地学习飞腾软件的操作，争取快速地把所有的版面排完。以减少往来印刷厂中转时的错误，为杂志的出刊赢得更多的校对时间。

谢谢大家！

图 2-47　自定义项目编号

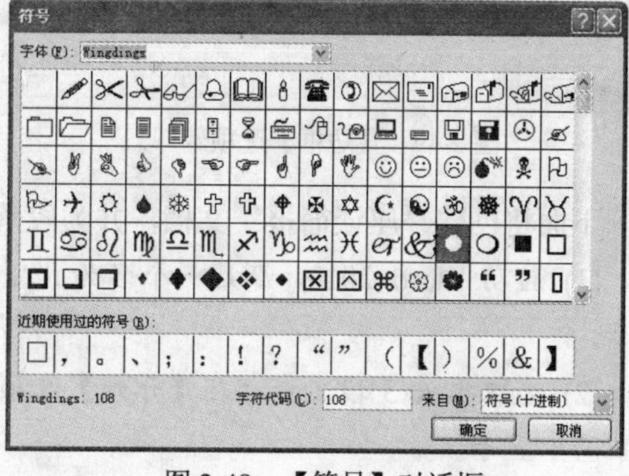

图 2-48　【符号】对话框

(8) 在快速访问工具栏中单击【保存】按钮，保存“会议演讲稿”文档。

2.3　边框和底纹—实战 6：制作“座谈简报”

使用 Word 2010 编辑文档时，为了让文档更加吸引人，需要为文字和段落添加边框和底纹，来增加文档的生动性。本节以制作座谈简报为例，介绍设置边框和底纹的方法。

2.3.1　添加边框

Word 2010 提供了多种边框供选择，用来强调或美化文档内容。打开【开始】选项卡，在【段落】组中，单击【无边框】下拉按钮，选择【边框和底纹】命令，打开【边框和底纹】对话框的【边框】选项卡，如图 2-49 所示。在【设置】选项区域中有 5 种边框样式，从中可选择所需的样式；在【线型】列表框中列出了各种不同的线条样式，从中可选择所需的线型；在【颜色】和【宽度】下拉列表框中，可以为边框设置所需的颜色和相应的宽度；在【应用于】下拉列表框中，可以设定边框应用的对象是文字或者段落。

提示

要对页面进行边框设置，只需在【边框和底纹】对话框中选择【页面边框】选项卡，其中的设置基本上与【边框】选项卡相同，只是多了一个【艺术型】下拉列表框，通过该列表框可以定义页面的边框，如图 2-50 所示。

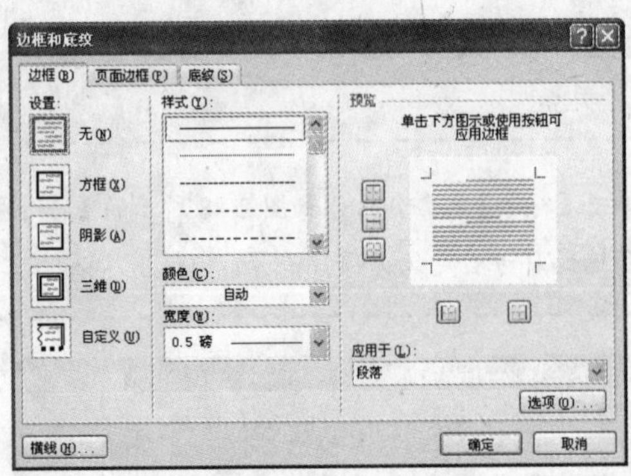

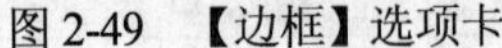
图 2-49 【边框】选项卡

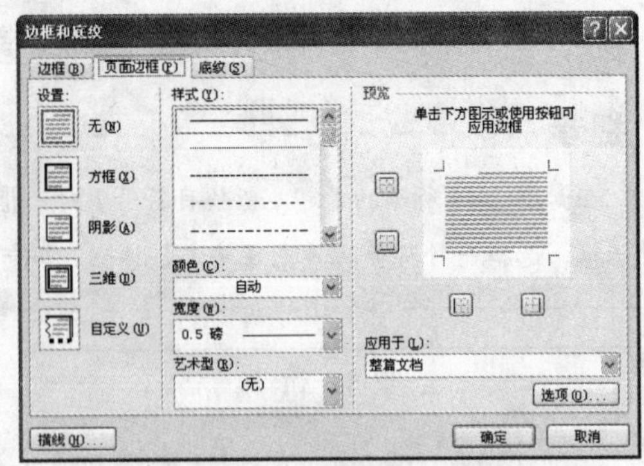

图 2-50 【页面边框】选项卡

下面将创建“座谈简报”文档，并为段落和页面添加边框，具体操作如下：

(1) 启动 Word 2010，新建一个名为“座谈简报”的文档，然后输入文本内容，如图 2-51 所示。

(2) 选取报头 3 段文本，在【开始】选项卡的【字体】组中单击【居中】按钮，设置报头文本居中显示。

(3) 选取报头标题第一行文本，在【字体】组的【字体】下拉列表框中选择【黑体】；在【字号】下拉列表框中选择【小一】选项；单击【字体颜色】按钮右侧的小三角按钮，从弹出的列表中选择【红色】色块。

(4) 参照步骤(3)，设置版本和时间字体为【黑体】、字号为【四号】、字体颜色为【红色】，最终效果如图 2-52 所示。

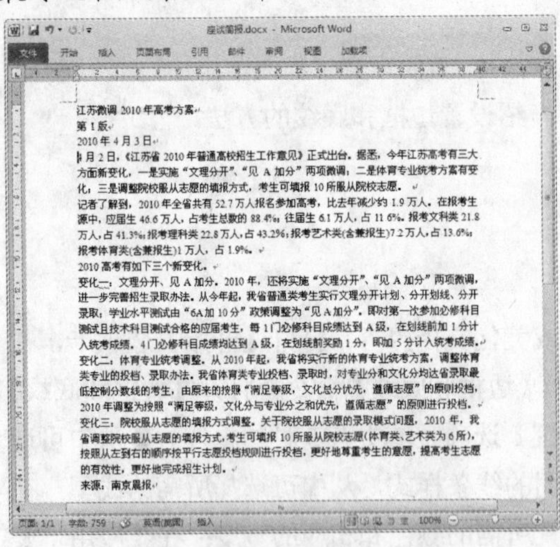

图 2-51 新建“座谈简报”文档

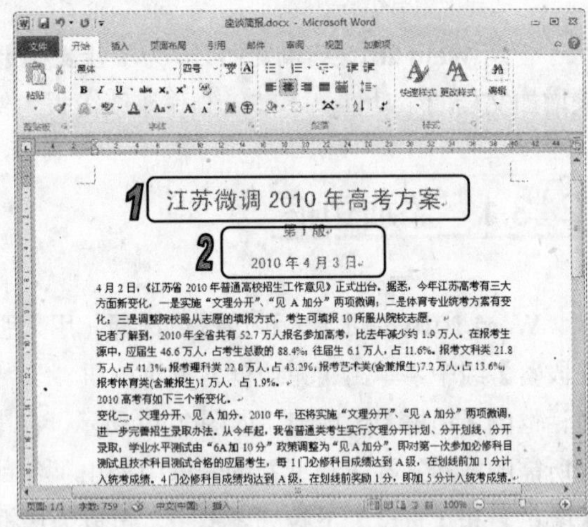

图 2-52 设置报头字体格式

(5) 光标定位在时间后，按下 Enter 键换行，按 Shift+~组合键，在正文和报头之间输入“~”符号。

(6) 选取来源段文本，设置字体为【楷体】，对齐方式为【右对齐】。

(7) 选取正文文本，在【开始】选项卡的【段落】组中单击对话框启动器按钮，打开【段落】对话框。

(8) 打开【缩进和间距】选项卡，在【特殊格式】下拉列表框中选择【首行缩进】选项，在【磅值】微调框中输入“2 字符”，单击【确定】按钮，完成设置，效果如图 2-53 所示。

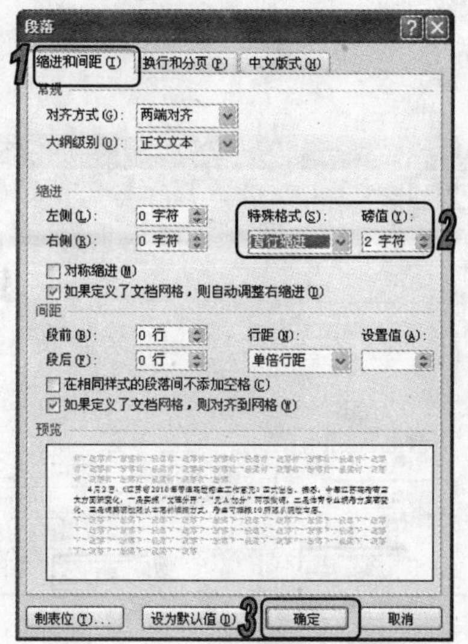

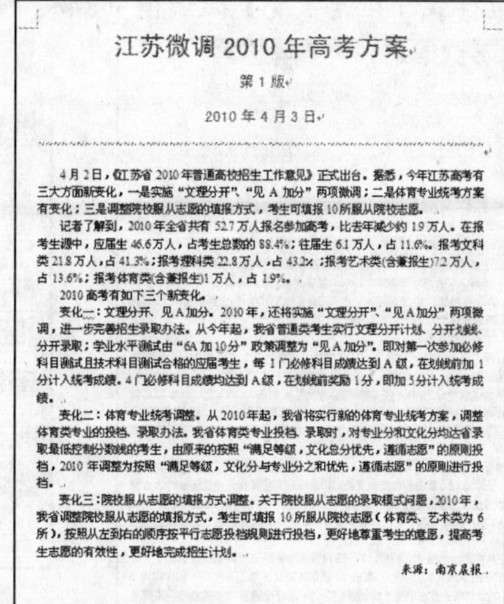

江苏微调 2010 年高考方案

第 1 版

2010 年 4 月 3 日

4 月 2 日，《江苏省 2010 年普通高校招生工作意见》正式出台。据悉，今年江苏高考有三大方面新变化，一是实施“文理分开”、“见 A 加分”两项微调；二是体育专业统考方案有变化；三是调整院校服从志愿的填报方式，考生可填报 10 所服从院校志愿。

记者了解到，2010 年全省共有 52.7 万人报名参加高考，比去年减少约 1.9 万人。在报考生源中，应届生 46.6 万人，占考生总数的 88.4%；往届生 6.1 万人，占 11.6%。报考文科类 21.8 万人，占 41.3%；报考理科类 22.8 万人，占 43.2%；报考艺术类(含兼报生)7.2 万人，占 13.6%；报考体育类(含兼报生)1 万人，占 1.9%。

2010 高考有如下三个新变化。

变化一：文理分开、见 A 加分。2010 年，还将实施“文理分开”、“见 A 加分”两项微调，进一步完善招生录取办法。从今年起，我省普通类考生实行文理分开计划、分开划线、分开录取；学业水平测试由“6A 加 10 分”政策调整为“见 A 加分”。即对第一次参加必修科目测试且技术科目测试合格的应届考生，每 1 门必修科目成绩达到 A 级，在划线前加 1 分计入统考成绩。4 门必修科目成绩均达到 A 级，在划线前奖励 1 分，即加 5 分计入统考成绩。

变化二：体育专业统考调整。从 2010 年起，我省将实行新的体育专业统考方案，调整体育类专业的投档、录取办法。我省体育类专业投档、录取时，对专业分和文化分均达省录取最低控制分数线的考生，由原来的按照“满足等级，文化总分优先，遵循志愿”的原则投档，2010 年调整为按照“满足等级，文化分与专业分之和优先，遵循志愿”的原则进行投档。

变化三：院校服从志愿的填报方式调整。关于院校服从志愿的录取模式问题，2010 年，我省调整院校服从志愿的填报方式，考生可填报 10 所服从院校志愿（体育类、艺术类为 6 所），按照从左到右的顺序按平行志愿投档规则进行投档，更好地尊重考生的意愿，提高考生志愿的有效性，更好地完成招生计划。

来源：南京晨报

图 2-53　设置正文段落格式

(9) 将光标定位到正文第 1 段，在【段落】组中单击对话框启动器按钮，打开【段落】对话框【缩进和间距】选项卡。

(10) 在【间距】选项区域的【段前】微调框中输入“1 行”，单击【确定】按钮。

(11) 参照步骤(9)~(10)，将正文最后一段设置段后间距为 1 行，效果如图 2-54 所示。

(12) 选取正文第 2 段文本，在【段落】组中，单击【无边框】下拉按钮，选择【边框和底纹】命令，打开【边框和底纹】对话框。

(13) 打开【边框】选项卡，在【设置】选项区域中选择【三维】选项，在【线型】列表框中选择一种线型，在【宽度】下拉列表框中选择【1 磅】选项，如图 2-55 所示。

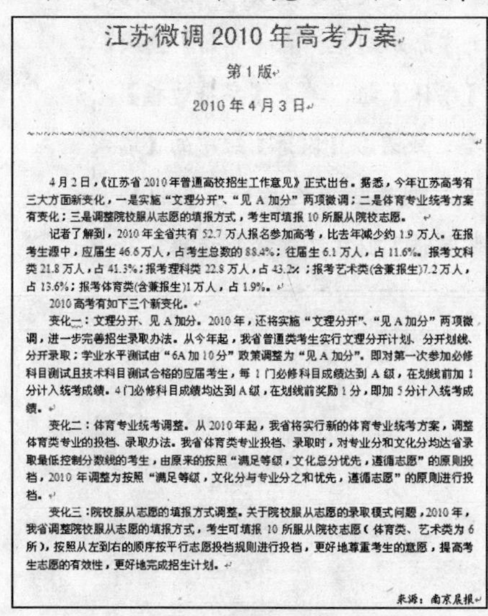
江苏微调 2010 年高考方案

第 1 版

2010 年 4 月 3 日

4 月 2 日，《江苏省 2010 年普通高校招生工作意见》正式出台。据悉，今年江苏高考有三大方面新变化，一是实施“文理分开”、“见 A 加分”两项微调；二是体育专业统考方案有变化；三是调整院校服从志愿的填报方式，考生可填报 10 所服从院校志愿。

记者了解到，2010 年全省共有 52.7 万人报名参加高考，比去年减少约 1.9 万人。在报考生源中，应届生 46.6 万人，占考生总数的 88.4%；往届生 6.1 万人，占 11.6%。报考文科类 21.8 万人，占 41.3%；报考理科类 22.8 万人，占 43.2%；报考艺术类(含兼报生)7.2 万人，占 13.6%；报考体育类(含兼报生)1 万人，占 1.9%。

2010 高考有如下三个新变化。

变化一：文理分开、见 A 加分。2010 年，还将实施“文理分开”、“见 A 加分”两项微调，进一步完善招生录取办法。从今年起，我省普通类考生实行文理分开计划、分开划线、分开录取；学业水平测试由“6A 加 10 分”政策调整为“见 A 加分”。即对第一次参加必修科目测试且技术科目测试合格的应届考生，每 1 门必修科目成绩达到 A 级，在划线前加 1 分计入统考成绩。4 门必修科目成绩均达到 A 级，在划线前奖励 1 分，即加 5 分计入统考成绩。

变化二：体育专业统考调整。从 2010 年起，我省将实行新的体育专业统考方案，调整体育类专业的投档、录取办法。我省体育类专业投档、录取时，对专业分和文化分均达省录取最低控制分数线的考生，由原来的按照“满足等级，文化总分优先，遵循志愿”的原则投档，2010 年调整为按照“满足等级，文化分与专业分之和优先，遵循志愿”的原则进行投档。

变化三：院校服从志愿的填报方式调整。关于院校服从志愿的录取模式问题，2010 年，我省调整院校服从志愿的填报方式，考生可填报 10 所服从院校志愿（体育类、艺术类为 6 所），按照从左到右的顺序按平行志愿投档规则进行投档，更好地尊重考生的意愿，提高考生志愿的有效性，更好地完成招生计划。

来源：南京晨报

图 2-54　设置首行和段尾间距

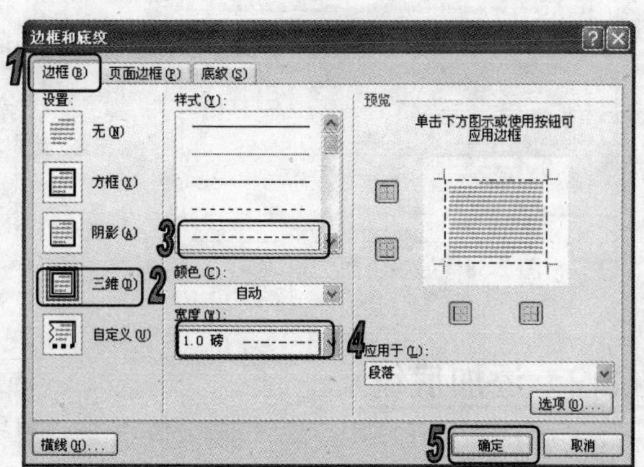

图 2-55　设置正文段边框样式

(14) 单击【确定】按钮，完成边框设置，效果如图 2-56 所示。

(15) 打开【边框和底纹】对话框的【页面边框】选项卡，在【艺术型】下拉列表框中选择一种页面边框样式，在【宽度】微调框中输入“18 磅”，如图 2-57 所示。

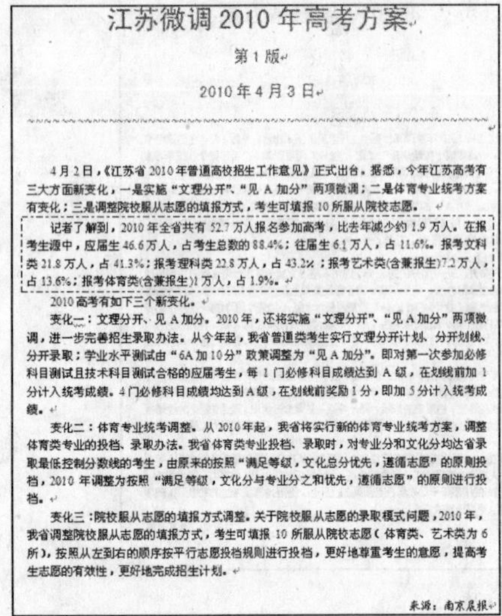

江苏微调 2010 年高考方案

第 1 版

2010 年 4 月 3 日

4 月 2 日，《江苏省 2010 年普通高校招生工作意见》正式出台。据悉，今年江苏高考有三大方面新变化，一是实施“文理分开”、“见 A 加分”两项微调；二是体育专业统考方案有变化；三是调整院校服从志愿的填报方式，考生可填报 10 所服从院校志愿。

记者了解到，2010 年全省共有 52.7 万人报名参加高考，比去年减少约 1.9 万人。在报考生源中，应届生 46.6 万人，占考生总数的 88.4%；往届生 6.1 万人，占 11.6%。报考文科类 21.8 万人，占 41.3%；报考理科类 22.8 万人，占 43.2%；报考艺术类(含兼报生)7.2 万人，占 13.6%；报考体育类(含兼报生)1 万人，占 1.9%。

2010 高考有如下三个新变化。

变化一：文理分开、见 A 加分。2010 年，还将实施“文理分开”、“见 A 加分”两项微调，进一步完善招生录取办法。从今年起，我省普通类考生实行文理分开计划、分开划线、分开录取；学业水平测试由“6A 加 10 分”政策调整为“见 A 加分”。即对第一次参加必修科目测试且技术科目测试合格的应届考生，每 1 门必修科目成绩达到 A 级，在划线前加 1 分计入统考成绩。4 门必修科目成绩均达到 A 级，在划线前奖励 1 分，即加 5 分计入统考成绩。

变化二：体育专业统考调整。从 2010 年起，我省将实行新的体育专业统考方案，调整体育类专业的投档、录取办法。我省体育类专业投档、录取时，对专业分和文化分均达省录取最低控制分数线的考生，由原来的按照“满足等级，文化总分优先，遵循志愿”的原则投档，2010 年调整为按照“满足等级，文化分与专业分之和优先，遵循志愿”的原则进行投档。

变化三：院校服从志愿的填报方式调整。关于院校服从志愿的录取模式问题，2010 年，我省调整院校服从志愿的填报方式，考生可填报 10 所服从院校志愿（体育类、艺术类为 6 所），按照从左到右的顺序按平行志愿投档规则进行投档，更好地尊重考生的意愿，提高考生志愿的有效性，更好地完成招生计划。

来源：南京晨报

图 2-56　显示段落边框效果

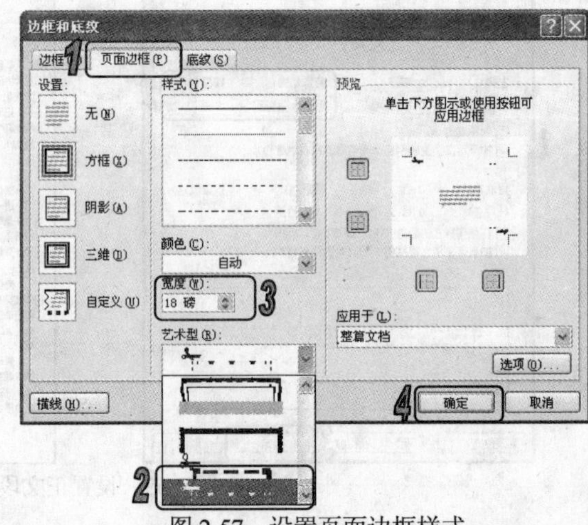

图 2-57　设置页面边框样式

(16) 单击【确定】按钮，完成页面边框的设置，此时文档的效果如图 2-58 所示。

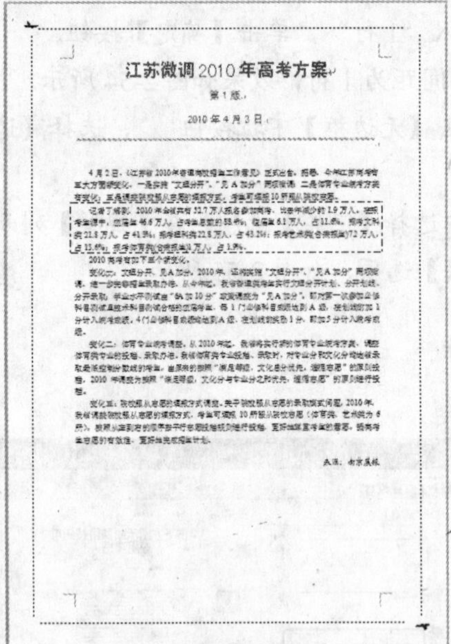

江苏微调 2010 年高考方案

第 1 版

2010 年 4 月 3 日

来源：南京晨报

图 2-58　显示页面边框效果

提示

打开【边框和底纹】对话框，在【边框】选项卡的【应用于】下拉列表框中选择【文字】选项，可以对每一行文字添加边框。在【开始】选项卡的【字体】组，单击【字符边框】按钮 A，或者在【段落】组中的【边框】下拉列表框中选择一种边框样式，也同样可以为文字添加边框。

2.3.2　添加底纹

要为文本添加底纹，只需在【边框和底纹】对话框中打开【底纹】选项卡，在其中对填充

的颜色和图案等进行设置。

下面将在“座谈简报”文档中设置底纹，具体操作如下：

(1) 打开“座谈简报”文档，选取报头文本，然后打开【开始】选项卡，在【段落】组中单击对话框启动器按钮，打开【边框和底纹】对话框。

(2) 打开【底纹】选项卡，在【填充】选项区域中选择【白色，背景 1，深色 15%】色块；在【样式】下拉列表框中选择【10%】选项，如图 2-59 所示。

(3) 单击【确定】按钮，完成报头底纹的设置，效果如图 2-60 所示。

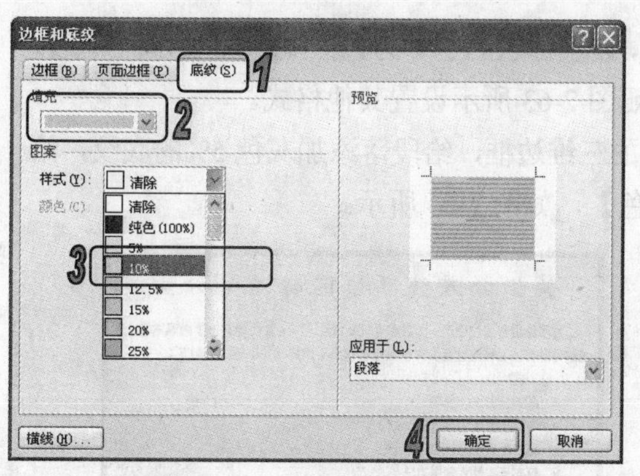

图 2-59　【底纹】选项卡

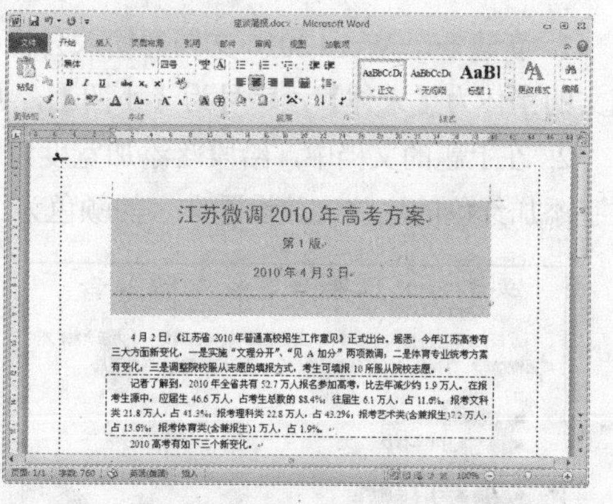

图 2-60　显示报头底纹

(4) 使用同样的方法，为正文第 2 段设置样式为【5%】图案底纹，效果如图 2-61 所示。

(5) 选取“来源”段中的“南京晨报”文本，打开【边框和底纹】对话框中的【底纹】选项卡，在【填充】选项区域中选择【红色】色块，给文字添加红色底纹。

(6) 在【格式】工具栏中单击【字体颜色】按钮右侧的小三角按钮，在弹出的列表中选择【白色】色块，设置字体颜色为【白色】，最终效果如图 2-62 所示。

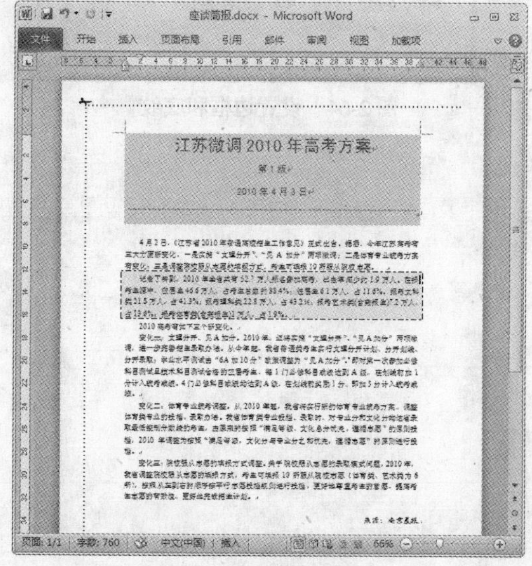

图 2-61　为正文段落添加灰色底纹

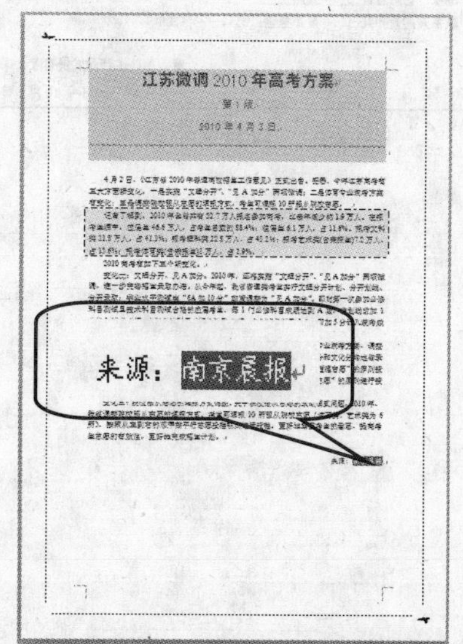

图 2-62　为文本设置字体颜色和底纹

计算机　基础与实训教材系列

知识点

打开【开始】选项卡，在【字体】组中通过【字符底纹】按钮A和【以不同颜色突出显示文本】按钮ab同样可以为文字添加底纹，从而突出文档重点内容。

2.4 习题

1. 新建一个 Word 2010 文档并输入公告内容，设置标题的字体为【隶书】，字号为【一号】，正文的字体为【宋体】，字号为【小四】，并参照图 2-63 所示设置其他格式。

2. 在上题的文档中，给段落添加宽度为 3 磅的三维边框，给段落添加灰色 5%的底纹，给文字添加红色的底纹，并设置文字的颜色为【白色】，如图 2-64 所示。

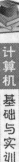

关于公开征集景区标志的公告

为了给世界自然遗产，国家重点风景名胜区——黄山确定一个内涵丰富，外观独特的标志，特向社会公开征集标志作品，现将相关事项公告如下：

一、 内容

- 品牌标志设计规范
- 名称及标准字体规范计划
- 标志色彩规范计划
- 标志基本要素使用方法
- 编制标志制作规范手册
- 工作牌设计规范

二、 标志注册

大类注册 45 类（每类不超过 10 种），同时适当增加小类及查询。

三、 评选办法

所有作品将组织相关专家进行评审，入围作品设一、二、三等奖

一等奖奖金 5 万元；二等奖奖金 3 万元；三等奖奖金 1 万元

中选作品的著作权归黄山旅游产业发展有限公司所有，选中的标志由中选者进行商标代理注册，费用 8 万元包干。

四、 时间规定

自公告之日期，30 日内提交作品，作品送交黄山旅游产业发展有限公司办公室，欢迎国内外单位和个人踊跃参与。

五、 送交地址及联系人

地址：安徽省黄山市丰富路 18 号

联系人：蓝齐儿　　**联系电话：**0559－2355588

黄山市旅游产业发展有限公司

2011 年 10 月 1 日

图 2-63　设置文本格式

关于公开征集景区标志的公告

为了给世界自然遗产，国家重点风景名胜区——黄山确定一个内涵丰富，外观独特的标志，特向社会公开征集标志作品，现将相关事项公告如下：

(一) 内容

- 品牌标志设计规范
- 名称及标准字体规范计划
- 标志色彩规范计划
- 标志基本要素使用方法
- 编制标志制作规范手册
- 工作牌设计规范

(二) 标志注册

大类注册 45 类（每类不超过 10 种），同时适当增加小类及查询。

(三) 评选办法

所有作品将组织相关专家进行评审，入围作品设一、二、三等奖

一等奖奖金 5 万元；二等奖奖金 3 万元；三等奖奖金 1 万元

中选作品的著作权归黄山旅游产业发展有限公司所有，选中的标志由中选者进行商标代理注册，费用 8 万元包干。

(四) 时间规定

自公告之日期，30 日内提交作品，作品送交黄山旅游产业发展有限公司办公室，欢迎国内外单位和个人踊跃参与。

(五) 送交地址及联系人

地址：安徽省黄山市丰富路 18 号

联系人：蓝齐儿　　联系电话：0559－2355588

黄山市旅游产业发展有限公司

2011 年 10 月 1 日

图 2-64　设置边框和底纹

第3章 Word 2010 表格与对象处理

学习目标

如果一篇文章全部都是文字，没有任何修饰性的内容，这样的文档不仅缺乏吸引力，而且会使读者阅读起来劳累不堪。在文章中适当地插入一些表格和图形对象，不仅会使文章显得生动有趣，还能帮助读者更快地理解文章内容，利用 Word 2010 强大的绘图和图形处理功能即可实现这一操作。

本章重点

- 使用表格
- 插入与设置图片和形状
- 插入与设置艺术字
- 插入与设置文本框
- 插入与设置 SmartArt 图形和图表
- 插入与编辑公式

3.1 使用表格—实战 7：制作“课程表”

在编辑文档时，为了更形象、更直观地说明问题，常常需要在文档中制作各种各样的表格。例如，课程表、学生成绩表、个人简历表、商品数据表和财务报表等。Word 2010 提供了强大的表格功能，可以快速创建与编辑表格。本节将以制作课程表为例进行讲解。

3.1.1 创建表格

表格的基本单元称为单元格，它由许多行和列的单元格组成一个综合体。在 Word 2010 中可以使用多种方法来创建表格，例如按照指定的行、列插入表格；绘制不规则表格和插入 Excel 电子表格等。

1. 使用功能区的命令按钮创建表格

使用【插入】选项卡的【表格】组，可以直接在文档中插入表格，这也是最快捷的方法。首先将光标定位在需要插入表格的位置，然后打开【插入】选项卡，在【表格】组中单击【表格】按钮，将弹出如图 3-1 所示的表格网格框。

图 3-1　插入表格网格框

提示

网格框底部出现的【m×n 表格】表示要创建的表格是 m 行 n 列。使用该方法创建的表格最多是 8 行 10 列，并且不套用任何样式，列宽是按窗口调整的。

在表格网格框中，拖动鼠标左键确定要创建表格的行数和列数，然后单击鼠标左键，即可完成一个规则表格的创建，如图 3-2 所示的即为创建一个 4×4 表格的效果图。

↵	↵	↵	↵
↵	↵	↵	↵
↵	↵	↵	↵
↵	↵	↵	↵

图 3-2　自动创建的 4×4 表格

2. 使用对话框创建表格

使用【插入表格】对话框来创建表格，可以在建立表格的同时根据需要设定表格的列宽。具体方法是打开【插入】选项卡，在【表格】组中单击【表格】按钮，从弹出的菜单中选择【插入表格】命令，打开【插入表格】对话框，如图 3-3 所示。在【行数】和【列数】文本框中可以输入表格的行数和列数；选中【固定列宽】单选按钮，可在其后的文本框中指定一个精确的值来表示创建表格的列宽。

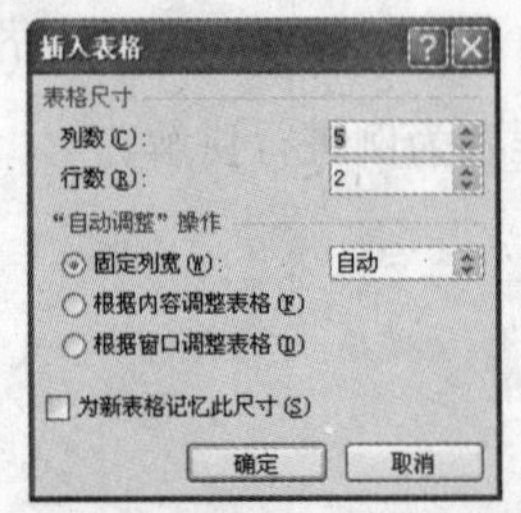

图 3-3　【插入表格】对话框

知识点

如果需要将某个表格尺寸设置为默认的表格大小，则在【插入表格】对话框中选中【为新表格记忆此尺寸】复选框即可。

提示

在【插入表格】对话框的【“自动调整”操作】选项区域中，选中【根据内容调整表格】复选框，可以根据单元格内容自动调整表格的列宽和行高；选中【根据窗口调整表格】复选框，可以根据窗口大小自动调整表格的列宽和行高。

3. 自由绘制表格

在实际应用中，行与行之间以及列与列之间都是等距的规则表格很少，在很多情况下，需要创建各种列宽、行高不等的不规则表格。这时，可以使用 Word 2010 提供的表格绘制工具来创建不规则的表格。操作方法很简单，打开【插入】选项卡，在【表格】组中单击【表格】按钮，从弹出的菜单中选择【绘制表格】命令，当鼠标指针变为形状时，在需要绘制表格的地方单击并拖动鼠标，绘制表格的外边界(即矩形边框)、行线、列线和斜线，如图 3-4 所示。绘制完毕后，按 Esc 键退出表格绘制模式。

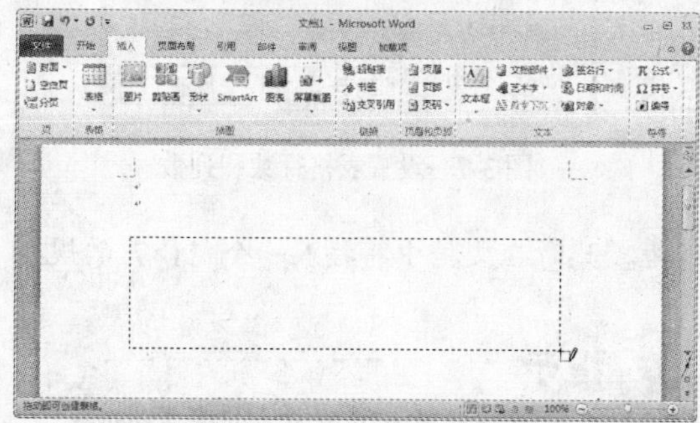

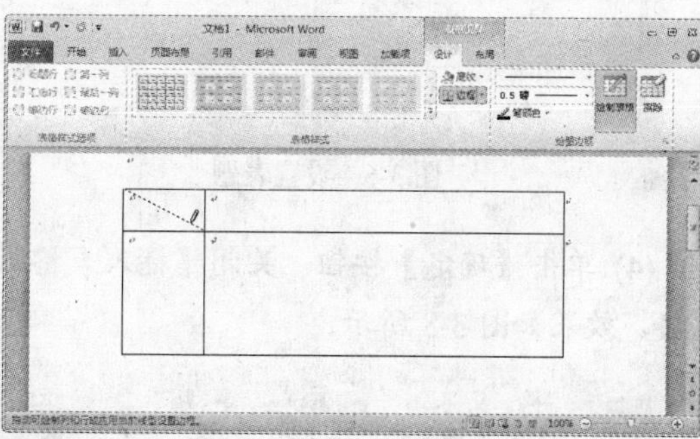

图 3-4　自由绘制表格

4. 快速套用表格

除了上述的方法外，用户还可以自动套用 Word 2010 提供的表格样式快速绘制表格，打开【插入】选项卡，在【表格】组中单击【表格】按钮，从弹出的菜单中选择【快速表格】命令，将弹出子菜单列表框，在其中选择合适的表格样式，即可快速创建具有特定样式的表格，如图 3-5 所示。

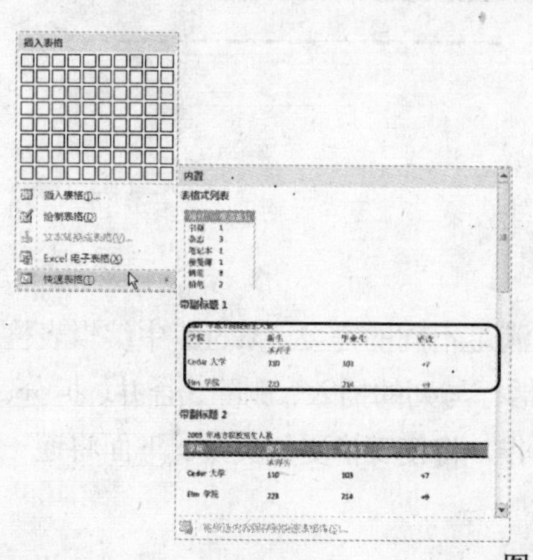

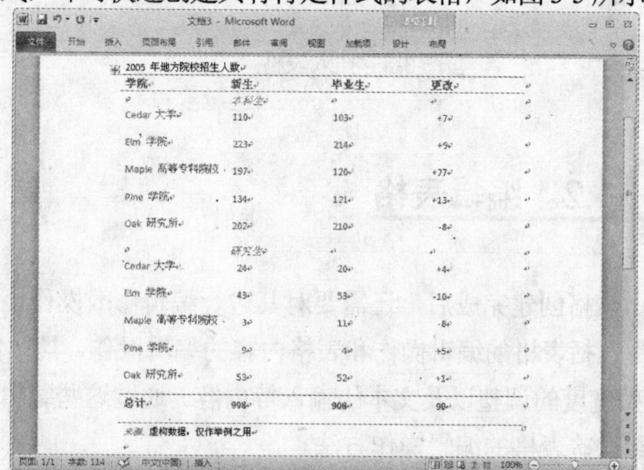

2005 年地方院校招生人数

学院	新生	毕业生	更改
	本科生		
Cedar 大学	110	103	+7
Elm 学院	223	214	+9
Maple 高等专科院校	197	120	+77
Pine 学院	134	121	+13
Oak 研究所	202	210	-8
	研究生		
Cedar 大学	24	20	+4
Elm 学院	43	53	-10
Maple 高等专科院校	3	11	-8
Pine 学院	9	4	+5
Oak 研究所	53	52	+1
总计	998	908	90

来源：虚构数据，仅作举例之用。

图 3-5　自动套用表格样式

下面将创建“课程表”文档，插入一个11行7列的表格，具体操作如下：

(1) 启动Word 2010应用程序，新建一个名为“课程表”的文档，在插入点处输入表格标题“课程表”，并设置字体为【隶书】，字号为【小二】，文本居中对齐，如图3-6所示。

(2) 将插入点定位到表格标题下一行，打开【插入】选项卡，在【表格】组中单击【表格】按钮，从弹出的菜单中选择【插入表格】命令，打开【插入表格】对话框。

(3) 在【列数】和【行数】文本框中分别输入7和11，如图3-7所示。

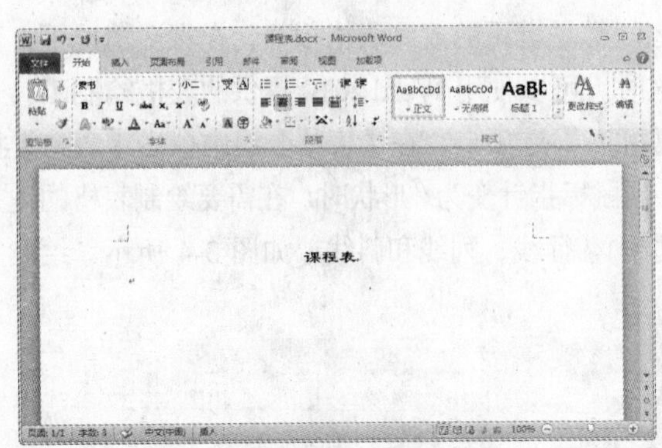

图3-6　设置表题

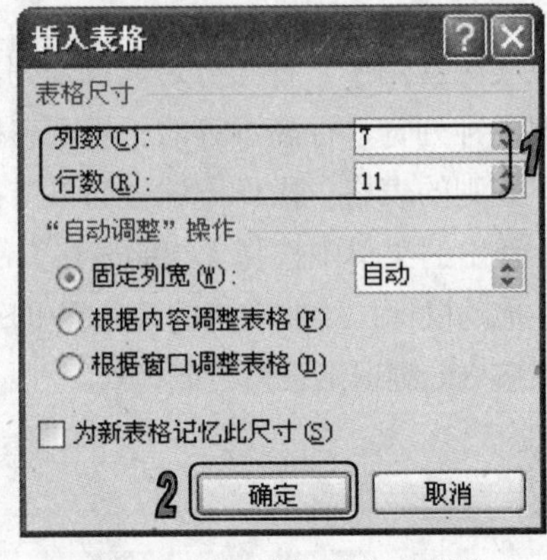

图3-7　设置表格行数和列数

(4) 单击【确定】按钮，关闭【插入表格】对话框，此时在文档中将插入一个11×7的规则表格，效果如图3-8所示。

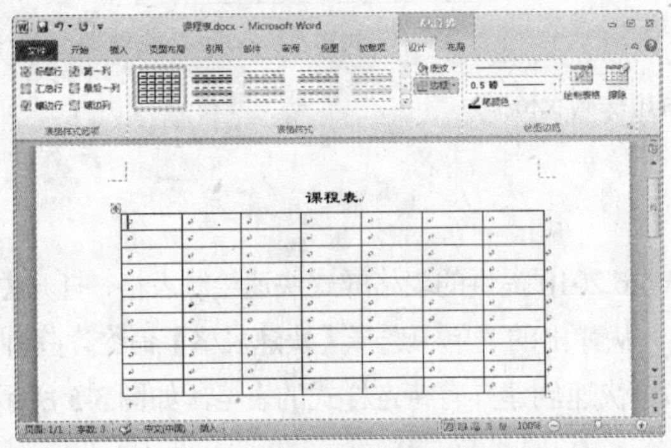

图3-8　插入表格

提示

在Word 2010中也可以创建Excel电子表格，打开【插入】选项卡，在【表格】组中单击【表格】按钮，从弹出的菜单中选择【Excel电子表格】命令，此时会在插入点插入Excel形式的电子表格。其操作方法和Excel 2010一致，具体操作见本书Excel 2010相应部分。

3.1.2　编辑表格

表格创建完成后，还需要对其进行编辑修改操作，以满足不同的需要。Word中编辑表格操作包括表格的编辑操作和表格内容的编辑操作，具体包括行与列的插入、删除、合并、拆分、高度/宽度的调整以及文本的输入等内容。通过这些编辑操作，将使表格更加美观。下面将逐一介绍这些表格的编辑操作方法。

1. 在表格中选取对象

在对表格进行编辑之前，都必须选取编辑对象。

- 选取单元格：在表格中，移动鼠标到单元格的左端线上，当鼠标指针变为↗形状时，单击鼠标即可选取一个单元格；在需要选取的第 1 个单元格内按下鼠标左键不放，拖动鼠标到最后一个单元格，即可选取多个连续单元格；选取第 1 个单元格后，按住 Ctrl 键不放，再分别选取其他单元格，即可同时选取多个不连续的单元格。
- 选取整行：将鼠标移到表格边框的左端线附近，当鼠标指针变为↖形状时，单击鼠标即可选中该行，如图 3-9 所示。
- 将鼠标移到表格边框的上端线附近，当鼠标指针变为⬇形状时，单击鼠标即可选中该列，如图 3-10 所示。

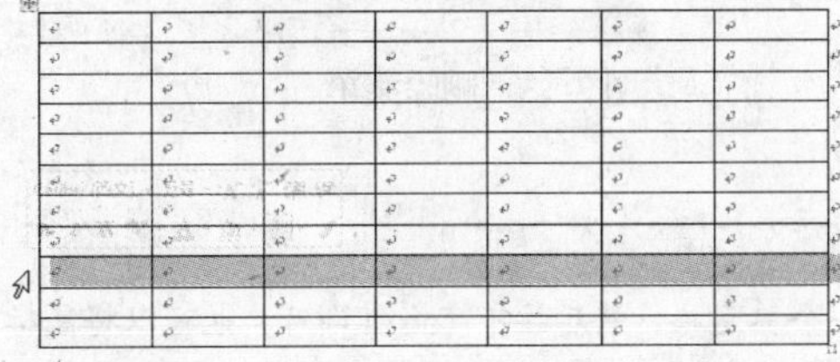

图 3-9　选取整行

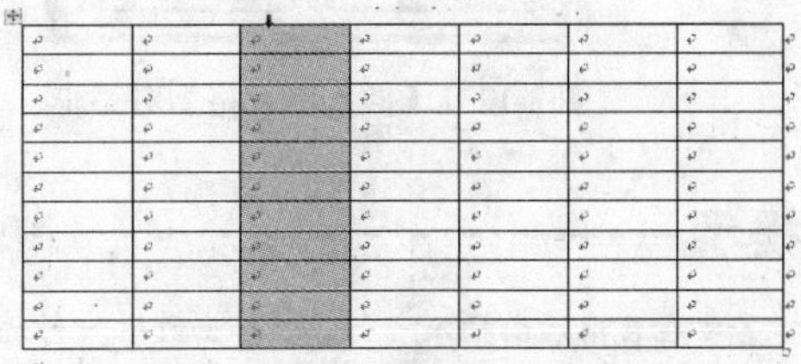

图 3-10　选取整列

- 选取整个表格：移动鼠标光标到表格内，表格的左上角会出现一个十字形的小方框⊞，右下角出现一个小方框□，单击这两个符号中的任意一个，即可选取整个表格。

知识点

在表格中，将鼠标指针定位在任意单元格中，打开【表格工具】的【布局】选项卡，单击【表】组中的【选择】按钮，弹出如图 3-11 所示的菜单，在其中选择【选择行】命令，则该单元格所在的行将被选中；选择【选择列】命令，则该单元格所在的列将被选中；将鼠标指针定位在任意单元格中，然后选择【选择表格】命令，则整个表格将被选中；选择【选择单元格】命令，则该单元格将被选中。

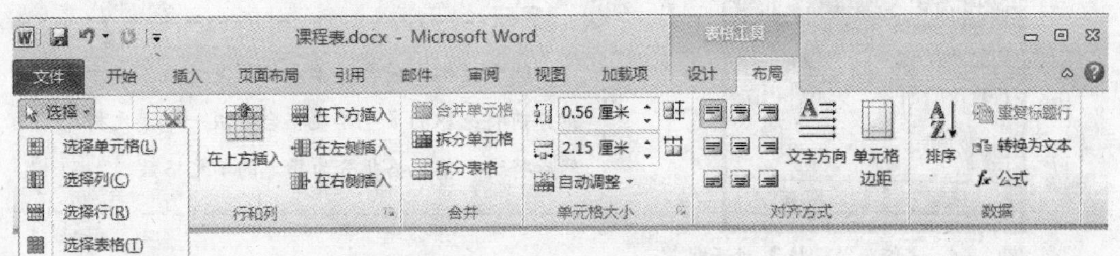

图 3-11　【表格工具】的【布局】选项卡

2. 插入或删除行、列和单元格

在创建表格后，经常会遇到表格的行、列和单元格不够用或多余的情况。在 Word 2010 中，可以很方便地完成行、列和单元格的插入或删除操作，以使文档更加紧凑美观。

- 插入行、列和单元格：打开【表格工具】的【布局】选项卡，在【行和列】组中单击相应的按钮插入行或列；单击对话框启动器按钮，打开【插入单元格】对话框，如图3-12所示，在其中选中对应的单选按钮，单击【确定】按钮即可。
- 删除行、列和单元格：打开【表格工具】的【布局】选项卡，在【行和列】组中单击【删除】按钮，从弹出的菜单中选择对应的命令，如图3-13所示。

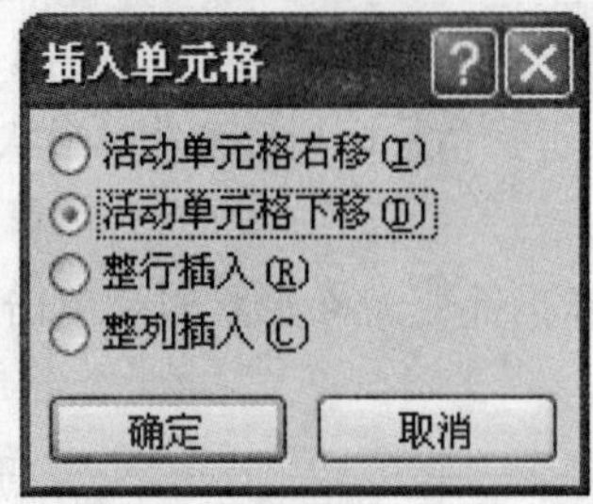

图3-12 【插入单元格】对话框

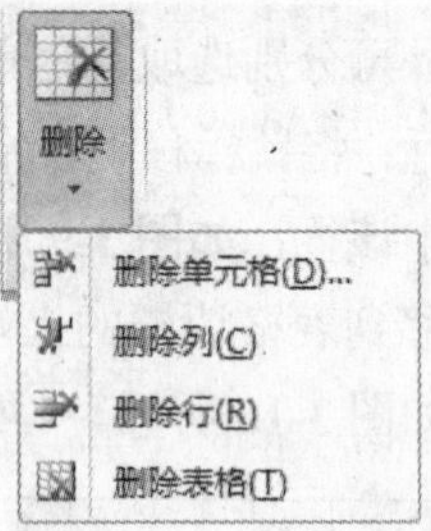

图3-13 删除菜单

若要在表格后面插入一行，先单击最后一行的最后一个单元格，然后按下Tab键即可；也可以将鼠标指针放置于表格末尾结束箭头处，按下回车键也可以插入新行。另外，在表格中删除行或列后，该行下面的行或该列右边的列将自动填补删除后留下的空白。如果选取某个单元格后，按Delete键，只会删除该单元格中的内容，不会从结构上删除表格。

3. 拆分与合并单元格

拆分单元格是指把一个或多个相邻的单元格拆分为两个或两个以上的单元格。选取要拆分的单元格，打开【表格工具】的【布局】选项卡，在【合并】组中单击【拆分单元格】按钮，将打开【拆分单元格】对话框，在【列数】和【行数】文本框中分别输入需要拆分的列数和行数即可，如图3-14所示。

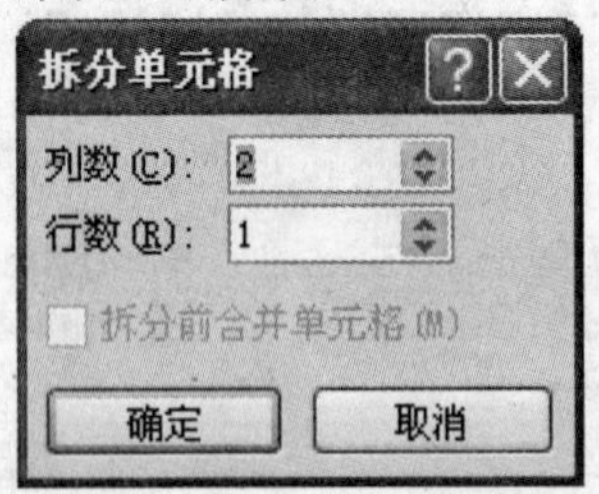

图3-14 【拆分单元格】对话框

选中【拆分前合并单元格】复选框，表示在拆分前将选取的多个单元格合并成一个单元格，然后将这个单元格拆分为指定的单元格数。

合并单元格是指把两个或多个相邻的单元格合并为一个单元格。在表格中选取要合并的单元格，打开【表格工具】的【布局】选项卡，在【合并】组中单击【合并单元格】按钮，此时Word就会删除所选单元格之间的边界，建立起一个新的单元格，并将原来单元格的列宽和行高合并为当前单元格的列宽和行高。

4. 调整表格的行高和列宽

创建表格时，表格的行高和列宽都是默认值，而在实际工作中常常需要随时调整表格的行高和列宽。在 Word 2010 中，可以使用多种方法调整表格的行高和列宽。

- 自动调整：将插入点定位在表格内，打开【表格工具】的【布局】选项卡，在【单元格大小】组中单击【自动调整】按钮，从弹出的菜单中选择相应的命令，如图 3-15 所示，即可便捷地调整表格的行高与列高。
- 使用鼠标拖动进行调整：将插入点定位在表格内，将鼠标指针移动到需要调整的边框线上，待鼠标光标变成双向箭头÷和⫲时，按下鼠标左键拖动即可。
- 使用表格属性对话框进行调整：将插入点定位在表格内，在【表格工具】的【布局】选项卡的【单元格大小】组中，单击对话框启动器按钮，打开【表格属性】对话框，如图 3-16 所示，在其中进行设置即可。

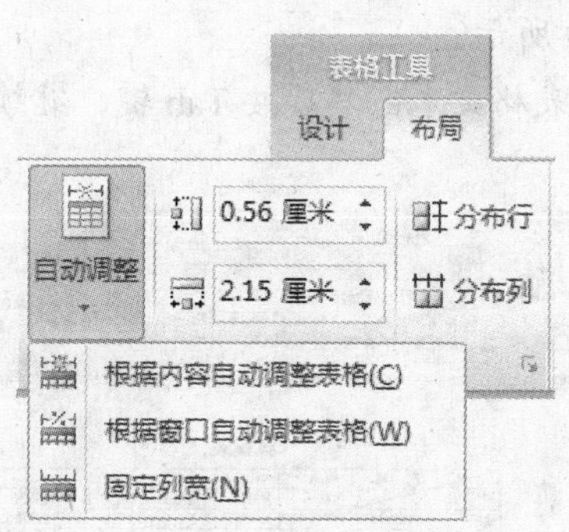

图 3-15　自动调整行高和列宽

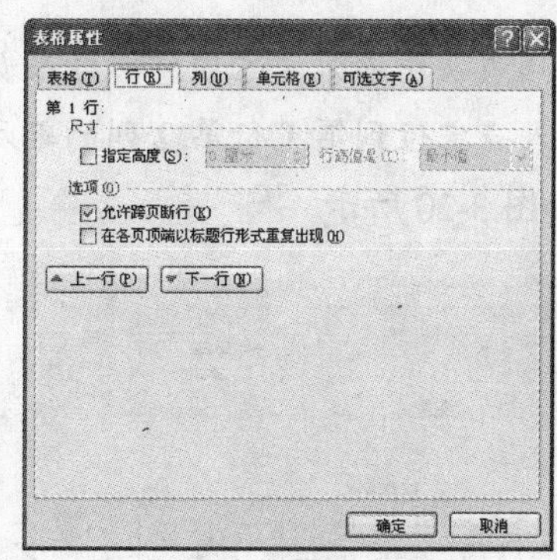

图 3-16　【表格属性】对话框

5. 在表格中输入文本

用户可以在表格的各个单元格中输入文字、插入图形，也可以对各单元格中的内容进行剪切和粘贴等操作，这和 Word 正文文本中所做的操作基本相同。用户只需将光标定位于表格的单元格中，然后直接利用键盘输入文本即可。

6. 设置文本格式

在表格的每个单元格中，可以进行字符格式化、段落格式化、添加项目符号和设置文本对齐方式等操作，其方法与在 Word 文档中设置普通文本的方法基本相同。

下面将在文档“课程表”中，对表格进行编辑操作，步骤如下。

(1) 启动 Word 2010 应用程序，打开“课程表”文档。

(2) 选中第 1 行第 1 列的单元格到第 2 行第 2 列的单元格，打开【表格工具】的【布局】选项卡，在【合并】组中单击【合并单元格】按钮，将其合并为一个单元格。

(3) 使用同样的方法，合并其他单元格，效果如图 3-17 所示。

(4) 将插入点定位在第 1 行第 1 列的单元格中，打开【表格工具】的【设计】选项卡，在【绘图边框】组中单击【绘制表格】按钮，将鼠标指针移动到第一个单元格中，待鼠标指针变

为🖉形状时，按下鼠标左键并拖动绘制表头斜线，然后单击左键，即可绘制斜线表头，效果如图 3-18 所示。

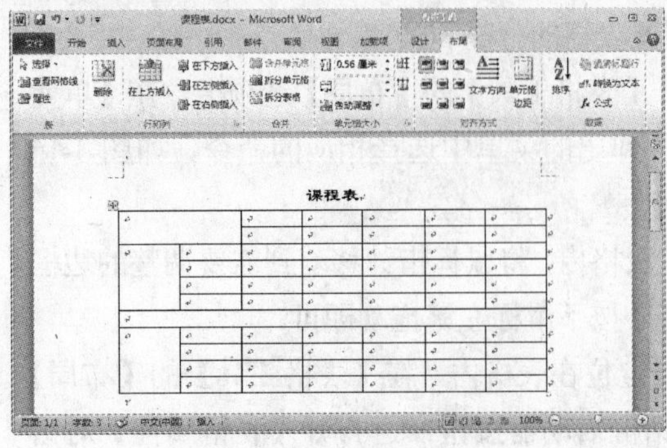

图 3-17　合并单元格

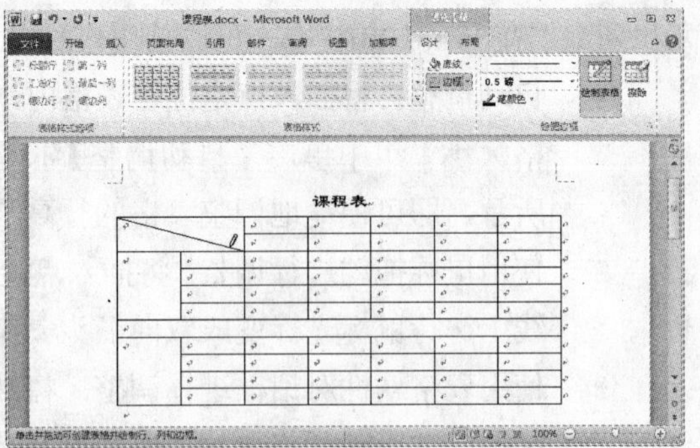

图 3-18　绘制斜线表头

(5) 在斜线表头中输入文本内容，效果如图 3-19 所示。

(6) 将插入点定位到第 1 行第 2 列的单元格输入表格文本，然后按 Tab 键，继续输入表格内容，效果如图 3-20 所示。

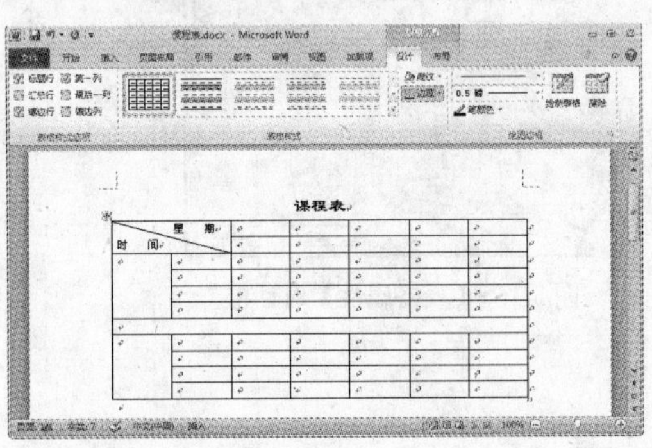

图 3-19　输入表头文本

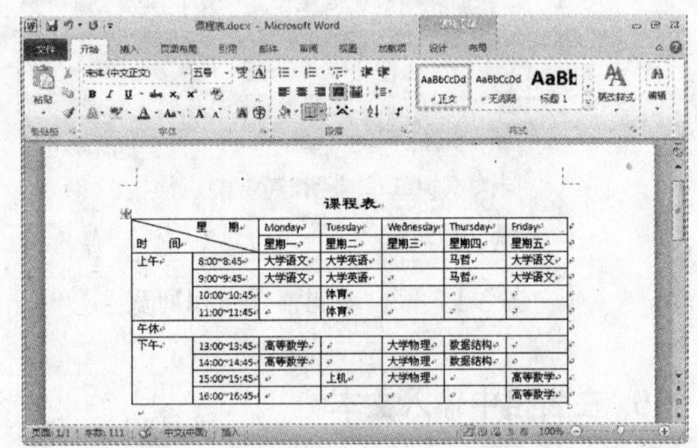

图 3-20　输入表格内容

(7) 选取文本“上午”和“下午”单元格，右击，从弹出的快捷菜单中选择【文字方向】命令，打开【文字方向-表格单元格】对话框，选择垂直排列第二种方式，如图 3-21 所示。

(8) 单击【确定】按钮，完成文本格式的设置，效果如图 3-22 所示。

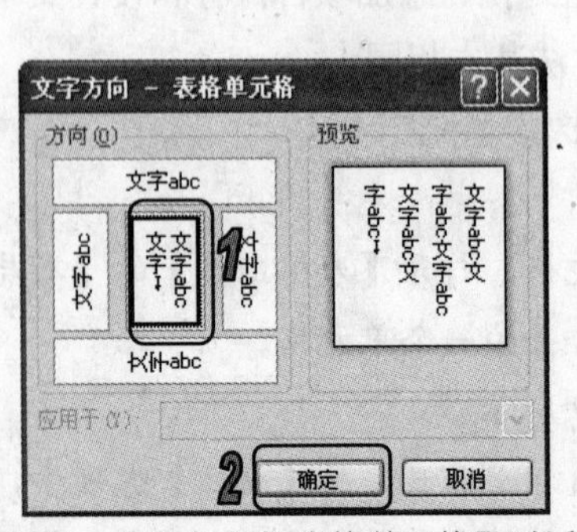

图 3-21　【文字方向-表格单元格】对话框

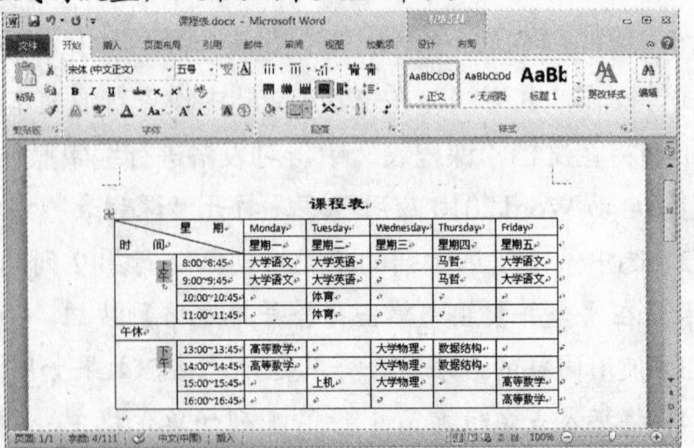

图 3-22　设置文本对齐方式

(9) 选取整个表格，打开【表格工具】的【布局】选项卡，在【单元格大小】组中单击【自动调整】按钮，从弹出的菜单中选择【根据内容调整表格】和【根据窗口调整表格】命令，调整表格的尺寸，效果如图 3-23 所示。

课程表

星期 时间		Monday	Tuesday	Wednesday	Thursday	Friday
		星期一	星期二	星期三	星期四	星期五
上午	8:00~8:45	大学语文	大学英语		马哲	大学语文
	9:00~9:45	大学语文	大学英语		马哲	大学语文
	10:00~10:45		体育			
	11:00~11:45		体育			
午休						
下午	13:00~13:45	高等数学		大学物理	数据结构	
	14:00~14:45	高等数学		大学物理	数据结构	
	15:00~15:45		上机	大学物理		高等数学
	16:00~16:45					高等数学

图 3-23　自动调整表格的行高和列宽

提示

将鼠标指针移到表格左上角的十字形的小方框上，按住鼠标左键不放拖动鼠标，整个表格将会随之移动；将鼠标指针移到表格右下角的小方框上，按住鼠标左键不放拖动鼠标，可以改变表格的大小。如果在缩放的同时，按住 Shift 键，可以保持表格的长宽比例。

(10) 选中表格，打开【表格工具】的【布局】选项卡，在【对齐方式】组中单击【水平居中】按钮，设置各个单元格中的文本居中对齐，如图 3-24 所示。

(11) 选取第 1、2 和 7 行的文本和文本“上午”、“下午”，打开【开始】选项卡，在【字体】组中的【字体】下拉列表框中选择【华文中宋】选项，设置表格文本的字体，然后设置表头文本“星期”为【右对齐】，表头文本“时间”为【左对齐】，最终效果如图 3-25 所示。

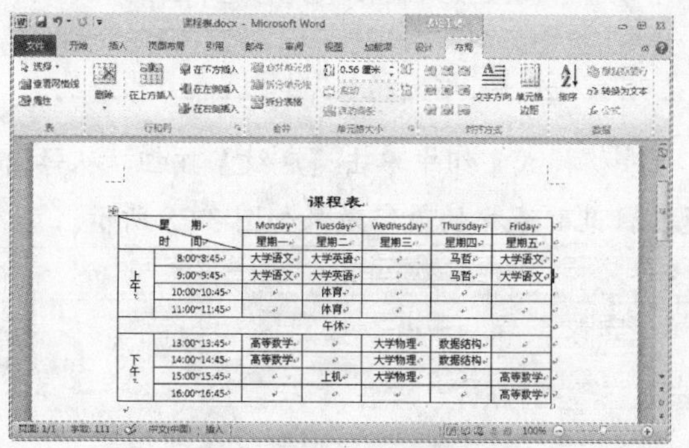

图 3-24　设置文本居中对齐

课程表

星期 时间		Monday	Tuesday	Wednesday	Thursday	Friday
		星期一	星期二	星期三	星期四	星期五
上午	8:00~8:45	大学语文	大学英语		马哲	大学语文
	9:00~9:45	大学语文	大学英语		马哲	大学语文
	10:00~10:45		体育			
	11:00~11:45		体育			
午休						
下午	13:00~13:45	高等数学		大学物理	数据结构	
	14:00~14:45	高等数学		大学物理	数据结构	
	15:00~15:45		上机	大学物理		高等数学
	16:00~16:45					高等数学

图 3-25　设置表格文本的字体

3.1.3　设置表格边框和底纹

当用户建立了一个表格后，Word 会自动设置表格使用 0.5 磅的单线边框。如果对表格的样式不满意，可以使用【边框和底纹】对话框，重新设置表格的边框和底纹来美化表格，使表格看起来更加突出、美观。

下面将在文档“课程表”中，设置表格的边框和底纹，具体操作如下。

(1) 启动 Word 2010 应用程序，打开文档“课程表”，将鼠标指针定位在表格中，打开【表格工具】的【设计】选项卡，在【表格样式】组中单击【边框】按钮，从弹出的菜单中选择【边框和底纹】命令，打开【边框和底纹】对话框。

(2) 打开【边框】选项卡，在【设置】选项区域中选择【网格】选项，在【样式】列表框中选择双线型，在【颜色】下拉列表框中选择【蓝色】色块，在【宽度】下拉列表框中选择 1.5 磅，并在【预览】选项区域中选择外边框，如图 3-26 所示。

(3) 单击【确定】按钮，完成边框的设置，效果如图 3-27 所示。

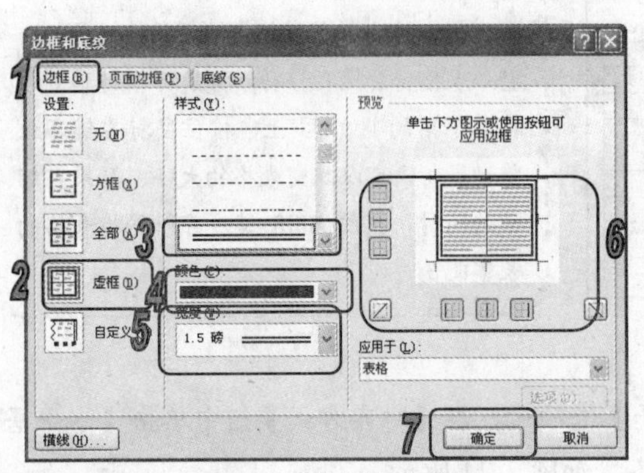

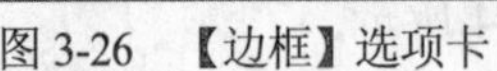

图 3-26 【边框】选项卡

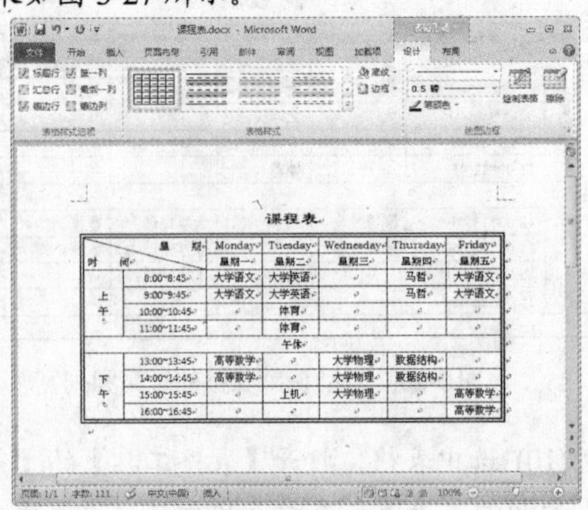

图 3-27 设置表格边框

提示

在【边框和底纹】对话框中，打开【底纹】选项卡，可以为表格设置底纹效果，包含颜色和图案样式，设置完毕后，单击【确定】按钮，即可在表格中显示底纹。

(4) 将插入点定位在表格的第 1、2、7 行，在【表格样式】组中单击【底纹】按钮，从弹出的颜色面板中选择【深蓝，文字 2，淡色 80%】色块，此时表格的最终效果如图 3-28 所示。

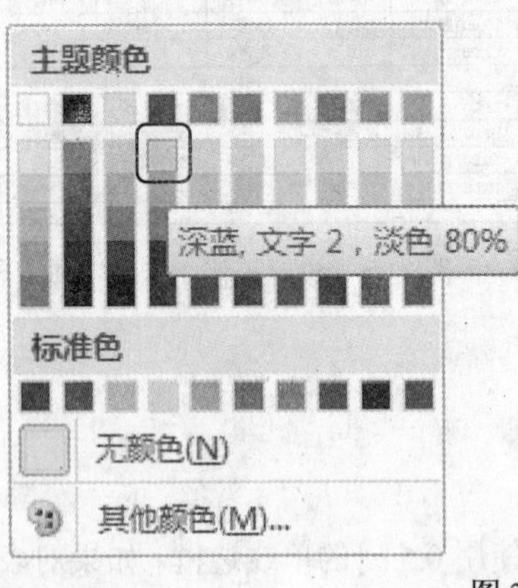

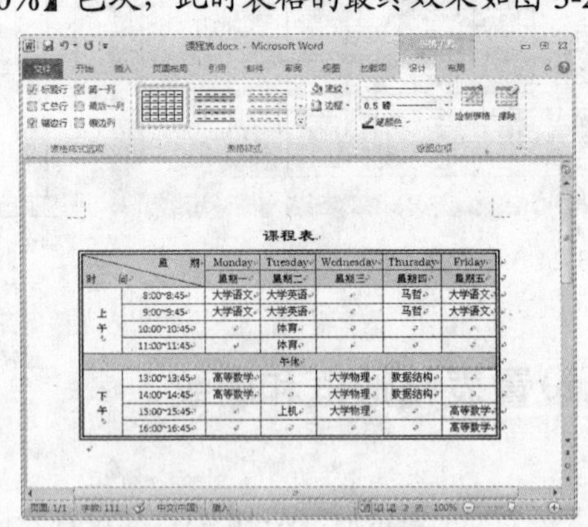

图 3-28 设置表格底纹

知识点

Word 2010 提供多种内置的表格样式，使用该功能用户可以快速套用内置表格样式。将鼠标指针定位在表格内，打开【表格工具】的【设计】选项卡，在【表格样式】组中单击【其他】按钮，从弹出的表格样式列表框中选择一种样式即可，如图 3-29 所示。

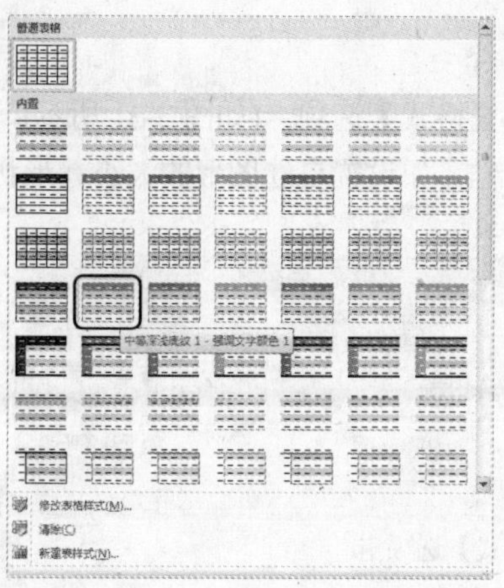

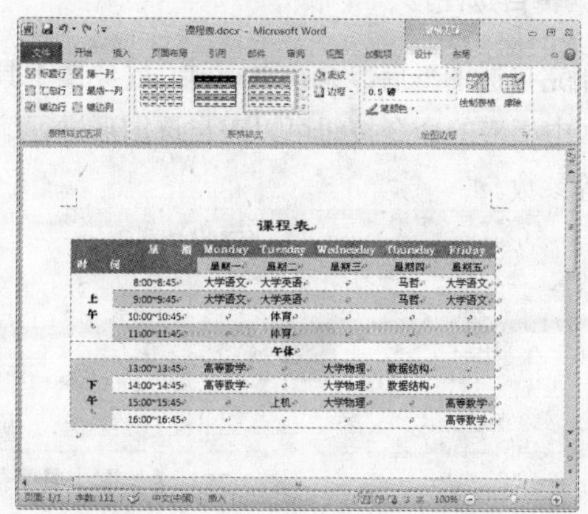

图 3-29 自动套用表格样式

3.2 Word 常用对象处理—实战 8：制作“宣传广告”

Word 2010 的图形处理功能是 Word 2010 的主要特色之一，通过在文档中插入多种图形，如自选图形、艺术字、文本和图片等，能很好地起到美化文档的作用，从而使整篇文档图文并茂、引人入胜。本节以制作宣传广告为例进行详细讲解。

3.2.1 插入与设置自选图形

Word 2010 包含一套可以手工绘制的现成形状，例如，直线、箭头、流程图、星与旗帜、标注等，这些图形称为自选图形。使用 Word 2010 所提供的功能强大的绘图工具，可以直接在文档中绘制这些自选图形。

1. 绘制自选图形

打开【插入】选项卡，在【插图】组中单击【形状】按钮，从弹出的菜单中选择图形按钮，在文档中拖动鼠标绘制对应的图形，如图 3-30 所示。

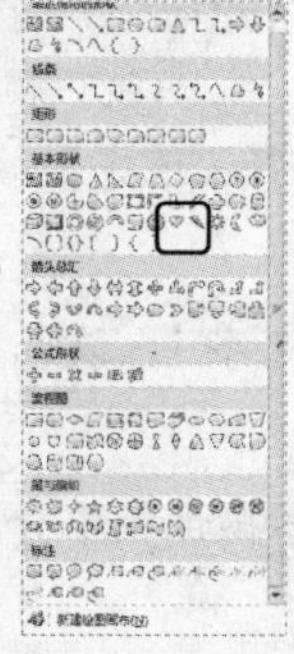

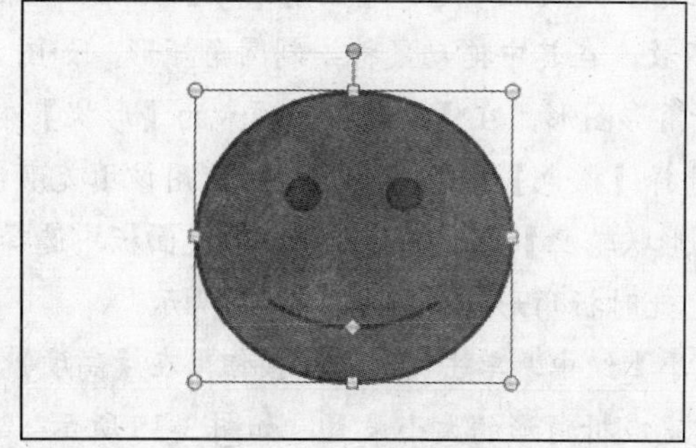

图 3-30 绘制自选图形

2. 编辑自选图形

绘制完自选图形后，系统自动打开【绘图工具】的【格式】选项卡(如图 3-31 所示)，使用该功能区中相应的命令按钮可以对自选图形进行编辑操作，如设置自选图形的大小、形状样式和位置等参数。

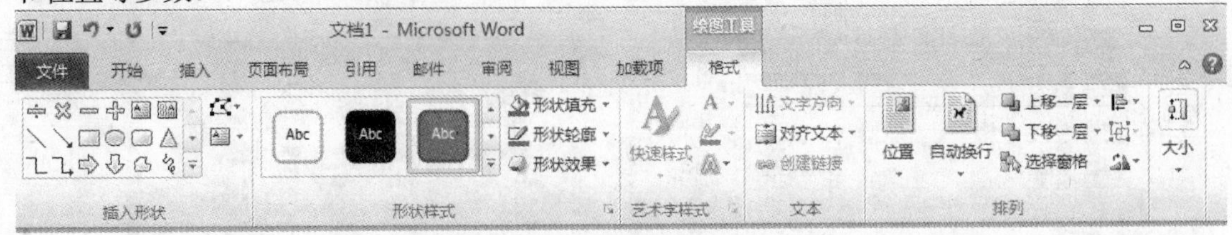

图 3-31 【绘图工具】的【格式】选项卡

下面将创建“宣传广告”文档，绘制并编辑自选图形，具体操作如下：

(1) 启动 Word 2010 应用程序，新建一个名为“宣传广告”的文档。

(2) 打开【插入】选项卡，在【插图】组中单击【形状】按钮，从弹出的【基本形状】列表框中选择【折角形】选项▢。

(3) 将鼠标指针移到文档绘制区内，待鼠标指针变成“十”形状时，按住鼠标左键不放，拖动鼠标绘制折角形图形，如图 3-32 所示。

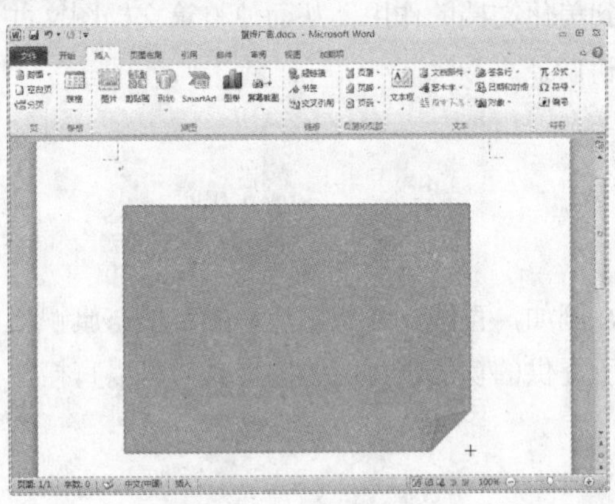
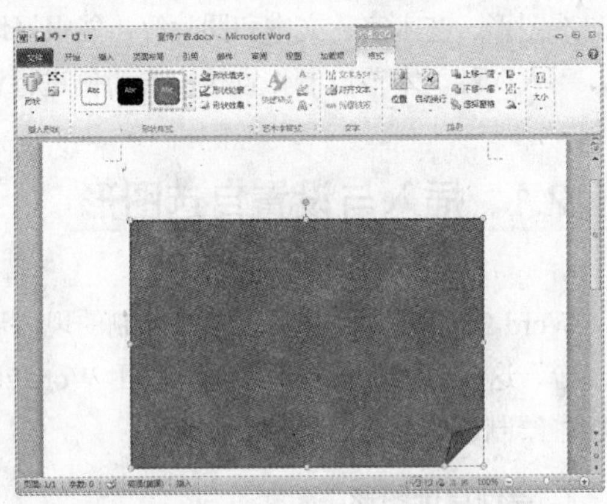

图 3-32 绘制折角形图形

(4) 打开【绘图工具】的【格式】选项卡，在【插入形状】组中，单击【形状】按钮，从弹出菜单的【矩形】列表框中选择【圆角矩形】选项▢，然后将鼠标指针移到折角形图形内，按住鼠标左键不放，在其中拖动鼠标绘制圆角矩形，如图 3-33 所示。

(5) 选中折角形图形，在【格式】选项卡的【形状】组中单击【形状填充】按钮，从弹出的颜色面板中选择【橙色】色块，为折角形应用该填充颜色。

(6) 单击【形状轮廓】按钮，从弹出的颜色面板中选择【黑色，文字 1，淡色 50%】色块，设置轮廓效果，此时折角形的效果如图 3-34 所示。

(7) 在【大小】组中，单击【大小】按钮，在【高度】和【宽度】微调框中分别输入 10 和 15，按 Enter 键完成折角形的大小设置，如图 3-35 所示。

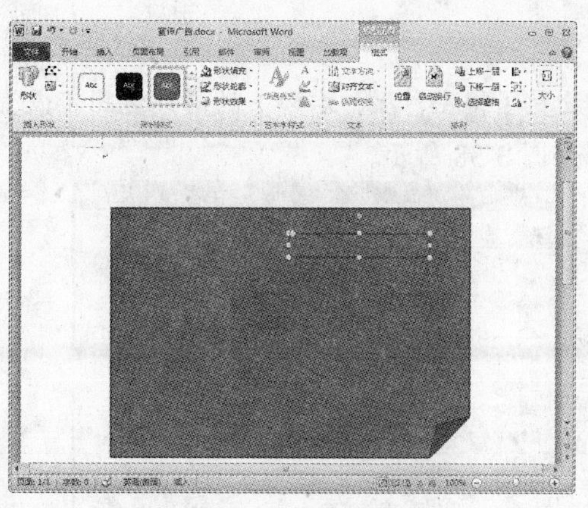

图 3-33　绘制圆角矩形

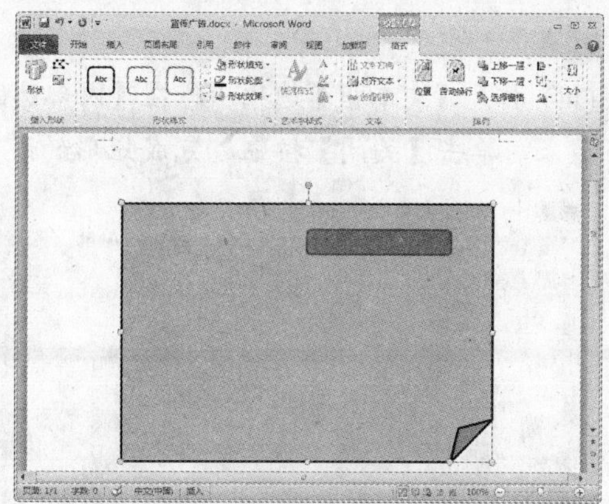

图 3-34　设置折角形的背景色和轮廓颜色

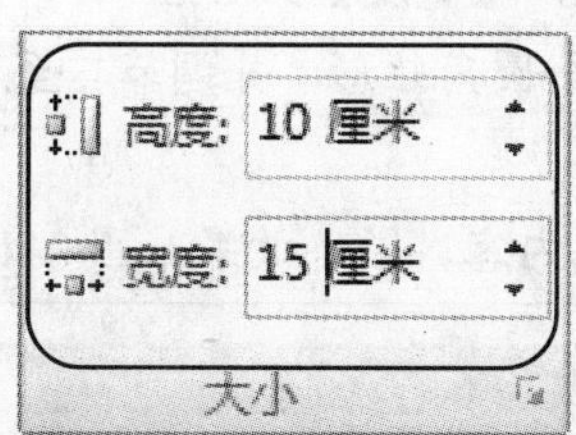

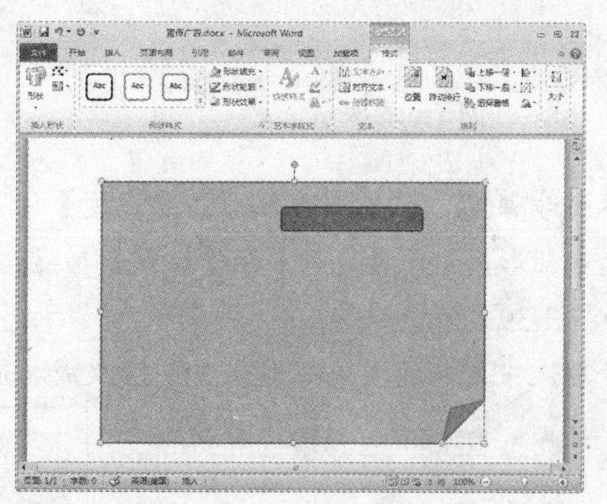

图 3-35　设置折角形的大小

(8) 选中圆角矩形，打开【绘图工具】的【格式】选项卡，在【形状样式】组中单击【其他】按钮，从弹出的列表框中选择第 2 行第 3 列的样式，为其设置形状样式，如图 3-36 所示。

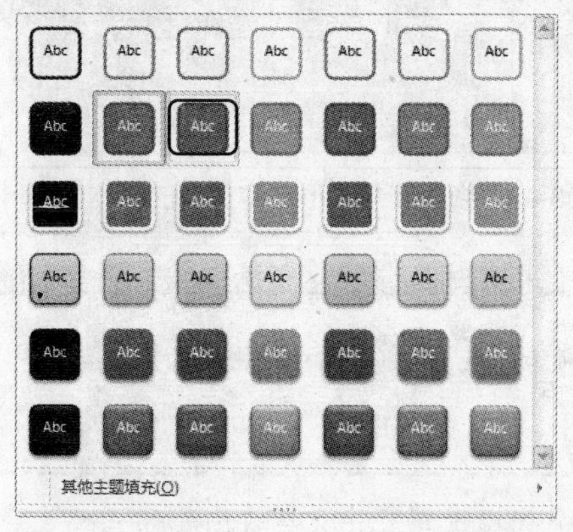

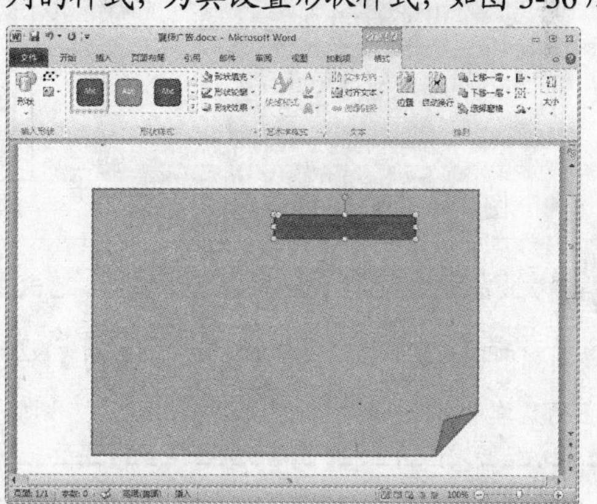

图 3-36 设置圆角矩形的形状样式

(9) 右击圆角矩形，从弹出的快捷菜单中选择【添加文字】命令，在矩形中出现的插入点处开始输入文字“Word 2010 基础操作”，并且将该行文字设置为五号、加粗，如图 3-37 所示。

(10) 右击圆角矩形，从弹出的快捷菜单中选择【设置形状格式】命令，打开【设置形状格式】对话框。

(11) 打开【文本框】选项卡，在【内部边距】设置区将左、上、右和下的内部边距都设置为 0 厘米，单击【关闭】按钮，完成矩形的设置，如图 3-38 所示。

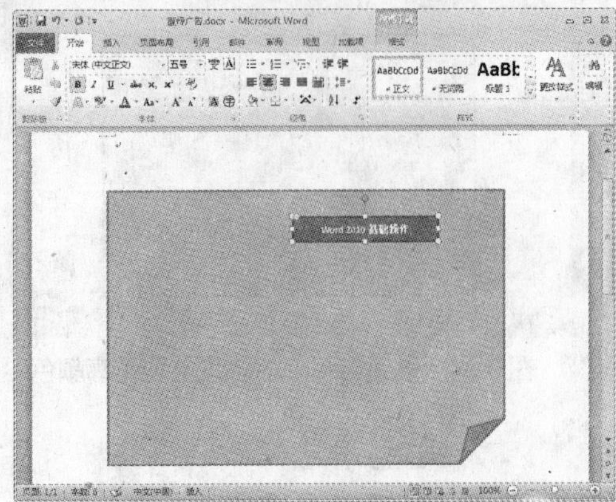

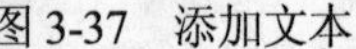
图 3-37　添加文本

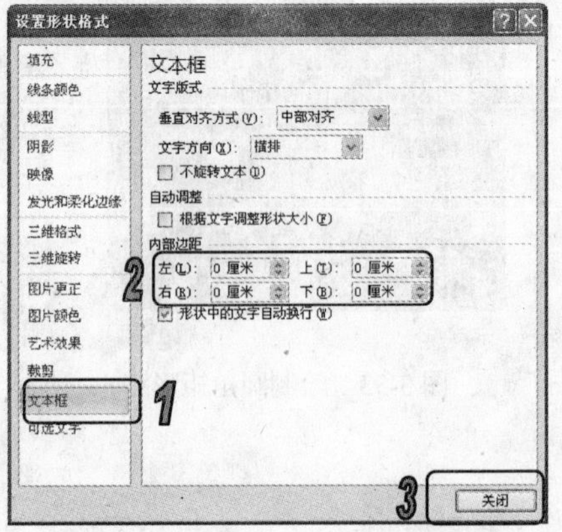

图 3-38　【设置形状格式】对话框

(12) 参照步骤(7)，设置圆角矩形的【高度】为 0.6 厘米，【宽度】为 6 厘米。

(13) 选中矩形，使用【复制】和【粘贴】功能，复制 5 个圆角矩形，并调节其至合适的位置，效果如图 3-39 所示。

(14) 分别选中复制的圆角矩形，逐个修改成相应的文本内容，最终效果如图 3-40 所示。

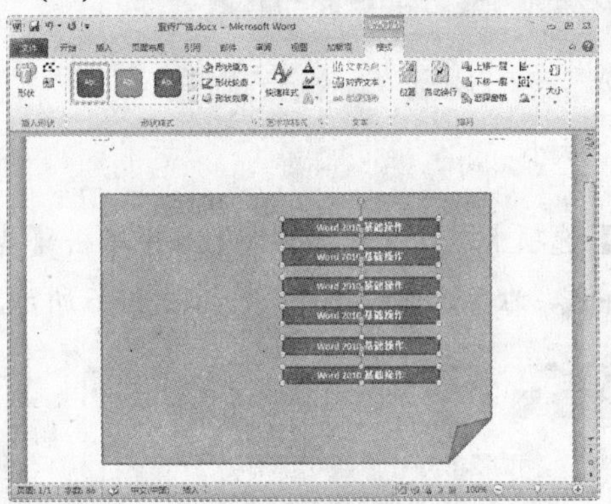
图 3-39　复制圆角矩形

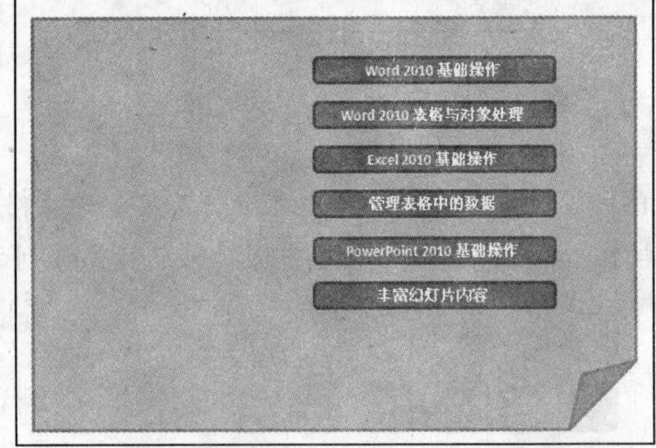

图 3-40　修改圆角矩形文本框中的文本内容

提示

要排列图形对象，可以打开【绘图工具】的【格式】选项卡，在【排列】组中单击【对齐】按钮，从弹出的菜单中选择一种对齐方式即可。

3.2.2　插入与设置艺术字

Word 2010 提供了艺术字功能，可以把文档的标题以及需要特别突出的地方用艺术字显示出来，从而使文章更生动、醒目。

1. 创建艺术字

在 Word 2010 中可以按预定义的形状来创建文字。方法很简单，打开【插入】选项卡，在【文本】组中单击【艺术字】按钮，在弹出如图 3-41 所示的艺术字列表框中选择一种艺术字样式即可。

提示

用户还可以先输入文本，再为输入的文本选择艺术字样式，首先选中文本，然后在【开始】选项卡的【字体】组中单击【文字效果】按钮，从弹出的如图 3-42 所示的艺术字列表框中选择一种艺术字样式即可。

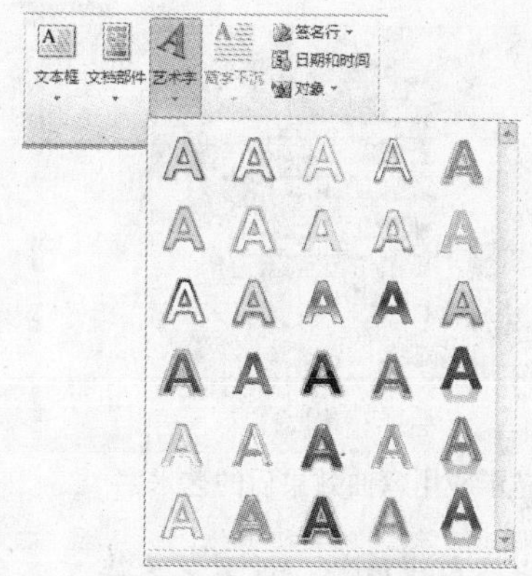

图 3-41　【文本】组

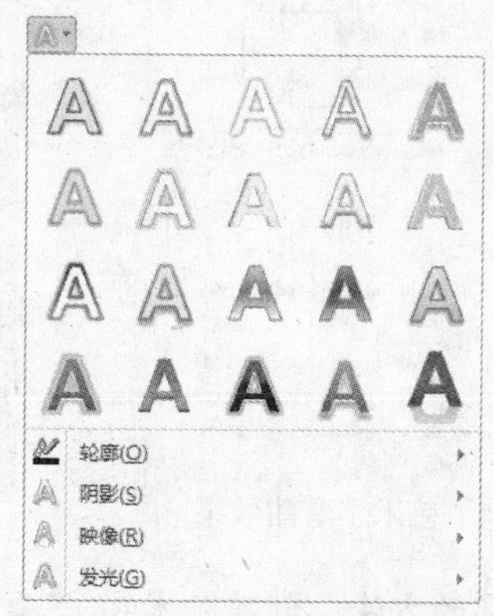

图 3-42　【文字效果】列表框

2. 编辑艺术字

选中创建的艺术字，同样会出现【绘图工具】的【格式】选项卡。如果用户对其样式不满意，可以通过该功能区中的命令按钮对艺术字样式进行编辑修改，使其看起来更加美观。

下面在“宣传广告”文档中，插入与设置艺术字，具体操作如下：

(1) 打开“宣传广告”的文档，打开【插入】选项卡，在【文本】组中单击【艺术字】按钮，从弹出的艺术字样式列表框中选择第 4 行第 5 列的艺术字样式，此时即可在文档中输入该样式艺术字，如图 3-43 所示。

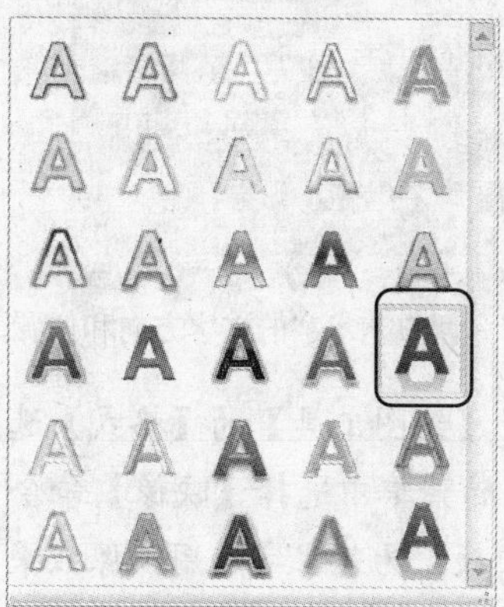

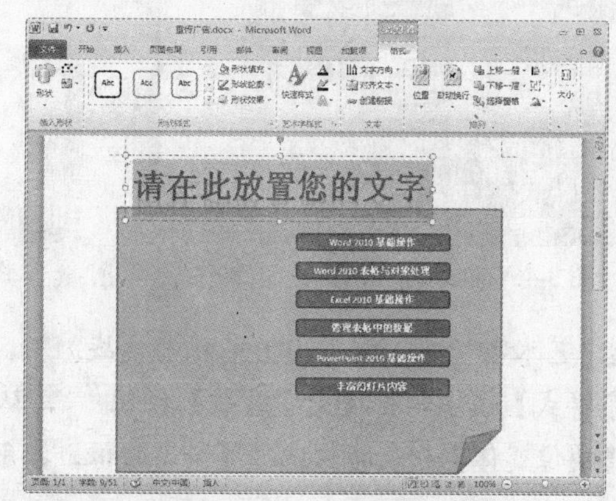

图 3-43　插入艺术字

(2) 选中插入的艺术字，在“请在此放置您的文字”文本框中重新输入文本。

(3) 打开【绘图工具】的【格式】选项卡，在【艺术字样式】组中单击【文字效果】按钮，从弹出的菜单中选择【转换】命令，然后在弹出的【弯曲】列表框中选择【正三角形】选项，如图 3-44 所示。

(4) 选中艺术字，拖动鼠标调节其至合适的位置，效果如图 3-45 所示。

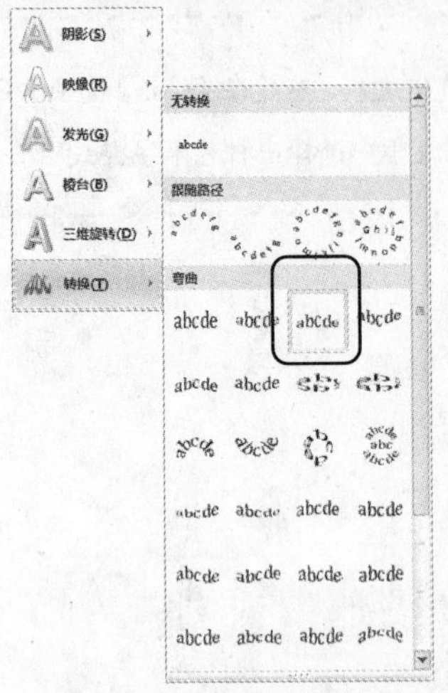

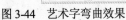

图 3-44 艺术字弯曲效果

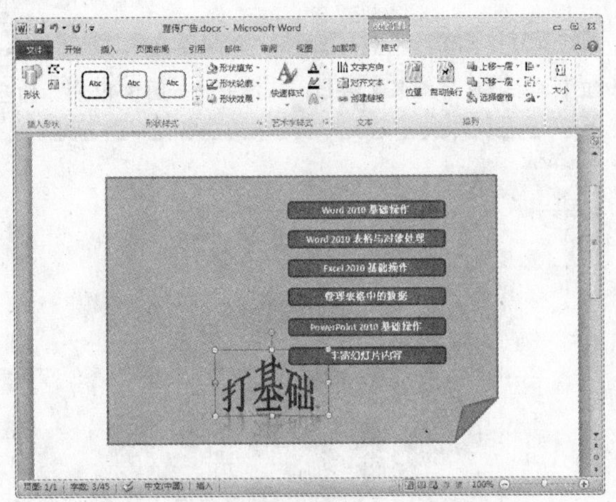

图 3-45 显示应用弯曲效果后的艺术字

(5) 使用同样的方法，创建艺术字“《Office 2010 基础与实战》”，设置艺术字文本的字体为【方正粗活意简体】，字号为【小二】，效果如图 3-46 所示。

(6) 选中艺术字“《Office 2010 基础与实战》”，打开【绘图工具】的【格式】选项卡，在【文本】组中单击【文字方向】按钮，从弹出的菜单中选择【垂直】命令，将艺术字文字垂直放置，并调整其位置，效果如图 3-47 所示。

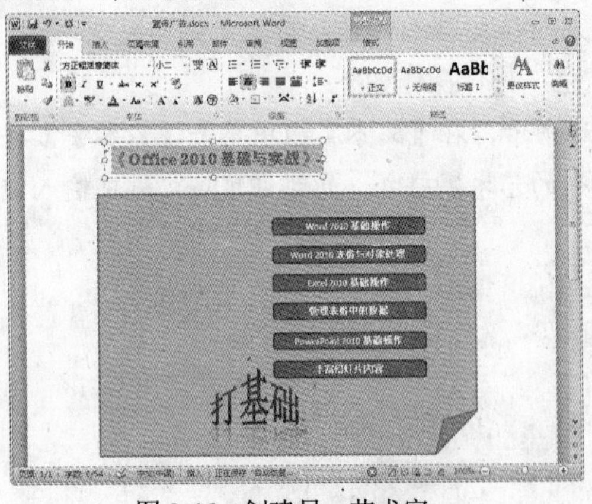

图 3-46 创建另一艺术字

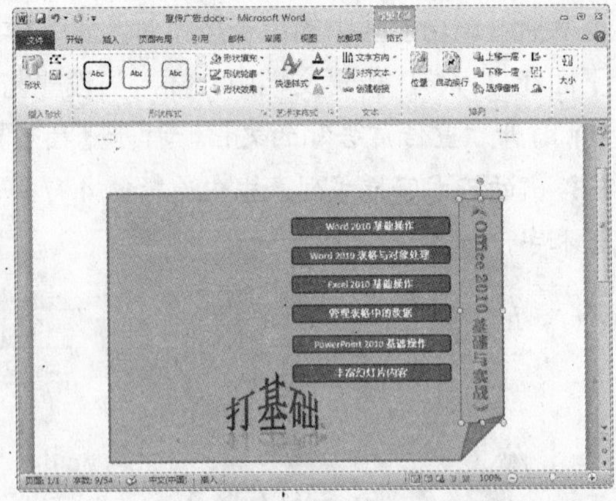

图 3-47 调整艺术字的文字方向和位置

(7) 选中艺术字“《Office 2010 基础与实战》”，打开【绘图工具】的【格式】选项卡，在【艺术字样式】组中单击【文字效果】按钮，从弹出的菜单中选择【映像】命令，然后在弹出的【映像变体】列表框中选择【紧密映像，接触】选项，为艺术字应用映像效果，如图 3-48 所示。

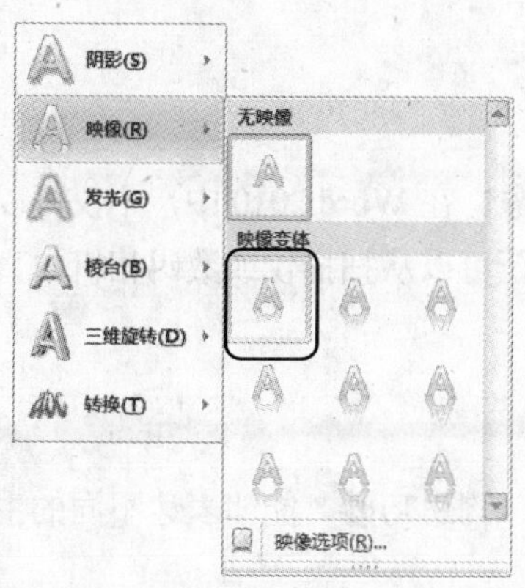

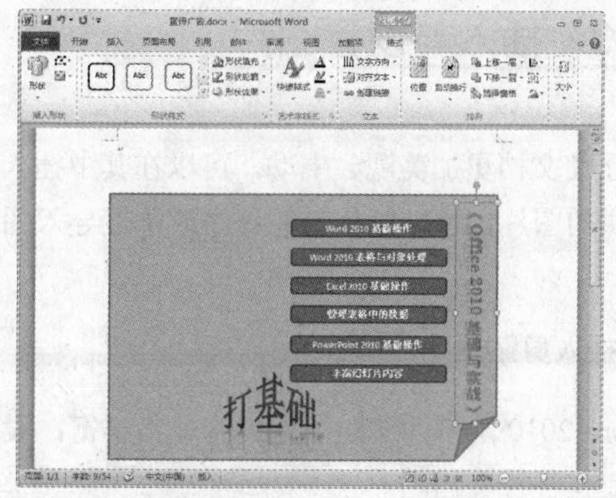

图 3-48　为艺术字设置映像效果

(8) 在【艺术字样式】组中单击【文本填充】按钮，从弹出的菜单中选择【渐变】|【其他渐变】命令，打开【设置文本效果格式】对话框。

(9) 打开【文本填充】选项卡，选中【渐变填充】单选按钮；在【类型】下拉列表框中选择【射线】选项；在【颜色】面板中选择【白色】色块；在【方向】列表框中选择【中心辐射】样式，单击【关闭】按钮，完成设置，如图 3-49 所示。

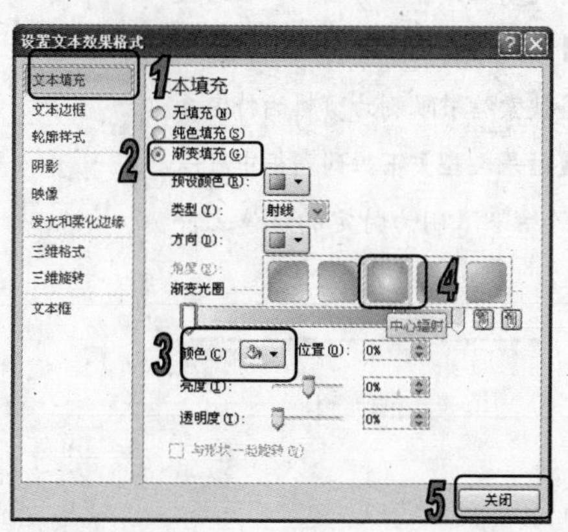

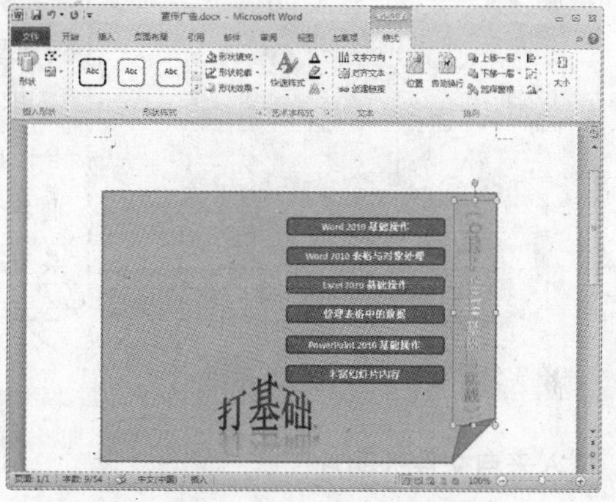

图 3-49　设置艺术字文本填充效果

(10) 使用同样的方法，设置艺术字“打基础”的文本填充效果，如图 3-50 所示。

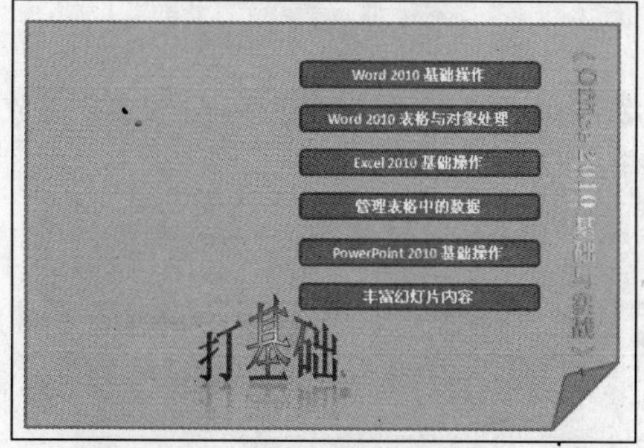

图 3-50　设置艺术字“打基础”填充效果

提示

艺术字是图形对象，不能作为文本，在【大纲】视图中无法查看其文字效果，也不能像普通文本一样进行拼写检查。

3.2.3 插入与设置图片

为了使文档更加美观、生动，可以在其中插入图片对象。在 Word 2010 中，不仅可以插入系统提供的图片，还可以从其他程序或位置导入图片，甚至可以从扫描仪或数码相机中直接获取图片。

1. 插入剪贴画

Word 2010 附带的剪贴画库内容非常丰富，设计精美、构思巧妙，能够表达不同的主题，适合于制作各种文档。

要插入剪贴画，首先必须打开【插入】选项卡，在【插图】组中单击【剪贴画】按钮，打开【剪贴画】任务窗格，如图 3-51 所示。然后在任务窗口的【搜索文字】文本框中输入剪贴画的相关主题或文件名称，单击【搜索】按钮，查找电脑与网络上的剪贴画文件，查找完毕后，单击所需的剪贴画即可插入至文档。

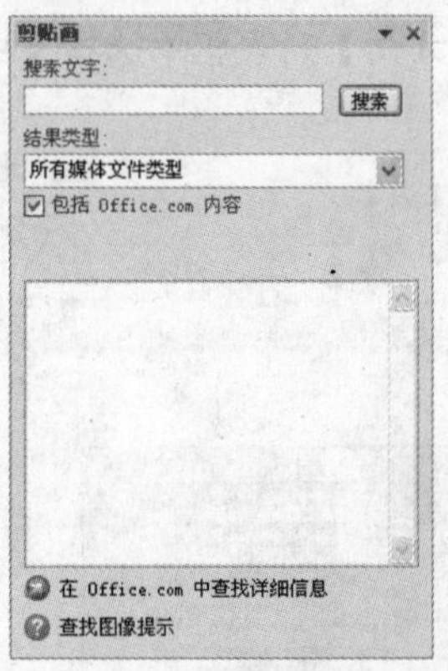

图 3-51 【剪贴画】任务窗格

> **提示**
>
> 打开【剪贴画】任务窗口，在【搜索范围】下拉列表框中可以缩小搜索的范围，将搜索结果限制为剪辑的特定集合；在【结果类型】下拉列表框中可以将搜索的结果限制为特定的媒体文件类型。

2. 插入来自文件的图片

打开【插入】选项卡，在【插图】组中单击【图片】按钮，打开【插入图片】对话框，在其中选择图片文件，单击【插入】按钮，即可将该图片插入到文档中。

3. 编辑图片

插入图片后，使用【图片工具】的【格式】选项卡，可以对图片进行移动、复制、缩放、裁剪、旋转及调整亮度和对比度等编辑操作，如图 3-52 所示。

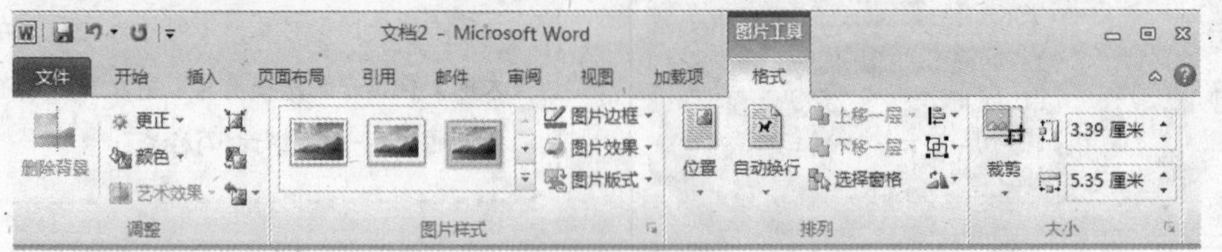

图 3-52 【图片工具】的【格式】选项卡

下面在“宣传广告”文档中，插入与设置图片，具体操作如下：

(1) 打开“宣传广告”的文档，然后将插入点定位在文档开始处，打开【插入】选项卡，在【插图】组中单击【剪贴画】按钮，打开【剪贴画】任务窗格。

(2) 在【搜索文字】文本框中输入“广告”，然后单击【搜索】按钮，在列表框中将显示出主题中包含该关键字的所有剪贴画，如图 3-53 所示。

(3) 单击需要插入的剪贴画，将其插入文档，如图 3-54 所示。

提示

在【剪贴画】任务窗格中，单击某张图片，会弹出一个下拉菜单，可以进行插入、复制、编辑关键字等操作；如果不知道剪贴画准确的文件名，可以使用通配符代替一个或多个字符来进行搜索，在【搜索文字】文本框中输入*号代替文件名中的多个字符，输入？号代替文件中的单个字符。

图 3-53　搜索剪贴画“广告”

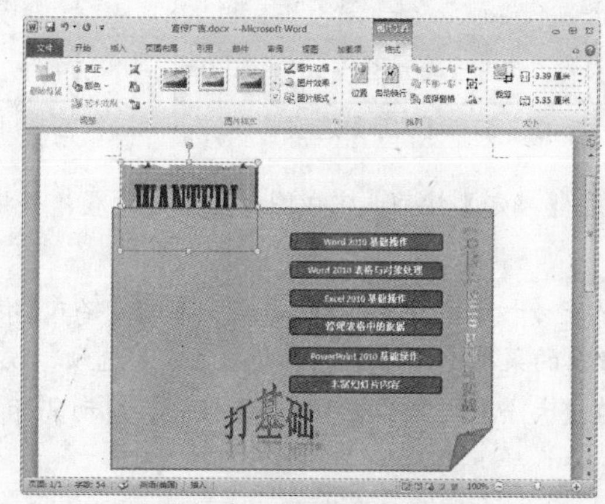

图 3-54　插入剪贴画

(4) 将插入点定位在剪贴画后侧，在【插图】组中单击【图片】按钮，打开【插入图片】对话框，在【查找范围】下拉列表框中选择目标路径，然后选中要插入的图片，如图 3-55 所示。

(5) 单击【插入】按钮，就可以将图片插入到文档中，效果如图 3-56 所示。

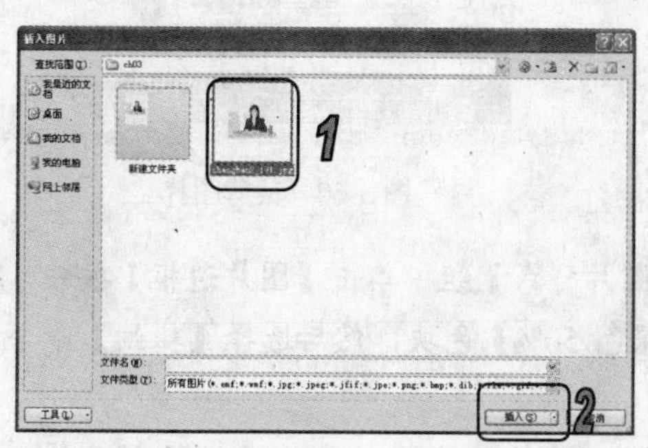

图 3-55　选择文件中的图片

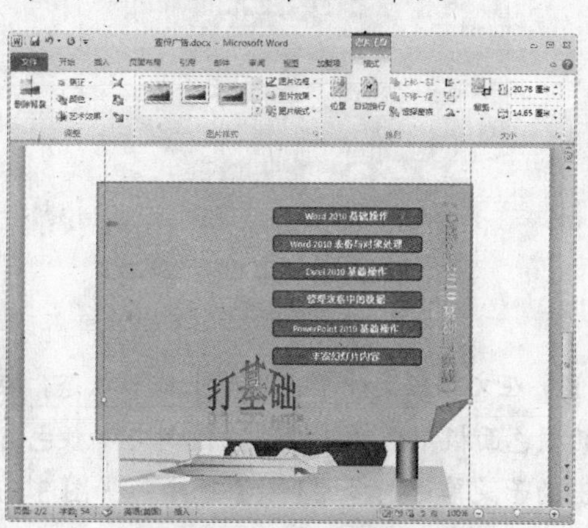

图 3-56　插入文件中的图片

(6) 选择剪贴画，打开【图片工具】的【格式】选项卡，在【大小】组中单击对话框启动器按钮，打开【布局】对话框。

(7) 打开【大小】选项卡，在【缩放】选项区域的【高度】和【宽度】微调框中分别输入40%，如图 3-57 所示。

(8) 打开【文字环绕】选项卡，在【环绕方式】选项区域中选择【浮于文字上方】选项，如图 3-58 所示。

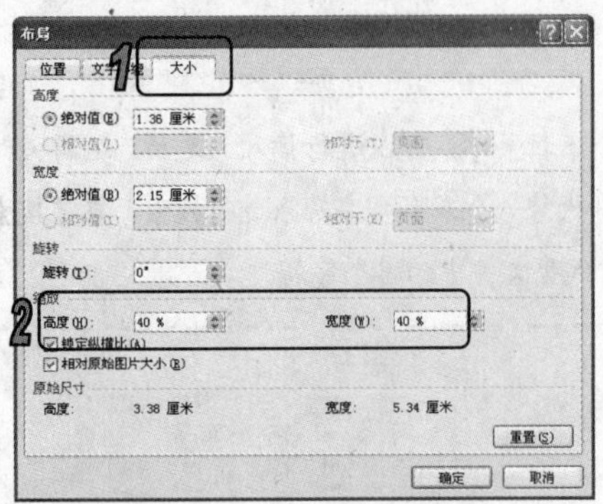

图 3-57　【大小】选项卡

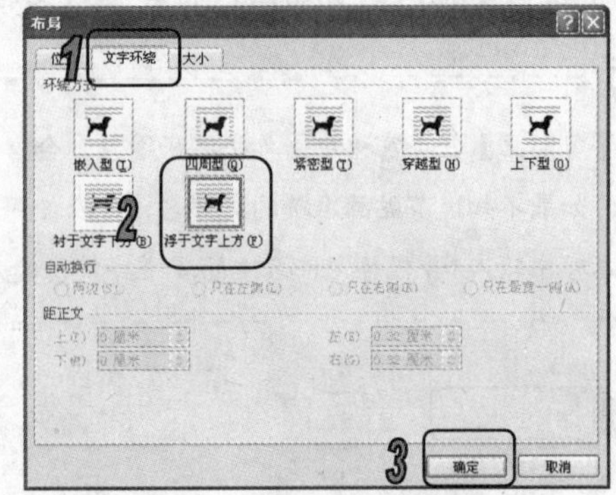

图 3-58　【文字环绕】选项卡

(9) 单击【确定】按钮，完成图片格式的设置，并将其移动到适当的位置，效果如图 3-59 所示。

(10) 选中另一张图片，在【图片工具】的【格式】选项卡的【排列】组中单击【自动换行】按钮，从弹出的菜单中选择【浮于文字上方】选项，设置图片环绕方式。

(11) 在【大小】组中单击【剪裁】按钮，拖动鼠标左键裁剪图片到合适的大小，如图 3-60 所示。

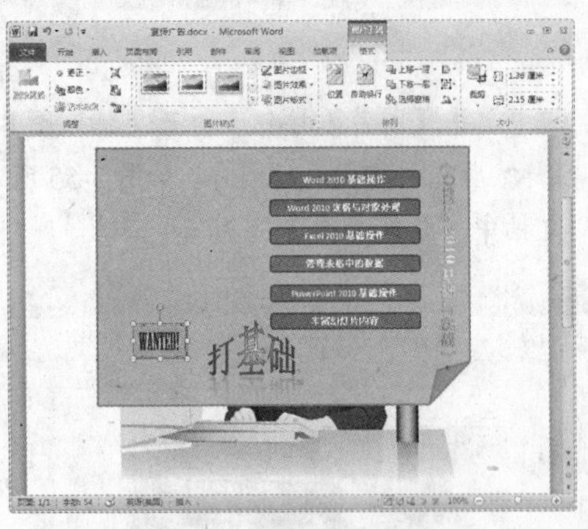

图 3-59　设置剪贴画格式

图 3-60　裁剪图片

(12) 在文档任意处单击，退出裁剪状态，在【图片样式】组中单击【图片边框】按钮，从弹出的颜色面板中选择【橙色，强调文字颜色 6，深色 50%】色块，然后选择【粗细】命令，从弹出的子菜单中选择【3 磅】选项，如图 3-61 所示。

(13) 此时即可完成图片编辑操作，然后调整图片位置和大小，效果如图 3-62 所示。

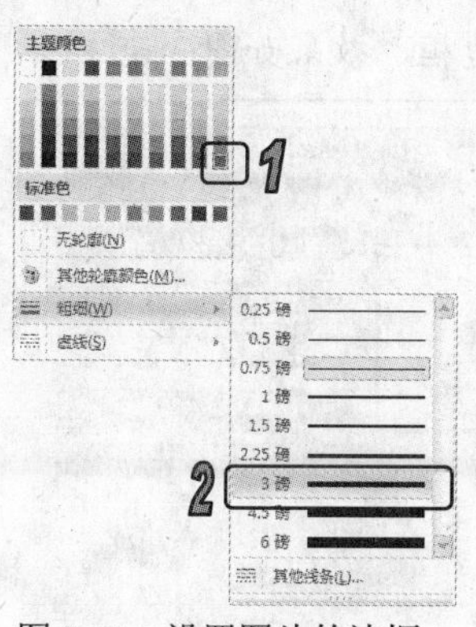

图 3-61　设置图片的边框

图 3-62　设置格式后的图片效果

3.2.4　插入与设置文本框

文本框是一种图形对象，它作为存放文本或图形的容器，可置于页面中的任何位置，并可随意地调整其大小。在 Word 2010 中，文本框用来建立特殊的文本，并且可以对其进行一些特殊格式的处理，如设置边框、颜色、版式格式等。

下面将在“宣传广告”文档中，插入与设置文本框。其具体操作如下：

(1) 打开“宣传广告”的文档，切换至【插入】选项卡，在【文本】组中单击【文本框】下拉按钮，从弹出的快捷菜单中选择【绘制文本框】命令，此时鼠标指针变成“＋”形状，按住左键，拖动鼠标，绘制一个文本框。

(2) 释放鼠标左键，在出现的插入点处，输入文本，并且设置文本格式为【方正综艺简体】、【小四】、【加粗】、【橙色，强调文字颜色 6，深色 25%】，如图 3-63 所示。

(3) 打开【插入】选项卡，在【文本】组中单击【文本框】下拉按钮，从弹出的快捷菜单中选择【绘制竖排文本框】命令，拖动鼠标在文档中绘制竖排文本框，并添加文本“清华文康”。

(4) 使用同样的方法，插入其他文本框，并且添加文本，效果如图 3-64 所示。

图 3-63　插入文本框和文本

图 3-64　插入其他文本框

(5) 选中所有的文本框，打开【绘图工具】的【格式】选项卡，在【形状样式】组中单击【形状填充】按钮，从弹出的菜单中选择【无填充颜色】命令；单击【形状轮廓】按钮，从弹

出的菜单中选择【无轮廓】命令，设置文本框无填充色和无边框，效果如图 3-65 所示。

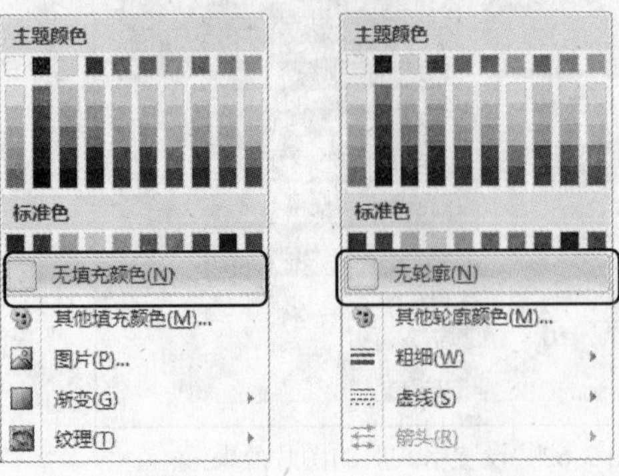

图 3-65　设置文本框的颜色与线条

(6) 在快速访问工具栏中单击【保存】按钮，保存“宣传广告”文档。

提示

Word 2010 提供了 44 种内置文本框，通过插入这些内置文本框，可快速制作出优秀的文档。打开【插入】选项卡，在【文本】组中单击【文本框】下拉按钮，从弹出的列表框中选择内置文本框样式即可。

计算机基础与实训教材系列

3.3 Word 辅助对象处理—实战 9：制作“数学讲义”

在 Word 2010 中，除了可以插入常用对象外，还可以插入一些辅助对象，如 SmartArt 图形、图表和公式等。本节将以制作数学讲义为例来介绍插入与设置辅助对象的方法。

3.3.1 插入与设置 SmartArt 图形

Word 2010 提供了 SmartArt 图形功能，可以用来说明各种概念性的内容，并可使文档更加形象生动。

1. 插入 SmartArt

要插入 SmartArt 图形，打开【插入】选项卡，在【插图】组中单击 SmartArt 按钮，打开【选择 SmartArt 图形】对话框，如图 3-66 所示，根据需要选择合适的类型即可。

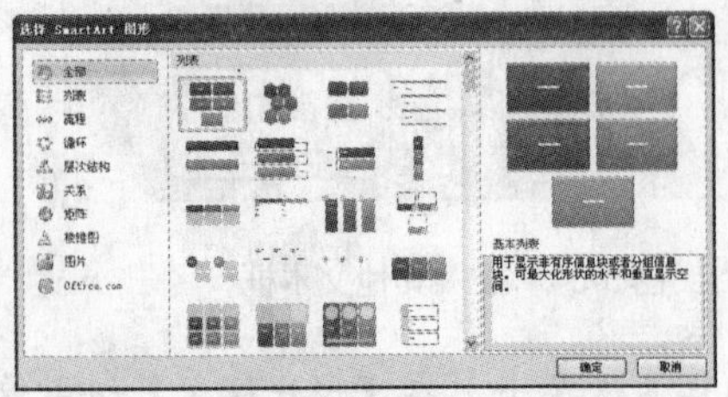

图 3-66　【选择 SmartArt 图形】对话框

提示

Word 2010 的 SmartArt 功能替代了 Word 2003 的图示功能。

2. 编辑 SmartArt

插入 SmartArt 图形后，如果对预设的效果不满意，则可以在【SmartArt 工具】的【设计】和【格式】选项卡中对其进行编辑操作，如添加和删除形状，套用形状样式等，如图 3-67 所示。

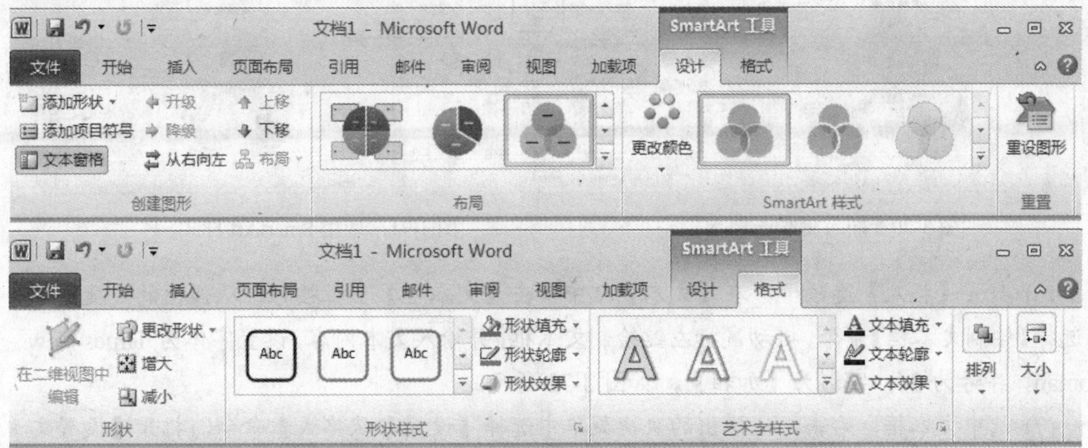

图 3-67 【SmartArt 工具】的【设计】和【格式】选项卡

下面将创建"数学讲义"文档，插入 SmartArt 图形，并设置其格式，具体操作如下：

(1) 启动 Word 2010 应用程序，新建一个名为"数学讲义"的文档，并输入标题文本"逻辑代数"，设置文本字体为【隶书】，字号为【二号】，字形为【加粗】，对齐方式为【居中】，如图 3-68 所示。

(2) 将插入点定位到下一行，打开【插入】选项卡，在【插图】组中单击 SmartArt 按钮，打开【选择 SmartArt 图形】对话框。

(3) 打开【关系】选项卡，在中间的列表框中选择【基本维恩图】选项，如图 3-69 所示。

图 3-68 插入标题文本

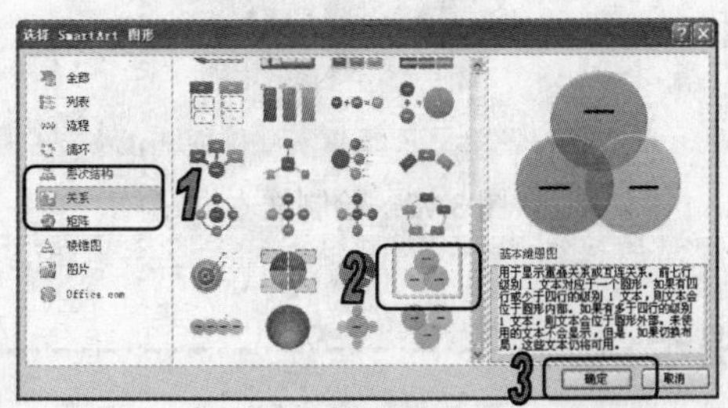

图 3-69 选择维恩图

(4) 单击【确定】按钮，即可在文档中插入维恩图，在【文本】文本框中输入文本，并设置字体为 Times New Roman，字形为【加粗】，效果如图 3-70 所示。

(5) 打开【SmartArt 工具】的【设计】选项卡，在【SmartArt 样式】组中单击【更改颜色】按钮，从弹出的列表框中选择【彩色】选项区域中第 3 种样式，即可为 SmartArt 应用该样式，如图 3-71 所示。

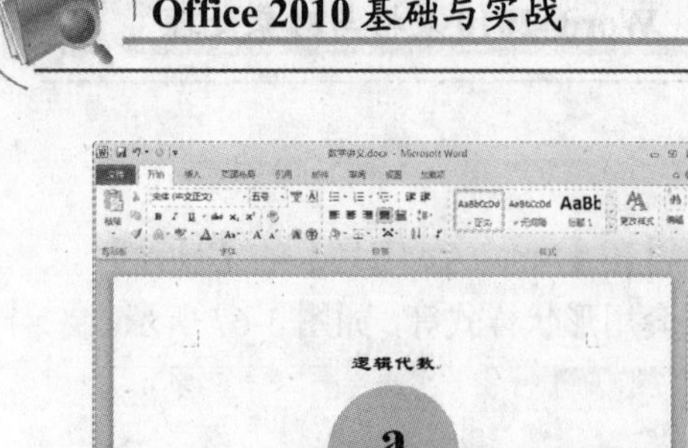

图 3-70　插入文本

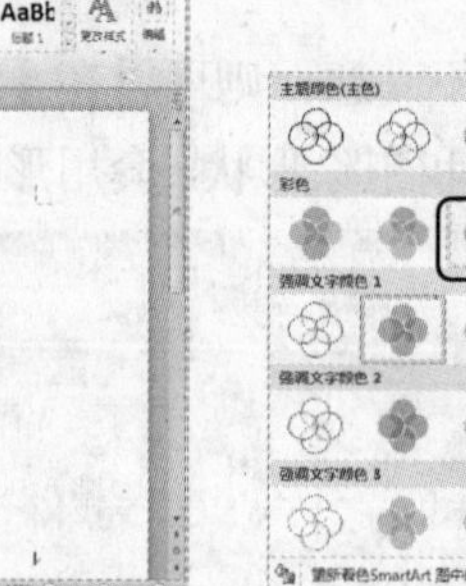

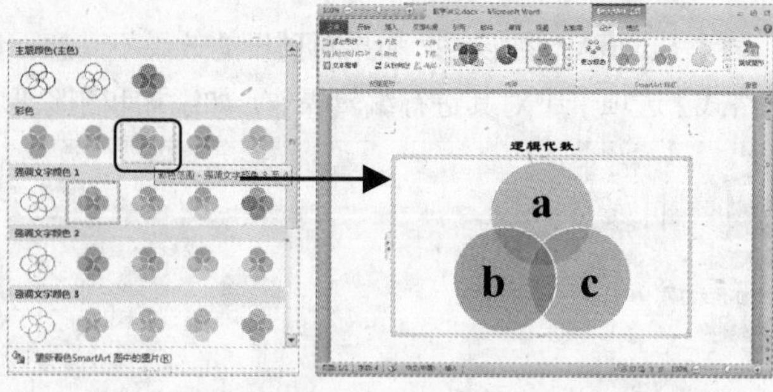

图 3-71　应用 SmartArt 样式

(6) 打开【插入】选项卡，在【文本】组中单击【文本框】下拉按钮，从弹出的快捷菜单中选择【绘制文本框】命令，拖动鼠标左键绘制文本框，并输入文本内容，设置字体为 Times New Roman，字号为 26，字形为【加粗】，如图 3-72 所示。

(7) 选中文本框，右击，从弹出的快捷菜单中选择【设置形状格式】命令，打开【设置文本框格式】对话框。

(8) 打开【填充】选项卡，在【填充】选项区域选中【无填充】单选按钮。

(9) 打开【线条颜色】选项卡，在【线条颜色】选项区域选中【无线条】单选按钮。

(10) 单击【关闭】按钮，设置完毕，此时 SmartArt 图形的效果如图 3-73 所示。

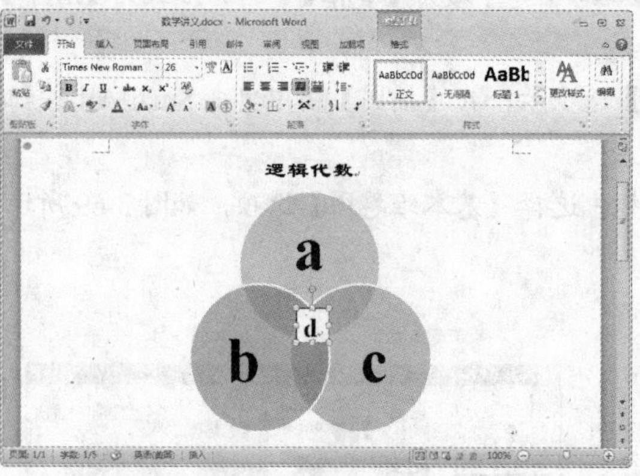

图 3-72　绘制文本框

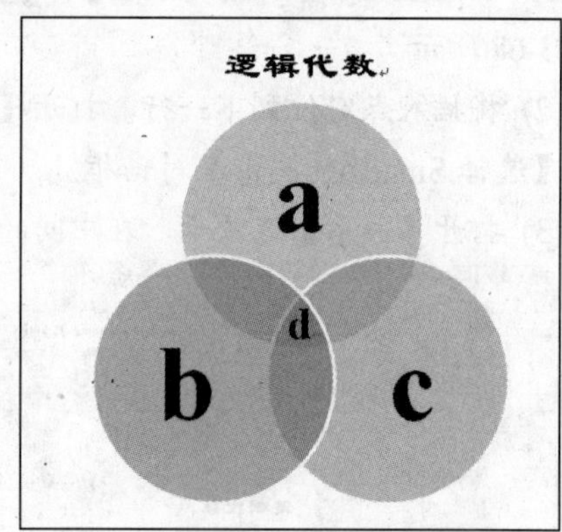

图 3-73　设置文本框属性后的效果

提示

右击 SmartArt 组件，从弹出的快捷菜单中选择【设置形状格式】命令，在打开的【设置形状格式】对话框中可以设置颜色、线条、阴影、映像和三维效果等。

3.3.2　插入与编辑公式

使用 Word 2010 提供的公式编辑功能，可以在文档中插入一个比较复杂的数学公式。创建

公式时，Word 2010 会根据数学排字约定，自动地调整公式中字体的大小、间距和格式。

要插入数学公式，可以打开【插图】选项卡，在【符号】组中单击【公式】下拉按钮，从弹出的如图 3-74 所示的下拉菜单的【内置】列表框中可以选择内置公式，也可以选择【插入新公式】命令。此时自动打开【公式工具】的【设计】选项卡，如图 3-75 所示，在其中可以进行公式编辑操作。

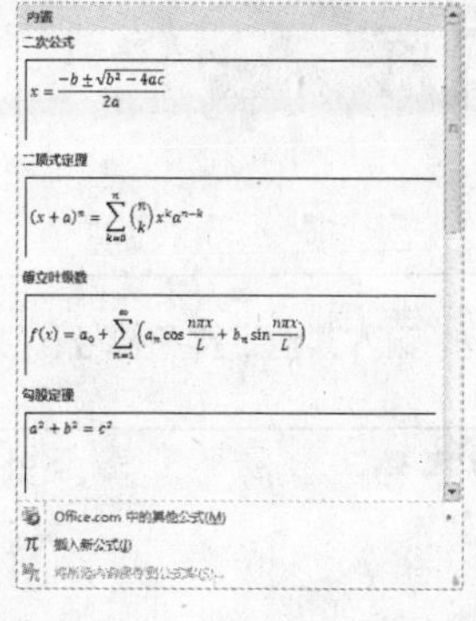

图 3-74　【公式】下拉菜单

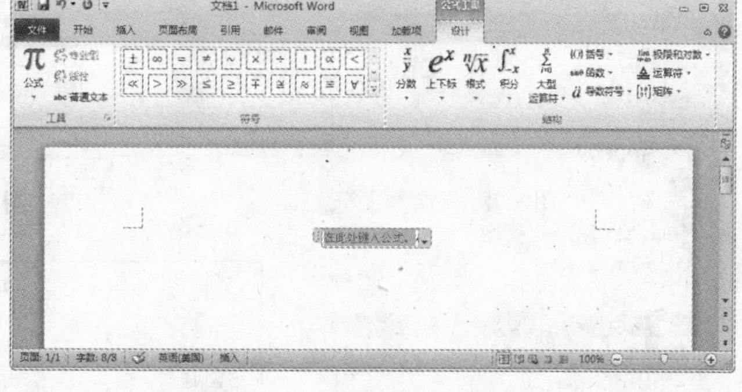

图 3-75　【公式工具】的【设计】选项卡

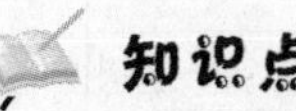

知识点

在文档中还可以使用公式编辑器插入数学公式，打开【插入】选项卡，在【文本】组中单击【对象】按钮，打开【对象】对话框的【新建】选项卡，在【对象类型】列表框中选择【Microsoft 公式 3.0】选项，如图 3-76 所示。单击【确定】按钮，将打开【公式编辑器】窗口和【公式】工具栏，如图 3-77 所示。在【公式编辑器】窗口的文本框中进行公式编辑，在框外文档任意处单击，即可返回原来的文档编辑状态。

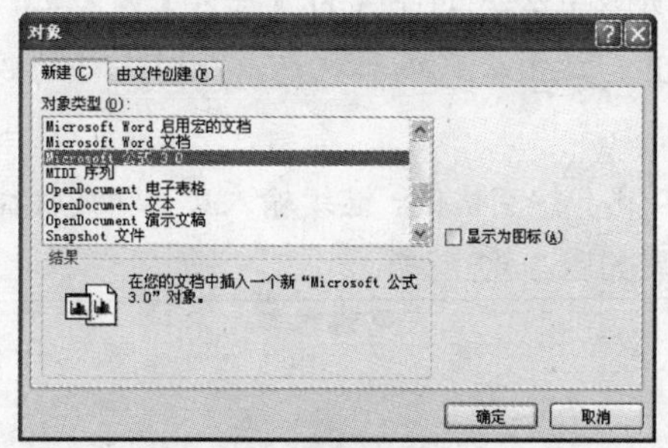

图 3-76　【对象】对话框

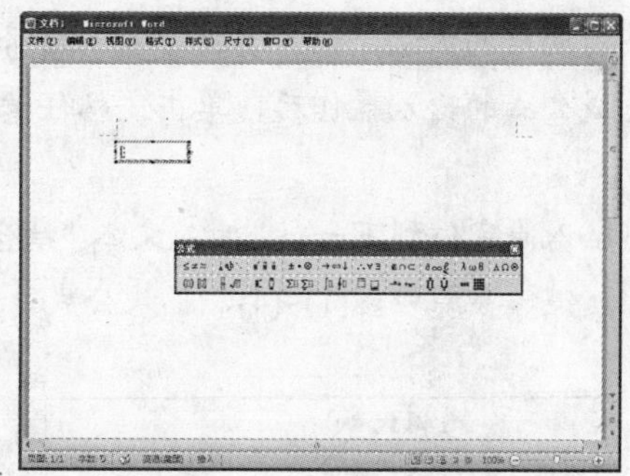

图 3-77　【公式编辑器】窗口

下面将在“数学讲义”文档中创建公式，具体操作如下：

(1) 打开“数学讲义”文档，将插入点定位到要插入公式的地方，打开【插入】选项卡，在【符号】组中单击【公式】按钮，快速插入公式编辑文本框，如图 3-78 所示。

(2) 默认选中“在此键入公式”文本，输入字符 d，然后输入“=”，再输入字符“a”，如图 3-79 所示。

(3) 打开【公式工具】的【设计】选项卡，在【符号】组中单击【其他】按钮，从弹出的列表框中选中交集符号，快速将该符号输入到公式编辑文本框中，如图 3-80 所示。

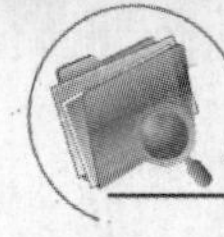

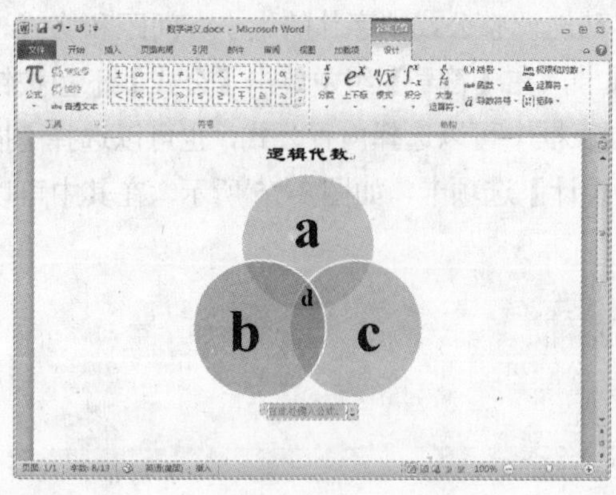

图 3-78　输入字符

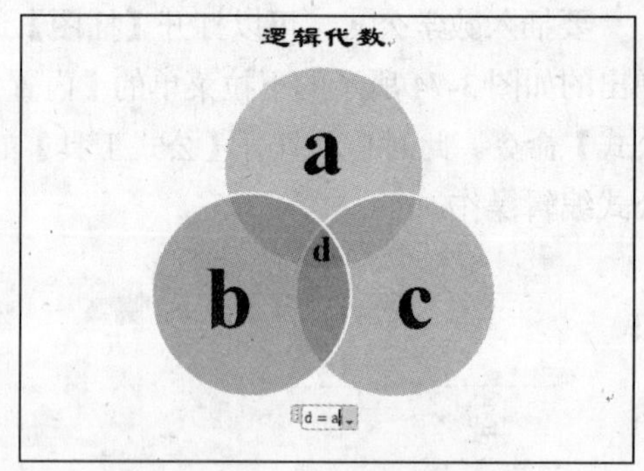

图 3-79　输入其他字符和符号

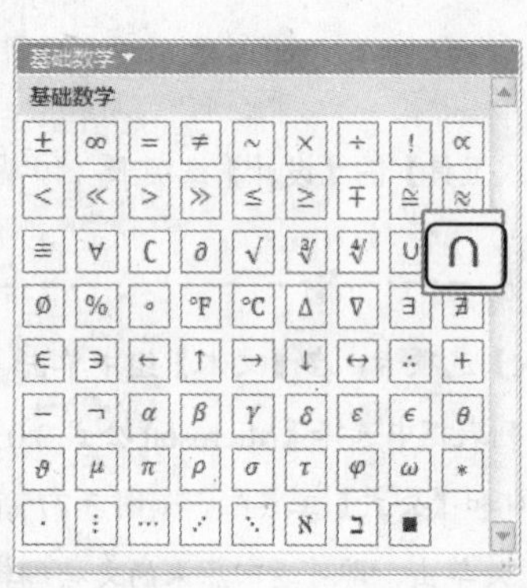

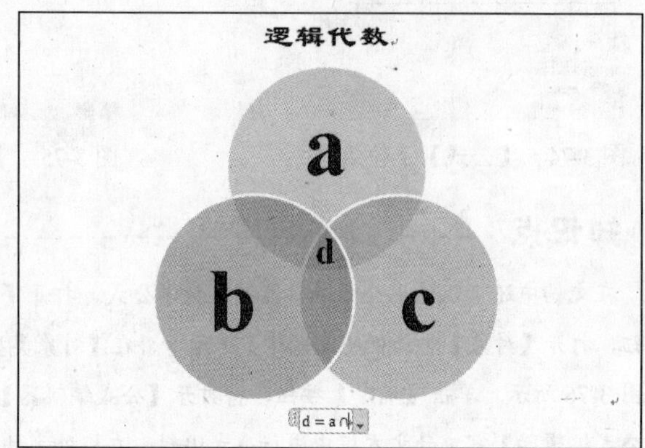

图 3-80　输入其他交集符号

(4) 使用同样的方法，输入其他字符和符号，并设置公式的字号为【一号】。

(5) 完成公式的输入操作后，单击文档任意位置，退出公式编辑状态，此时文档的效果如图 3-81 所示。

(6) 将插入点定位到下一行，输入文本“结合律：”，按空格键，继续输入文本“吸收律：”，然后按 Enter 键，参照步骤(1)~(4)，插入公式，效果如图 3-82 所示。

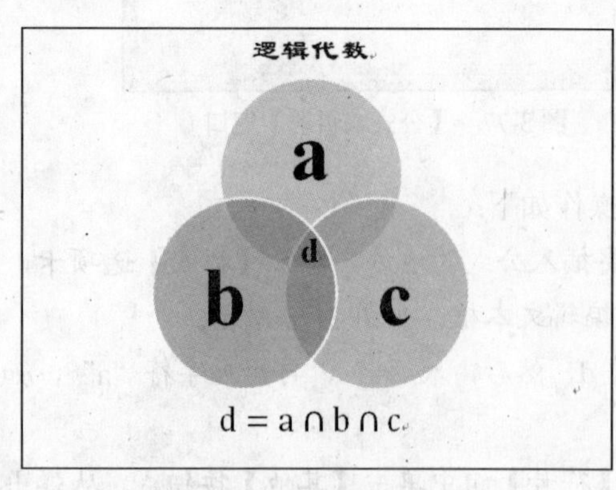

图 3-81　【对象】对话框

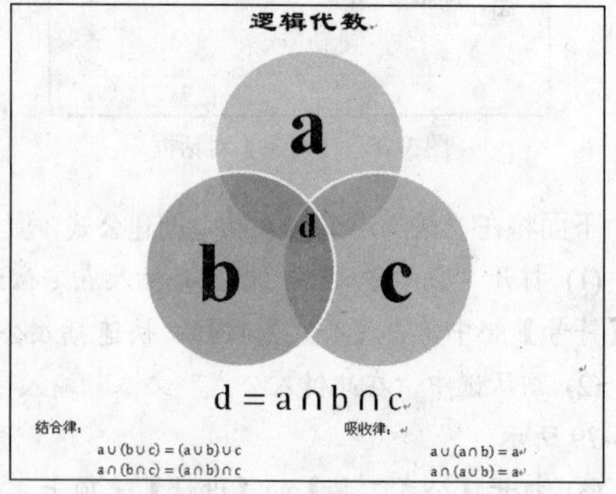

图 3-82　【公式编辑器】窗口

3.3.3　插入与设置图表

Word 2010 提供了建立图表的功能，用来组织和显示信息，在文档中适当加入图表可使文本更加直观、生动、形象。

1. 插入图表

打开【插入】选项卡，在【插图】组中单击【图标】按钮，打开【插入图表】对话框，选择一种图表类型，单击【确定】按钮，即可在文档中插入一个图表。

下面将在“数学讲义”文档中创建图表，具体操作如下：

(1) 打开“数学讲义”文档，将插入点定位的文档末尾，按 Enter 键，另起一行，输入文本“本知识点测试结果显示如下：”，设置其字体为【楷书】。

(2) 按 Enter 键，将插入点定位到下一行，打开【插入】选项卡，在【插图】组中单击【图表】按钮，打开【插入图表】对话框。

(3) 选择【柱形图】列表框中的【簇状柱形图】选项，单击【确定】按钮，插入该图表，如图 3-83 所示。

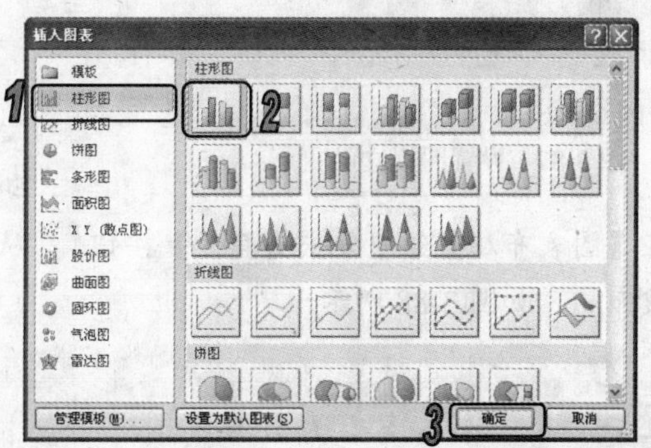

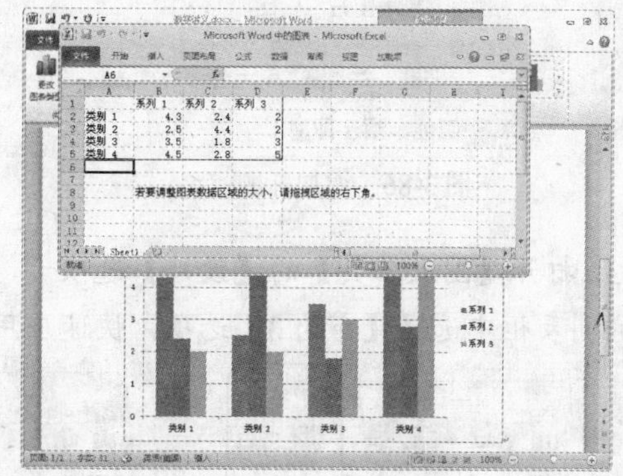

图 3-83　插入簇状柱形图

(4) 在数据表中，参照图 3-84 修改数据表单元格中的内容。

(5) 修改完成后，图表也被修改，此时 Word 文档中图表的效果如图 3-85 所示。

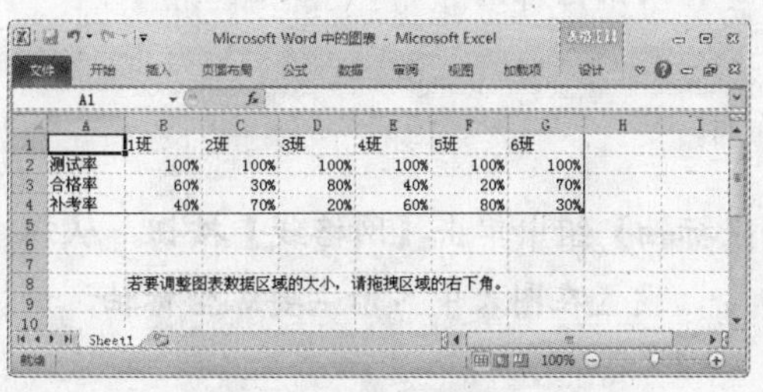

	1班	2班	3班	4班	5班	6班
测试率	100%	100%	100%	100%	100%	100%
合格率	60%	30%	80%	40%	20%	70%
补考率	40%	70%	20%	60%	80%	30%

若要调整图表数据区域的大小，请拖拽区域的右下角。

图 3-84　修改数据表

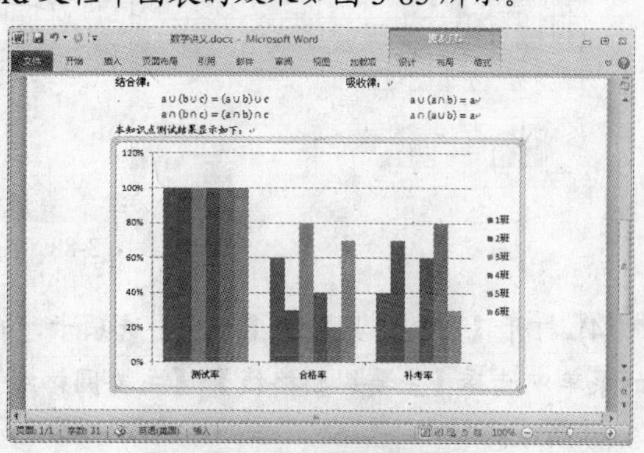

图 3-85　修改后的图表

2. 设置图表选项

组成图表的选项，例如图表标题、坐标轴、网格线、图例、数据标签等，均可重新添加或设置。使用【图表工具】的【设计】、【布局】和【格式】选项卡，可以对图表各区域的格式进行设置，从而达到美化图表的效果。

下面在文档“数学讲义”中设置图表的选项和格式，具体操作如下：

(1) 打开“数学讲义”文档，选中图表，打开【图表工具】的【格式】选项卡，在【标签】组中单击【图表标题】按钮，从弹出的菜单中选择【居中覆盖标题】命令，如图 3-86 所示。

(2) 此时在图表中显示插入的图题，切换至所需的输入法，修改图题文本，效果如图 3-87 所示。

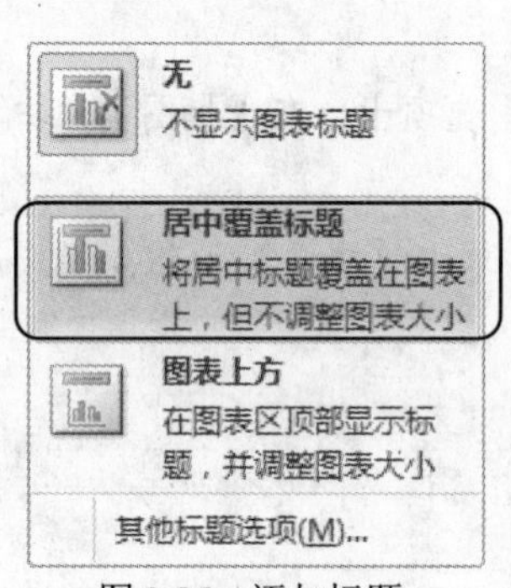

图 3-86　添加标题

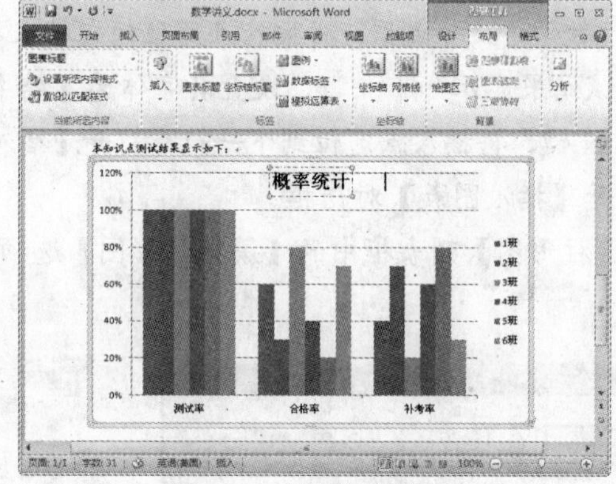

图 3-87　设置图例位置

(3) 打开【图表工具】的【设计】选项卡，在【图表布局】组中单击【其他】按钮，从弹出的列表框中选择【布局 3】选项，快速应用该布局，如图 3-88 所示。

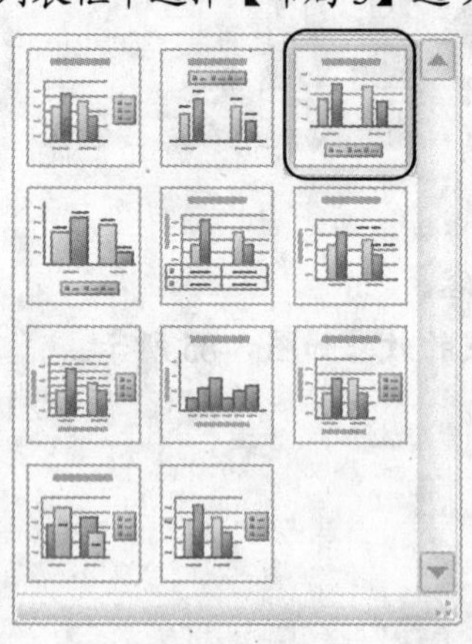

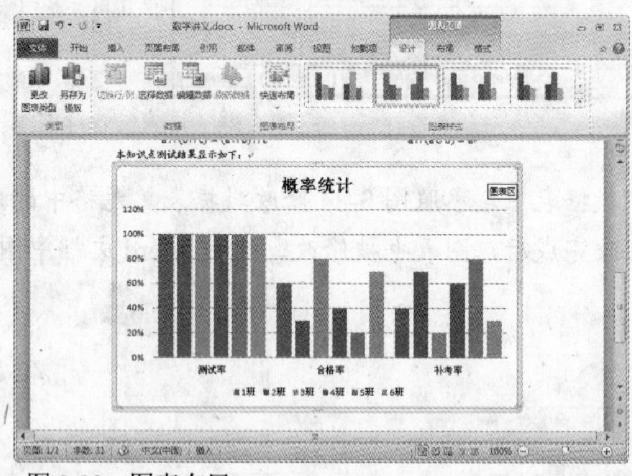

图 3-88　图表布局

(4) 打开【图表工具】的【布局】选项卡，在【坐标轴】组中单击【网格线】按钮，从弹出的菜单中选择【主要纵网格线】|【主要网格线】命令，设置在图表中显示主要纵坐标轴，如图 3-89 所示。

(5) 在【标签】组中单击【数据标签】按钮，从弹出的菜单中选择【数据标签为】命令，

即可在图表中显示数据标签，如图 3-90 所示。

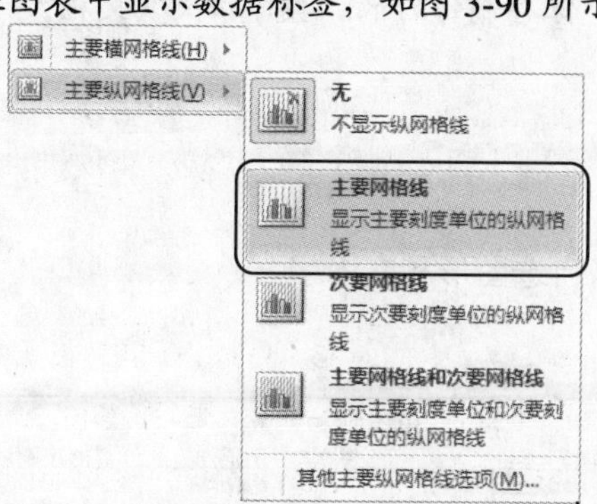

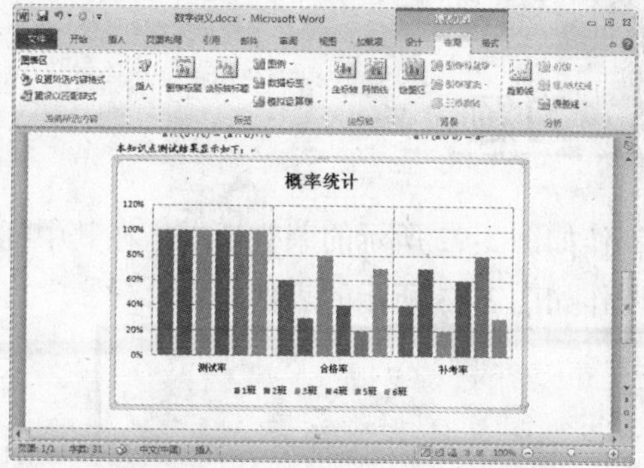

图 3-89 设置主要纵网格线

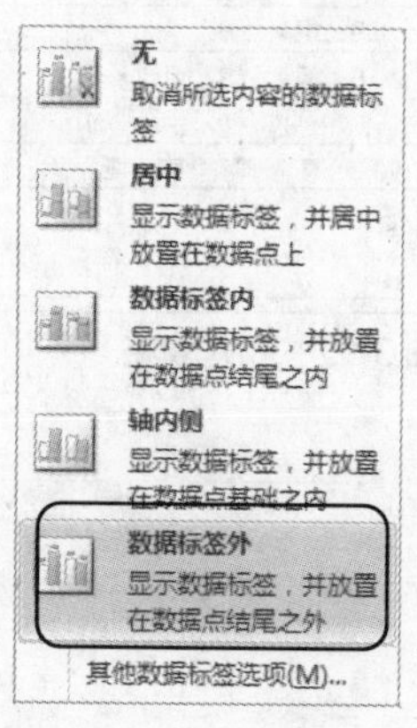

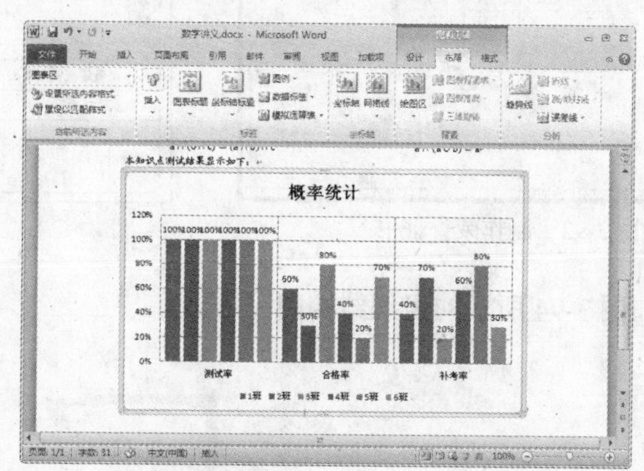

图 3-90 设置显示数据标签

(6) 打开【图表工具】的【设计】选项卡，在【图表样式】组中单击【其他】按钮，从弹出的列表框中选择第 6 行第 2 列样式，为图表快速应用该图表样式，如图 3-91 所示。

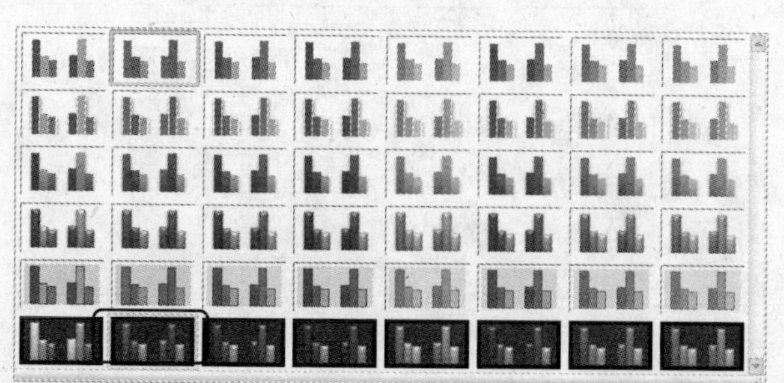

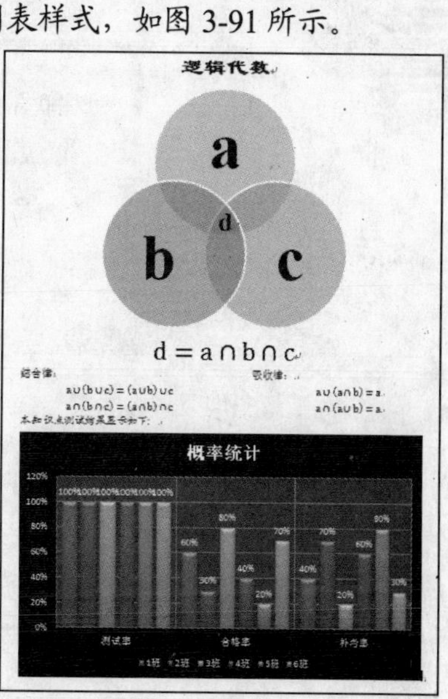

图 3-91 快速应用图表样式

(7) 在快速访问工具栏中单击【保存】按钮，保存制作好的“数学讲义”文档。

3.4 习题

1. 制作如图 3-92 所示的荣誉证书，在其中插入自选图形和艺术字。
2. 制作如图 3-93 所示的表格。

图 3-92　制作荣誉证书

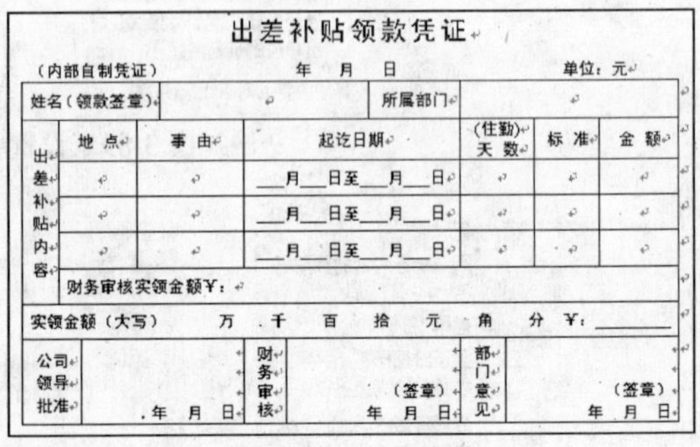

出差补贴领款凭证

（内部自制凭证）　　年　月　日　　单位：元

姓名（领款签章）			所属部门			
出差补贴内容	地点	事由	起讫日期	（住勤）天数	标准	金额
			___月___日至___月___日			
			___月___日至___月___日			
			___月___日至___月___日			
	财务审核实领金额¥：					
实领金额（大写）　万　千　百　拾　元　角　分　¥：______						
公司领导批准	年　月　日	财务审核	（签章）年　月　日	部门意见	（签章）年　月　日	

图 3-93　制作表格

3. 绘制如图 3-94 所示的组织结构图。

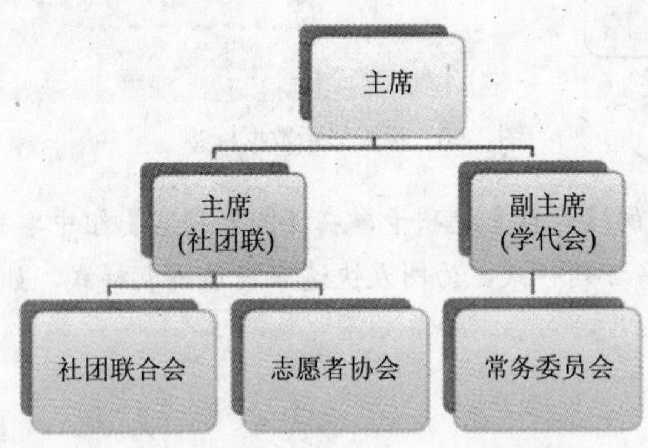

图 3-94　绘制组织结构图

第4章 文档初级排版

学习目标

字符和段落文本只能影响到某个页面的局部外观，影响文档外观的另一个重要因素是它的页面设置。为了帮助用户提高文档的编辑效率，创建有特殊效果的文档，Word 2010 提供了一些初级排版功能来优化文档的格式编排，可以利用模板和样式对文档进行快速的格式应用，还可以利用特殊的排版方式设置文档效果。

本章重点

- 设置页面大小
- 设置页眉和页脚
- 插入与设置页码
- 设置页面背景
- 使用模板和样式
- 特殊排版方式

4.1 Word 文档页面排版—实战 10：制作“实用教程新版式”

使用 Word 2010 页面排版功能，能够排出清晰、美观的版面。在 Word 2010 中，页面设置包括页边距、纸张大小、页眉版式和页眉背景等设置，本节将以制作“实用教程新版式”为例，介绍页面设置的方法。

4.1.1 设置页面大小

在编辑文档时，如果需要制作一个版面要求较为严格的文档，可以使用【页面设置】对话框来精确设置版面、装订线位置、页眉、页脚等内容。

1. 【页面设置】对话框

打开【页面布局】选项卡，在【页面设置】组中单击对话框启动器按钮，打开【页面设置】对话框，该对话框中包括以下 4 个选项卡。

- 【页边距】选项卡：设置文本与纸张边缘距离、纸张方向等内容，如图 4-1 所示。页边距主要用来控制文档正文与页边沿之间的空白量。
- 【纸张】选项卡：设置纸张的大小，包括 Word 所提供的纸张大小和自定义纸张大小，如图 4-2 所示。

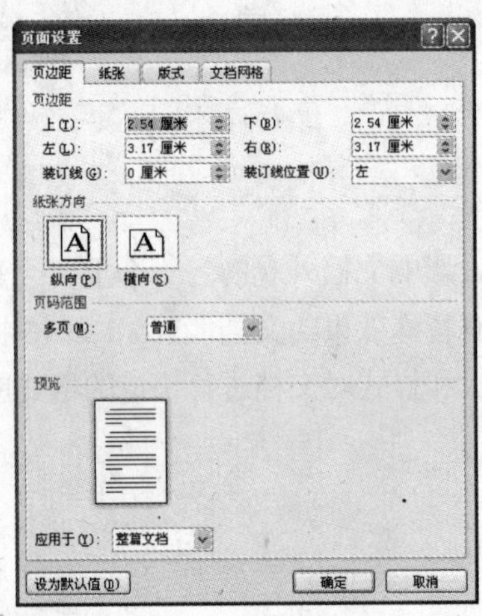

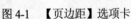

图 4-1 【页边距】选项卡

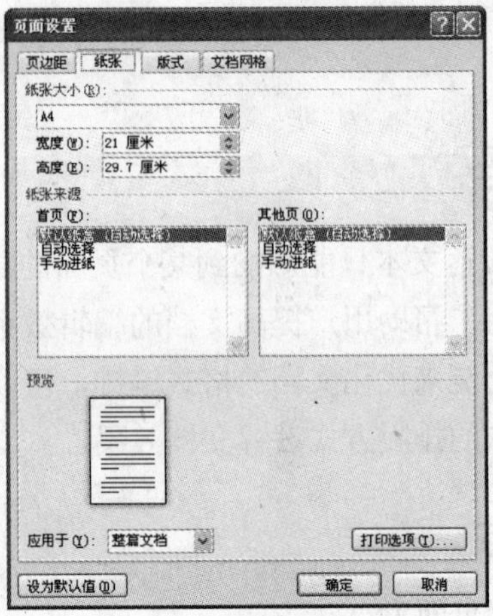

图 4-2 【纸张】选项卡

- 【版式】选项卡：设置页眉和页脚的显示方式、页面垂直对齐方式等内容，如图 4-3 所示。
- 【文档网络】选项卡：设置文档中文字排列的方向、每页的行数、每行的字数等内容，如图 4-4 所示。

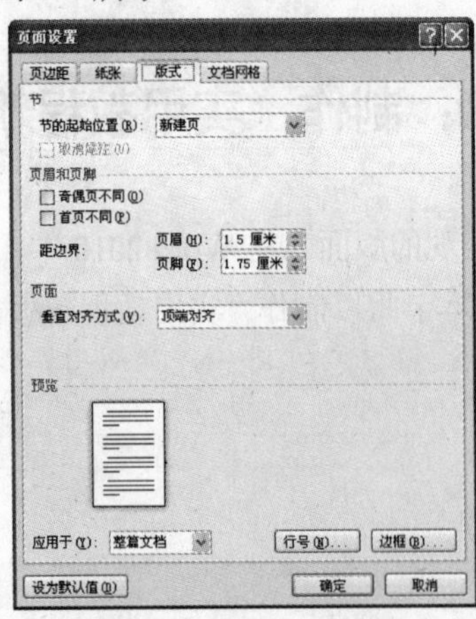

图 4-3 【版式】选项卡

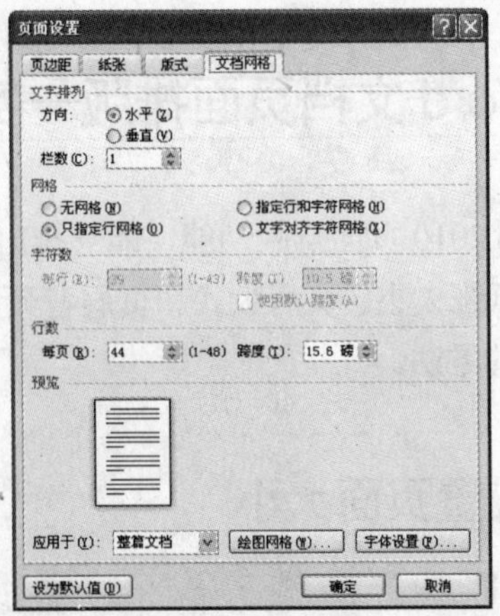

图 4-4 【文档网格】选项卡

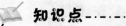

知识点

纸张的大小和方向不仅对打印输出的最终结果产生影响，而且与当前文档的工作区大小、工作窗口的显示方式都密切相关。在默认状态下，Word 2010 将自动使用 A4 幅面的纸张来显示新的空白文档，纸张大小为 21 厘米×29.7 厘米，方向为纵向。

2. 使用对话框设置页面

为了满足不同用户的需求，可以使用【页面设置】对话框设置出各种大小不一的文档。下面将创建“实用教程新版式”文档，并设置页面版式的大小，具体操作如下：

(1) 启动 Word 2010 应用程序，自动生成一个“文档 1”的空白文档，将其以“实用教程新版式”为文件名保存，如图 4-5 所示。

(2) 打开【页面布局】选项卡，在【页面设置】组中单击对话框启动器按钮，打开【页面设置】对话框。

(3) 打开【页边距】选项卡，在【上】微调框中输入“3 厘米”，在【下】、【左】和【右】微调框中输入“2.5 厘米”；在【方向】选项区域中选择【纵向】选项；在【多页】下拉列表框中选择【普通】选项，如图 4-6 所示。

图 4-5　新建文档“实用教程新版式”

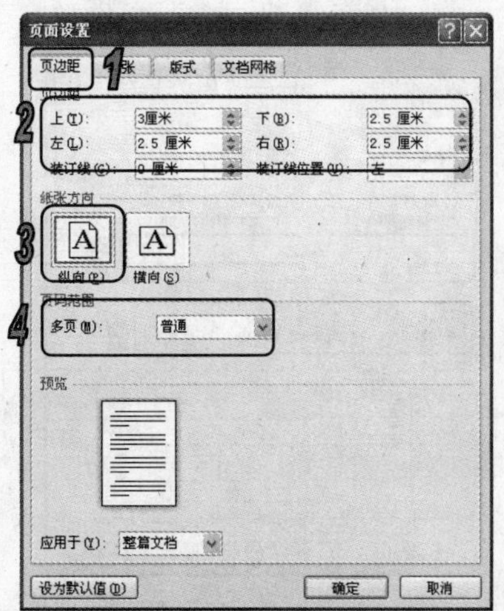

图 4-6　设置页边距

提示

在多页文档的每一页中，都有上、下、左、右四个页边距。页边距的值与文档版心位置、页面所采用的纸张类型等元素紧密相关。在改变页边距时，新的设置将直接影响到整个文档的每一页。

(4) 打开【纸张】选项卡，在【纸张大小】下拉列表框中选择 16K 选项，在【宽度】和【高度】微调框中分别输入“20 厘米”和“27 厘米”，如图 4-7 所示。

(5) 打开【版式】选项卡，在【页眉】和【页脚】微调框中分别输入“1.8 厘米”和“1.3 厘米”，如图 4-8 所示。

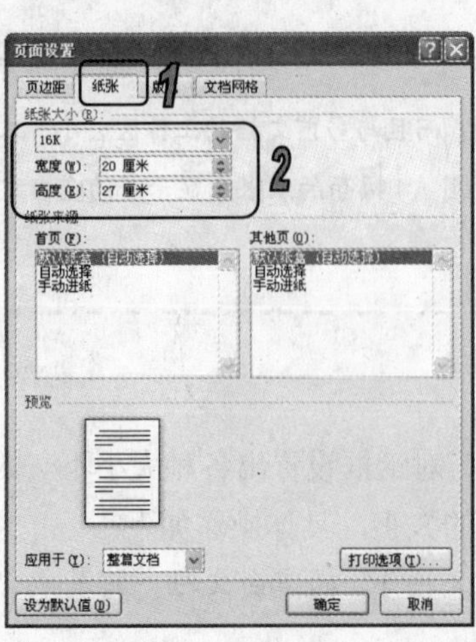
图 4-7　设置纸张大小

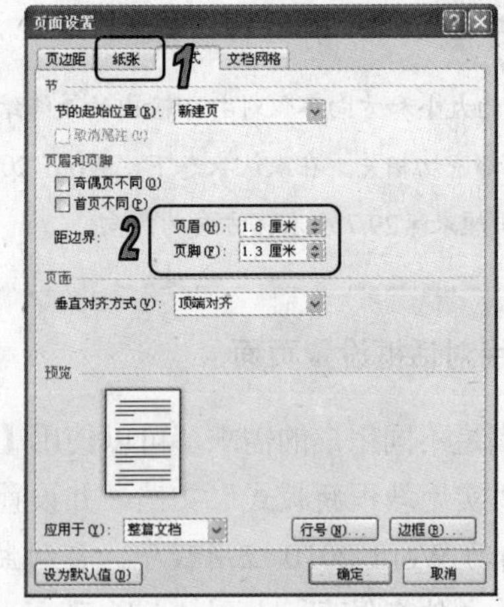
图 4-8　设置版式

(6) 打开【文档网格】选项卡，在【网格】选项区域中选中【指定行和字符网格】单选按钮；在【字符数】选项区域中指定每行的字数为 40，跨度为 10.2 磅；在【行数】选项区域中指定每页的行数为 40，跨度为 15.15 磅，如图 4-9 所示。

(7) 单击【确定】按钮，完成设置，效果如图 4-10 所示。

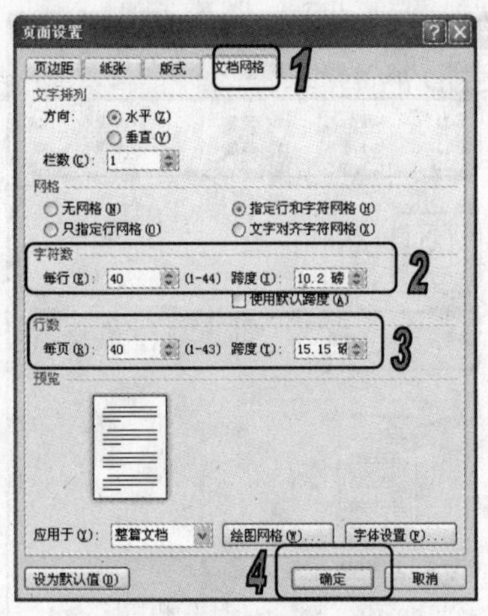
图 4-9　设置行和字符网格

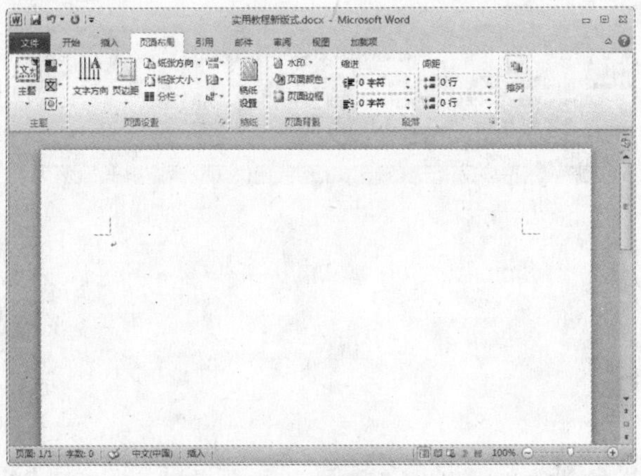
图 4-10　设置页面大小

4.1.2　设置页眉和页脚

页眉和页脚是文档中每个页面的顶部、底部和两侧页边距(即页面上打印区域之外的空白空间)中的区域。许多文稿，特别是比较正式的文稿都需要设置页眉和页脚。

1. 为首页创建页眉和页脚

通常情况下，在书籍的章首页，需要创建独特的页眉和页脚。这样，可以使首页的效果与

众不同。

下面在“实用教程新版式”文档中为首页创建页眉和页脚，具体操作如下：

(1) 打开“实用教程新版式”文档，打开【页面布局】选项卡，在【页面设置】组中单击对话框启动器按钮，打开【页面设置】对话框的【版式】选项卡，选中【首页不同】复选框，单击【确定】按钮，如图 4-11 所示。

(2) 打开【插入】选项卡，进入页眉和页脚编辑状态，如图 4-12 所示。

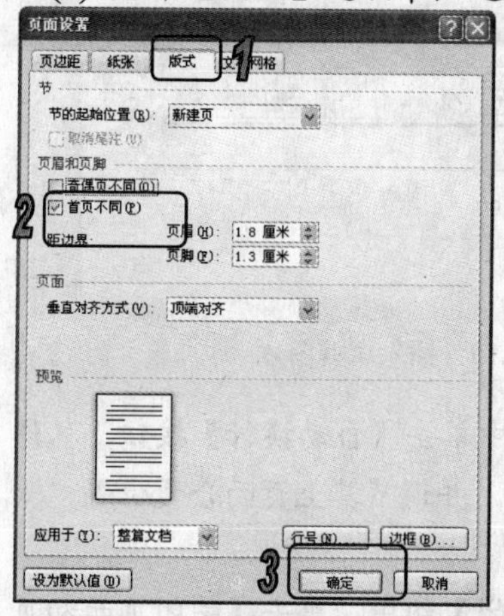

图 4-11　设置首页不同

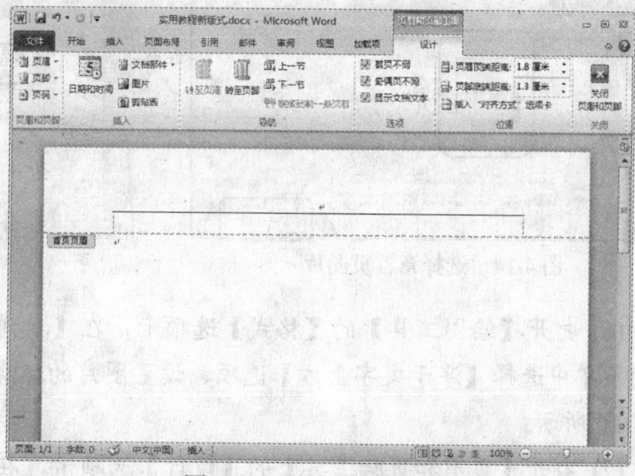

图 4-12　页眉和页脚编辑状态

计算机基础与实训教材系列

提示

在添加页眉和页脚时，必须先切换到页面视图方式，因为只有在页面视图和打印预览视图方式下才能看到页眉和页脚的效果。

(3) 在页眉区选中段落标记符，在【开始】选项卡的【段落】组中工具栏上单击【下框线】下拉按钮，从弹出的快捷菜单中选择【无框线】选项，隐藏页眉区的框线，如图 4-13 所示。

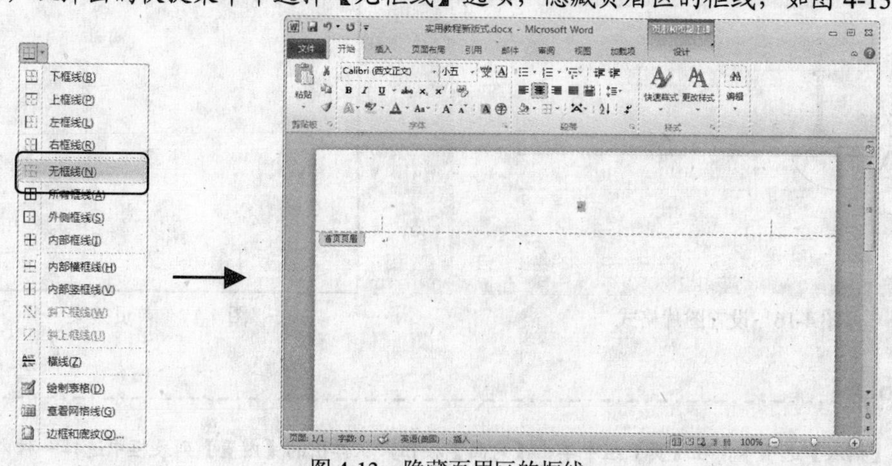

图 4-13　隐藏页眉区的框线

(4) 打开【插入】选项卡，在【插图】组中单击【图片】按钮，打开【插图图片】对话框，

选择一张章首页图片，如图 4-14 所示。

(5) 单击【确定】按钮，将图片插入到页眉编辑区中，如图 4-15 所示。

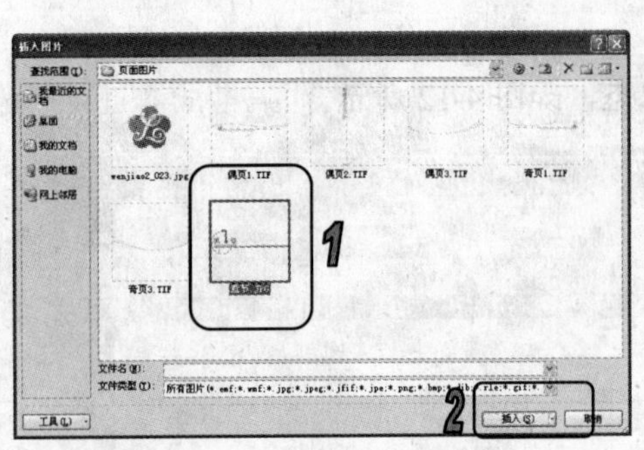

图 4-14　选择章首页图片

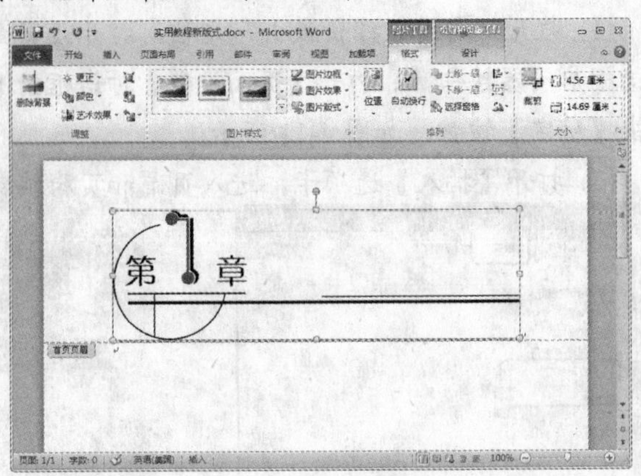

图 4-15　插入章首图片

(6) 打开【绘图工具】的【格式】选项卡，在【排列】组中单击【自动换行】按钮，从弹出的菜单中选择【浮于文字上方】选项，设置图片的环绕方式，并调节其至页面合适位置，如图 4-16 所示。

(7) 打开【页眉和页脚工具】的【设计】选项卡，在【关闭】组中，单击【关闭页面和页脚】按钮，退出页眉和页脚编辑状态，首页的最终效果如图 4-17 所示。

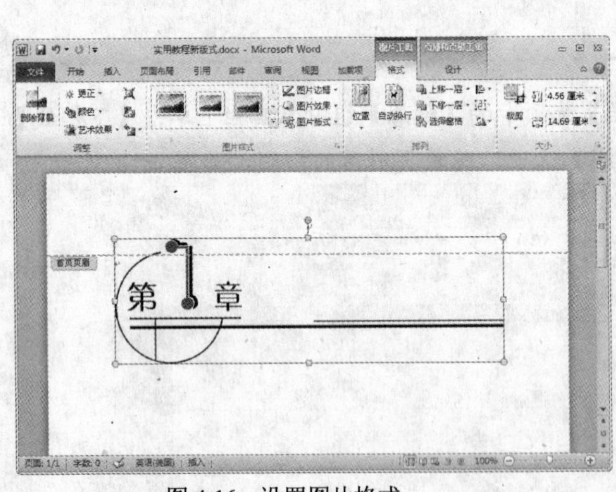

图 4-16　设置图片格式

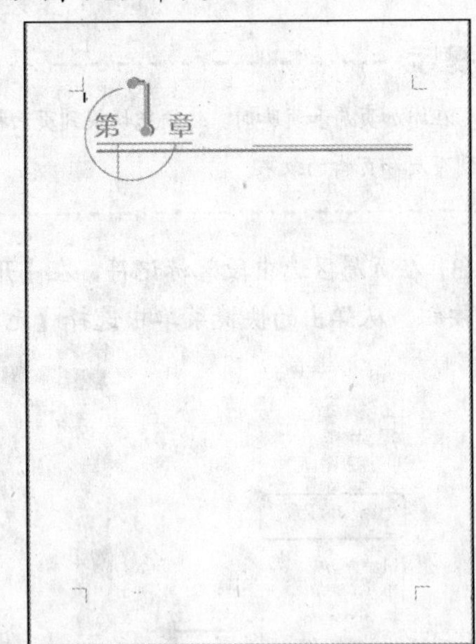

图 4-17　首页效果

知识点

打开【插入】选项卡，在【页】组中单击【封面】按钮，从弹出的【内置】列表框中选择一种内置封面，这里选择【现代型】选项，即可快速插入该样式封面，如图 4-18 所示。

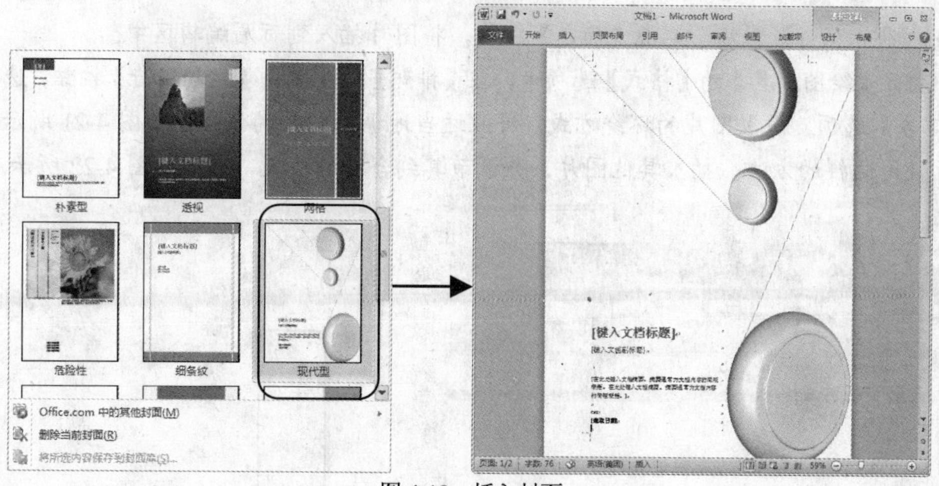

图 4-18　插入封面

2. 为奇偶页创建不同的页眉和页脚

通常情况下，需要对很多长文档设置页面和页脚。而相同的页眉和页脚会让读者感觉特别单调。因此，需要对文档的奇偶页分别创建不同的页眉和页脚，使得文档看起来内容丰富、个性十足。在 Word 2010 中，用户可以很方便地为奇、偶页创建不同的页眉页脚。

下面在“实用教程新版式”文档中为奇、偶页创建不同的页眉和页脚，具体操作如下：

(1) 打开“实用教程新版式”文档，打开【页面布局】选项卡，在【页面设置】组中单击对话框启动器按钮，打开【页面设置】对话框的【版式】选项卡，选中【奇偶页不同】复选框，单击【确定】按钮，如图 4-19 所示。

(2) 双击页眉或页脚位置，进入页眉和页脚编辑状态。

(3) 在偶数页眉区选中段落标记符，打开【开始】选项卡，在【段落】组中单击【无边框线】按钮，即可隐藏偶数页页眉的边框线，如图 4-20 所示。

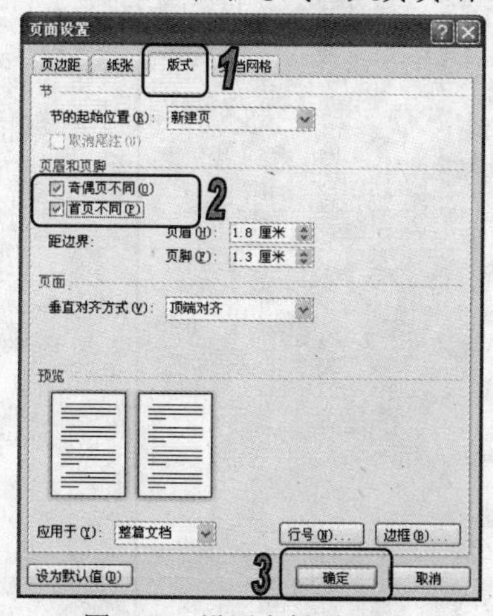

图 4-19　设置奇偶页不同

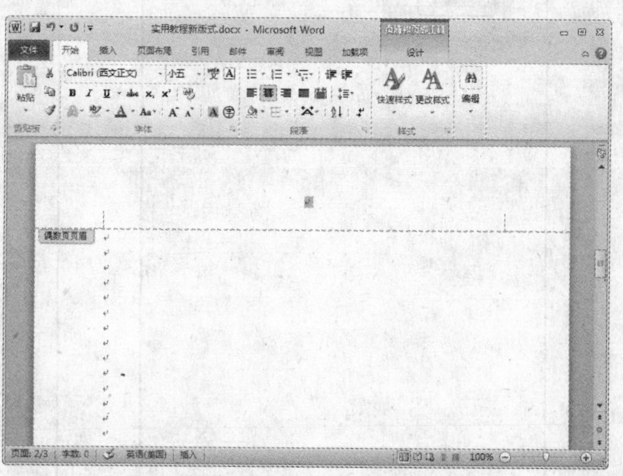

图 4-20　隐藏偶数页页眉的边框线

(4) 打开【插入】选项卡，在【插图】组中单击【图片】按钮，打开【插入图片】对话框，选择一张【偶数页 1】图片，单击【确定】按钮，将图片插入到页眉编辑区中。

(5) 打开【绘图工具】的【格式】选项卡，在【排列】组中单击【自动换行】按钮，选择【衬于文字下方】选项，设置图片的环绕方式，并且适当地调整图片的位置，如图 4-21 所示。

(6) 使用同样的方法，插入其他图片，并调节其到合适的位置，效果如图 4-22 所示。

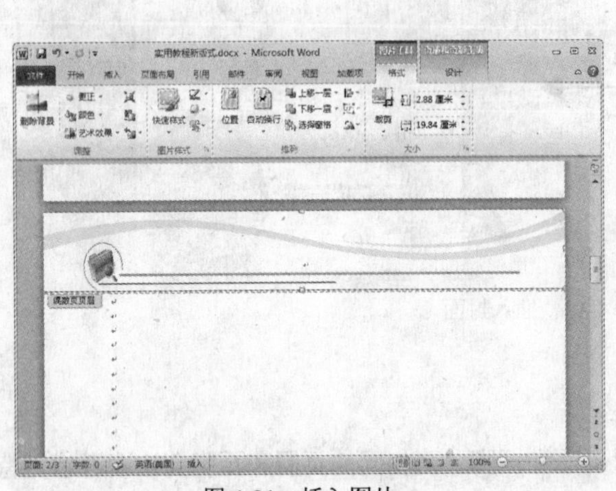

图 4-21　插入图片

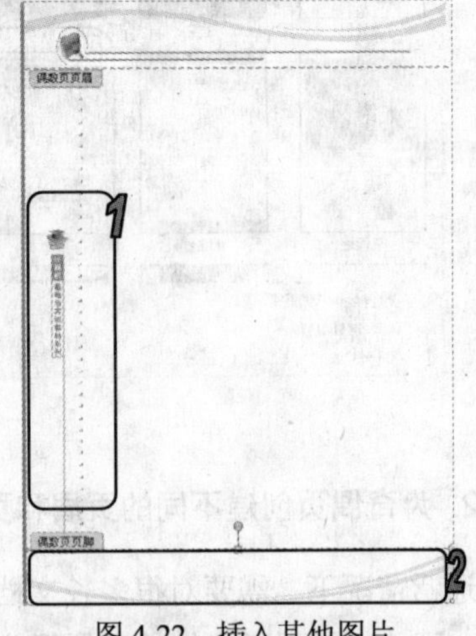

图 4-22　插入其他图片

(7) 将插入点定位在偶数页页眉区，输入文本“计算机基础教程”，并设置字体为【楷体】，字号为【五号】。

(8) 在【开始】选项卡的【段落】组中单击对话框启动器按钮，打开【段落】对话框的【缩进和间距】选项卡，设置行距为最小值 14 磅。

(9) 使用相同的方法，为奇数页设置不同的页眉页脚，并输入相应的文字。

(10) 打开【页眉和页脚工具】的【设计】选项卡，在【关闭】组中，单击【关闭页面和页脚】按钮，退出页眉和页脚编辑状态，其最终效果如图 4-23 所示。

图 4-23　为奇偶页创建不同的页眉页脚

4.1.3　插入与设置页码

所谓的页码，就是书籍每一页面上标明次序的号码或其他数字，用于统计书籍的面数，以便于读者阅读和检索。通常情况下，页码被添加在页眉或页脚中，也不排除其他特殊情况，页码也可以被添加到其他位置。

1. 插入页码

要在文档中插入页码，可以在【开始】选项卡的【页眉和页脚】组中，单击【页码】按钮，从弹出的菜单中选择内置页码样式，如图 4-24 所示。

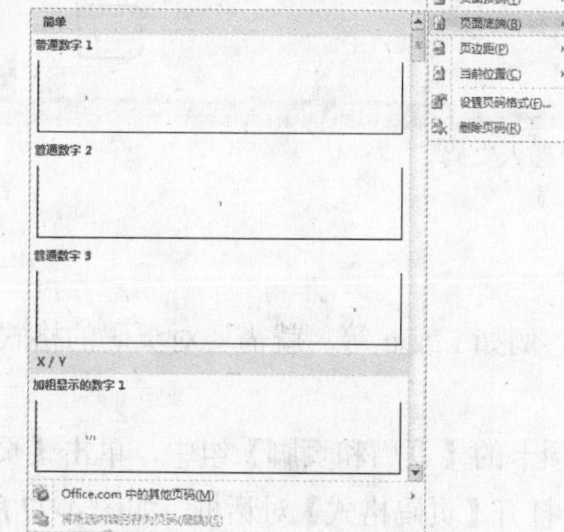

图 4-24　【页码】菜单

提示

要删除插入的页码，可以在【页眉和页脚】组中，单击【页码】按钮，从弹出的菜单中选择【删除页码】命令即可。

下面在“实用教程新版式”文档中插入页码，具体操作如下：

(1) 打开“实用教程新版式”文档，将插入点定位在偶数页，打开【插入】选项卡，在【页眉和页脚】组中单击【页码】按钮，从弹出的菜单中选择【页面底端】命令，然后在弹出的列表框中选择【普通数字 1】选项，即可为偶数页快速添加页码，如图 4-25 所示。

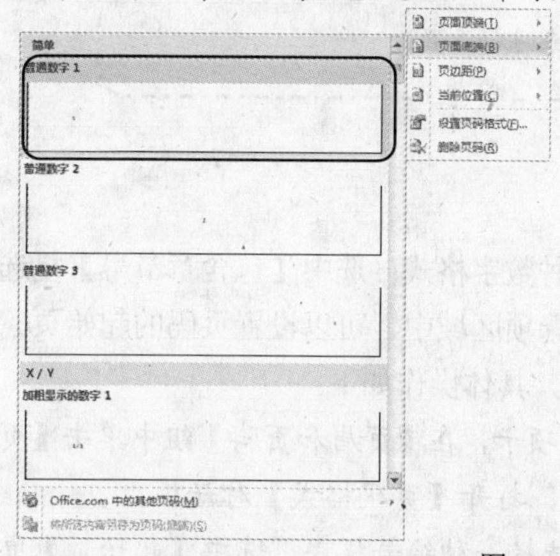

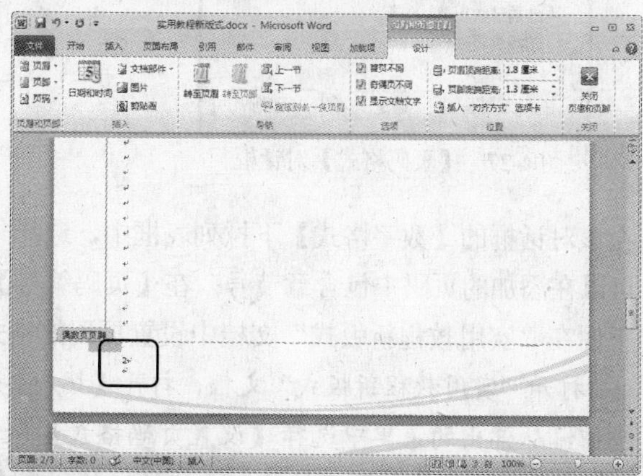

图 4-25　在偶数页中插入页码

(2) 此时自动进入页眉和页脚编辑状态，将插入点定位在奇数页页脚位置。

(3) 打开【页眉和页脚工具】的【设计】选项卡，在【页眉和页脚】组中单击【页码】按钮，从弹出的菜单中选择【页面底端】命令，然后在弹出的列表框中选择【普通数字 3】选项，即可为奇数页快速添加页码，如图 4-26 所示。

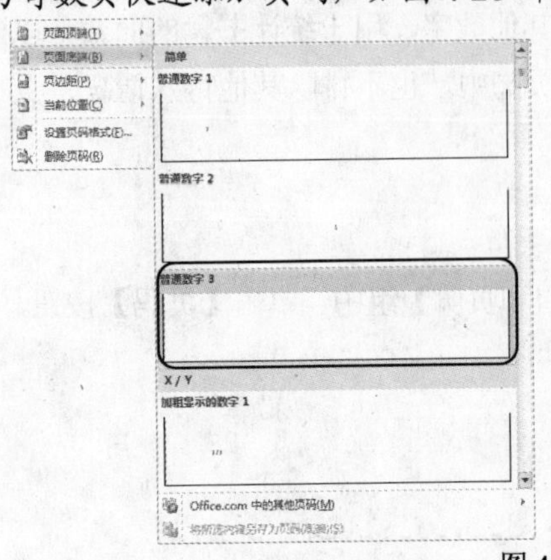

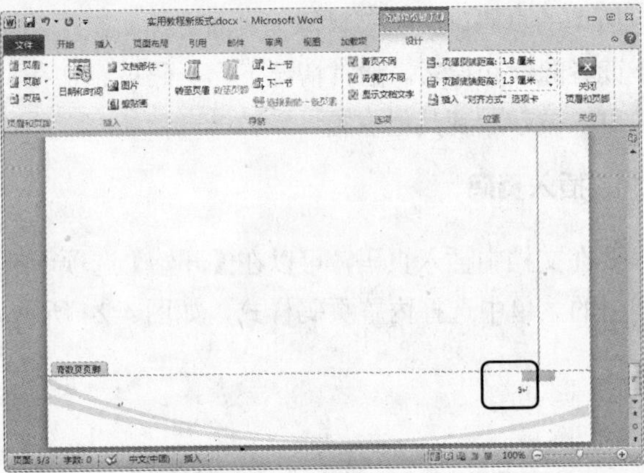

图 4-26　在奇数页中插入页码

2. 设置页码格式

在文档中如果需要使用不同于默认格式的页码，例如 i 或 a 等，就需要对页码的格式进行设置。

要对页码进行格式化设置，可以在【开始】选项卡的【页眉和页脚】组中，单击【页码】按钮，从弹出的菜单中选择【设置页码格式】命令，打开【页码格式】对话框，如图 4-27 所示。

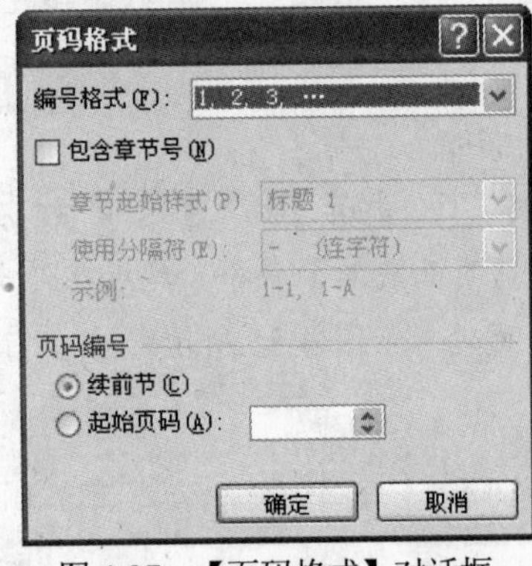

图 4-27　【页码格式】对话框

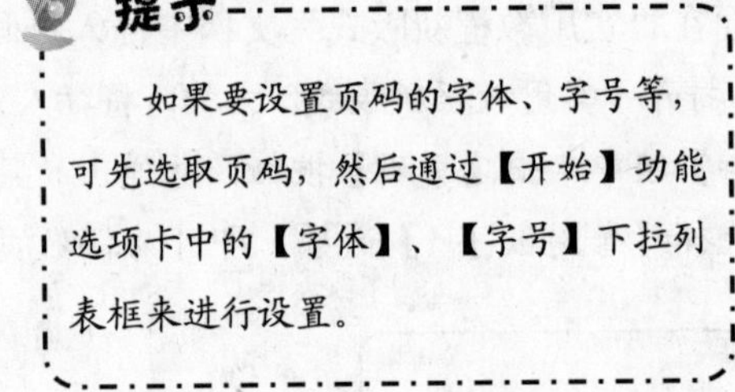

提示

如果要设置页码的字体、字号等，可先选取页码，然后通过【开始】功能选项卡中的【字体】、【字号】下拉列表框来进行设置。

在该对话框的【数字格式】下拉列表框中，选择一种数字格式；选中【包含章节号】复选框，可以在添加的页码中包含章节号；在【页码编号】选项区域中，可以设置页码的起始页。

下面在“实用教程新版式”文档中设置页码的格式，具体操作如下：

(1) 打开“实用教程新版式”文档，打开【插入】选项卡，在【页眉和页脚】组中单击【页码】按钮，从弹出的菜单中选择【设置页码格式】命令，打开【页码格式】对话框。

(2) 单击【编号格式】下拉按钮，从弹出的列表中选择一种编号样式，选中【起始页】复选框，输入页码，这里输入“-1-”，如图 4-28 所示。

(3) 单击【确定】按钮，此时页码的效果如图 4-29 所示。

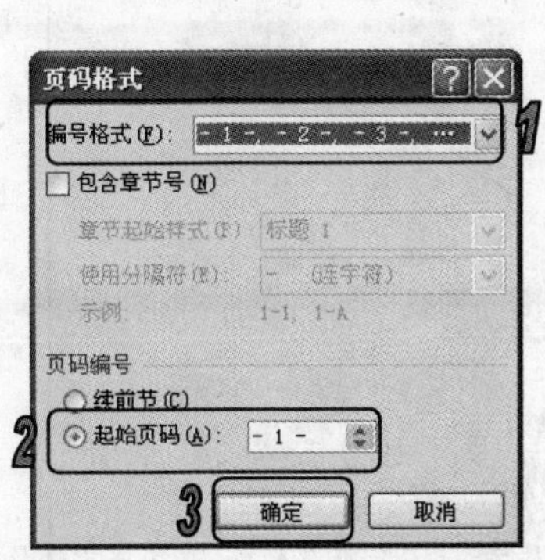

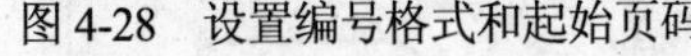

图 4-28　设置编号格式和起始页码

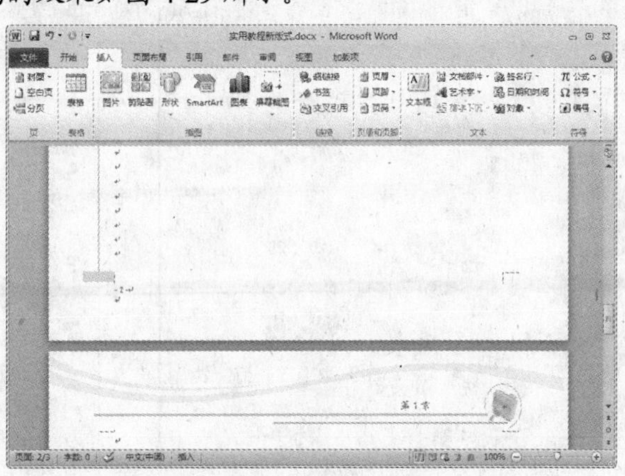

4-29　显示设置的页码格式

(4) 双击页脚位置，进入页眉和页脚编辑状态。

(5) 选中偶数页页码，打开【插入】选项卡，在【文本】组中单击【文本框】按钮，从弹出的菜单中选择【绘制文本框】命令，此时页码文本将插入到自动绘制的文本框中，如图 4-30 所示。

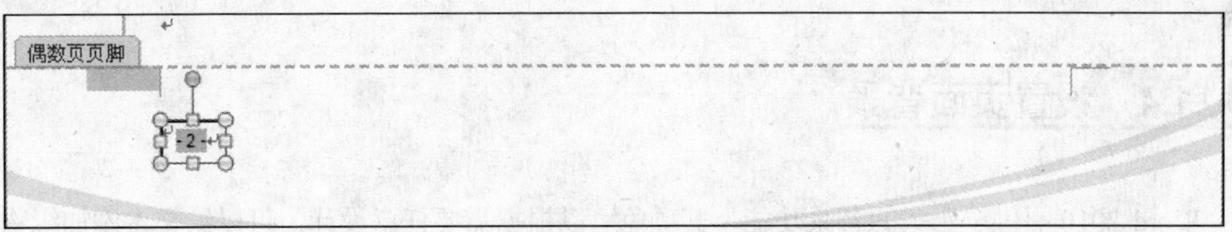

图 4-30　设置文本框

(6) 调节文本框到合适的位置，打开【绘图工具】的【格式】选项卡，在【形状样式】组中单击【形状轮廓】按钮，从弹出的列表框中选择【无轮廓】选项，设置文本框无线条显示，效果如图 4-31 所示。

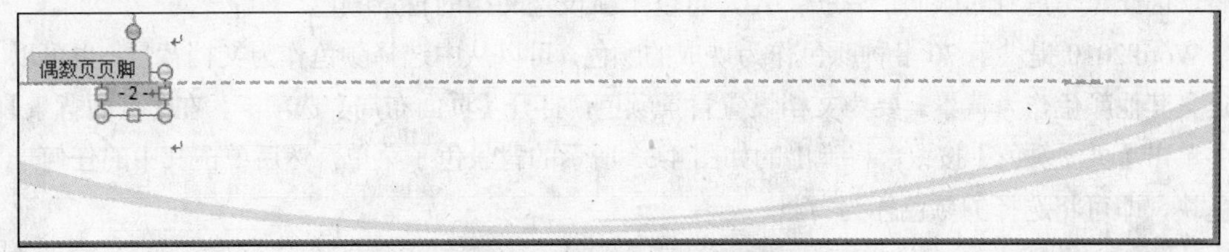

图 4-31　设置文本框边框和位置

(7) 使用同样的方法，设置奇数页的页码文本框和页码位置，效果如图 4-32 所示。

知识点

在修改页眉和页脚时，Word 2010 会自动对整个文档中相同格式的页眉和页脚进行修改。要单独修改文档中某部分的页眉和页脚，只需将文档分成节并断开各节的连接即可。

图 4-32　设置页码位置效果图

4.1.4　设置页面背景

Word 2010 提供了强大的背景功能，其颜色可以根据需要任意设计，可以给文本添加织物状的底纹，还可以使用一个图片作为文档背景制作出水印效果等。

1. 设置背景颜色

默认情况下，Word 2010 背景颜色为白色，长期使用 Word 程序的用户，会感觉白色刺激眼睛，因此，考虑到对眼睛的保护，用户可以重新设置文档的背景颜色。

Word 2010 提供了 70 多种颜色作为现成的颜色，可以从中选择颜色作为文档背景，也可以自定义其他颜色作为背景。要为文档设置背景颜色，打开【页面布局】选项卡，在【页面背景】组中单击【页面颜色】按钮，将弹出的如图 4-33 所示的背景色子菜单，然后单击其中的任何一个色块，即可将选择的颜色作为背景。

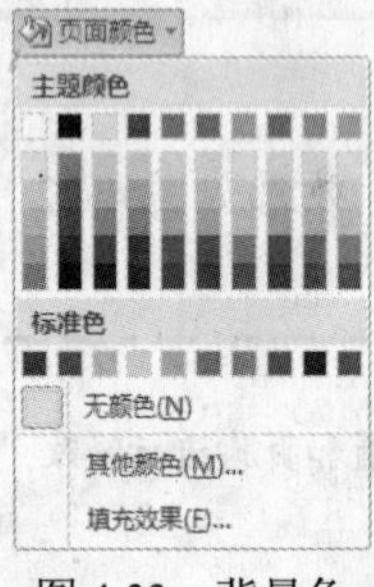

图 4-33　背景色

提示

在普通视图和大纲视图中将不能显示背景颜色，若要显示文档背景，需要切换到其他视图中，例如 Web 版式视图和页面视图。

如果对系统提供的颜色不满意，可以在【页面背景】组中单击【页面颜色】按钮，从弹出菜单中选择【其他颜色】命令，打开【颜色】对话框中的【标准】选项卡，在其中选择六边形的色块即可将选中的颜色作为文档页面背景，如图 4-34 所示；也可以打开【自定义】选项卡，通过拖动鼠标选择所需的背景色，如图 4-35 所示。

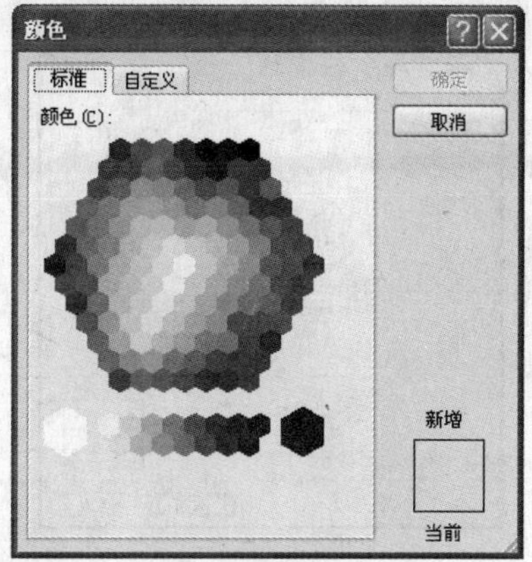

图 4-34　【标准】选项卡

图 4-35　【自定义】选项卡

2. 设置填充效果

Word 2010 还提供了其他多种文档背景效果，如渐变背景效果、纹理背景效果、图案背景效果及图片背景效果等，丰富多变的背景效果使得长文档更具吸引力。

要设置背景填充效果，可以打开【页面布局】选项卡，在【页面背景】组中单击【页面颜色】按钮，在弹出的菜单中选择【填充效果】命令，打开【填充效果】对话框，其中包括以下 4 个选项卡。

- 【渐变】选项卡：可以通过选中【单色】或【双色】单选按钮来创建不同类型的渐变效果，在【底纹样式】选项区中选择渐变的样式，如图 4-36 所示。
- 【纹理】选项卡：可以在【纹理】选项区域中，选择一种纹理作为文档页面的背景，如图 4-37 所示。

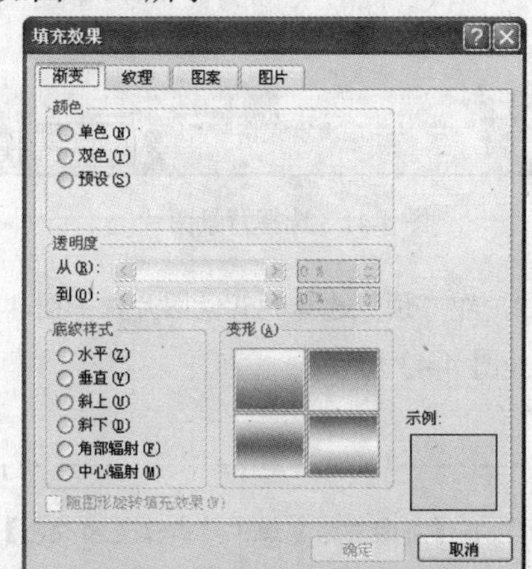

图 4-36　【渐变】选项卡

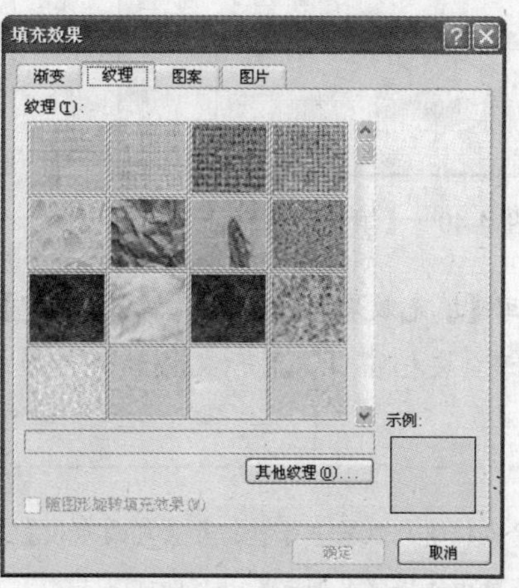

图 4-37　【纹理】选项卡

- 【图案】选项卡：可以在【图案】选项区域中选择一种基准图案，并在【前景】和【背景】下拉列表框中选择图案的前景和背景颜色，如图 4-38 所示。
- 【图片】选项卡：单击【选择图片】按钮，从打开的【选择图片】对话框中选择一张图片作为文档的背景，如图 4-39 所示。

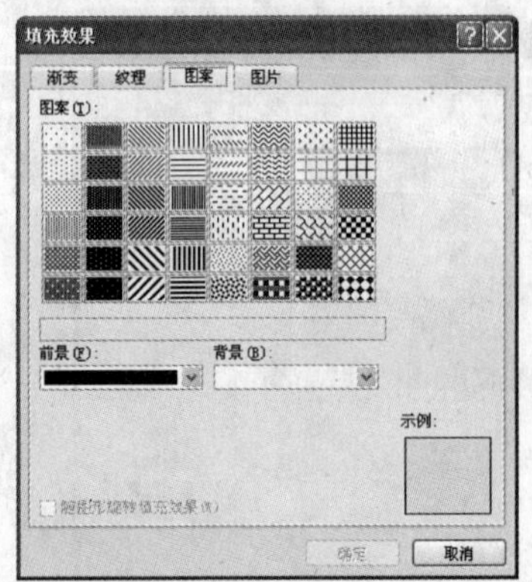

图 4-38　【图案】选项卡

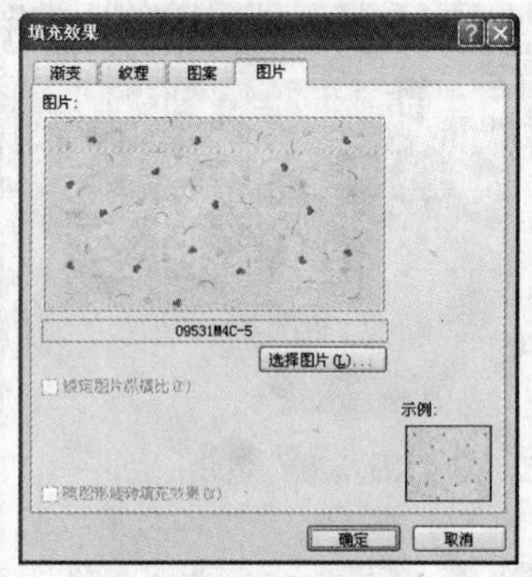

图 4-39　【图片】选项卡

下面在“实用教程新版式”文档中创建填充效果，具体操作如下：

(1) 打开“实用教程新版式”文档，打开【页面布局】选项卡，在【页面背景】组中单击【页面颜色】按钮，从弹出的菜单中选择【填充效果】命令，打开【填充效果】对话框。

(2) 打开【图片】选项卡，单击【选择图片】按钮，如图 4-40 所示。

(3) 打开【选择图片】对话框，选择背景图片，单击【插入】按钮，如图 4-41 所示。

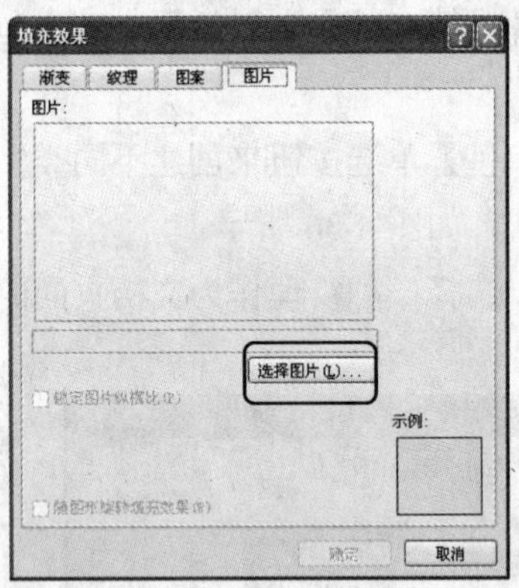

图 4-40　【填充效果】对话框

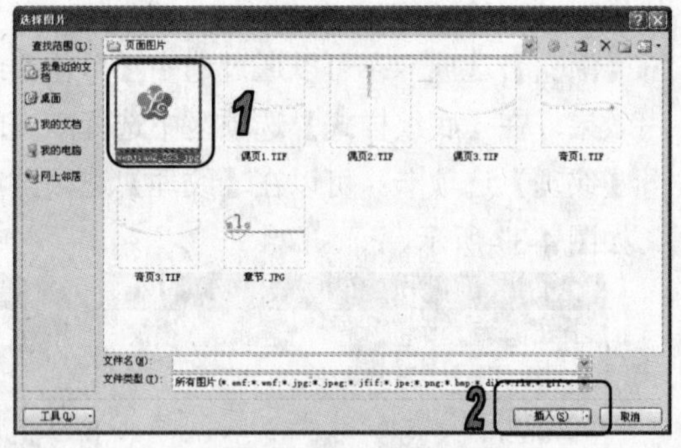

图 4-41　选择背景图片

(4) 返回【填充效果】对话框，单击【确定】按钮，即可预览选择的背景图片，如图 4-42 所示。

(5) 返回至文档窗口，显示文档的背景效果，如图 4-43 所示。

提示

要删除文档填充效果，可以打开【页面布局】选项卡，在【页面背景】组中单击【页面颜色】按钮，从弹出的菜单中选择【无颜色】命令即可。

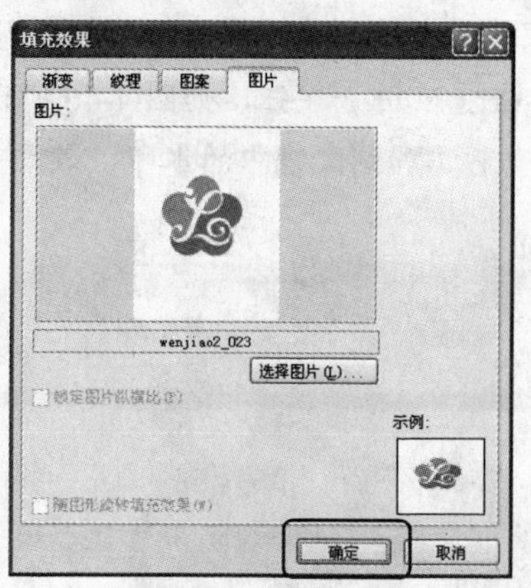

图 4-42　预览背景图片

图 4-43　在文档中显示填充效果

3. 设置水印效果

所谓水印，是指印在页面上的一种透明的花纹。水印可以是一幅图画、一个图表或一种艺术字体。在页面上创建水印以后，它在页面上是以灰色显示的，成为正文的背景，从而起到美化文档的作用。

要设置水印效果，可以打开【页面布局】选项卡，在【页面背景】组中单击【水印】按钮，将弹出【水印】菜单，在显示的列表框中可以选择内置的水印样式，若选择【自定义水印】选项，将打开【水印】对话框，如图 4-45 所示。在该对话框可以创建文字水印，选中【文字水印】单选按钮，设置所需的文字内容等选项即可；还可以插入图片水印，选中【图片水印】单选按钮，单击【选择图片】按钮，在打开的【选择图片】对话框中，选择所需的图片即可。

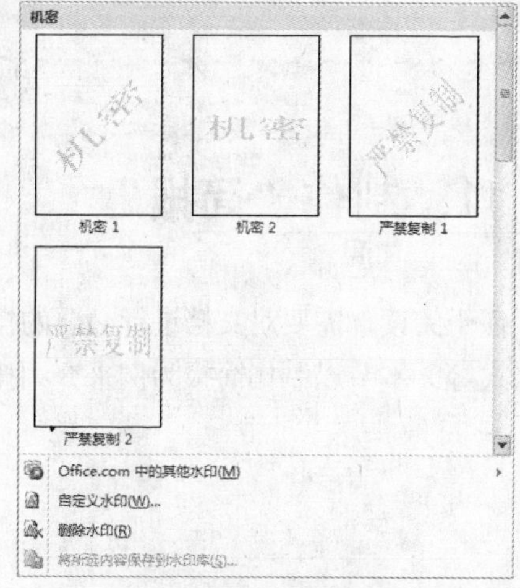

图 4-44　【水印】菜单

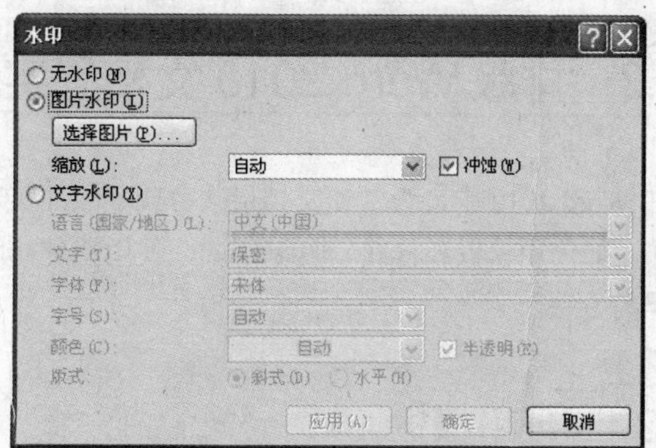

图 4-45　【水印】对话框

下面在“实用教程新版式”文档中设置水印效果，具体操作如下：

(1) 打开“实用教程新版式”文档，打开【页面布局】选项卡，在【页面背景】组中单击【水印】按钮，从弹出的菜单中选择【自定义水印】命令，打开【水印】对话框。

(2) 选中【文字水印】单选按钮，在【文字】列表框中输入文本“版权所有，禁止盗版”；

在【字体】下拉列表框中选择【隶书】选项；在【颜色】下拉列表框中选择【白色，背景 1，深色 25%】选项；在【版式】中选中【斜式】单选按钮，单击【应用】按钮，如图 4-46 所示。

(3) 单击【关闭】按钮，返回至 Word 窗口中，即可查看添加到文档中的水印，效果如图 4-47 所示。

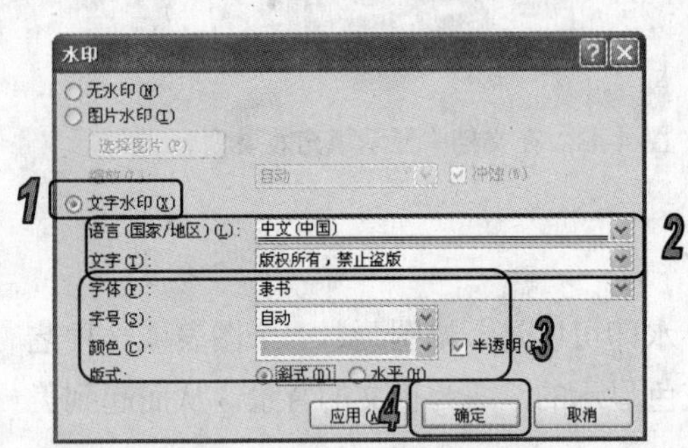

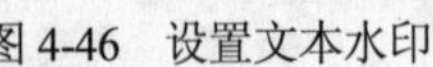
图 4-46　设置文本水印

图 4-47　显示水印效果

(4) 在快速访问工具栏中单击【保存】按钮，保存创建的“实用教程新版式”文档。

提示

要删除文档中的水印，可以在【页面布局】选项卡的【页面背景】组中，单击【水印】按钮，从弹出的菜单中选择【删除水印】命令即可。

4.2　排版 Word 2010 文档—实战 11：制作“简报”

在 Word 2010 中，为了使文档层次分明、版面美观、便于阅读，需要对文档进行必要的排版操作，如使用模板和样式、复制格式、使用特殊排版方式等。本节以制作简报为例来介绍排版文档的方法。

4.2.1　使用模板

模板是 Word 预先设置好内容格式的文档，它包括特定的字体格式、段落样式、页面设置、快捷键方案、宏等格式。

在 Word 2010 中，任何文档都是以模板为基础的，模板决定了文档的基本结构和文档设置。当要编辑多篇格式相同的文档时，可以使用模板来统一文档的风格，还可以加快工作速度。

1. 使用模板创建文档

Word 2010 为用户提供了多种具有统一规格、统一框架的文档模板，如传真、信函或简历等。

单击【文件】按钮，从弹出的【文件】菜单中选择【新建】命令，打开 Microsoft Office Backstage 视图，如图 4-48 所示，在【可用模板】列表框中选择【样本模板】选项，打开【样本模板】列表框，在其中可以选择模板类型，如图 4-49 所示。另外，在 Microsoft Office Backstage 视图下的【Office.com 模板】列表框中同样可以选择模板类型。

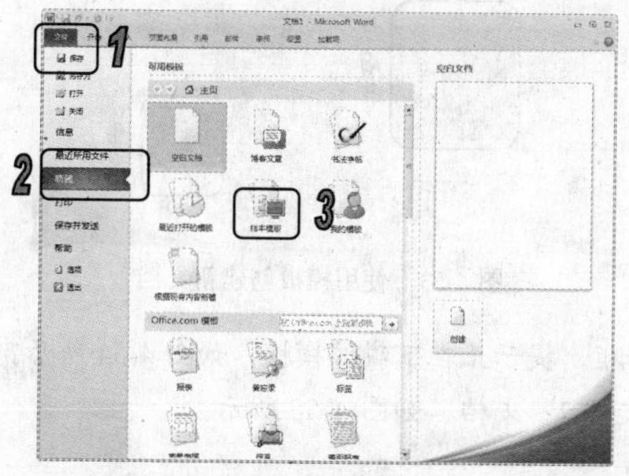

图 4-48　Microsoft Office Backstage 视图

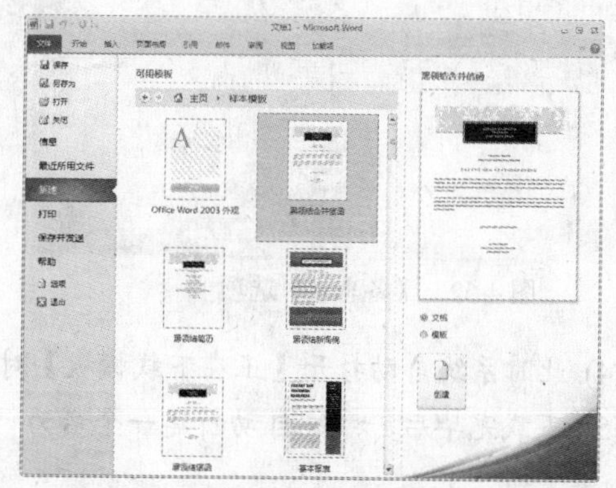

图 4-49　【样本模板】列表框

在【可用模板】列表框中选择【我的模板】选项，打开【新建】对话框的【个人模板】选项卡，在其中也可以选择自定义的模板类型，如图 4-50 所示。

用户可以根据需要选择要使用的模板类型，然后在右侧的预览窗格中选中【文档】单选按钮，以确定所创建的类型是文档，单击【创建】按钮，即可创建一个应用所选模板的新文档，如图 4-51 所示的是使用【黑领结合并信函】模板创建的新文档。

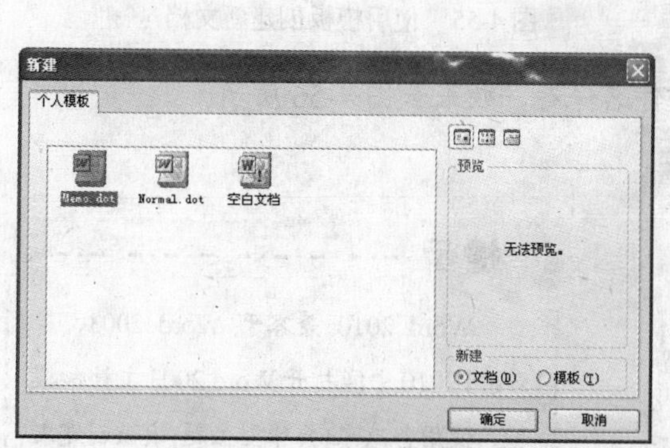

图 4-50　【个人模板】选项卡

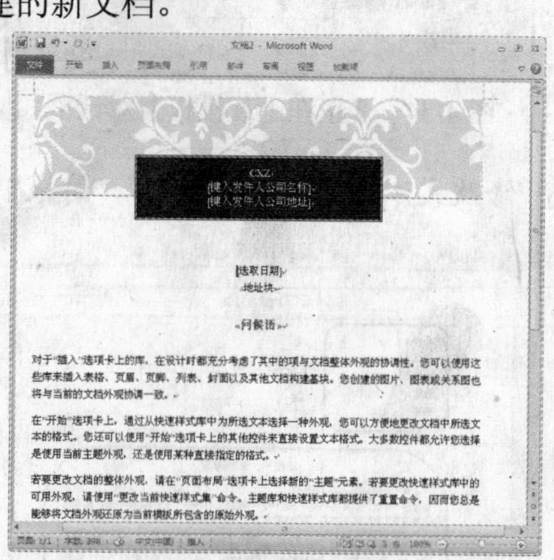

图 4-51　使用【黑领结合并信函】模板

下面将使用 Office.com 模板制作简报，具体操作如下：

(1) 启动 Word 2010 应用程序，单击【文件】按钮，从弹出的【文件】菜单中选择【新建】命令，打开 Microsoft Office Backstage 视图。

(2) 在【Office.com 模板】列表框中选择【备忘录】选项，如图 4-52 所示。

(3) 打开【Office.com 模板】列表框，选择【备忘录(典雅型主题)】选项，然后在右侧的预览窗格中单击【下载】按钮，如图 4-53 所示。

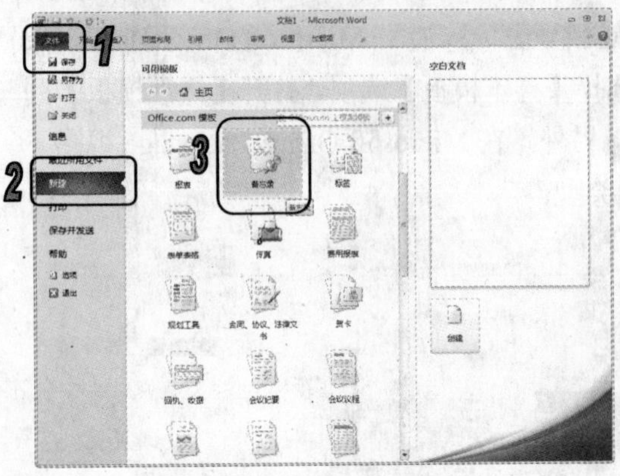

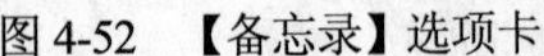

图 4-52　【备忘录】选项卡

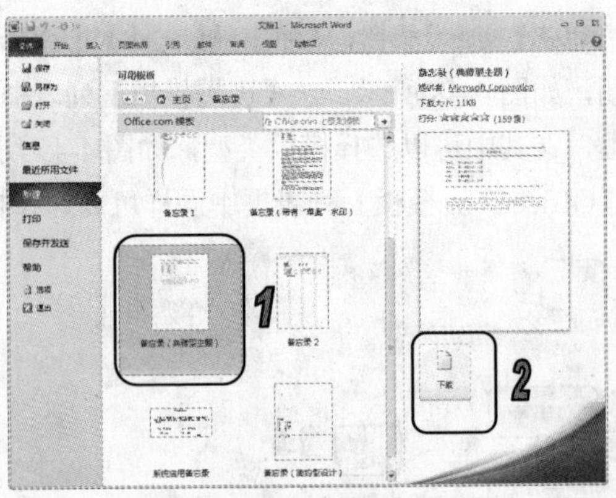

图 4-53　使用模板创建新文档

(4) 此时系统自动打开【正在下载模板】对话框，提示正在下载该模板，如图 4-54 所示。

(5) 下载完毕后，系统自动新建一个名为“文档 2”文档，如图 4-55 所示。

图 4-54　【正在下载模板】对话框

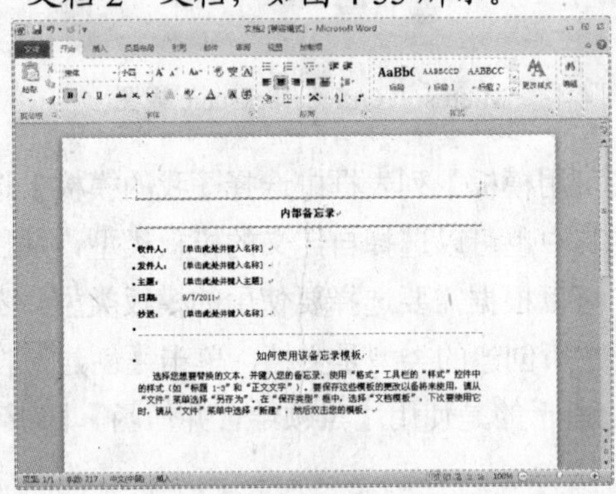

图 4-55　使用模板创建新文档

(6) 修改文本内容，并将其以“简报”文件名保存，效果如图 4-56 所示。

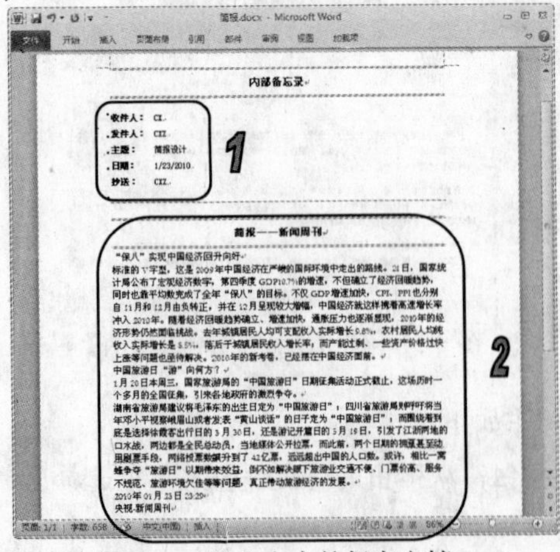

图 4-56　输入文本并保存文档

提示

Word 2010 兼容于 Word 2003，在 Word 2010 中能打开 Word 2003 文档和模板。使用备忘录(典雅型主题)模板创建文档时，Word 2010 标题栏中会显示“兼容模板”文本，表示该模板的扩展名为.dot，而 Word 2010 模板扩展名为.dotx。

知识点

Word 2010 提供了一些特殊文档的创建方法，包括博客文章、书法字帖等，只需在【可用模板】列表框中选择对应的选项即可。

2. 创建模板

在文档处理过程中，当需要经常用到同样的文档结构和文档设置时，就可以根据这些设置自定义并创建一个新的模板来进行应用。

下面将根据“简报”文档创建“简报”模板，具体操作如下：

(1) 启动 Word 2010 应用程序，打开“简报”文档，单击【文件】按钮，从弹出的【文件】菜单中选择【另存为】命令，打开【另存为】对话框。

(2) 在【保存类型】下拉列表框中选择【Word 模板(*.dotx)】选项，选择【受信任的模板】选项，系统默认保存在 Templates 文件中，并以原文件名作为新建模板的名称，如图 4-57 所示。

(3) 单击【确定】按钮，就可以完成模板的创建。

(4) 单击【文件】按钮，从弹出的【文件】菜单中选择【新建】命令，打开 Microsoft Office Backstage 视图。

(5) 在【可用模板】列表框中选择【我的模板】选项，打开【新建】对话框的【个人模板】选项卡，在其中可以查看创建的模板，如图 4-58 所示。

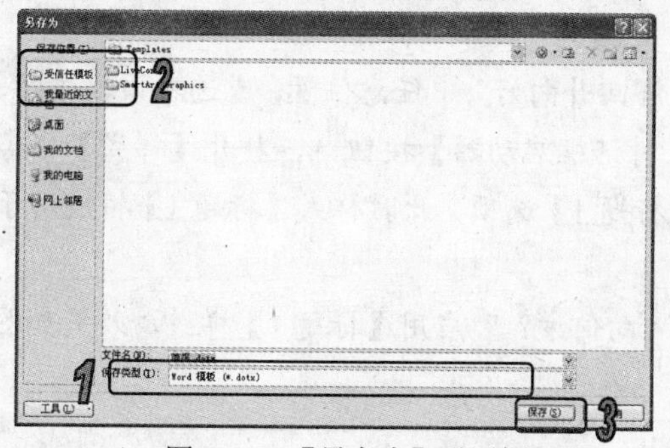

图 4-57　【另存为】对话框

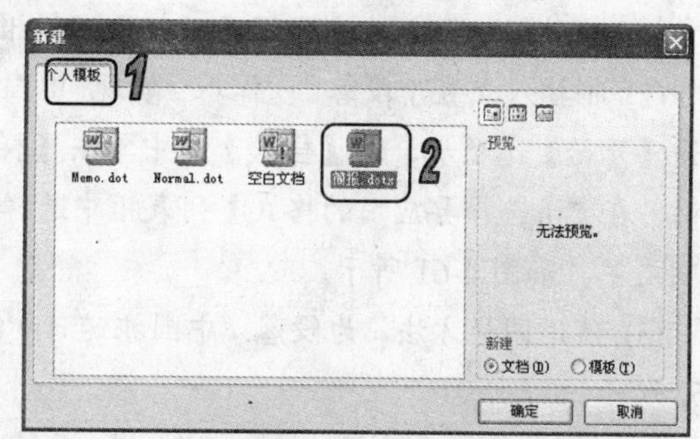

图 4-58　创建的模板

提示

保存在 Templates 文件夹下的任何.dot 和.dotx 文件都可以作为文档模板。按照默认保存位置保存的模板都出现在【新建】对话框的【个人模板】选项卡中，以后若要根据模板新建文件就可以直接应用该模板。

4.2.2　使用样式

所谓“样式”就是应用于文档中的文本、表格和列表的一套格式特征，它能迅速改变文档

的外观。每个文档都是基于一个特定的模板，每个模板中都会自带一些样式，又称为内置样式。在 Word 提供的内置样式中，当有部分格式定义和需要应用的格式组合不相符时，还可以修改该样式，甚至可以重新定义样式，以创建符合规定格式的文档。

1. 在文本中应用样式

Word 2010 自带的样式库中，内置了多种样式，可以为文档中的文本设置标题、字体和背景等样式，使用这些样式可以快速地美化文档。

选择要应用某种内置样式的文本，打开【开始】选项卡，在【样式】组中进行相关设置，如图 4-59 所示。单击【样式对话框启动器】按钮，将打开【样式】任务窗格，如图 4-60 所示，在【样式】列表框中可以选择样式。

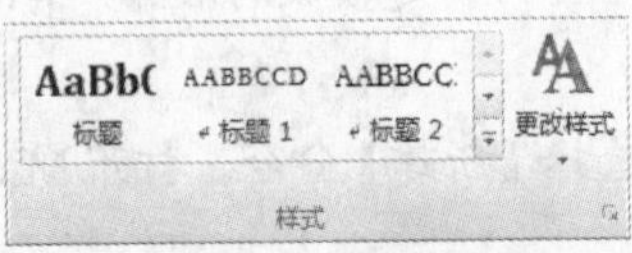

图 4-59 【样式】组

图 4-60 【样式】任务窗格

下面在“简报”文档中，对简报中的标题应用标题 1 样式，具体步骤如下：

(1) 启动 Word 2010 应用程序，打开“简报”文档。

(2) 将插入点置于段落“‘保八’实现 中国经济回升向好”中任意位置，或选中该段文字，打开【开始】选项卡，在【样式】组中单击【样式对话框启动器】按钮，打开【样式】任务窗格，在【请选择要应用的格式】列表框中选择【标题 1】选项，此时样式【标题 1】将应用于该段文字，如图 4-61 所示。

(3) 使用同样方法，为段落“中国旅游日‘游’向何方？”应用【标题 1】样式，效果如图 4-62 所示。

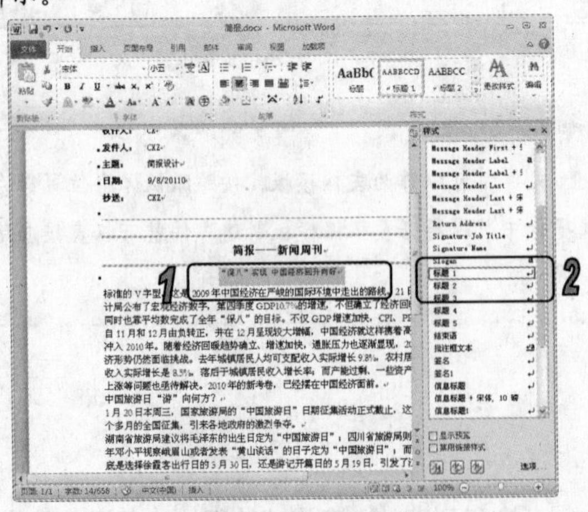

图 4-61 选择【标题 1】样式

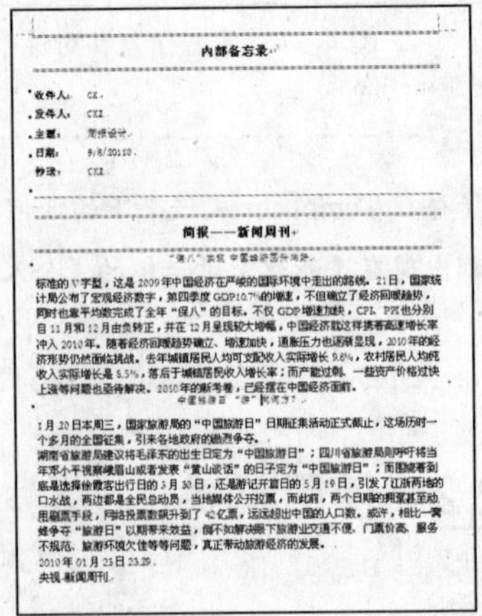

图 4-62 应用标题 1 样式的效果

提示

如果多处文本使用相同的样式，可按 Ctrl 键将多处文本同时选取后，再在【样式和格式】任务窗格中进行相关设置。

2. 修改样式

如果某些内置样式无法完全满足某组格式设置的要求，则可以在内置样式的基础上进行修改。这时可在【样式】任务窗格中，单击样式选项的下拉列表框旁的箭头按钮，在弹出的菜单中选择【修改】命令，并在打开的【修改样式】对话框中更改相应的选项即可。

下面修改文档“简报”中的【标题 1】样式，将字体设置为【华文隶书】，字号为【小四】，字形为【加粗】，段间距为 0.5 行，固定值为 18 磅，并且添加底纹；修改【正文】样式，设置为首行缩进 2 个字符，字体颜色为【深红】，具体步骤如下：

(1) 启动 Word 2010 应用程序，打开“简报”文档。打开【开始】选项卡，在【样式】组中单击【样式对话框启动器】按钮，打开【样式】任务窗格，单击【样式】任务窗格中【标题 1】样式旁的箭头按钮，在弹出的菜单中选择【修改】命令，如图 4-63 所示。

(2) 打开【修改样式】对话框，显示了【标题 1】的属性、格式内容和格式预览。

(3) 在【属性】选项区域的【样式基准】下拉列表框中选择【无样式】选项；在【格式】选项区域的【字体】下拉列表框中选择【华文隶书】选项，在【字号】下拉列表框中选择【小四】选项，并且单击【加粗】按钮，如图 4-64 所示。

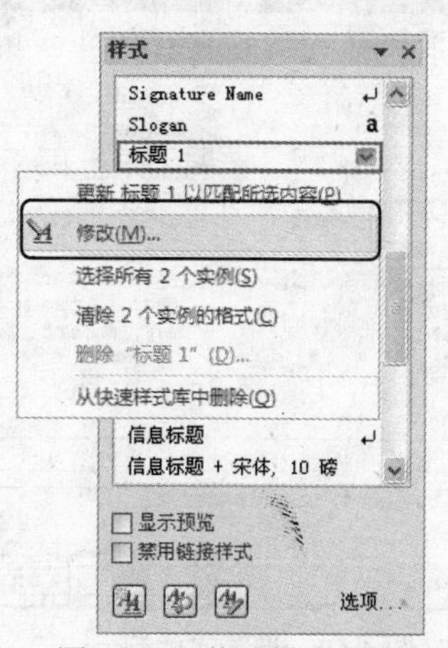

图 4-63　修改样式和格式

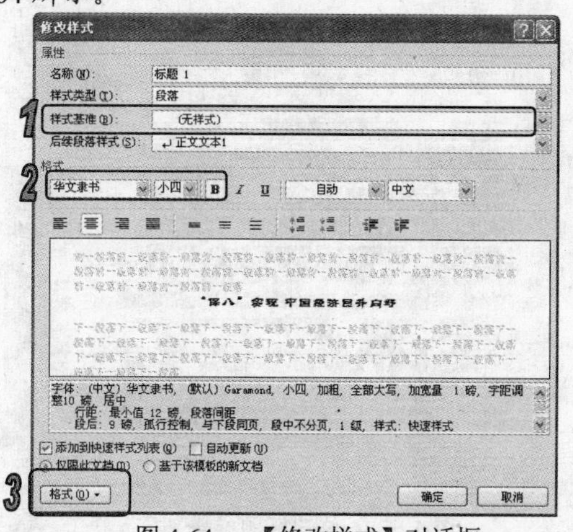

图 4-64　【修改样式】对话框

(4) 单击【修改样式】对话框中的【格式】按钮，在弹出的菜单中选择【段落】命令，打开【段落】对话框的【缩进和间距】选项卡，在【间距】选项区域中，将段前段后的距离均设置为 0.5，并且将行距设置为固定值 18 磅，单击【确定】按钮，如图 4-65 所示。

(5) 单击对话框中的【格式】按钮，在弹出的菜单中选择【边框】命令，打开【边框和底纹】对话框的【底纹】选项卡，在【填充】下拉列表框中选择【橙色，强调文字颜色 6，淡色 40%】色块，单击【确定】按钮，如图 4-66 所示。

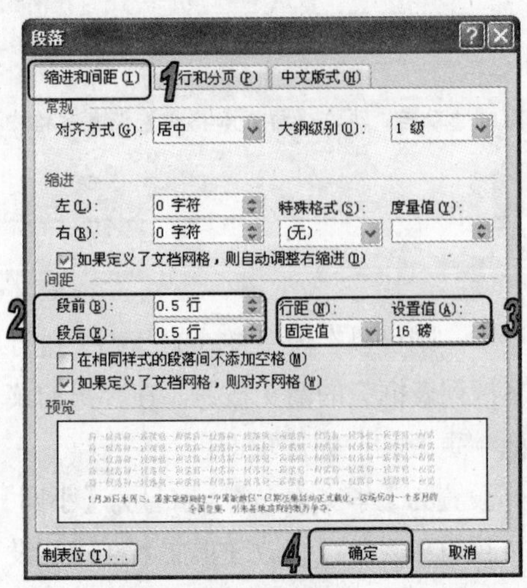

图 4-65　设置段落

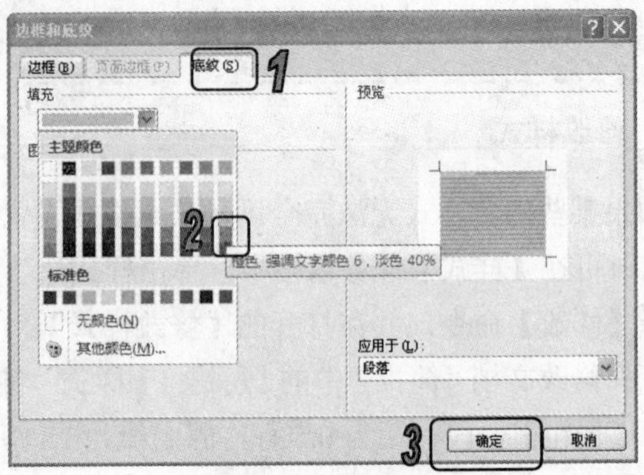

图 4-66　设置底纹

(6) 返回到【修改样式】对话框中，并选中【自动更新】复选框。再次单击【确定】按钮，此时【标题 1】样式修改成功，并自动应用到文档中，如图 4-67 所示。

(7) 打开【样式】任务窗格，单击【正文】样式旁的箭头按钮，在弹出的菜单中选择【修改】命令，打开【修改样式】对话框。

(8) 单击该对话框中的【格式】按钮，在弹出的菜单中选择【字体】命令，打开【字体】对话框，在【字体颜色】下拉列表框中选择【深红】色块，单击【确定】按钮，如图 4-68 所示。

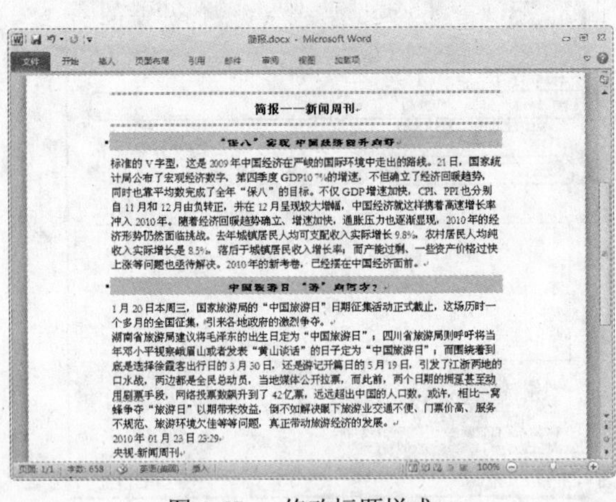

图 4-67　修改标题样式

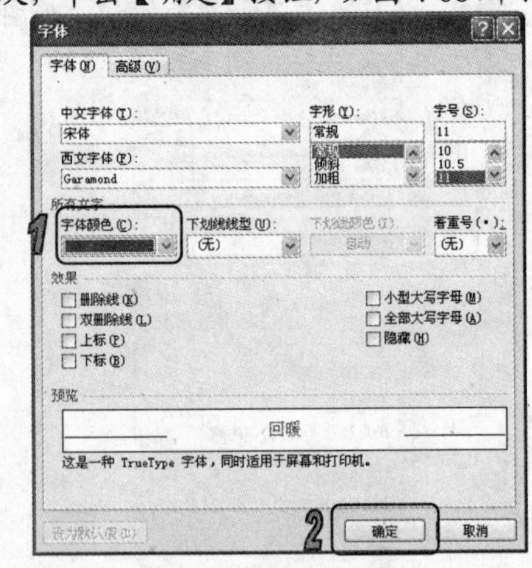

图 4-68　设置字体颜色

(9) 单击该对话框中的【格式】按钮，在弹出的菜单中选择【段落】命令，打开【段落】对话框的【缩进和间距】选项卡，在【缩进】选项区域的【特殊格式】下拉列表框中，打开【首行缩进】选项，此时【磅值】自动显示为 2 字符；在【间距】选项区域中，将行距设置为固定值 15 磅。单击【确定】按钮，如图 4-69 所示。

(10) 此时【正文】样式修改成功，并自动应用到文档中，将段落“简报——新闻周刊”字号设置为【小二】，字体颜色为【红色】，效果如图 4-70 所示。

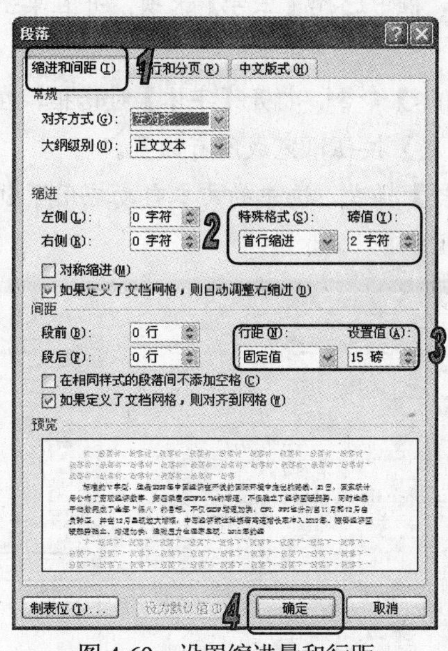

图 4-69　设置缩进量和行距

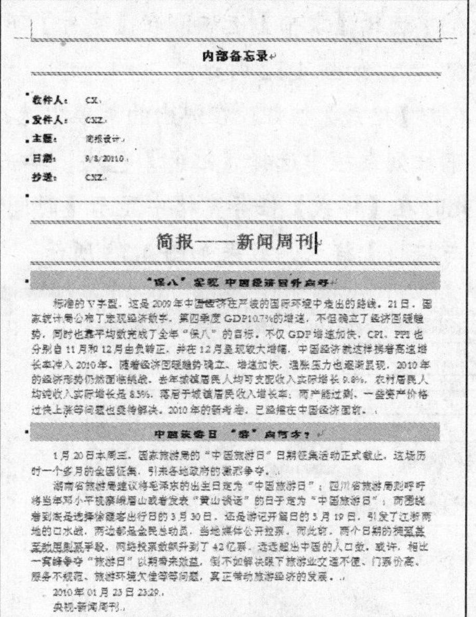

图 4-70　设置字体

3. 创建样式

如果现有文档的内置样式与所需格式设置相去甚远时，可以创建一个新样式将会更有效率。在【样式】任务窗格中，单击【新样式】按钮，打开【新建样式】对话框，如图 4-72 所示。在【名称】文本框中输入要新建的样式的名称；在【样式类型】下拉列表框中可以选择【字符】或【段落】选项；在【样式基准】下拉列表框中选择该样式的基准样式。

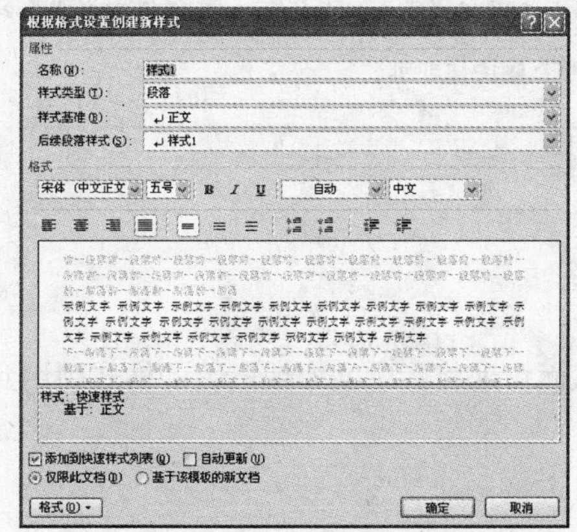

图 4-71　【新建样式】对话框

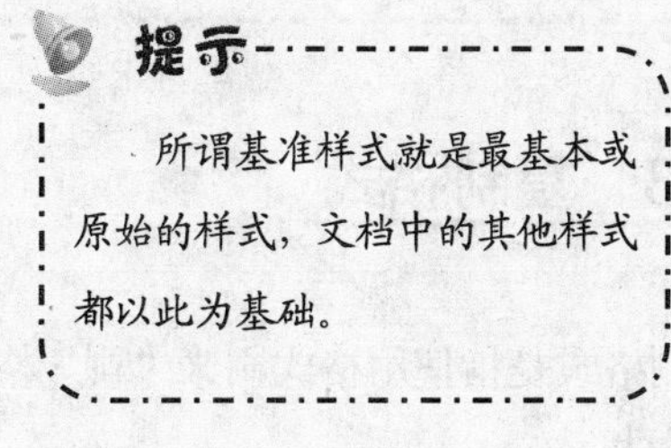

提示
所谓基准样式就是最基本或原始的样式，文档中的其他样式都以此为基础。

下面在“简报”文档中，创建【时间与摘自】样式，将其应用到文档中，具体操作如下：

(1) 启动 Word 2010 应用程序，打开“简报”文档。选中最后两段文本，打开【开始】选项卡，在【样式】组中单击【样式对话框启动器】按钮，打开【样式和格式】任务窗格。

(2) 单击【新样式】按钮，打开【新建样式】对话框。在【名称】文本框中输入“时间与摘自”；在【样式基准】下拉列表框中选择【无样式】选项；在【格式】选项区域的【字体】

下拉列表框中选择【隶书】选项；在【字号】下拉列表框中选择【三号】选项；并且单击【右对齐】按钮，如图 4-72 所示。

(3) 单击【格式】按钮，在弹出的菜单中选择【字体】命令，打开【字体】对话框，在【字体颜色】下拉列表框中选择【红色】色块，单击【确定】按钮，完成所有设置。

(4) 此时在【样式】任务窗格中显示【时间与摘自】样式，选中的文本自动应用了创建好的【时间与摘自】样式，效果如图 4-73 所示。

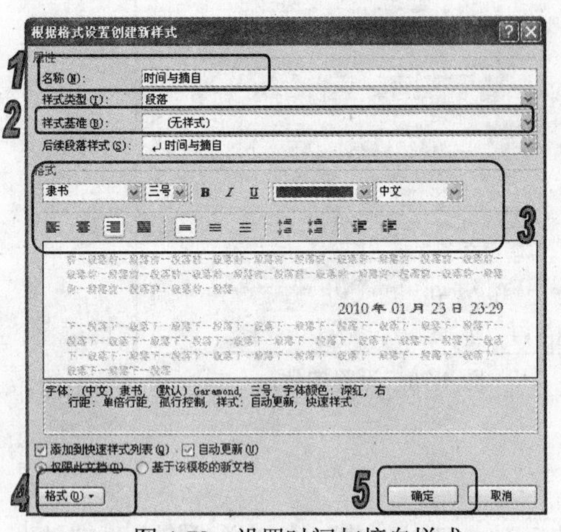

图 4-72 设置时间与摘自样式

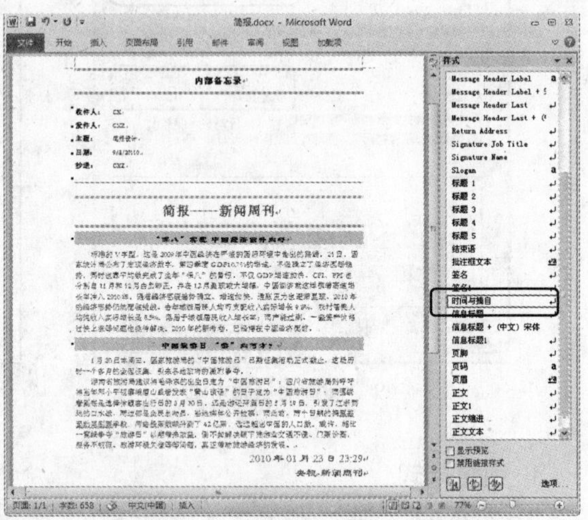

图 4-73 应用时间与摘自效果

提示

要删除样式，在打开的【样式】任务窗格中，单击需要删除的样式旁的箭头按钮，从弹出的快捷菜单中选择【删除】命令即可；在【样式】任务窗格中单击【管理样式】按钮，打开【管理样式】对话框的【编辑】选项卡，从中选择要删除的样式，单击【删除】按钮即可。

4.2.3 复制格式

复制格式是指使用格式刷来“刷”格式，从而快速将指定文本或段落的格式引用到其他文本或段落上。

1. 复制文本格式

选择要引用格式的文本，打开【开始】选项卡，在【剪贴板】组中单击【格式刷】按钮，此时鼠标指针变成形状，拖动鼠标选择要应用格式的文本，即可复制格式。

2. 复制段落格式

选择要引用格式的整个段落(不包括段落标记)，打开【开始】选项卡，在【剪贴板】组中单击【格式刷】按钮，在应用格式的段落中单击即可。

3. 多次复制格式

在使用 Word 编辑文档的过程中，可以使用 Word 提供的【格式刷】工具快速地、多次复制格式。方法很简单，选择要引用格式的段落或文本格式，在【开始】选项卡的【剪贴板】组中双击【格式刷】按钮，然后在需要应用格式的段落上单击，或选择需要引用格式的文本，即可将选定格式复制到多个位置。取消格式刷时，只需在【开始】选项卡的【剪贴板】组再次单击【格式刷】按钮，或按下 ESC 键。

4.2.4 特殊排版方式

一般报刊杂志都需要创建带有特殊效果的文档，这就需要使用一些特殊的排版方式。Word 2010 提供了多种特殊的排版方式，例如首字下沉、中文版式、分栏排版等。

1. 首字下沉

首字下沉是报刊杂志中较为常用的一种文本修饰方式，使用该方式可以很好地改善文档的外观，从而使文档更美观、更引人注目。

要设置首字下沉，打开【插入】选项卡，在【文本】组中单击【首字下沉】按钮，在弹出的菜单中可以选择默认的首字下沉样式。若选择【首字下沉选项】命令，将打开【首字下沉】对话框，如图 4-74 所示。在【位置】选项区域中，可以选择首字下沉的方式；在【选项】选项区域的【字体】下拉列表框中，可以选择下沉字符的字体；在【下沉行数】文本框中，可以设置首字下沉时所占用的行数；在【距正文】文本框中，可以设置首字与正文之间的距离。

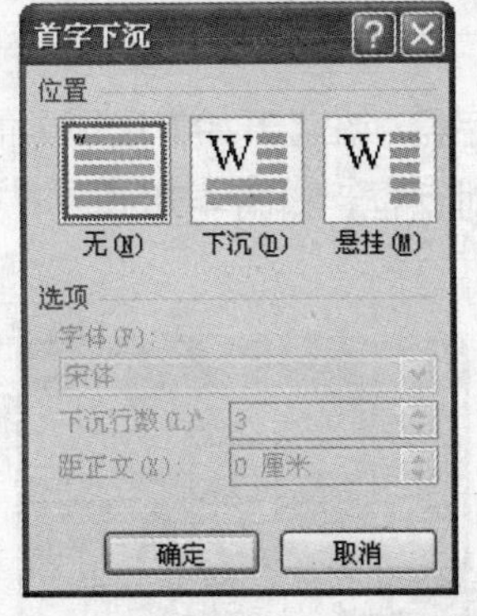

图 4-74　【首字下沉】对话框

提示

在 Word 2010 中，首字下沉共有 2 种不同的方式：一种是普通的下沉；另外一种是悬挂下沉。两种方式区别之处就在于：【下沉】方式设置的下沉字符紧靠其他的文字，而【悬挂】方式设置的字符可以随意的移动至其位置。

下面在“简报”文档中将首段设置为首字下沉，下沉行数为 3 行，距正文 0.5 厘米，具体操作如下：

(1) 启动 Word 2010 应用程序，打开“简报”文档，将插入点定位在第一篇文章的第一段。

(2) 打开【插入】选项卡，在【文本】组中单击【首字下沉】按钮，在弹出的菜单中选择【首字下沉选项】命令，打开【首字下沉】对话框。

(3) 在【位置】选项区中选择【下沉】选项，在【下沉行数】文本框中，设置下沉时所占

用的行数为 3，在【距正文】文本框中设置首字与正文之间的距离为 0.5 厘米，单击【确定】按钮，如图 4-75 所示。

(4) 使用同样的方法，设置另一段落首字下沉效果，结果如图 4-76 所示。

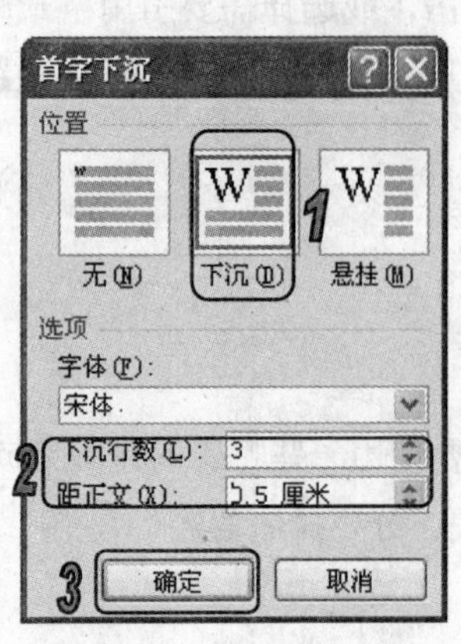

图 4-75　设置首字下沉

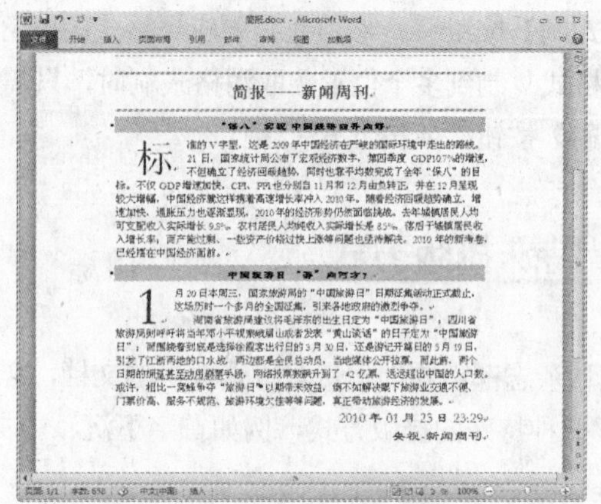

图 4-76　首字下沉的效果

2. 中文版式

为了使 Word 2010 更符合中国人的使用习惯，开发人员还特意增加了中文版式的功能，用户可在文档内添加拼音指南、带圈字符、 纵横混排、合并字符与双行合一等效果。

- 拼音指南：使用该功能，可以对文档内的任意文本添加拼音，添加的拼音位于所选文本的上方，并且可以设置拼音的对齐方式。在【开始】选项卡的【字体】组中单击【拼音指南】按钮，打开【拼音指南】对话框，如图 4-77 所示，在其中可以设置拼音的格式。
- 带圈字符：使用该功能，可以轻易制作出各种带圈字符。在【开始】选项卡的【字体】组中单击【带圈字符】按钮，打开【带圈字符】对话框，如图 4-78 所示，在其中可以设置字符的样式和圈号等。

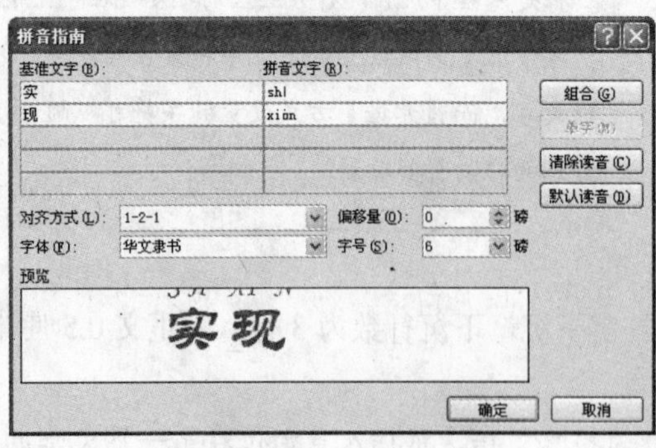

图 4-77　【拼音指南】对话框

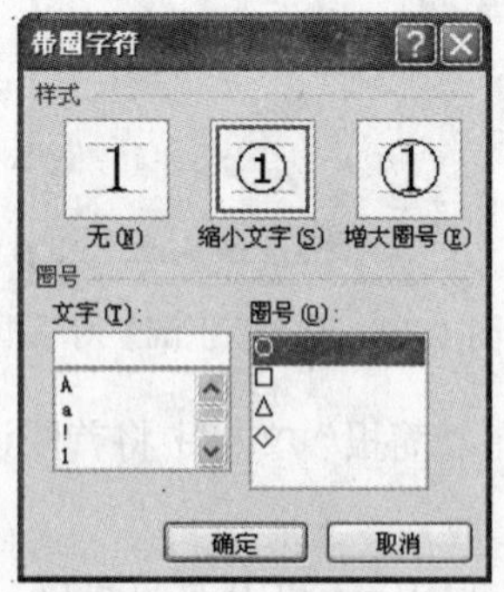

图 4-78　【带圈字符】对话框

- 纵横混排：使用该功能，能使横向排版的文本在原有的基础上向左旋转 90°。在【开始】选项卡的【段落】组中单击【中文版式】按钮，在弹出的菜单中选择【纵横

混排】命令，打开【纵横混排】对话框，如图 4-79 所示，在其中选中【适应行宽】复选框，Word 将自动调整文本行的宽度。

- 合并字符：使用该功能，能使所选的字符排列成上、下两行，并且可以设置合并字符的字体、字号。在【开始】选项卡的【段落】组中单击【中文版式】按钮，从弹出的菜单中选择【合并字符】命令，打开【合并字符】对话框，如图 4-80 所示，在其中可以设置字体格式。

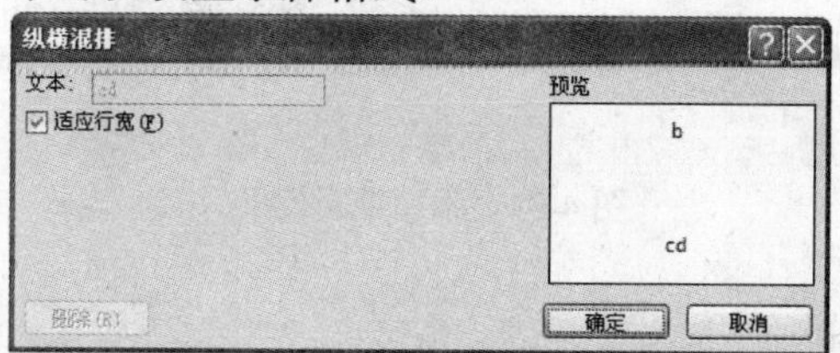

图 4-79　【纵横混排】对话框

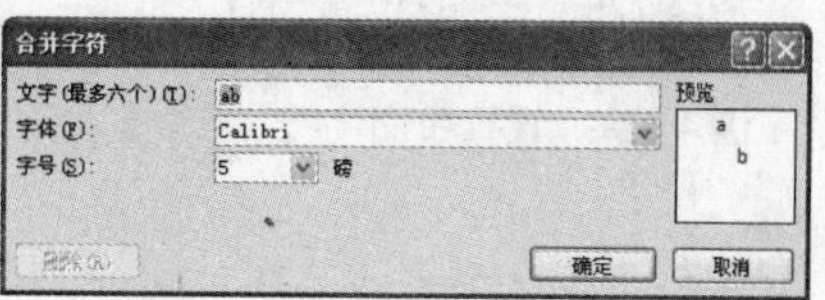

图 4-80　【合并字符】对话框

- 双行合一：使用该功能，能使所选的位于同一文本行的内容平均地分为两个部分，前一部分排列在后一部分的上方。在必要的情况下，还可以给双行合一的文本添加不同类型的括号。在【开始】选项卡的【段落】组中单击【中文版式】按钮，从弹出的菜单中选择【双行合一】命令，打开【合并字符】对话框，如图 4-81 所示，在其中可以设置双行合一的内容和格式。

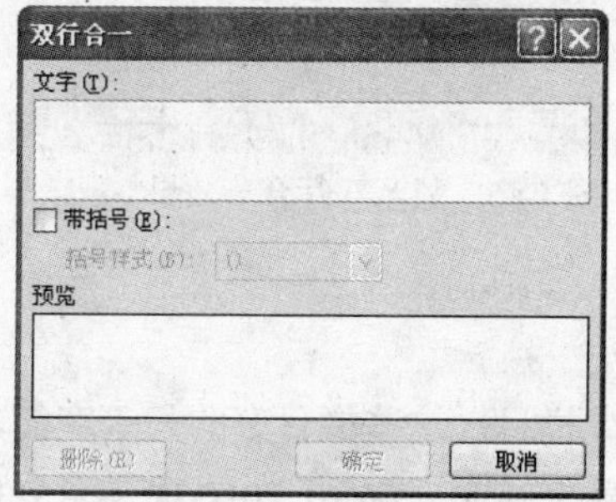

图 4-81　【双行合一】对话框

合并字符是将多个字符用两行显示，且将多个字符合并成一个整体；双行合一是在一行的空间显示两行文字，且不受字符数限制。

下面在“简报”文档中使用中文版式编排文档，具体操作如下：

(1) 启动 Word 2010 应用程序，打开“简报”文档，选取第二篇文章的首字，打开【开始】选项卡的【字体】组中，单击【带圈字符】按钮，打开【带圈字符】对话框，此时【1】字将自动出现在【文字】文本框中。

(2) 在【样式】区域中选择【缩小文字】选项，在【圈号】列表框中选择字体外圈的形状为【◇】，如图 4-82 所示。

(3) 单击【确定】按钮，添加带圈效果，如图 4-83 所示。

(4) 选取文本“央视-新闻周刊”，然后打开【开始】选项卡，在【段落】组中单击【中文版式】按钮，从弹出的菜单中选择【双行合一】命令，打开【合并字符】对话框。

(5) 选中【带括号】复选框，在【括号样式】下拉列表中选择【[]】选项，如图 4-84 所示。

(6) 单击【确定】按钮，完成设置，最终效果如图 4-85 所示。

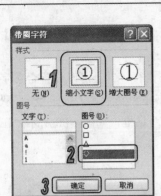

图 4-82　设置带圈字符

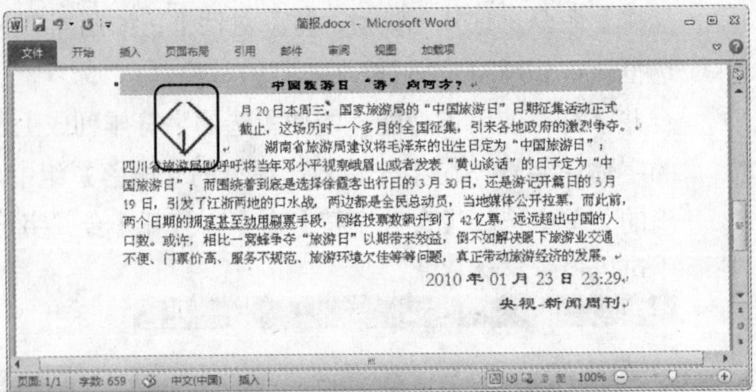

图 4-83　添加带圈效果

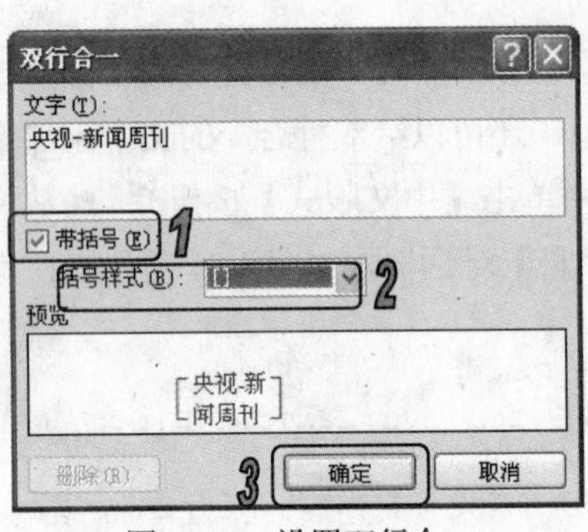

图 4-84　设置双行合一

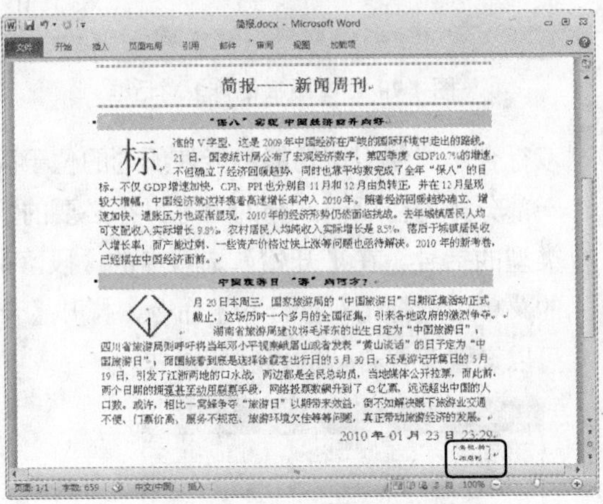

图 4-85　显示双行合一效果

3. 分栏排版

在阅读报刊杂志时，常常发现许多页面被分成多个栏目。这些栏目有的是等宽的，有的是不等宽的，从而使得整个页面布局显示错落有致，更易于阅读。Word 2010 提供了分栏功能，使用它可以把每一栏都作为一节对待，这样就可以对每一栏单独进行格式化和版面设计。

要为文档设置分栏，打开【页面布局】选项卡，在【页面设置】组中单击【分栏】按钮 分栏，在弹出的如图 4-86 所示的菜单中选择【更多分栏】命令，打开【分栏】对话框，如图 4-87 所示。

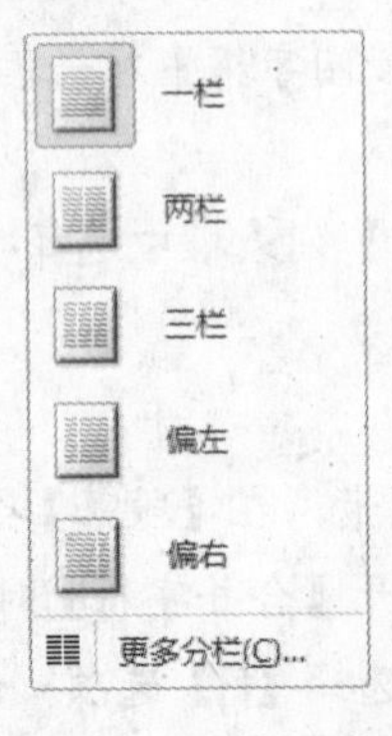

图 4-86　【分栏】菜单

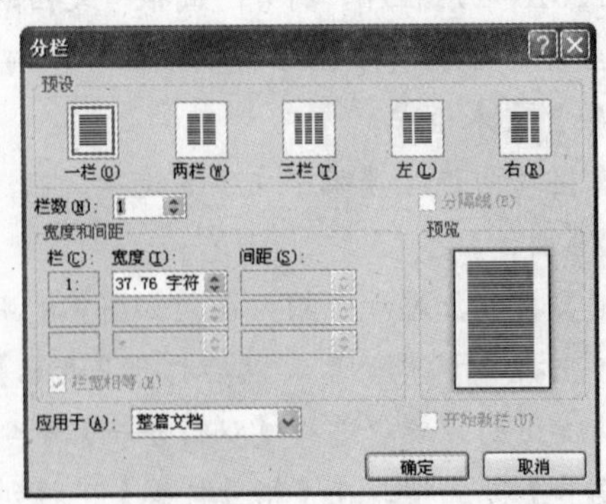

图 4-87　【分栏】对话框

在【预设】选项区域中选择所要分的栏数，如果没有符合需要的栏数，则可在【栏数】文本框中指定2～45之间的任意数字作为分栏数；选中【栏宽相等】复选框，可以设定当前所有栏的宽度和间距都相等，即将页面按平均分栏。如果要求所分栏的栏宽和间距不等，可在【宽度和间距】选项区中分别指定各栏的栏宽和栏距；选中【分隔线】复选框，可以在各个栏之间添加分隔线。

下面在“简报”文档中使用分栏功能排版，具体操作如下：

(1) 启动Word 2010应用程序，打开“简报”文档。选择第二篇文本，选择【格式】|【分栏】命令，打开【分栏】对话框。

(2) 在【预设】选项区域中选择【两栏】选项，并且选中【分隔线】复选框，设置间距为【2字符】，如图4-88所示。

(3) 单击【确定】按钮，完成设置，效果如图4-89所示。

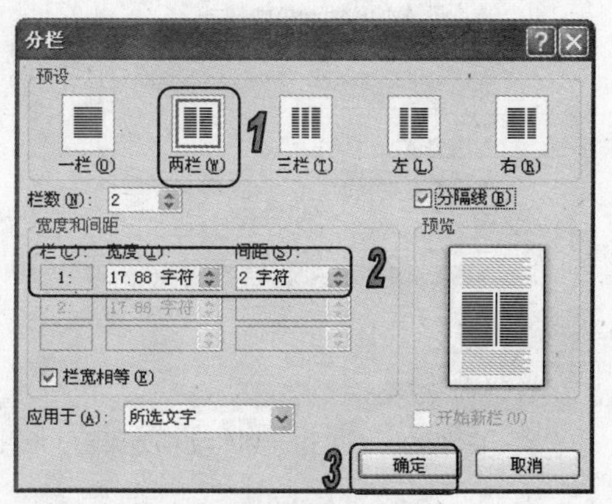

图4-88　设置两栏格式

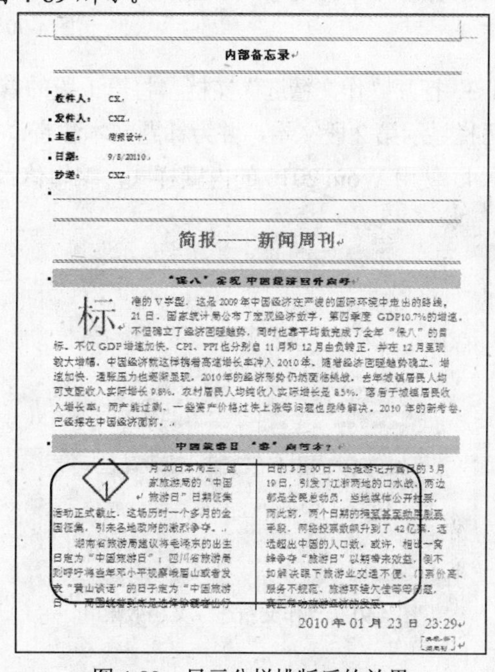

内部备忘录

收件人：CX

发件人：CXZ

主题：版报设计

日期：9/8/2010

抄送：CXZ

简报——新闻周刊

2010年01月23日 23:29

图4-89　显示分栏排版后的效果

(4) 在快速访问工具栏中单击【保存】按钮，保存创建的“简报”文档。

4.3　习题

1. 新建一个文档“版式”，设置【上】、【左】、【右】页边距为2厘米，【下】页边距为1.5厘米，纸张大小为B5(JIS)，页眉、页脚距边界的距离分别为1和1.5厘米，并且添加页眉、页脚和页码；应用主题，并且添加水印效果，效果如图4-90所示。

2. 在Word文档中新建一个段落样式，要求：字体为黑体，字号为小四，字体样式为倾斜，

段落格式为悬挂缩进，行距为单倍行距。

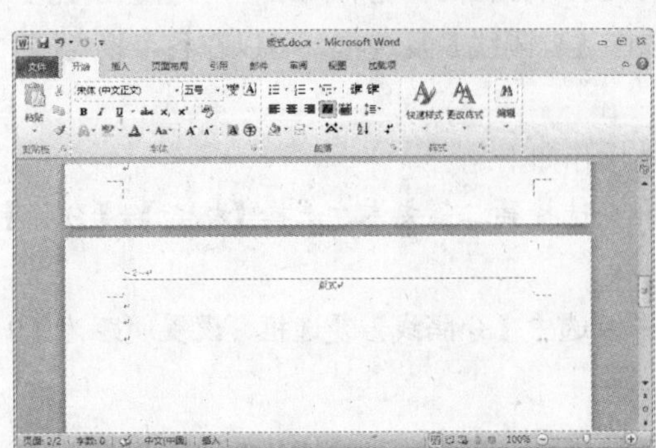

图 4-90　制作版式

3. 打开“作文精选”文档，将第 1 段的首字设置为首字下沉 2 行，距正文 0.5 厘米；设置分两栏显示第 2 段文本，并为标题文本注音，效果如图 4-91 所示。

4. 使用 Word 2010 的内置样式，编辑修改“工作计划”文档，使其效果如图 4-92 所示。

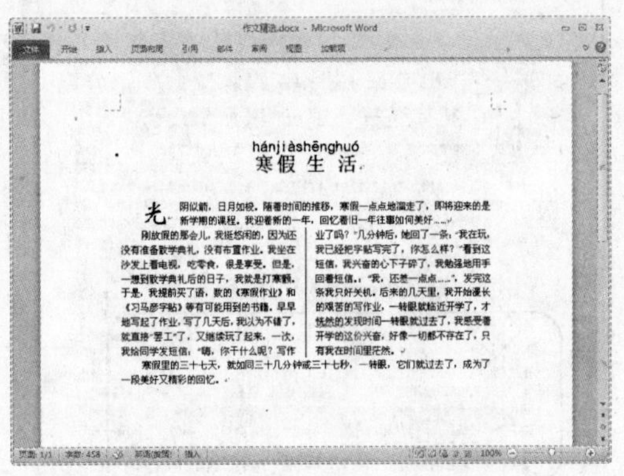

图 4-91　“作文精选”文档效果

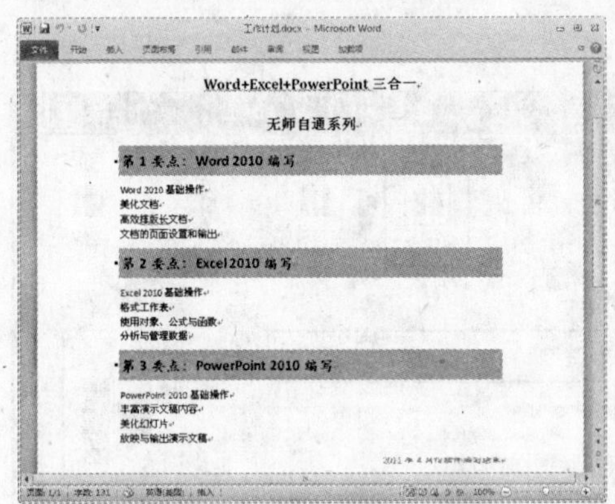

图 4-92　“工作计划”文档效果

第5章 文档高级排版

学习目标

Word 2010 提供了高级排版功能，熟练地使用这些功能可以提高编辑效率，编排出高质量的文档。例如，使用大纲视图组织文档，帮助用户理清文档思路；在文档中插入目录和索引，便于用户参考和阅读；还可以在需要的位置插入批注表达意见等。

本章重点

- 插入目录
- 使用书签
- 索引
- 文档审阅和修订
- 长文档的编辑策略

5.1 插入目录—实战 12：在“公司管理制度”中制作目录

目录的作用就是要列出文档中各级标题及每个标题所在的页码，编制完目录后，只需要单击目录中某个页码，就可以快速跳转到该页码所对应的标题。因此目录可以帮助用户迅速了解整个文档讨论的内容，并很快查找到自己感兴趣的信息。

5.1.1 创建目录

Word 有自动编制目录的功能。要创建目录，首先将插入点定位到要插入目录的位置，然后打开【引用】选项卡，在【目录】组中单击【目录】按钮，从弹出的如图 5-1 所示的【内置】列表框中可以选择一种内置目录样式。若选择【插入目录】命令，将打开【目录】对话框，如图 5-2 所示。在【格式】下拉列表框中选择目录的格式，在【显示级别】微调框中设置标题级别即可。

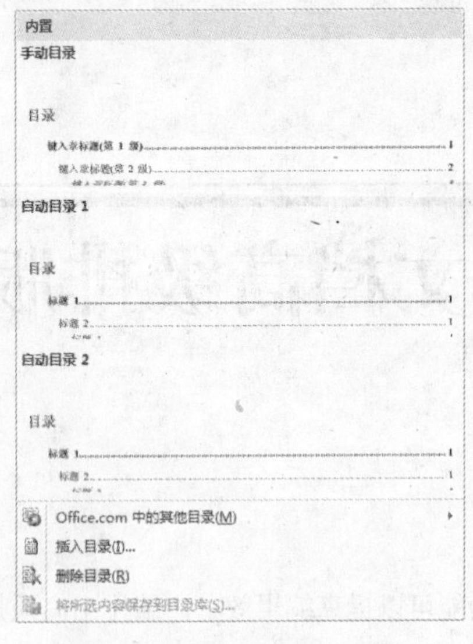

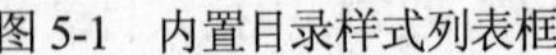

图 5-1　内置目录样式列表框

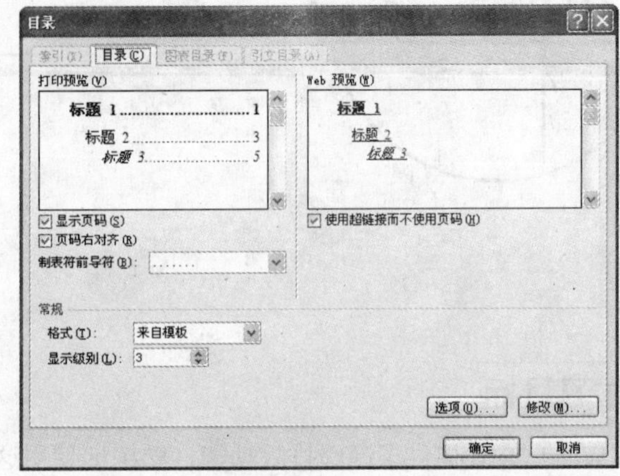

图 5-2　【目录】对话框

下面在“公司管理制度”文档中创建目录，具体操作步骤如下：

(1) 启动 Word 2010 应用程序，打开“公司管理制度”文档，将插入点定位在文本“公司管理制度——员工手册”的下一行，并输入文本“目录”，设置字体为【黑体】，字号为【三号】，字形为【加粗】，并设置居中对齐，效果如图 5-3 所示。

(2) 将插入点定位到下一行，打开【引用】选项卡，在【目录】组中单击【目录】按钮，从弹出的菜单中选择【插入目录】命令，打开【目录】对话框。

(3) 打开【目录】选项卡，在【常规】选项区域中的【格式】下拉列表中选择【正式】选项，在【显示级别】微调框中输入 2，如图 5-4 所示。

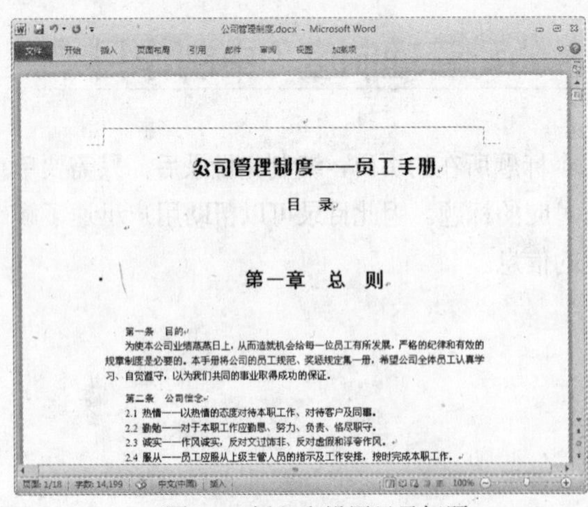

图 5-3　插入和设置目录标题

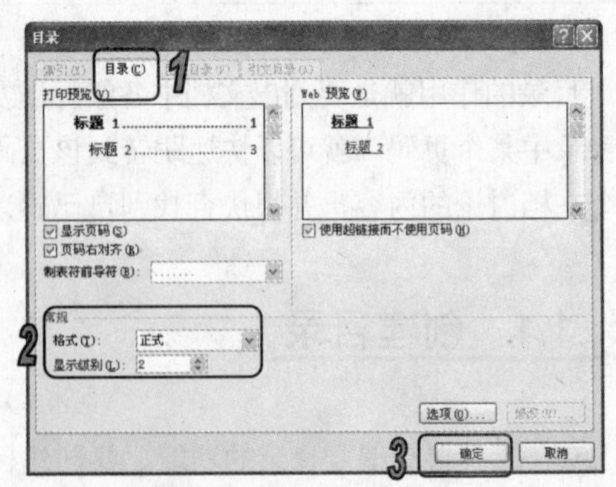

图 5-4　【目录】选项卡

(4) 单击【确定】按钮，关闭【目录】对话框，此时在文档中的插入点处将插入定义好的目录，效果如图 5-5 所示。

公司管理制度——员工手册

目 录

图 5-5 创建目录

提示

制作完目录后，只需按 Ctrl 键，再单击目录中的某个页码，就可以将插入点跳转到该页的标题处。

5.1.2 编辑目录

当创建了一个目录以后，如果再次对源文档进行编辑，那么目录中的标题和页码都有可能发生变化，因此必须更新目录。

要更新目录，可以先选择整个目录，按下 Shift+F9 快捷键，显示出 TOC 域，如图 5-6 所示。再次按下 F9 功能键，则打开如图 5-7 所示的【更新目录】对话框。

{ TOC \O "1-2" \H \Z \U }

图 5-6 在文档中显示 TOC 域

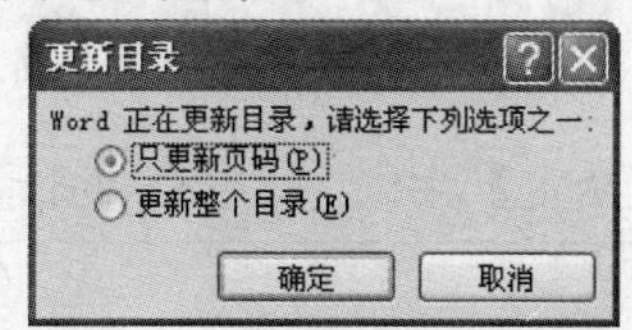

图 5-7 【更新目录】对话框

如果只更新页码，而不想更新已直接应用于目录的格式，可以选中【只更新页码】单选按钮；如果在创建目录以后，对文档作了具体修改，可以选中【更新整个目录】单选按钮，将更新整个目录。

通过上述操作，可以完成目录的自动更新操作。需要注意的是，这种目录的自动更新操作，必须将主文档和目录保存在同一文档中，并且目录与文档之间不能断开链接。

如果要删除目录，可以选中该目录，并按 Shift+F9 功能键，先将其切换到域代码方式，然后再选择整个域代码，按下 Delete 键即可。

5.1.3 美化目录

创建完目录后，用户还可像编辑普通文本一样对其进行样式的设置，如更改目录字体、字号和对齐方式等，以便让目录更为美观。

下面将在“公司管理制度”文档中美化目录，具体步骤如下：

(1) 启动 Word 2010 应用程序，打开“公司管理制度”文档。

(2) 选取整个目录，打开【开始】选项卡，在【字体】组中的【字体】下拉列表框中选择【楷体】选项，在【字号】下拉列表框中选择【小四】选项，效果如图 5-8 所示。

(3) 选取整个目录，在【开始】选项卡的【段落】组中单击对话框启动器按钮，打开【段落】对话框。

(4) 打开【缩进和间距】选项卡，在【间距】选项区域的【行距】下拉列表框中选择【1.5 倍行距】选项，如图 5-9 所示。

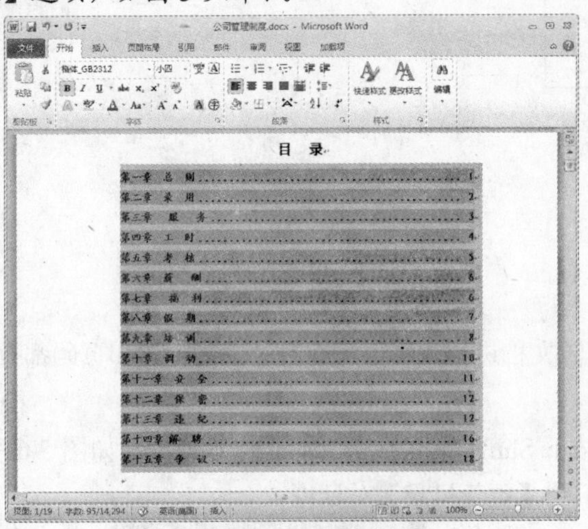

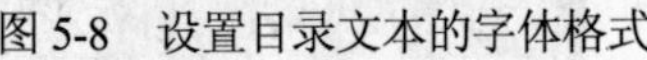
图 5-8　设置目录文本的字体格式

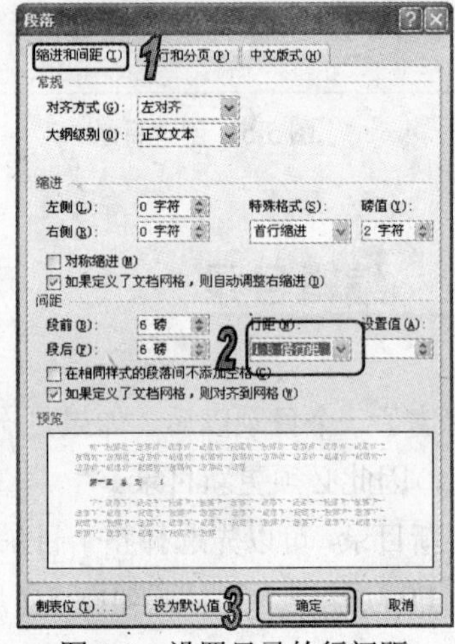

图 5-9　设置目录的行间距

(5) 单击【确定】按钮，此时全部目录将以 1.5 倍的行距显示，效果如图 5-10 所示。

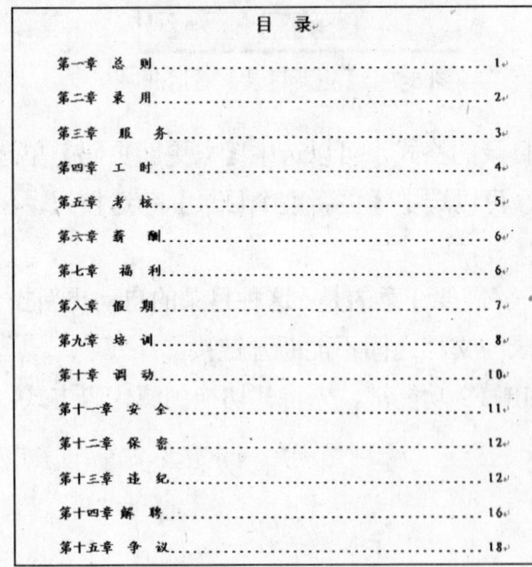
目 录

第一章 总 则……1
第二章 录 用……2
第三章 服 务……3
第四章 工 时……4
第五章 考 核……5
第六章 薪 酬……6
第七章 福 利……6
第八章 假 期……7
第九章 培 训……8
第十章 调 动……10
第十一章 安 全……11
第十二章 保 密……12
第十三章 违 纪……12
第十四章 解 聘……16
第十五章 争 议……18

图 5-10　美化目录

提示

如果要将整个目录文件复制到另一个文件中单独保存或者打印，必须先要将其与原来的文本断开链接，否则在保存和打印时会出现页码错误。具体操作方法为：选取整个目录后，按下 Ctrl+Shift+F9 键断开目录与文本之间的链接，取消文本下划线及颜色，即可正常进行保存和打印。

5.2 使用书签—实战 13：在“公司管理制度”中插入书签

在 Word 中，可以使用书签命名文档中指定的点或区域，以识别章、表格的开始处，或者定位需要工作的位置、离开的位置等。

5.2.1 添加书签

在 Word 2010 中，可以在文档中的指定区域内插入若干个书签标记，以方便用户查阅文档中的相关内容。

下面将在文档“公司管理制度”中“总则”文本前添加一个书签，具体操作步骤如下：

(1) 启动 Word 2010 应用程序，打开“公司管理制度”文档，将光标定位到二级标题文本“总则”前。

(2) 打开【插入】选项卡，在【链接】组中单击【书签】按钮 书签，打开【书签】对话框，在【书签名】文本框中输入书签的名称“总则”，如图 5-11 所示。

(3) 输入完毕，单击【添加】按钮，将该书签添加到书签列表框中，如图 5-12 所示。

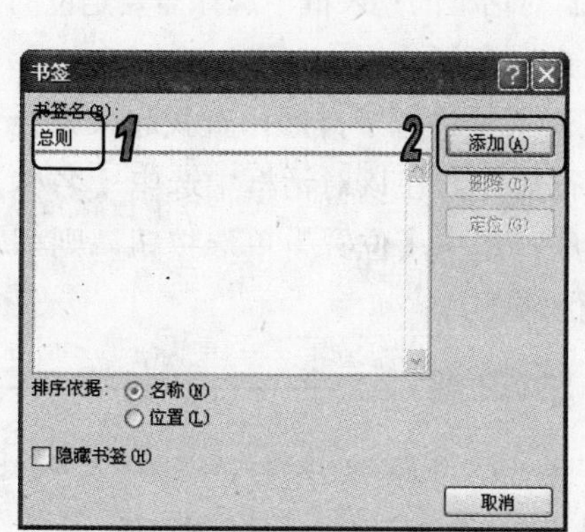

图 5-11 【书签】对话框

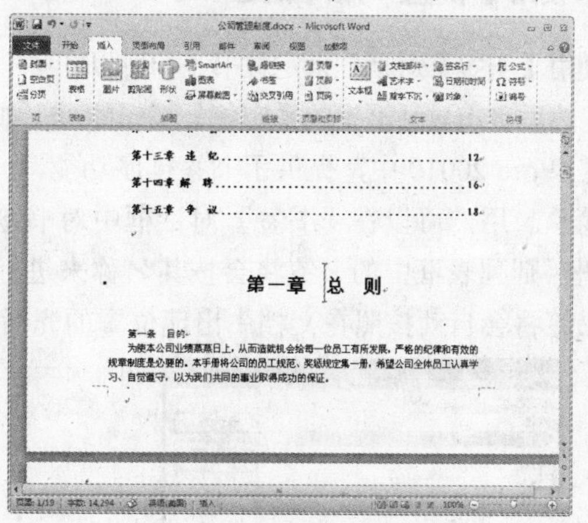

图 5-12 在文档中插入书签

5.2.2 定位书签

在定义了一个书签之后，可以使用两种方法来定位它。一种是利用【定位】对话框来定位书签；另一种是使用【书签】对话框来定位书签。

1. 使用【定位】对话框定位

下面在“公司管理制度”文档中，使用【定位】对话框将插入点定位在书签“总则”上，具体操作步骤如下：

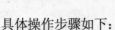

(1) 启动 Word 2010 应用程序，打开“公司管理制度”文档，打开【开始】选项卡，在【编辑】组单击【查找】下拉按钮，从弹出的下拉菜单中选择【转到】命令，或者按 Ctrl+G 组合键，或者按 F5 键，打开【查找与替换】对话框。

(2) 打开【定位】选项卡，在【定位目标】列表框中选择【书签】选项，在【请输入书签名称】下拉列表框中选择【总则】选项，如图 5-13 所示。

(3) 单击【定位】按钮，此时插入点将自动放置在书签“总则”所在的位置。

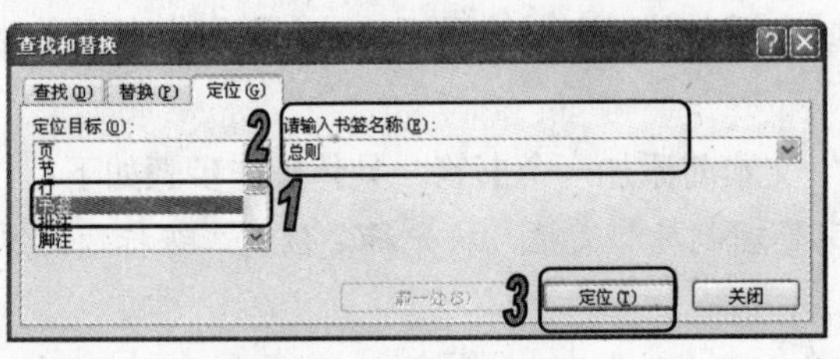

图 5-13　【定位】选项卡

提示

在当前文档中移动包含有书签的内容，书签将跟着移动；如果将含有书签的正文移到另一个文档中，并且另外文档中不包含有与移动正文中书签名同名的书签，则书签就会随正文一块移动到另一个文档中。

2. 使用【书签】对话框定位

使用【书签】对话框来定位书签，可以在【书签】对话框的列表框中选择需要定位的书签名称，然后单击对话框中的【定位】按钮即可，如图 5-14 所示。

在 Word 20010 中，提供了书签排序功能，一旦对书签进行了排序，查找起来就会变得非常简单。用户可以在【书签】对话框中对书签进行排序。在该对话框中选中【名称】单选按钮，则列表框中的书签将会按其名称来进行排序；选中【位置】单选按钮，则列表框中的书签将会自动按照在文档中出现位置的先后进行排序。

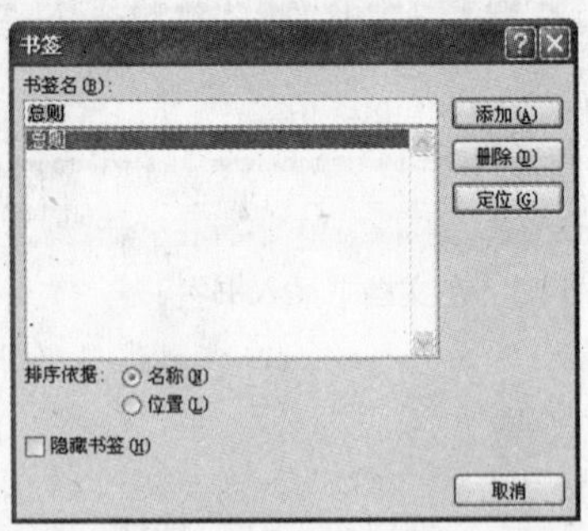

图 5-14　使用【书签】对话框来定位书签

知识点

单击【文件】按钮，从弹出的菜单中选择【选项】命令，打开【Word 选项】对话框，在【高级】选项卡的【显示文档内容】选项区域中，选中【书签】复选框就可以显示书签，取消选中【书签】复选框就可以隐藏书签。

5.3　索引—实战 14：在“公司管理制度”中制作索引项

所谓索引，实际上就是标出文档中的单词、词组或短语所在的页码，这样就可以迅速方便

地查找到这些单词、词组和短语。一般来说，创建一个索引要分为两步：首先在文档中标记出索引条目；其次通知 Word 根据文档标记的条目来安排索引。Word 一般是将主题和关键字按照字母顺序编译成一个列表，并在列表中用一个或多个页码标记它们。

5.3.1 标记索引条目

在 Word 2010 中，打开【引用】选项卡，在【索引】组中单击【标记索引项】按钮，可打开【标记索引项】对话，使用【标记索引项】对话框，可以对文档中的单词、词组或短语进行索引标记，方便以后查找这些内容。

下面将在“公司管理制度”文档中，为文本“《劳动法》”标记索引条目，具体操作如下：

(1) 启动 Word 2010 应用程序，打开“公司管理制度”文档，在文档中选择要标记索引条目的文本内容，选择第四章中的文本“《劳动法》”。

(2) 打开【引用】选项卡，在【索引】组中单击【标记索引项】按钮，打开【标记索引项】对话框。

(3) 在【选项】选项区域中，选中【当前页】单选按钮，设置在索引项后跟随索引项所在的页码，如图 5-15 所示。

(4) 单击【标记】按钮，就可以在 Word 文档中标记索引，效果如图 5-16 所示。

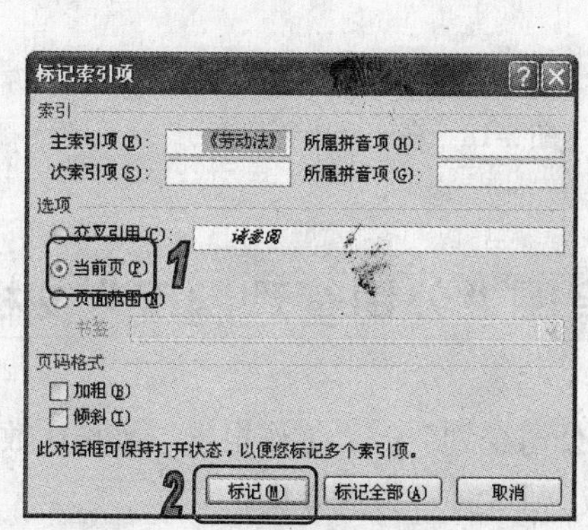

图 5-15 【标记索引项】对话框

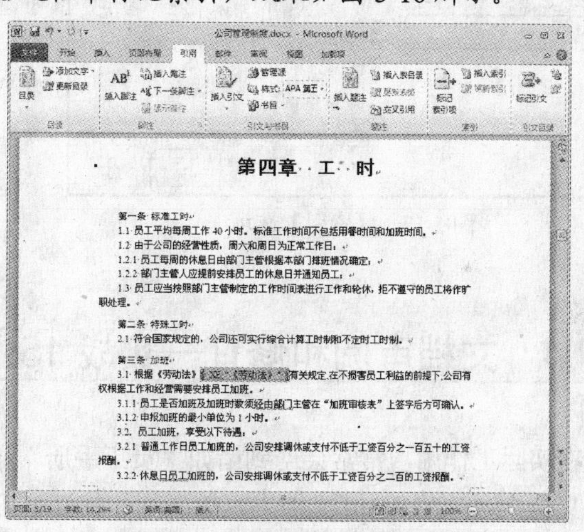

图 5-16 在文档中标记索引条目

知识点

在文本编辑状态下直接按 Alt+Shift+X 组合键，同样可以打开【标记索引项】对话框。

5.3.2 创建索引

在文档中标记好所有的索引项后，就可以着手进行索引文件的创建了。用户可以选择一种

设计好的索引格式并生成最终的索引。Word 会收集索引项，并将它们按字母顺序排序，引用其页码，找到并且删除同一页上的重复索引，然后在文档中显示该索引。

下面在“公司管理制度”文档中，为标记好的索引条目创建索引文件，并在文档中显示该索引，具体操作如下：

(1) 启动 Word 2010 应用程序，打开“公司管理制度”文档，将插入点定位在文档的末尾处。

(2) 打开【引用】选项卡，在【索引】组中单击【插入索引】按钮，打开【索引】对话框。

(3) 打开【索引】选项卡，在【格式】下拉列表框中选择【流行】选项；在右侧的【类型】选项区中选中【缩进式】单选按钮；在【栏数】文本框中输入数值 1；在【排序依据】文本框中选择【笔划】选项，如图 5-17 所示。

(4) 设置完毕后，单击【确定】按钮。此时在文档中将显示插入的所有索引信息，效果如图 5-18 所示。

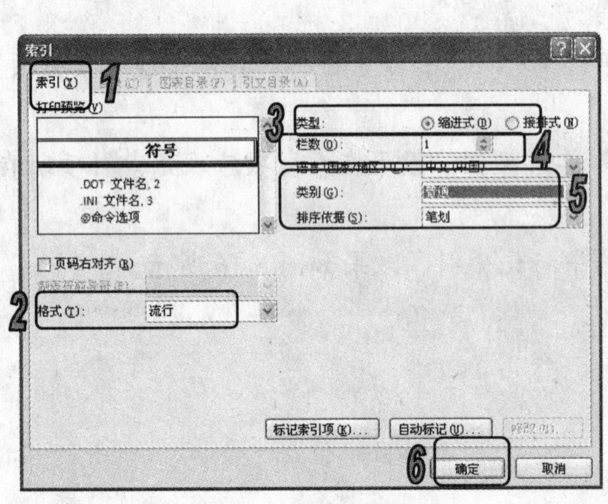

图 5-17 【索引】选项卡

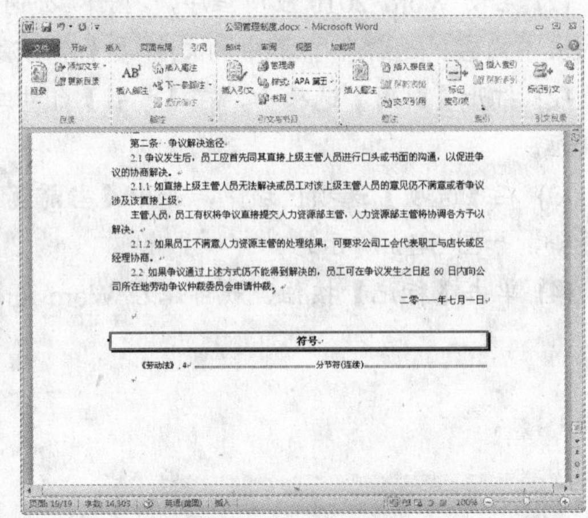

图 5-18 在文档中创建索引

5.4 文档审阅和修订—实战 15：审阅“公司管理制度”文档

在实际工作中，常常会遇到诸如“员工手册”、“公司企划”、“工作报告”等长达数十页的文档。这时在 Word 文档中直接查阅和修订，可以达到省时省力的效果。

5.4.1 拼写和语法检查

如果文档中存在错别字、错误的单词或者语法，Word 2010 会自动将这些错误内容以波浪线的形式显示出来。使用 Word 2010 提供的拼写与语法检查功能，可以逐一将错误修改正确。

下面对“公司管理制度”文档中出现的拼写和语法错误使用【拼写和语法】对话框进行查看，并对出现的错误进行改正，具体操作如下：

(1) 启动 Word 2010 应用程序，打开“公司管理制度”文档，打开【审阅】选项卡，在【校

对】组中单击【拼写和语法】按钮，打开【拼写和语法】对话框，显示第一处语法错误，并且用红色标示出来，如图 5-19 所示。

(2) 将插入点定位在【易错词】文本框的文本“通缉”后面，并且在【建议】文本框中输入文本“或”。

(3) 单击【下一句】按钮，查找下一个错误，在【拼写和语法】对话框中出现了第 2 处标绿的错误，如图 5-20 所示。

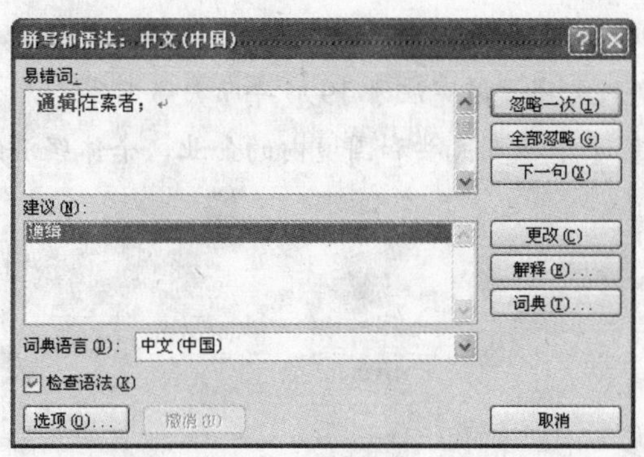

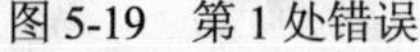
图 5-19　第 1 处错误

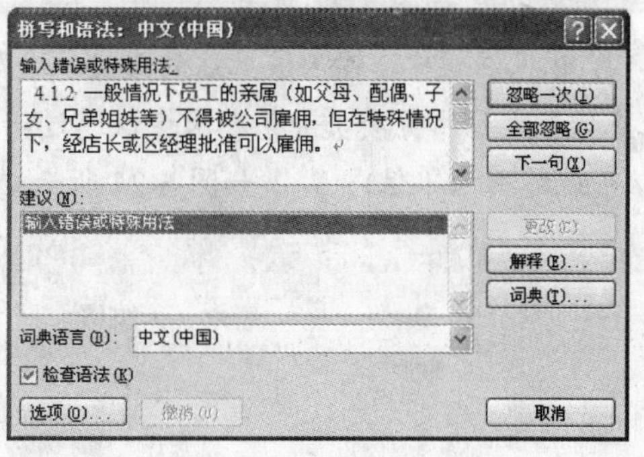

图 5-20　第 2 处错误

(4) 将插入点定位到文本“下”后面，并插入标点符号“,”。

(5) 单击【下一句】按钮，继续查找，在【拼写和语法】对话框中出现了第 3 处标红的错误，如图 5-21 所示。

(6) 单击【忽略一次】按钮，忽略当前的错误。跳转到下一个错误，并使用同样的方法修改拼写和语法错误。

(7) 检查并修改完毕后，此时打开提示对话框，提示文本中的拼写和语法错误检查完毕，如图 5-22 所示。

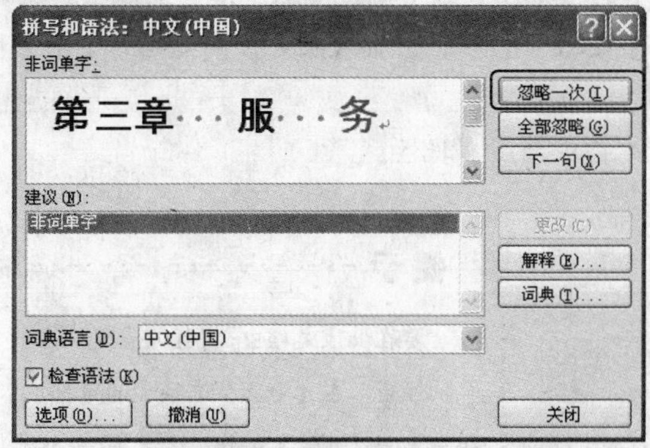

图 5-21　第 3 处错误

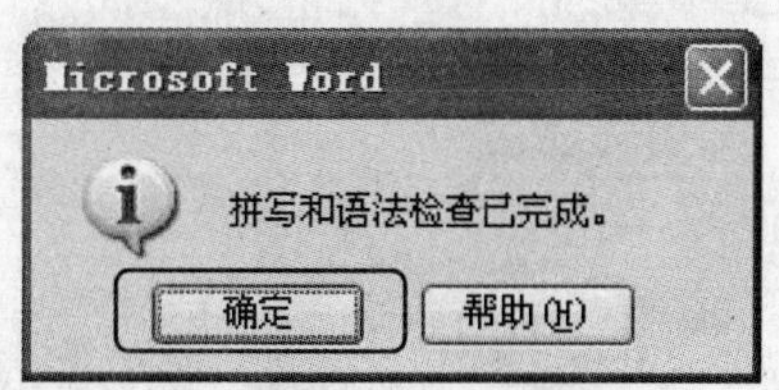

图 5-22　提示信息

5.4.2　使用批注

批注是指审阅者给文档内容加上的注解或说明，或者是阐述批注者的观点。批注并不影响文档的格式化，也不会随着文档一同打印。

将插入点定位在要添加批注的位置或选中要添加批注的文本，打开【审阅】选项卡，在【批注】组中单击【新建批注】按钮，即可在文档中插入批注框，只需在其中输入批注内容即可。

下面在“公司管理制度”文档中插入多个批注，并逐一查看批注，具体操作如下：

(1) 启动 Word 2010 应用程序，打开“公司管理制度”文档，选中第四章中的文本“《劳动法》”，打开【审阅】选项卡，在【批注】组中单击【新建批注】按钮，系统自动出现一个红色的批注框，如图 5-23 所示。

(2) 在批注框中，输入该批注的正文，这里输入文字“该宪法于 1994 年 7 月 5 日第八届全国人民代表大会常务委员会第八次会议通过，适用于中华人民共和国境内的企业、个体经济组织(以下统称用人单位)。”，如图 5-24 所示。

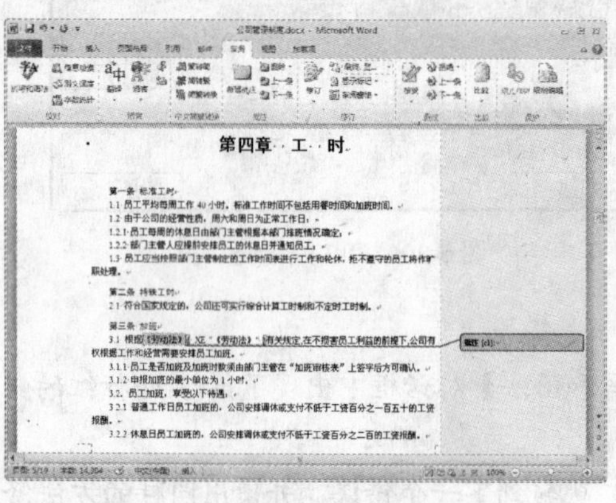
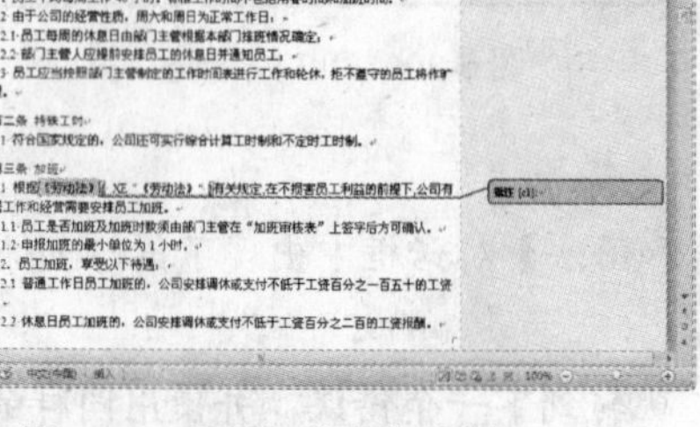

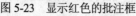

图 5-23　显示红色的批注框

图 5-24　输入批注内容

(3) 使用同样的方法，在其他章节的文本中，添加批注，如图 5-25 所示。

(4) 完成批注的添加后，在【审阅】选项卡的【批注】组中单击【上一条】按钮上一条，将插入点定位到上一条批注中；单击【下一条】按钮下一条，将插入点定位到文档的下一条批注中。

(5) 依次单击【下一条】按钮，逐个查看文档中的所有批注。

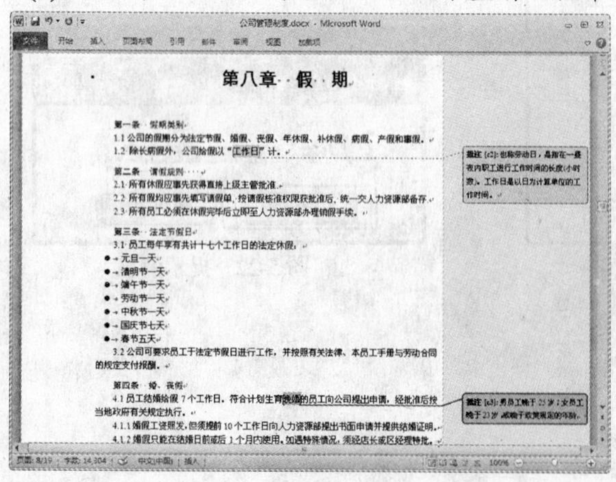

图 5-25　插入多个批注

提示

要在批注文档中，将插入点定位在某个批注后，在【审阅】选项卡的【批注】组中单击【删除】按钮删除，从弹出的快捷菜单中选择【删除】命令，即可删除该批注；选择【删除文档中的所有批注】命令，即可删除所有批注。

5.4.3　修订文档内容

在审阅文档时，发现某些多余的内容或遗漏内容时，如果直接在文档中删除或修改，将不能看到原文档和修改后文档的对比情况。使用 Word 2010 的修订功能，可以将用户修改过的每项操作以不同的颜色标识出来，方便作者进行查看。

1. 添加修订

对于文档中明显的错误，可以启用修订功能并直接进行修改，这样可以减少原作者修改的难度，同时让原作者明白进行过何种修改。

下面将对“公司管理制度”文档进行修订，具体操作如下：

(1) 启动 Word 2010 应用程序，打开“公司管理制度”文档，打开【审阅】选项卡，在【修订】组中单击【修订】按钮，进入文档的修订状态。

(2) 选择第一章第一条第一行中的文本“本”，按 Delete 键，即可删除该文本，此时该文本中即可添加删除线，并以蓝色显示，如图 5-26 所示。

(3) 将文本插入点定位到下一行文本“手册”前，再输入所需的文本“员工”，添加的文本下方将显示下划线，此时添加的文本以蓝色显示，如图 5-27 所示。

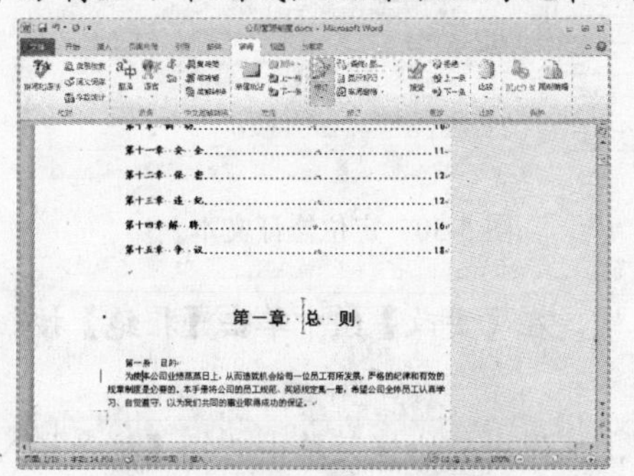

图 5-26　在修订状态下删除文本

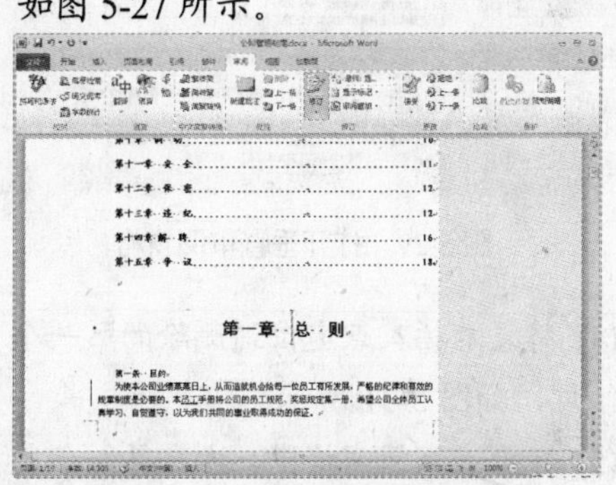

图 5-27　在修订状态下输入文本

(4) 在第一章中选择需要修改的文本“我们共同的”，然后输入文本“公司的”，此时错误的文本将显示在右侧的空白区域中，修改后的文本下将显示下划线，如图 5-28 所示。

(5) 使用同样的方法修订其他错误文本，修改完成后，在快速访问工具栏上单击【保存】按钮，保存修改过的文档。

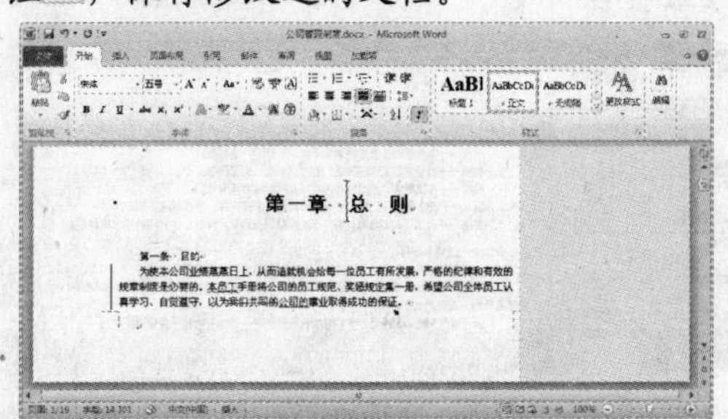

图 5-28　在修订状态下更改内容

知识点

在修订文档中，打开【审阅】选项卡，在【修订】组中再次单击【修订】按钮，即可退出文档的修订状态。

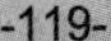

2. 接受或拒绝修订

在长文档中添加了批注和修订后，为了方便查看与修改，可以使用审阅窗格以浏览文档中的修订内容。查看完毕后，用户还可以确认是否接受或拒绝修订。

下面将对“公司管理制度”文档进行修订，具体操作如下：

(1) 启动 Word 2010 应用程序，打开“公司管理制度”文档。

(2) 打开【审阅】选项卡，在【修订】组中，单击【审阅窗格】下拉按钮，从弹出的下拉菜单中选择【垂直审阅窗格】命令，打开垂直审阅窗格，如图 5-29 所示。

(3) 在审阅窗格中单击修订，双击第 5 个修订内容框，即可切换到相对应的修订文本位置进行查看，如图 5-30 所示。

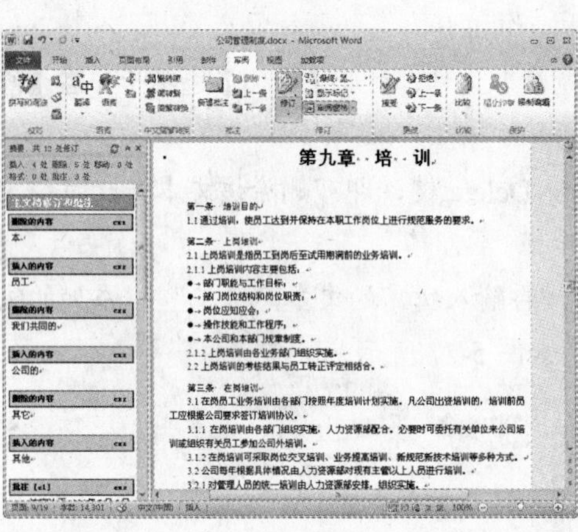

图 5-29　打开垂直审阅窗格

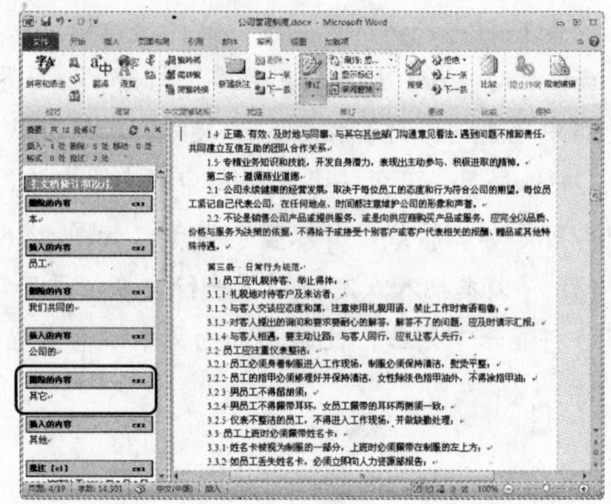

图 5-30　定位修订文本

(4) 将文本插入点定位到删除的第一个“本”文本处，在【更改】组中单击【拒绝】按钮，拒绝修订，如图 5-31 所示。

(5) 在垂直审阅窗格中，右击第一个文本“员工”，从弹出的快捷菜单中选择【接受插入】命令，如图 5-32 所示，即可接受修订文本。

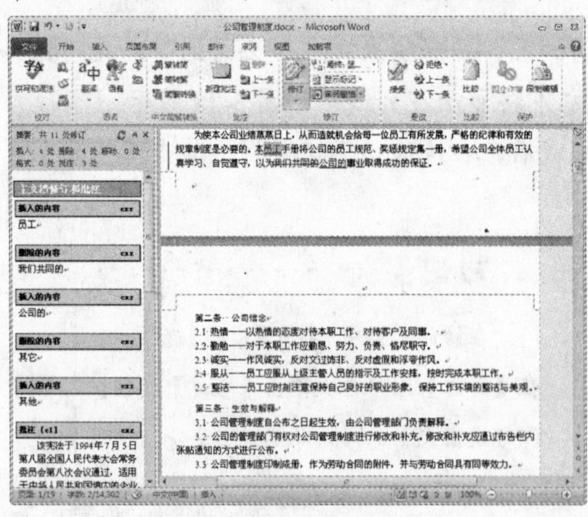

图 5-31　拒绝修订文本

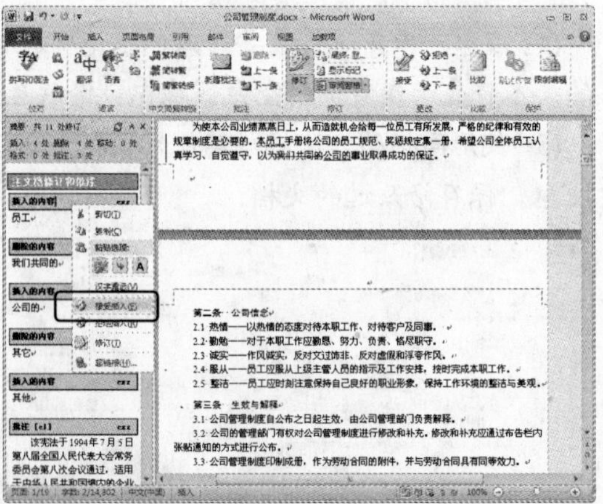

图 5-32　接受修订文本

(6) 使用同样的方法，查看修订，并执行【接受修订】操作，效果如图 5-33 所示。

(7) 在快速访问工具栏中单击【保存】按钮，保存修订的“公司管理制度”文档。

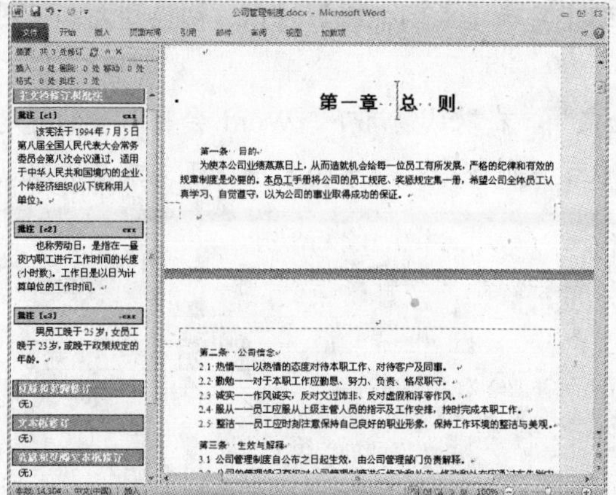

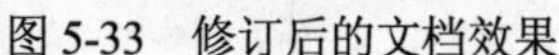

图 5-33　修订后的文档效果

知识点

在修订文档中，打开【审阅】选项卡，在【更改】组中单击【接受】按钮，同样可以接受修订文档文本。

5.5　长文档的编辑策略—实战 16：制作“论文大纲”

Word 2010 提供了一些管理长文档功能和特性的编辑工具，例如使用大纲视图方式创建大纲和组织文档。

5.5.1　创建大纲

Word 2010 中的“大纲视图”就是专门用于制作提纲的，它以缩进文档标题的形式代表在文档结构中的级别。

打开【视图】选项卡，在【文档视图】组中单击【大纲视图】按钮，或单击窗口状态栏上的【大纲视图】按钮，就可以切换到大纲视图模式。此时，【大纲】选项卡随即出现在窗口中，如图 5-34 所示。

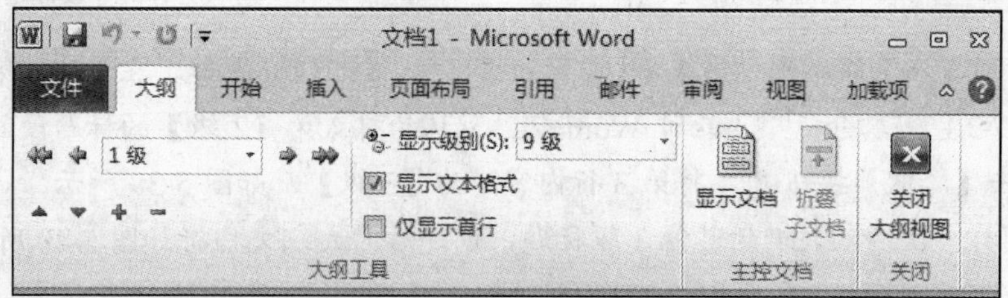

图 5-34　【大纲】选项卡

在【大纲工具】组的【显示级别】下拉列表框中选择显示级别；将鼠标指针定位在要展开或折叠的标题中，单击【展开】按钮或【折叠】按钮，可以扩展或折叠大纲标题。

下面将新建一个文档“论文大纲”，在其中创建一个大纲文档，具体操作如下：

(1) 启动 Word 2010 应用程序，新建一个名为“论文大纲”的文档。

(2) 打开【视图】选项卡，在【文档视图】组中单击【大纲视图】按钮，切换到大纲视图模式，如图 5-35 所示。

(3) 在文档中输入大纲的 1 级标题“毕业论文”，在默认情况下，Word 会将所有的标题都格式化为内建格式标题。标题前面有一个减号，表示目前这个标题下尚无任何正文或层次级别更低的标题，如图 5-36 所示。

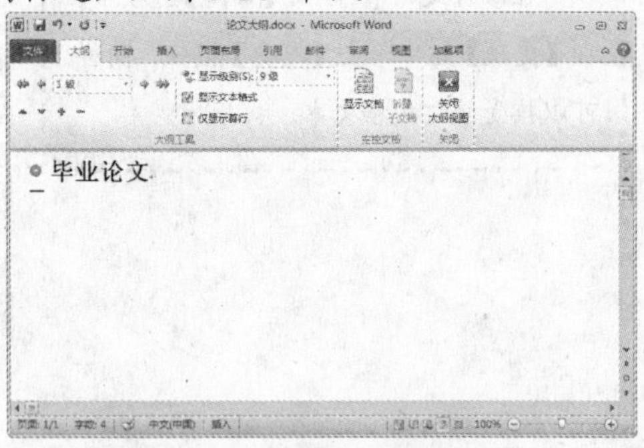

图 5-35　切换到大纲视图模式

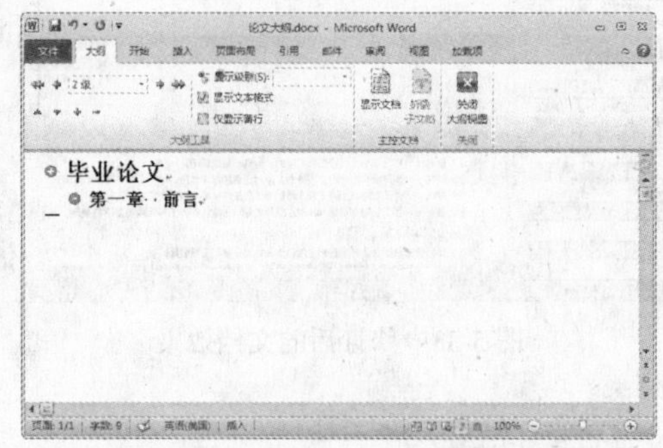

图 5-36　输入大纲的 1 级标题

(4) 按下 Enter 键，在文档的第 2 行输入大纲的 2 级标题“第一章　前言”，此时 Word 仍然默认为样式为【1 级】的标题段落，在【大纲工具】组中单击【降低】按钮，将第 2 行内容降为【2 级】，如图 5-37 所示。

(5) 按下 Enter 键，使用同样方法输入大纲的其他第 2 级标题，如图 5-38 所示。

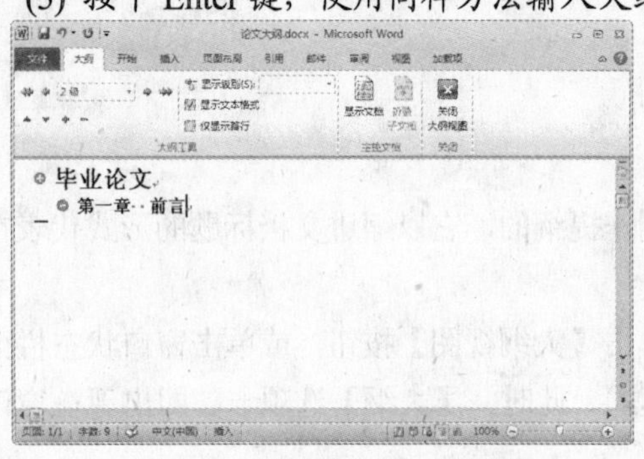

图 5-37　输入大纲的 2 级标题

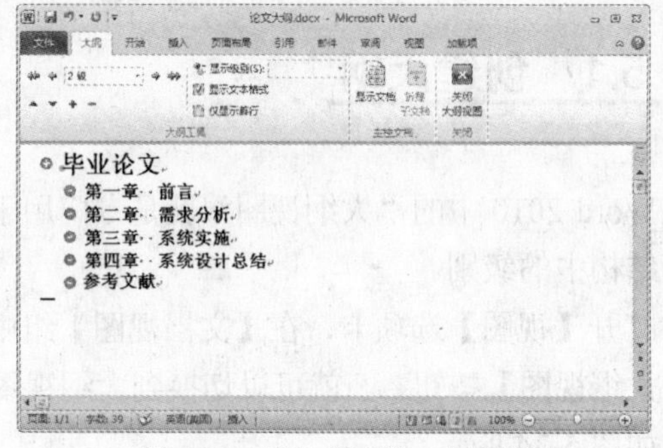

图 5-38　输入所有的 2 级标题

(6) 将光标放置在 2 级标题“第二章 需求分析”后，按下 Enter 键，在文档的第 4 行输入大纲的 3 级标题“2.1 需求分析”，此时 Word 仍然默认为样式为【2 级】的标题段落，在【大纲工具】组中单击【降低】按钮，将第 3 行内容降为【3 级】，如图 5-39 所示。

(7) 使用同样方法输入大纲的其他 3 级标题，创建后的大纲文档将如图 5-40 所示。

知识点

在大纲视图中，文本前有符号⊕，表示在该文本后有正文体或级别更低的标题；文本前有符号●，表示该文本后没有正文体或级别更低的标题。

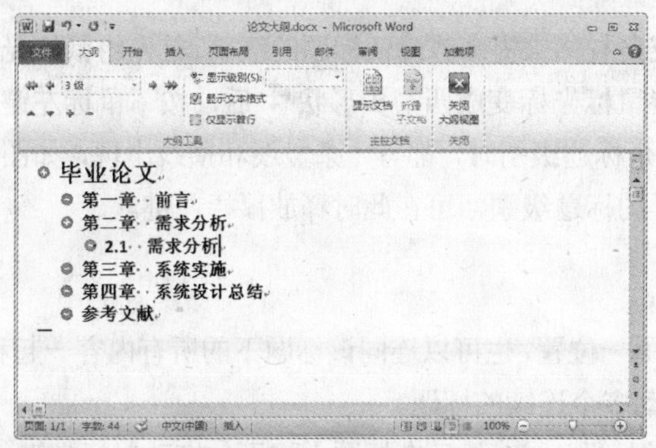

图 5-39　输入大纲的 3 级标题

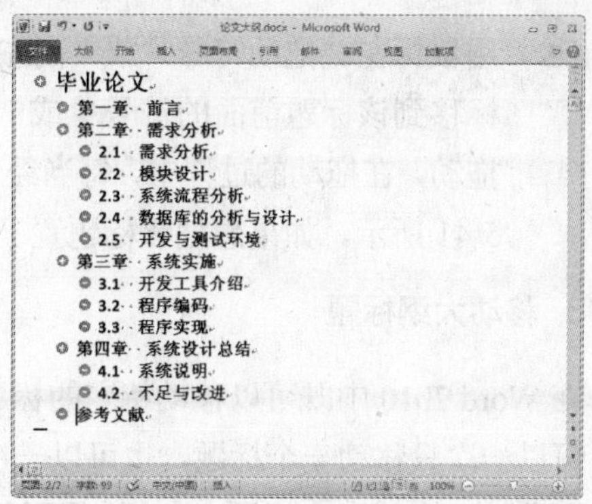

图 5-40　创建大纲文档

5.5.2　使用大纲组织文档

在创建的大纲视图中，可以对文档内容进行修改与调整。

1. 选择大纲内容

在大纲视图模式下的选择操作是进行其他操作的前提和基础，在此将介绍大纲的选择操作，选择的对象不外乎标题和正文体，下面讲述如何对这两种对象进行选择。

- 选择标题：如果仅仅选择一个标题，并不包括它的子标题和正文，可以将鼠标光标移至此标题的左端空白处，当鼠标光标变成一个斜向上的箭头形状时，单击鼠标左键，即可选中该标题。
- 选择一个正文段落：如果要仅仅选择一个正文段落，可以将鼠标光标移至此段落的左端空白处，当鼠标光标变成一个斜向上的箭头形状时，单击鼠标左键，或者单击此段落前的符号，即可选择该正文段落。
- 同时选择标题和正文：如果要选择一个标题及其所有的子标题和正文，就双击此标题前的符号；如果要选择多个连续的标题和段落，按住鼠标左键拖动选择即可。

2. 更改文本在文档中的级别

文本的大纲级别并不是一成不变的，可以按需要对其实行升级或降级操作。

- 每按一次 Tab 键，标题就会降低一个级别；每按一次 Shift+Tab 键，标题就会提升一个级别。
- 在【大纲】选项卡的【大纲工具】组中单击【提升】按钮或【降低】按钮，对该标题实现层次级别的升或降；如果想要将标题降级为正文，可单击【降级为正文】按钮；如果要将正文提升至标题 1，单击【提升至标题 1】按钮。
- 按下 Alt+Shift+←组合键，可将该标题的层次级别提高一级；按下 Alt+Shift+→组合键，可将该标题的层次级别降低一级。按下 Alt+Ctrl+1 或 2 或 3 键，可使该标题的级别达到 1 级或 2 级或 3 级。

- 用鼠标左键拖动符号⊕或●向左移或向右移来提高或降低标题的级别。首先将鼠标光标移到该标题前面的符号⊕或●，待鼠标光标变成四箭头形状✥后，按下鼠标左键拖动，在拖动的过程中，每当经过一个标题级别时，都有一条竖线和横线出现，如图5-41所示。如果想把该标题置于这样的标题级别，可在此时释放鼠标左键。

3. 移动大纲标题

在Word 2010中既可以移动特定的标题到另一位置，也可以连同该标题下的所有内容一起移动。可以一次只移动一个标题，也可以一次移动多个连续的标题。

要移动一个或多个标题，首先选择要移动的标题内容，然后在标题上按下并拖动鼠标右键，可以看到在拖动过程中，有一条虚竖线跟着移动。移到目标位置后释放鼠标，这时将弹出一个快捷菜单，选择菜单上的【移动到此位置】命令，即可完成标题的移动，如图5-42所示。

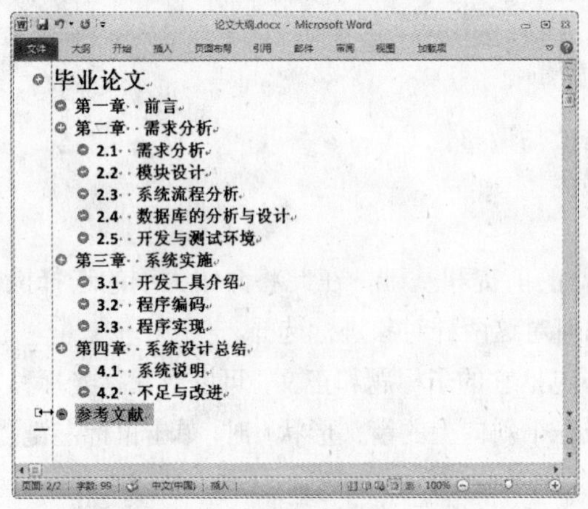

图 5-41 用鼠标拖动更改级别

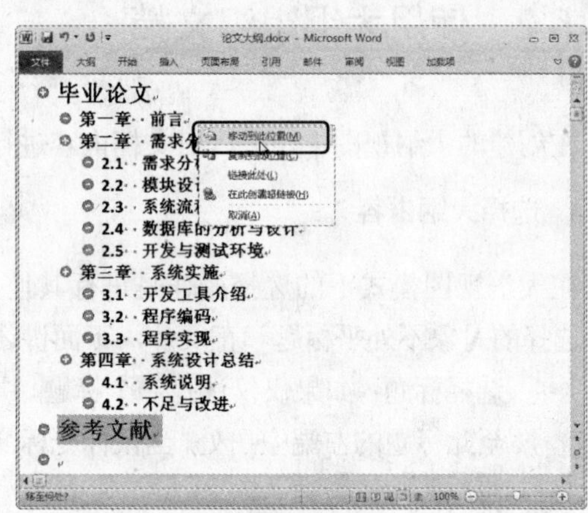

图 5-42 移动大纲标题

提示

Word 2010新增了导航窗格功能，使用该窗格可以查看文档的文档结构。打开【视图】选项卡，在【页面视图】组中单击【页面视图】按钮，切换至页面视图模式，在【显示】组中选中【导航窗格】复选框，打开【导航】任务窗格，自动打开【浏览您的文档中的标题】选项卡，在其中即可查看文档的结构。单击▦标签，打开【浏览您的文档中的页面】选项卡，此时在任务窗格中以页面缩略图的形式显示文档内容，拖动滚动条可以快速地浏览文档内容。

5.6 习题

1. 打开一篇已编辑好的多页Word文档，在文档中插入书签并显示插入的书签标记。
2. 在上题的文档中，创建目录，并检查拼写和语法错误。
3. 在上题的文档中，使用大纲组织文档。

第6章 Excel 2010 基础操作

学习目标

Excel 2010 是目前市场上最强大的电子表格制作软件，它不仅具有强大的数据组织、计算、分析和统计功能，还可以通过图表、图形等多种形式将处理结果形象地显示，更能够方便地与 Office 2010 其他组件相互调用数据，实现资源共享。在使用 Excel 2010 制作表格前，掌握它的基本操作尤为重要，包括使用工作簿、工作表以及单元格的方法。

本章重点

- 初识 Excel 2010
- 工作表的常用操作
- 单元格的基本操作
- 输入与编辑表格数据

6.1 初识 Excel 2010—实战 17：创建“家庭支出统计表”工作簿

Excel 2010 是专门用于制作电子表格、计算与分析数据以及创建报表或图表的软件。在熟练使用该软件之前，必须先了解其启动和退出的方法、工作界面，以及工作簿的操作方法。

6.1.1 Excel 2010 的启动和退出

在学习 Excel 2010 前，首先应掌握启动和退出 Excel 2010 的方法。

1. 启动 Excel 2010

启动 Excel 2010 的方法有以下 4 种：

- 使用【开始】菜单中的命令：单击【开始】按钮，从弹出的【开始】菜单中选择【所有程序】| Microsoft Office | Microsoft Excel 2010 命令。
- 使用桌面快捷图标：在安装 Excel 2010 后，会自动在桌面添加其快捷图标，双击桌面上的 Microsoft Excel 2010 快捷图标即可快速打开 Excel。
- 双击 Excel 格式文件：找到 Excel 格式的文件后，双击该文件，即可自动启动 Excel 2010，并在其中打开该文件，如图 6-1 所示。
- 通过快速启动栏启动：拖动桌面的 Excel 2010 快捷图标至快速启动栏中，以后只需单击快速启动栏中的 Excel 按钮即可，如图 6-2 所示。

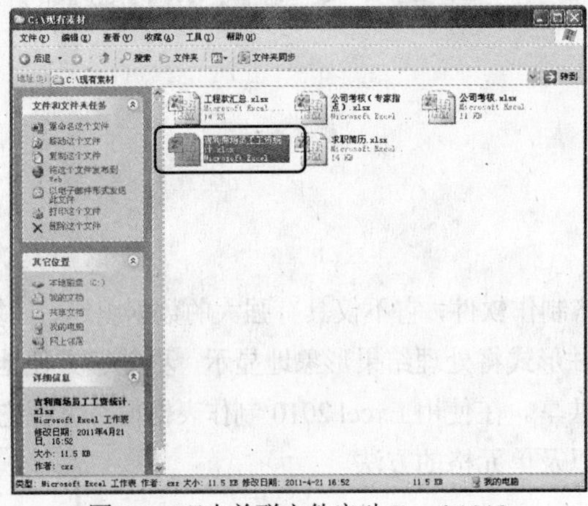

图 6-1　双击关联文件启动 Excel 1010

图 6-2　通过快速启动栏启动 Excel 2010

2. 退出 Excel 2010

退出 Excel 2010 的常用方法有以下几种：

- 单击 Excel 2010 标题栏上的【关闭】按钮。
- 在 Excel 2010 的工作界面中按 Alt+F4 组合键。
- 在 Excel 2010 的工作界面中，单击【文件】按钮，从弹出的菜单中选择【退出】命令。
- 双击快速访问工具栏左侧的图标，或单击该图标，在弹出的快捷菜单中选择【关闭】命令。

6.1.2　Excel 2010 的工作界面

和以前的版本相比，Excel 2010 的工作界面颜色更加柔和，更贴近于 Windows 7 操作系统，如图 6-3 所示。Excel 2010 的工作界面主要由快速访问工具栏、功能选项卡、功能区、工作表格区、滚动条和状态栏等元素组成。

1. 标题栏

标题栏位于应用程序窗口的最上面，用于显示当前正在运行的程序名及文件名等信息。如

果是刚打开的新工作簿文件，用户所看到的是【工作簿 1】，它是 Excel 2010 默认建立的文件名。单击标题栏右端的 按钮，可以最小化、最大化或关闭程序窗口。标题栏最左边是快速访问工具栏，显示了常用的一些工具按钮，执行保存、恢复、撤销等操作。快速访问工具栏左侧是软件的小图标，单击它将会弹出一个 Excel 窗口控制下拉菜单，利用该菜单中的命令可以进行最小化或最大化窗口、恢复窗口、移动窗口和关闭 Excel 等操作。

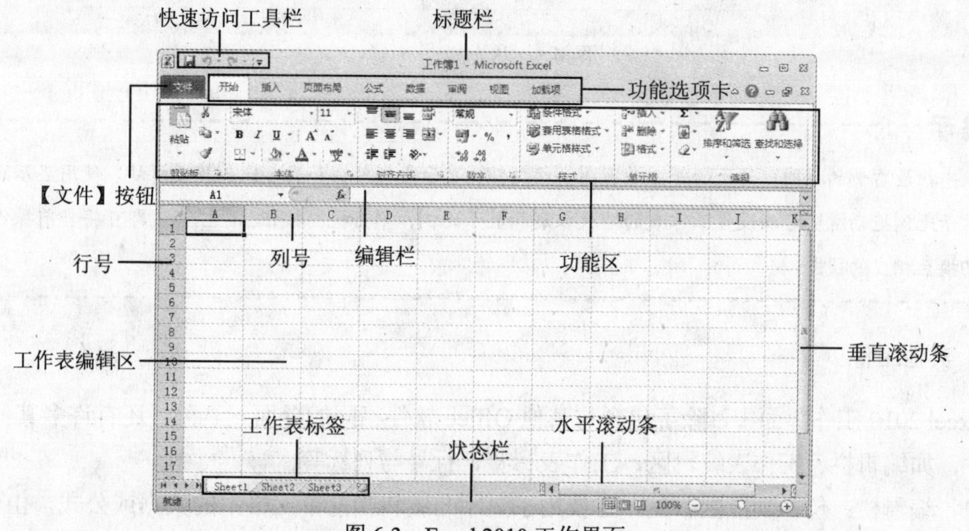

图 6-3　Excel 2010 工作界面

2. 【文件】按钮

Excel 2010 中增加的新功能是【文件】按钮，它取代了 Excel 2007 中的 Office 按钮和 Excel 2010 的【文件】菜单。单击【文件】按钮，会弹出【文件】菜单，在其中显示一些基本命令，包括新建、打开、保存、打印、选项以及其他一些命令，如图 6-4 所示。

3. 功能区

Excel 2010 的功能区和 Excel 2007 的功能区一样，都是由功能选项卡和包含在选项卡中的各种命令按钮组成。使用它可以轻松地查找以前版本中隐藏在复杂菜单和工具栏中的命令和功能。

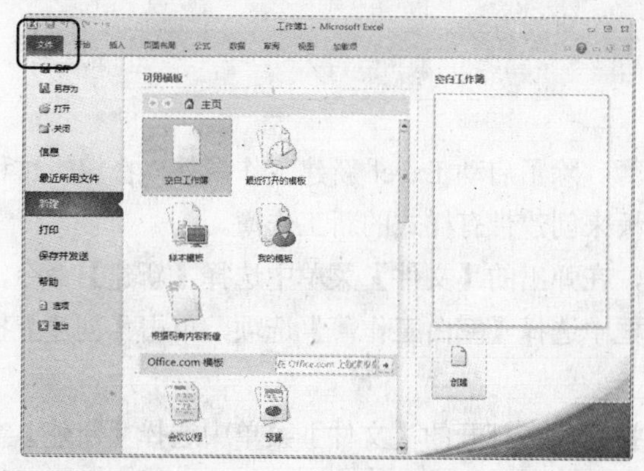

图 6-4　【文件】菜单

提示

某些选项卡只有在需要使用时才显示，例如，选中图表时，将显示【图表工具】的【设计】、【布局】和【格式】选项卡。这些选项卡为操作图表提供了更多适合的命令。当没有选定对象时，与之相关的选项卡也被隐藏。

4. 状态栏

状态栏位于 Excel 窗口底部，用来显示当前工作区的状态，如图 6-5 所示。在大多数情况下，状态栏的左端显示【就绪】字样，表明工作表正在准备接收新的信息；在向单元格中输入数据时，在状态栏的左端将显示【输入】字样；对单元格中的数据进行编辑时，状态栏显示【编辑】字样。

就绪　100%

图 6-5　状态栏

提示

状态栏最右侧的视图栏显示的是 3 个视图切换按钮、显示比例按钮和显示比例拖动滑块，使用显示比例和显示比例拖动滑块可以设置工作表的缩放级别和显示比例，单击视图按钮，即可将当前操作界面切换至相应的视图。

5. 其他组件

Excel 2010 工作界面中，除了包含与其他 Office 软件相同的界面元素外，还有许多其他特有的组件，如编辑栏、工作表编辑区、工作表标签、行号与列标等。

- 编辑栏：位于功能区下侧，主要用于显示与编辑当前单元格中的数据或公式，由名称框、工具按钮和编辑框 3 部分组成。
- 工作表编辑区：与 Word 2010 类似，Excel 2010 的表格编辑区也是其操作界面最大且最重要的区域，该区域主要由工作表、工作表标签、行号和列标组成。
- 工作表标签：用于显示工作表的名称，单击工作表标签将激活工作表。
- 行号与列标：用来标明数据所在的行与列，也是用来选择行与列的工具。

6.1.3　新建和打开工作簿

工作簿是保存 Excel 文件的基本单位。在 Excel 2010 中，用户的所有的操作都是在工作簿中进行的，因此用户必须熟练掌握新建和打开工作簿的方法。

1. 新建工作簿

启动 Excel 时可以自动创建一个空白工作簿。除了启动 Excel 新建工作簿外，在编辑过程中可以直接创建空白的工作簿，也可以根据模板来创建带有样式的新工作簿。

- 新建空白工作簿：单击【文件】按钮，在弹出的【文件】菜单中选择【新建】命令，如图 6-6 所示。在【可用模板】列表框中选择【空白工作簿】选项，单击【创建】按钮，即可新建一个空白工作簿。
- 通过模板新建工作簿：单击【文件】按钮，在打开的【文件】菜单中选择【新建】命令。在中间【可用模板】列表框中选择【样本模板】选项，然后在该模板列表框中选

择一个 Excel 模板，如图 6-7 所示，在右侧会显示该模板的预览效果，单击【创建】按钮，即可根据所选的模板新建一个工作簿。

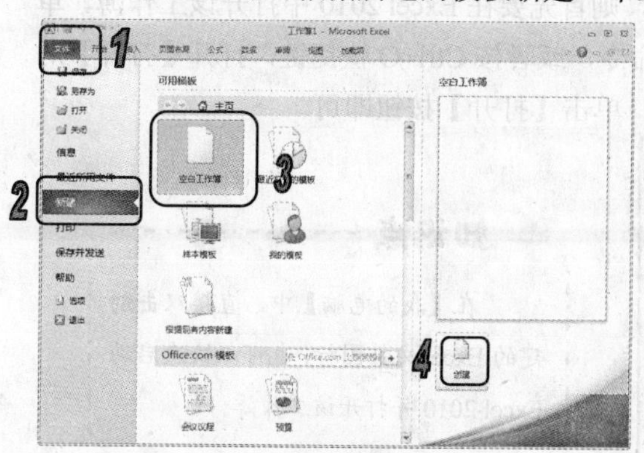

图 6-6　【可用模板】列表框

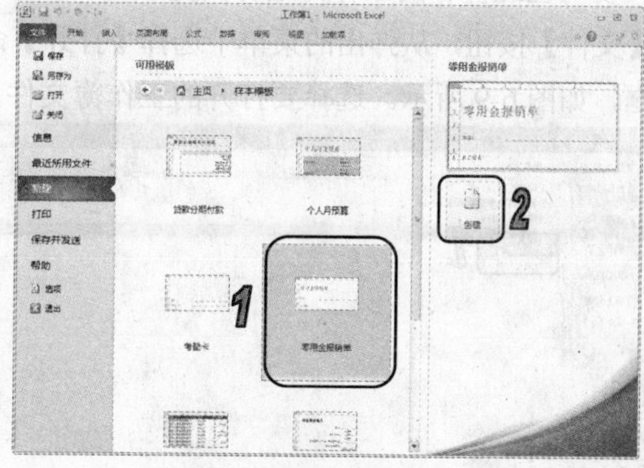

图 6-7　【样本模板】列表框

知识点

启动 Excel 2010 后，在快速访问工具栏右侧单击【自定义快速访问工具栏】按钮，从弹出的下拉菜单中选择【新建】命令，将【新建】按钮添加到快速访问工具栏中，单击该按钮，即可快速新建一个空白工作簿。另外，按 Ctrl+N 组合键，同样可以新建一个空白工作簿。

下面在启动 Excel 2010 后创建一个新的空白工作簿，具体操作如下：

(1) 选择【开始】|【所有程序】| Microsoft Office | Microsoft Excel 2010 命令，启动 Excel 2010 应用程序。

(2) 进入 Excel 2010 工作界面，在其标题栏中可以看到当前文档的名称为“工作簿 1”。然后单击【文件】按钮，从弹出【文件】菜单中选择【新建】命令，打开 Microsoft Office Backstage 视图。

(3) 在【可用模板】列表框中选择【空白工作簿】选项，单击【创建】按钮，即可新建一个名为“工作簿 2”的空白工作簿，如图 6-8 所示。

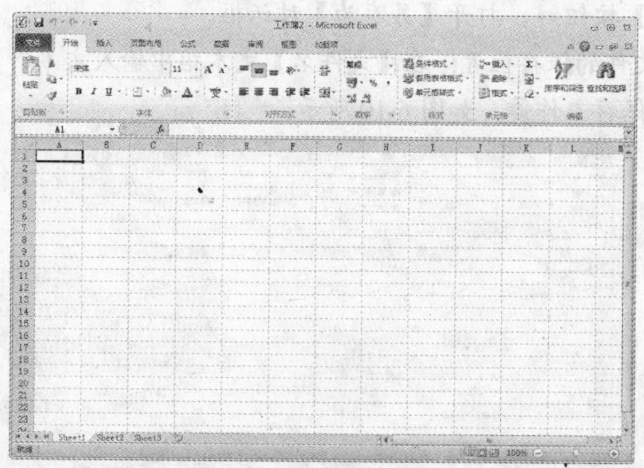

图 6-8　新建的空白工作簿

提示

工作簿窗口是 Excel 打开的工作簿文档窗口，扩展名为.xlsx。它由多个工作表组成，默认有 3 个工作表，名称分别为 Sheet1、Sheet 2、Sheet 3。

2. 打开工作簿

要对已经保存的工作簿进行浏览或编辑操作，则首先要在 Excel 2010 中打开该工作簿。单击【文件】按钮，从弹出的菜单中选择【打开】命令，或者按 Ctrl+O 快捷键，打开【打开】对话框，如图 6-9 所示。选择要打开的工作簿文件，单击【打开】按钮即可。

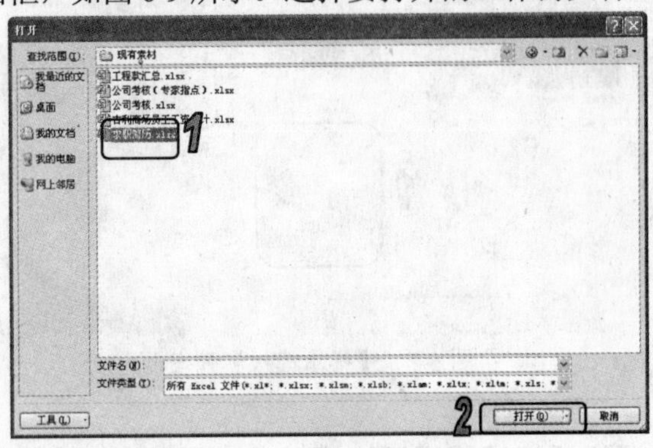

图 6-9 【打开】对话框

知识点

在【我的电脑】中，直接双击创建的 Excel 文件图标，也可以快速启动 Excel 2010 并打开该工作簿。

6.1.4 保存与关闭工作簿

完成工作簿中的数据的编辑后，需要对其进行保存和关闭操作。本节将分别介绍保存和关闭工作簿的方法。

1. 保存工作簿

当在 Excel 2010 中创建新工作簿后，即可对其进行保存操作。需要注意的是在保存新工作簿前还需要对其命名。

下面将“工作簿 2”工作簿以“家庭支出统计表”为名保存，具体操作如下：

(1) 在“工作簿 2”工作簿中，单击【文件】按钮，从弹出的【文件】菜单中选择【保存】命令，或者单击快速访问工具栏中的【保存】按钮，打开【另存为】对话框。

(2) 在【保存位置】下拉列表框中选择文件的保存位置；在【文件名】文本框中输入文本“家庭支出统计表”，单击【保存】按钮，保存工作簿，如图 6-10 所示。

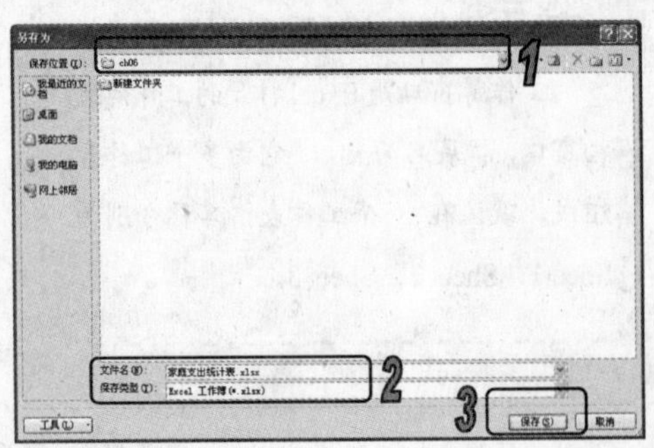

图 6-10 保存工作簿

工作簿完成保存操作后，当再次执行【保存】工作簿操作时，Excel 2010 会自动在上一次保存基础上继续保存该工作簿。若用户想要修改 Excel 文件的保存位置或名称，则可以另存工作簿。下面将刚创建的“家庭支出统计表”工作簿另存至桌面，具体操作步骤如下：

(1) 打开 Excel 2010 应用程序，打开“家庭支出统计表”工作簿。

(2) 单击【文件】按钮，从弹出的【文件】菜单中选择【另存为】命令，打开【另存为】对话框，在该对话框中将保存位置设置为桌面，如图 6-11 所示。

(3) 单击【保存】按钮，即可在桌面另存该工作簿，此时返回系统桌面即可发现该文件，如图 6-12 所示。

图 6-11　另设保存位置

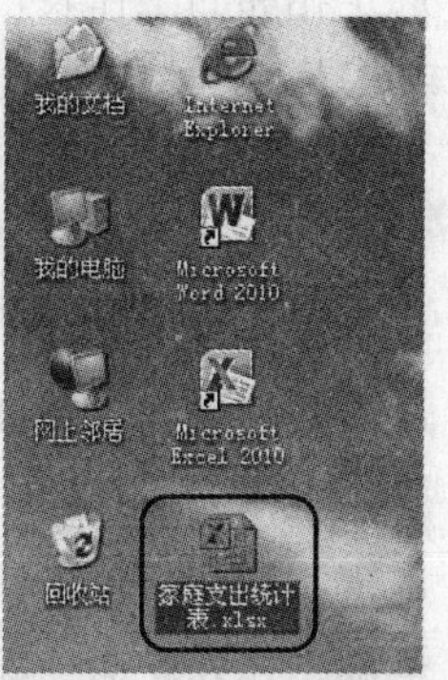

图 6-12　另存至桌面

2. 关闭工作簿

在对工作簿中的工作表编辑完成以后，可以将工作簿关闭掉。如果工作簿经过了修改还没有保存，那么 Excel 在关闭工作簿之前会提示是否保存现有的修改，如图 6-13 所示。

在 Excel 2010 中，关闭工作簿主要有以下几种方法：

- 选择【文件】|【关闭】命令。
- 单击工作簿右上角的【关闭】按钮。
- 按下 Ctrl+W 组合键。
- 按下 Ctrl+F4 组合键。

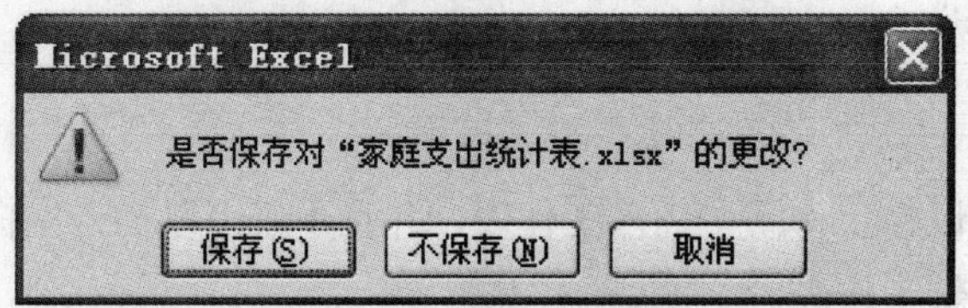

图 6-13　信息提示框

提示

在工作簿窗口中单击功能选项卡右侧的【关闭窗口】按钮，可以关闭当前正在使用的工作簿，但不退出 Excel。

6.2　工作表的常用操作—实战 18：创建“家庭支出工作表”

在 Excel 2010 中，新建一个空白工作簿后，会自动在该工作簿中添加 3 个空的工作表，并

依次命名为Sheet1、Sheet2、Sheet3，本节将详细介绍工作表的常用操作。

6.2.1 选定工作表

由于一个工作簿中往往包含多个工作表，因此操作前首先需要选定工作表。选定工作表的常用操作包括以下4种：

- 选定一张工作表，直接单击工作表标签即可，如图6-14所示为选定Sheet2工作表。
- 选定相邻的工作表，首先选定第一张工作表标签，然后按住Shift键不松并单击其他相邻工作表的标签即可。如图6-15所示为同时选定Sheet1与Sheet2工作表。

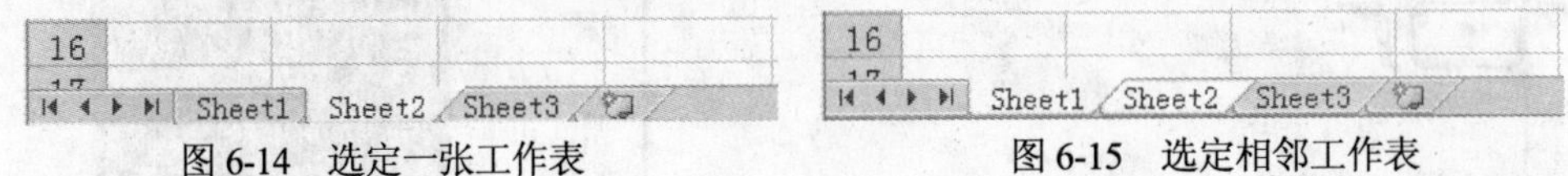

图6-14　选定一张工作表　　　图6-15　选定相邻工作表

- 选定不相邻的工作表，首先选定第一张工作表，然后按住Ctrl键不松并单击其他任意一张工作表标签即可。如图6-16所示为同时选定Sheet1与Sheet3工作表。
- 选定工作簿中的所有工作表，右击任意一个工作表标签，在弹出的菜单中选择【选定全部工作表】命令即可，如图6-17所示。

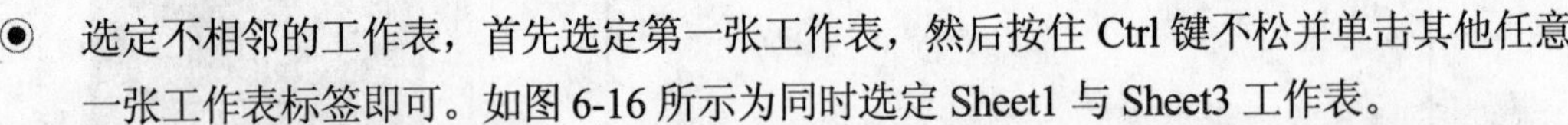

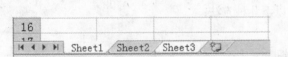

图6-16　选定不相邻工作表

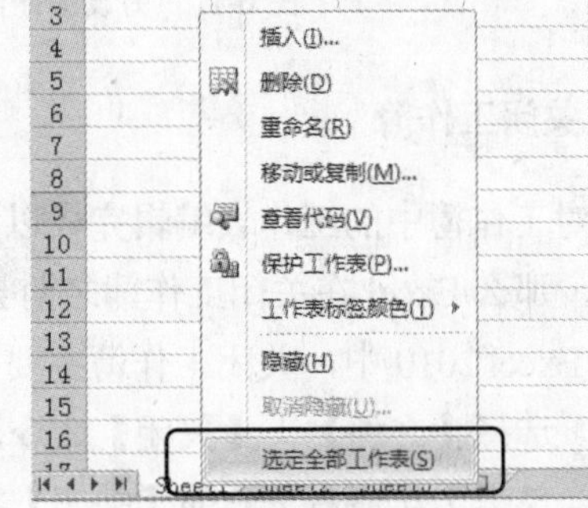

图6-17　选定所有工作表

6.2.2 插入工作表

若工作簿中的工作表数量不够，用户可以在工作簿中插入工作表，并且不仅可以插入空白的工作表，还可以根据模板插入带有样式的新工作表。

下面将在“家庭支出统计表”工作簿中插入一张新工作表，具体操作步骤如下：

(1) 启动Excel 2010应用程序，打开“家庭支出统计表”工作簿。

(2) 在工作簿中选定Sheet3工作表，打开【开始】选项卡，在【单元格】组中单击【插入】下拉按钮，从弹出的下拉菜单中选择【插入工作表】命令，如图6-18所示。

(3) 此时即可在Sheet3工作表前插入一张新工作表，默认工作表名称为Sheet4，如图6-19所示。

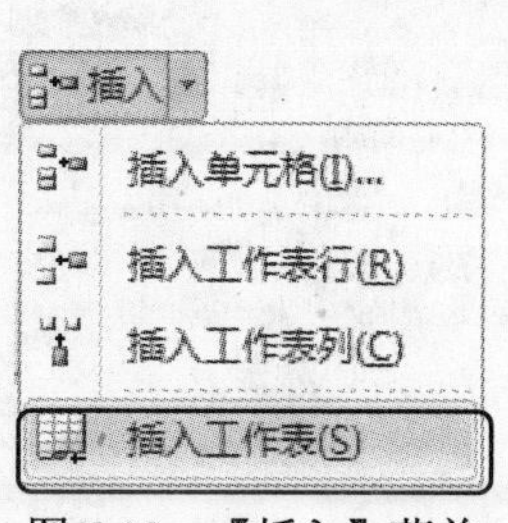

图 6-18　【插入】菜单

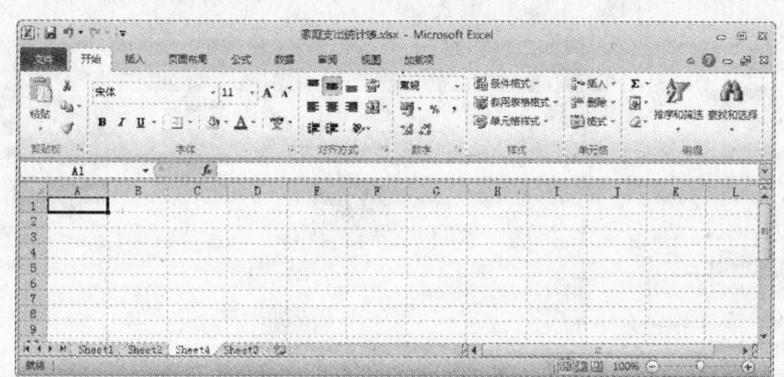

图 6-19　插入工作表

提示

若右击工作表标签，在弹出的快速菜单中选择【插入】命令，打开【插入】对话框，如图 6-20 所示。在其中选择要插入的工作表样式，单击【确定】按钮，即可插入一个带有格式的工作表。另外，用户还可以按下 Shift+F11 快捷键或者单击作表标签右侧的【插入新工作表】按钮，插入新工作表。

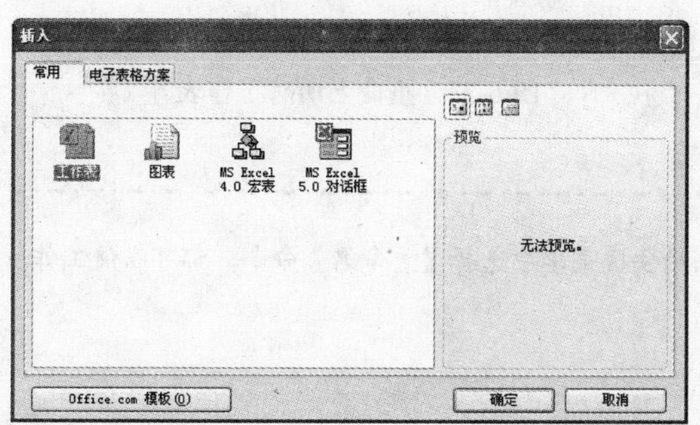

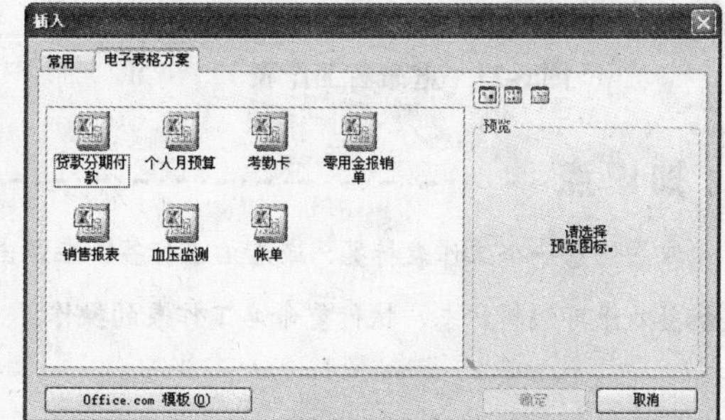

图 6-20　【插入】对话框

6.2.3　重命名工作表

在 Excel 2010 中，工作表的默认名称为 Sheet1、Sheet2……。为了便于记忆与使用工作表，可以重新命名工作表。

下面将“家庭支出统计表”中的工作表依次命名为“一周”、“二周”、“四周”与“三周”，具体操作步骤如下：

(1) 在 Excel 2010 中打开“家庭支出统计表”工作簿。选定 Sheet1 工作表，打开【开始】选项卡，在【单元格】组中单击【格式】按钮，从弹出的菜单中选择【重命名】命令，则该工作表标签将处于可编辑状态，如图 6-21 所示。

(2) 在处于可编辑状态的工作表标签中输入新的工作表名称，这里输入“一周”，然后按 Enter 键即可重命名该工作表，如图 6-22 所示。

(3) 使用相同的方法，对工作簿中的其他工作表进行重命名操作，完成后的效果如图 6-23 所示。

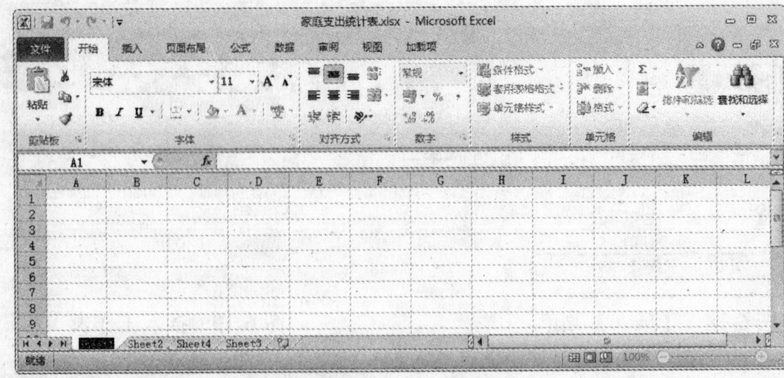

图 6-21　可以编辑状态的工作表标签

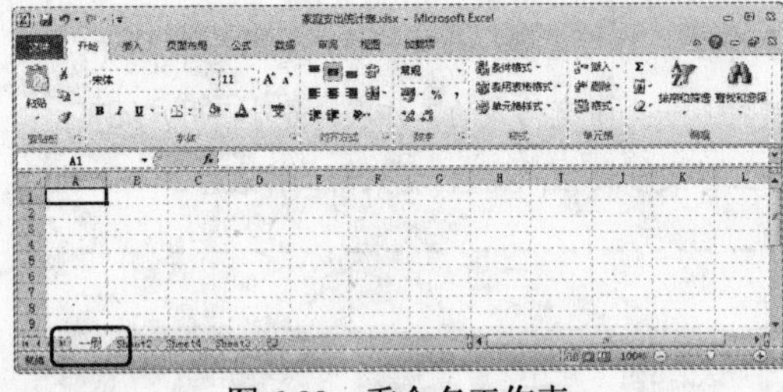

图 6-22　重命名工作表

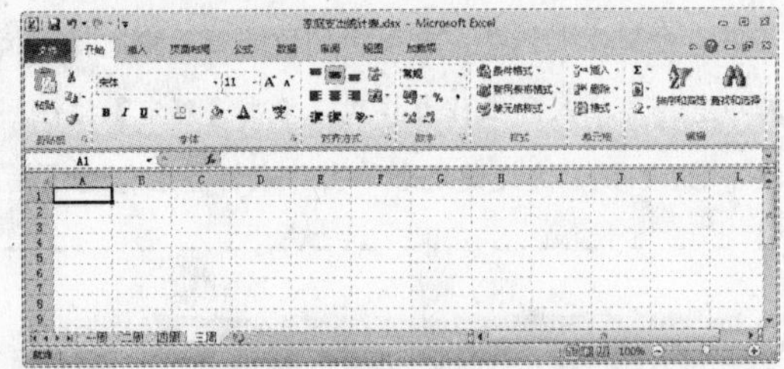

图 6-23　重命名所有工作表

知识点

双击任意一个工作表标签，或者右击标签，在弹出的快捷菜单中选择【重命名】命令，都可以使工作表标签处于可编辑状态，执行重命名工作表的操作。

6.2.4　移动或复制工作表

在 Excel 2010 中，工作表的位置并不是固定不变的，为了操作需要可以移动或复制工作表，以提高制作表格的效率。

下面将“家庭支出统计表”中的“四周”工作表移动至最后，将素材“2011 年 9 月第一周支出表”工作簿中的 Sheet1 工作表复制到“家庭支出统计表”工作表中。

(1) 启动 Excel 2010 应用程序，打开“家庭支出统计表”工作簿，并选定“四周”工作表，按住鼠标左键并拖动至目标位置，释放鼠标即可，如图 6-24 所示。

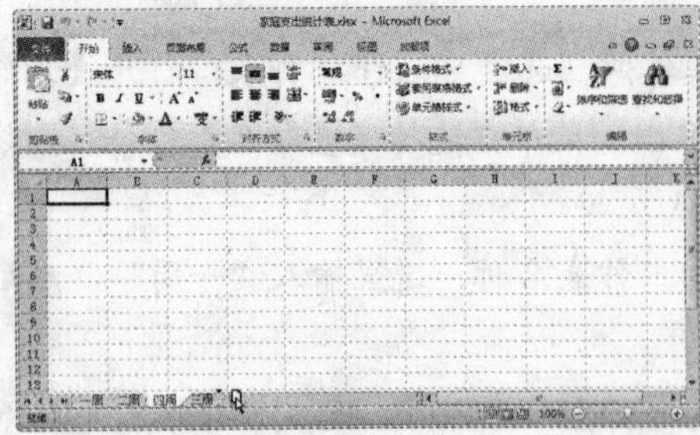
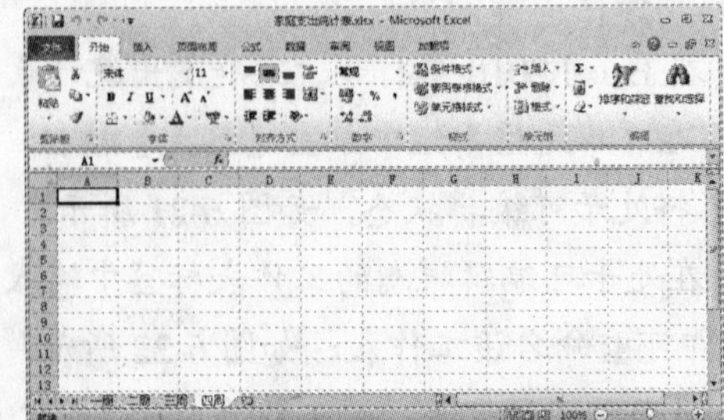

图 6-24　移动工作表

(2) 打开素材“2011 年 9 月第一周支出表”工作簿的 Sheet1 工作表，打开【开始】选项卡，在【单元格】组中单击【格式】按钮，从弹出的快捷菜单中选择【移动或复制工作表】命令，打开【移动或复制工作表】对话框。

(3) 在【工作簿】列表框中选择【家庭支出统计表】选项，在【下列选定工作表之前】列表框中选择【一周】选项，并选中【建立副本】复选框，如图 6-25 所示。

(4) 单击【确定】按钮，复制 Sheet1 工作表到“家庭支出统计表”中，如图 6-26 所示。

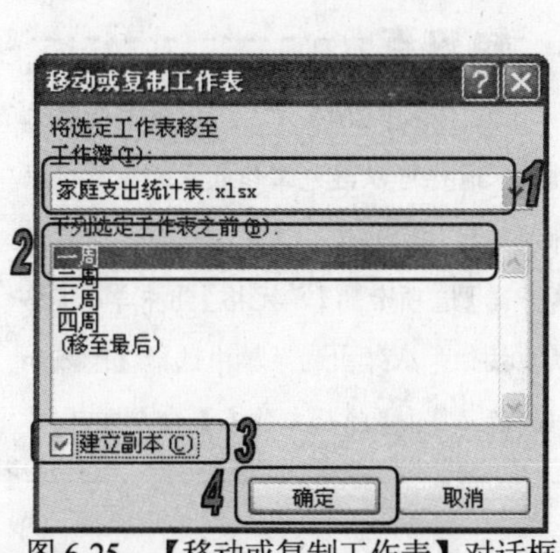

图 6-25 【移动或复制工作表】对话框

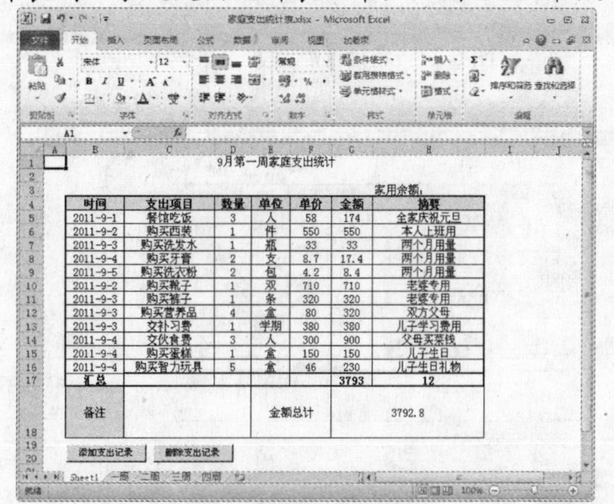

图 6-26 复制工作表

提示

在【移动或复制工作表】对话框中取消选中【建立副本】复选框，则执行移动操作。另外，在同一个工作簿中复制工作表，则在拖动工作表标签时按住 Ctrl 键不松即可。

6.2.5 删除工作表

对工作表进行编辑操作时，可以删除一些多余的工作表。这样不仅可以方便用户对工作表进行管理，也可以节省系统资源。

下面将删除“家庭支出统计表”工作簿中的“一周”工作表，并将 Sheet1 工作表命名为“一周”，具体操作如下：

(1) 启动 Excel 2010 应用程序，打开“家庭支出统计表”工作簿。

(2) 选定“一周”工作表，打开【开始】选项卡，在【单元格】组中单击【删除】下拉按钮，从弹出的下拉菜单中选择【删除工作表】命令，如图 6-27 所示。

(3) 此时自动打开如图 6-28 所示的对话框，确认是否删除该工作表，单击【删除】按钮，即可删除“一周”工作表。

(4) 右击 Sheet1 工作表，从弹出的快捷菜单中选择【重命名】命令，则该工作表标签将处于可编辑状态，此时输入双休“一周”，按 Enter 键，即可重命名该工作表，效果如图 2-29 所示。

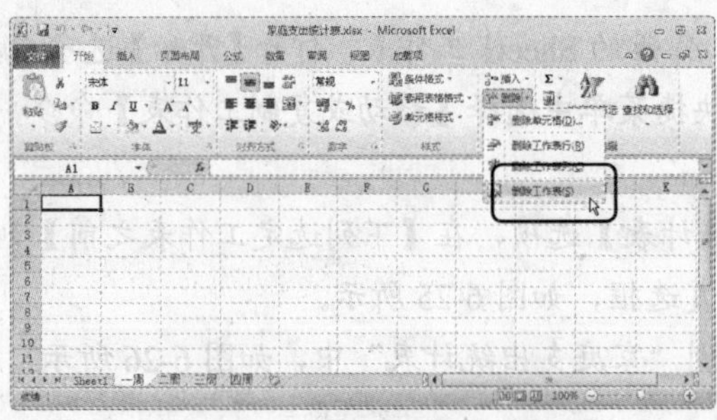

图 6-27　选择【删除】子菜单

图 6-28　删除提示框

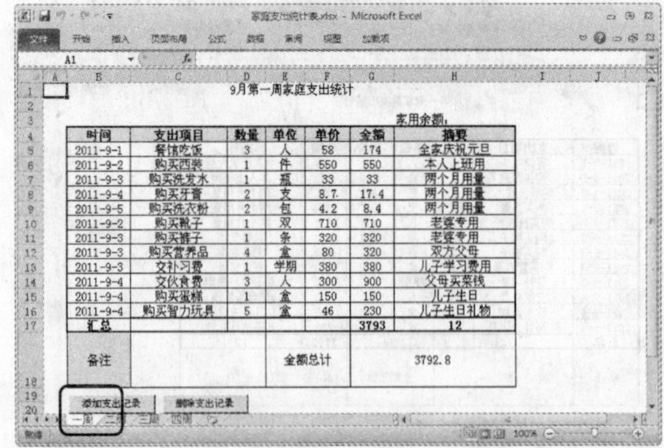

图 6-29　重命名工作表

知识点

在 Excel 2010 中，可以设置隐藏工作表，这样可以避免工作表中的重要数据外泄。操作方法为：选定工作表，然后在【开始】选项卡的【单元格】组中单击【格式】按钮，从弹出的菜单中选择【隐藏和取消隐藏】|【隐藏工作表】命令即可。

6.3　单元格的基本操作—实战 19：编辑“家庭支出工作表”

在 Excel 2010 中，绝大多数的操作都针对单元格来完成。在掌握工作簿与工作表的基本操作后，本节将介绍单元格的一些基本操作。

6.3.1　选择单元格

Excel 2010 是以工作表的方式进行数据运算和数据分析的，而工作表的基本单元是单元格。因此，在向工作表中输入数据之前，应该先选定单元格或单元格区域。

1. 选定一个单元格

选定单元格的最常用方法为使用鼠标选定，其操作方法为：首先将鼠标指针移到需选定的单元格上，单击鼠标左键，该单元格即为选定的当前单元格，如图 6-30 为选定单元格 B2。如果要选定的单元格没有显示在窗口中，可以通过拖动滚动条使其显示在窗口中，然后再选取该单元格。

使用【定位】对话框选定单元格：在【开始】选项卡的【编辑】组中，单击【查找和选择】按钮，从弹出的菜单中选择【转到】命令，打开【定位】对话框，如图 6-31 所示。在【引用位置】文本框中输入要选定的单元格，例如 B17，然后单击【确定】按钮，这时 B17 单元格就成

为当前单元格。

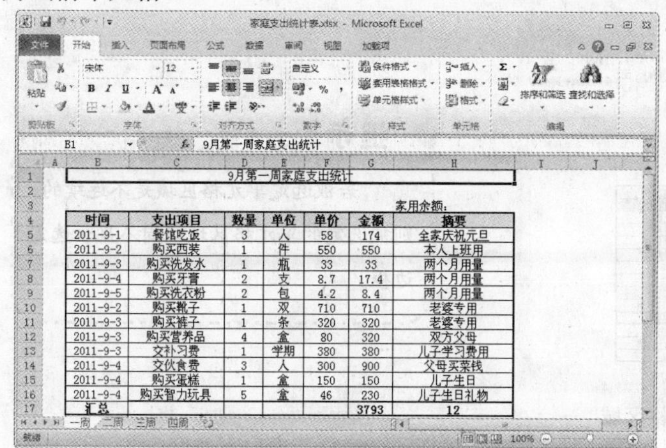

时间	支出项目	数量	单位	单价	金额	摘要
2011-9-1	餐馆吃饭	3	人	58	174	全家庆祝元旦
2011-9-2	购买西装	1	件	550	550	本人上班用
2011-9-3	购买洗发水	1	瓶	33	33	两个月用量
2011-9-4	购买牙膏	2	支	8.7	17.4	两个月用量
2011-9-5	购买洗衣粉	2	包	4.2	8.4	两个月用量
2011-9-2	购买靴子	1	双	710	710	老婆专用
2011-9-3	购买裤子	1	条	320	320	老婆专用
2011-9-3	购买营养品	4	盒	80	320	双方父母
2011-9-3	文补习费	1	学期	380	380	儿子学习费用
2011-9-4	文伙食费	3	人	300	900	父母买菜钱
2011-9-4	购买蛋糕	1	盒	150	150	儿子生日
2011-9-4	购买智力玩具	5	盒	46	230	儿子生日礼物
汇总					3793	12

图 6-30　选定一个单元格

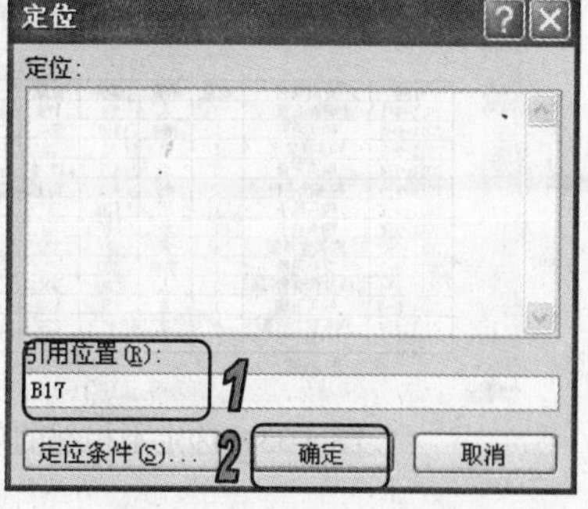

图 6-31　【定位】对话框

知识点

在 Excel 2010 中，还可以使用键盘选定单元格：只需移动上、下、左、右光标键，直到光标置于需选定的单元格位置即可。

2. 选定一个单元格区域

如果用鼠标选定一个单元格区域，先用鼠标单击区域左上角的单元格，按住鼠标左键并拖动鼠标到区域的右下角，然后放开鼠标左键即可，如图 6-32 所示。若想取消选择，只需用鼠标在工作表中单击任一个单元格即可。

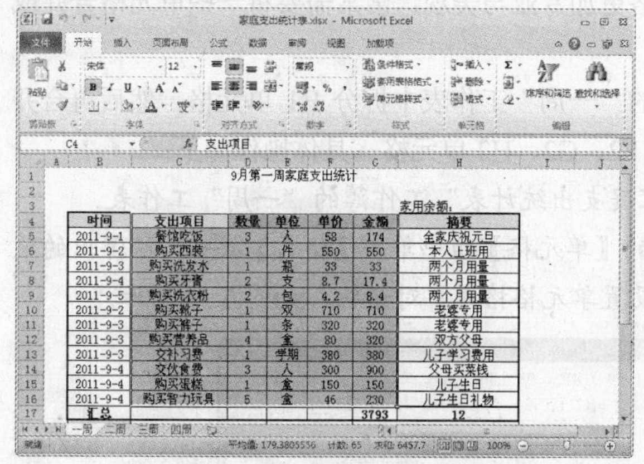

图 6-32　选择单元格区域

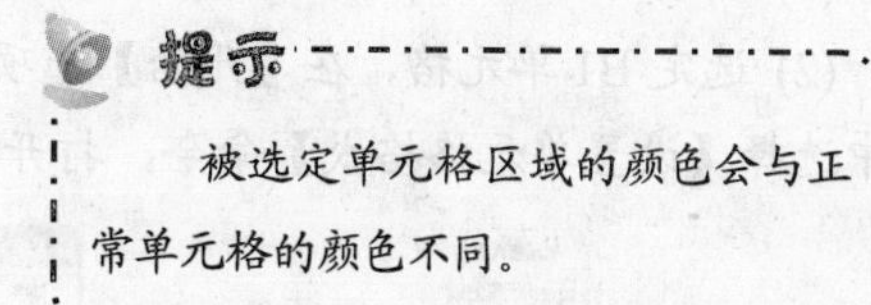

提示

被选定单元格区域的颜色会与正常单元格的颜色不同。

如果指定的单元格区域范围较大，可以使用鼠标单击选取区域左上角的单元格，然后拖动滚动条，将鼠标光标指向右下角的单元格，按住 Shift 同时单击鼠标左键即可。

3. 选定不相邻的单元格区域

要选定多个且不相邻的单元格区域，可单击并拖动鼠标选定第一个单元格区域，接着按住

Ctrl 键，然后使用鼠标选定其他单元格区域，如图 6-33 所示。

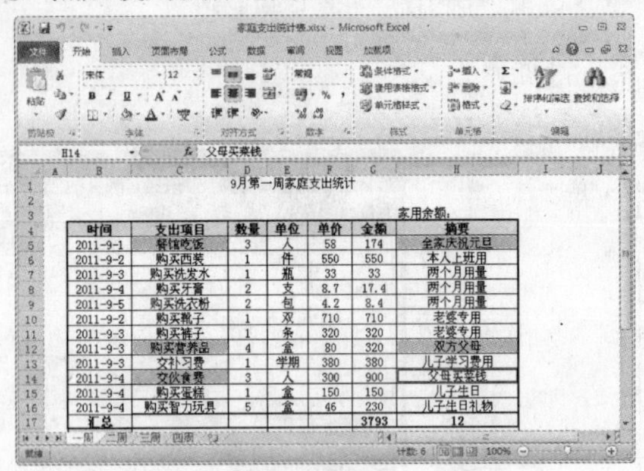

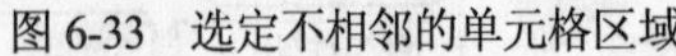
图 6-33　选定不相邻的单元格区域

> 提示
>
> 若被选定单元格区域是不连续的，则被选定的单元格区域四周不显示选定边框。

另外，在一个工作表中经常需要选定一些特殊的单元格区域，操作方法如下。

- 整行：单击工作表中的行号。
- 整列：单击工作表中的列标。
- 整个工作表：单击工作表左上角行号和列标的交叉处，即全选按钮。
- 相邻的行或列：单击工作表行号或列标，并拖动行号或列标。
- 不相邻的行或列：单击第一个行号和列标，按住 Ctrl 键，再单击其他行号或列标。

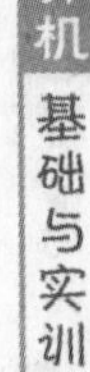

6.3.2　合并和拆分单元格

使用 Excel 2010 制作表格时，为了使表格更加专业与美观，常常需要将一些单元格合并或者拆分。

下面将在“家庭支出统计表”工作簿中的“一周”工作表中拆分 B1 单元格，然后再合并 B1、C1、D1、F1、G1、H1、B2、C2、D2、F2、G2、H2 单元格，具体操作如下：

(1) 启动 Excel 2010 应用程序，打开“家庭支出统计表”工作簿的“一周”工作表。

(2) 选定 B1 单元格，在【开始】选项卡的【单元格】组中单击【格式】按钮，从弹出的菜单中选择【设置单元格格式】命令，打开【设置单元格格式】对话框，如图 6-34 所示。

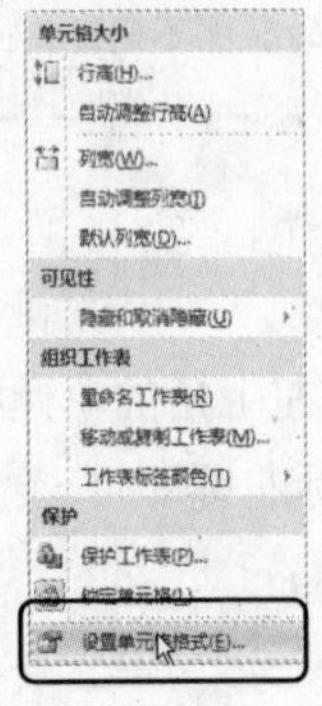

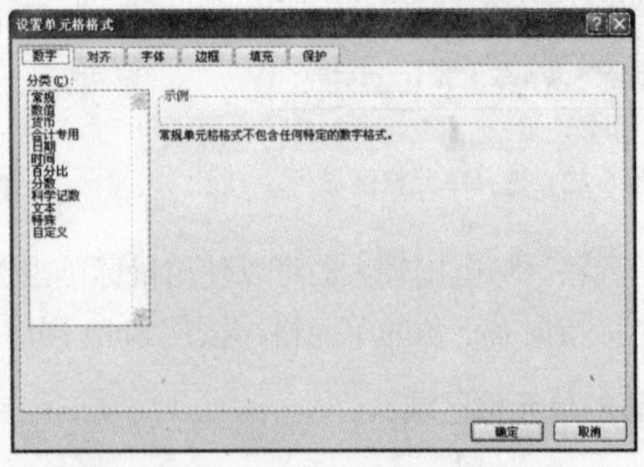

图 6-34　打开【设置单元格格式】对话框

(3) 打开【对齐】选项卡，取消选中【合并单元格】复选框，单击【确定】按钮，完成 B2 单元格的拆分操作，如图 6-35 所示。

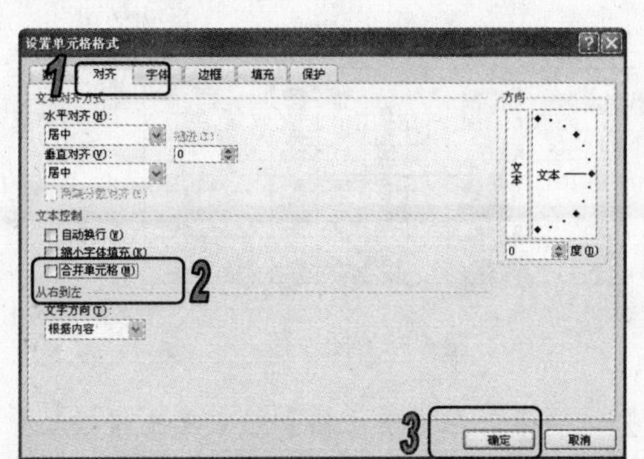

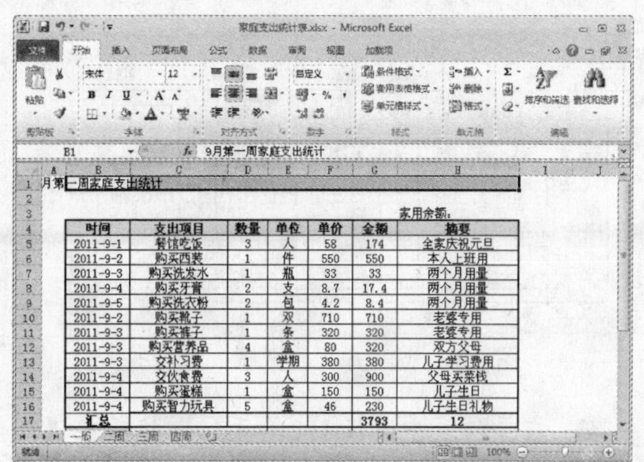

图 6-35　拆分单元格

(4) 选定 B2:H2 单元格区域，在【开始】选项卡的【对齐方式】组中，单击【合并及居中】按钮，可以快速合并所选定的单元格，效果如图 6-36 所示。

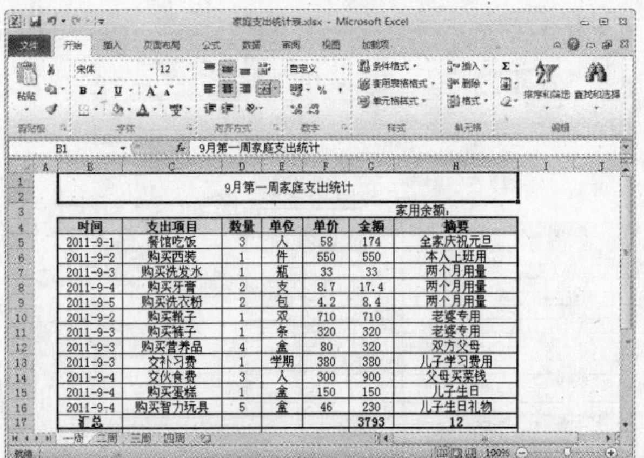

图 6-36　合并单元格

提示

打开【单元格格式】对话框的【对齐】选项卡，选中【合并单元格】复选框，单击【确定】按钮，同样可以快速合并单元格。

6.3.3　插入单元格

在 Excel 2010 中，处理工作表数据时，常常需要插入一些单元格(包括行或列)。下面将在“家庭支出统计表”工作簿中的“一周”工作表中第 3 行插入新行，在 H4 处插入新的单元格，具体操作如下：

(1) 启动 Excel 2010 应用程序，打开“家庭支出统计表”工作簿的“一周”工作表，并选定第 3 行，如图 6-37 所示。

(2) 打开【开始】选项卡，在【单元格】组中单击【插入】下拉按钮，从弹出的下拉菜单中选择【插入工作表行】命令，即可在第 3 行插入新行，如图 6-38 所示。

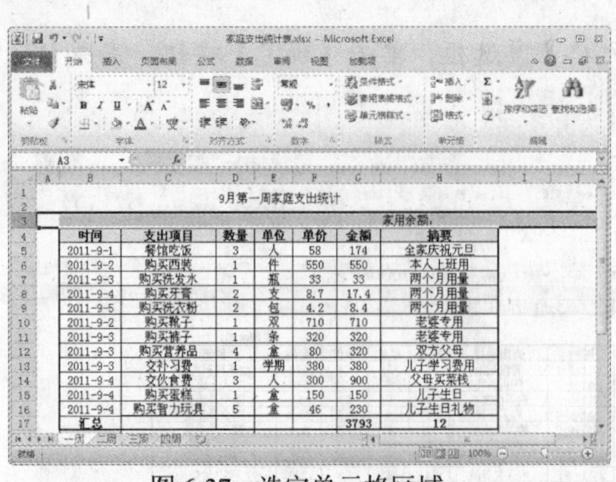

图 6-37　选定单元格区域

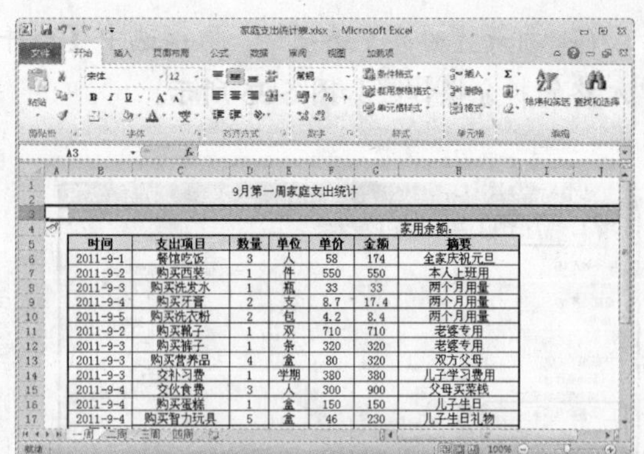

图 6-38　插入行

(3) 在工作表中选择 H4 单元格，然后在【开始】选项卡，在【单元格】组中单击【插入】下拉按钮，从弹出的下拉菜单中选择【插入单元格】命令，打开【插入】对话框，选中【活动单元格右移】单选按钮，如图 6-39 所示。

(4) 单击【确定】按钮，即可在 H4 单元格处插入新的单元格，并且将新单元格右侧的单元格依次右移，如图 6-40 所示。

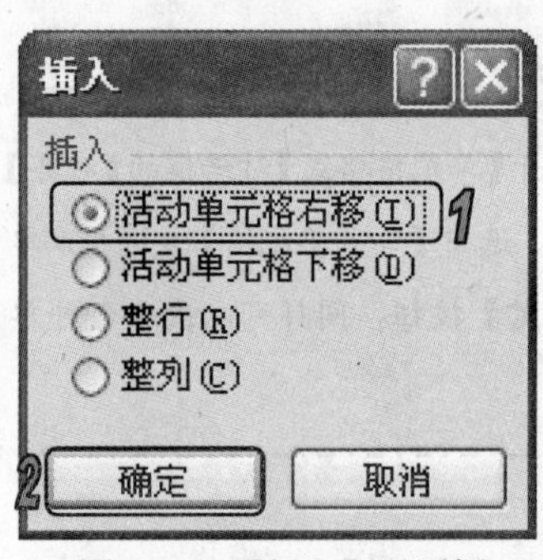

图 6-39　【插入】对话框

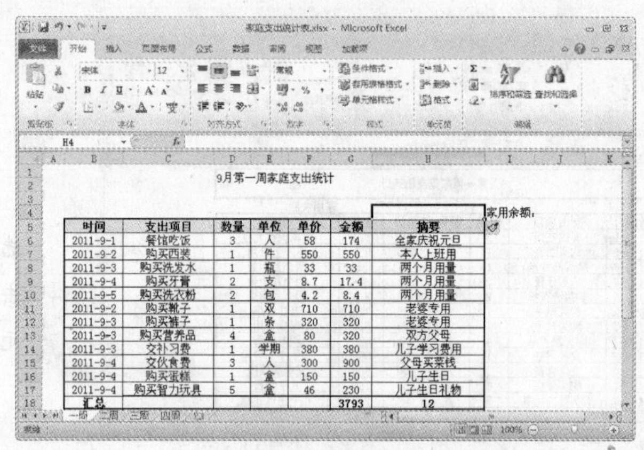

图 6-40　插入单元格

知识点

在 Excel 中，除使用菜单命令外，还可以使用鼠标来完成插入行、列、单元格或单元格区域的操作。首先选定行、列、单元格或区域。将鼠标指针指向右下角的区域边框，按住 Shift 键并向外进行拖动。拖动时，有一个虚框表示插入的区域。松开鼠标左键，即可插入虚框中的单元格区域。

6.3.4　删除单元格

当工作表的某些数据及其位置不再需要时，可以将它们删除。这里的删除与按下 Delete 键删除单元格或区域的内容不一样，按 Delete 键仅清除单元格内容，其空白单元格仍保留在工作表中；而删除行、列、单元格或区域，其内容和单元格将一起从工作表中消失，空的位置由周

围的单元格补充。

下面将在“家庭支出统计表”工作簿中的“一周”工作表中，删除 H4 单元格，具体操作如下：

(1) 启动 Excel 2010 应用程序，打开“家庭支出统计表”工作簿的“一周”工作表，并选定 H4 单元格。

(2) 打开【开始】选项卡，在【单元格】组中单击【删除】下拉按钮，从弹出的下拉菜单中选择【删除单元格】命令，打开【删除】对话框，选中【右侧单元格左移】单选按钮，如图 6-41 所示。

(3) 单击【确定】按钮，即可删除 H4 单元格，并将其右侧的单元格依次左移一个位置，效果如图 6-42 所示。

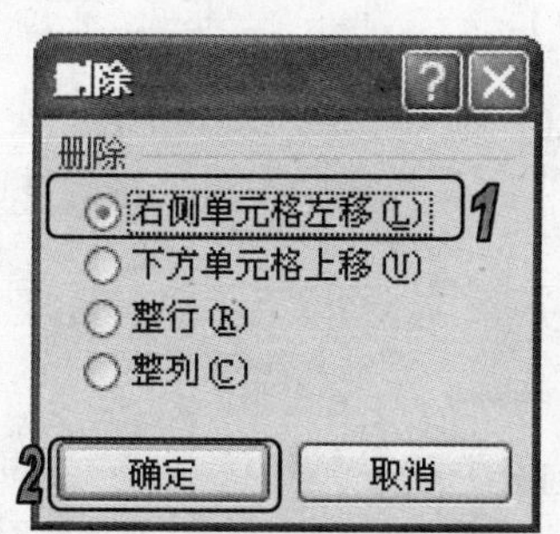

图 6-41　【删除】对话框

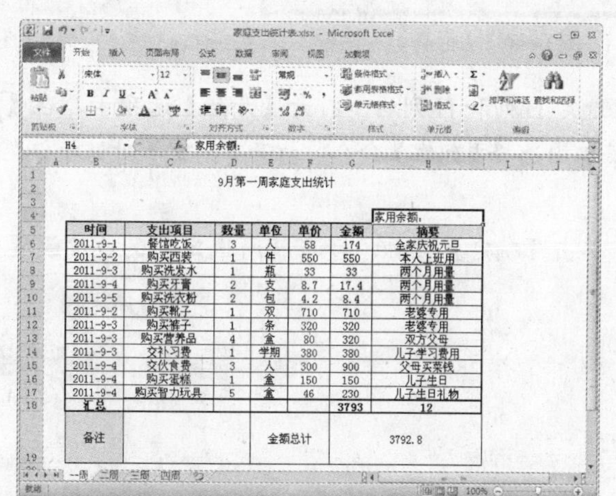

图 6-42　删除单元格

6.3.5　设置单元格的行高和列宽

在向单元格输入文字或数据时，常常会出现这样的现象：有的单元格中的文字只显示了一半；有的单元格中显示的是一串“#”号，而在编辑栏中却能看见对应单元格中的数据。其原因在于单元格的宽度或高度不够，不能将这些字符正确显示。因此，需要对工作表中的单元格高度和宽度进行适当的调整。

下面将在“家庭支出统计表”工作簿中的“一周”工作表中，设置第 3、第 5 和第 18 行的行高为 20，B 列和 H 列的列宽为 20，具体操作如下：

(1) 启动 Excel 2010 应用程序，打开“家庭支出统计表”工作簿的“一周”工作表，并选定第 3、第 5 和第 18 行。

(2) 打开【开始】选项卡，在【单元格】组中单击【格式】按钮，从弹出的菜单中选择【行高】命令，打开【行高】对话框，在【行高】文本框中输入 20，如图 6-43 所示。

(3) 单击【确定】按钮，即可将所选定行的高度设置为 20，如图 6-44 所示。

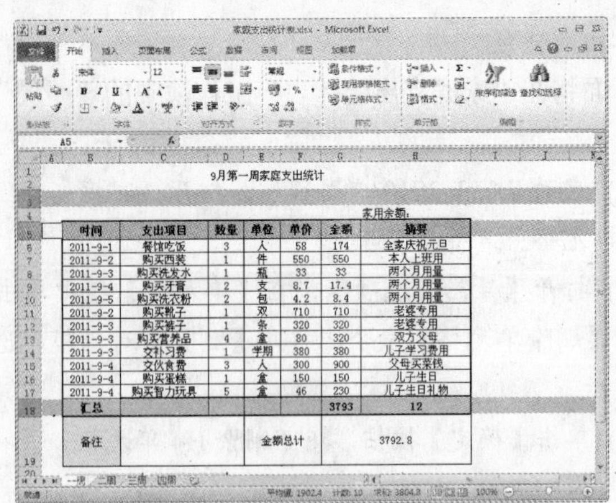

时间	支出项目	数量	单位	单价	金额	摘要
2011-9-1	餐馆吃饭	3	人	58	174	全家庆祝元旦
2011-9-2	购买西装	1	件	550	550	本人上班用
2011-9-3	购买洗发水	1	瓶	33	33	两个月用量
2011-9-4	购买牙膏	2	支	8.7	17.4	两个月用量
2011-9-5	购买洗衣粉	2	包	4.2	8.4	两个月用量
2011-9-2	购买靴子	1	双	710	710	老婆专用
2011-9-3	购买裤子	1	条	320	320	老婆专用
2011-9-3	购买营养品	4	盒	80	320	双方父母
2011-9-3	交补习费	1	学期	380	380	儿子学习费用
2011-9-4	交伙食费	3	人	300	900	父母买菜钱
2011-9-4	购买蛋糕	1	盒	150	150	儿子生日
2011-9-4	购买智力玩具	5	盒	46	230	儿子生日礼物
汇总					3793	12
备注		金额总计		3792.8		

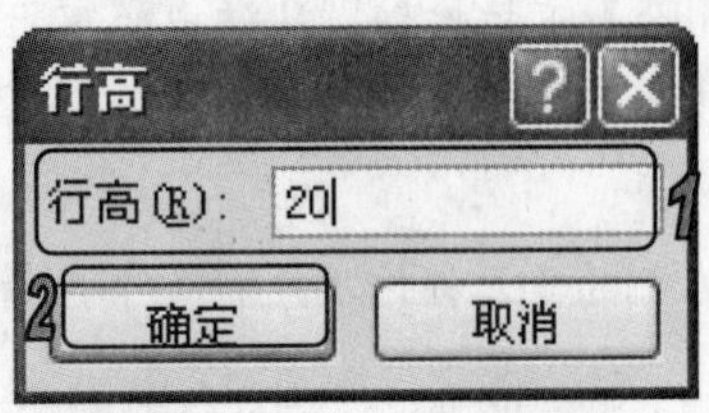

图 6-43 【行高】对话框

图 6-44 设置行高

(4) 选定 B 列和 H 列后，打开【开始】选项卡，在【单元格】组中单击【格式】按钮，从弹出的菜单中选择【列宽】命令，打开【列宽】对话框，在【列宽】文本框中输入 20，如图 6-45 所示。

(5) 单击【确定】按钮，即可将所选定列的宽度设置为 20，效果如图 6-46 所示。

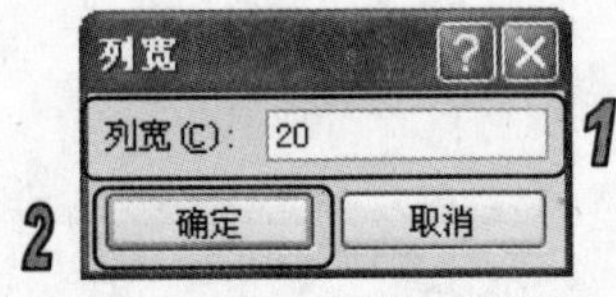

图 6-45 【列宽】对话框

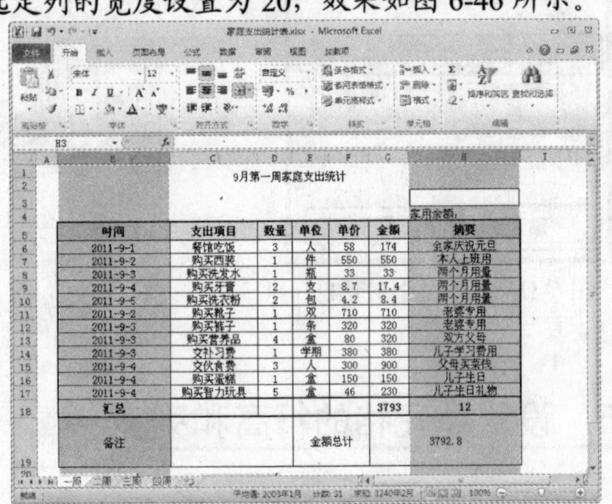

时间	支出项目	数量	单位	单价	金额	摘要
2011-9-1	餐馆吃饭	3	人	58	174	全家庆祝元旦
2011-9-2	购买西装	1	件	550	550	本人上班用
2011-9-3	购买洗发水	1	瓶	33	33	两个月用量
2011-9-4	购买牙膏	2	支	8.7	17.4	两个月用量
2011-9-5	购买洗衣粉	2	包	4.2	8.4	两个月用量
2011-9-2	购买靴子	1	双	710	710	老婆专用
2011-9-3	购买裤子	1	条	320	320	老婆专用
2011-9-3	购买营养品	4	盒	80	320	双方父母
2011-9-3	交补习费	1	学期	380	380	儿子学习费用
2011-9-4	交伙食费	3	人	300	900	父母买菜钱
2011-9-4	购买蛋糕	1	盒	150	150	儿子生日
2011-9-4	购买智力玩具	5	盒	46	230	儿子生日礼物
汇总					3793	12
备注		金额总计		3792.8		

图 6-46 设置列宽

知识点

使用鼠标拖动的方式来调整单元格的行高和列宽是最方便的方法。将鼠标光标移动至行标或列标的间隔处，当光标形状变为✛时，按住左键不松拖动鼠标，即可调整行高与列宽至合适大小。另外，在【开始】选项卡的【单元格】组中单击【格式】按钮，从弹出的菜单中选择【自动调整行高】或【自动调整列宽】命令，Excel 2010 会根据单元格中的内容自动调整行高或列宽至适合的大小。

6.4 输入与编辑数据—实战 20：编辑“家庭支出统计表”

使用 Excel 2010 创建表格后，就可以在 Excel 工作表的单元格中输入各种类型的数据。输

入到表格中的数据包括文本、数字、日期和公式等。另外，还可以对数据进行编辑操作。

6.4.1　输入数据

在工作表的单元格中输入数据是创建电子表格的开始。输入方法为：首先选定单元格，然后再直接在单元格或通过编辑栏向其中输入数据。在 Excel 2010 中，在单元格中可以输入的数据包括文本、数值、日期以及特殊符号等。

知识点

在 Excel 2010 中的文本通常是指字符或者任何数字和字符的组合。输入到单元格内的任何字符集，只要不被系统解释成数字、公式、日期、时间或者逻辑值，则 Excel 2010 一律将其视为文本。

下面将在"家庭支出统计表"工作簿中输入表格中的基本数据，具体操作如下：

(1) 启动 Excel 2010 应用程序，打开"家庭支出统计表"工作簿的"二周"工作表。

(2) 选定 A1 单元格，然后单击编辑栏，在插入点后输入标题文本"家庭支出(二)"，如图 6-47 所示。

(3) 按 Enter 键后，即可激活 A1 单元格中的文本。

(4) 选定 A1:E1 单元格区域，在【开始】选项卡的【对齐方式】组中，单击【合并并居中】按钮，合并单元格，完成后如图 6-48 所示。

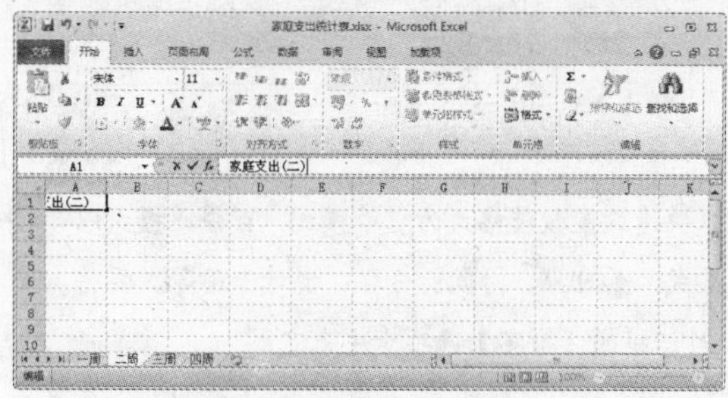

图 6-47　输入单元格文本

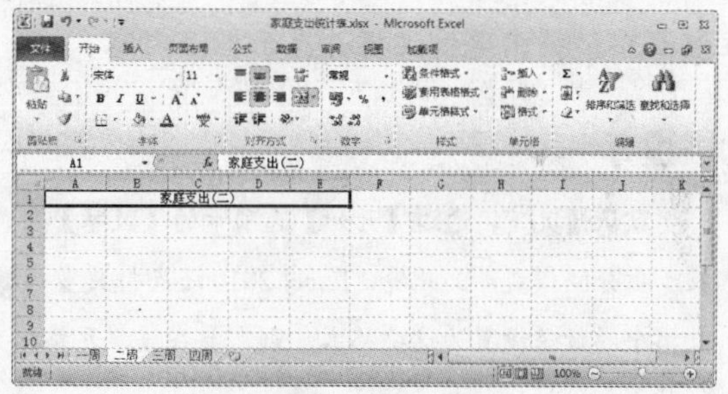

图 6-48　合并单元格

(5) 执行同样的操作方法在 A2:E2 单元格区域中依次输入"时间"、"支出项目"、"金额"、"摘要"、"标记"，完成后如图 6-49 所示。

(6) 下面在 A3:E3 单元格区域中输入第一条数据记录，在 A3 单元格中输入"星期一"，在 B3 单元格中输入"生活用品"，在 C3 单元格中输入 218，选定 D3 单元格输入"洗刷占多"。

(7) 选定 E3 单元格，打开【插入】选项卡，在【符号】组中单击【符号】按钮，打开【符号】对话框，在【字符】选项卡的【字体】下拉列表框中选择【(普通文字)】选项，并在其下的列表框中选择*字符号，如图 6-50 所示。

(8) 单击【插入】按钮，即可在 D3 单元格中插入该符号，然后单击【关闭】按钮，关闭【符号】对话框，工作表的效果如图 6-51 所示。

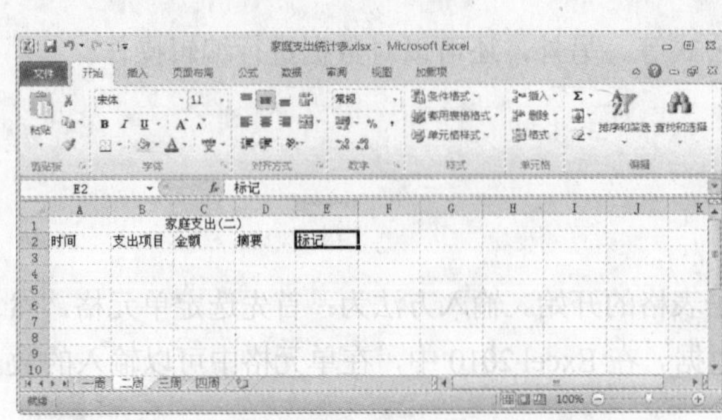

图 6-49　输入列标题文本

图 6-50　【符号】对话框

(9) 选定 A2 单元格，打开【审阅】选项卡，在【批注】组中单击【新建批注】按钮，此时在所选单元格右侧出现批注框，在其中输入批注内容，这里输入日期，效果如图 6-52 所示。

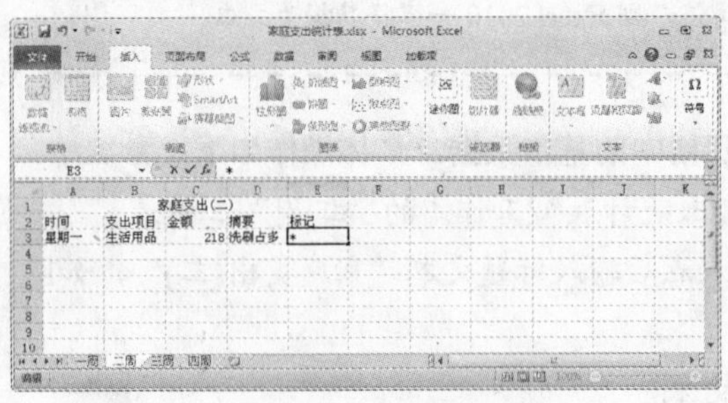

图 6-51　插入数字和特殊符号

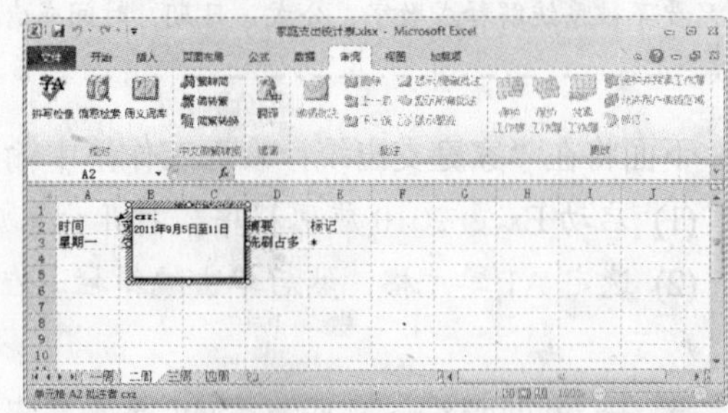

图 6-52　输入批注日期

(10) 批注内容输入完毕后，单击批注框以外的任意位置即可确定输入，然后将指针指向批注缩略图，将出现批注框并显示批注内容。

提示

默认情况下，通过【开始】选项卡的【数字】组，可以快速设置数值格式为货币模式、百分比模式以及千位分隔模式等。此外，Excel 2010 还支持更多的数值格式，如日期、时间、分数、会计专用等。要将表格中的数值设置为这些格式，则需要在【单元格格式】对话框的【数字】选项卡中来完成。

6.4.2　快速填充数据

在制作表格时，常常要输入一些相同或有规律的数据。若手动依次输入这些数据，会占用很多时间。Excel 2010 的数据自动填充功能便是专门针对这类数据，简化输入步骤，大大提高输入效率。

下面将在“家庭支出统计表”工作簿中通过自动填充功能快速填充数据，具体操作如下：

(1) 启动 Excel 2010 应用程序，打开“家庭支出统计表”工作簿的“二周”工作表。

(2) 选定 A3 单元格，将光标移动至 A3 单元格右下脚的控制柄处，当光标形状变为十时，拖动鼠标选择填充范围，这里选择 A3:A9 单元格区域，如图 6-53 所示。

(3) 选定填充范围后松开鼠标，Excel 2010 会自动在 A3:A9 单元格区域中填充 A3 单元格中的内容，如图 6-54 所示。

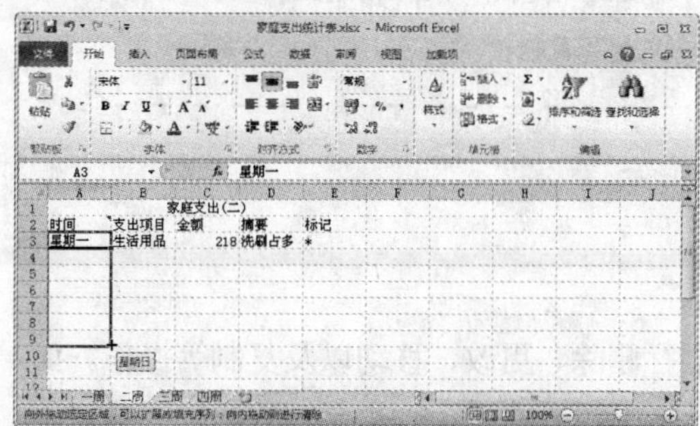

图 6-53　拖动填充范围

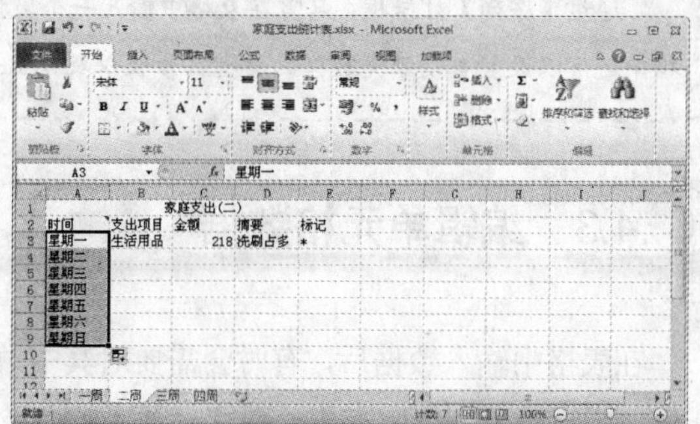

图 6-54　自动填充 A3:A9 单元格区域

(4) 选定 B4 单元格，输入文本“生活费”，参照步骤(2)~(3)，填充相同的数据，效果如图 6-55 所示。

(5) 在 C4 单元格中输入数字 50，然后选定 C4:C9 单元格区域，在【开始】选项卡的【编辑】组中，单击【填充】按钮，从弹出的菜单中选择【序列】命令，如图 6-56 所示。

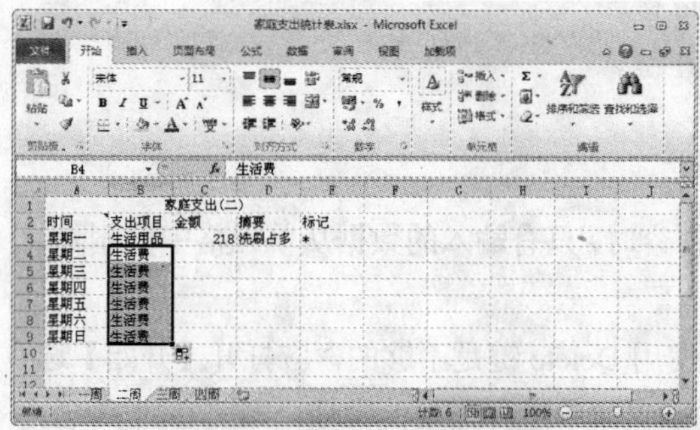

图 6-55　填充相同的数据

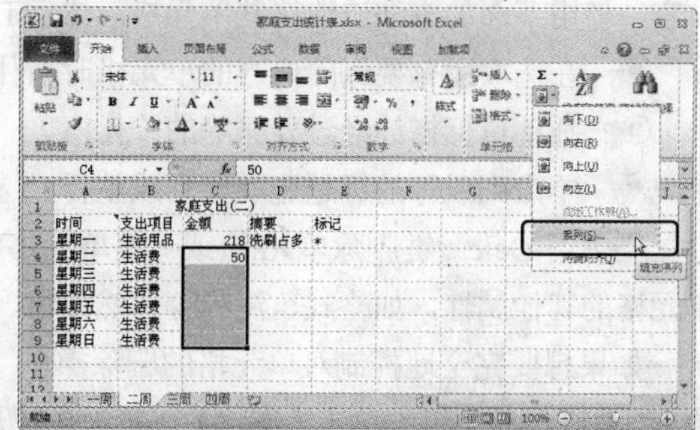

图 6-56　选择填充选项

(6) 打开【序列】对话框，在【序列产生在】选项区域中选中【列】单选按钮；在【类型】选项区域中选中【等差序列】单选按钮；在【步长值】文本框中输入 20，如图 6-57 所示。

(7) 单击【确定】按钮，即可在表格中自动填充数据，此时效果如图 6-58 所示。

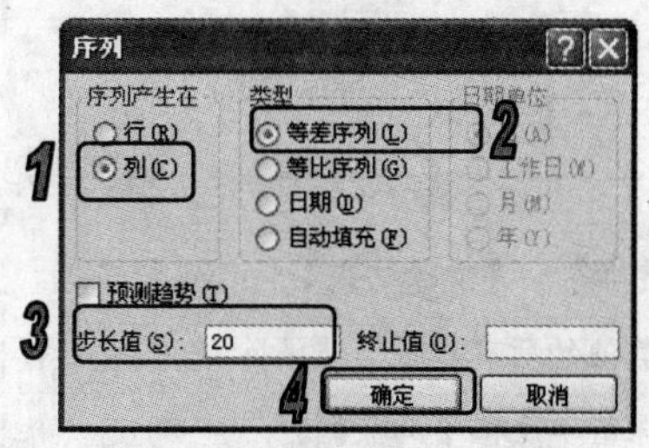

图 6-57　【序列】对话框

图 6-58　自动等差数列

知识点

通过【序列】对话框，只需在表格中输入一个数据便可以达到快速输入有规律数据的目的。在该对话框中还可以设置自动填充数据的类型、步长以及终止值等填充相关属性。

6.4.3 编辑单元格数据

在表格中输入数据后，有时会需要对其中数据进行删除、更改、移动以及复制等操作。如在单元格中输入数据时发生了错误，或者要改变单元格中的数据时，则需要对数据进行编辑，删除单元格中的内容，用全新的数据替换原数据，或者对数据进行一些小的变动。通过移动与复制操作可以达到快速输入相同数据的目的。

1. 删除单元格数据

要删除单元格中的内容，可以先选中该单元格然后按 Delete 键即可，要删除多个单元格的内容，使用下面的方法选取这些单元格，然后 Delete 键。

- 在选取所有要删除内容的单元格时按住 Ctrl 键。
- 拖动鼠标指针经过要删除的单元格。
- 单击列或行的标题选取整列或整行。

当使用 Delete 键删除单元格(或一组单元格)的内容时，只有输入的数据从单元格中被删除，单元格的其他属性，如格式、注释等仍然保留。

如果想要完全地控制对单元格的删除操作，只使用 Delete 键是不够的，应打开【开始】选项卡，在【编辑】组中单击【清除】按钮，在打开的子菜单中选择需要的命令，如图 6-59 所示。

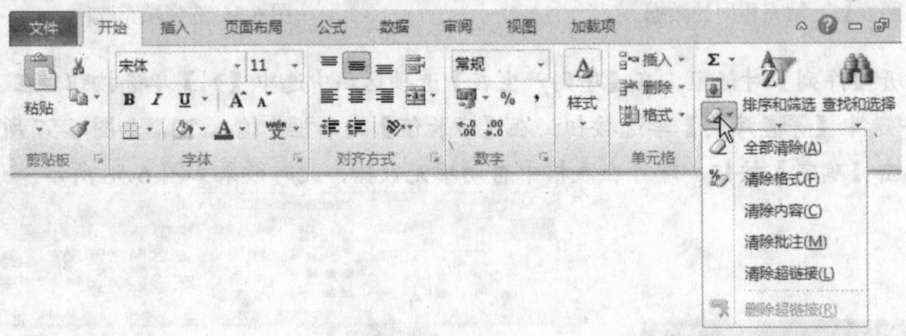

图 6-59 【清除】子菜单

知识点

【全部清除】：彻底删除单元格中的全部内容、格式、批注和超链接等；【清除格式】：只删除格式，保留单元格中的数据；【清除内容】：只删除单元格中的内容，保留其他的所有属性；【清除批注】：只删除单元格附带的注释；【清除超链接】：只删除文本中的超链接，保留单元格中的数据。

2. 更改单元格内容

在工作中，用户可能需要更改或替换以前在单元格中输入的数据，当单击单元格使其处于活动状态时，单元格中的数据会被自动选取，一旦开始输入，单元格中原来的内容就会被新输入的内容所取代。

如果单元格中包含大量的字符或复杂的公式，而用户只想修改其中的一小部分，那么可以按以下两种方法进行编辑：

◉ 双击单元格，或者单击单元格再按 F2 键，然后在单元格中进行编辑。

◉ 单击激活单元格，然后单击编辑栏，在编辑栏中进行编辑。

3. 移动和复制单元格数据

在 Excel 2010 中，移动或复制单元格或区域数据的方法基本相同，选中单元格数据后，打开【开始】选项卡，在【剪贴板】组中单击【剪切】按钮或【复制】按钮，然后选定要粘贴数据的位置，在【剪贴板】组中单击【粘贴】按钮，即可将单元格数据移动或复制至新位置，复制来的数据会在粘贴数据下面显示【粘贴选项】按钮，单击该按钮，将会打开【粘贴选项】快捷菜单，如图 6-60 所示。在该菜单中可确定如何将信息粘贴到文档中，而移动的数据下面将不显示【粘贴选项】按钮。

知识点

Excel 2010 提供的查找和替换功能可以方便地查找和替换需要的内容。在【开始】选项卡的【编辑】组中单击【查找和选择】按钮，从弹出的菜单中选择【查找】命令，打开【查找和替换】对话框，如图 6-61 所示。在该对话框中的【查找】选项卡可以设置要查找的单元格数据；在【替换】选项卡中可以输入替换的单元格数据。

图 6-60　【粘贴选项】快捷菜单

图 6-61　【查找和替换】对话框

下面将在“家庭支出统计表”工作簿中编辑单元格数据，具体操作如下：

(1) 启动 Excel 2010 应用程序，打开“家庭支出统计表”工作簿的“二周”工作表。

(2) 选定 D3 单元格，然后单击编辑栏，在编辑栏中进行文本的输入，如图 6-62 所示。

(3) 选定 E3 单元格，将光标移至单元格区域边缘，等光标变为【】后，按住 Ctrl 键的同时拖动光标到 E7 单元格，此时释放鼠标即可复制单元格数据。

(4) 打开【开始】选项卡，在【剪贴板】组中单击【复制】按钮，复制*号符号，然后选定 E8 单元格，在【剪贴板】组中单击【粘贴】按钮，即可粘贴该符号。

(5) 选定 E9 单元格中，在【开始】选项卡的【剪贴板】组中单击【粘贴】按钮，再次粘贴单元格数据，最终效果如图 6-63 所示。

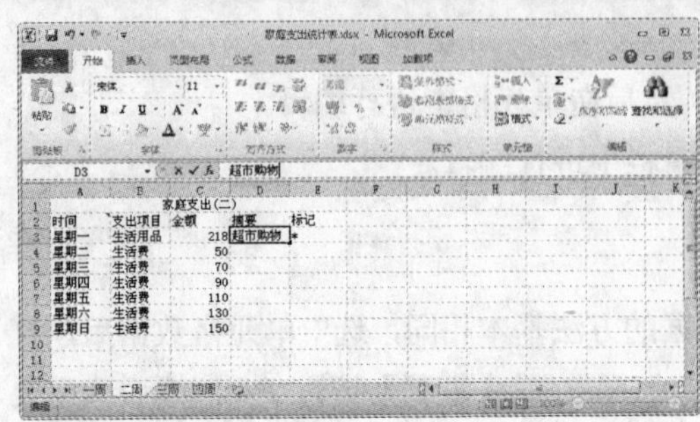

图 6-62　更改单元格数据

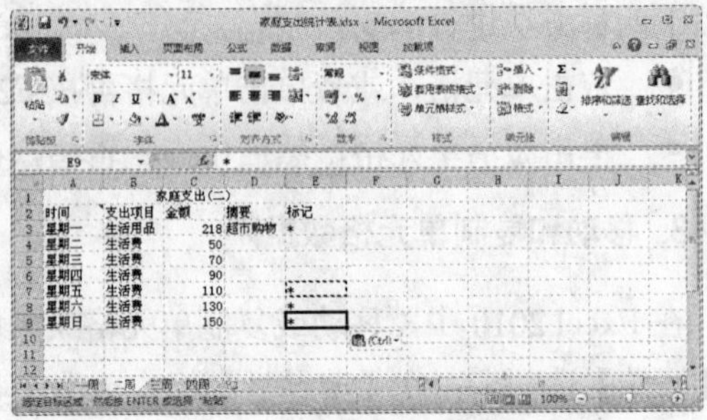

图 6-63　复制单元格数据

知识点

在 Excel 2010 中，使用鼠标拖动法移动单元格内容时，应首先单击要移动的单元格或选定单元格区域，然后将光标移至单元格区域边缘，等光标变为常规状态后，拖动光标到指定位置并释放鼠标即可。

6.5　习题

1. 创建一个新的工作簿，并在其中输入如图 6-64 所示的各种数据。

2. 在“员工考勤表”中，替换所有“上班”为 8:30am、“下班”为 5:30pm，使结果如图 6-65 所示。

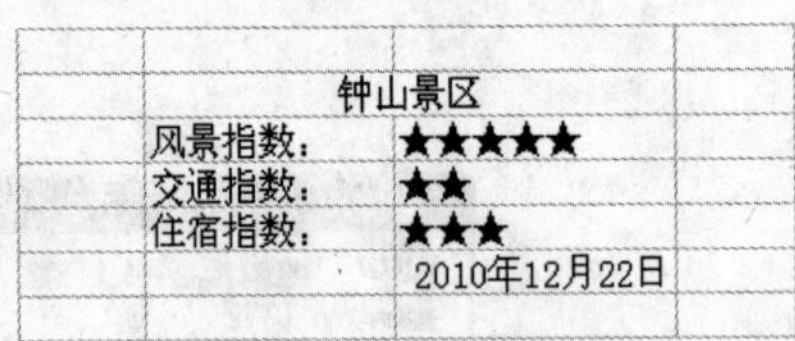

图 6-64　习题 1

	A	B	C	D	E	F	G	H	I	J	K
1	员工考勤表										
2		星期一		星期二		星期三		星期四		星期五	
3	员工编号	8:30am	5:30pm	8:30am	5:30pm	8:30am	5:30pm	8:30am	5:30pm	8:30am	5:30pm
4	99122201										

图 6-65　习题 2

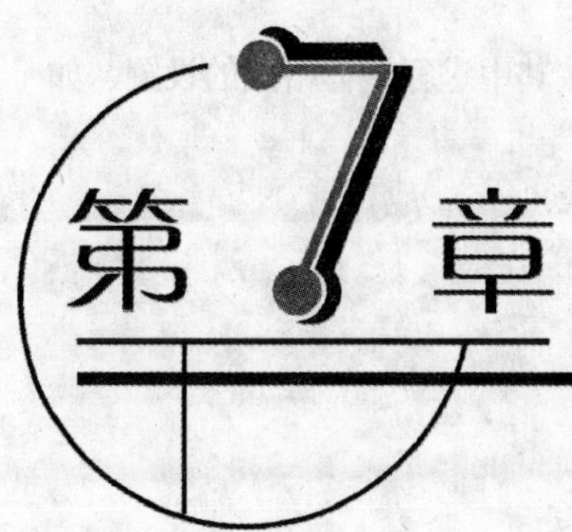

第7章 格式化工作表

学习目标

使用 Excel 2010 创建表格后，还可以对表格进行格式化操作，使其更加美观。Excel 2010 提供了丰富的格式化命令，利用这些命令可以详细设置工作表与单元格的格式，帮助用户创建更加美观的表格。

本章重点

- Excel 2010 数据的格式化
- 表格的格式化设置
- 美化工作表
- 添加对象修饰工作表

7.1 格式化 Excel 2010 数据—实战 21：制作“工艺品销售表”

在单元格中输入数据后，可以对其中的数据进行格式化操作。用户可以通过使用【开始】选项卡中的命令按钮或【设置单元格格式】对话框来设置单元格格式。

7.1.1 设置字体格式

为了使工作表中的某些数据醒目和突出，也为了使整个版面更为丰富，通常需要对不同的单元格设置不同的字体。

打开【开始】选项卡，如图 7-1 所示。单击【字体】组中的对应的命令按钮可以快速设置字体的格式、大小等常用属性。

若对字体格式设置有更高要求，还可以在【开始】选项卡的【单元格】组中，单击【格式】按钮，从弹出的菜单中选择【设置单元格格式】命令，或者单击【字体】组中的对话框启动器按钮，打开【设置单元格格式】对话框的【字体】选项卡，在其中进行字体格式的设置，如图 7-2 所示。

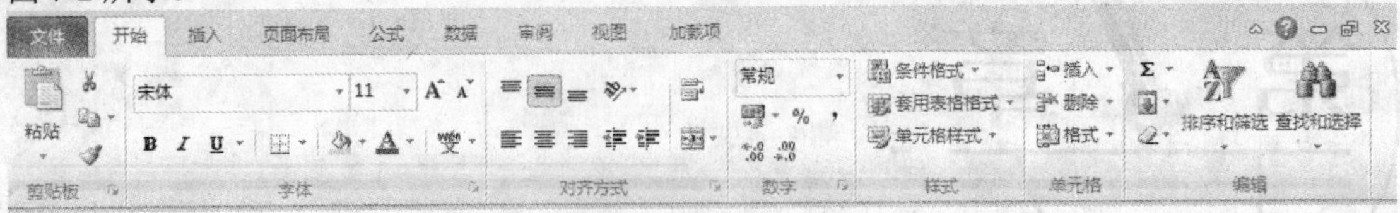

图 7-1　【开始】选项卡

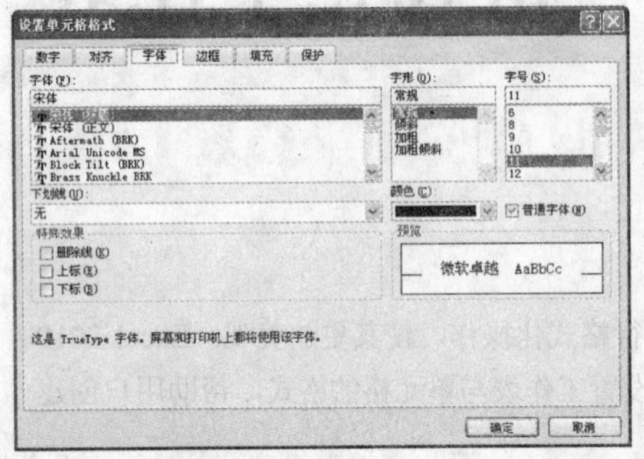

图 7-2　【字体】选项卡

提示

在【设置单元格格式】对话框的【字体】选项卡中，设置字体格式后，可以在预览区查看设置完成后的效果。

下面将创建“产品销售”工作簿，在其中输入数据，并设置字体格式，具体操作如下：

(1) 启动 Excel 2010 应用程序，新建一个名为“产品销售”的工作簿，并在 Sheet1 工作表中创建“工艺品销售统计”表格，调整列宽后的效果如图 7-3 所示。

(2) 选定标题和列标题所在的单元格，在【开始】选项卡的【字体】组单击【加粗】按钮，即可将其设置为粗体模式，如图 7-4 所示。

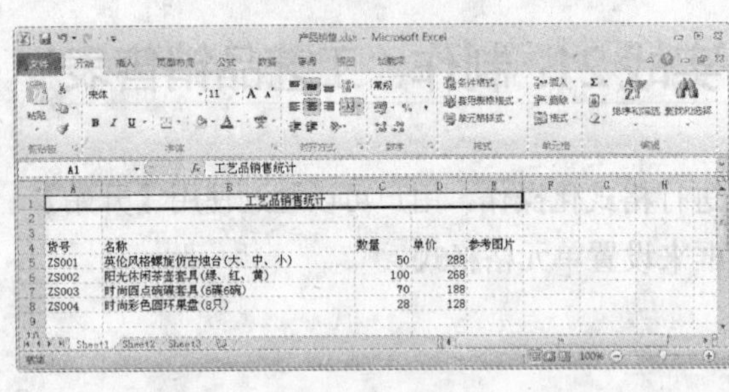

图 7-3　创建“工艺品销售表”工作表

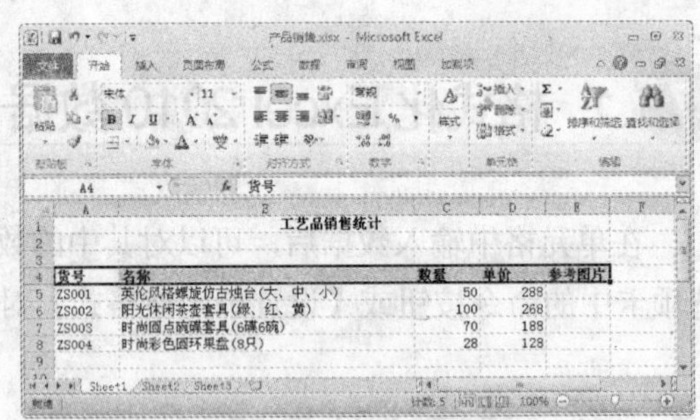

图 7-4　加粗显示

(3) 选择标题所在的单元格，在【开始】选项卡的【字体】组中单击对话框启动器按钮，打开【设置单元格格式】的【字体】选项卡。

(4) 在【字体】列表框中选择【幼圆】选项；在【字号】列表框中选择 20 选项；在【颜色】下拉列表框中选择【水绿色，强调文字颜色 5】选项，如图 7-5 所示。

(5) 设置完成后单击【确定】按钮，返回工作表后，标题单元格的效果如图 7-6 所示。

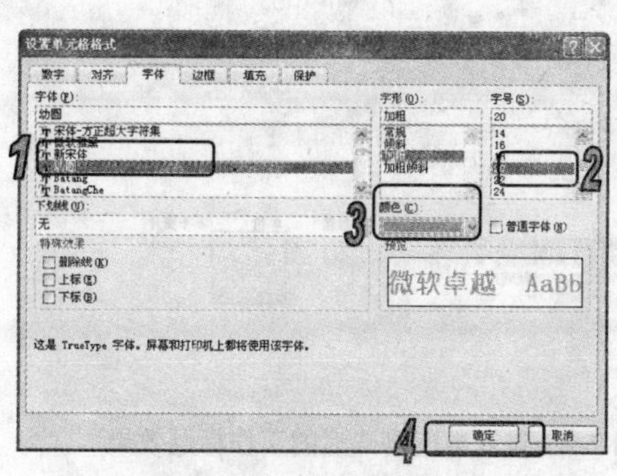

图 7-5　【字体】选项卡

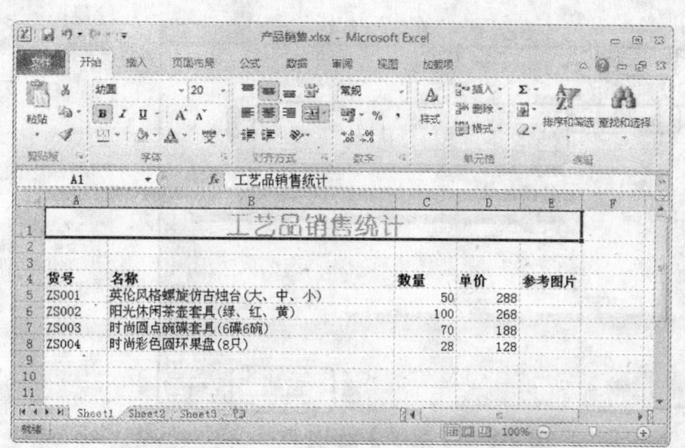

图 7-6　设置字体格式后的标题效果

7.1.2　设置数值格式

默认情况下，数值格式是常规格式，当在工作表中输入数值时，数字以整数、小数方式显示。通过单击【开始】选项卡的【数字】组中的命令按钮，可以快速设置数值格式为货币模式、百分比模式以及千位分隔模式等。

此外，Excel 2010 还支持更多的数值格式，如日期、时间、分数、会计专用等。要将表格中的数值设置为这些格式，则需要在【设置设置单元格格式】对话框的【数字】选项卡中来完成，如图 7-7 所示。

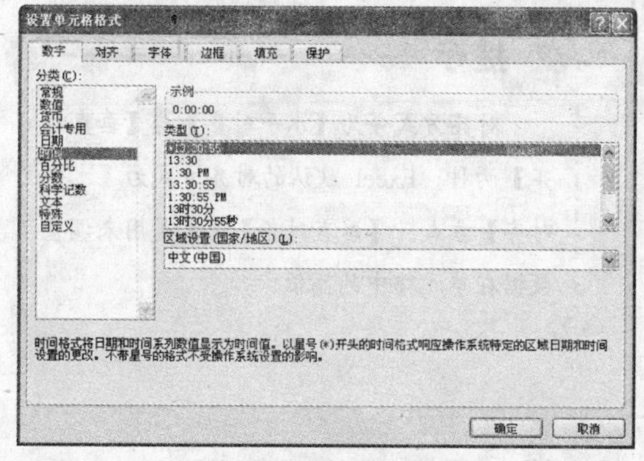

图 7-7　【数字】选项卡

> **提示**
>
> 除了使用 Excel 2010 中自带的数值格式外，在【数字】选项卡的【分类】列表中选择【自定义】选项，即可在右侧的【类型】选项区域中自定义所需的数值格式。

下面将在“产品销售”工作簿中，设置【单价】数值以货币格式显示，具体操作步骤如下：

(1) 启动 Excel 2010 应用程序，打开“产品销售”工作簿的 Sheet1 工作表。

(2) 选定存放【单价】数值的 D5:D8 单元格区域，打开【开始】选项卡，在【数字】组中单击对话框启动器按钮，打开【设置单元格格式】对话框的【数字】选项卡。

(3) 在【分类】列表中选择【货币】选项，然后在选项卡右边的【小数位数】文本框中输入 2，在【货币符号】列表框中选择【¥】选项，如图 7-8 所示。

(4) 设置完成后，单击【确定】按钮，即可在工作表中查看设置好的数值格式，效果如图 7-9 所示。

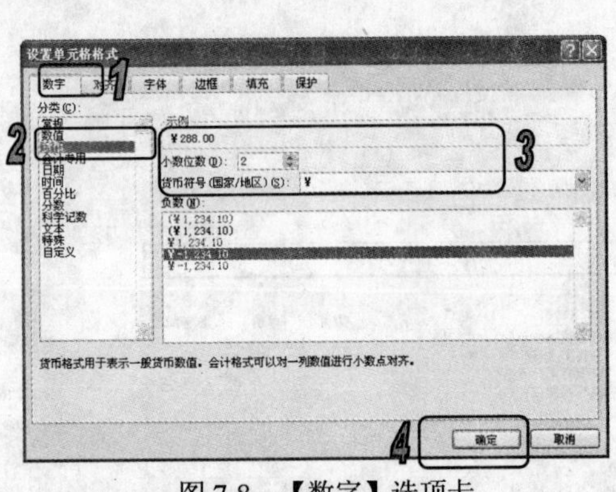

图 7-8 【数字】选项卡

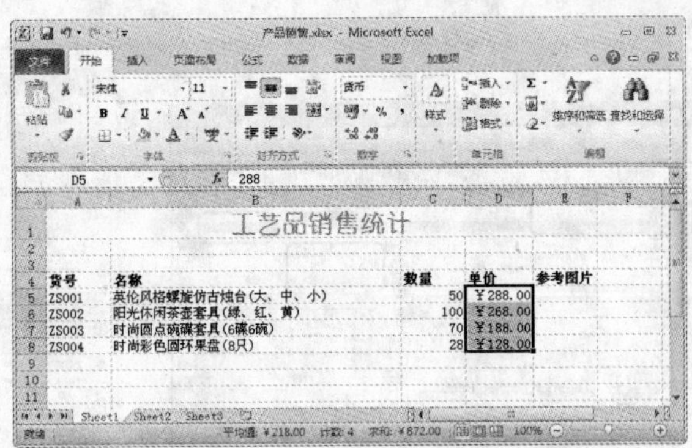

图 7-9 设置数值格式后的工作标题效果

7.1.3 设置对齐方式

所谓对齐是指单元格中的内容在显示时，相对单元格上下左右的位置。默认情况下，单元格中的文本靠左对齐，数字靠右对齐，逻辑值和错误值居中对齐。通过【开始】选项卡的【对齐方式】组中的命令按钮，可以快速设置单元格的对齐方式。

此外，在【设置单元格格式】对话框的【对齐】选项卡，可以对文本的对齐方式进行详细设置，如合并单元格、旋转单元格中的内容以及垂直对齐等，如图 7-10 所示。

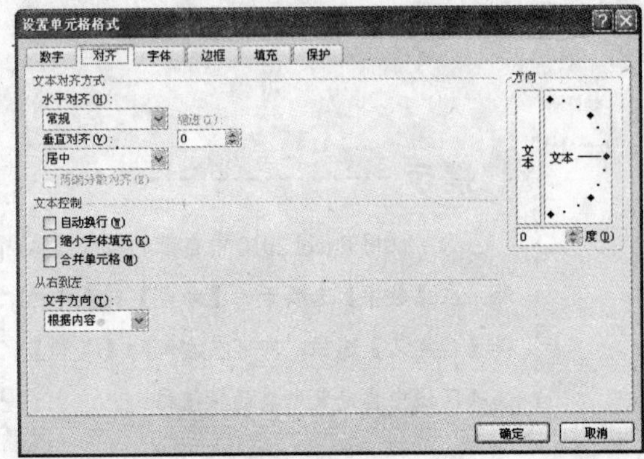

图 7-10 【对齐】选项卡

提示

对齐方式分为【水平对齐】与【垂直对齐】两种，Excel 默认的对齐方式为【水平对齐】方式。【垂直对齐】方式是用来调整数据在单元格中的高低。

下面将在“产品销售”工作簿中设置所有数据水平居中对齐，并设置列标题单元格逆时针旋转 5 度，具体操作如下：

(1) 启动 Excel 2010 应用程序，打开“产品销售”工作簿的 Sheet1 工作表。

(2) 选定表格中的所有单元格，打开【开始】选项卡，在【对齐方式】组中单击【居中】按钮，即可设置居中对齐，如图 7-11 所示。

(3) 选择列标题所在的 A4:E4 单元格区域，在【开始】选项卡的【对齐方式】组中单击对话框启动器按钮，打开【设置单元格格式】对话框的【对齐】选项卡。

(4) 在【方向】选项区域中的【度】文本框中输入 5，然后单击【确定】按钮即可设置表头

单元格逆时针旋转 5 度，如图 7-12 所示。

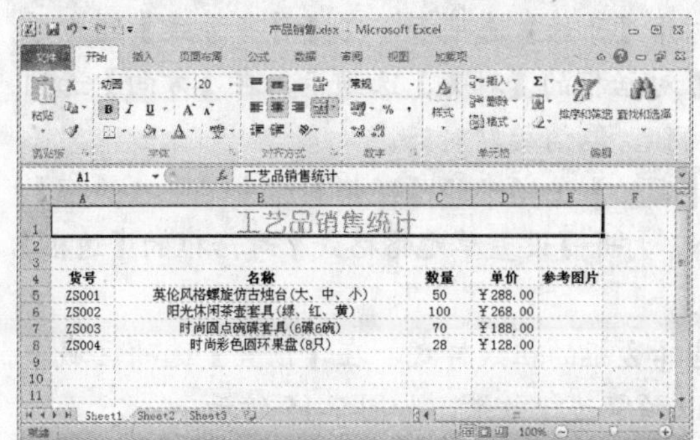

图 7-11　居中对齐

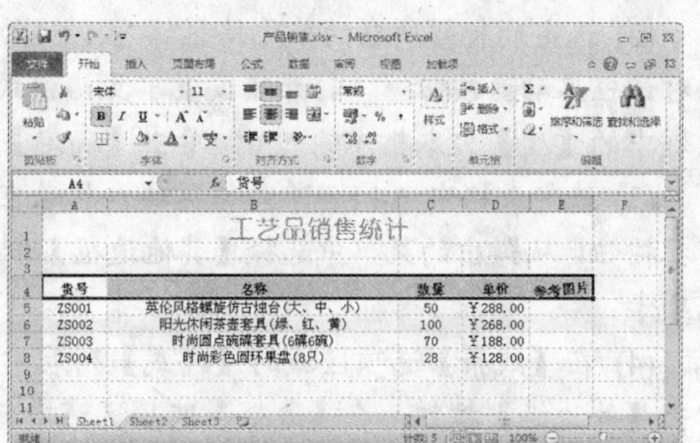

图 7-12　逆时针旋转列标题所在的单元格

7.2　表格的格式化设置—实战 22：格式化“工艺品销售表”

为了使制作的表格更加美观，除了格式化单元格中的数据外，还可以对工作表本身进行格式化设置，例如设置边框与底纹、添加页眉与页脚等。

7.2.1　设置边框与底纹

默认情况下，Excel 并不为单元格设置边框，工作表中的框线在打印时并不显示出来。但一般情况下，用户在打印工作表或突出显示某些单元格时，都需要添加一些边框以使工作表更美观和容易阅读。应用底纹和应用边框一样，都是为了对工作表进行形象设计。使用底纹为特定的单元格加上色彩和图案，不仅可以突出显示重点内容，还可以美化工作表的外观。

在【设置单元格格式】对话框的【边框】选项卡中可以设置工作表的边框样式与类型，如图 7-13 所示，在【填充】选项卡中，可以分别设置工作表的底纹颜色，如图 7-14 所示。

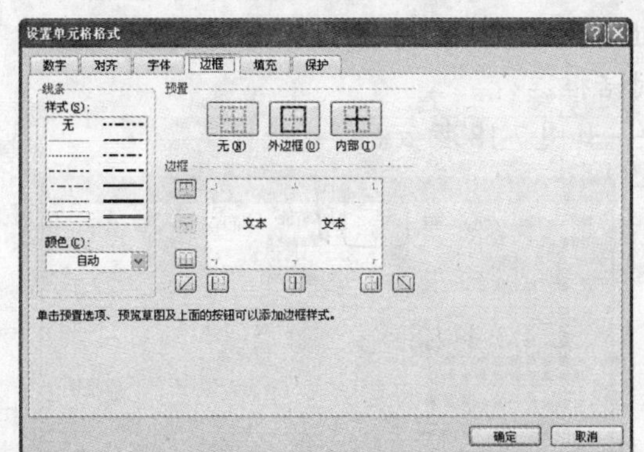

图 7-13　【边框】选项卡

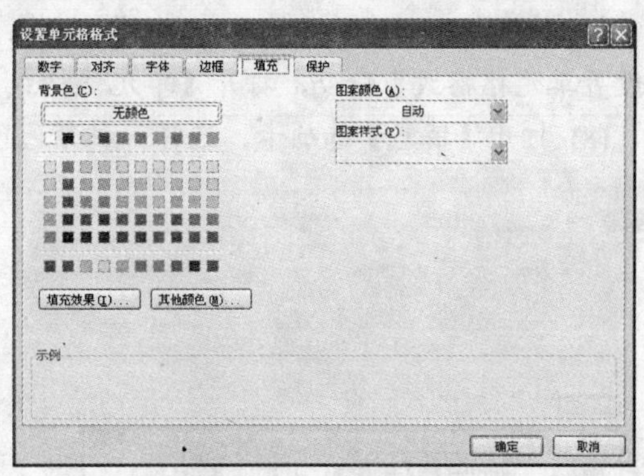

图 7-14　【图案】选项卡

下面将为表格“工艺品销售统计”中 A4:E8 单元格区域添加内、外边框，并为标题单元格添加紫色底纹，列标题添加蓝色底纹，具体操作步骤如下：

计算机　基础与实训教材系列

(1) 启动 Excel 2010 应用程序，打开“产品销售”工作簿的 Sheet1 工作表。

(2) 选定列标题所在的单元格区域 A4:E4，打开【开始】选项卡，在【对齐方式】组中单击对话框启动器按钮，打开【设置单元格格式】对话框的【对齐】选项卡，在【方向】选项区域中的【度】文本框中输入 0，单击【确定】按钮，取消旋转对齐。

(3) 选定表格中 A4:E8 单元格区域，然后在【开始】选项卡的【字体】组中单击【边框】下拉按钮，从弹出的菜单中选择【其他边框】命令，打开【设置单元格格式】对话框的【边框】选项卡。

(4) 在【线条】选项区域的【样式】列表中选择边框的粗线样式，在【预置】选项区域中单击【外边框】按钮，在【边框】选项区域中可以预览边框效果，如图 7-15 所示。

(5) 在【线条】选项区域的【样式】列表中选择边框的虚线样式，在【预置】选项区域中单击【内部】按钮，在【边框】选项区域中可以预览边框效果，如图 7-16 所示。

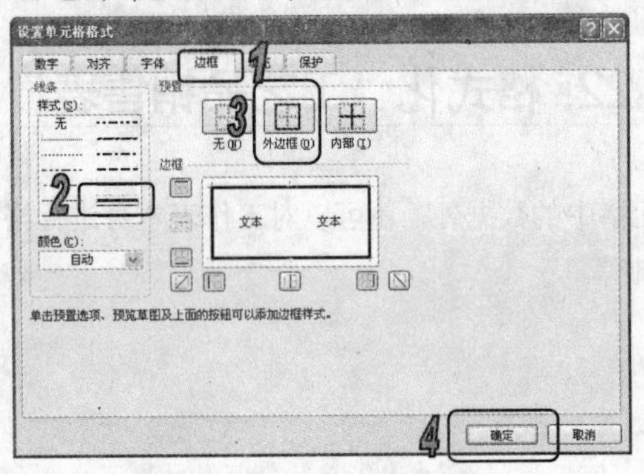

图 7-15 设置表格的外边框

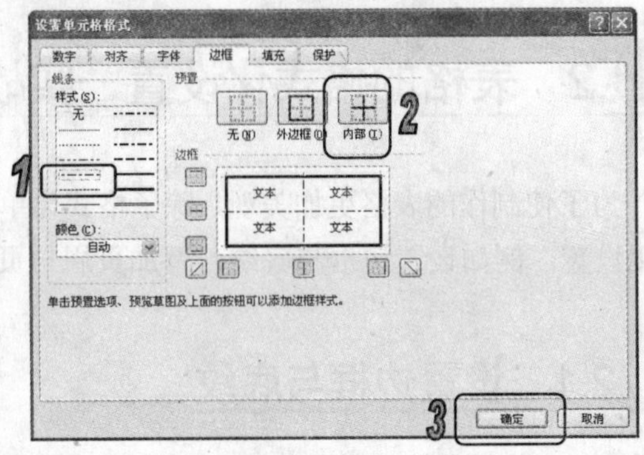

图 7-16 设置表格的内部边框

知识点

在【格式】工具栏中单击【边框】选项按钮，在弹出的下拉菜单中选择一种内置边框样式，即可快速为选择的单元格区域添加边框。

(6) 单击【确定】按钮，即可在选定表格区域添加边框，如图 7-17 所示。

(7) 选定标题所在单元格 A1，在【单元格】组中单击【格式】按钮，从弹出的菜单中选择【设置单元格格式】命令，打开【单元格格式】对话框。

(8) 打开【填充】选项卡，选择一种紫色色块，如图 7-18 所示。

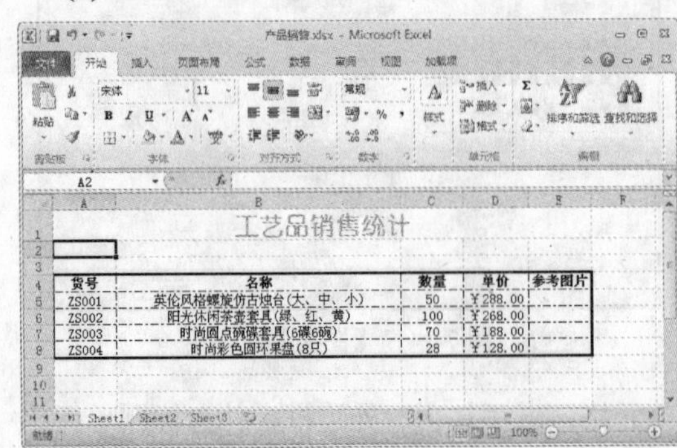

图 7-17 添加表格边框

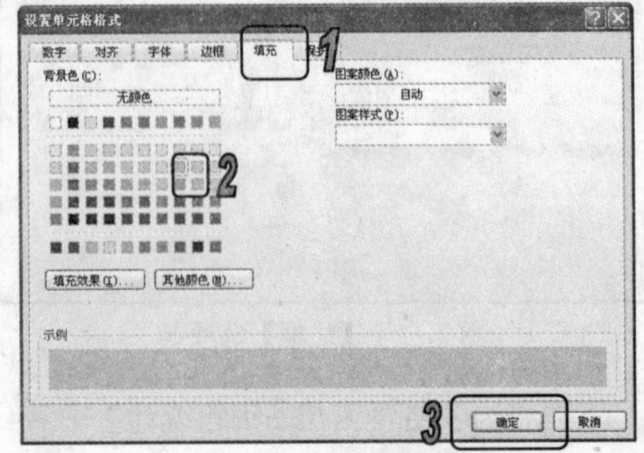

图 7-18 【填充】选项卡

(9) 单击【确定】按钮，即可为表格标题添加紫色底纹，如图 7-19 所示。

(10) 参照步骤(7)~(9)，为列标题添加蓝色底纹，效果如图 7-20 所示。

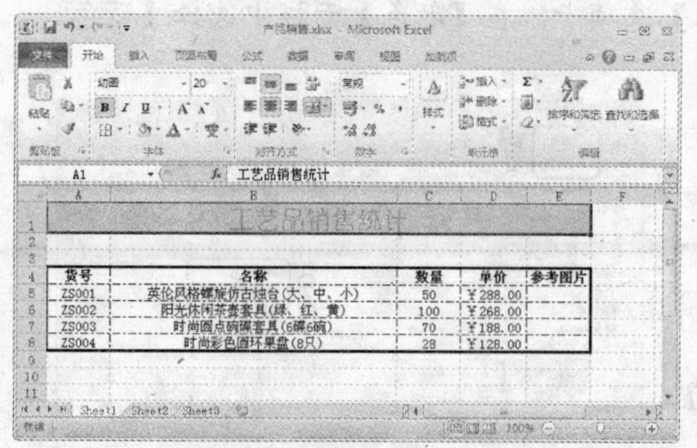

图 7-19 设置表格标题底纹

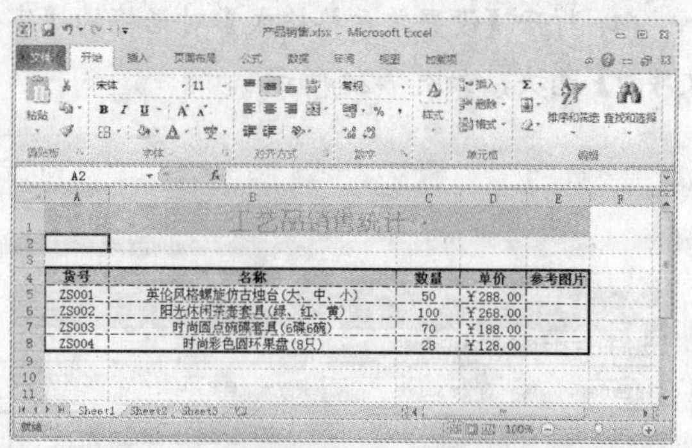

图 7-20 设置列标题底纹

7.2.2 设置条件格式

条件格式功能可以根据指定的公式或数值来确定搜索条件，然后将格式应用到符合搜索条件的选定单元格中，并突出显示要检查的动态数据。例如，将单元格中的负数用红色显示，超过 1000 以上的数字字体增大等。

在工作表中选定要设置条件格式的单元格或单元格区域，打开【开始】选项卡，在【样式】组中单击【条件格式】按钮，从弹出的菜单中选择相应的规则和样式，如图 7-21 所示。若选择【突出显示单元格规则】|【大于】命令，将打开【大于】对话框，如图 7-22 所示，在其中可以为所选单元格或单元格区域设置条件格式。

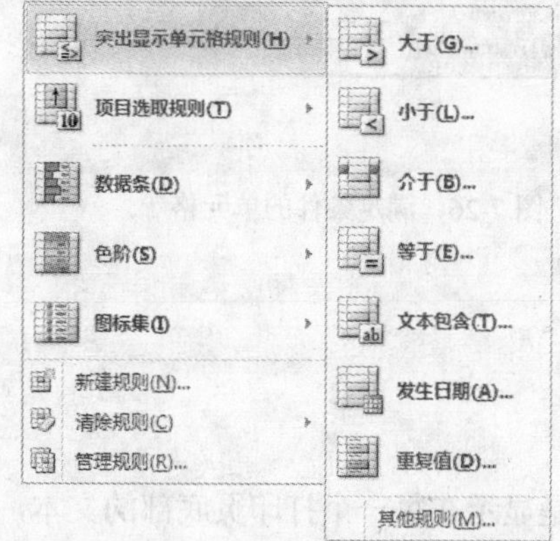

图 7-21 【条件格式】命令

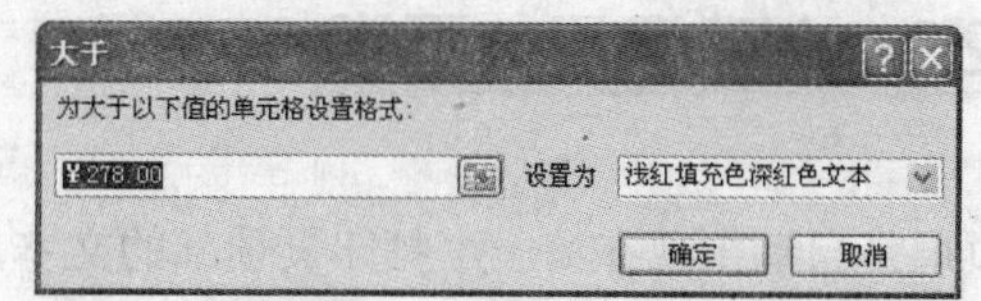

图 7-22 【大于】对话框

下面在“工艺品销售统计”中设置条件格式，具体操作如下：

(1) 启动 Excel 2010 应用程序，打开“产品销售”工作簿的 Sheet1 工作表。

(2) 选定【单价】所在的 D 列，打开【开始】选项卡，在【样式】组中单击【条件格式】按钮，从弹出的菜单中选择【突出显示单元格规则】|【介于】命令，打开【介于】对话框。

(3) 在【介于】文本框中输入250和300，在【设置为】下拉列表中选择【自定义格式】选项，如图7-23所示。

(4) 打开【设置单元格格式】对话框的【字体】选项卡，在【颜色】面板中选择【蓝色，文字2】色块，如图7-24所示。

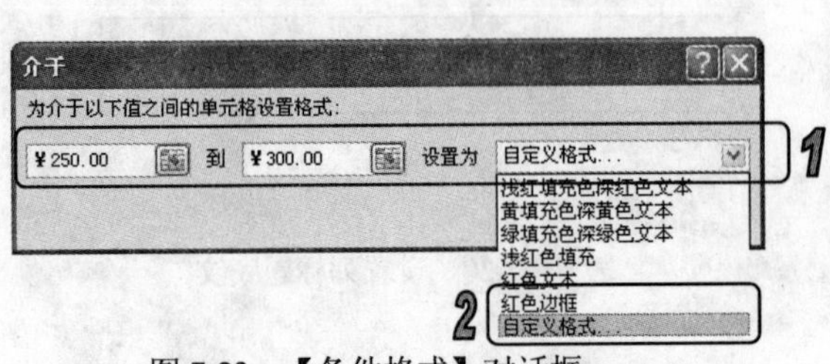

图7-23 【条件格式】对话框

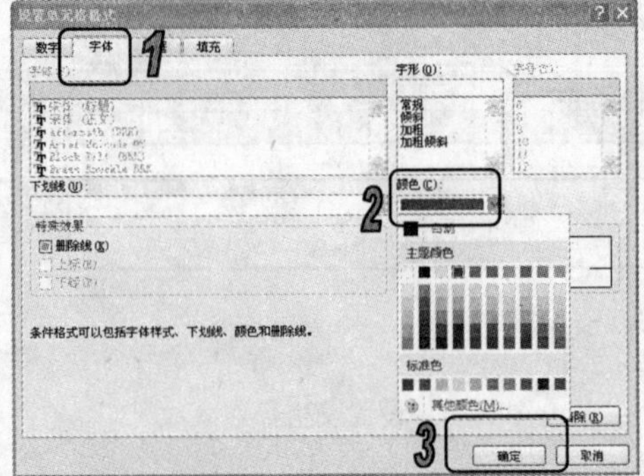

图7-24 【图案】选项卡

(5) 打开【填充】选项卡，在【背景色】颜色面板中选择【红色，强调文字颜色2】色块，单击【确定】按钮，如图7-25所示。

(6) 返回【介于】对话框，单击【确定】按钮，即可将“工艺品销售表”中【单价】在250~300之间的单元格以红色填充色、蓝色文本显示，效果如图7-26所示。

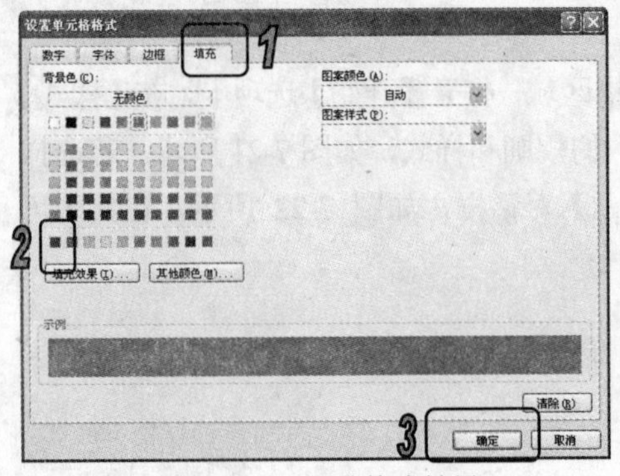

图7-25 预览格式效果

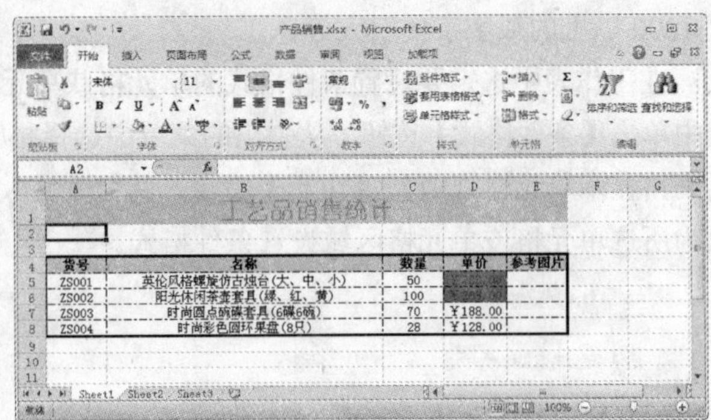

图7-26 满足条件的单元格

7.2.3 创建页眉与页脚

页眉是自动出现在第一个打印页顶部的文本，页脚是显示在每一个打印页底部的文本，本节将介绍如何创建页眉和页脚。

1. 添加页眉和页脚

页眉和页脚在打印工作表时非常有用，通常会将有关工作表的标题放在页眉中，而将页码放置在页脚中。

如果要在工作表中添加页眉或页脚，需要打开【插入】选项卡，在【文本】组中单击【页眉和页脚】按钮，进入【页眉和页脚工具】编辑页面进行设置。添加页眉和页脚后，在打印预览窗格中可以查看页眉和页脚。

下面在“工艺品销售统计”中添加页眉和页脚，具体操作如下：

(1) 启动 Excel 2010 应用程序，打开“产品销售”工作簿的 Sheet1 工作表。

(2) 打开【插入】选项卡，在【文本】组中单击【页眉和页脚】按钮，进入【页眉和页脚工具】编辑页面，如图 7-27 所示。

(3) 在【页眉】编辑文本框中输入页眉文本，如图 7-28 所示。

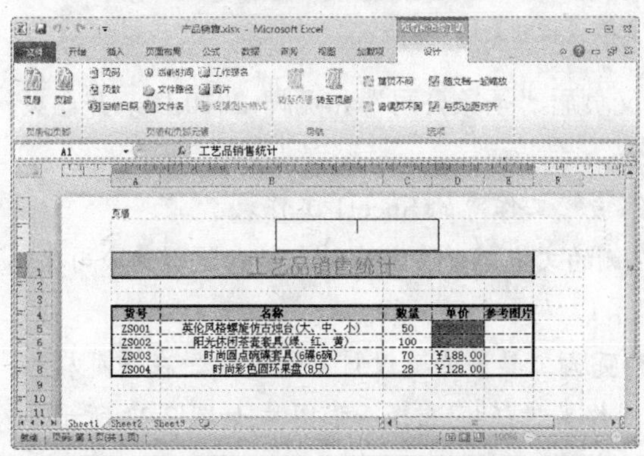

图 7-27　进入【页眉和页脚工具】编辑页面

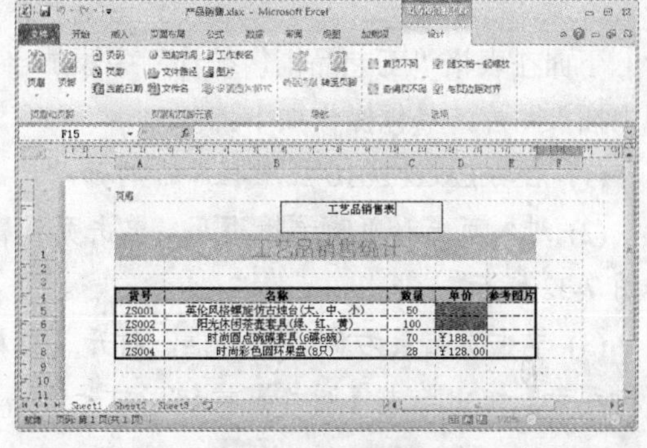

图 7-28　输入页眉

(4) 拖动右侧的滚动条，在页脚的“单击即可添加页脚”文本框处单击，输入页码，如图 7-29 所示。

(5) 单击【文件】按钮，从弹出的【文件】菜单中选择【打印】命令，在右侧的预览窗格中即可查看添加的页眉和页脚效果，如图 7-30 所示。

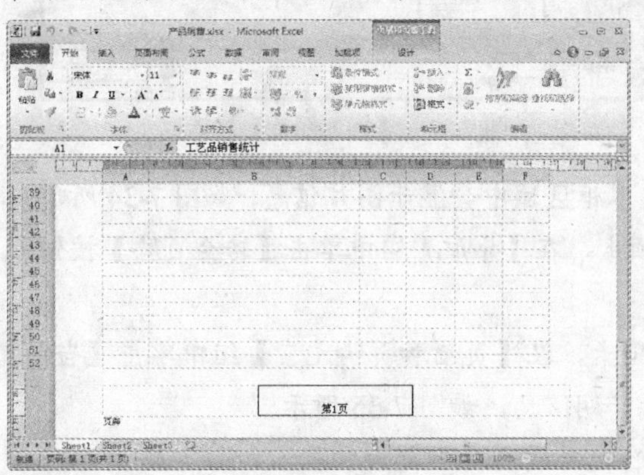

图 7-29　输入页脚

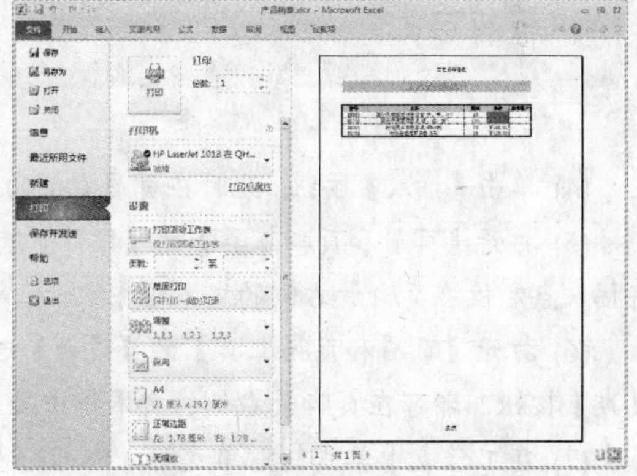

图 7-30　查看页眉和页脚效果

2. 自定义页眉和页脚

在 Excel 2010 中，还可以自定义页眉和页脚，但是每张工作表只能创建一种自定义页眉和页脚。如果创建了新的自定义页眉或页脚，它将自动替换工作表上的其他自定义页眉和页脚。

在工作表的页眉或页脚中还可以根据需要插入各种项目，包括当前页页码、总页码、当前时间、工作簿的路径和文件名、图片等。这些项目都可以通过如图 7-31 所示的【页眉和页脚工具】的【设计】选项卡中的命令按钮来完成。

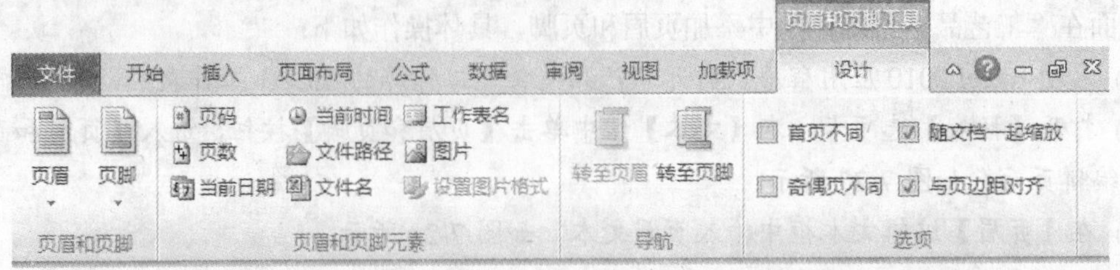

图 7-31　【页眉和页脚工具】的【设计】选项卡

下面在表格“工艺品销售统计”中添加自定义页眉“圣象公司”和页脚 2010.10，并在页眉中插入图片，具体操作如下：

(1) 启动 Excel 2010 应用程序，打开“产品销售”工作簿的 Sheet1 工作表。

(2) 进入页眉和页脚编辑页面，单击页眉最左侧的文本框，在其中输入“友谊贸易公司”，如图 7-32 所示。

(3) 单击页眉最右侧的文本框，打开【页眉和页脚工具】的【设计】选项卡，在【页眉和页脚元素】组中单击【图片】按钮，打开【插入图片】对话框,选择一张图片,如图 7-33 所示。

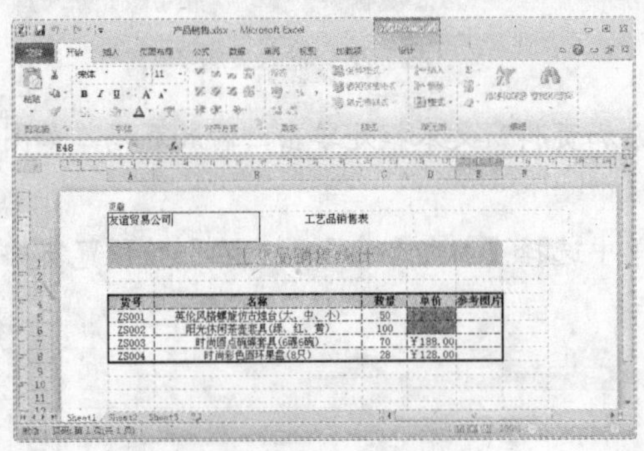

图 7-32　输入页眉文本

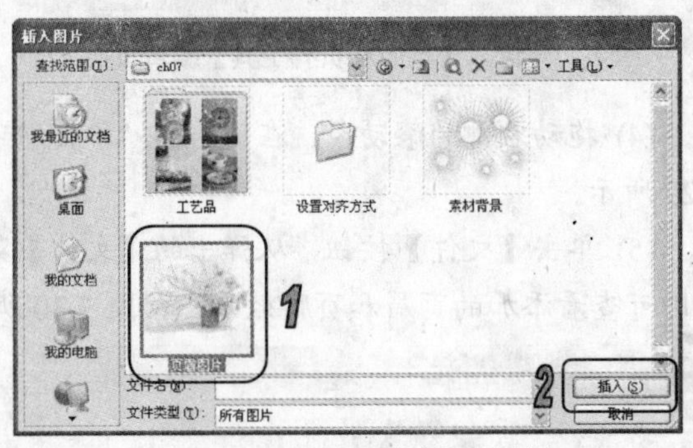

图 7-33　【插入图片】对话框

(4) 单击【插入】按钮，此时在页眉右侧的文本框区域中会显示图片信息，如图 7-34 所示。

(5) 打开【页眉和页脚工具】的【设计】选项卡，在【导航】组中单击【转至页脚】按钮，将插入点定位在页脚最右侧的文本框中。

(6) 打开【页眉和页脚工具】的【设计】选项卡，在【页眉和页脚元素】组中单击【当前日期】按钮，即可在页脚最右侧的文本框中显示日期信息，如图 7-35 所示。

(7) 在工作表中单击任意单元格，即可查看自定义的页眉和页脚效果，如图 7-36 所示。

提示

打开【视图】选项卡，在【工作簿视图】组中单击【普通】按钮，即可切换至普通视图中，不显示页面和页脚效果；单击【页面布局】按钮，切换至页面视图，即可查看页面和页脚效果。

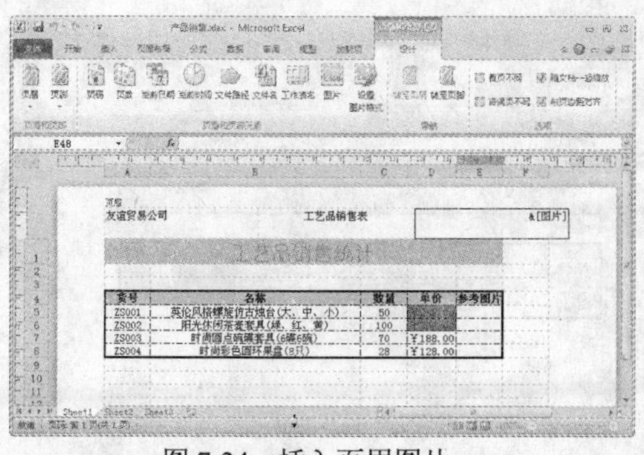

图 7-34　插入页眉图片

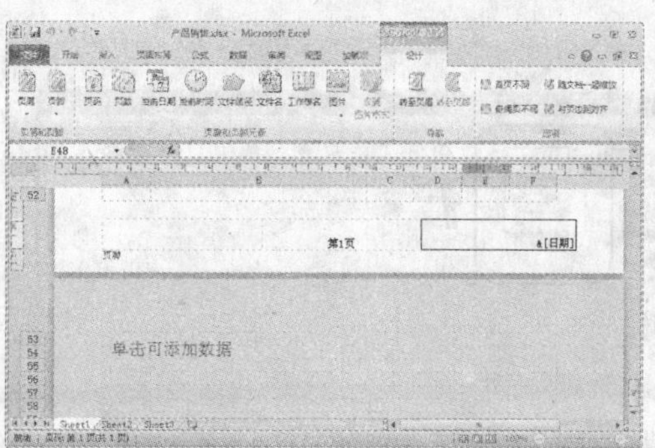

图 7-35　在页脚处插入当前日期

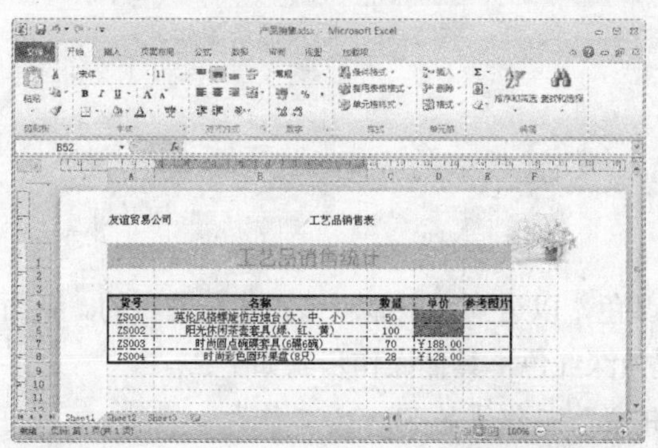

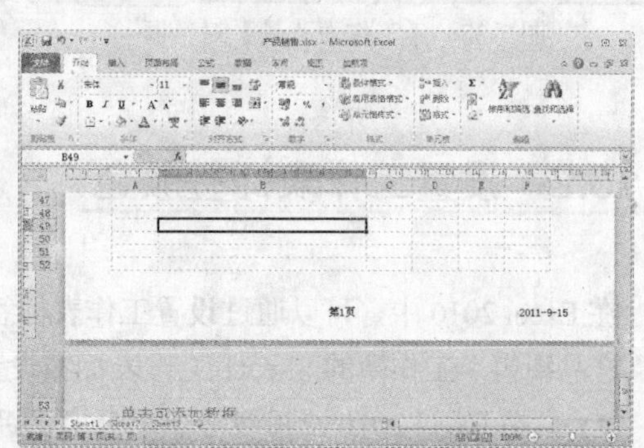

图 7-36　显示自定义页眉与页脚

7.3　美化工作表—实战 23：美化“工艺品销售表”

为了使工作表更为美观，不再单调，用户不仅可以为工作表添加背景填充色，还可以为工作表自动套用格式。

7.3.1　设置工作表背景

在 Excel 2010 中，除了可以为选定的单元格区域设置底纹样式和填充颜色之外，用户还可以为整个工作表添加背景效果，以达到美化工作表的目的。

下面将为“工艺品销售统计”添加背景图片，具体操作如下：

(1) 启动 Excel 2010 应用程序，打开“产品销售”工作簿的 Sheet1 工作表。

(2) 打开【页面布局】选项卡，在【页面设置】组中单击【背景】按钮，打开【工作表背景】对话框，选择要作为背景的图片文件，如图 7-37 所示。

(3) 单击【插入】按钮，即可将其设置为工作表的背景图片，如图 7-38 所示。

知识点

若要取消工作表的背景图片，在【页面布局】选项卡的【页面设置】组中单击【删除背景】按钮即可。

图 7-37 【工作表背景】对话框

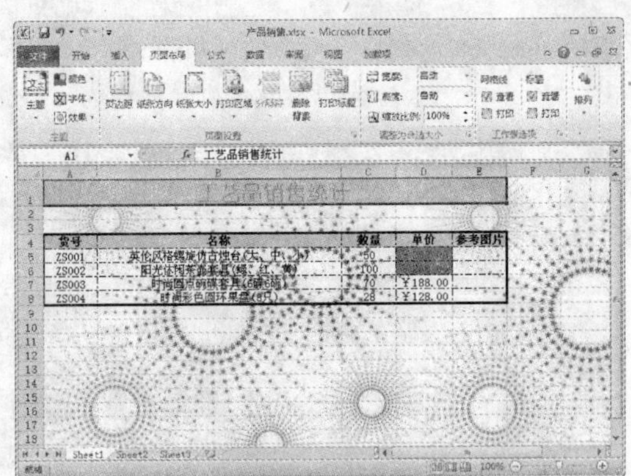

图 7-38 插入背景图片

7.3.2 设置工作表标签颜色

在 Excel 2010 中，可以通过设置工作表标签颜色，以达到突出显示该工作表的目的。下面将“产品销售”工作簿的 Sheet1 工作表标签设置为深红色，具体操作步骤如下：

(1) 启动 Excel 2010 应用程序，打开“产品销售”工作簿的 Sheet1 工作表。

(2) 右击 Sheet1 工作表标签，从弹出的快捷菜单中选择【工作表标签颜色】|【其他颜色】命令，如图 7-39 所示。

(3) 打开【颜色】对话框，选择【深红色】色块，如图 7-40 所示。

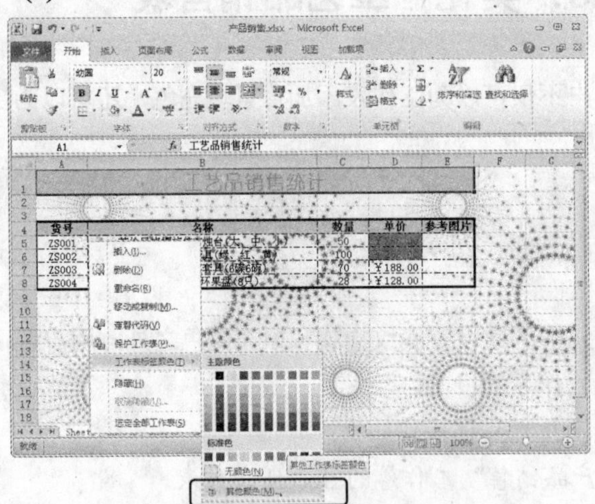

图 7-39 执行工作表标签颜色的设置

图 7-40 【颜色】对话框

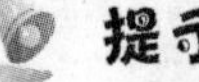

提示

在【工作表标签颜色】子菜单中的【主题颜色】和【标准色】列表中可以直接选择一种色块；选择【无颜色】命令，即可设置工作表标签无填充色。

(4) 设置完成后，单击【确定】按钮，此时工作表标签颜色效果如图 7-41 所示。

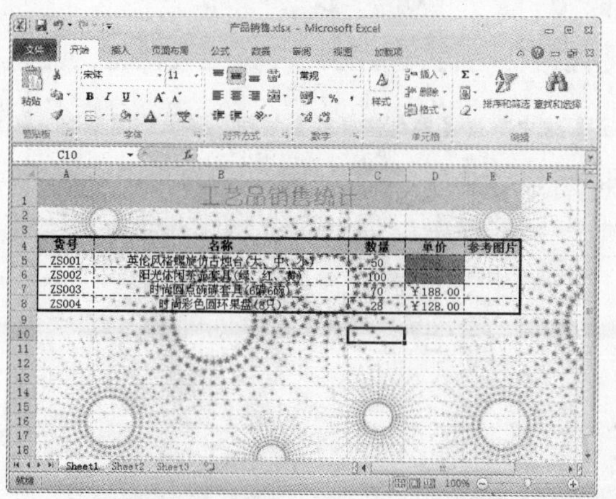

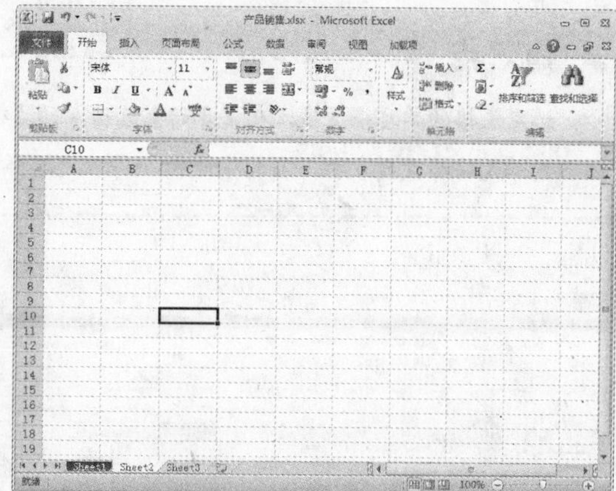

图 7-41　设置工作表标签颜色

7.3.3　表格的自动套用格式功能

自动套用格式是指把已有的格式自动套用到用户指定的区域。Excel 2010 的自动套用格式功能提供了多种表格样式，用户可以选择需要的样式快速美化工作表。

下面将在“产品销售”工作簿自动套用【表样式深色 2】格式，具体操作步骤如下：

(1) 启动 Excel 2010 应用程序，打开“产品销售”工作簿的 Sheet1 工作表，并选定表格所在的 A4:E8 单元格区域。

(2) 打开【开始】选项卡，在【样式】组中单击【套用表格格式】按钮，从弹出的列表框中选择【表样式深色 2】样式，如图 7-42 所示。

(3) 打开【套用表样式】对话框，保持默认设置，单击【确定】按钮，如图 7-43 所示。

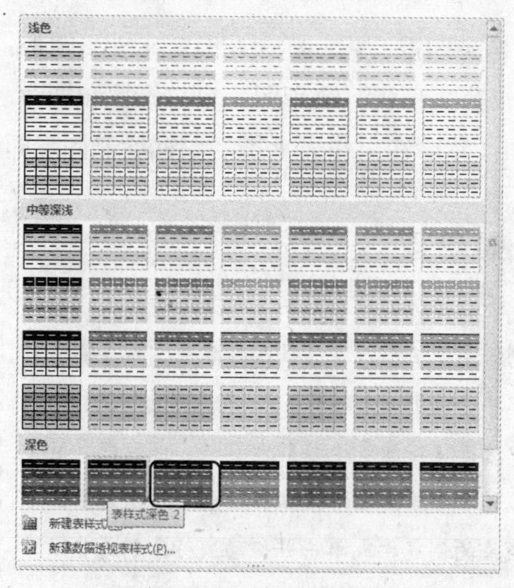

图 7-42　表格格式

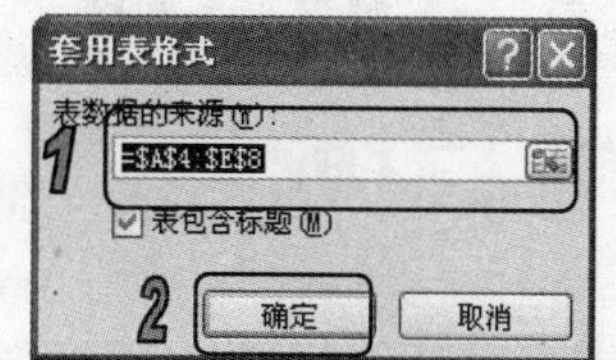

图 7-43　【套用表样式】对话框

(4) 此时即可为选定的单元格区域自动套用该表格样式，效果如图 7-44 所示。

知识点

选定表格的单元格区域，在【开始】选项卡的【样式】组中单击【单元格样式】按钮，弹出如图 7-45 所示的单元格样式列表框，在其中选择一种单元格样式，即可快速套用该单元格样式。

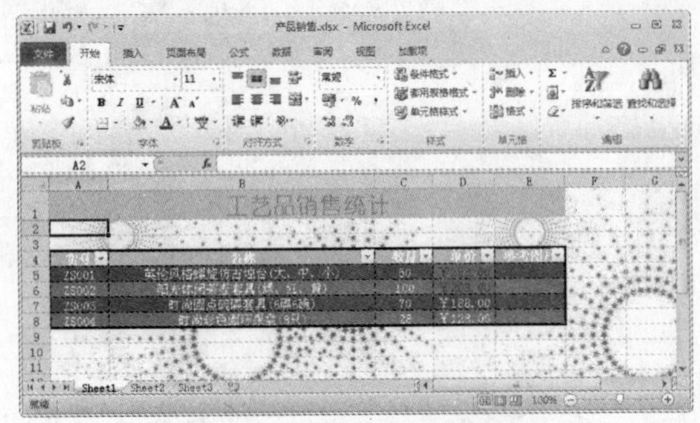

图 7-44　应用表格样式

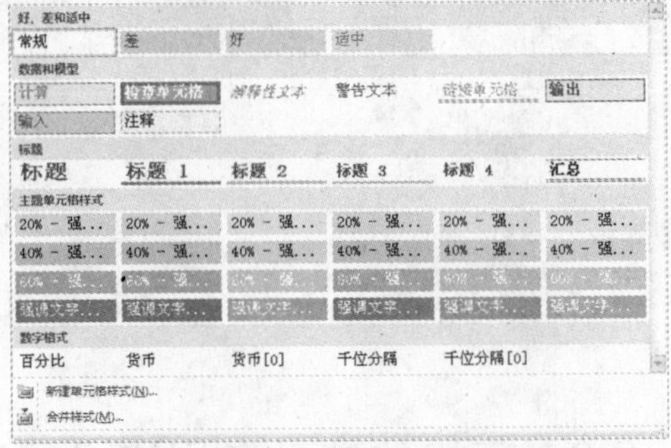

图 7-45　单元格样式

7.4　添加对象修饰工作表—实战 24：修饰“工艺品销售表”

Excel 2010 不仅支持数据输入与格式化功能，还有支持图形处理功能，允许向工作表中添加图形、文本、图片和艺术字等对象，从而达到修饰工作表外观的目的。

7.4.1　绘制图形

利用 Excel 2010 系统提供的形状，可以绘制出各种图形。Excel 2010 内置 8 大类图形，大约 170 种，分为线条、矩形、基本性质、箭头总汇、公式形状、流程图、星与旗帜和标注，如图 7-46 所示。用户可以根据需要从中选择适当的图形，然后在工作表上拖动鼠标绘制图形即可。

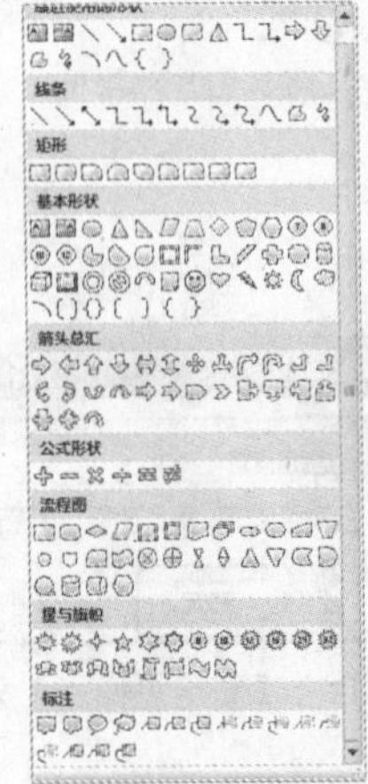

图 7-46　Excel 2010 系统提供的形状

知识点

一些形状的应用需要使用不同的方法，例如绘制任意多边形，在【插入】选项卡的【插图】组中单击【形状】按钮，在弹出的【形状】列表框中选择【任意多边形】选项，然后拖动鼠标在工作表中绘制图形，需要注意的是重复单击完成线条的创建，或单击并拖动鼠标来创建非线性的形状，双击鼠标结束绘制并创建形状。

下面将在“产品销售”工作簿中，绘制一条直线，设置线型为【点划线】，线性为【1.5 磅】，线条颜色为【深蓝】，阴影样式为【向上偏移】；绘制横卷形，设置其大小与位置，形状样式为【细微效果-蓝色，强调颜色 1】，具体操作如下：

(1) 启动 Excel 2010 应用程序，打开“产品销售”工作簿的 Sheet1 工作表。

(2) 打开【插入】选项卡，在【插图】组中单击【形状】按钮，从弹出的列表框中选择【直线】选项，将指针移动到标题单元格下，待指针变为“十”形状时，拖动鼠标左键绘制一条直线，如图 7-47 所示。

(3) 打开【绘图工具】的【格式】选项卡，在【形状样式】组中单击【形状轮廓】按钮，从弹出的颜色面板中选择【深蓝，文字 2】色块，然后选择【粗线】|【1.5 磅】选项，如图 7-48 所示。

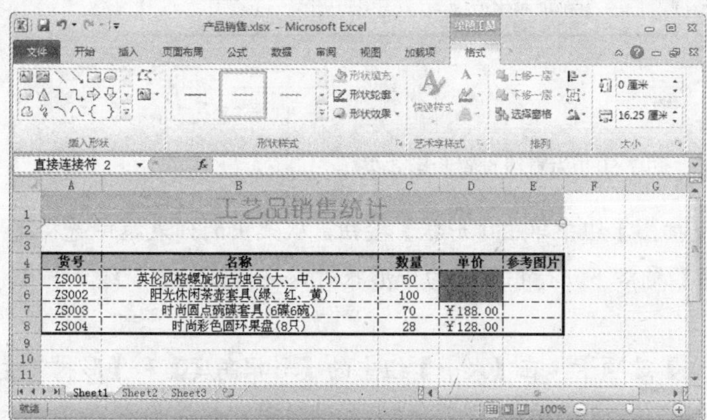

图 7-47 绘制一条直线

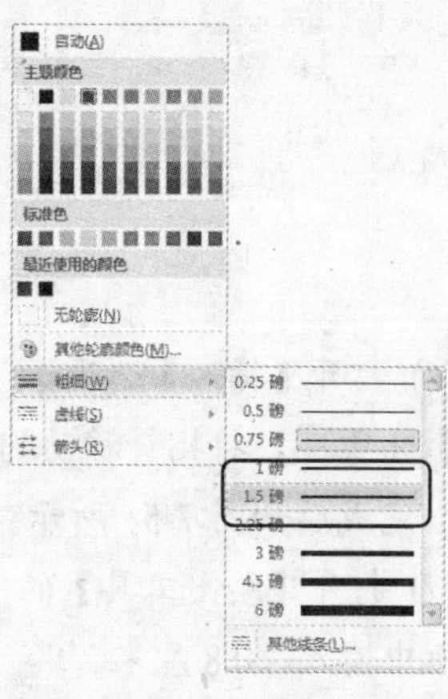

图 7-48 设置直线颜色和线型

(4) 在【形状样式】组中单击【形状轮廓】按钮，从弹出的颜色面板中选择【虚线】|【划线-点】选项，为直线应用形状轮廓样式，如图 7-49 所示。

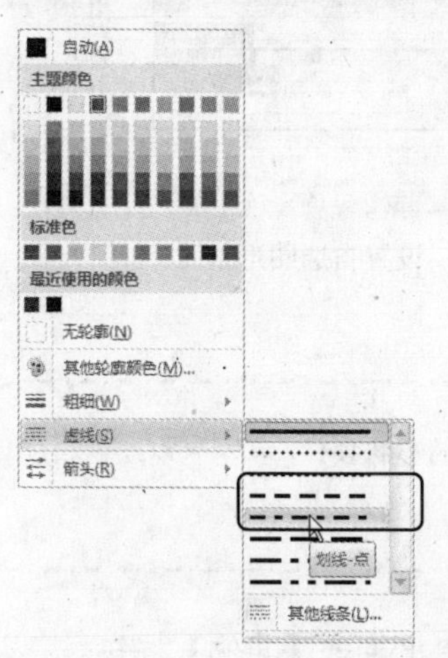

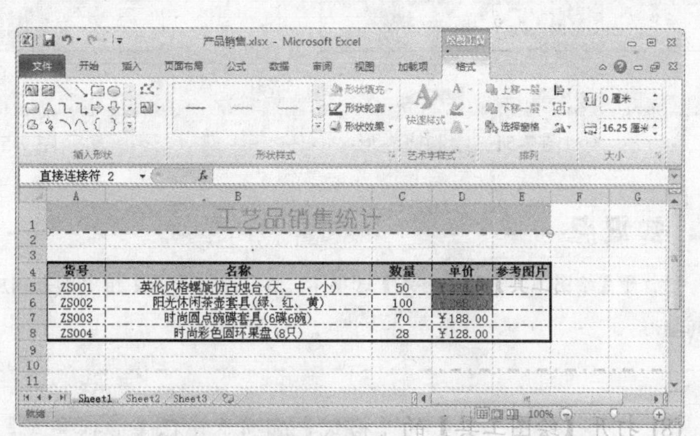

图 7-49 设置直线为虚线模式

(5) 在【形状样式】组中单击【形状效果】按钮，从弹出的菜单中选择【阴影】命令，然后从弹出的【外部】选项区域中选择【向上偏移】选项，为直线设置阴影效果，如图 7-50 所示。

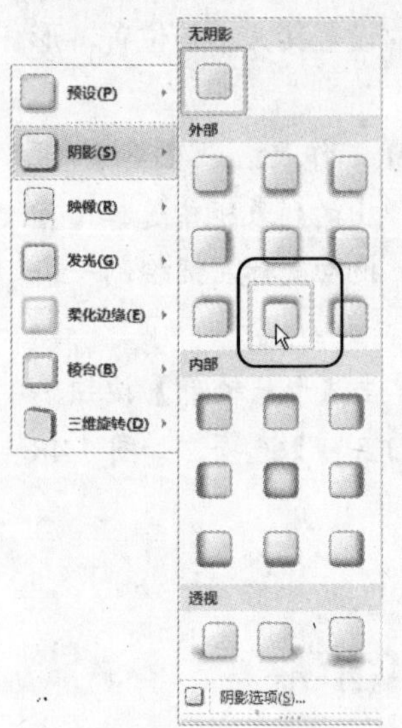

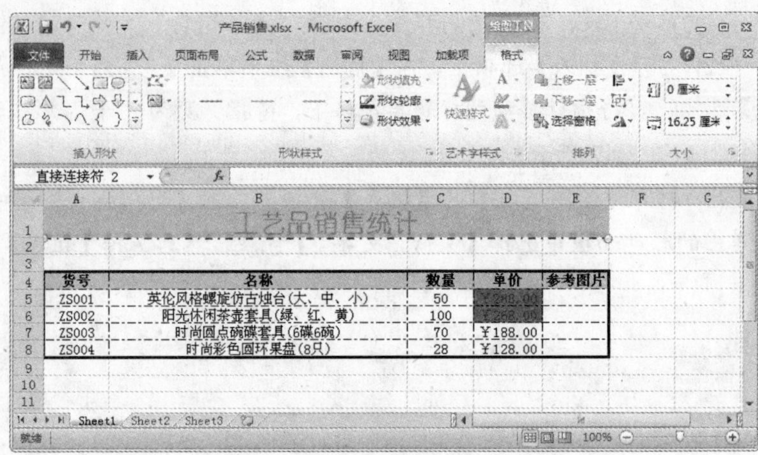

图 7-50　为直线设置阴影效果

(6) 打开【插入】选项卡，在【插图】组中单击【形状】按钮，从弹出的列表框中选择【横卷形】选项，将指针移动到标题单元格下，待指针变为十形状时，拖动鼠标左键绘制一个横卷形，完成后如图 7-51 所示。

(7) 打开【绘图工具】的【格式】选项卡，在【大小】组中的【形状高度】和【形状宽度】微调框中输入“0.8 厘米”和“3 厘米”，并拖动鼠标调节横卷形的位置，效果如图 7-52 所示。

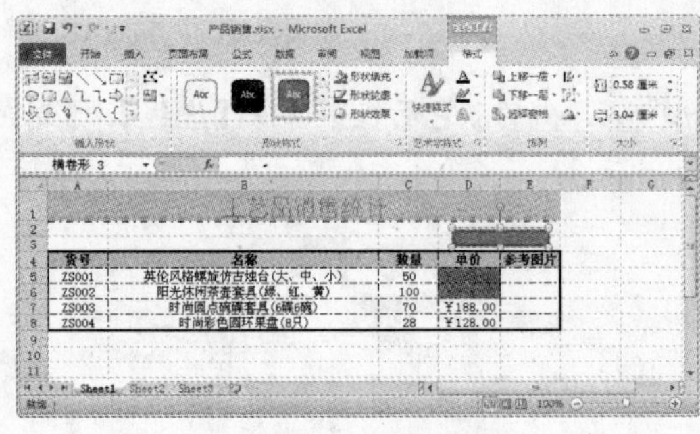

图 7-51　绘制横卷形

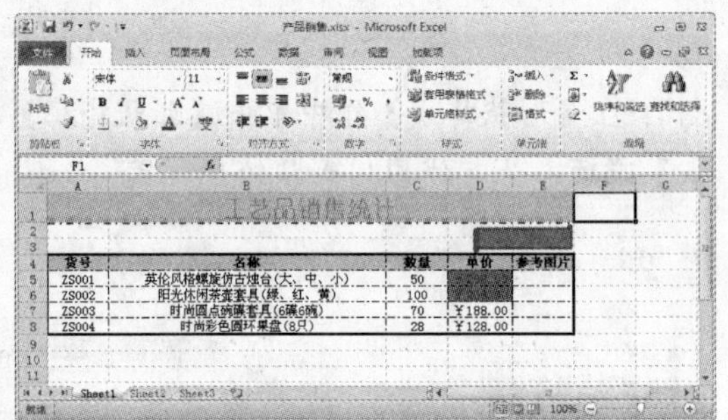

图 7-52　设置自选图形格式

知识点

打开【绘图工具】的【格式】选项卡，在【插入形状】组中单击相应的形状按钮，同样可以绘制相应的图形。

(8) 打开【绘图工具】的【格式】选项卡，在【形状样式】组中单击【其他】按钮，从弹出的列表框中选择【细微效果-蓝色，强调颜色 1】样式，即可快速应用该样式，如图 7-53 所示。

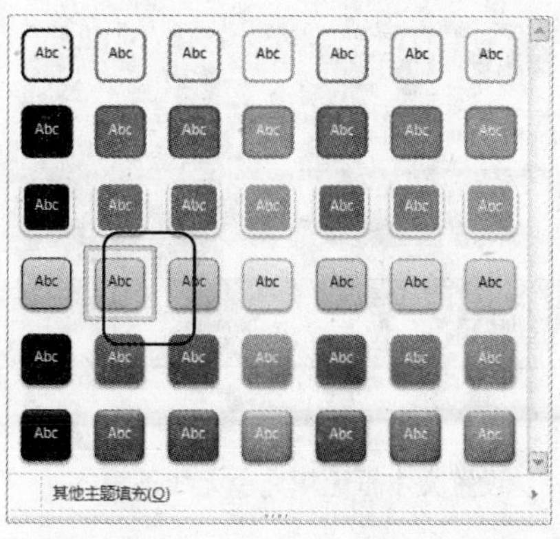

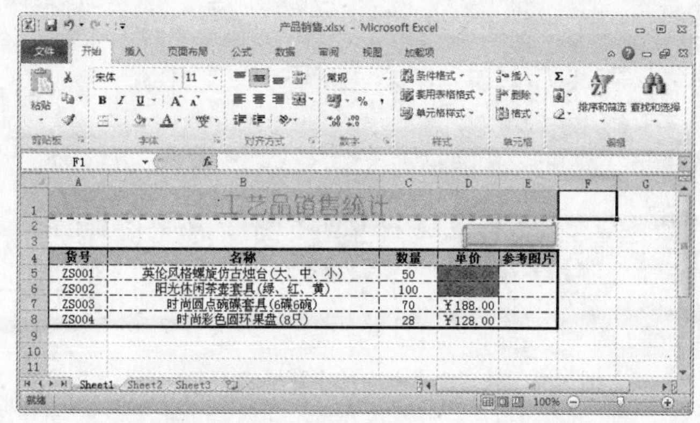

图 7-53　应用内置的形状样式

7.4.2　添加文本框

通常，在单元格中直接输入文本是向工作表中添加文本的最简捷方式，但是如果要添加不属于单元格的“浮动”文本，例如，为插入的图形创建图注，则需要使用文本框功能。

下面将在“工艺品销售统计”的横卷形图形中添加文本 2011-10-10，设置字体为 Times New Roman，大小为 12，居中对齐，并设置文本框无填充色和线条颜色，具体步骤如下：

(1) 启动 Excel 2010 应用程序，打开“产品销售”工作簿的 Sheet1 工作表。

(2) 打开【插入】选项卡，在【文本】组中单击【文本框】按钮，从弹出的菜单中选择【横排文本框】选项，在工作表中的横卷形图形位置拖动鼠标绘制文本框，如图 7-54 所示。

(3) 在文本框的插入点中输入 2011-10-10，如图 7-55 所示。

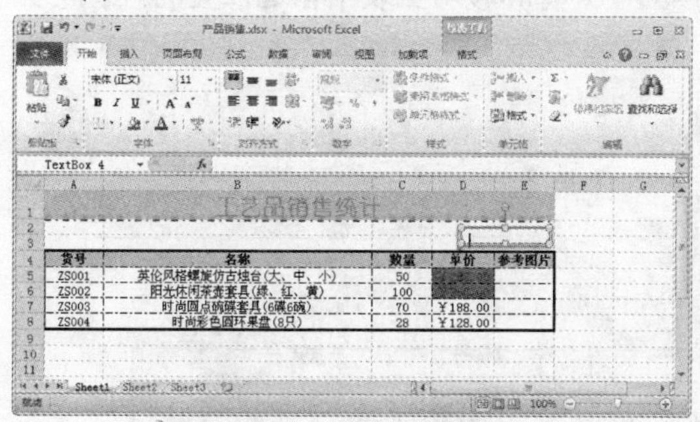

图 7-54　绘制文本框

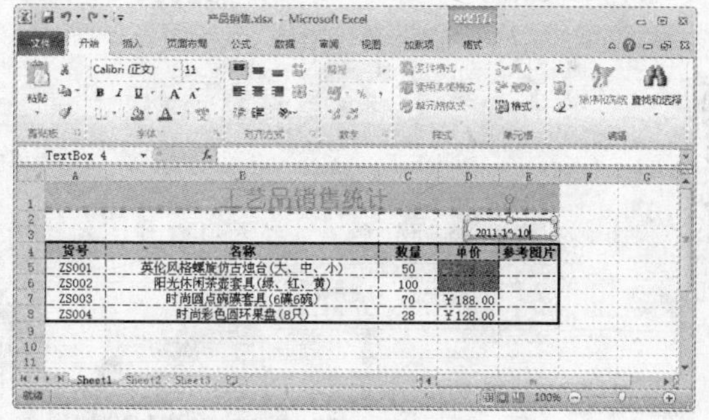

图 7-55　输入文本

(4) 选择文本框中的文本，打开【开始】选项卡，在【字体】组的【字体】下拉列表框中选择 Times New Roman 选项，在【字号】下拉列表框中选择 12 选项，在【对齐方式】组中单击【居中】和【垂直居中】按钮，完成设置后的效果如图 7-56 所示。

(5) 选中文本框，打开【绘图工具】的【格式】选项卡，在【形状颜色】组中单击【形状填充】下拉按钮，从弹出的下拉菜单中选择【无填充颜色】命令；单击【形状轮廓】下拉按钮，从弹出的下拉菜单中选择【无轮廓】命令，设置文本框无填充色无线条颜色，最终效果如图 7-57 所示。

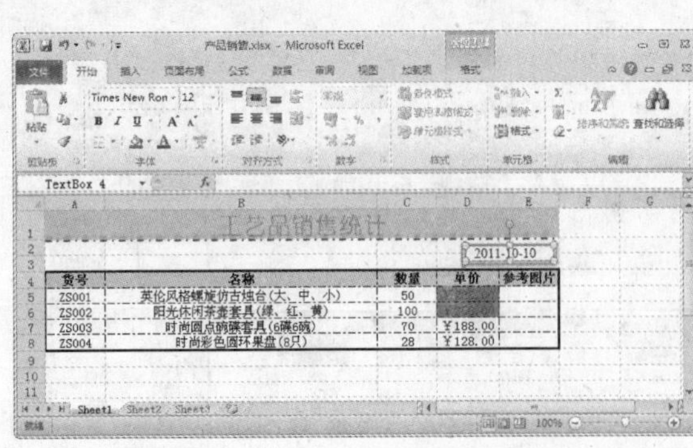

图 7-56　设置文本框中的字体格式

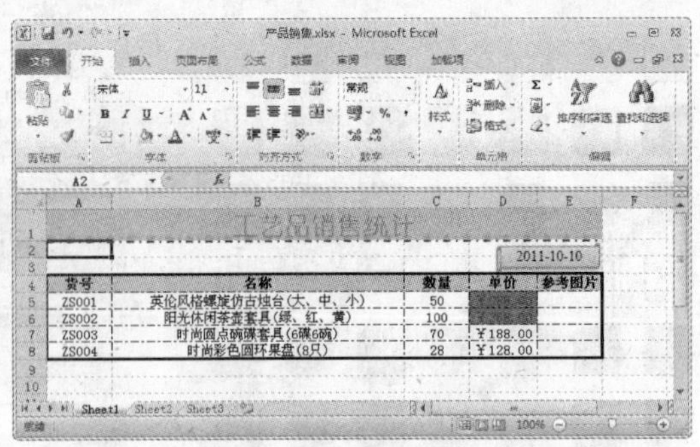

图 7-57　设置文本框无填充色无线条颜色

7.4.3　插入剪贴画

Excel 2010 自带很多剪贴画，用户只需在剪贴画库中单击图形即可将其插入至当前工作表中，轻松达到美化工作表的目的。

下面将在表格“工艺品销售统计”中插入工艺类剪贴画，具体步骤如下：

(1) 启动 Excel 2010 应用程序，打开“产品销售”工作簿的 Sheet1 工作表。

(2) 打开【插入】选项卡，在【插图】组单击【剪贴画】按钮，打开【剪贴画】任务窗格。

(3) 在【搜索文字】文本框中输入“工艺”，然后单击【搜索】按钮，在下面的列表框中会显示满足搜索条件的剪贴画。

(4) 在搜索结果中，单击剪贴画即可将其插入表格“工艺品销售统计”中，如图 7-58 所示。

(5) 拖动剪贴画四周的控制点来调整剪贴画的大小，并将其移动至表中合适位置，如图 7-59 所示。

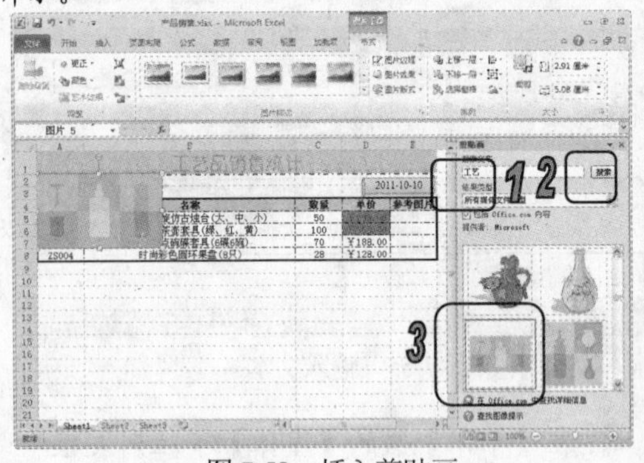

图 7-58　插入剪贴画

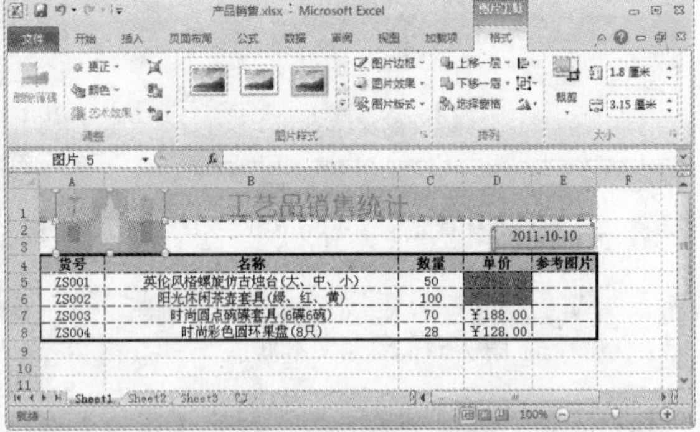

图 7-59　编辑剪贴画

提示

打开【图片工具】的【格式】选项卡，使用功能区中的命令按钮，可以快速调整图片大小和裁剪图片，调整图片亮度、对比度、色调，设置图片版式和形状样式等操作，方法与 Word 文档中图片属性设置类似，在此不做详细介绍。

7.4.4 插入图片

在工作表中除了可以插入剪贴画外，还可以插入已有的图片文件，使工作表更加生动形象。这些图片可以在磁盘上，也可以在网络驱动器上，甚至在 Internet 上。

打开【插入】选项卡，在【插图】组中单击【图片】按钮，打开如图 7-60 所示的【插入图片】对话框。在该对话框中打开【查找范围】下拉列表，从中选择所需要图片的路径，然后在文件名称的列表框中选择用户所需要的图片，最后单击【插入】按钮即可插入来自文件的图片。

知识点

Excel 2010 支持所有常用的图片文件格式，如 BMP、JPG、GIF、PNG 以及 Windows 位图等。

图 7-60 【插入图片】对话框

提示

在【插入图片】对话框的工具栏上单击【视图】按钮，可以设置对话框中图片文件的显示方式，如缩略图、列表、图标、详细信息等。

下面将在“工艺品销售统计”中插入工艺品的图片，具体操作步骤如下：

(1) 启动 Excel 2010 应用程序，打开“产品销售”工作簿的 Sheet1 工作表。

(2) 选定 5~8 行单元格，打开【开始】选项卡，在【单元格】组中单击【格式】按钮，从弹出的菜单中选择【行高】命令，打开【行高】对话框，在【行高】文本框中输入 80，单击【确定】按钮，如图 7-61 所示。

(3) 使用同样的方法，设置 E 列的列宽为 20，完成后的效果如图 7-62 所示。

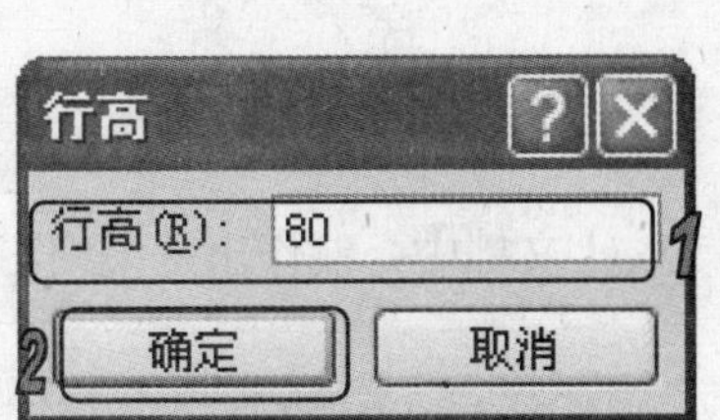

图 7-61 【行高】对话框

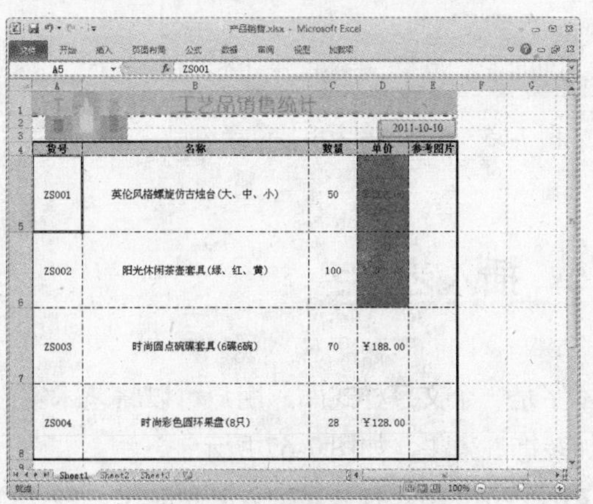

图 7-62 设置行高和列宽

(4) 打开【插入】选项卡，在【插图】组中单击【图片】按钮，打开【插入图片】对话框，在其中选择要插入的物品图片，如图 7-63 所示。

(5) 单击【插入】按钮，即可将图片插入工作表中，如图 7-64 所示。

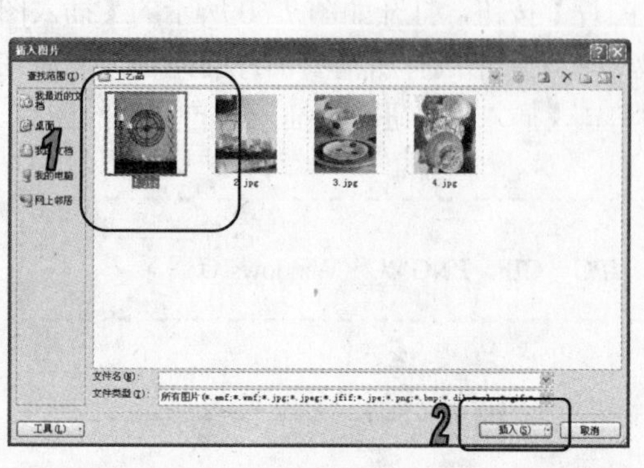

图 7-63　选择要插入的图片

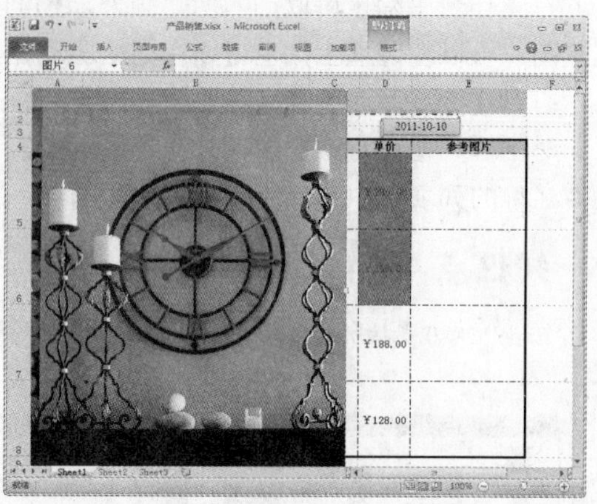

图 7-64　插入图片

(6) 打开【图片工具】的【格式】选项卡，在【大小】组中设置图片的高度为“2.8 厘米”，宽度为“2.24 厘米”，并拖动鼠标移动图片至 E5 单元格中，完成后效果如图 7-65 所示。

(7) 按照上面的方法，依次为工作表中的其他艺术品添加相关图片，最终效果如图 7-66 所示。

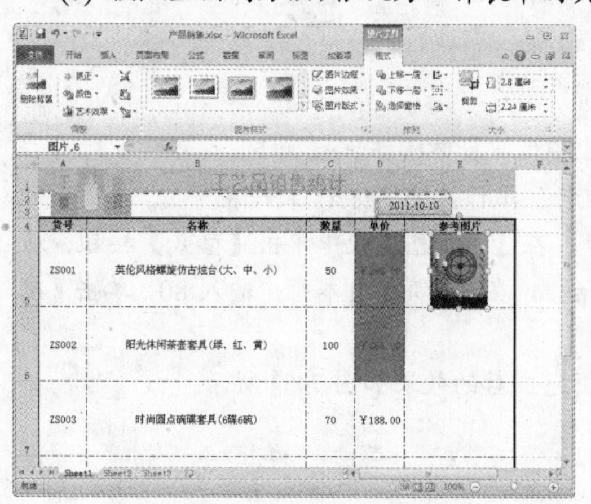

图 7-65　调整图片大小与位置

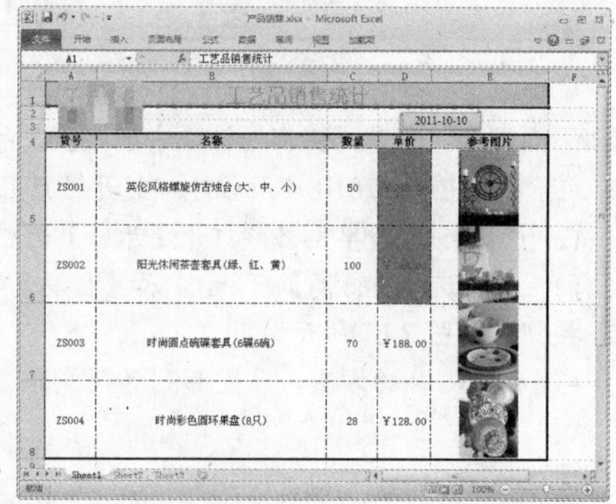

图 7-66　插入其他工艺品图片

7.4.5　插入艺术字

艺术字是一个文字样式库，用户可以将艺术字添加到 Excel 文档中，制作出效果绚丽的文本，增加装饰性效果，如图 7-67 所示。

在 Excel 2010 中，打开【插入】选项卡，在【文本】组中单击【艺术字】按钮，从弹出的艺术字样式列表框中选择样式，即可快速在工作表插入艺术字文本框。

图 7-67　艺术字效果

提示

在 Excel 2010 中，艺术字是当作一种图形对象来处理的，而不是文本对象。

下面将在表格“工艺品销售统计”中插入艺术字，具体操作步骤如下：

(1) 启动 Excel 2010 应用程序，打开“产品销售”工作簿的 Sheet1 工作表。

(2) 打开【插入】选项卡，在【文本】组中单击【艺术字】按钮，从弹出的艺术字样式列表框中选择一款艺术字样式，此时在工作表中即可插入艺术字文本框，如图 7-68 所示。

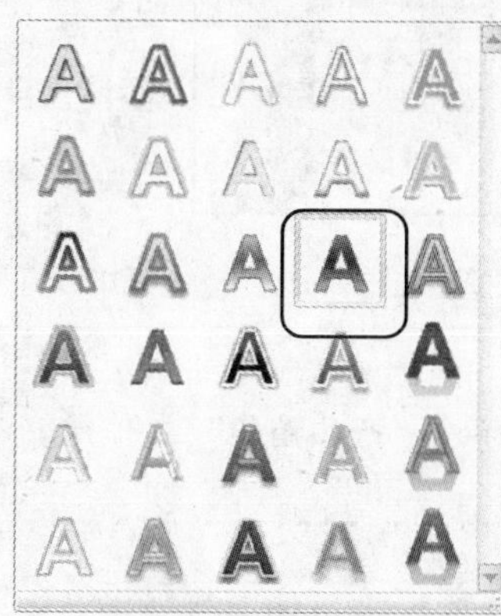

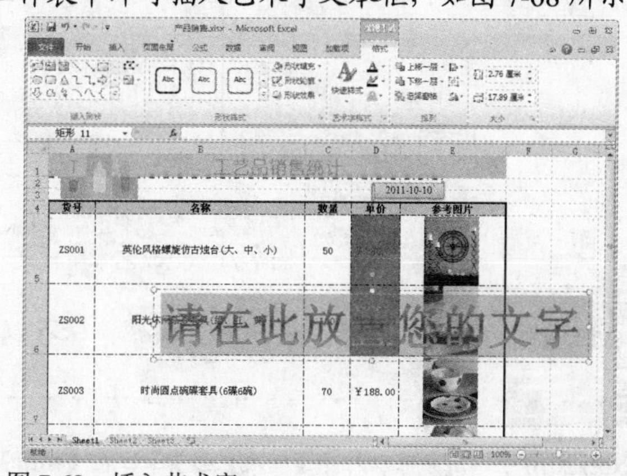

图 7-68　插入艺术字

(3) 选中“请在此放置您的文字”文本，输入艺术字文本“友谊贸易公司展示”，如图 7-69 所示。

(4) 打开【开始】选项卡，在【对齐方式】组中单击【方向】按钮，从弹出的菜单中选择【竖排文字】命令，设置文字竖排显示。

(5) 在【开始】选项卡的【字体】组中单击【字号】下拉按钮，从弹出的下拉列表框中选择 36 选项，调整艺术字至合适位置，完成后效果如图 7-70 所示。

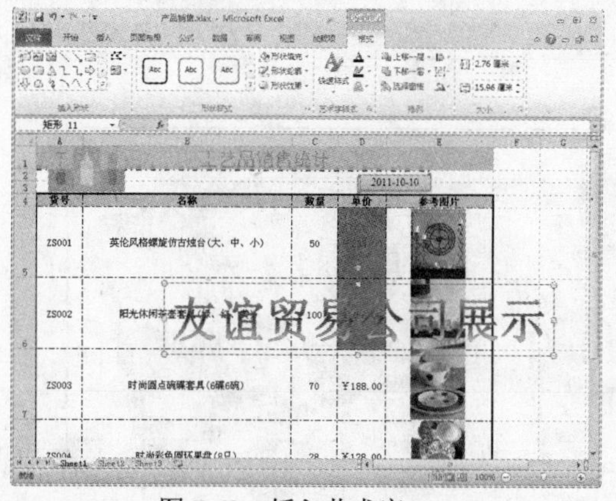

图 7-69　插入艺术字

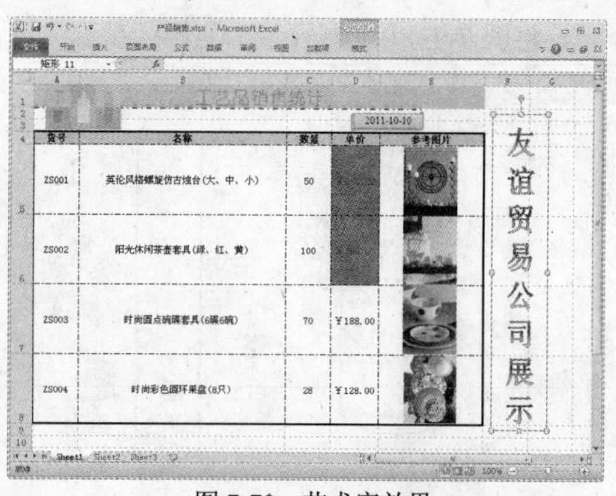

图 7-70　艺术字效果

(6) 打开【绘图工具】的【格式】选项卡，在【艺术字样式】组中单击【文字效果】按钮，从弹出的菜单中选择【转换】命令，在【弯曲】子菜单选择【波形 2】样式，快速更改艺术字的样式，如图 7-71 所示。

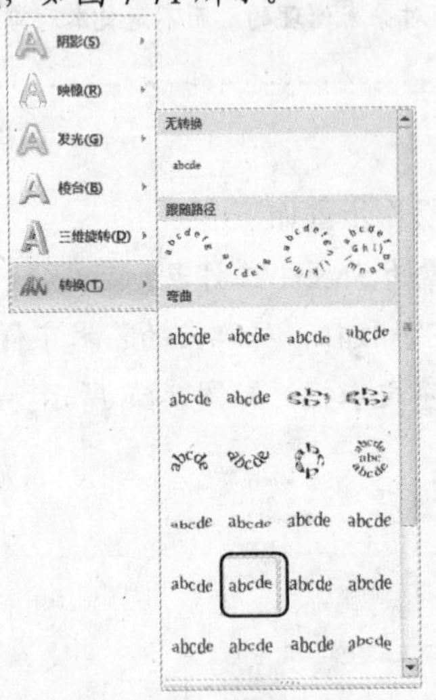

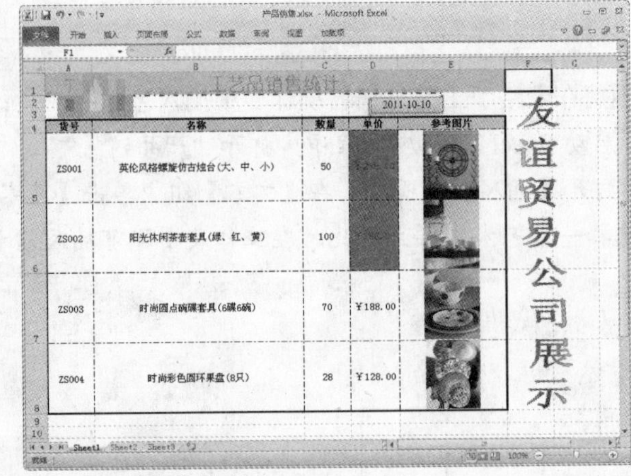

图 7-71　更改艺术字样式

(7) 在快递访问工具栏中单击【保存】按钮，保存制作好的“产品销售”工作簿。

提示

在 Excel 2010 中，用户可以打开【插入】选项卡，在【插图】组中单击 SmartArt 按钮 SmartArt，即可创建组织结构图，以说明层次关系，例如公司内部的部门经理和下级的关系。在插入组织结构图之前，有些组织结构图中特殊的称谓需要加以说明，以帮助用户理解。

7.5　习题

1. 使用【形状】命令按钮在工作表中绘制如图 7-72 所示图形。
2. 将图 7-73 中左图设置为右图效果。

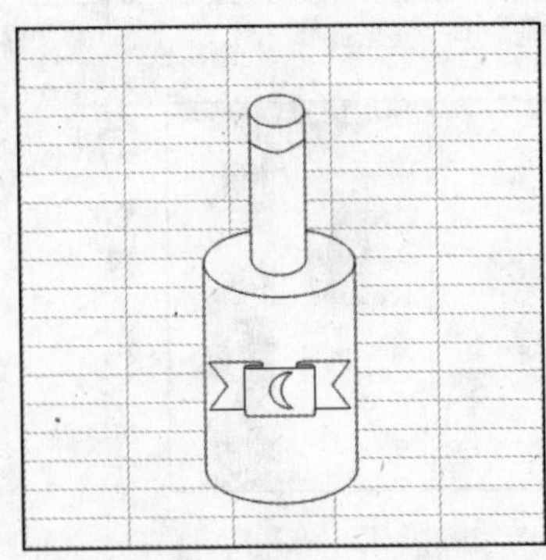

图 7-72　习题 1

图 7-73　习题 2

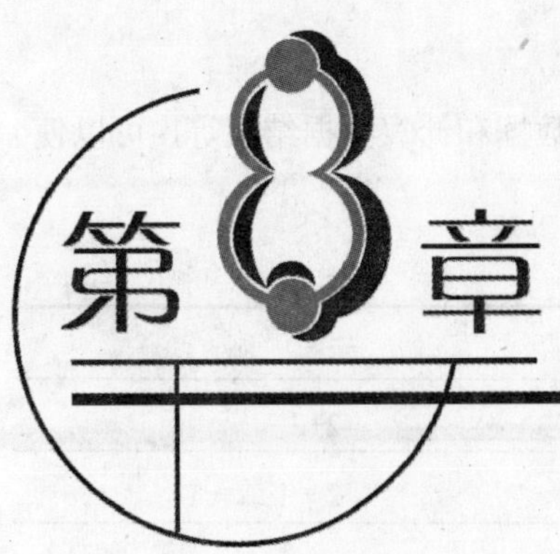

第8章 数据计算

学习目标

分析和处理 Excel 工作表中的数据，均离不开公式和函数。公式是函数的基础，它是单元格中的一系列值、单元格引用、名称或运算符的组合，通过运算可以生成新的值。函数是 Excel 预定义的内置公式，可以进行数学、文本、逻辑的运算或者查找工作表的信息，与直接使用公式进行计算相比较，使用函数进行计算的速度更快，同时减少了错误的发生。

本章重点

- 运算符的类型与优先级
- 公式的基本操作
- 插入函数
- 嵌套函数

8.1 公式的使用—实战 25：在“公司考核表”中插入公式

公式是单元格中的一系列以等号(＝)开始的值、单元格引用、名称或运算符的组合，使用公式可以生成新的值。在 Excel 2010 中，公式遵循一个特定的语法或次序：最前面是等号“=”，后面是参与计算的数据对象和运算符。每个数据对象可以是常量数值、单元格或引用的单元格区域、标志、名称等。

8.1.1 公式运算符的类型

运算符用来说明对运算对象进行了何种操作，如+是把前后两个操作对象进行了加法运算。Excel 中运算符主要有：算术运算符、文本运算符、比较运算符和引用运算符。

1. 算术运算符

如果要完成基本的数学运算，如加法、减法和乘法，连接数据和计算数据结果等，可以使用表 8-1 所示的算术运算符。

表 8-1　算术运算符

算术运算符	含　义	示　例
+(加号)	加法运算	2+2
－(减号)	减法运算或负数	2－1 或－1
*(星号)	乘法运算	2*2
/(正斜线)	除法运算	2/2
%(百分号)	百分比	20%
^(插入符号)	乘幂运算	2^2

2. 比较运算符

使用表 8-2 所示的运算符可以比较两个值的大小。当用运算符比较两个值时，结果为逻辑值，满足运算符则为 TRUE，反之则为 FALSE。

表 8-2　比较运算符

比较运算符	含　义	示　例
=(等号)	等于	A1=B1
>(大于号)	大于	A1>B1
<(小于号)	小于	A1<B1
>=(大于等于号)	大于或等于	A1>=B1
<=(小于等于号)	小于或等于	A1<=B1
<>(不等号)	不相等	A1<>B1

3. 文本连接运算符

使用和号(&)可以加入或连接一个或更多文本字符串，以产生一串新的文本，表 8-3 表示为文本连接运算符的含义。

表 8-3　文本连接运算符

文本连接运算符	含　义	示　例
&(和号)	将两个文本值连接或串起来产生一个连续的文本值	如“kb”&“soft”

4. 引用运算符

单元格引用用于表示单元格在工作表上所处位置的坐标集。例如，显示在第 B 列和第 3 行交叉处的单元格，其引用形式为 B3。使用表 8-4 所示的引用运算符可以将单元格区域合并计算。

表 8-4 引用运算符

引用运算符	含 义	示 例
:(冒号)	区域运算符，产生对包括在两个引用之间的所有单元格的引用	(A5:A15)
,(逗号)	联合运算符，将多个引用合并为一个引用	(SUM(A5:A15,C5:C15)
(空格)	交叉运算符产生对两个引用共有的单元格的引用	(B7:D7 C6:C8)

比如，A1=B1+C1+D1+E1+F1，如果使用引用运算符，就可以把这一运算公式写为：A1=SUM(B1：F1)。

8.1.2 公式运算符的优先级

如果公式中同时用到多个运算符，Excel 2010 将会依照运算符的优先级来依次完成运算。如果公式中包含相同优先级的运算符，例如公式中同时包含乘法和除法运算符，则 Excel 将从左到右进行计算。Excel 2010 运算符优先级由高至低见表 8-5 所示。

表 8-5 运算符优先级

运 算 符	说 明
:(冒号) (单个空格) ,(逗号)	引用运算符
–	负号
%	百分比
^	乘幂
* 和 /	乘和除
+ 和 –	加和减
&	连接两个文本字符串(连接)
= < > <= >= <>	比较运算符

如果要更改求值的顺序，可以将公式中要优先计算的部分用括号括起来，例如，公式“=5+4*5”的值是 25，因为 Excel 2010 按先乘除后加减进行运算，先将 4 与 5 相乘，然后再加上 5，即得到结果 25。若在公式上添加括号如“=(5+4)*5”，则 Excel 2010 先用 5 加上 4，再用结果乘以 5，得到结果 45。

8.1.3 公式的基本操作

在使用公式时，首先应掌握公式的基本操作，包括输入、显示、复制以及删除等。

1. 输入公式

在 Excel 2010 中输入公式的方法与输入文本的方法类似，具体操作步骤为：选择要输入公式的单元格，然后在编辑栏中直接输入=符号，接着输入公式内容，按 Enter 键，即可将公式运算的结果显示在所选单元格中。

下面将打开 Excel 素材文件，在“公司考核表”工作簿 Sheet1 工作表的 G3 单元格中输入公式“=C3+D3+E3+F3”，具体操作如下：

(1) 启动 Excel 2010 应用程序，打开“公司考核表”工作簿的 Sheet1 工作表。

(2) 选择 G3 单元格，然后在编辑栏中输入公式“=C3+D3+E3+F3”，如图 8-1 所示。

(3) 按 Enter 键，即可在 G3 单元格中显示公式计算结果，如图 8-2 所示。

SUM =C3+D3+E3+F3

公司年度考核

编号	分公司地址	第一季度	第二季度	第三季度	第四季度	年度考核总分
1	北京	98	98	97	97	)3+E3+F3
2	南京	96	96	98	96	
3	青岛	94	97	95	99	
4	上海	87	95	96	96	
5	武汉	95	96	98	96	
6	杭州	96	96	96	94	
7	广州	99	97	96	94	
季度考核平均分						
季度考核总分						
半年考核平均分						

图 8-1　在编辑栏中输入公式

G4

公司年度考核

编号	分公司地址	第一季度	第二季度	第三季度	第四季度	年度考核总分
1	北京	98	98	97	97	390
2	南京	96	96	98	96	
3	青岛	94	97	95	99	
4	上海	87	95	96	96	
5	武汉	95	96	98	96	
6	杭州	96	96	96	94	
7	广州	99	97	96	94	
季度考核平均分						
季度考核总分						
半年考核平均分						

图 8-2　显示公式计算结果

2. 显示公式

默认设置下，在单元格中只显示公式计算的结果，而公式本身则只显示在编辑栏中。为了方便用户检查公式的正确性，可以设置在单元格中显示公式。

下面将介绍显示“公司考核表”工作簿中的公式的方法，具体操作如下：

(1) 启动 Excel 2010 应用程序，打开“公司考核表”工作簿的 Sheet1 工作表。

(2) 打开【公式】选项卡，在【公式审核】组中单击【显示公式】按钮，即可设置在单元格中显示公式，如图 8-3 所示。

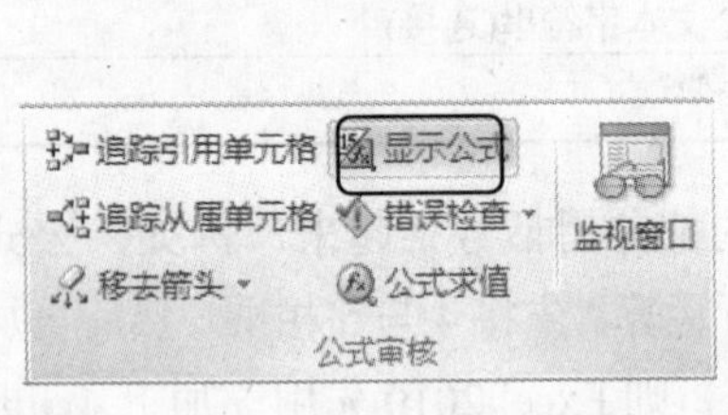

C3 =C3+D3+E3+F3

公司年度考核

第一季度	第二季度	第三季度	第四季度	年度考核总分
98	98	97	97	=C3+D3+E3+F3
96	96	98	96	
94	97	95	99	
87	95	96	96	
95	96	98	96	
96	96	96	94	
99	97	96	94	

图 8-3　在单元格中显示公式

知识点

若要取消显示公式，打开【公式】选项卡，在【公式审核】组中再次单击【显示公式】按钮即可。

3. 复制公式

通过复制公式操作，可以快速地为其他单元格输入公式。复制公式的方法与复制数据的方

法相似，在 Excel 2010 中复制公式往往与公式的相对引用(本章后续小节中将有介绍)结合使用，以提高输入公式的效率。

下面将“公司考核表”工作簿 G3 单元格中的公式复制到 G4 单元格中，具体操作如下：

(1) 启动 Excel 2010 应用程序，打开“公司考核表”工作簿的 Sheet1 工作表。

(2) 选定 G3 单元格，打开【开始】选项卡，在【剪贴板】组中单击【复制】按钮，复制 G3 单元格中的内容。

(3) 选定 G4 单元格，在【开始】选项卡的【剪贴板】组中单击【粘贴】按钮，即可将公式复制到 G4 单元格中，如图 8-4 所示。

G4 =C4+D4+E4+F4

公司年度考核						
编号	分公司地址	第一季度	第二季度	第三季度	第四季度	年度考核总分
1	北京	98	98	97	97	390
2	南京	96	96	98	96	386
3	青岛	94	97	95	99	
4	上海	87	95	96	96	
5	武汉	95	96	98	96	
6	杭州	96	96	98	94	
7	广州	99	97	96	94	
季度考核平均分						
季度考核总分						
半年考核平均分						

图 8-4 复制公式

提示

若单击复制单元格后出现的【粘贴选项】按钮，在弹出的菜单中选择【值】、【值和数字格式】或【值和源格式】选项，则复制的公式会自动修改参数。

4. 删除公式

在 Excel 2010 中，当使用公式计算出结果后，则可以设置删除该单元格中的公式，并保留结果。

下面将删除“公司考核表”工作簿中 G4 单元格的公式但保留计算结果，具体步骤如下：

(1) 启动 Excel 2010 应用程序，打开“公司考核表”工作簿的 Sheet1 工作表。

(2) 右击 G4 单元格，在弹出的快捷菜单中选择【复制】命令，然后打开【开始】选项卡，在【剪贴板】组中单击【粘贴】下的三角按钮，从弹出的菜单中选择【选择性粘贴】命令。

(3) 打开【选择性粘贴】对话框，在【粘贴】选项区域中，选中【数值】单选按钮，如图 8-5 所示。

(4) 单击【确定】按钮，即可删除 G3 单元格中的公式但保留结果，如图 8-6 所示。

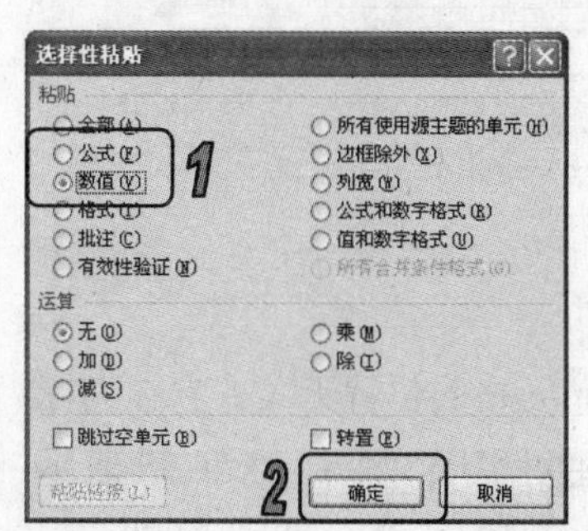

图 8-5 【选择性粘贴】对话框

G4 386

公司年度考核						
编号	分公司地址	第一季度	第二季度	第三季度	第四季度	年度考核总分
1	北京	98	98	97	97	390
2	南京	96	96	98	96	386
3	青岛	94	97	95	99	
4	上海	87	95	96	96	
5	武汉	95	96	98	96	
6	杭州	96	96	96	94	
7	广州	99	97	96	94	
季度考核平均分						
季度考核总分						
半年考核平均分						

图 8-6 删除公式但保留结果

知识点

当调整单元格或输入错误的公式后，可以对相应的公式进行调整与修改，具体方法为：首先选择需要修改公式的单元格，然后在编辑栏中使用修改文本的方法对公式进行修改，最后按 Enter 键即可。

8.1.4 公式的引用

公式的引用就是对工作表中的一个或一组单元格进行标识，它告诉公式使用哪些单元格的值。通过引用，可以在一个公式中使用工作表不同部分的数据，或者在几个公式中使用同一个单元格的数值。在 Excel 2010 中，引用单元格的常用方式包括相对引用、绝对引用与混合引用。

1. 相对引用

相对引用包含了当前单元格与公式所在单元格的相对位置。默认设置下，Excel 2010 使用的都是相对引用，当改变公式所在单元格的位置，引用也随之改变。

下面将在“公司考核表”工作簿中设置 G4 单元格中的公式为“=C4+D4+E4+F4”，并将公式相对引用到 G5:G9 单元格区域，具体步骤如下：

(1) 启动 Excel 2010 应用程序，打开“公司考核表”工作簿的 Sheet1 工作表。

(2) 选定 G4 单元格，在单元格中输入公式“=C4+D4+E4+F4”，按 Enter 键，显示结果。

(3) 将光标移动至 G4 单元格边框，当光标变为十形状时，拖动鼠标选择 G5:G9 单元格区域，如图 8-7 所示。

(4) 释放鼠标，即可将 G4 单元格中的公式相对引用至 G5:G9 单元格区域中，效果如图 8-8 所示。

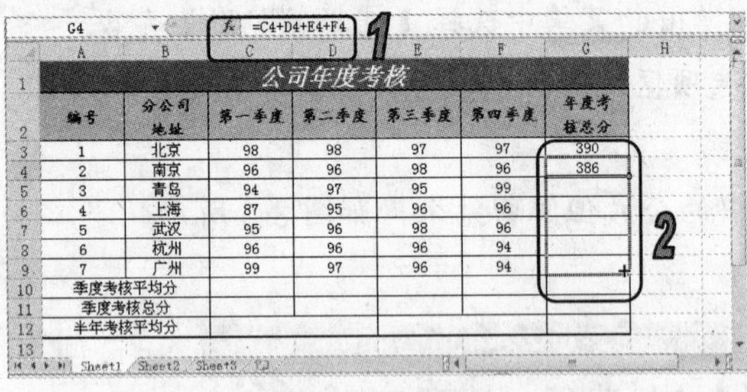

图 8-7 拖动鼠标选定引用区域

图 8-8 相对引用公式

2. 绝对引用

绝对引用中引用是公式中单元格的精确地址，与包含公式的单元格的位置无关。它在列标和行号前分别加上美元符号“$”。例如，$A$5 表示单元格 A5 绝对引用，而$A$3:$C$5 表示单元格区域 A3:C5 绝对引用。

知识点

绝对引用与相对引用的区别在于：复制公式时，若公式中使用相对引用，则单元格引用会自动随着移动的位置相对变化；若公式中使用绝对引用，则单元格引用不会发生变化。

3. 混合引用

混合引用指的是在一个单元格引用中既有绝对引用，同时也包含有相对引用，即混合引用绝对列和相对行，或绝对行和相对列。绝对引用列采用$A1、$B1 的形式，混合引用行采用 A$1、B$1 时形式。如果公式所在单元格的位置改变，则相对引用改变，而绝对引用不变。如果多行或多列地复制公式，相对引用自动调整，而绝对引用不做调整。

知识点

在编辑栏中选择公式后，利用 F4 键可以进行相对引用与绝对应用的切换。按一次 F4 键转换成绝对引用，继续按两次 F4 键转换为不同的混合引用，再按一次 F4 键可还原为相对引用。

8.2　函数的使用—实战 26：在“公司考核表”中使用函数

Excel 2010 将具有特定功能的一组公式组合在一起，形成了函数。与直接使用公式进行计算相比较，使用函数进行计算的速度更快，同时减少了错误的发生。Excel 2010 提供了 400 余种工作表内置函数，篇幅有限，本节无法逐一讨论每个函数的功能、参数和语法，只是将一般函数的使用方法、参数设置等内容进行简要介绍，以帮助用户正确地使用函数。

8.2.1　函数的概念

函数实际上也是公式，只不过它使用被称为参数的特定数值，按被称为语法的特定顺序进行计算。例如，SUM 函数对单元格或单元格区域执行相加运算，ROUND 函数对单元格中的数字进行四舍五入的运算。

1. 函数的结构

同公式一样，函数的结构以等号“=”开始，后面紧跟函数名称和左括号，然后以逗号分隔输入参数，最后是右括号。函数一般包含 3 个部分：等号、函数名和参数。

- 函数名称：如果要查看可用函数的列表，可以单击一个单元格并按 Shift+F3 组合键。
- 参数：参数可以是数字、文本、逻辑值(TRUE 或 FALSE)、数组、错误值(如 #N/A)或单元格引用。指定的参数都必须为有效参数值。参数也可以是常量、公式或其他函数。

- 参数工具提示：在输入函数时，会出现一个带有语法和参数的工具提示，例如输入“=SUM(”时，就会出现工具提示，如图 8-9 所示。
- 输入公式：如果创建含有函数的公式，如图 8-10 所示的【插入函数】对话框将有助于用户输入工作表函数。在公式中输入函数时，【插入函数】对话框还将显示函数的名称、各个参数、函数功能和参数说明、函数的当前结果和整个公式的当前结果。

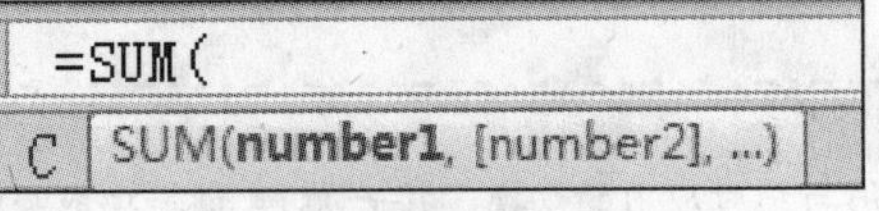

图 8-9　参数工具提示

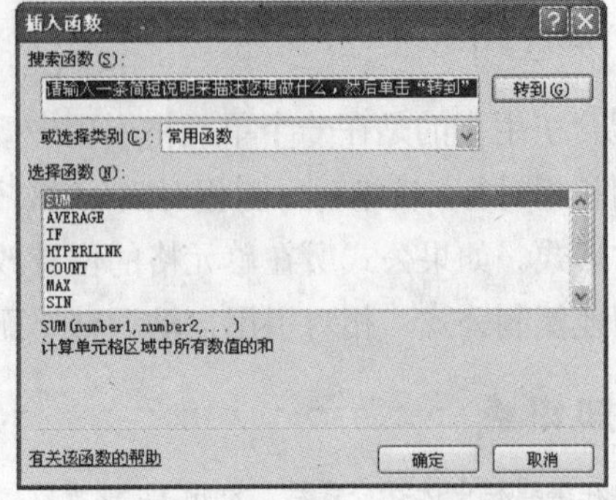

图 8-10　【插入函数】对话框

提示

打开【公式】选项卡，在【函数库】组中单击【插入函数】按钮，或者直接在编辑栏中单击【插入函数】按钮，即可打开【插入函数】对话框。

2. 函数的参数

参数是函数的重要组成部分，函数的参数指的是在一个函数体中括在括号内的部分。在使用函数时必须输入有效的函数参数，即必须能使该函数有意义且能返回一个有效值。在使用到函数时，必选的参数须用粗体字，任选的参数用非粗体字表示。

有的函数的参数名能直观地告诉使用者该参数的类型信息。例如，如果在函数参数中出现了 num、ref、text、array 或 logical，那么它们对应的参数必定是数字、引用值、文本、数组或逻辑值。如果出现了 Value，则说明该参数可以是任何的单值结果，包括数字、文本、逻辑值或错误值等。

- 数字：在公式和函数中，数字是最常用的，像 123、23.445、0、0.3453 都是数字。不带小数点的数称作整数。数字可以精确到十进制的 15 位。
- 文本：函数和公式中对文本的引用极为普遍。如果要在函数或公式中使用文本，那么使用的文本必须括在双引号内。如果要使用的文本本身包含引号，那么文本中的每个双引号就都要用两个双引号表示。如果用作参数的文本没有被括在引号内，则 Excel 2010 会把它作为一个“名称”并且用它所引用的值去替代。如果未加引号的文本不是一个名称，没有相应的值，则会返回错误值#NAME?。函数中作为参数的文本包括引

号在内最长不能超过255个字符。有时也会听到“空文本”的说法，所谓“空文本”，指的就是不包含任何字符的文本常量，记作""。

- 逻辑值：逻辑值有两个：TRUE和FALSE。逻辑参数也可以是一个系统能够判别正误的语句，例如5<8，系统可以判别出结果为TRUE。
- 错误值：错误值包括：#D1V/0!、#N/A、#NAME?、#NULL!、#NUM!、#REF!和#VALUE!，这些值当输入有错误时就会在单元格中显示出来。
- 引用：引用指的是对单元格地址的引用，包括单元格、区域或是多重选择，甚至可以是相对地址引用、绝对地址引用或混合地址引用。例如$A$10，A10，$A10，A$10，R1C1或R［10］C［-10］等。使用引用作为函数或公式的参数时，引用所指定的单元格的内容就用作参数。返回值类型为引用的函数时，显示的是引用的取值而不是引用本身。如果要把多重选择用作单独的引用参数，则就需要把引用括在另一组括号内。例如：MAX((E5：E8,E10：E18), MAX(A1：A5))。
- 数组：数组有时也叫做行列式，它允许用户自定义怎样将参数和函数输入单元格。数组可被用作函数的参数，而且有的公式也可以直接以数组的形式输入，例如公式“={SUM(B2：D2*B3：D3)}”。

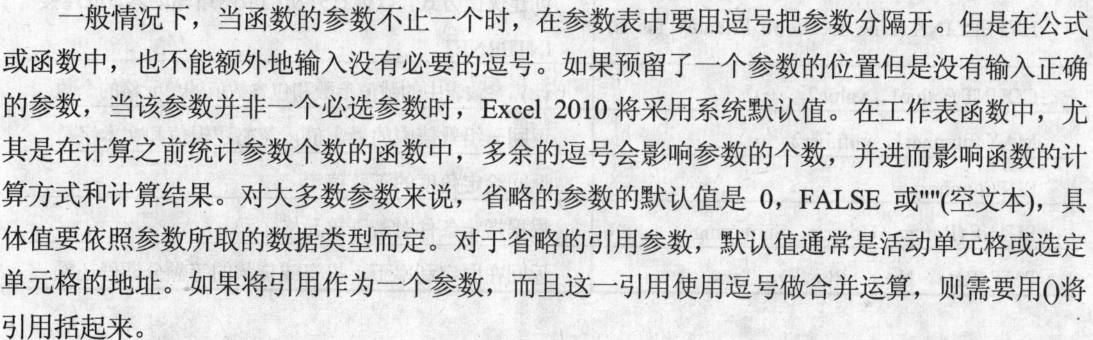

一般情况下，当函数的参数不止一个时，在参数表中要用逗号把参数分隔开。但是在公式或函数中，也不能额外地输入没有必要的逗号。如果预留了一个参数的位置但是没有输入正确的参数，当该参数并非一个必选参数时，Excel 2010将采用系统默认值。在工作表函数中，尤其是在计算之前统计参数个数的函数中，多余的逗号会影响参数的个数，并进而影响函数的计算方式和计算结果。对大多数参数来说，省略的参数的默认值是0，FALSE或""(空文本)，具体值要依照参数所取的数据类型而定。对于省略的引用参数，默认值通常是活动单元格或选定单元格的地址。如果将引用作为一个参数，而且这一引用使用逗号做合并运算，则需要用()将引用括起来。

8.2.2 函数的类型

Excel 2010内置函数包括常用函数、财务函数、日期与时间函数、数学与三角函数、统计函数、查找与引用函数、数据库函数、文本函数、逻辑函数、信息函数和工程函数。下面分别简单地介绍一下各类函数的语法和作用。

1. 常用函数

在Excel中，常用函数包含求和、计算算术平均数等最经常使用的函数。常用函数包括：SUM、AVERAGE、ISPMT、IF、HYPERLINK、COUNT、MAX、SIN、SUMIF、PMT，它们的语法和作用如表8-6所示。

在常用函数中，最常用的是SUM函数，其作用是返回某一单元格区域中所有数字之和，例如“=SUM(A1:G10)”，表示对A1:G10单元格区域内所有数据求和。SUM函数的语法是：

SUM(number1,number2, ...)

其中，number1, number2, ...为 1 到 N 个需要求和的参数。说明如下：

- 直接输入到参数表中的数字、逻辑值及数字的文本表达式将被计算。
- 如果参数为数组或引用，只有其中的数字将被计算。数组或引用中的空白单元格、逻辑值、文本或错误值将被忽略。
- 如果参数为错误值或为不能转换成数字的文本，将会导致错误。

表 8-6 常用函数

语法	作用
SUM (number1，number2，…)	返回单元格区域中所有数值的和
ISPMT(Rate，Per，Nper，Pv)	返回普通(无提保)的利息偿还
AVERAGE (number1，number2，…)	计算参数的算术平均数；参数可以是数值或包含数值的名称、数组或引用
IF (Logical_test，Value_if_true，Value_if_false)	执行真假值判断，根据对指定条件进行逻辑评价的真假而返回不同的结果
HYPERLINK (Link_location，Friendly_name)	创建快捷方式，以便打开文档或网络驱动器，或连接 INTERNET
COUNT (value1，value2，…)	计算参数表中的数值参数和包含数值的单元格的个数
MAX (number1，number2，…)	返回一组数值中的最大值，忽略逻辑值和文本字符
SIN (number)	返回给定角度的正弦值
SUMIF (Range，Criteria，Sum_range)	根据指定条件对若干单元格求和
PMT (Rate，Nper，Pv，Fv，Type)	返回在固定利率下，投资或贷款的等额分期偿还额

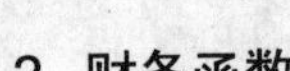

2. 财务函数

财务函数用于财务的计算，它可以根据利率、贷款金额和期限计算出所要支付的金额。它们的变量紧密相互关联。系统内部的财务函数包括：DB、DDB、SYD、SLN、FV、PV、NPV、NPER、RATE、PMT、PPMT、IPMT、IRR、MIRR 和 NOMINAL 等。

3. 日期和时间函数

日期与时间函数主要用于分析和处理日期值和时间值，系统内部的日期和时间函数包括：DATE、DATEVALUE、DAY、HOUR、TIME、TODAY、WEEKDAY 和 YEAR 等。

4. 数学与三角函数

数学与三角函数用于进行各种各样的数学计算，它使 Excel 不再局限于财务应用领域。系统内置的数学和三角函数包括：ABS、ASIN、COMBINE、COSLOG、PI、ROUND、SIN、TAN 和 TRUNC 等。

5. 统计函数

统计函数用来对数据区域进行统计分析，其中常用的函数包括 AVERAGE、COUNT、MAX 以及 MIN 等等。

6. 查找与引用函数

查找与引用函数用来在数据清单或表格中查找特定数值或查找某一个单元格的引用。系统内部的查找与引用函数包括：ADDRESS、AREAS、CHOOSE、COLUMN、COLUMNS、GETPIVOTDATA、HLOOKUP、HYPERLINK、INDEX、INDIRECT、LOOKUP、MATCH、OFFSET、ROW、ROWS、TRANSPOSE、VLOOKUP。

7. 数据库函数

数据库函数用来分析数据清单中的数值是否满足特定的条件，系统内部的数据库函数包括：DAVERAGE、DCOUNT、DCOUNTA、DGET、DMAX、DMIN、DPRODUCT、DSTDEV、DSTDEVP、DSUM、DVAR、DVARP。

8. 文本函数

文本函数主要用来处理文本字符串，系统内部的文本函数包括：ASC、CHAR、CLEAN、CODE、CONCATENATE、DOLLAR、EXACT、FIND、FINDB、FIXED、LEFT、LEFTB、LEN、LENB、LOWER、MID、MIDB、PROPER、REPLACE、REPLACEB、REPT、RIGHT、RIGHTB、RMB、SEARCH、SEARCHB、SUBSTITUTE、T、TEXT、TRIM、UPPER、VALUE、WIDECHAR。

9. 逻辑函数

逻辑函数用来进行真假值判断或进行复合检验，系统内部的逻辑函数包括：AND、FALSE、IF、NOT、OR、TRUE。

10. 信息函数

信息函数用于确定保存在单元格中的数据的类型，信息函数包括一组 IS 函数，在单元格满足条件时返回 TRUE，系统内部的信息函数包括：CELL、ERROR.TYPE、INFO、ISBLANK、ISERR、ISERROR、ISLOGICAL、ISNA、ISNONTEST、ISNUMBER、ISREF、ISTEXT、N、NA、PHONETIC、TYPE。

11. 工程函数

工程函数主要应用于计算机、物理等专业领域，可用于处理贝塞尔函数、误差函数以及进行各种负数计算等，系统内部的工程函数包括：BESSELI、BESSELJ、BESSELK、BESSELY、BIN2OCT、BIN2DEC、BIN2HEX、OCT2 BIN、OCT2 DEC、OCT2 HEX、DEC2 BIN、DEC2 OCT、DEC2 HEX、HEX2 BIN、HEX2 OCT、HEX2 DEC、ERF、ERFC、GESTEP、DELTA、CONVERT、IMABS、IMAGINARY。

8.2.3 插入函数

在 Excel 2010 中，使用【插入函数】对话框可以插入 Excel 2010 内置的任意函数，如图 8-11 所示。

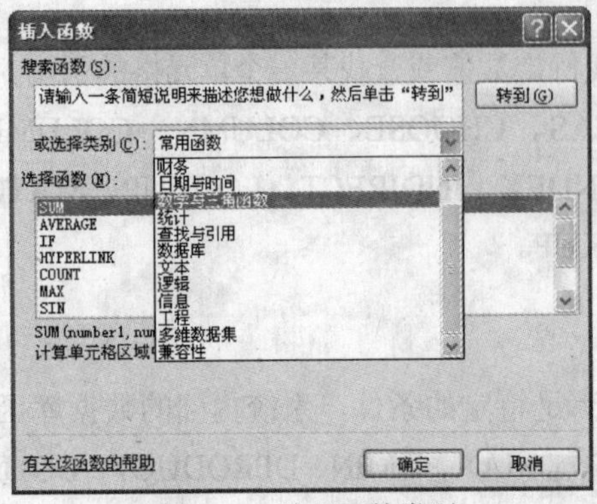

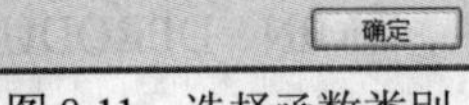
图 8-11　选择函数类别

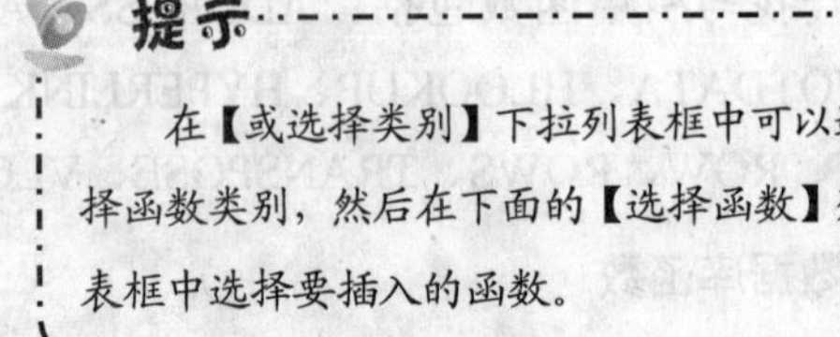
提示

在【或选择类别】下拉列表框中可以选择函数类别，然后在下面的【选择函数】列表框中选择要插入的函数。

下面将在“公司考核表”中插入 AVERAGE 函数和 SUM 函数，具体操作如下：

(1) 启动 Excel 2010 应用程序，打开“公司考核表”工作簿的 Sheet1 工作表。

(2) 选定 C10 单元格，打开【公式】选项卡，在【函数库】组中单击【插入函数】按钮，打开【插入函数】对话框。

(3) 在【或选择类别】下拉列表框中选择【常用函数】选项，然后在【选择函数】列表框中选择 AVERAGE 选项，表示插入平均值函数 AVERAGE，如图 8-12 所示。

(4) 单击【确定】按钮，打开【函数参数】对话框，在 AVERAGE 选项区域的 Number1 文本框中输入计算平均值的范围，这里输入 C3:C9，如图 8-13 所示。

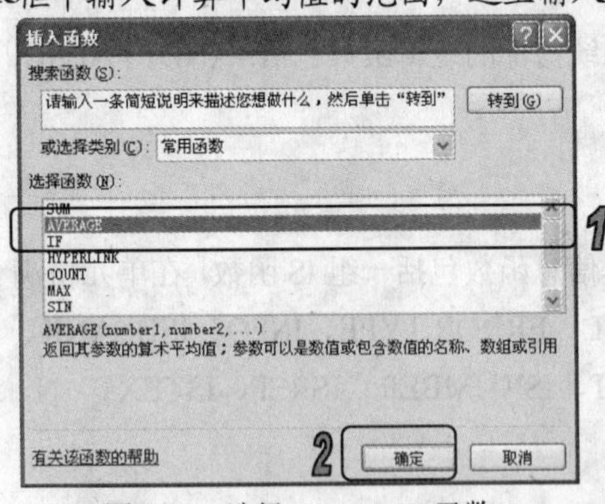

图 8-12　选择 AVERAGE 函数

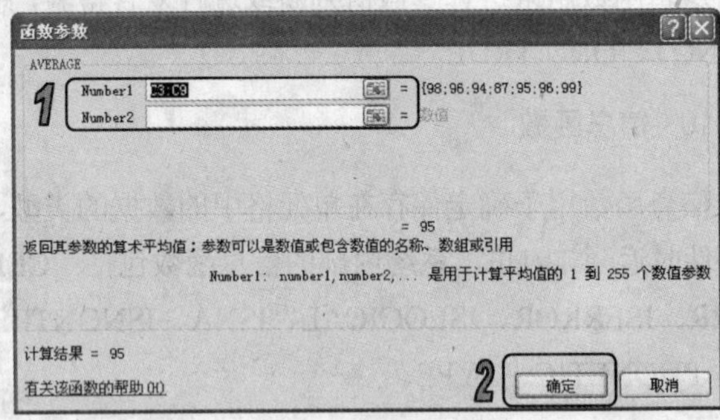

图 8-13　【函数参数】对话框

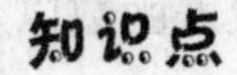
知识点

在【函数参数】对话框中的 Number1 文本框后单击按钮，可以返回工作表选择函数的参数单元格。

(5) 单击【确定】按钮，即可在 C10 单元格中显示计算结果，如图 8-14 所示。

(6) 使用同样的方法，在D10:F10单元格区域中插入平均值函数AVERAGE，计算平均值，效果如图8-15所示。

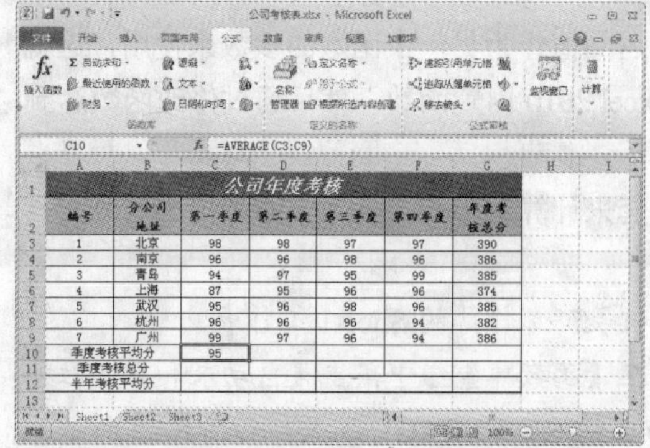

图8-14 显示计算结果

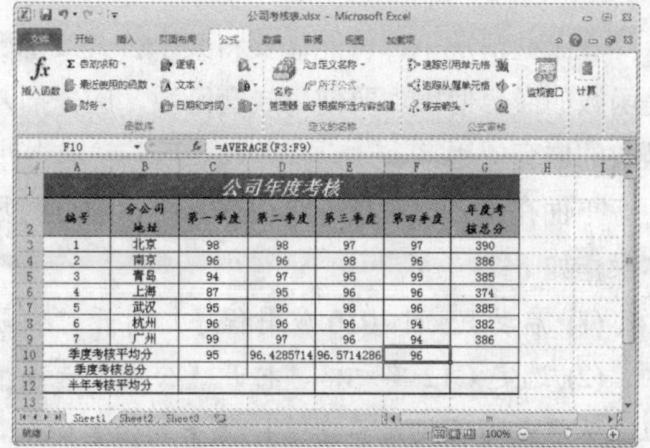

图8-15 计算平均值

(7) 选定C11单元格，在编辑栏中单击【插入函数】按钮，打开【插入函数】对话框，在【或选择类别】下拉列表框中选择【常用函数】选项，然后在【选择函数】列表框中选择SUM选项，插入求和函数，如图8-16所示。

(8) 单击【确定】按钮，打开【函数参数】对话框，在SUM选项区域的Number1文本框中输入计算求和的范围，这里输入C3:C9，如图8-17所示。

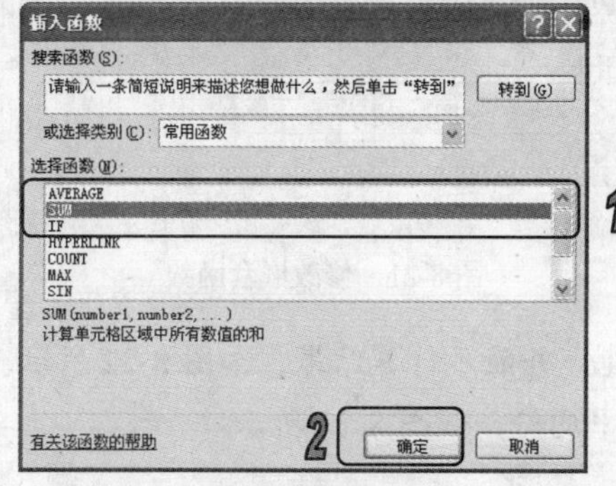

图8-16 选择SUM函数

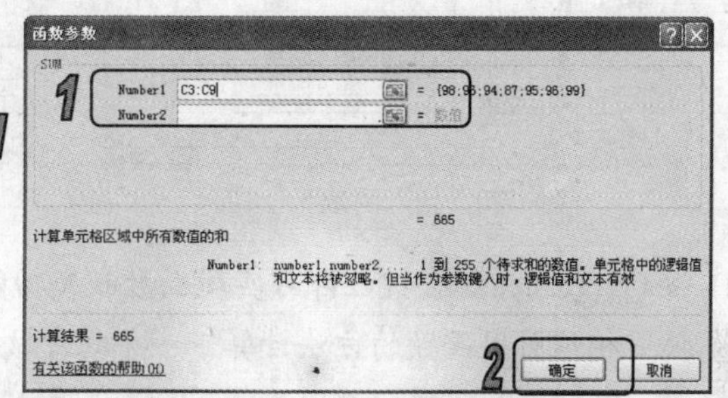

图8-17 输入参数范围

(9) 单击【确定】按钮，即可在C11单元格中显示求和结果，如图8-18所示。

(10) 使用同样的方法，在D11:F11单元格区域中插入求和函数SUM计算结果，最终效果如图8-19所示。

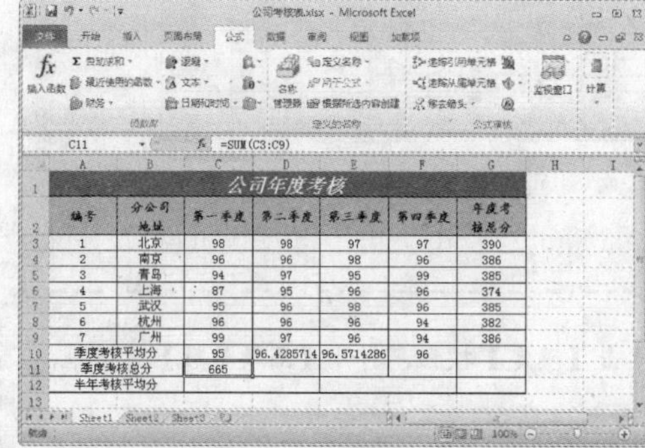

图8-18 显示求和结果

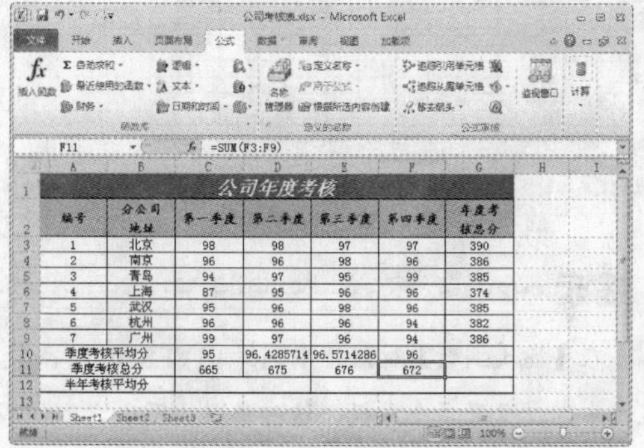

图8-19 求和

8.2.4 嵌套函数

在某些情况下，可能需要将某个公式或函数的返回值作为另一个函数的参数来使用，这就是函数的嵌套使用。要使用嵌套函数，应先插入 Excel 2010 内置函数，然后通过修改函数达到函数的嵌套使用。

下面在"公司考核表"工作簿中，通过函数嵌套来计算上半年与下半年的考核平均分，具体操作如下：

(1) 启动 Excel 2010 应用程序，打开"公司考核表"工作簿的 Sheet1 工作表。

(2) 选定 C12 单元格，打开【公式】选项卡，在【函数库】组中单击【自动求和】下拉按钮，从弹出的下拉菜单中选择【平均值】命令，即可插入 AVERAGE 函数，如图 8-20 所示。

(3) 在编辑栏中，修改公式为"=AVERAGE(C3+D3,C4+D4,C5+D5,C6+D6,C7+D7,C8+D8,C9+D9)"，如图 8-21 所示。

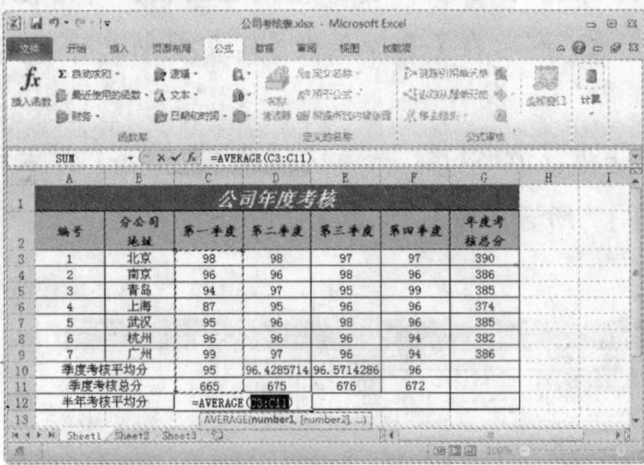

图 8-20　插入函数

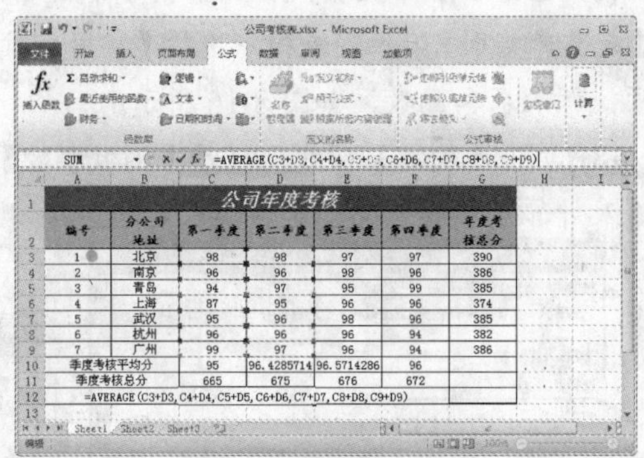

图 8-21　修改嵌套函数

(4) 按 Ctrl+Enter 组合键，即可实现函数嵌套功能，并显示计算结果，如图 8-22 所示。

(5) 使用相对引用函数的方法计算下半年的考核平均份，如图 8-23 所示。

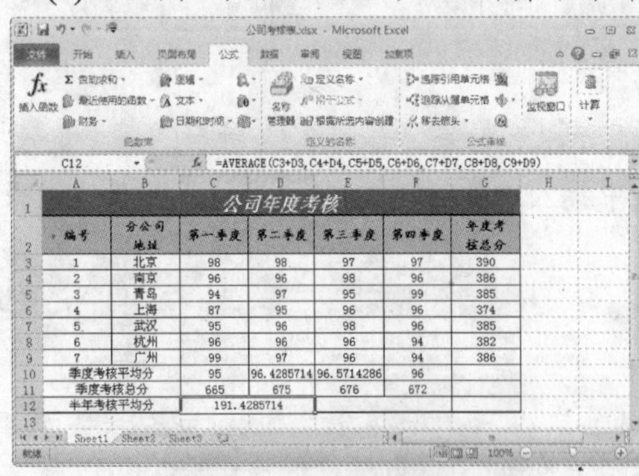

图 8-22　实现函数嵌套

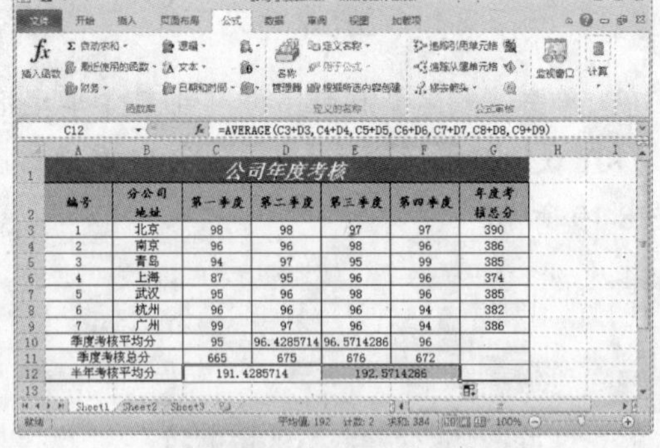

图 8-23　相对引用函数

提示

在【插入函数】对话框中选择 AVERAGE 函数后，单击【确定】按钮，打开【函数参数】对话框，在其中可以设置多个参数，这些参数由两数之和组成，如图 8-24 所示。

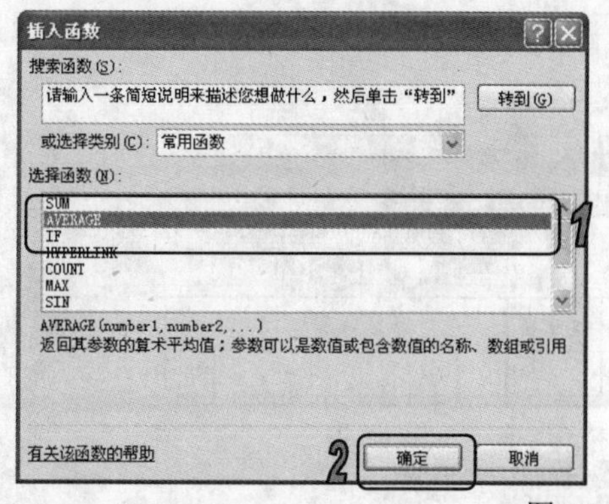

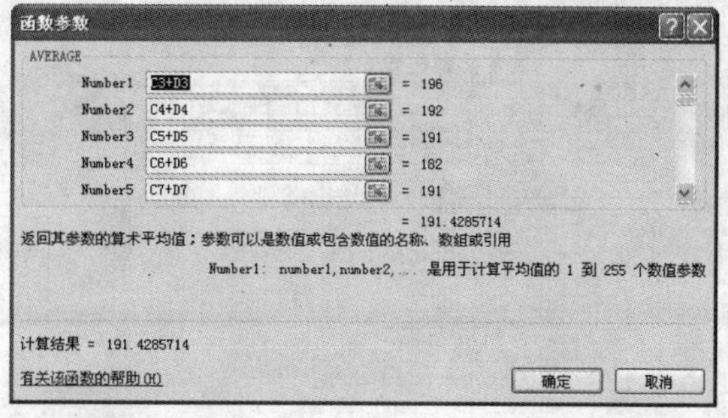

图 8-24 函数参数的嵌套

8.3 习题

1. 相对引用和绝对引用有什么区别?

2. 简述函数的概念和结构。

3. 在“公司考核表”工作簿中插入【排名】列，在 G3 单元格中使用 RANK 函数，显示对应公司年度排名情况，如图 8-25 所示。

4. 使用混合引用功能，快速复制公式至 G4:G9 单元格，显示所有公司的年度排名情况，如图 8-26 所示。

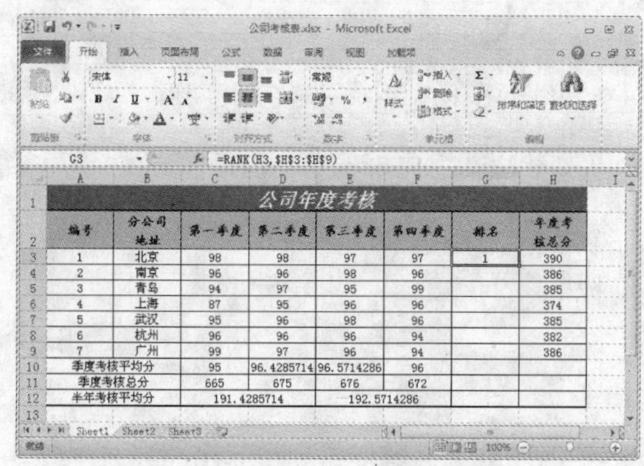

图 8-25 习题 3

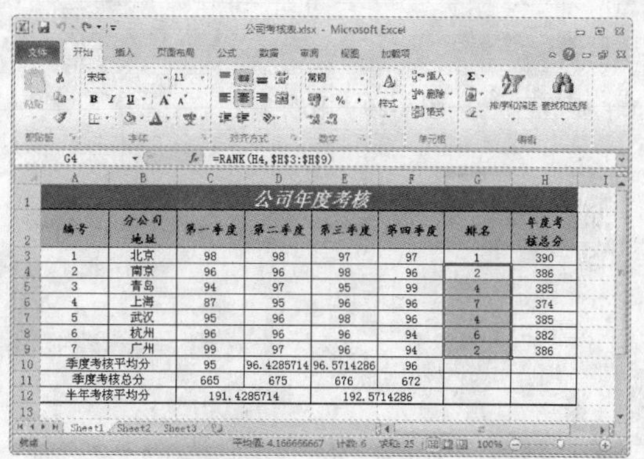

图 8-26 习题 4

5. 在“三角函数速查表”工作簿中使用三角函数中的 SIN 函数、COS 函数和 TAN 函数计算角度所对应的正弦值、余弦值和正切值，如图 8-27 所示。

6. 在“彩票开奖”工作簿中使用数学函数中的 INT 和 RAND 函数自行模拟 7 位彩票开奖号码，如图 8-28 所示。

7. 在“成本分析”工作簿中，计算总成本和最佳成本，并使用查找函数中的 MATCH 函数查找最佳方案，如图 8-29 所示。

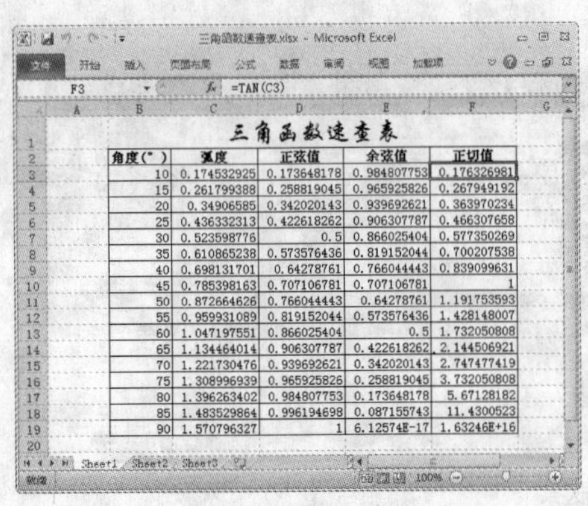

三角函数速查表

角度(°)	弧度	正弦值	余弦值	正切值
10	0.174532925	0.173648178	0.984807753	0.176326981
15	0.261799388	0.258819045	0.965925826	0.267949192
20	0.34906585	0.342020143	0.939692621	0.363970234
25	0.436332313	0.422618262	0.906307787	0.466307658
30	0.523598776	0.5	0.866025404	0.577350269
35	0.610865238	0.573576436	0.819152044	0.700207538
40	0.698131701	0.64278761	0.766044443	0.839099631
45	0.785398163	0.707106781	0.707106781	1
50	0.872664626	0.766044443	0.64278761	1.191753593
55	0.959931089	0.819152044	0.573576436	1.428148007
60	1.047197551	0.866025404	0.5	1.732050808
65	1.134464014	0.906307787	0.422618262	2.144506921
70	1.221730476	0.939692621	0.342020143	2.747477419
75	1.308996939	0.965925826	0.258819045	3.732050808
80	1.396263402	0.984807753	0.173648178	5.67128182
85	1.483529864	0.996194698	0.087155743	11.4300523
90	1.570796327	1	6.12574E-17	1.63246E+16

图 8-27　习题 5

开始值	结束值	彩票开奖号码						
0	9	7	5	3	7	5	5	5

图 8-28　习题 6

8. 在“进制转换对照表”工作簿中，使用工程函数中的 DEC2BIN、DEC2HEX、DEC2OCT 函数转换十进制，如图 8-30 所示。

成本分析——最佳方案选择

项目	方案			
	1	2	3	4
现金成本（元）	400000	600000	350000	450000
机会成本（元）	65000	79000	42500	51000
管理成本（元）	55000	50000	55000	50000
短缺成本（元）	40000	30000	20000	35000
总成本（元）	160000	159000	117500	136000
最佳成本（元）	117500			
最佳现金持有方案	3			

图 8-29　习题 7

进制转换对照表

十进制数	转换为		
	二进制	八进制	十六进制
10	1010	12	A
15	1111	17	F
20	10100	24	14
25	11001	31	19
30	11110	36	1E
35	100011	43	23
45	101101	55	2D
50	110010	62	32
55	110111	67	37
60	111100	74	3C
65	1000001	101	41

图 8-30　习题 8

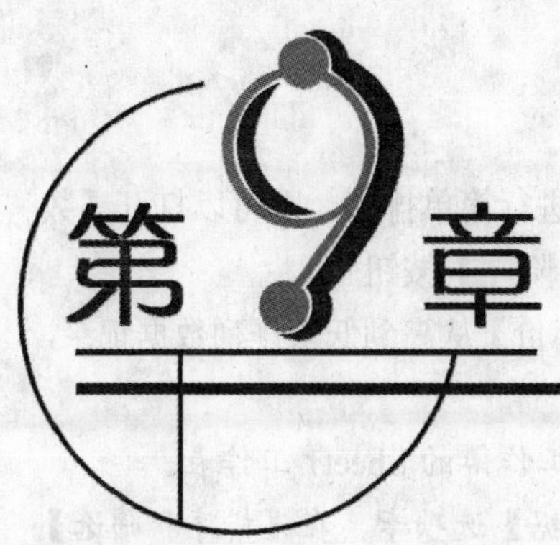

第9章 管理与分析数据

学习目标

Excel 2010 与其他的数据管理软件一样，具有排序、查找、替换以及汇总等强大的数据管理功能，并将各种所处理的数据建成各种统计图表，这样就能够更好地使所处理的数据直观地表现出来。Excel 2010 还提供了一种简单、形象、实用的数据分析工具——数据透视表及数据透视图，通过这种工具可以生动、全面地对数据清单重新组织和统计。本章将详细介绍管理与分析数据的方法。

本章重点

- 数据的排序和筛选
- 分类汇总
- 使用图表分析数据
- 创建数据透视表
- 创建数据透视图

9.1 管理数据—实战 27：在“药品中标记录表”中管理数据

Excel 2010 能够对数据进行排序、筛选、汇总等操作，便于用户快速地管理数据。本节以管理“药品中标记录表”工作簿数据为例来介绍管理数据的操作方法。

9.1.1 数据排序

数据排序是指按一定规则对数据进行整理、排列，这样可以为数据的进一步处理做好准备。Excel 2010 提供了多种方法对数据清单进行排序，即可以按升序、降序的方式，也可以由用户自定义排序方式。

1. 简单排序

对 Excel 中的数据清单进行排序时，如果按照单列的内容进行简单排序，则可以打开【数据】选项卡，在【排序和筛选】组中单击【升序】按钮 或【降序】按钮 。

下面将打开现有素材“药品中标记录表”工作簿，按【中标价】从高到低来排列数据记录，具体操作如下：

(1) 启动 Excel 2010 应用程序，打开“药品中标记录表”工作簿的 Sheet1 工作表。

(2) 选定【中标价】所在的 E3:E16 单元格区域，打开【数据】选项卡，在【排序和筛选】组中单击【升序】按钮 ，打开【排序提醒】对话框，如图 9-1 所示。

(3) 选中【扩展选定区域】单选按钮，然后单击【排序】按钮即可设置依照【中标价】从高到低来排列数据记录，如图 9-2 所示。

知识点

使用【升序】进行排列时，如果排序的对象是数字，则从最小的负数到最大的正数进行排序；如果对象是文本则按英文字母 A~Z 的顺序进行排序；如果对象是逻辑值，则按 FLASE 值在 TRUE 值前的方式进行排序，空格排在最后。使用【降序】进行降序排列，其结果与升序排序结果相反。

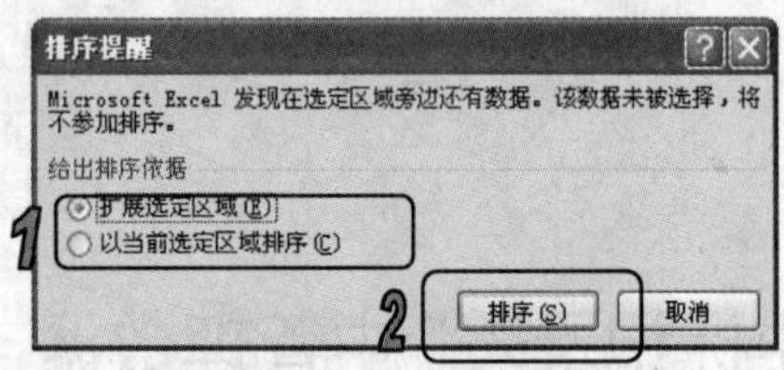

图 9-1 【排序提醒】对话框

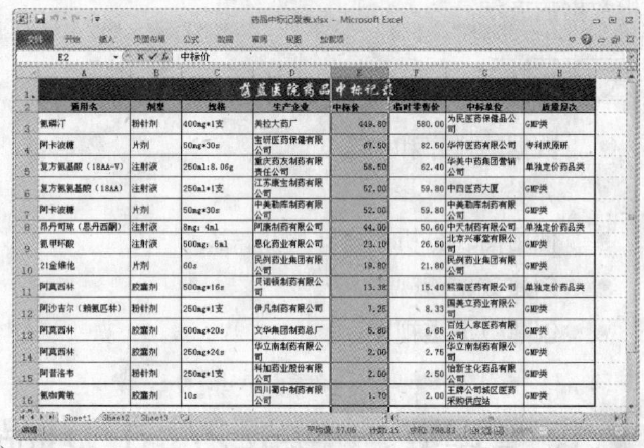

药品中标记录表.xlsx - Microsoft Excel

	A	B	C	D	E	F	G	H
1	普益医院药品中标记录							
2	通用名	剂型	规格	生产企业	中标价	临时零售价	中标单位	质量层次
3	氨磷汀	粉针剂	400mg*1支	美拉大药厂	449.80	580.00	为民医药保健品公司	GMP类
4	阿卡波糖	片剂	50mg*30s	宝研医药保健有限公司	67.50	82.50	华符医药有限公司	专利或原研
5	复方氨基酸（18AA-V）	注射液	250ml:8.06g	重庆药友制药有限责任公司	58.50	62.40	华美中药集团营销公司	单独定价药品类
6	复方氨氨基酸（18AA）	注射液	250ml*1支	江苏康宝制药有限公司	52.00	59.80	中四医药大厦	GMP类
7	阿卡波糖	片剂	50mg*30s	中美勒库制药有限公司	52.00	59.80	中美勒库制药有限公司	GMP类
8	昂丹司琼（恩丹西酮）	注射液	8mg：4ml	阿康制药有限公司	44.00	50.60	中天制药有限公司	单独定价药品类
9	氨甲环酸	注射液	500mg：5ml	恩化药业有限公司	23.10	26.50	北京兴事堂有限公司	GMP类
10	21金维他	片剂	60s	民例药业集团有限公司	19.80	21.80	民例药业集团有限公司	GMP类
11	阿莫西林	胶囊剂	500mg*16s	贝诺顿制药有限公司	13.38	15.40	熊猫医药有限公司	单独定价药品类
12	阿沙吉尔（赖氨匹林）	粉针剂	250mg*1支	伊凡制药有限公司	7.25	8.33	国美立药业有限公司	GMP类
13	阿莫西林	胶囊剂	500mg*20s	文华集团制药总厂	5.80	6.65	百姓人家医药有限公司	GMP类
14	阿莫西林	胶囊剂	250mg*24s	华立南制药有限公司	2.00	2.75	华立南制药有限公司	GMP类
15	阿昔洛韦	粉针剂	250mg*1支	科加药业股份有限公司	2.00	2.50	怡新生化药品有限公司	GMP类
16	氨咖黄敏	胶囊剂	10s	四川蜀中制药有限公司	1.70	2.00	王牌公司城区医药采购供应站	GMP类

图 9-2 简单排序

提示

若在【排序提醒】对话框中，选中【以当前选定区域排序】单选按钮，则单击【排序】按钮后，Excel 2010 只会对选定区域排序而其他位置的单元格保持不动。

2. 自定义排序

进行简单排序时，只能使用一个排序条件。因此，当使用简单排序后，表格中的数据可能

仍然没有达到用户的排序需求。这时，用户可以设置多个排序条件，例如，当排序值相等时，可以参考第二个排序条件进行排序。

下面打开简单排序后的“药品中标记录表”工作簿，使工作表按次关键字【临时零售价】升序排列，具体操作如下：

(1) 启动 Excel 2010 应用程序，打开“药品中标记录表”工作簿的 Sheet1 工作表。

(2) 打开【数据】选项卡，【排序和筛选】组中单击【排序】按钮，打开【排序】对话框。

(3) 在【主要关键字】下拉列表框中选择【中标价】选项，在【排序依据】下拉列表框中选择【数值】选项，在【次序】下拉列表框中选择【降序】选项，如图 9-3 所示。

(4) 单击【添加条件】按钮，添加新的排序条件。在【次要关键字】下拉列表框中选择【临时零售价】选项，在【排序依据】下拉列表框中选择【数值】选项，在【次序】下拉列表框中选择【升序】选项，如图 9-4 所示。

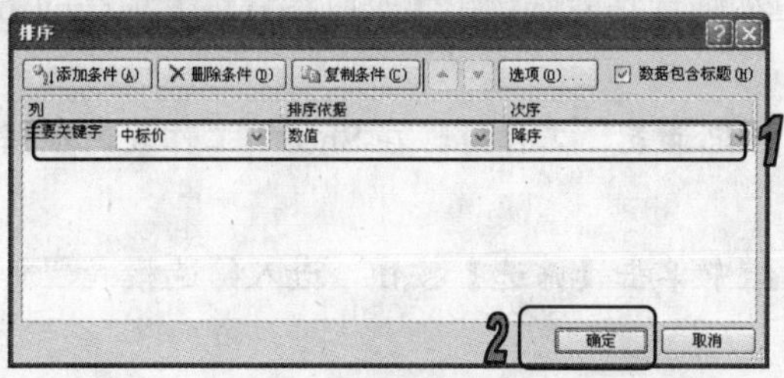

图 9-3　【排序】对话框

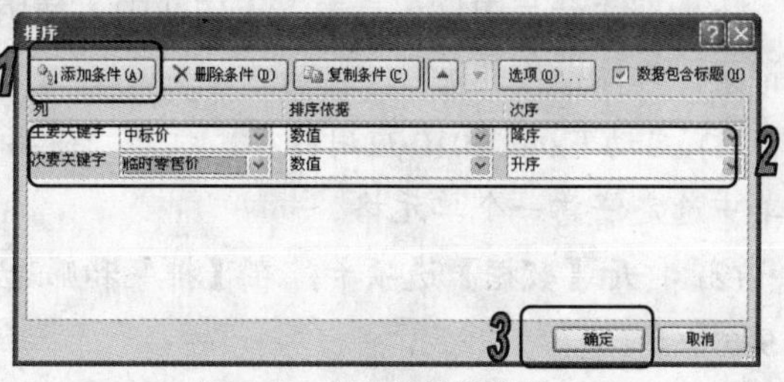

图 9-4　自定义排序条件

(5) 单击【确定】按钮，即可完成排序设置，效果如图 9-5 所示。

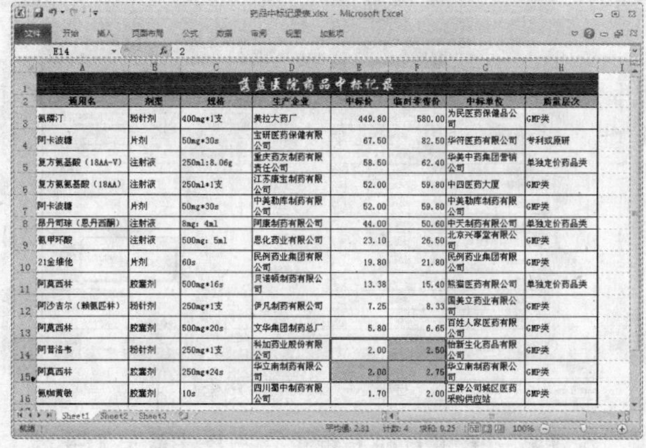

图 9-5　多条件排序

知识点

若要删除已经添加的排序条件，则在【排序】对话框中选择该排序条件，然后单击上方的【删除条件】按钮即可。单击【选项】按钮，可以打开【排序选项】对话框，在其中可以设置排序方法。当添加多个排序条件后，可以单击对话框上方的上下箭头按钮，调整排序条件的主次顺序。

提示

默认情况下，排序时把第 1 行作为标题栏，不参与排序。在 Excel 2010 中，多条件排序可以设置 64 个关键词。另外，若表格中有多个合并的单元格或者空白行，而且单元格的大小不一样，则会影响 Excel 2010 的排序功能。

9.1.2 数据筛选

数据清单创建完成后，通常需要从中查找和分析具备特定条件的记录，筛选是一种快速查找数据清单中数据的方法。经过筛选后的数据清单只显示符合指定条件的数据行，以供用户浏览、分析之用。

1. 自动筛选

使用 Excel 2010 提供的自动筛选功能，可以快速筛选表格中的数据。利用自动筛选功能，用户可以从具有大量记录的数据清单中快速查找符合某种条件的记录。筛选数据时，字段名称将变成一个下拉列表框的框名。通过选择下拉列表框中的命令可以自动筛选所需要的记录。

下面在"药品中标记录表"工作簿中，使用自动筛选功能筛选出【临时零售价】最高的 6 条记录，具体操作如下：

(1) 启动 Excel 2010 应用程序，打开"药品中标记录表"工作簿，在 Sheet1 工作表的数据清单中选定任意一个单元格。

(2) 打开【数据】选项卡，在【排序和筛选】组中单击【筛选】按钮，进入筛选模式，如图 9-6 所示。

(3) 在【临时零售价】列中单击【临时零售价】标题单元格右侧的下拉按钮，在弹出的下拉列表框中选择【数字筛选】|【10 个最大的值】命令，如图 9-7 所示。

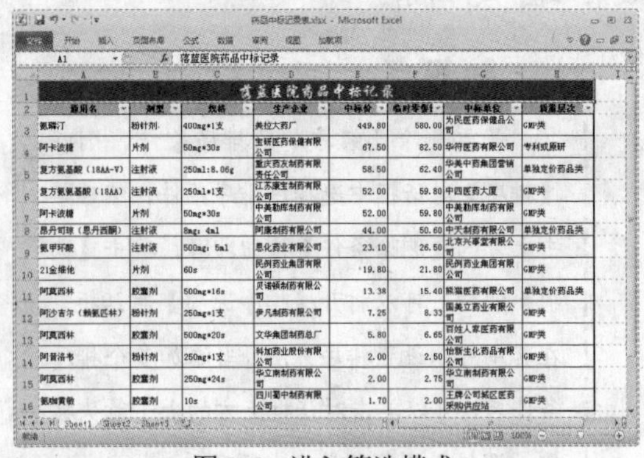

图 9-6 进入筛选模式

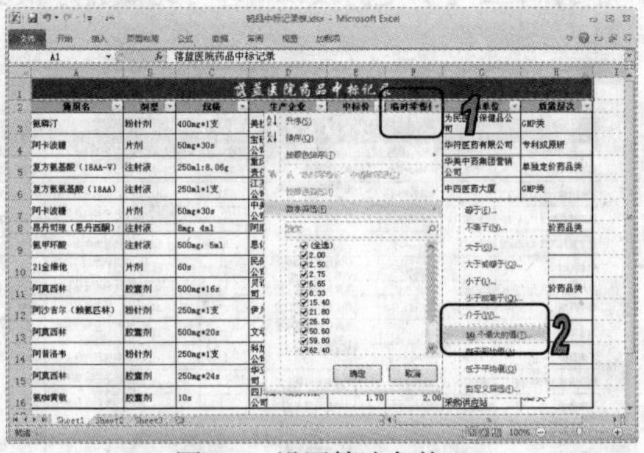

图 9-7 设置筛选条件

(4) 打开【自动筛选前 10 个】对话框， 在【显示】下拉列表框中，选择【最大】选项，然后在其后面的文本框中输入 6，设置筛选最大的 6 项数据记录，如图 9-8 所示。

(5) 单击【确定】按钮，即可筛选出数据清单中【临时零售价】最高的 6 条数据记录，如图 9-9 所示。

知识点

如果要清除筛选设置，单击筛选条件单元格旁边的▼按钮，在弹出的菜单中选择相应的清除筛选命令即可。

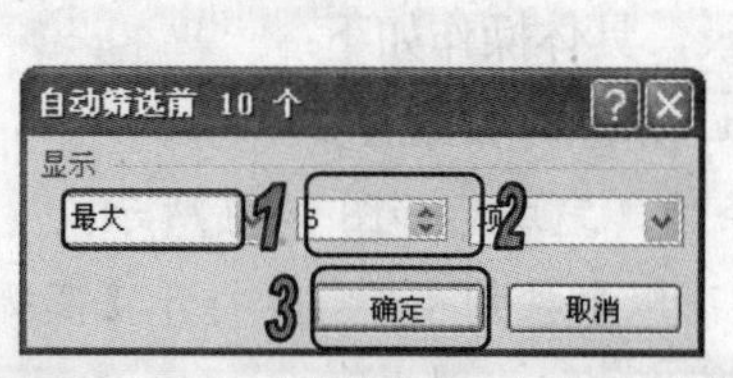

图 9-8　【自动筛选前 10 个】对话框

图 9-9　自动筛选记录

如果用户想筛选出【临时零售价】超过 60(含 60)的信息，采用上述的自动筛选是无法实现的。这时可以通过自动筛选中的自定义筛选条件来实现。下面将在“药品中标记录表”工作簿中，筛选出【临时零售价】超过 60 的记录，具体操作如下：

(1) 启动 Excel 2010 应用程序，打开“药品中标记录表”工作簿，在 Sheet1 工作表的数据清单中选定任意一个单元格。

(2) 打开【数据】选项卡，在【排序和筛选】组中单击【筛选】按钮，进入筛选模式。

(3) 单击【临时零售价】标题单元格右侧的下拉按钮，在弹出的下拉列表框中选择【数字筛选】|【自定义筛选】命令，打开【自定义自动筛选方式】对话框。

(4) 在【临时零售价】下拉列表框中选择【大于或等于】选项，然后在其后面的文本框中输入 60，如图 9-10 所示。

(5) 单击【确定】按钮，即可筛选出满足条件的记录，如图 9-11 所示。

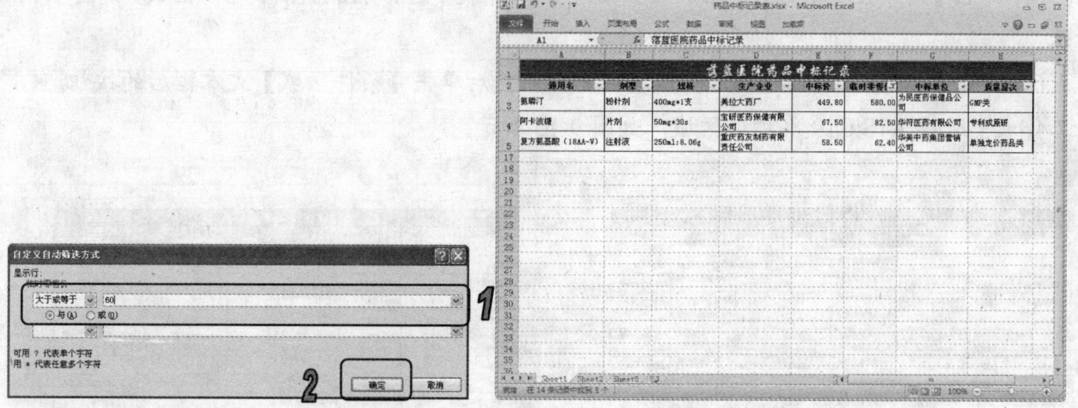

图 9-10　【自定义自动筛选方式】对话框　　　　图 9-11　自定义筛选记录

2. 高级筛选

如果数据清单中的字段比较多，筛选的条件也比较多，自定义筛选就显得十分麻烦。对筛选条件较多的情况，可以使用高级筛选功能来处理。

使用高级筛选功能，必须先建立一个条件区域，用来指定筛选的数据所需满足的条件。条件区域的第一行是所有作为筛选条件的字段名，这些字段名与数据清单中的字段名必须完全一样。条件区域的其他行则输入筛选条件。需要注意的是，条件区域和数据清单不能连接，必须

用一行空将其隔开。

下面通过高级筛选功能，在“药品中标记录表”工作簿中筛选出【质量层次】为【GMP类】，且【中标价】大于 5 元【临时销售价】小于 20 元的记录，具体操作如下：

(1) 启动 Excel 2010 应用程序，打开“药品中标记录表”工作簿的 Sheet1 工作表。

(2) 在 Sheet1 工作表的 A18:C19 单元格区域中输入筛选条件，完成后如图 9-12 所示。

(3) 打开【数据】选项卡，在【排序和筛选】组中单击【高级】按钮，打开【高级筛选】对话框，如图 9-13 所示。

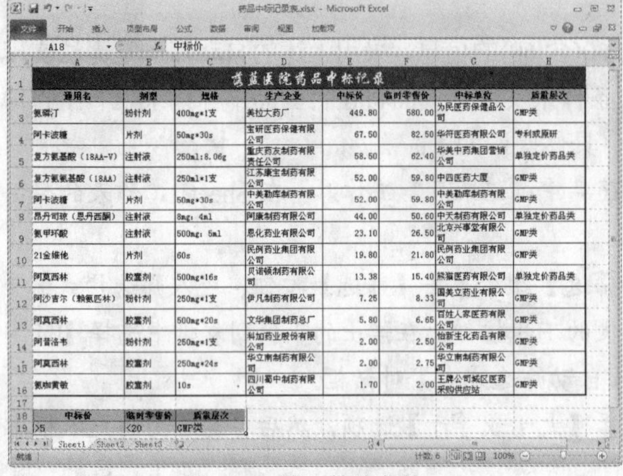

图 9-12　输入筛选条件

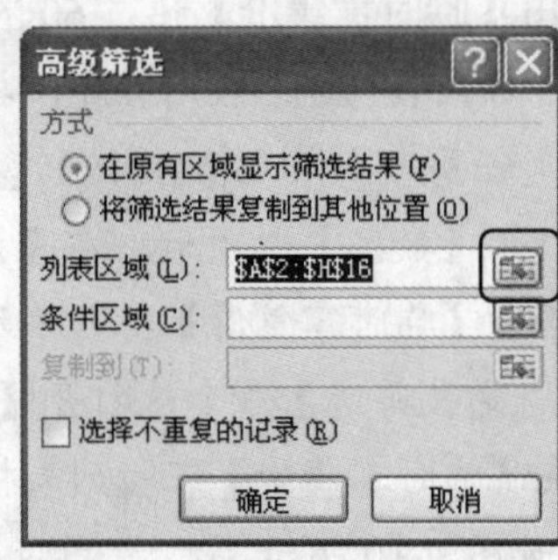

图 9-13　【高级筛选】对话框

(4) 单击【列表区域】文本框后的按钮，在工作表中选择 A2:H16 单元格区域，如图 9-14 所示。

(5) 单击按钮，返回【高级筛选】对话框，然后单击【条件区域】文本框后的按钮，在工作表中选择 A18:C19 单元格区域，如图 9-15 所示。

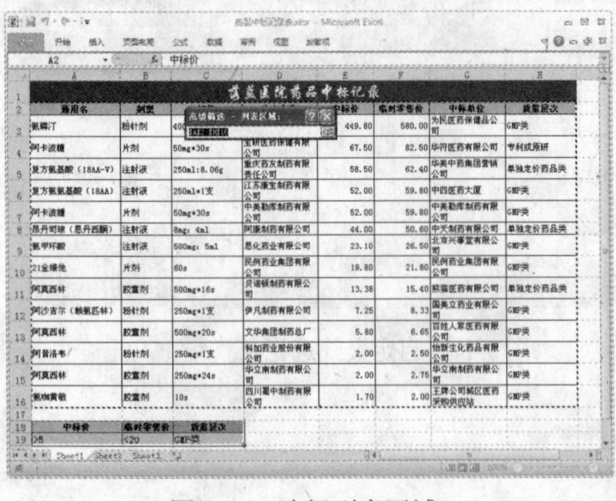

图 9-14　选择列表区域

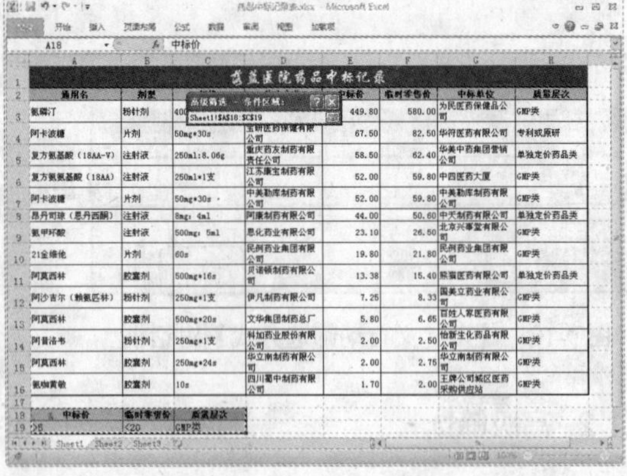

图 9-15　选择条件区域

提示

若在【高级筛选】对话框中选中【选择不重复的记录】复选框，则当有多条记录满足筛选条件后，只显示其中一条。

(6) 单击按钮，返回如图 9-16 所示的【高级筛选】对话框，单击【确定】按钮，即可按要求筛选出满足条件的记录，效果如图 9-17 所示。

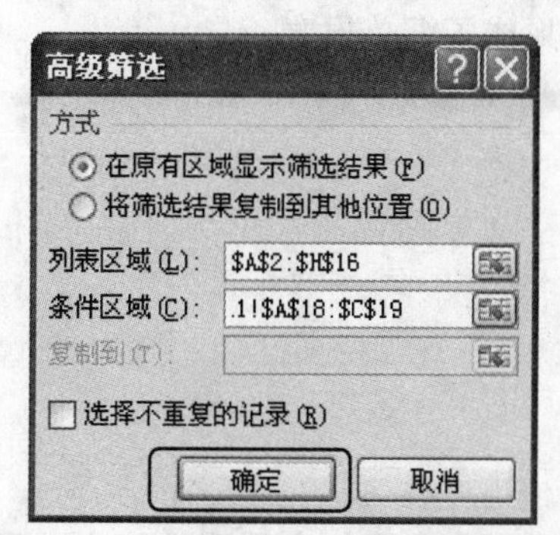

图 9-16 显示设置的筛选区域和条件区域

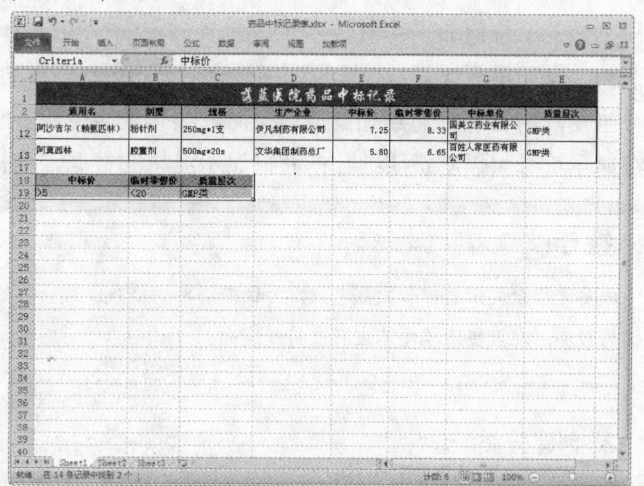

图 9-17 多条件筛选

知识点

用户在对工作表中的表格数据进行筛选或者排序操作后，如果想要清除操作，重新显示工作表的全部数据内容，则在【数据】选项卡的【排序和筛选】组中单击【清除】按钮即可。

9.1.3 分类汇总

分类汇总是对数据清单进行数据分析的一种方法。分类汇总对数据库中指定的字段进行分类，然后统计同一类记录的有关信息。统计的内容可以由用户指定，也可以统计同一类记录的记录条数，还可以对某些数值段求和、求平均值、求极值等。

1. 分类汇总概述

Excel 可自动计算数据清单中的分类汇总和总计值。当插入自动分类汇总时，Excel 将分级显示数据清单，以便为每个分类汇总显示和隐藏明细数据行。

若要插入分类汇总，请先将数据清单排序，以便将要进行分类汇总的行组合到一起。然后为包含数字的列计算分类汇总。

如果数据不是以数据清单的形式来组织，或者只需单个的汇总，则可使用【自动求和】，而不是使用自动分类汇总。

分类汇总的计算方法有分类汇总、总计和自动重新计算。

- 分类汇总：Excel 使用诸如 Sum 或 Average 等汇总函数进行分类汇总计算。在一个数据清单中可以一次使用多种计算来显示分类汇总。

- 总计：总计值来自于明细数据，而不是分类汇总行中的数据。例如，如果使用了 Average 汇总函数，则总计行将显示数据清单中所有明细数据行的平均值，而不是分类汇总行中汇总值的平均值。
- 自动重新计算：在编辑明细数据时，Excel 将自动重新计算相应的分类汇总和总计值。

当用户将分类汇总添加到清单中时，清单就会分级显示，这样可以查看其结构。通过单击分级显示符号可以隐藏明细数据而只显示汇总的数据，这样就形成了汇总报表。

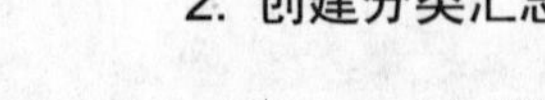

要进行分类汇总，必须要求数据为数据清单的格式：第一行的每一列都有标志，并且同一列中应包含相似的数据，在数据清单中不应有空行或空列。

2. 创建分类汇总

Excel 2010 可以在数据清单中自动计算分类汇总及总计值，用户只需指定需要进行分类汇总的数据项、待汇总的数值和用于计算的函数(例如【求和】函数)即可。

下面将“药品中标记录表”工作簿中的数据按【剂型】分类，并汇总各剂型的平均中标价，具体操作如下：

(1) 启动 Excel 2010 应用程序，打开“药品中标记录表”工作簿的 Sheet1 工作表。

(2) 选择【剂型】所在的单元格区域 B2:B16 单元格区域，然后打开【数据】选项卡，在【排序和筛选】组中单击【升序】按钮，进行分类排序，完成后如图 9-18 所示。

(3) 选定任意一个单元格，在【数据】选项卡的【分级显示】组中，单击【分类汇总】按钮，打开【分类汇总】对话框。

(4) 在【分类字段】下拉列表框中选择【剂型】选项；在【汇总方式】下拉列表框中选择【平均值】选项；在【选定汇总项】列表框中选中【中标价】复选框；选中【替换当前分类汇总】与【汇总结果显示在数据下方】复选框，如图 9-19 所示。

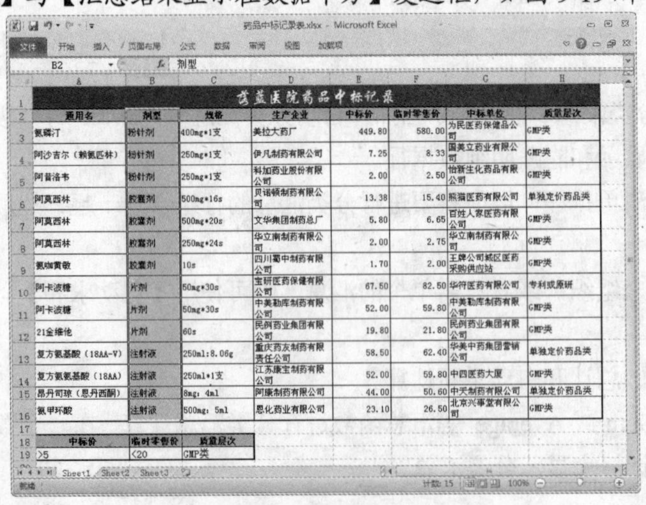

药品中标记录表.xlsx - Microsoft Excel

蓝蓝医院药品中标记录

通用名	剂型	规格	生产企业	中标价	临时零售价	中标单位	质量层次
氨磷汀	粉针剂	400mg*1支	美拉大药厂	449.80	580.00	为民医药保健品公司	GMP类
阿沙吉尔（赖氨匹林）	粉针剂	250mg*1支	伊凡制药有限公司	7.25	8.33	国美立药业有限公司	GMP类
阿昔洛韦	粉针剂	250mg*1支	科加药业股份有限公司	2.00	2.50	怡新生化药品有限公司	GMP类
阿莫西林	胶囊剂	500mg*16s	贝诺顿制药有限公司	13.38	15.40	熊猫医药有限公司	单独定价药品类
阿莫西林	胶囊剂	500mg*20s	文华集团制药总厂	5.80	6.65	百姓人家医药有限公司	GMP类
阿莫西林	胶囊剂	250mg*24s	华立南制药有限公司	2.00	2.75	华立南制药有限公司	GMP类
氨咖黄敏	胶囊剂	10s	四川蜀中制药有限公司	1.70	2.00	王牌公司城区医药采购供应站	GMP类
阿卡波糖	片剂	50mg*30s	宝研医药保健有限公司	67.50	82.50	华符医药有限公司	专利或原研
阿卡波糖	片剂	50mg*30s	中美勒库制药有限公司	52.00	59.80	中美勒库制药有限公司	GMP类
21金维他	片剂	60s	民例药业集团有限公司	19.80	21.80	民例药业集团有限公司	GMP类
复方氨基酸（18AA-V）	注射液	250ml:8.06g	重庆药友制药有限责任公司	58.50	62.40	华美中药集团营销公司	单独定价药品类
复方氨氨基酸（18AA）	注射液	250ml*1支	江苏康宝制药有限公司	52.00	59.80	中四医药大厦	GMP类
昂丹司琼（恩丹西酮）	注射液	8mg：4ml	阿康制药有限公司	44.00	50.60	中天制药有限公司	单独定价药品类
氨甲环酸	注射液	500mg：5ml	恩化药业有限公司	23.10	26.50	北京兴事堂有限公司	GMP类

中标价	临时零售价	质量层次
>5	<20	GMP类

图 9-18　分类排序剂型

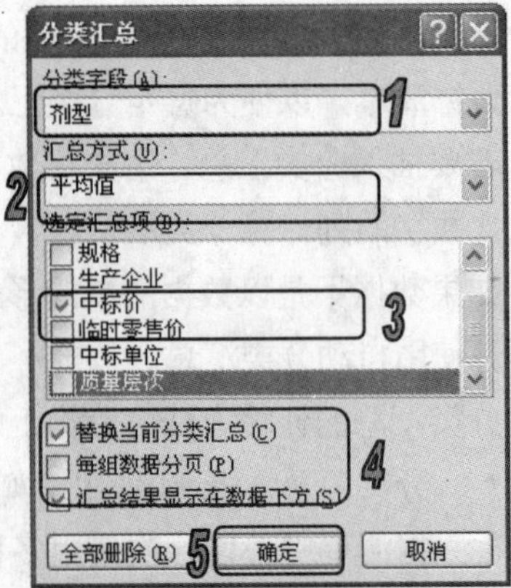

图 9-19　【分类汇总】对话框

提示

如果要使用自动分类汇总，工作表必须组织成具有列标志的数据清单。在创建分类汇总之前，用户必须先对需要分类汇总的数据清单排序。

(5) 单击【确定】按钮，打开分类汇总效果，如图 9-20 所示。

	通用名	剂型	规格	生产企业	中标价	临时零售价	中标单位	质量层次
3	氨磷汀	粉针剂	400mg*1支	美拉大药厂	449.80	580.00	为民医药保健品公司	GMP类
4	阿沙吉尔（赖氨匹林）	粉针剂	250mg*1支	伊凡制药有限公司	7.25	8.33	国美立药业有限公司	GMP类
5	阿昔洛韦	粉针剂	250mg*1支	科加药业股份有限公司	2.00	2.50	怡新生化药品有限公司	GMP类
6		粉针剂 平均值			153.02			
7	阿莫西林	胶囊剂	500mg*16s	贝诺顿制药有限公司	13.38	15.40	熊猫医药有限公司	单独定价药品类
8	阿莫西林	胶囊剂	500mg*20s	文华集团制药总厂	5.80	6.65	百姓人家医药有限公司	GMP类
9	阿莫西林	胶囊剂	250mg*24s	华立南制药有限公司	2.00	2.75	华立南制药有限公司	GMP类
10	氨咖黄敏	胶囊剂	10s	四川蜀中制药有限公司	1.70	2.00	王牌公司城区医药采购供应站	GMP类
11		胶囊剂 平均值			5.72			
12	阿卡波糖	片剂	50mg*30s	宝研医药保健有限公司	67.50	82.50	华符医药有限公司	专利或原研
13	阿卡波糖	片剂	50mg*30s	中美勒库制药有限公司	52.00	59.80	中美勒库制药有限公司	GMP类
14	21金维他	片剂	60s	民例药业集团有限公司	19.80	21.80	民例药业集团有限公司	GMP类
15		片剂 平均值			46.43			
16	复方氨基酸（18AA-V）	注射液	250ml:8.06g	重庆药友制药有限责任公司	58.50	62.40	华美中药集团营销公司	单独定价药品类
17	复方氨氨基酸（18AA）	注射液	250ml*1支	江苏康宝制药有限公司	52.00	59.80	中四医药大厦	GMP类
18	昂丹司琼（恩丹西酮）	注射液	8mg: 4ml	阿康制药有限公司	44.00	50.60	中天制药有限公司	单独定价药品类
19	氨甲环酸	注射液	500mg: 5ml	恩化药业有限公司	23.10	26.50	北京兴事堂有限公司	GMP类
20		注射液 平均值			44.40			
21		总计平均值			57.06			

图 9-20　分类汇总

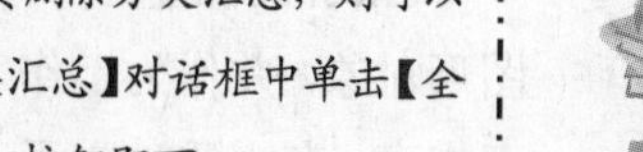

知识点

若要删除分类汇总，则可以在【分类汇总】对话框中单击【全部删除】按钮即可。

知识点

为了方便查看数据，可将分类汇总后暂时不需要使用的数据隐藏起来，减小界面的占用空间，只需单击分类汇总工作表左边列表树中的 + 按钮即可。当需要查看隐藏的数据时，可再将其显示，只需单击分类汇总工作表左边列表树中的 - 按钮。

9.2　使用图表—实战 28：在“药品中标记录表”中创建图表

为了能更加直观地表达表格中的数据，可将数据以图表的形式表示出来。通过图表可以清楚地了解各个数据的大小以及数据的变化情况，方便对数据进行对比和分析。

9.2.1　图表概述

Excel 2010 提供了多种图表，如柱形图、折线图、饼图、条形图、面积图和散点图等，各种图表各有优点，适用于不同的场合。

◉ 柱形图：可直观地对数据进行对比分析以得出结果。在 Excel 2010 中，柱形图又可细分为二维柱形图、三维柱形图、圆柱图、圆锥图以及棱锥图。

◉ 折线图：折线图可直观地显示数据的走势情况。在 Excel 2010 中，折线图又分为二维折线图与三维折线图。

◉ 饼图：能直观地显示数据占有比例，而且比较美观。在 Excel 2010 中，饼图又可细分为二维饼图与三维饼图。

◉ 条形图：就是横向的柱形图，其作用也与柱形图相同，可直观地对数据进行对比分析。在 Excel 2010 中，条形图又可细分为二维条形图、三维条形图、圆柱图、圆锥图以及棱锥图。

◉ 面积图：能直观地显示数据的大小与走势范围，在 Excel 2010 中，面积图又可分为二维面积图与三维面积图。

◉ 散点图：可以直观地显示图表数据点的精确值，帮助用户对图表数据进行统计计算。

Excel 2010 包含两种样式的图表：嵌入式图表和图表工作表。嵌入式图表是将图表看作一个图形对象，并作为工作表的一部分进行保存；图表工作表是工作簿中具有特定工作表名称的独立工作表。在需要独立于工作表数据查看或编辑大而复杂的图表，或者需要节省工作表上的屏幕空间时，就可以使用图表工作表。无论是建立哪种图表，创建图表的依据都是工作表中的数据。当工作表中的数据发生变化时，图表便会自动更新。

9.2.2 创建图表

使用 Excel 2010 提供的图表向导，可以方便、快速地建立一个标准类型或自定义类型的图表。在图表创建完成后，仍然可以修改其各种属性，以使整个图表更趋于完善。

下面将在“药品中标记录表”工作簿中创建图表，具体操作如下：

(1) 启动 Excel 2010 应用程序，打开“药品中标记录表”工作簿的 Sheet2 工作表，并在其中创建如图 9-21 所示的表格。

(2) 选定 A2:E6 单元格区域，打开【插入】选项卡，在【图表】组中单击【柱形图】按钮，从弹出的【三维柱形图】选项区域中选择【三维簇状柱形图】样式，如图 9-22 所示。

2011年药品销售额统计（单位：元）

剂型	第一季度	第二季度	第三季度	第四季度
注射液	214500.00	568218.00	892566.00	98457.80
片剂	495891.25	98764.00	106520.00	129800.90
胶囊剂	158900.00	28654.10	89260.00	157654.80
粉针剂	85392.00	149872.80	209532.54	45263.51

图 9-21 创建“2011 年药品销售额统计”工作表

图 9-22 图表类型

(3) 此时三维簇状柱形图将自动插入到工作表中，效果如图 9-23 所示。

知识点

打开【插入】选项卡，在【图表】组单击对话框启动器按钮，打开【插入图表】对话框，如图 9-24 所示，在【柱形图】列表框中选择【三维簇状柱形图】选项，单击【确定】按钮，同样可以插入三维簇状柱形图。

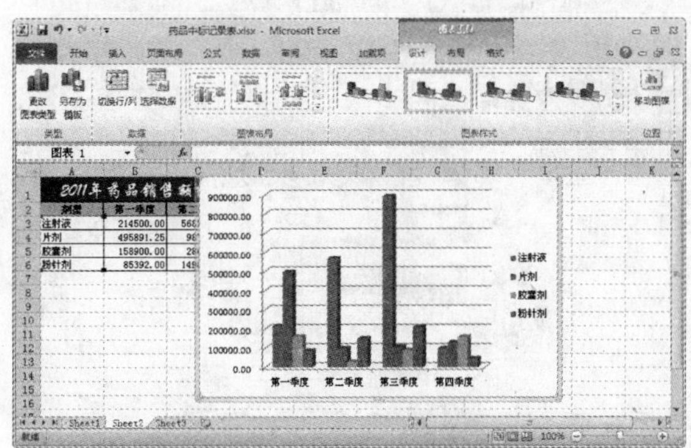

图 9-23 【图表源数据】对话框

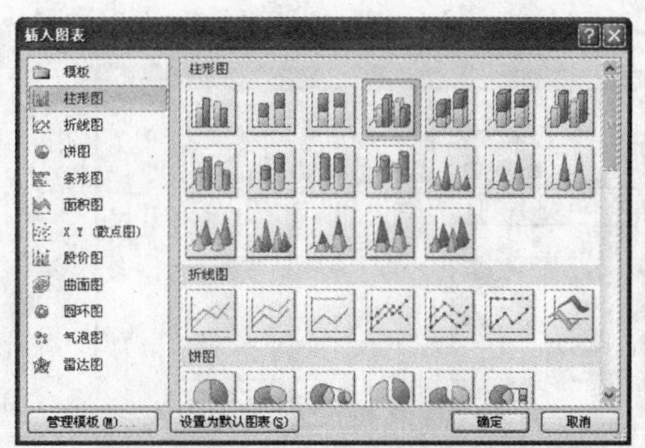

图 9-24 【插入图表】对话框

9.2.3 编辑图表

若已经创建好的图表不符合用户要求，可以对其进行编辑。图表创建完成后，Excel 2010 会自动打开【图表工具】的【设计】、【布局】和【格式】选项卡，如图 9-25 所示，在其中可以设置图表类型、图表位置和大小、图表样式、图表的布局等参数，还可以为图表添加趋势线或误差线。

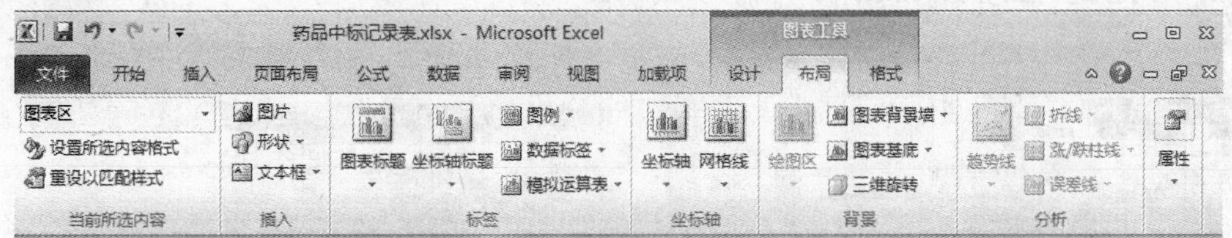

图 9-25 【图表工具】的【布局】选项卡

1. 更改图表类型

若图表的类型无法确切地展现工作表数据所包含的信息，如使用饼图来表现数据的走势等，此时就需要更改图表类型。下面将“药品中标记录表”工作簿中的图表修改为条形图，具体操作如下：

(1) 启动 Excel 2010 应用程序，打开“药品中标记录表”工作簿的 Sheet2 工作表，并选定其中的图表。

(2) 打开【图表工具】的【设计】选项卡，在【类型】组中单击【更改图表类型】按钮，打开【更改图表类型】对话框。

(3) 在左侧的类型列表框中选择【条形图】选项，然后在右侧的样式列表框中选择【簇状条形图】样式，如图 9-26 所示。

(4) 单击【确定】按钮，即可将图表类型修改为条形图，如图 9-27 所示。

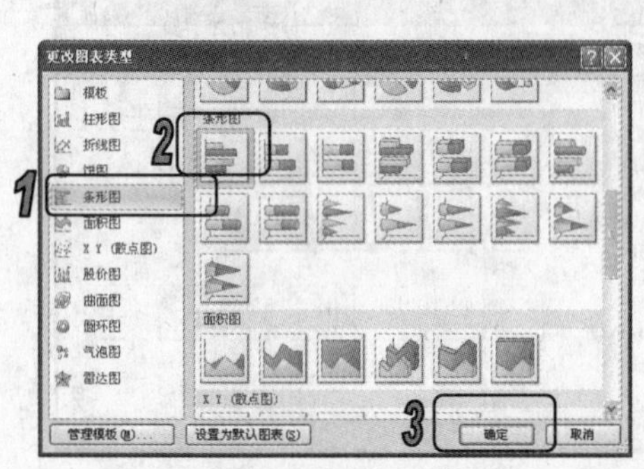

图 9-26 设置图表类型

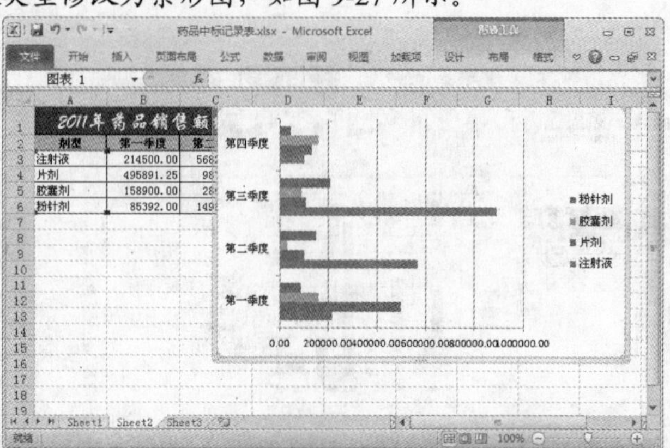

图 9-27 修改图表类型

2. 调整图表的位置和大小

在 Excel 2010 中，除了可以移动图表的位置外，还可以调整图表的大小。用户既可以调整整个图表的大小，也可以单独调整图表中的某个组成部分的大小，如绘图区、图例等。下面将在“药品中标记录表”工作簿中调整图表大小和位置，具体操作如下：

(1) 启动 Excel 2010 应用程序，打开“药品中标记录表”工作簿的 Sheet2 工作表。

(2) 选定图表，将光标移动至边框上，当其变为双箭头形状时，按住鼠标左键并拖动图表，将其移动到合适的位置，释放鼠标即可，如图 9-28 所示。

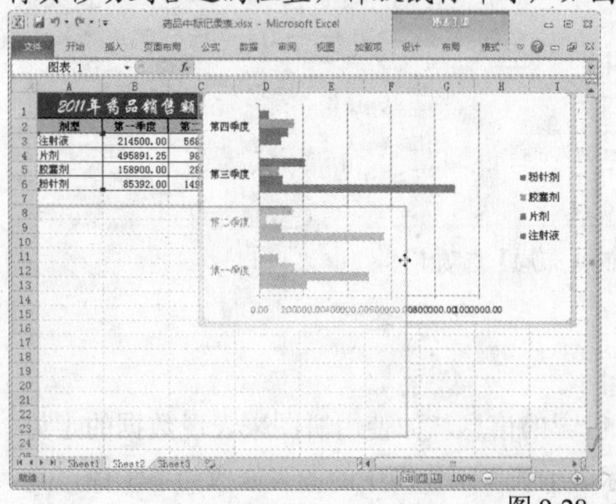

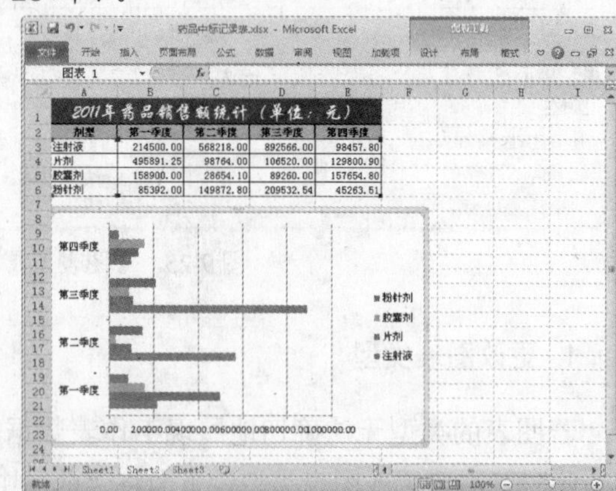

图 9-28 调整图表位置

(3) 选定图表，将光标移动至边框的右上角，当其变为双箭头形状时按住鼠标拖动，松开鼠标即可调整图表大小至虚线图形大小，如图 9-29 所示。

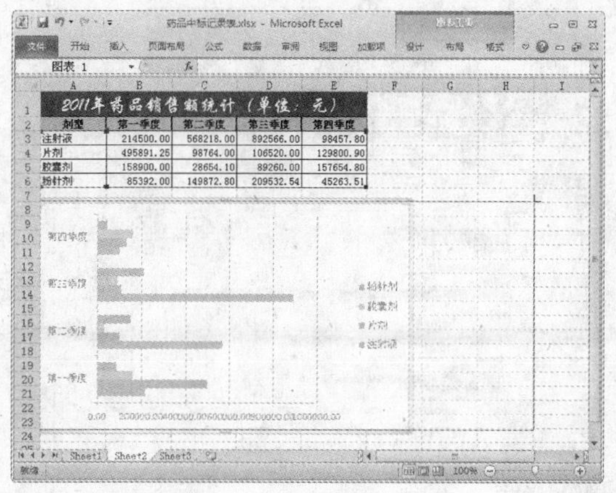

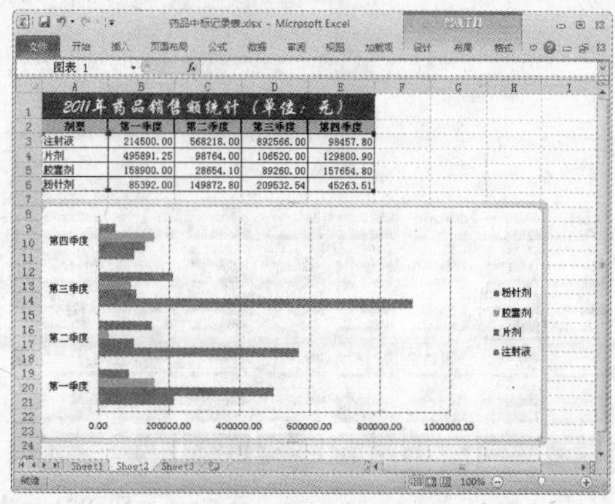

图 9-29　调整图表大小

知识点

打开【图表工具】的【格式】选项卡，在【大小】组中的【形状高度】和【形状宽度】微调框中可以精确输入图表的尺寸。

(4) 选中图表中的图例，在其边框上会出现 8 个控制柄，将光标移动至控制柄上，当其变为双箭头形状时按住鼠标左键并拖动，调整图例的大小，完成后如图 9-30 所示。

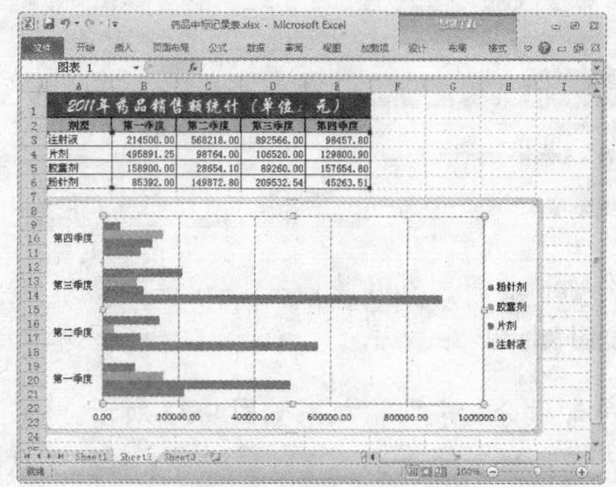

图 9-30　调整绘图区大小

提示

缩放整个图表大小时，其中的绘图区和图例也将随图表的比例进行相应的缩小或放大。

3. 设置图表的样式和布局

创建图表后，可以将 Excel 2010 的内置图表样式快速应用到图表中，无需手动添加或更改图表元素的相关设置。另外，在【图表工具】的【布局】选项卡中可以设置图表的标签、坐标轴、背景等参数。

下面将在“药品中标记录表”工作簿中，设置图表的样式和布局，具体操作如下：

(1) 启动 Excel 2010 应用程序，打开“药品中标记录表”工作簿的 Sheet2 工作表。

(2) 选定图表区，打开【图表工具】的【设计】选项卡，在【图表样式】组中单击【其他】按钮，在打开的内置图表样式列表框中选择【样式 18】选项，即可将其应用到图表中，如图 9-31 所示。

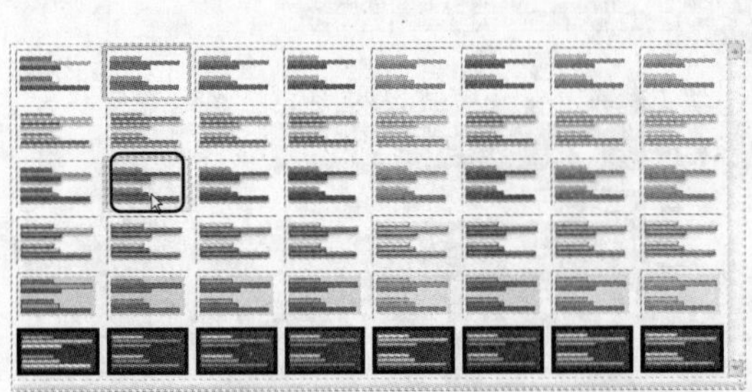

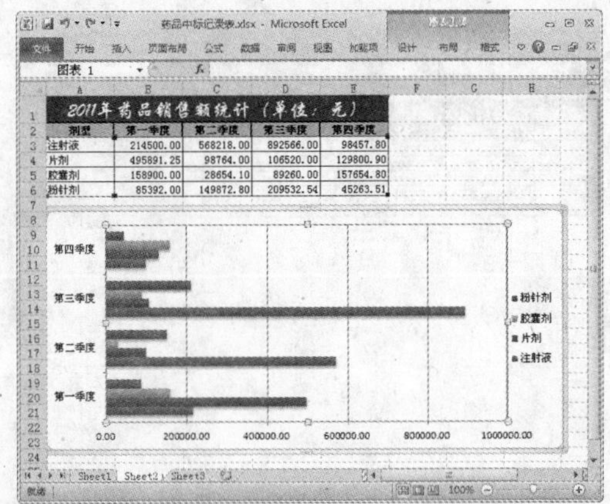

图 9-31　设置图表的样式

(3) 选中图表，打开【图表工具】的【布局】选项卡，在【标签】组中单击【图表标题】按钮，从弹出的菜单中选择【居中覆盖标题】命令，在图表中添加图表标题，如图 9-32 所示。

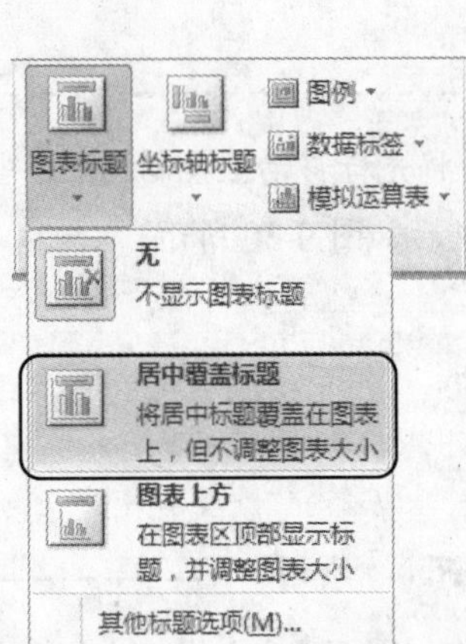

图 9-32　添加图表标题

(4) 在【图表标题】文本框中输入文本“公司考核分析表”，效果如图 9-33 所示。

(5) 打开【图表工具】的【布局】选项卡，在【标签】组中单击【数据标签】按钮，从弹出的菜单中选择【居中】命令，即可在数据条中显示数据标签，如图 9-34 所示。

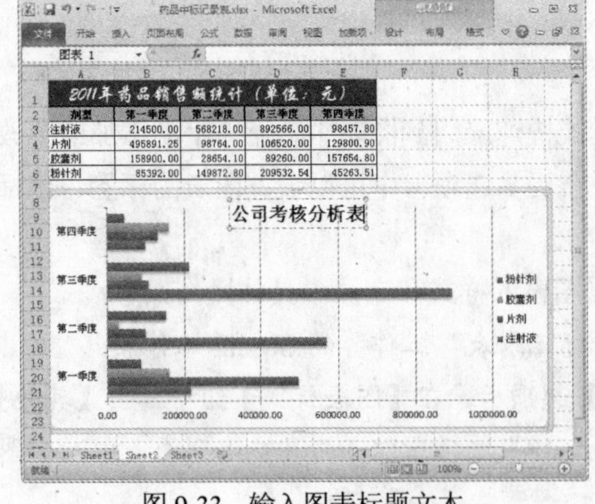

图 9-33　输入图表标题文本

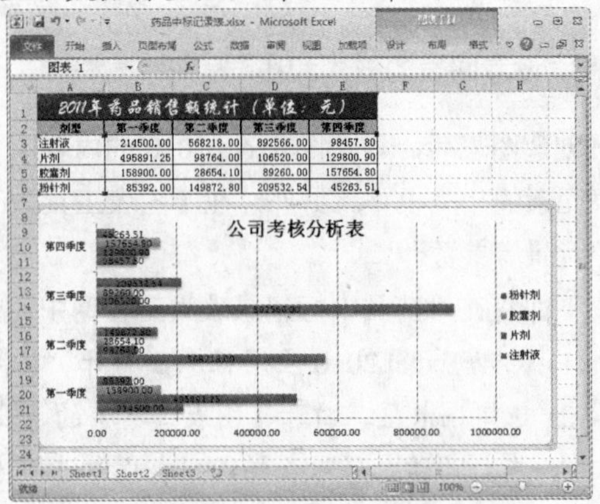

图 9-34　显示数据标签

(6) 在【坐标轴】组中单击【网格线】按钮，从弹出的菜单中选择【主要横网格线】|【主要网格线】命令，为图表添加网格线，如图 9-35 所示。

(7) 右击图表区，从弹出的快捷菜单中选择【设置图表区格式】命令，打开【设置图表区格式】对话框。

(8) 打开【填充】选项卡，选中【纯色填充】单选按钮，在【填充颜色】选项区域中单击【颜色填充】按钮，从弹出的颜色面板中选择【紫色，强调文字颜色 4，淡色 40%】色块，如图 9-36 所示。

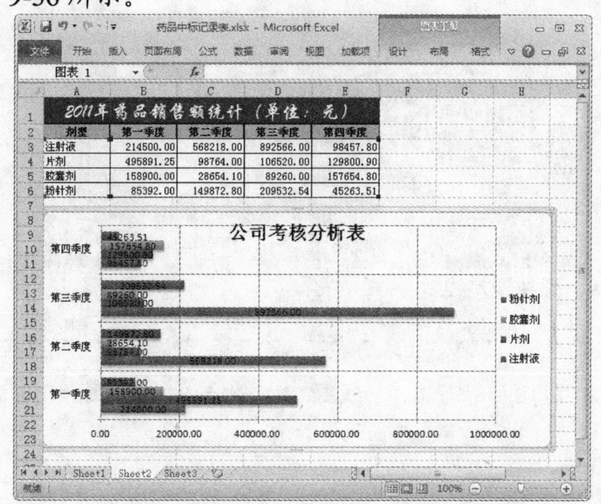

图 9-35 添加网格线

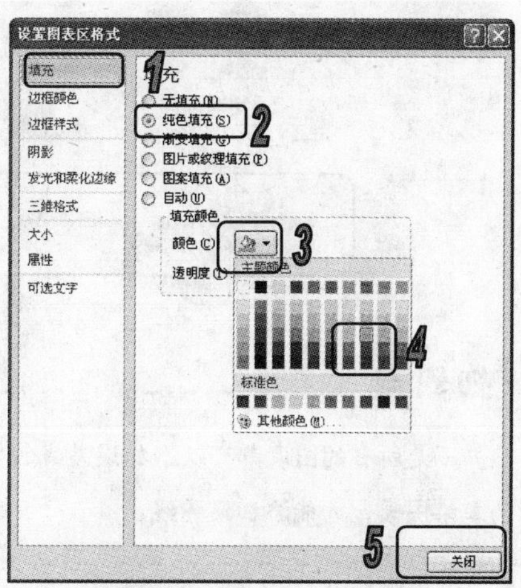

图 9-36 【填充】选项卡

(9) 单击【关闭】按钮，即可为图表区填充背景色，效果如图 9-37 所示。

(10) 参照步骤(7)~(9)，为绘图区填充【紫色，强调文字颜色 4，淡色 80%】背景色，最终效果如图 9-38 所示。

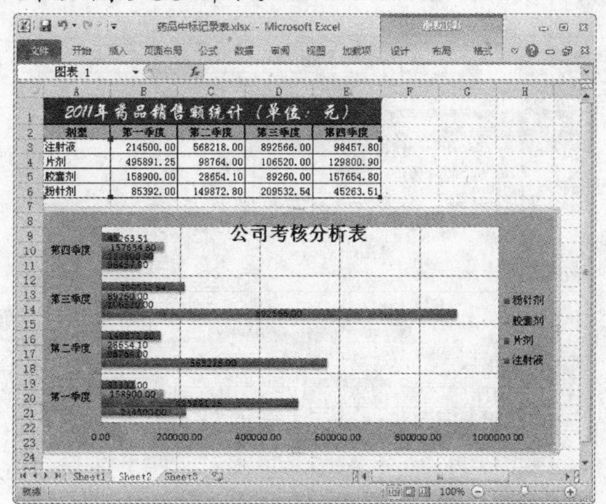

图 9-37 显示图表区背景色

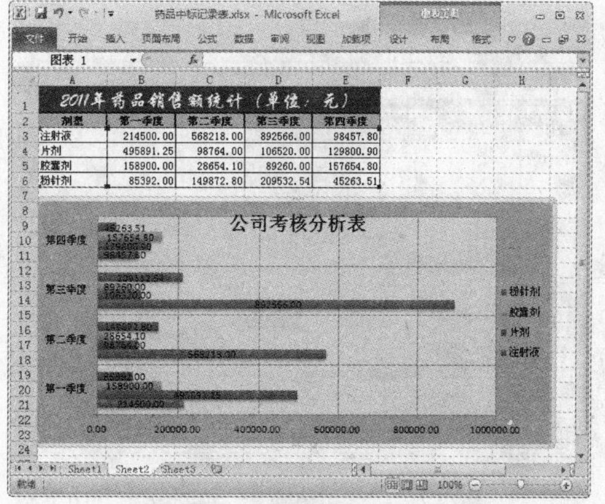

图 9-38 为绘图区设置背景色

4. 添加误差线

运用图表进行回归分析时，如果需要表现数据的潜在误差，则可以为图表添加误差线。下面将在“药品中标记录表”工作簿中，为图表添加误差线，具体操作如下：

(1) 启动 Excel 2010 应用程序，打开“药品中标记录表”工作簿的 Sheet2 工作表。

(2) 选中图表，打开【图表工具】的【布局】选项卡，在【分析】组中单击【误差线】按钮 误差线，从弹出的菜单中选择【标准偏差误差线】命令，即可添加误差线，如图 9-39 所示。

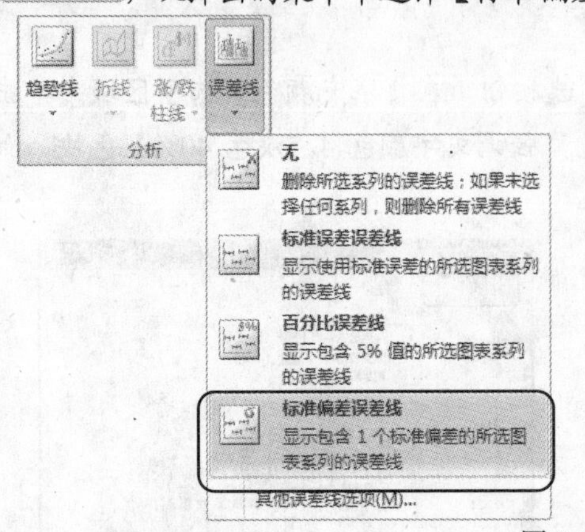

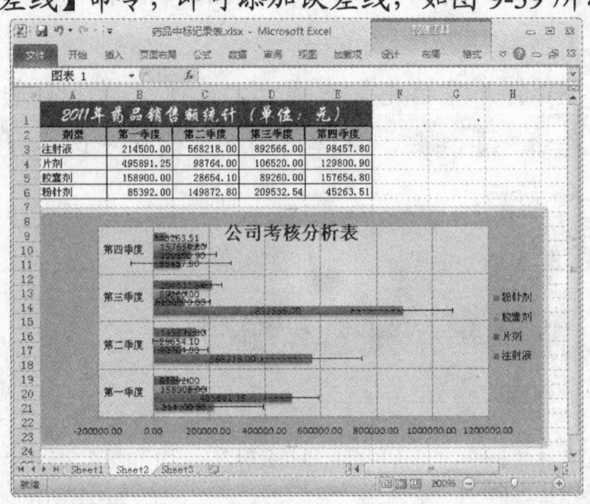

图 9-39　添加误差线

知识点

并不是所有的图表都可以添加误差线的，只有柱形图、条形图、折线图、XY 散点图、面积图和气泡图的二维图表，才能添加误差线。

(3) 在图表的绘图区中，单击【注射液】系列中的误差线，选中该误差线。打开【图表工具】的【格式】选项卡，在【形状样式】组中单击【形状轮廓】按钮，从弹出的【标准色】颜色面板中选择【红色】色块，为误差线填充颜色，如图 9-40 所示。

(4) 使用同样的方法，设置其他系列中的误差线的填充颜色，最终效果如图 9-41 所示。。

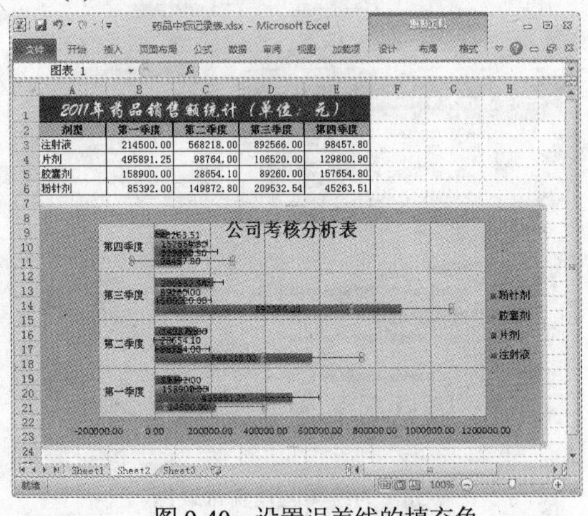

图 9-40　设置误差线的填充色

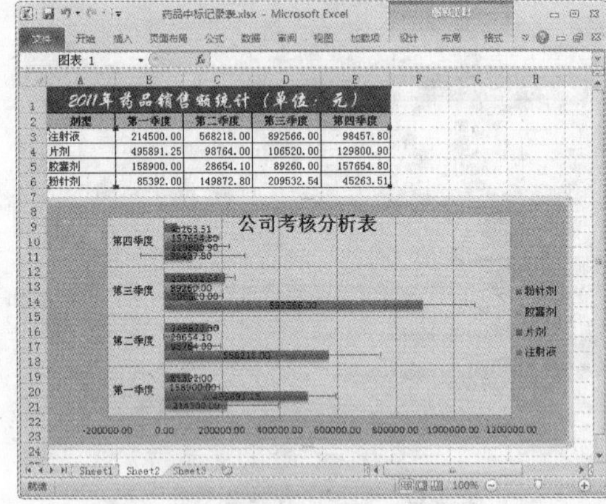

图 9-41　添加误差线后的最终效果

提示

添加趋势性的方法与添加误差线类似，选中图表后，打开【图表工具】的【布局】选项卡，在【分析】组中单击【趋势线】按钮，从弹出的菜单中选择一种趋势线样式即可。

9.3 数据透视图表—实战29：创建“药品中标记录”数据透视图表

Excel 2010供了一种简单、形象、实用的数据分析工具——数据透视表及数据透视图。使用它可以生动、全面地对数据清单重新组织和统计数据。

9.3.1 创建数据透视表

数据透视表是一种对大量数据快速汇总和建立交叉列表的交互式表格，它不仅可以转换行和列以查看源数据的不同汇总结果，也可以显示不同页面以筛选数据或根据需要显示区域中的细节数据。

下面将在现有素材“药品中标记录表”工作簿中创建数据透视表，具体操作如下：

(1) 启动Excel 2010应用程序，打开现有素材“药品中标记录表”工作簿，并打开Sheet1工作表。

(2) 打开【插入】选项卡，在【表格】组中单击【数据透视表】按钮，在弹出的菜单中选择【数据透视表】命令，打开【创建数据透视表】对话框。

(3) 在【请选择要分析的数据】组中选中【选择一个表或区域】单选按钮，然后单击按钮，选定A2:H16单元格区域；在【选择放置数据透视表的位置】选项区域中选中【新工作表】单选按钮，如图9-42所示。

(4) 单击【确定】按钮，此时在工作簿中添加一个新工作表，同时插入数据透视表，并将新工作表命名为“数据透视表”，如图9-43所示。

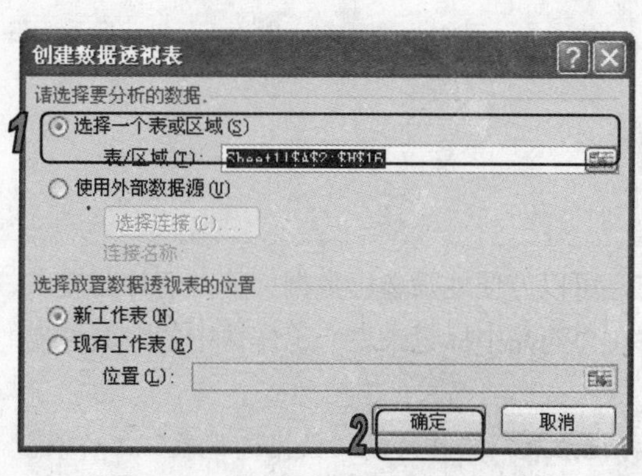

图9-42　【创建数据透视表】对话框

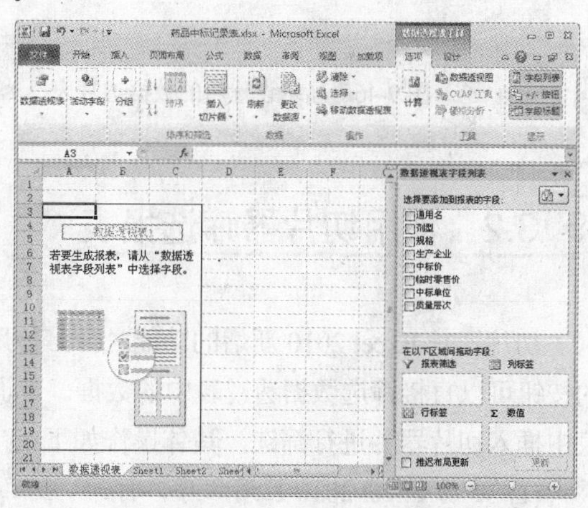

图9-43　创建数据透视表

(5) 在【数据透视表字段列表】窗格的【选择要添加到报表的字段】列表中同时选中【通用名】、【剂型】、【中标价】和【质量层次】字段，并将它们分别拖动到对应的区域，完成数据透视表的布局设计，如图9-44所示。

(6) 打开【数据透视表工具】的【设计】选项卡，在【数据透视表样式】组中单击【其他】

按钮，从弹出的列表框中选择一种样式，如图 9-45 所示。

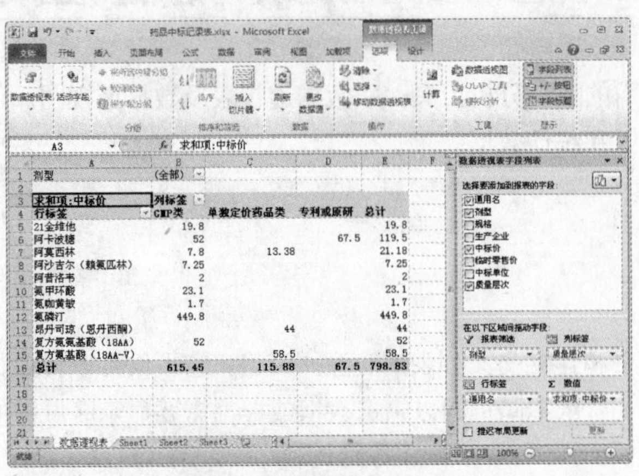

图 9-44　数据透视表的布局设计

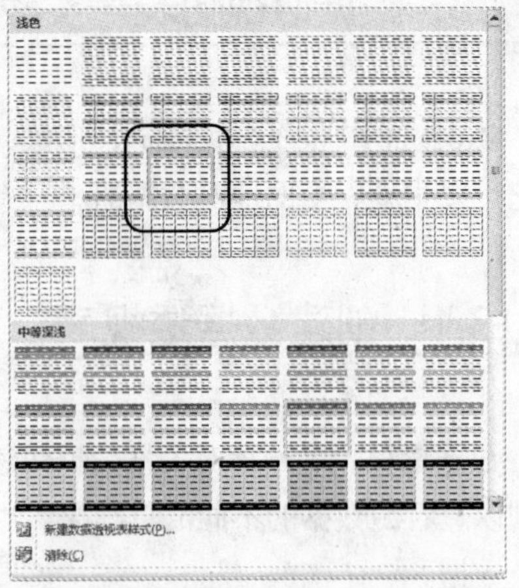

图 9-45　数据透视表样式列表框

(7) 此时即可显示套用的数据透视表样式，最终效果如图 9-46 所示。

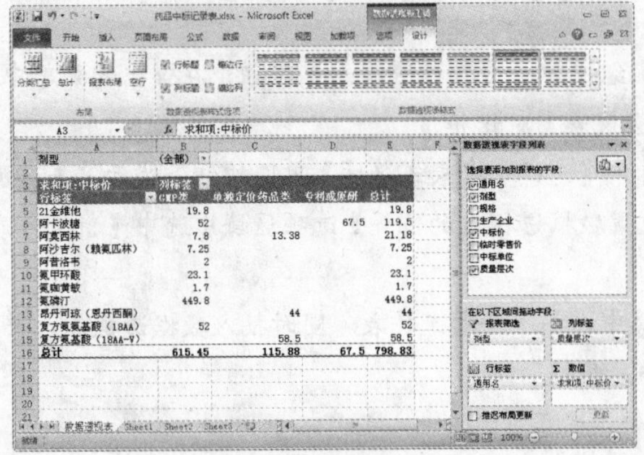

图 9-46　显示设置后的数据透视表

提示

在创建数据透视表后，打开【数据透视表工具】的【选项】和【设计】选项卡，在其中可以对数据透视表进行编辑操作，如设置数据透视表的字段，布局数据透视表，设置数据透视表的样式等。

9.3.2　使用切片器筛选报表

切片器是 Excel 2010 新增的功能之一，使用它，可以方便地筛选出数据。单击切片器提供的按钮可以直接筛选数据透视表中的数据。下面将在“药品中标记录表”工作簿中的数据透视表中插入切片器并进行筛选，具体操作如下：

(1) 启动 Excel 2010 应用程序，打开“药品中标记录表”工作簿的“数据透视表”工作表。

(2) 选定 A5 单元格，打开【数据透视表工具】的【选项】选项卡，在【排序和筛选】组中单击【插入切片器】按钮，从弹出的菜单中选择【插入切片器】命令，打开【插入切片器】对话框。

(3) 同时选中【规格】、【生产企业】、【临时零售价】和【中标单位】复选框，如图 9-47 所示。

(4) 单击【确定】按钮，此时在数据透视表中插入与所选字段相关联的切片器，如图 9-48 所示。

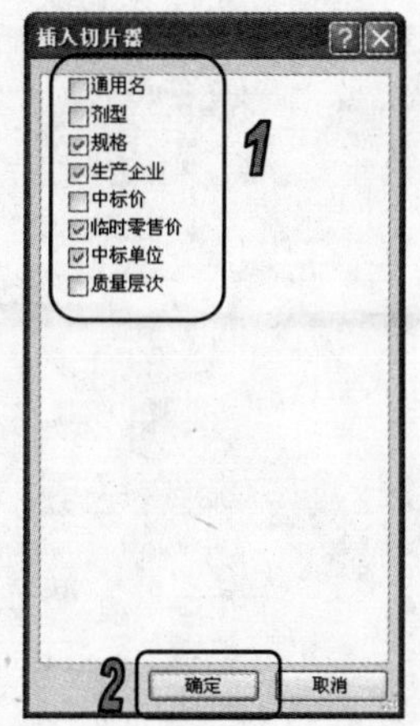

图 9-47　【插入切片器】对话框

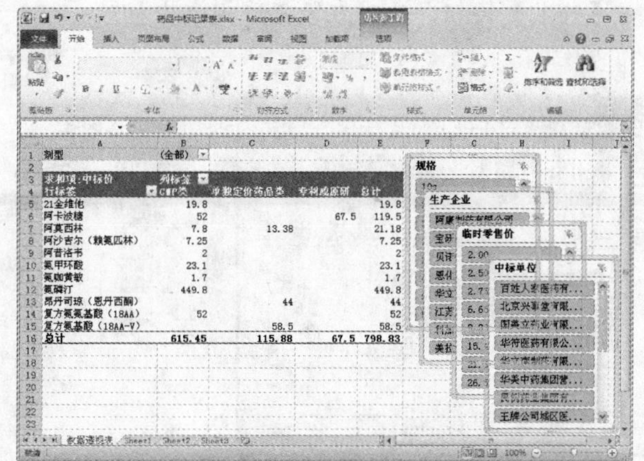

图 9-48　插入切片器

(5) 在【临时零售价】切换器中单击【15.40】选项，即可筛选出临时零售价为 15.40 元的记录，如图 9-49 所示。

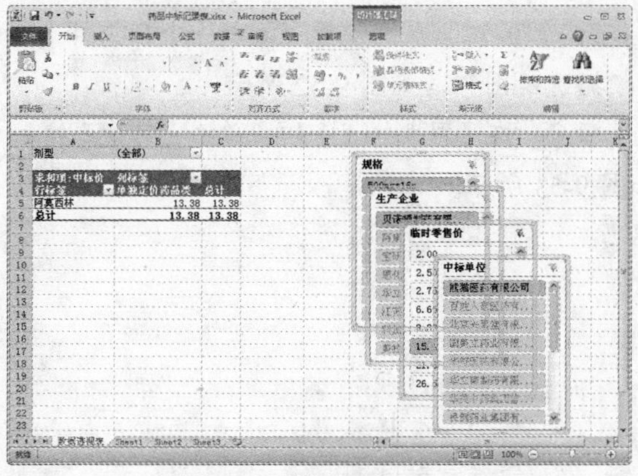

图 9-49　筛选记录

提示

在【临时零售价】切换器中单击【清除筛选器】按钮，即可清除对该字段的筛选。插入切片器后，在功能区中自动打开【切片器工具】的【选项】选项卡，在其中可以设置切片器的样式、大小，以及其中按钮的大小。

9.3.3　创建数据透视图

数据透视图可以看作是数据透视表和图表的结合，它以图形的形式表示数据透视表中的数据。在 Excel 2010 中，可以根据数据透视表快速创建数据透视图，从而更加直观地显示数据透视表中的数据，方便用户对其进行分析和管理。

下面将在“药品中标记录表”工作簿中，根据数据透视表创建数据透视图，并设置只显示剂型为【粉针剂】的相关数据，具体操作如下：

(1) 启动 Excel 2010 应用程序，打开“药品中标记录表”工作簿的“数据透视表”工作表。

(2) 选定 A5 单元格，打开【数据透视表工具】的【选项】选项卡，在【工具】组中单击【数

据透视图】按钮，打开【插入图表】对话框。

(3) 选择【柱形图】选项，并在右侧的列表框中选择【簇状圆柱图】选项，如图 9-50 所示。

(4) 单击【确定】按钮，此时在数据透视表中插入一个数据透视图，如图 9-51 所示。

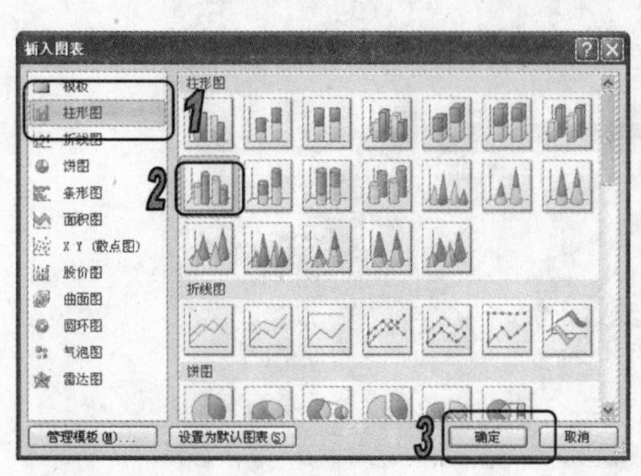

图 9-50 【插入图表】对话框

图 9-51 创建数据透视图

(5) 打开【数据透视图工具】的【设计】选项卡，在【位置】组中单击【移动图表】按钮，打开【移动图表】对话框。

(6) 选中【新工作表】单选按钮，单击【确定】按钮，在工作簿中添加一个新工作表，同时插入数据透视图，并将该工作表命名为“数据透视图”，如图 9-52 所示。

(7) 打开【数据透视图工具】的【设计】选项卡，在【图表样式】组中单击【其他】按钮，从弹出的列表框中选择【样式 34】样式，如图 9-53 所示。

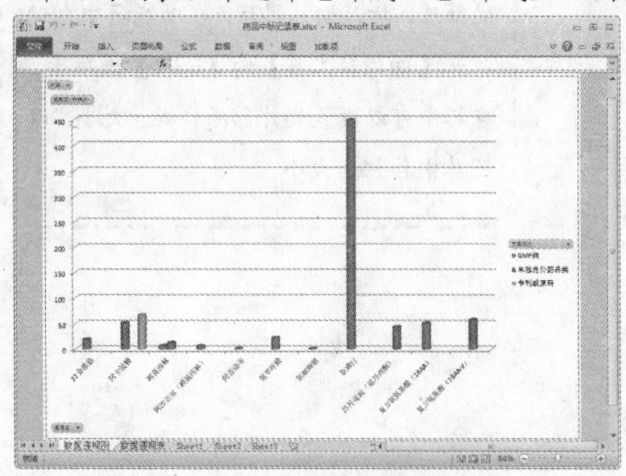

图 9-52 移动数据透视图

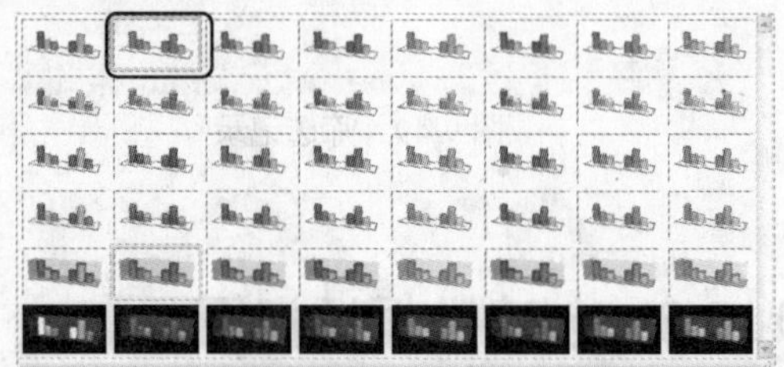

图 9-53 选择数据透视图样式

(8) 此时即可快速套用数据透视图样式，效果如图 9-54 所示。

(9) 右击图表区，从弹出的快捷菜单中选择【设置图表区格式】命令，打开【设置图表区格式】对话框。

(10) 打开【填充】选项卡，选中【纯色填充】单选按钮，在【填充颜色】选项区域中单击【颜色填充】按钮，从弹出的颜色面板中选择一种紫色色块，如图 9-55 所示。

(11) 单击【关闭】按钮，此时数据透视图的图表区显示为紫色背景，如图 9-56 所示。

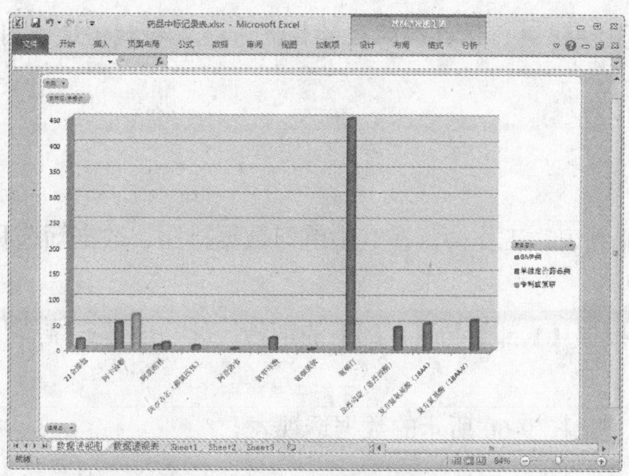

图 9-54　套用数据透视图样式

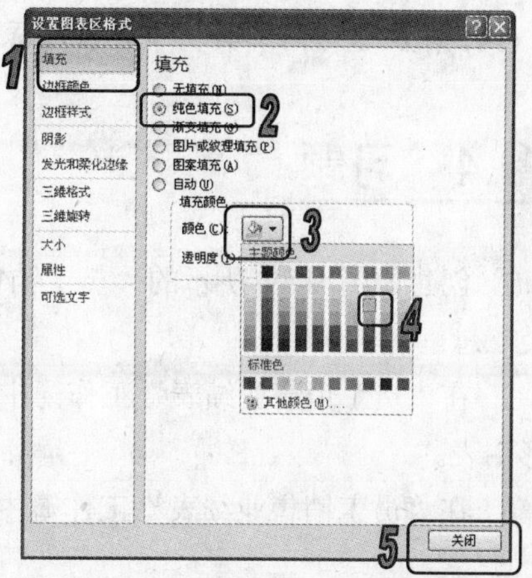

图 9-55　设置数据透视图的背景色

(12) 单击【剂型】字段右侧的下三角按钮，从弹出的列表框中选择【粉针剂】选项，如图 9-57 所示。

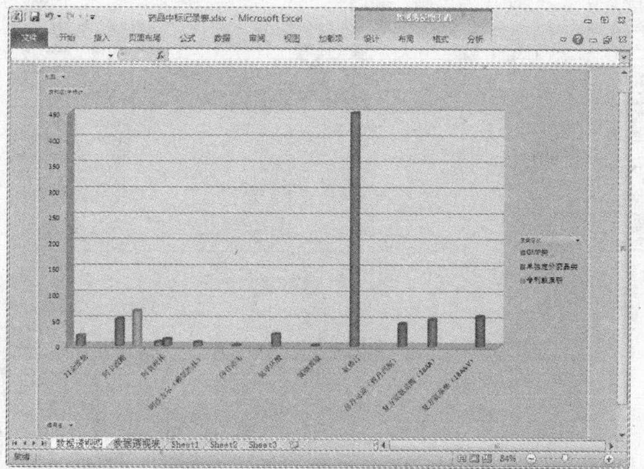

图 9-56　显示数据透视图背景色

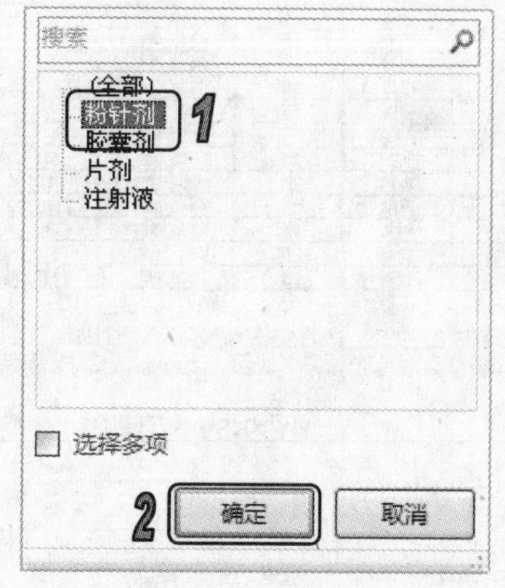

图 9-57 【剂型】列表框

(13) 单击【确定】按钮，设置透视图只显示【粉针剂】的中标记录，效果如图 9-58 所示。

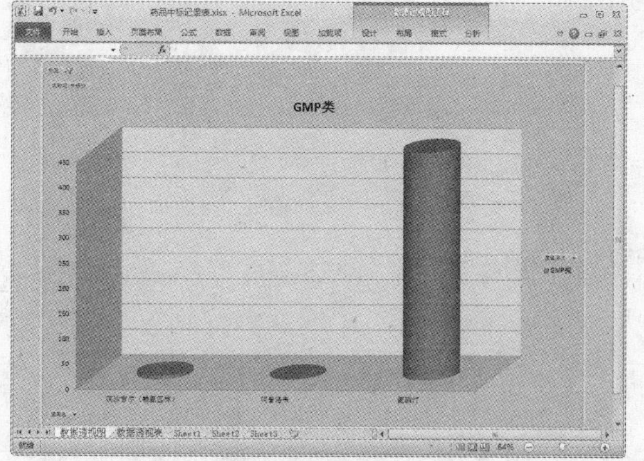

图 9-58　显示【粉针剂】的中标记录

提示

单击数据透视图左上角的剂型按钮，从弹出的列表框中选择【全部】选项，单击【确定】，即可显示数据透视表中的所有剂型的中标记录。

(14) 在快速访问工具栏中单击【保存】按钮，保存编辑过的数据透视表和数据透视图。

9.4 习题

1. 创建如图 9-59 所示的“员工销售业绩表”工作簿，在其中练习数据排序、数据筛选和分类汇总。

2. 在“员工销售业绩表”工作簿中，根据【1 部】与【2 部】的销售统计，创建三维簇状柱形图表。

3. 在“员工销售业绩表”工作簿中创建如图 9-60 所示的数据透视表。

年度员工销售业绩汇总

员工编号	姓名	销售部	年度签单金额	年度到账金额	到账比例
sx001	方峻	1部	￥860,000.00	￥800,000.00	93.02%
sx002	张非	2部	￥550,000.00	￥430,000.00	78.18%
sx003	李月影	2部	￥510,000.00	￥370,000.00	72.55%
sx004	秦臻	1部	￥1,080,000.00	￥850,000.00	78.70%
sx005	王帆	3部	￥540,000.00	￥450,000.00	83.33%
sx006	刘涛	2部	￥470,000.00	￥345,000.00	73.40%
sx007	杨萍	3部	￥500,000.00	￥441,000.00	88.20%
sx008	程谨	1部	￥1,080,000.00	￥1,020,000.00	94.44%
sx009	徐天添	3部	￥520,000.00	￥440,000.00	84.62%
sx010	胡啸天	3部	￥580,000.00	￥510,000.00	87.93%
sx011	高远	2部	￥800,000.00	￥800,000.00	100.00%
sx012	冯刚	2部	￥440,000.00	￥342,000.00	77.73%
sx013	刘莎	1部	￥990,000.00	￥990,000.00	100.00%
sx014	易惬	2部	￥540,000.00	￥470,000.00	87.04%
sx015	张卿	1部	￥706,000.00	￥618,000.00	87.54%

图 9-59　习题 1

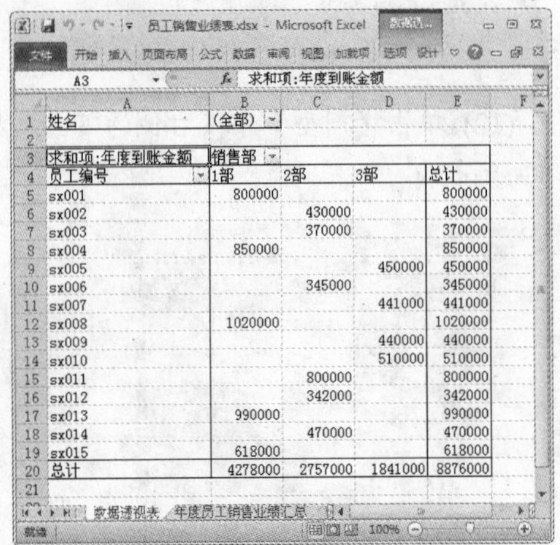

姓名 (全部)

求和项:年度到账金额	销售部			
员工编号	1部	2部	3部	总计
sx001	800000			800000
sx002		430000		430000
sx003		370000		370000
sx004	850000			850000
sx005			450000	450000
sx006		345000		345000
sx007			441000	441000
sx008	1020000			1020000
sx009			440000	440000
sx010			510000	510000
sx011		800000		800000
sx012		342000		342000
sx013	990000			990000
sx014		470000		470000
sx015	618000			618000
总计	4278000	2757000	1841000	8876000

图 9-60　习题 3

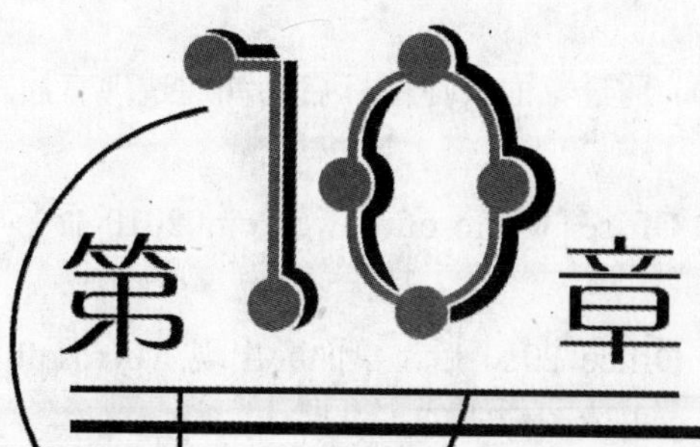

第10章 PowerPoint 2010 基础操作

学习目标

PowerPoint 2010 是最为常用的多媒体演示软件。无论是介绍一个计划工作或一种新产品，还是作报告或培训员工，只要用 PowerPoint 做一个演示文稿，就会使阐述过程变得形象而直观，简明而清晰，从而更有效地与他人沟通。用户只有在充分了解基础知识后，才可以更好地使用 PowerPoint 2010。本章将介绍 PowerPoint 2010 的基础知识和基本操作。

本章重点

- 初识 PowerPoint 2010
- 创建演示文稿
- 幻灯片的基本操作
- 演示文本的基本操作
- 使用项目符号和编号

10.1 初识 PowerPoint 2010—实战 30：创建“公司培训”文稿

PowerPoint 2010 是 Microsoft Office 2010 软件包中的一种制作演示文稿的办公软件。本节主要介绍 PowerPoint 2010 启动和退出、工作界面、创建演示文稿、打开和保存演示文稿等内容。

10.1.1 PowerPoint 2010 的启动和退出

当用户安装完 Office 2010 之后，PowerPoint 2010 也将自动安装到系统中，这时启动 PowerPoint 2010 即可创建演示文稿了。演示完稿创建完毕后，就可以退出 PowerPoint 2010。

1. 启动 PowerPoint 2010

PowerPoint 2010 常用的启动方法有 3 种：常规启动、通过桌面快捷图标启动和通过现有演示文稿启动。

- 常规启动：选择【开始】|【程序】| Microsoft Office | Microsoft PowerPoint 2010 命令即可。
- 通过桌面快捷图标启动：成功安装 Microsoft Office 2010 后，桌面会出现 Microsoft PowerPoint 2010 快捷图标，如图 10-1 所示，双击该图标即可。
- 通过现有演示文稿启动：在【我的电脑】文件夹或资源管理器中找到已经创建的演示文稿，然后双击文稿图标自动启动 PowerPoint；或者在【开始】菜单中选择【我最近的文档】命令，此时将列出所有近期打开的文件名称(如图 10-2 所示)，选择需要打开的 PowerPoint 文件即可。

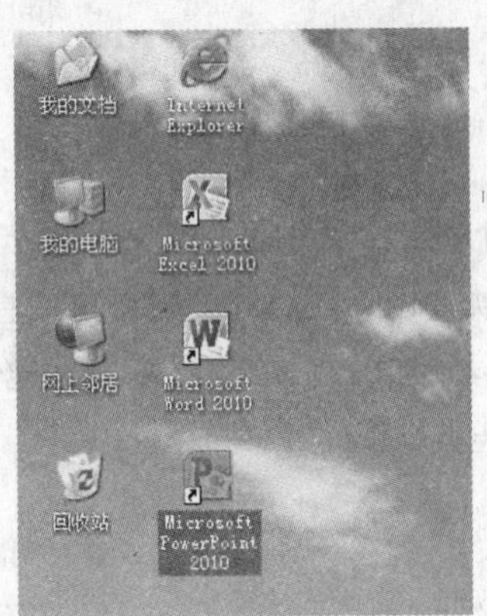

图 10-1　在快捷菜单中选择相应命令

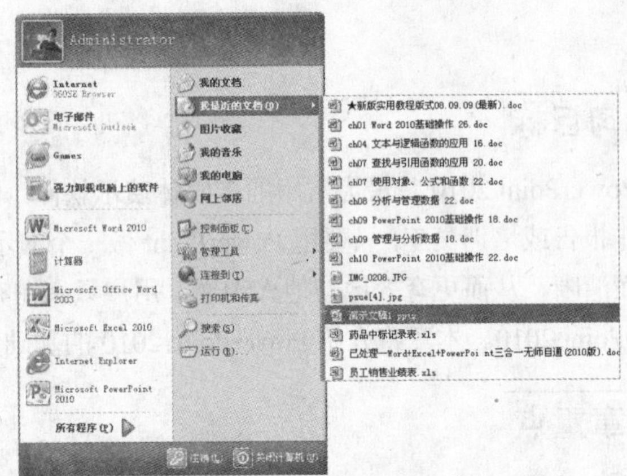

图 10-2　【我最近的文档】列表中列出的 PowerPoint 文件

2. 退出 PowerPoint 2010

退出 PowerPoint 2010 的方法有多种，常用的主要有以下几种：

- 单击 PowerPoint 2010 窗口右上角的【关闭】按钮。
- 右击标题栏，在弹出的快捷菜单中选择【关闭】命令。
- 双击标题栏上的【窗口控制】图标，或者单击该图标，从弹出的快捷菜单中选择【关闭】命令。
- 按 Alt+F4 组合键。

10.1.2　PowerPoint 2010 的操作界面

启动 PowerPoint 2010 应用程序后，用户将看到如图 10-3 所示的工作界面，该界面主要由【文件】按钮、快速访问工具栏、标题栏、功能选项卡、功能区、大纲/幻灯片浏览窗格、幻灯片编辑窗口、备注窗格和状态栏等部分组成。

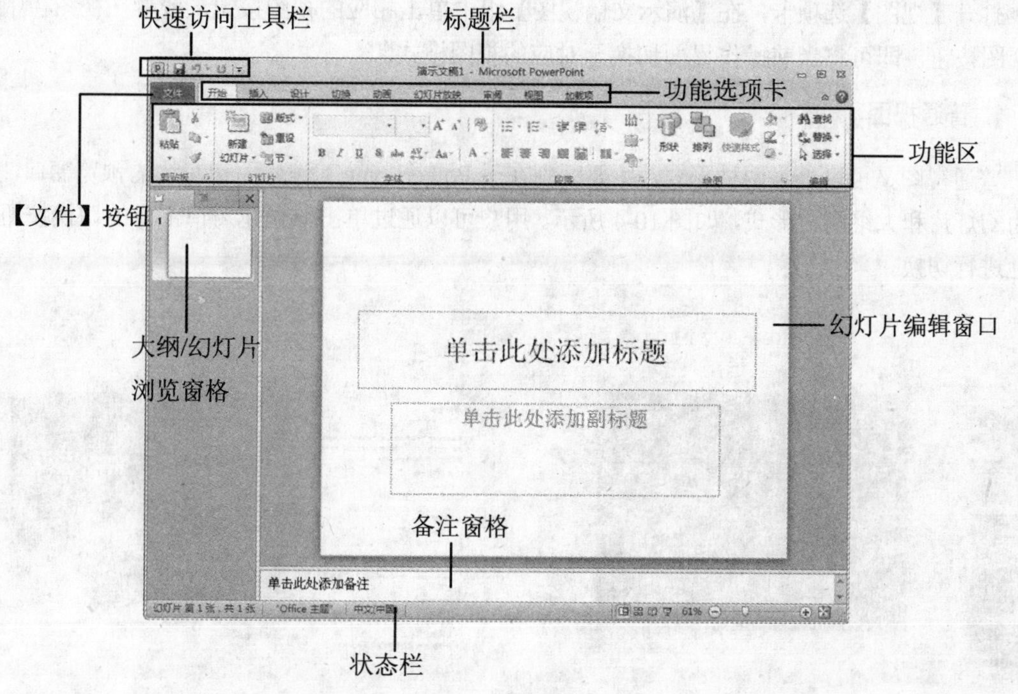

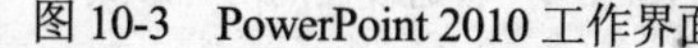

图 10-3　PowerPoint 2010 工作界面

PowerPoint 2010 工作界面中，除了包含与其他 Office 软件相同界面元素外，还有许多其他特有的组件，如大纲/幻灯片浏览窗格、幻灯片编辑窗口和备注窗格标等，下面将介绍其功能。

- 大纲/幻灯片浏览窗格：位于操作界面的左侧，单击不同的选项卡标签，即可在对应的窗格间进行切换。在【大纲】选项卡中以大纲形式列出了当前演示文稿中各张幻灯片的文本内容；在【幻灯片】选项卡中列出了当前演示文档中所有幻灯片的缩略图。
- 幻灯片编辑窗口：它是编辑幻灯片内容的场所，是演示文稿的核心部分。在该区域中可对幻灯片内容进行编辑、查看和添加对象等操作。
- 备注窗格：位于幻灯片窗格下方，用于输入内容，可以为幻灯片添加说明，以使放映者能够更好地讲解幻灯片中展示的内容。

知识点

与 PowerPoint 2007 相比，PowerPoint 2010 主要增强了动画效果和丰富的主题效果功能。此外，PowerPoint 2010 还新增了【转换】选项卡，使用它可以快速地设置对象动画效果。

10.1.3　PowerPoint 2010 的视图模式

PowerPoint 2010 提供了普通视图、幻灯片浏览视图、备注页视图、幻灯片放映视图和阅读视图 5 种视图模式。

打开【视图】选项卡，在【演示文稿视图】组中单击相应的视图按钮，或者在视图栏中单击视图按钮，即可将当前操作界面切换至对应的视图模式。

1. 普通视图

普通视图又可以分为两种形式，主要区别在于 PowerPoint 工作界面最左边的预览窗口，它分为幻灯片和大纲两种形式，如图 10-4 所示。用户可以通过单击该预览窗口上方的切换按钮快速地进行切换。

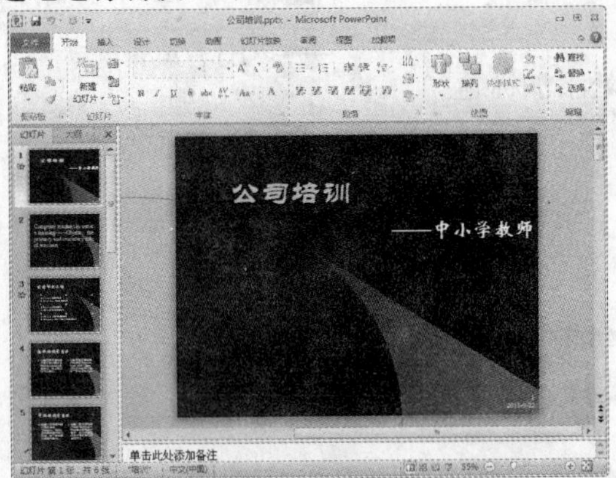

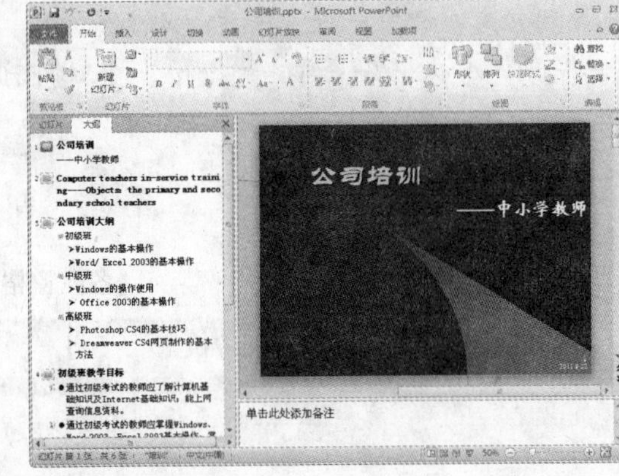

图 10-4　普通视图的两种形式

2. 幻灯片浏览视图

使用幻灯片浏览视图，可以在屏幕上同时看到演示文稿中的所有幻灯片，这些幻灯片以缩略图方式显示在同一窗口中，如图 10-5 所示。

在幻灯片浏览视图中，可以查看设计幻灯片的背景、配色方案或更换模板后演示文稿发生的整体变化，也可以检查各个幻灯片是否前后协调、图标的位置是否合适等问题。

3. 备注页视图

在备注页视图模式下，可以方便地添加和更改备注信息，也可以添加图形等信息，如图 10-6 所示。

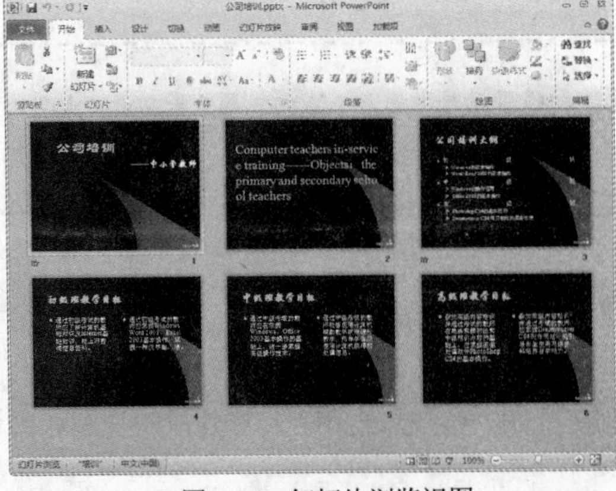

图 10-5　幻灯片浏览视图

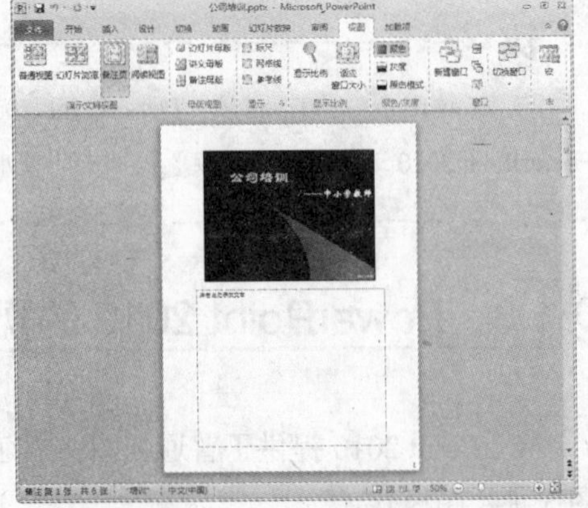

图 10-6　备注页视图

4. 幻灯片放映视图

幻灯片放映视图是演示文稿的最终效果。在幻灯片放映视图模式下，用户可以看到幻灯片的最终效果，如图 10-7 所示。幻灯片放映视图并不是显示单个的静止的画面，而是以动态的形式显示演示文稿中各个幻灯片。

提示

按下 F5 键，或者单击按钮，可以直接进入幻灯片的放映模式，在放映过程中，按下 Esc 键即可退出放映。

5. 阅读视图

如果用户希望在一个设有简单控件的审阅窗口中查看演示文稿，而不想使用全屏的幻灯片放映视图，则可以在自己的电脑中使用阅读视图，如图 10-8 所示。要更改演示文稿，可随时从阅读视图切换至其他的视图模式中。

图 10-7　幻灯片放映视图

图 10-8　阅读视图

10.1.4　创建演示文稿

在 PowerPoint 2010 中，可以使用多种方法来创建演示文稿，如使用模板、向导或根据现有文档等方法。下面将介绍常用的几种方法。

1. 创建空演示文稿

空演示文稿是一种形式最简单的演示文稿，没有应用模板设计、配色方案以及动画方案，可以自由设计。创建空演示文稿的方法主要有以下两种。

- 启动 PowerPoint 自动创建空演示文稿：无论是使用【开始】按钮启动 PowerPoint，还是通过桌面快捷图标，或者通过现有演示文稿启动，都将自动打开空演示文稿。

◉ 使用【文件】按钮创建空演示文稿：单击【文件】按钮，在弹出的菜单中选择【新建】命令，打开 Microsoft Office Backstage 视图，在中间的【可用的模板和主题】列表框中选择【空白演示文稿】选项，如图 10-9 所示，单击【创建】按钮，即可新建一个空演示文稿。

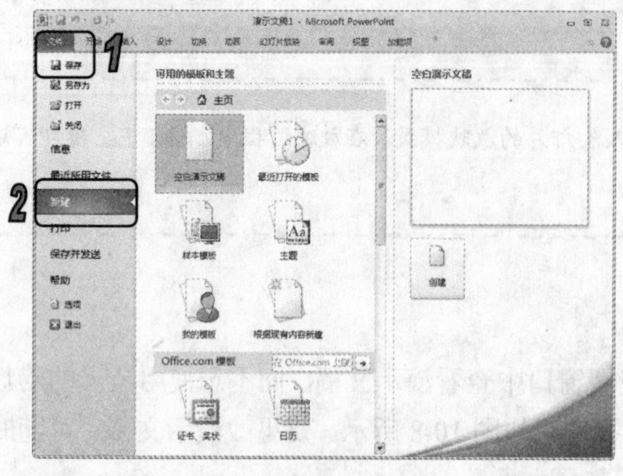

图 10-9 Microsoft Office Backstage 视图

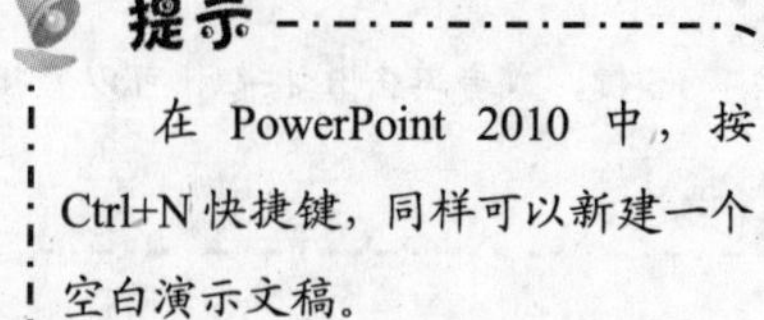

提示

在 PowerPoint 2010 中，按 Ctrl+N 快捷键，同样可以新建一个空白演示文稿。

2. 根据设计模板创建演示文稿

PowerPoint 2010 提供了许多美观的设计模板，这些设计模板预置了多种演示文稿的样式、风格，包括幻灯片的背景、装饰图案、文字布局及颜色、大小等均预先定义好。用户在设计演示文稿时可以先选择演示文稿的整体风格，然后再进行进一步的编辑和修改。

下面将使用模板【PowerPoint 2010 简介】，创建一个简单的演示文稿，具体操作方法如下：

(1) 选择【开始】|【程序】| Microsoft Office | Microsoft PowerPoint 2010 命令，启动 PowerPoint 2010 应用程序。

(2) 单击【文件】按钮，在弹出的菜单中选择【新建】命令，打开 Microsoft Office Backstage 视图，在中间的【可用的模板和主题】列表框中选择【样本模板】选项，如图 10-10 所示。

(3) 打开【样本模板】列表框，在其中选择【PowerPoint 2010 简介】模板选项，如图 10-11 所示。

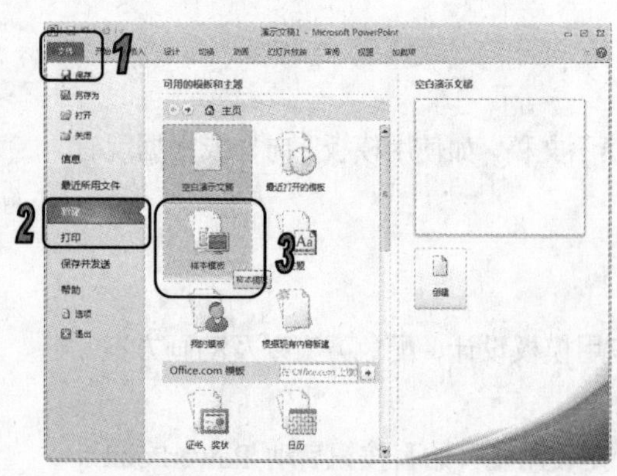

图 10-10 选择样本模板

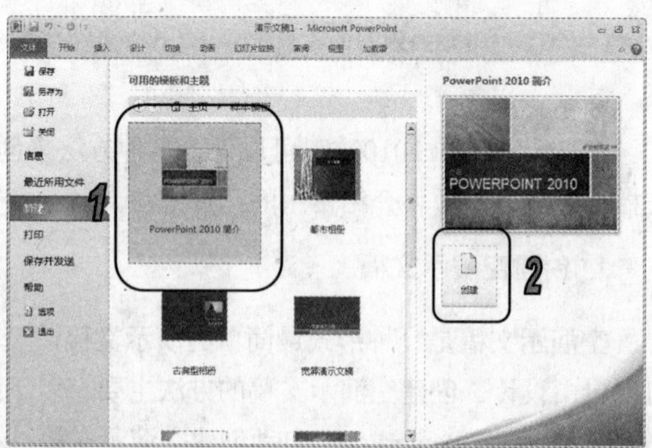

图 10-11 选择【PowerPoint 2010 简介】模板

(4) 在右侧的预览窗格中预览效果，单击【创建】按钮，即可新建一个名为“演示文稿 2”的演示文稿，将应用模板样式，效果如图 10-12 所示。

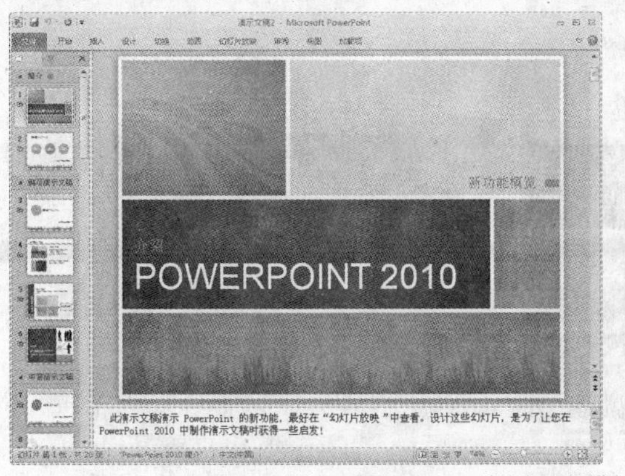

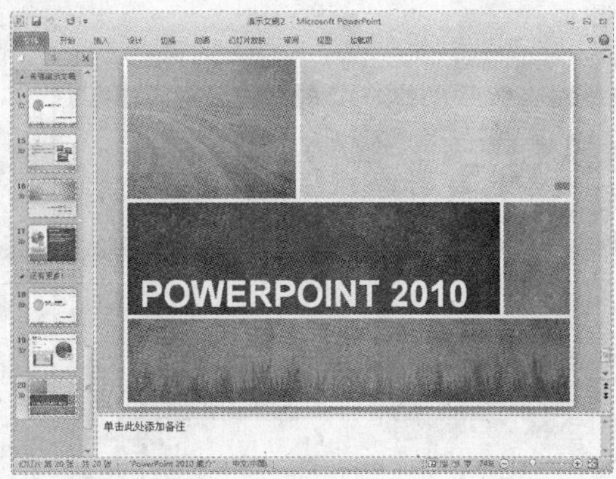

图 10-12　应用现有模板【PowerPoint 2010 简介】

3. 根据【我的模板】创建演示文稿

很多情况下，用户将经常使用的演示文稿以模板的方式保存在【我的模板】中，方便日后使用这些模板来创建演示文稿。下面将使用【我的模板】中的【公司培训】模板，新建一个新的演示文稿，具体操作如下：

(1) 启动 PowerPoint 2010 应用程序，新建一个名为“演示文稿 1”的演示文稿。

(2) 单击【文件】按钮，在弹出的菜单中选择【新建】命令，打开 Microsoft Office Backstage 视图，在中间的【可用的模板和主题】列表框中选择【我的模板】选项，如图 10-13 所示。

(3) 打开【新建演示文稿】对话框的【个人模板】选项卡，在其下的列表框中选择【公司培训】模板，如图 10-14 所示。

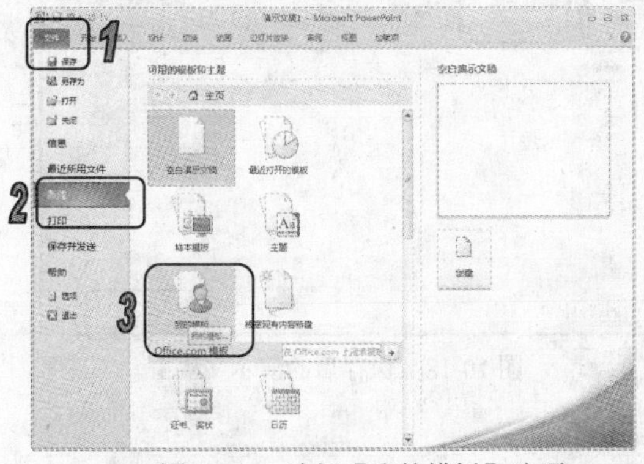

图 10-13　选择【我的模板】选项

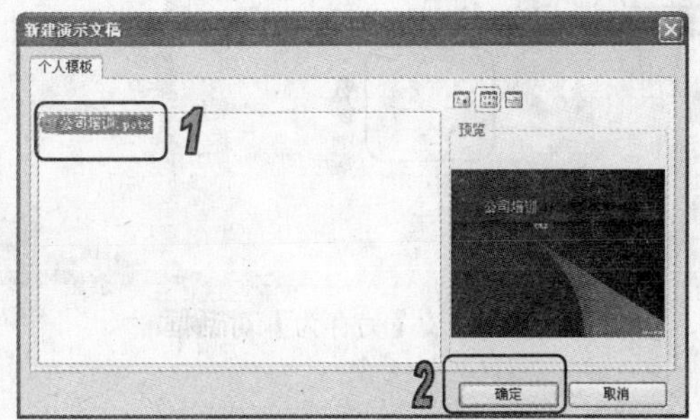

图 10-14　【个人模板】对话框

知识点

要将现有演示文稿以模板的方式保存到【我的模板】中，可以单击【文件】按钮，从弹出的【文件】菜单中选择【另存为】命令，打开【另存为】对话框，在【保存类型】中选择【PowerPoint 2010 模板(*.potx)】选项，单击【创建】按钮即可，如图 10-15 所示。

(4) 单击【确定】按钮，即可创建一个基于【公司培训】模板的演示文稿，效果如图 10-16 所示。

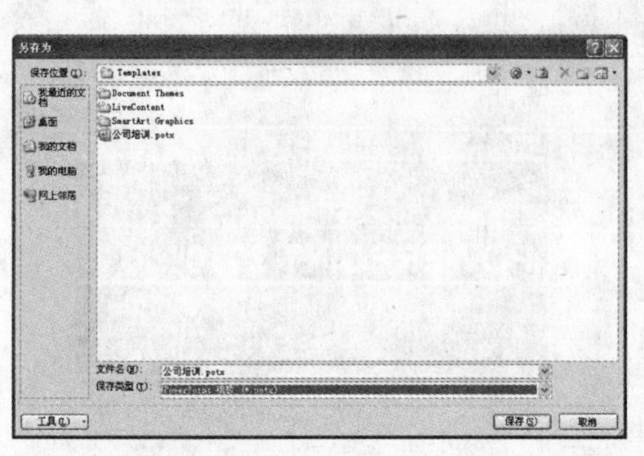

图 10-15　将演示文稿设置为模板

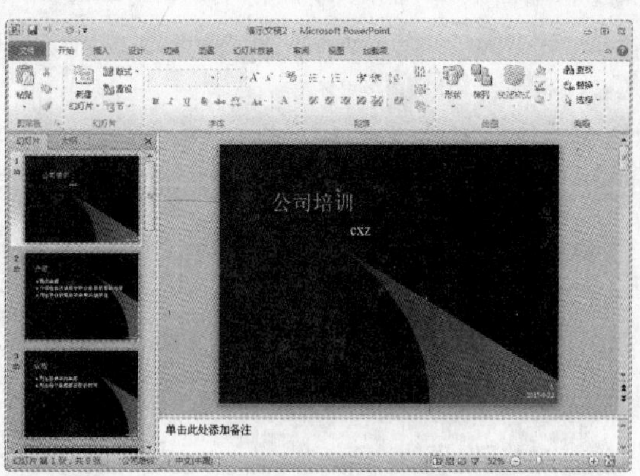

图 10-16　根据模板创建演示文稿

4. 根据现有演示文稿新建

如果想在以前编辑的演示文稿基础上创建新的演示文稿，这时可以在 PowerPoint 2010 中单击【文件】按钮，在弹出的菜单中选择【新建】命令，打开 Microsoft Office Backstage 视图，在中间的【可用的模板和主题】列表框中选择【根据现有内容新建】选项，如图 10-17 所示，打开【根据现有演示文稿新建】对话框，在其中选择以前编辑的演示文稿，单击【新建】按钮即可，如图 10-18 所示。

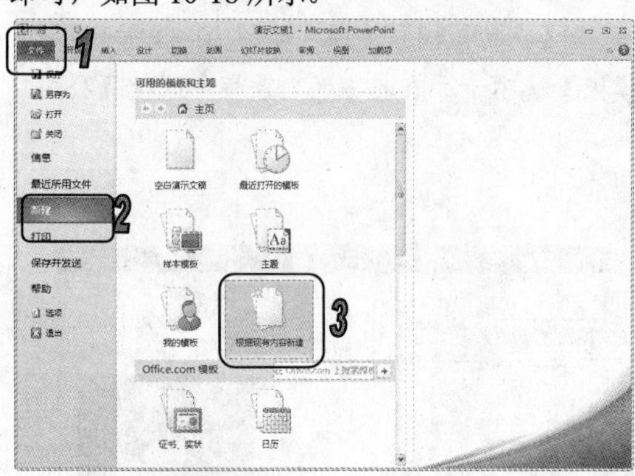

图 10-17　【另存为】对话框

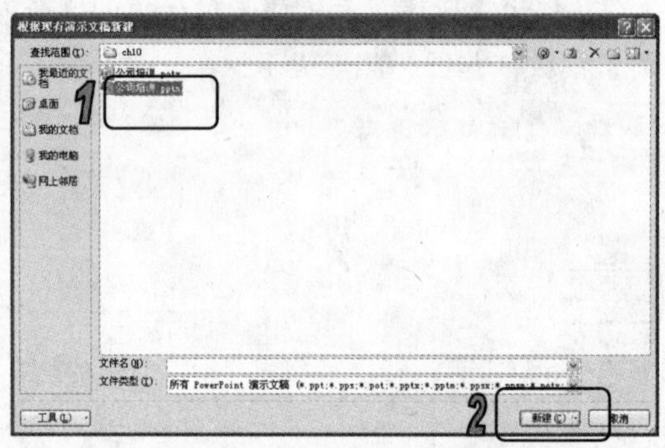

图 10-18　保存后的演示文稿

10.1.5　保存演示文稿

文件的保存是一种常规操作，在演示文稿的创建过程中及时保存工作成果，可以避免数据的意外丢失。因此，演示文稿的保存是非常重要的。

创建了演示文稿后，就需要对新建的演示文稿进行保存。下面将根据【我的模板】创建的

演示文稿，以“公司培训”名保存在目标位置中，具体操作如下：

(1) 在由【我的模板】创建的演示文稿中，单击【文件】按钮，从弹出的【文件】菜单中选择【保存】命令(或者按 Ctrl+S 快捷键)，打开【另存为】对话框。

(2) 选择保存路径，在【文件名】文本框中输入演示文稿的文件名“公司培训”，如图 10-19 所示。

(3) 单击【保存】按钮，此时在标题栏中显示文件名，效果如图 10-20 所示。

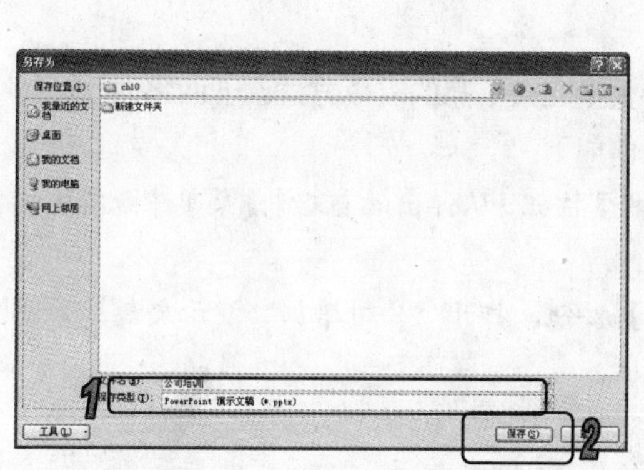

图 10-19　【另存为】对话框

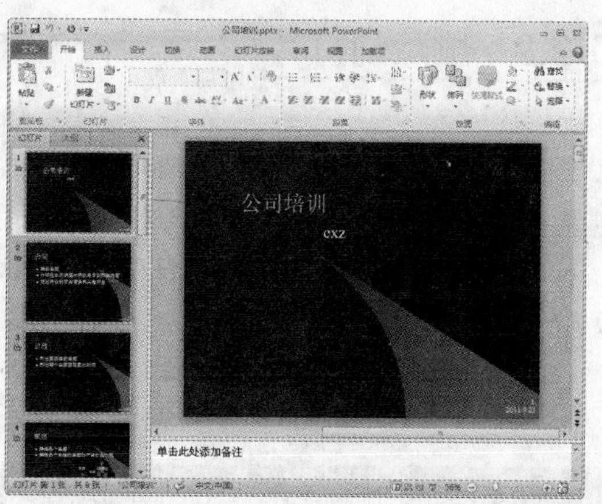

图 10-20　保存后的演示文稿

知识点

如果用户想以其它的名字重新保存演示文稿，则需要单击【文件】按钮，从弹出的【文件】菜单中选择【另存为】命令，打开【另存为】对话框，在其中进行设置。另外，要打开保存后的演示文稿，单击【文件】按钮，从弹出的【文件】菜单中选择【打开】命令，打开【打开】对话框，在其中选择演示文稿，单击【打开】按钮即可。

10.2 幻灯片的基本操作—实战 31：编辑“公司培训”文稿

一个演示文稿通常包括多张幻灯片，在 PowerPoint 中，幻灯片作为一种对象，和一般对象一样，因此常常需要进行选择、添加、移动、复制和删除幻灯片等编辑操作。

10.2.1 选择幻灯片

在 PowerPoint 2010 中，可以一次选中一张幻灯片，也可以同时选中多张幻灯片，然后对选中的幻灯片进行编辑操作。

- 选择单张幻灯片：无论是在普通视图下的【大纲】或【幻灯片】选项卡中，还是在幻灯片浏览视图模式中，只需单击目标幻灯片，即可选中该张幻灯片。

- 选择连续的多张幻灯片：单击起始编号的幻灯片，然后按住Shift键，再单击结束编号的幻灯片，此时将有多张幻灯片被同时选中。
- 选择不连续的多张幻灯片：在按住Ctrl键的同时，依次单击需要选择的每张幻灯片，此时被单击的多张幻灯片同时被选中。在按住Ctrl键的同时再次单击已被选中的幻灯片，则该幻灯片被取消选择。

10.2.2 删除幻灯片

删除多余的幻灯片，是快速地清除演示文稿中大量冗余信息的有效方法。下面将在“公司培训”演示文稿中删除连续编号的幻灯片，具体操作如下：

(1) 启动PowerPoint 2010应用程序，单击【文件】按钮，从弹出的【文件】菜单中选择【打开】命令，打开【打开】对话框。

(2) 选择“公司培训”演示文稿，单击【打开】按钮，打开“公司培训”演示文稿，如图10-21所示。

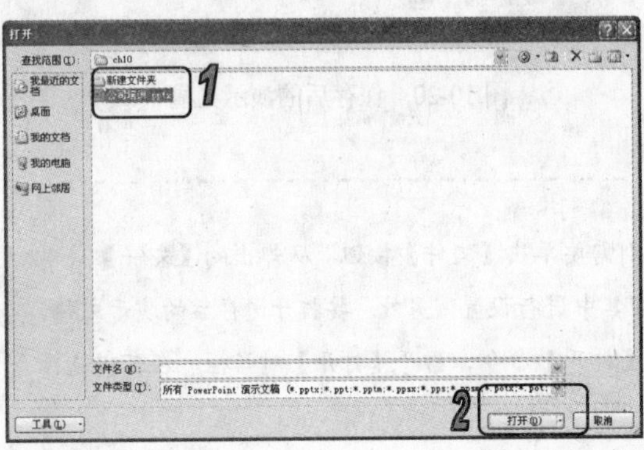

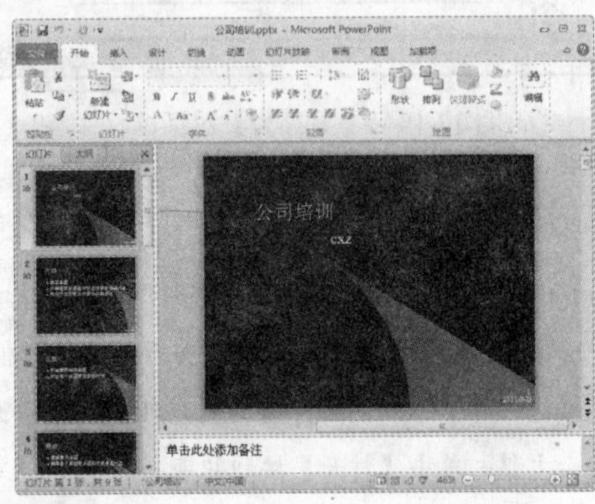

图10-21 打开演示文稿

(3) 选中第3张幻灯片缩略图(如图10-22所示)，然后按住Shift键，单击第9张幻灯片缩略图，此时第3~9张幻灯片被同时选中，如图10-23所示。

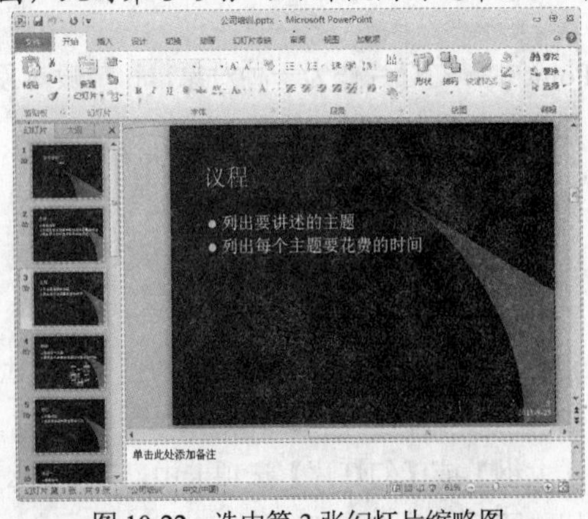

图10-22 选中第3张幻灯片缩略图

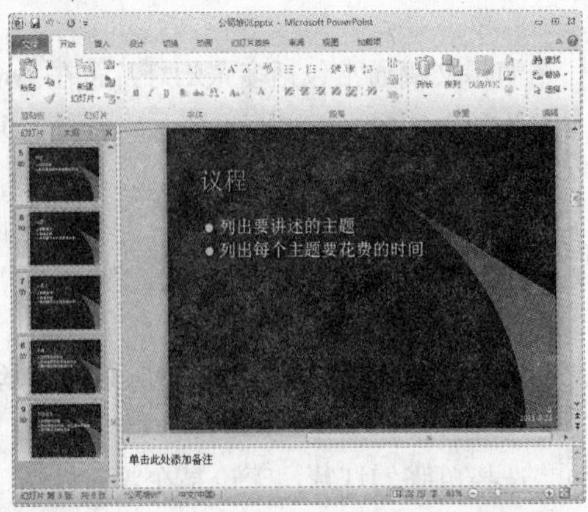

图10-23 同时选中第3~9张幻灯片缩略图

(4) 此时按下 Delete 键将第 3~9 张幻灯片删除，此时幻灯片预览窗格效果如图 10-24 所示。

(5) 在快速访问工具栏中单击【保存】按钮，将修改过的“公司培训”演示文稿保存。

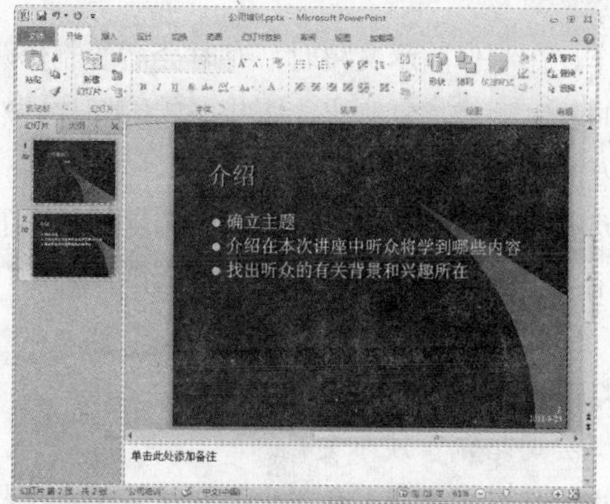

图 10-24　删除幻灯片后预览窗格效果

知识点

右击要删除的幻灯片，从弹出的快捷菜单中选择【删除幻灯片】命令，同样可以删除单张或多种幻灯片。如果删除了不应该删除的幻灯片，可以单击快速访问工具栏中的【撤消】按钮，撤消删除操作。

10.2.3　添加幻灯片

在启动 PowerPoint 2010 后，PowerPoint 会自动建立一张新的幻灯片，随着制作过程的推进，需要在演示文稿中添加更多的幻灯片。添加新的幻灯片主要有以下几种方法：

- 打开【开始】选项卡，在【幻灯片】组中单击【新建幻灯片】按钮。
- 在普通视图中的【大纲】或【幻灯片】选项卡中，右击任意一张幻灯片，从打开的快捷菜单中选择【新建幻灯片】命令。
- 按 Ctrl+M 组合键。

下面将在“公司培训”演示文稿中插入一张幻灯片，具体操作如下：

(1) 启动 PowerPoint 2010 应用程序，打开“公司培训”演示文稿。

(2) 在幻灯片预览窗格中选中第 1 张幻灯片缩略图，在【开始】选项卡的【幻灯片】组中单击【新建幻灯片】下拉按钮，从弹出的下拉列表框中选择【两栏内容】选项，此时在第 1 张幻灯片下方添加了一张应用该样式的新幻灯片，如图 10-25 所示。

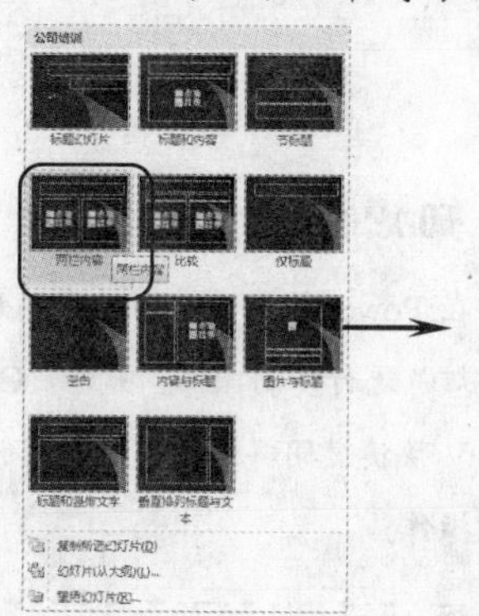

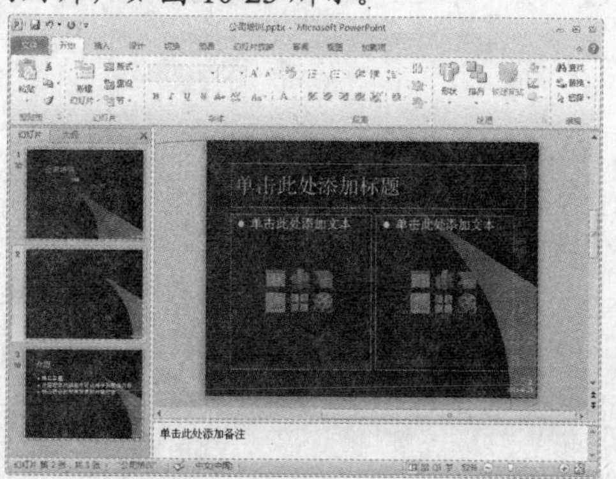

图 10-25　在幻灯片中添加新幻灯片

10.2.4 复制幻灯片

PowerPoint 支持以幻灯片为对象的复制操作。在制作演示文稿时，有时会需要制作两张内容基本相同的幻灯片。此时，可以利用幻灯片的复制功能，复制出一张相同的幻灯片，然后再对其进行适当的修改。复制幻灯片的基本操作方法如下：

- 选中需要复制的幻灯片，在【开始】选项卡的【剪贴板】组中单击【复制】按钮。
- 在需要插入幻灯片的位置单击，然后在【开始】选项卡的【剪贴板】组中单击【粘贴】按钮。

下面将在“公司培训”演示文稿中复制幻灯片，具体操作如下：

(1) 启动 PowerPoint 2010 应用程序，打开“公司培训”演示文稿。

(2) 在幻灯片预览窗格中选中第 2 张幻灯片缩略图，右击，从弹出的快捷菜单中选择【复制】命令，如图 10-26 所示。

(3) 选中第 3 张幻灯片缩略图，右击，从弹出的快捷菜单中选择【粘贴】命令，复制一张与第 2 张幻灯片版式相同的幻灯片，如图 10-27 所示。

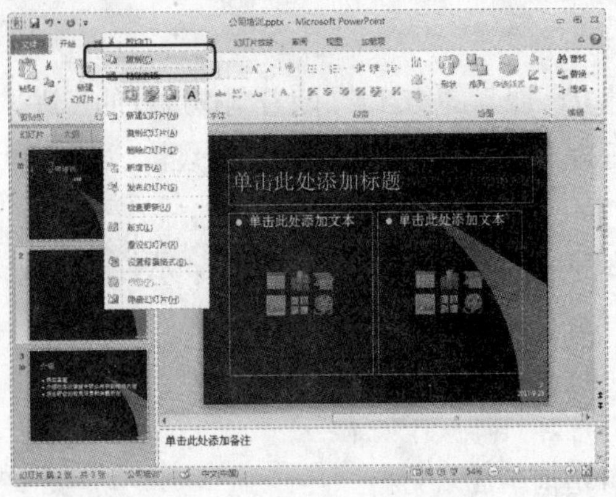

图 10-26 选择【复制】命令

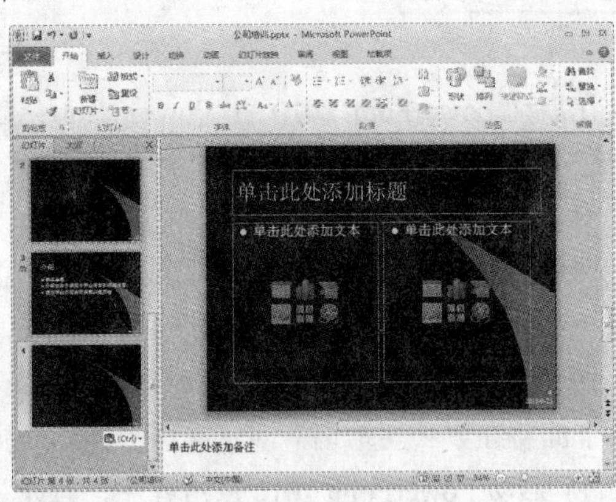

图 10-27 粘贴幻灯片

(4) 选中第 3 张幻灯片缩略图，在【开始】选项卡的【剪贴板】组中单击【复制】按钮，然后单击【粘贴】按钮，再次复制一张与第 2 张幻灯片版式相同的幻灯片，效果如图 10-28 所示。

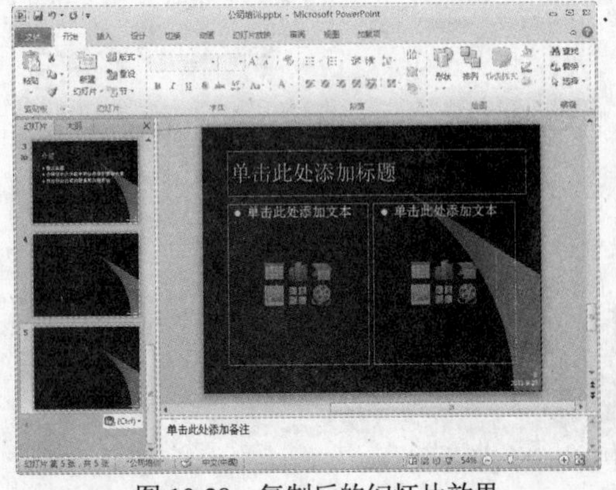

图 10-28 复制后的幻灯片效果

知识点

在 PowerPoint 中也可以同时选择多张幻灯片进行复制操作。另外，Ctrl+C、Ctrl+V 快捷键同样适用于幻灯片的复制/粘贴操作。

10.2.5　移动幻灯片

在制作演示文稿时，如果需要重新排列幻灯片的顺序，就需要移动幻灯片。移动幻灯片的操作方法如下：

- 选中需要移动的幻灯片，在【开始】选项卡的【剪贴板】组中单击【剪切】按钮。
- 在需要移动的目标位置中单击，然后在【开始】选项卡的【剪贴板】组中单击【粘贴】按钮。

下面将在“公司培训”演示文稿中移动幻灯片，具体操作如下：

(1) 启动 PowerPoint 2010 应用程序，打开“公司培训”演示文稿。

(2) 在幻灯片预览窗格中选中第 2 张幻灯片缩略图，按住鼠标左键拖动选中的幻灯片到目标位置，此时该位置将出现一条横线，如图 10-29 所示。

(3) 释放鼠标，此时幻灯片预览窗格效果如图 10-30 所示。

图 10-29　将第 2 张幻灯片移动到第 3 张幻灯片的下方

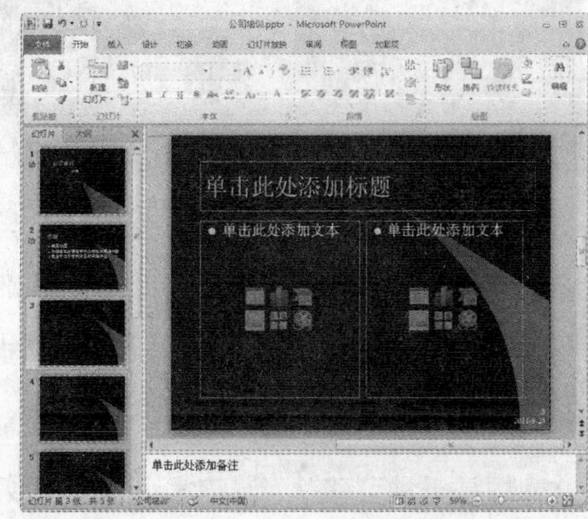

图 10-30　调整幻灯片位置后的预览窗格效果

(4) 在快速访问工具栏中单击【保存】按钮，将修改过的“公司培训”演示文稿进行保存。

移动幻灯片后，PowerPoint 会对所有的幻灯片重新编号，因此从幻灯片的编号上不能看出哪张幻灯片被移动了，只能通过幻灯片中的内容来进行区别。

知识点

在普通视图或幻灯片浏览视图中，直接对幻灯片进行选择拖动，就可以实现幻灯片的移动。

10.3　文本的基本操作—实战 32：输入和编辑“公司培训”文稿

文本是演示文稿中至关重要的部分，它对文稿中的主题、问题的说明与阐述具有其他方式不可替代的作用。

10.3.1 添加文本

在 PowerPoint 中，不能直接在幻灯片中输入文字，只能通过占位符或文本框来添加文本。

1. 占位符

占位符是由虚线或影线标记边框的框，是绝大多数幻灯片版式的组成部分。这种占位符中预设了文字的属性和样式，供用户添加标题文字、项目文字等，如图 10-31 所示。

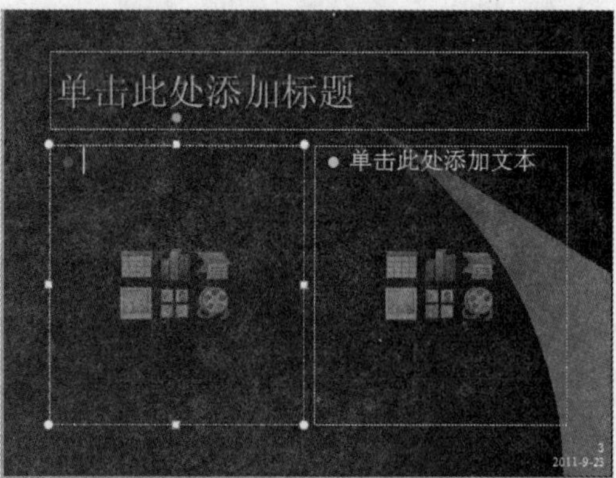

图 10-31　幻灯片中版式中的占位符

在幻灯片中单击占位符边框，即可选中该占位符；在占位符中单击，进入文本编辑状态，此时即可直接输入文本。在幻灯片的空白处单击，即可退出文字编辑状态。

2. 文本框

文本框是一种可移动、调整大小的文字或图形容器，特性与占位符非常相似。使用文本框，可以在幻灯片中放置多个文字块，也可以使文字按不同的方向排列，还可以打破幻灯片版式的制约，实现在幻灯片中的任意位置添加文字信息的目的。

在 PowerPoint 中可以插入横排文字和竖排文字两种形式的文本框，可以根据自己的需要进行选择。打开【插入】选项卡，在【文本】组中单击【文本框】下拉按钮，从弹出的下拉菜单中选择【横排文本框】或【竖排文本框】命令，然后在幻灯片中按住鼠标左键拖动，绘制文本框，光标自动位于文本框中，此时就可以在其中输入文字。同样在幻灯片的空白处单击，即可退出文字编辑状态。

下面将在“公司培训”演示文稿中添加文本，具体操作如下：

(1) 启动 PowerPoint 2010 应用程序，打开“公司培训”演示文稿。

(2) 在幻灯片浏览窗格中单击第 1 张幻灯片，将其设置为当前幻灯片。单击标题占位符，输入文本“公司培训”，单击副标题占位符，输入文本“——中小学教师”，如图 10-32 所示。

(3) 在幻灯片浏览窗格中单击第 2 张幻灯片，将其设置为当前幻灯片。单击标题占位符，修改标题文本为“公司培训大纲”，单击文本占位符，并选中原有的文本后修改相应的内容，效果如图 10-33 所示。

图 10-32　在第 1 张幻灯中输入文本

公司培训大纲　1
- 初级班
- Windows的基本操作
- Word/ Excel 2003的基本操作
- 中级班
- 2 Windows的操作使用
- Office 2003的基本操作
- 高级班
- Photoshop CS4的基本技巧
- Dreamweaver CS4网页制作的基本方法

2
2011-9-23

图 10-33　在第 2 张幻灯片中输入文本

(4) 使用同样的方法，在其他幻灯片中输入文本，效果如图 10-34 所示。

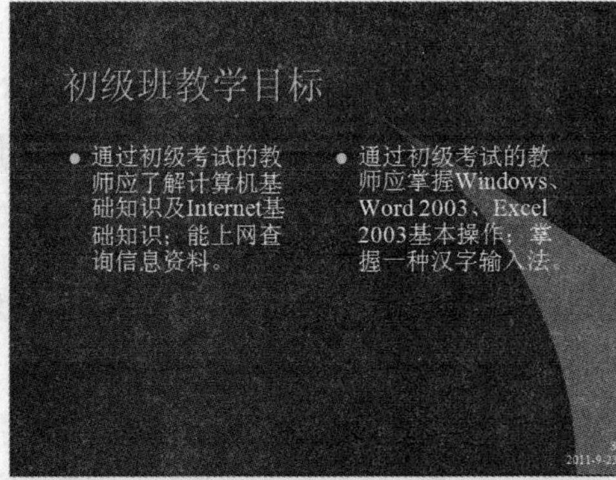

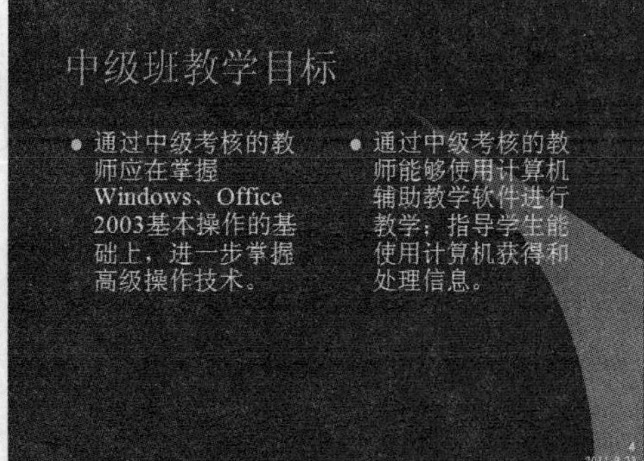

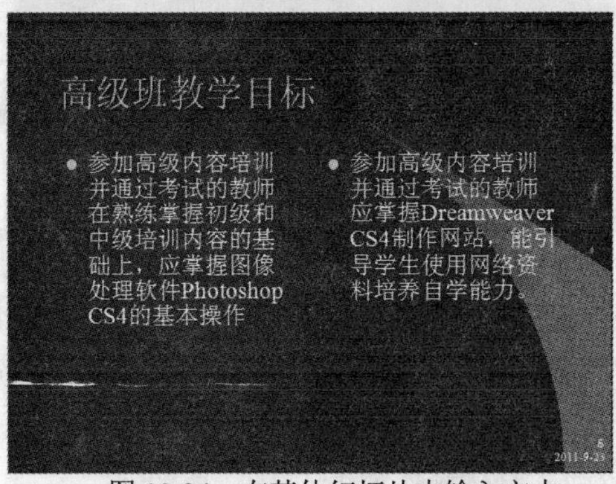

图 10-34　在其他幻灯片中输入文本

知识点

占位符与文本框有很多相似之处，如外形、属性的设置方法等。它们也有很多不同之处，文本框不具有初始格式，具有自动根据内部的文字调整大小等特性。占位符在演示文稿中应用普遍，是由系统根据版式自动生成的。占位符中的文本能显示在普通视图的大纲中。

提示

通过大纲也可以添加文本：在普通视图的【大纲】选项卡中，在要添加文本的幻灯片图标后单击，将出现一个插入光标，然后输入文本即可。另外，用户除了使用复制的方法从其他文档中将文本粘贴到幻灯片中，还可以使用 PowerPoint 的【插入对象】功能导入文本到幻灯片中，具体操作方法为：在【插入】选项卡的【文本】组中单击【对象】按钮，打开【插入对象】对话框，选中【由文件创建】单选按钮，单击【浏览】按钮，打开【浏览】对话框。在该对话框中选择要插入的文本文件，单击【确定】按钮即可。

10.3.2 选择文本

编辑文本时的操作对象主要是文本。用户在编辑文本之前，首先要选择文本，然后再进行复制、剪切等相关操作。在 PowerPoint 2010 中，常用的选择方式主要有以下几种：

- 当将鼠标移动至文字上方时，鼠标形状将变为 I 形，在要选择文字的起始位置单击鼠标，进入文字编辑状态。此时按下鼠标左键，拖动鼠标到要选择文字的结束位置释放鼠标，被选择的文字将以高亮显示。
- 进入文字编辑状态，将光标定位在要选择文字的起始位置，按住 Shift 键，在需要选择的文字的结束位置单击鼠标，然后松开 Shift 键，此时在第一次单击鼠标位置和按住鼠标位置之间的文字都将被选中。
- 如果需要选择当前文本框或文本占位符中的所有文字，那么可以在文本编辑状态下，按 Ctrl+A 快捷键即可。
- 当单击占位符或文本框的边框时，整个占位符或文本框将被选中，此时占位符中的文本不将以高亮显示，但具有与被选中文本相同的特性，如可以为选中的文字设置字体、字号等属性。

知识点

在演示文稿的幻灯片中剪切、复制文本的操作与在 Word 文档中的操作类似，在选中需要剪切或复制的文本后，使用 Ctrl+X 或 Ctrl+C 组合键完成剪切或复制，使用 Ctrl+V 组合键完成粘贴。

10.3.3 设置文本格式

为了使演示文稿更加美观、清晰，通常需要对文本属性进行设置。文本的基本属性设置包括字体、字形、字号及字体颜色等。

在 PowerPoint 2010 中，当幻灯片应用了版式后，幻灯片中的文字也具有了预先定义的属性。但在很多情况下，用户仍然需要按照自己的要求对它们重新进行设置，只需在【开始】选项卡的【字体】组中设置字体、字形、字号及字体颜色等属性。

下面将在“公司培训”演示文稿中设置文本格式，具体操作如下：

(1) 启动 PowerPoint 2010 应用程序，打开“公司培训”演示文稿。

(2) 选择第一张幻灯片中的标题文本“公司培训”，在【开始】选项卡的【字体】组中，单击【字体】下拉按钮，从弹出的【字体】下拉列表框中选择【华文隶书】选项，单击【字号】下拉按钮，从弹出的【字号】下拉列表框中选择 60 选项，单击【加粗】按钮 B 和【阴影】按钮 S，设置加粗和阴影效果。

(3) 单击副标题占位符的边框，在【字体】组中【字体】下拉列表框中选择【华文新魏】选项，在【字号】下拉列表框中选择 40 选项，单击【加粗】按钮 B 和【阴影】按钮 S，设置

加粗和阴影效果，如图 10-35 所示。

(4) 在幻灯片浏览窗格中单击第 2 张幻灯片缩略图，将其设置为当前幻灯片。单击标题占位符的边框，在【字体】组中的【字体】下拉列表框中选择【华文行楷】选项，单击【加粗】按钮 B；选中文本占位符，在【字号】下拉列表框中选择 28 选项，设置后的幻灯片效果如图 10-36 所示。

图 10-35　设置第 1 张幻灯片的文本格式

图 10-36　设置第 2 张幻灯片的标题格式

(5) 使用同样的方法，设置其他幻灯片标题的格式，如图 10-37 所示。

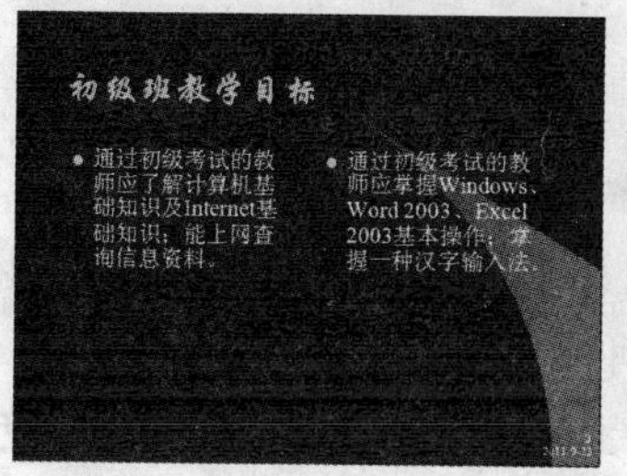

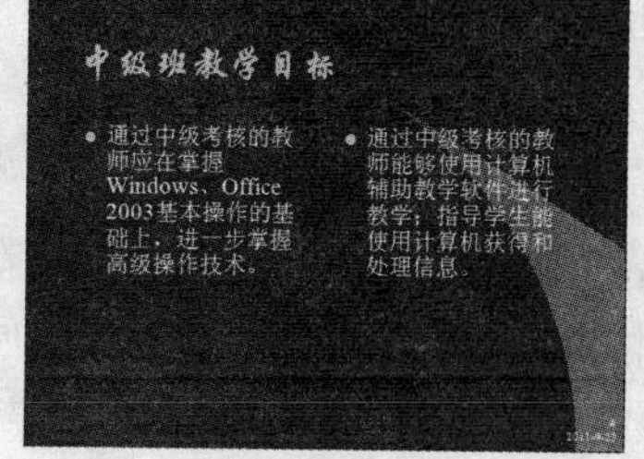

图 10-37　设置其他幻灯片标题的格式

(6) 在快速访问工具栏中单击【保存】按钮，将修改过的“公司培训”演示文稿保存。

10.3.4　设置段落格式

在 PowerPoint 2010 中，除了可以设置文本格式外，还可以设置段落格式。设置段落格式包括设置段落对齐、段落行距、段落缩进和换行格式等属性。

下面将在“公司培训”演示文稿中设置段落对齐方式、行距、缩进量和换行格式，具体操作如下：

(1) 启动 PowerPoint 2010 应用程序，打开“公司培训”演示文稿。

(2) 默认打开的第 1 张幻灯片，选中副标题占位符，在【开始】选项卡的【段落】组单击【文本右对齐】按钮，此时幻灯片效果如图 10-38 所示。

(3) 在幻灯片预览窗格中选择第 2 张幻灯片缩略图，将其显示在幻灯片编辑窗口中。

(4) 选中文字“初级班”，在【格式】工具栏中单击【分散对齐】按钮，设置文本分散

布满占位符。

(5) 使用同样的方法，设置占位符中其他段落文本分散对齐，效果如图 10-39 所示。

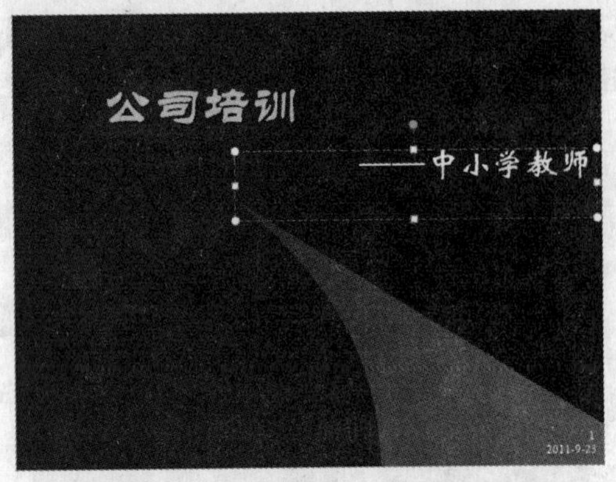

图 10-38　设置副标题对齐方式为右对齐

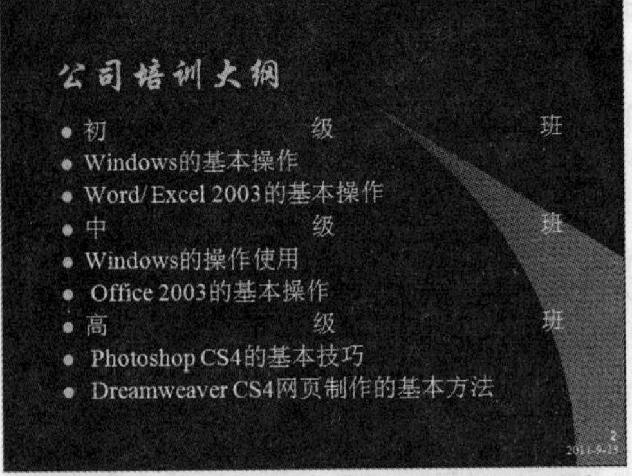

图 10-39　设置分散对齐后的幻灯片效果

知识点

左对齐时，段落左边对齐，右边参差不齐；右对齐时，段落右边对齐，左边参差不齐；居中对齐时，段落居中排列；两端对齐时，段落左右两端都对齐分布，但段落最后不满一行的文字右边不对齐；分散对齐时，段落左右两边均对齐，而且当每个段落的最后一行不满一行时，将自动拉开字符间距使该行均匀分布。

(6) 将光标定位在第 2 张文本占位符中，按 Ctrl+A 组合键，选中所有文本，在【段落】组单击对话框启动器按钮，打开【段落】对话框的【缩进和间距】选项卡。

(7) 在【行距】下拉列表框中选择【单倍行距】选项，单击【确定】按钮，完成行距的设置，如图 10-40 所示。

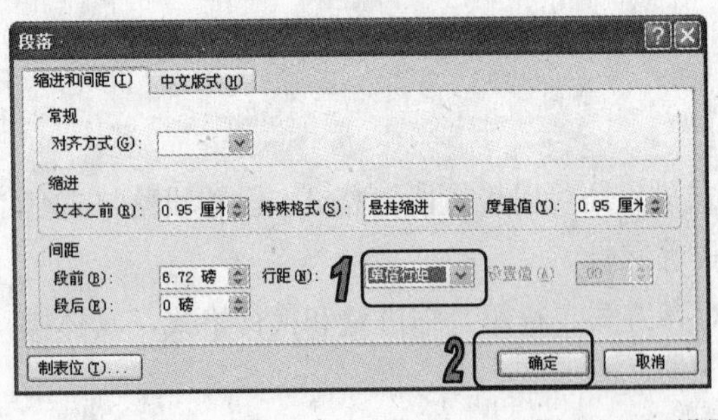

图 10-40　设置幻灯片的行距

提示

要在幻灯片中设置段落间距，可以打开【缩进和间距】选项卡，在【间距】选项区域的【段前】和【段后】微调框中输入数值，单击【确定】按钮即可。

(8) 选择文本占位符中的第 2~3 段文本，打开【开始】选项卡，在【段落】组中单击【提高列表级别】按钮，增加段落的缩进量。

(9) 使用同样的方法，设置其他段落的缩进量，最终效果如图 10-41 所示。

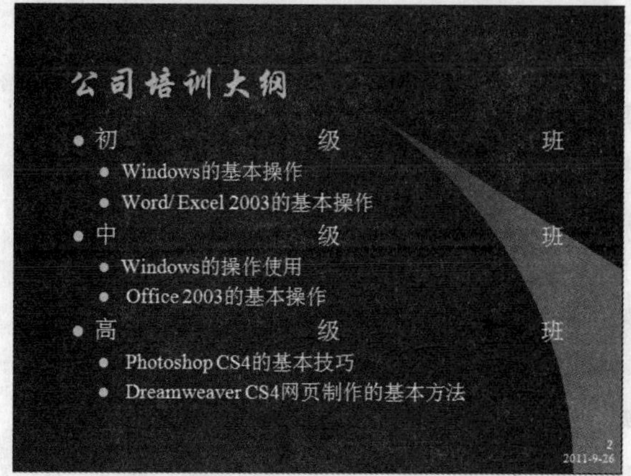

图 10-41 设置段落缩进量

知识点

打开【开始】选项卡，在【段落】组中单击【降低列表级别】按钮，即可减少段落的缩进量。

(10) 在幻灯片预览窗格中选中第 1 张幻灯片缩略图，打开【开始】选项卡，在【幻灯片】组中单击【新建幻灯片】按钮，从弹出的下拉列表框中选择【仅标题】选项，此时在第 1 张幻灯片下方添加了一张该样式的新幻灯片，如图 10-42 所示。

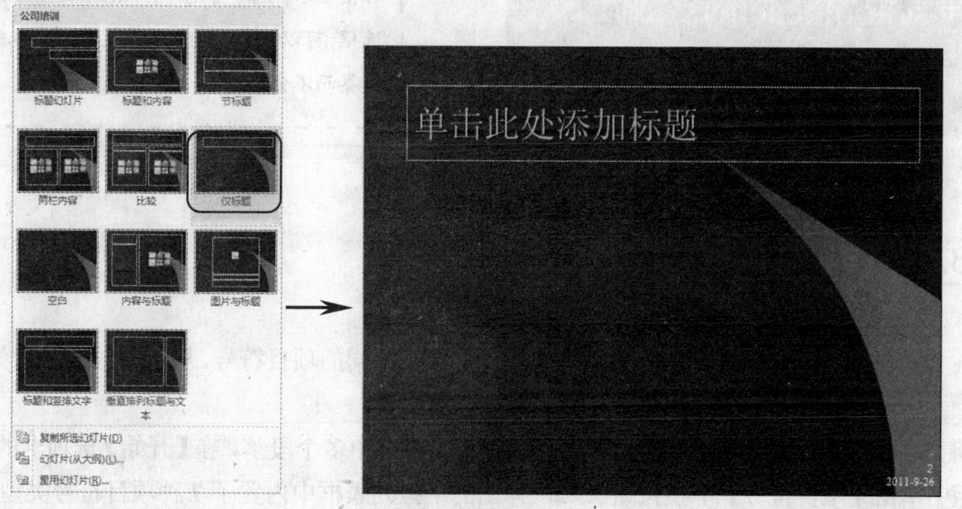

图 10-42 应用幻灯片版式

(11) 在第 2 张幻灯片的标题占位符中输入英文文本，并设置文字字体为 Times New Roman，字号为 60，并调节占位符的位置，效果如图 10-43 所示。

(12) 在幻灯片中选中输入的英文文本，在【开始】选项卡的【段落】组中单击对话框启动器按钮，打开【段落】对话框。

(13) 打开【中文版式】选项卡，在【常规】选项区域中选中【允许西文在单词中间换行】复选框，如图 10-44 所示。

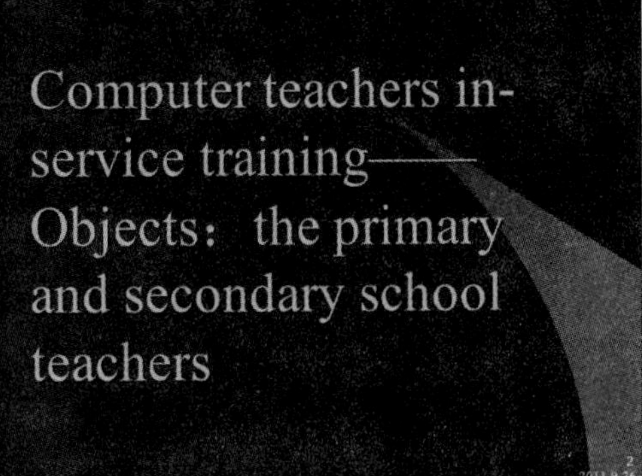

图 10-43　在占位符中输入英文

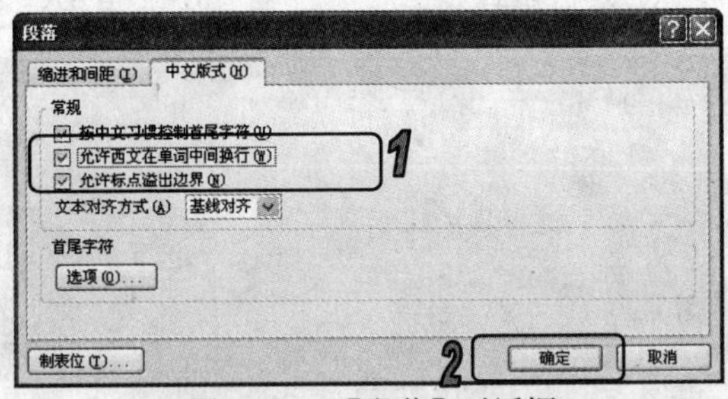

图 10-44　【段落】对话框

(14) 设置完毕后，单击【确定】按钮，此时幻灯片效果如图 10-45 所示。

(15) 在快速访问工具栏中单击【保存】按钮，将修改过的“公司培训”演示文稿保存。

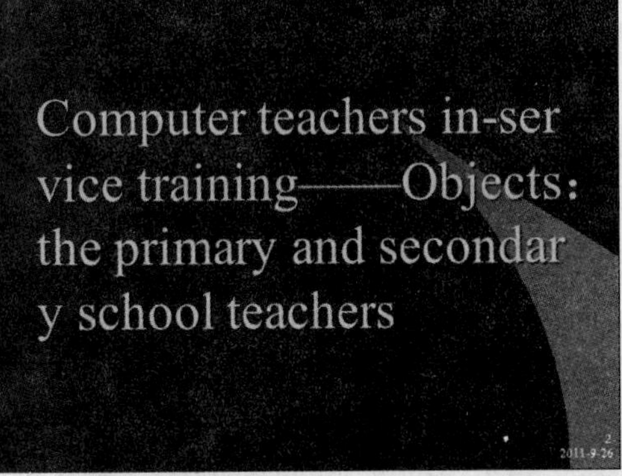

图 10-45　PowerPoint 在英文单词中间换行

提示

在【段落】对话框的【中文版式】选项卡中，选中【按中文习惯控制首尾字符】复选框，可以使段落中的首尾字符按中文习惯显示；选中【允许标点溢出边界】复选框，可以使行尾的标点位置超过文本框边界而不会换到下一行。

10.3.5　设置项目符号

在 PowerPoint 2010 中，可以为不同级别的段落设置不同的项目符号，从而使主题更加美观、突出。

将光标定位在需要设置项目符号的段落，或者同时选中多个段落，在【开始】选项卡的【段落】组中单击【项目符号】下拉按钮，弹出的下拉列表框中内置了 7 种项目符号类型，如图 10-46 所示。在其中选择【项目符号和编号】命令，打开【项目符号和编号】对话框，可以自定义项目符号，如图 10-47 所示。

提示

在【项目符号和编号】对话框中，单击【图片】按钮，打开【图片项目符号】对话框，在其中可以设置图片项目符号；单击【自定义】按钮，打开【符号】对话框，选择所需的字符，可以将系统符号库中的各种字符设置为项目符号。

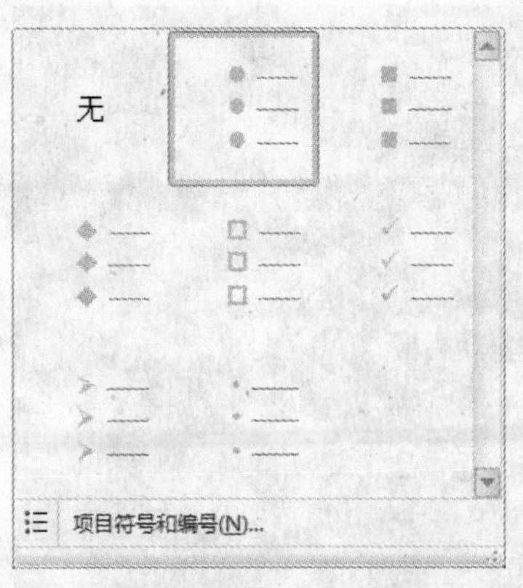

图 10-46 【项目符号】下拉列表框

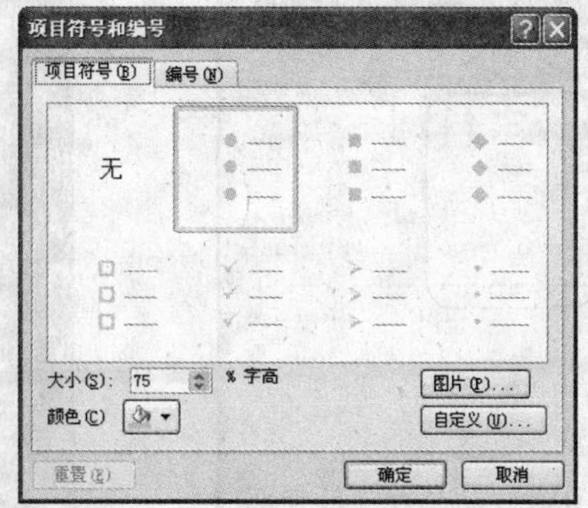

图 10-47 【项目符号和编号】对话框

下面将在“公司培训”演示文稿中设置项目符号，具体操作方法如下：

(1) 启动 PowerPoint 2010 应用程序，打开“公司培训”演示文稿。

(2) 在幻灯片预览窗格中选择第 3 张幻灯片缩略图，将其显示在幻灯片编辑窗口中。

(3) 选择文本占位符中的第 2~3 段文本，在【开始】选项卡的【段落】组中单击【项目符号】下拉按钮，从弹出的下拉列表框中选择【箭头项目符号】样式(如图 10-48 所示)，即可为所选文本应用该样式的项目符号。

(4) 参照步骤(3)，为其他缩进段文本设置项目符号，效果如图 10-49 所示。

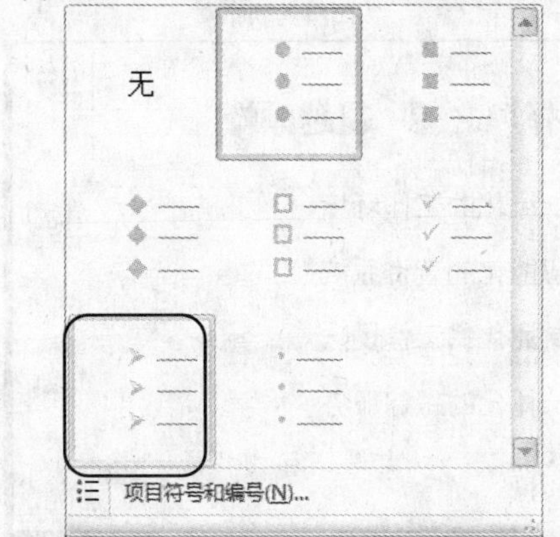

图 10-48 选择【箭头项目符号】样式

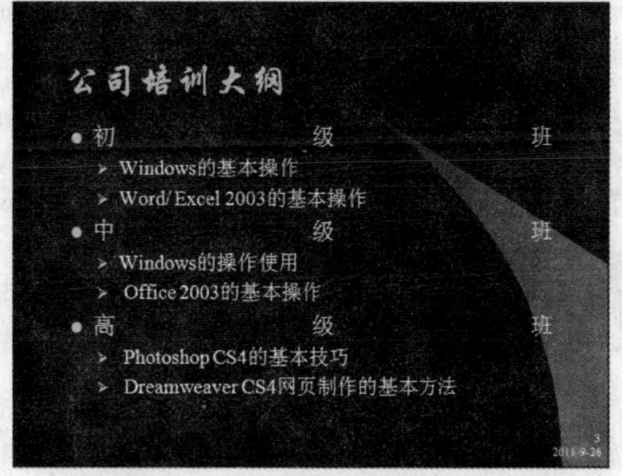

图 10-49 为缩进的文本设置项目符号

(5) 将光标定位在文字“初级班”中，在【开始】选项卡的【段落】组中单击【项目符号】下拉按钮，从弹出的菜单中选择【项目符号和编号】命令，打开【项目符号和编号】对话框，单击【图片】按钮。

(6) 打开【图片项目符号】对话框，在选项列表中选择如图 10-50 所示的图片样式，单击【确定】按钮，将该图片设置为项目符号。

(7) 参照步骤(5)~(6)，更改文字“中级班”和“高级班”前的项目符号样式，使其效果如图 10-51 所示。

(8) 在快速访问工具栏中单击【保存】按钮，将修改过的“公司培训”演示文稿保存。

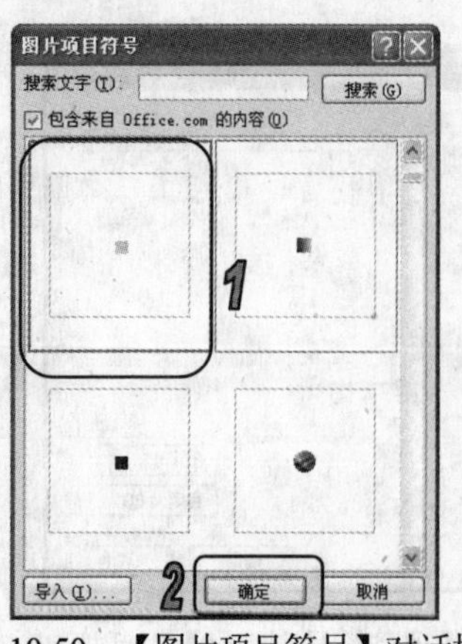

图 10-50 【图片项目符号】对话框

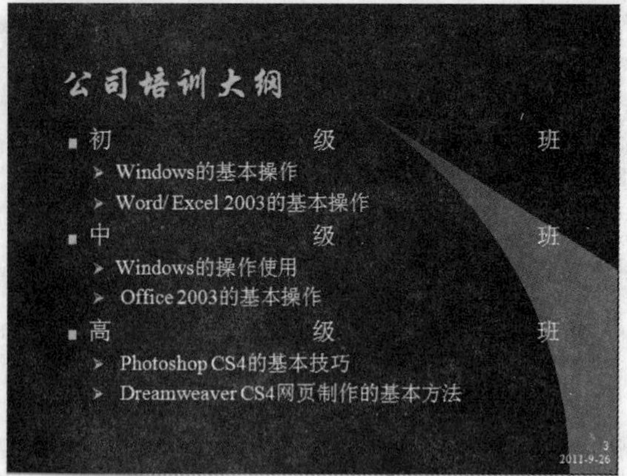

图 10-51 设置图片项目符号

10.4 习题

1. 使用【我的模板】中的 Network 模板，创建如图 10-52 所示的幻灯片。设置标题文字首行的对齐方式为【居中】，并为副标题文字添加下划线。

2. 使用 Network 模板，创建如图 10-53 所示的幻灯片。要求设置段落间距为 1.4 行，并使用自定义项目符号，设置符号大小为 100%，颜色为黄色。

图 10-52 习题 1

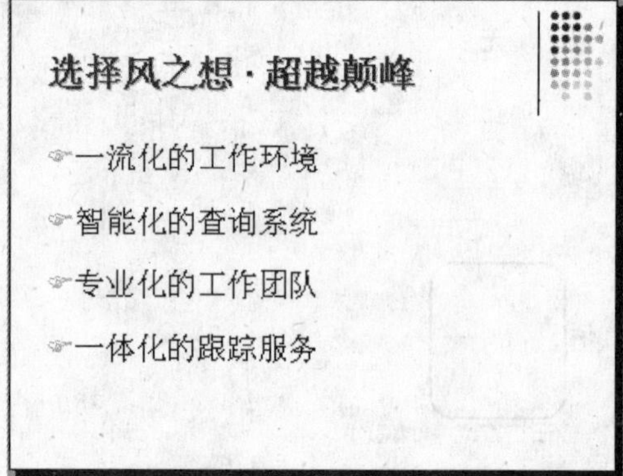

图 10-53 习题 2

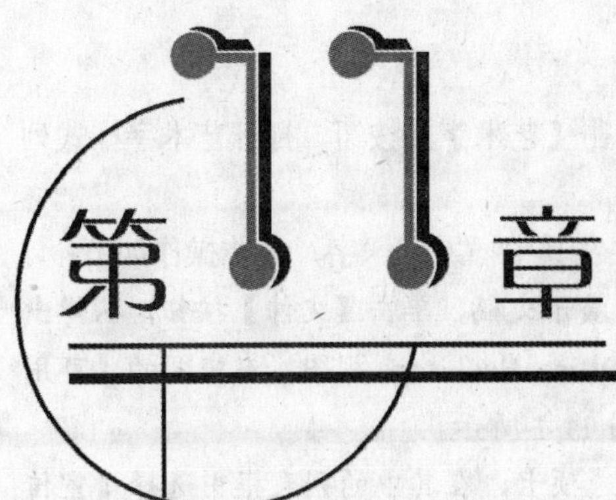

第11章 丰富幻灯片内容

学习目标

文本虽然很重要，但如果演示文稿中只有文本，会让观众感觉单调、沉闷，没有吸引力。为了让演示文稿更加出彩，PowerPoint 2010 提供了大量实用的剪贴画，使用它们可以丰富幻灯片的版面效果，除此之外，用户还可以从本地磁盘插入或从网络上复制需要的图片，制作图文并茂的幻灯片。同样，艺术字、组织结构图、相册和多媒体对象的插入，也可用来突显演示文稿的特定主题。本章主要介绍在幻灯片中插入图片、艺术字、相册和多媒体对象的方法。

本章重点

- 插入和设置对象
- 插入相册
- 插入和设置视频
- 插入和设置声音

11.1 添加对象—实战 33：制作“宣传广告”文稿

为了丰富幻灯片内容，用户可以在幻灯片中添加个性化的剪贴画、图片、艺术字、自选图形以及表格等对象。

11.1.1 插入与设置艺术字

通过【开始】选项卡的【字体】组中的格式化按钮可以将文本设置为不同的字体，但这远远不能满足演示文稿对文本艺术性的设计需求，这时使用艺术字往往能够达到强烈的视觉冲击效果。

1. 插入艺术字

打开【插入】选项卡，在功能区的【文本】组中单击【艺术字】按钮，打开艺术字样式列表。单击需要的样式，即可在幻灯片中插入艺术字。

下面将创建一个名为“宣传广告”的演示文稿，并在其中插入艺术字，具体操作如下：

(1) 启动 PowerPoint 2010 应用程序，打开一个空白演示文稿，单击【文件】按钮，从弹出的【文件】菜单中选择【新建】命令，打开 Microsoft Office Backstage 视图，在中间的【可用的模板和主题】列表框中选择【我的模板】选项，如图 11-1 所示。

(2) 打开【新建演示文稿】对话框的【个人模板】选项卡，在其中的列表框中选择【宣传设计海报】选项，单击【确定】按钮，如图 11-2 所示。

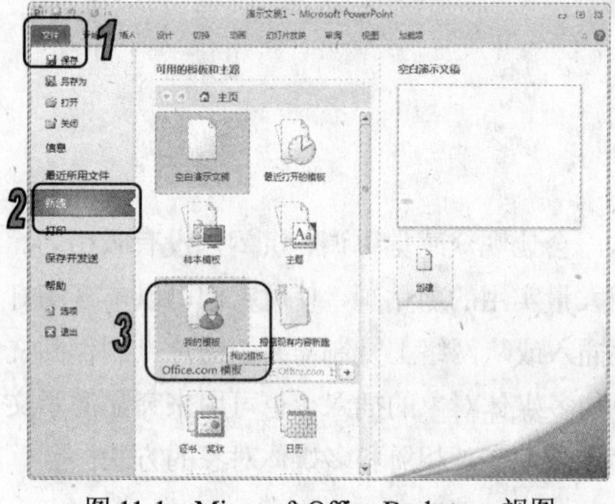

图 11-1　Microsoft Office Backstage 视图

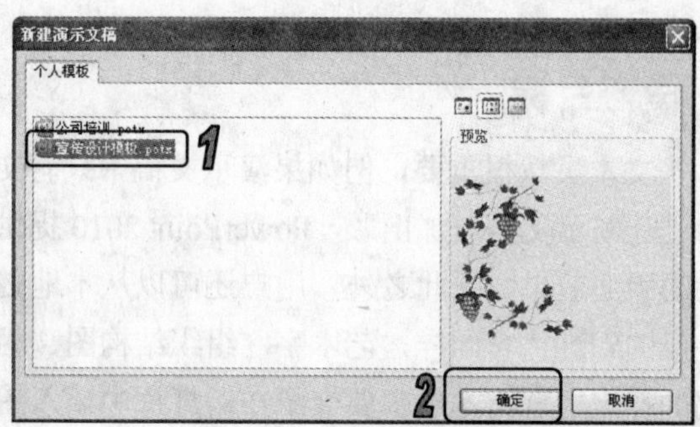

图 11-2　选择自定义模板

(3) 此时即可新建一个基于该模板的演示文稿，在快速访问工具栏中单击【保存】按钮，打开【另存为】对话框，将演示文稿以“宣传广告”为名保存，效果如图 11-3 所示。

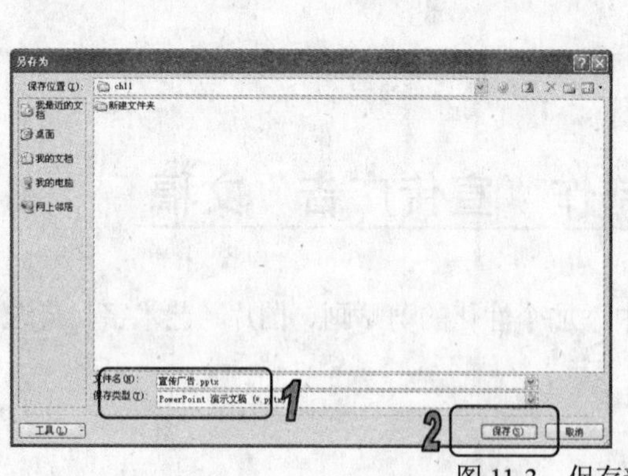

图 11-3　保存新建的演示文稿

(4) 在【单击此处添加标题】文本占位符中输入标题文字，设置文字“‘酒’色人生”的字体为【华文琥珀】，字号为 54，字体效果为【阴影】。

(5) 在【单击此处添加标题】文本占位符中输入副标题文字，设置文字“葡萄酒”的字体为【华文楷体】，字型为【加粗】，右对齐，此时幻灯片效果如图 11-4 所示。

(6) 选中第 2 张幻灯片缩略图，按下 Enter 键，插入一张新幻灯片，同时选中幻灯片中的两个文本占位符，按下 Delete 键将其删除，如图 11-5 所示。

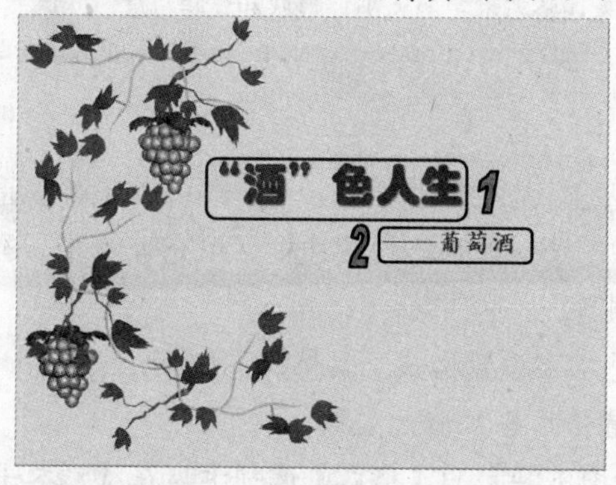

图 11-4 在占位符中输入文字

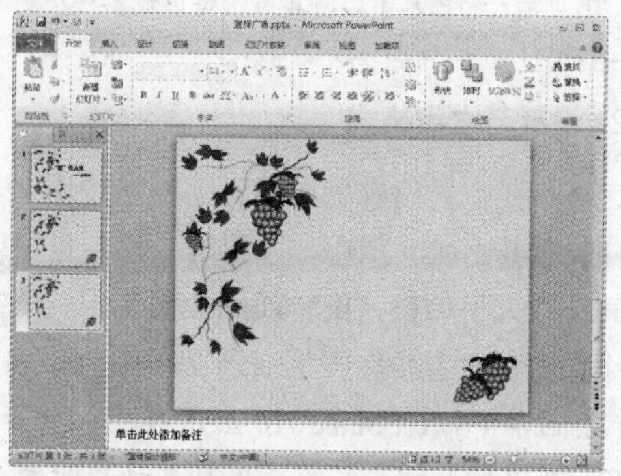

图 11-5 插入幻灯片

(7) 打开【插入】选项卡，在【文本】组中单击【艺术字】按钮，从弹出的列表框中选择第 5 行第 3 列的样式，如图 11-6 所示。

(8) 此时即可在幻灯片中显示插入的艺术字样式，如图 11-7 所示。

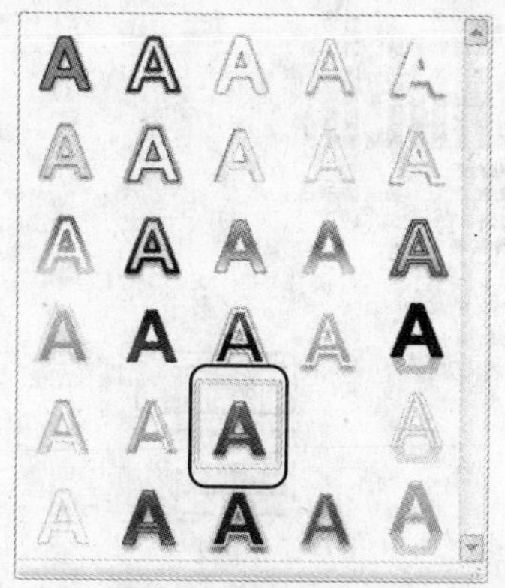

图 11-6 艺术字库

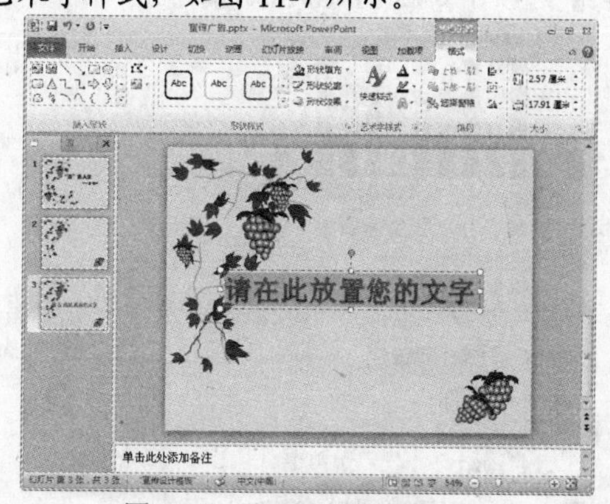

图 11-7 显示插入艺术字

(9) 在“请在此放置您的文字”文本框中输入文字“葡萄酒酿造工艺”，在【开始】选项卡的【字体】组中单击【字体】下拉按钮，从弹出的下拉列表框中选择【华文楷体】选项，设置艺术字的字体，效果如图 11-8 所示。

图 11-8 输入艺术字文本

提示

艺术字是图形对象，因此在【大纲】视图中无法查看其文字效果，也不能像普通文本一样对其进行拼写检查。

知识点

选中插入的艺术字后，其周围将出现各种控制点，来调整艺术字的大小、形状和旋转角度。

2. 设置艺术字格式

艺术字是一种特殊的图形文字，常被用来表现幻灯片的标题文字。用户既可以像对普通文字一样设置其字号、加粗、倾斜等效果，也可以像图形对象那样设置边框、填充等属性，还可以对其进行大小调整、旋转或添加阴影、三维效果等。

下面将在“宣传广告”演示文稿中为添加的艺术字设置格式，具体操作如下：

(1) 启动 PowerPoint 2010 应用程序，打开“宣传广告”演示文稿。

(2) 选中插入的艺术字，此时自动打开的【绘图工具】的【格式】选项卡，在【艺术字样式】组中单击【文本填充】下拉按钮，从弹出的颜色面板中选择【深紫】色块，如图 11-9 所示。

(3) 在【艺术字样式】组中单击【文本轮廓】下拉按钮，从弹出的下拉菜单中选择【虚线】|【原点】选项，如图 11-10 所示。

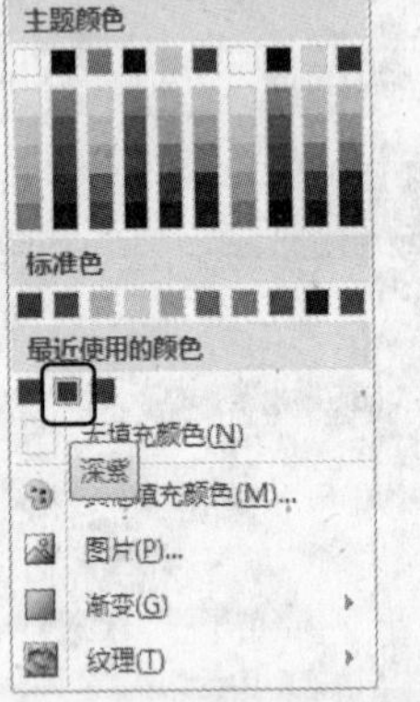

图 11-9　设置文本填充颜色

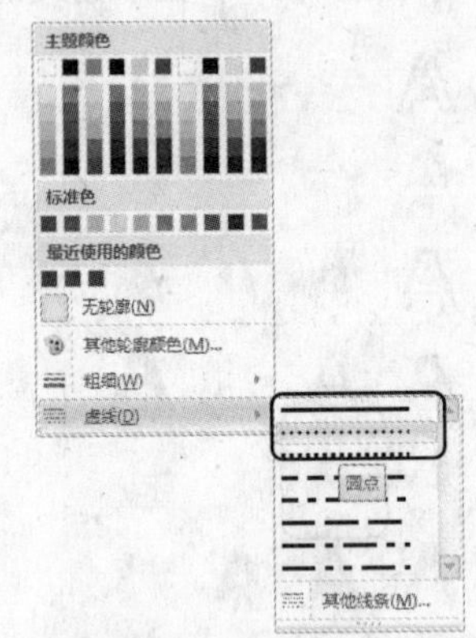

图 11-10　设置文本轮廓

(4) 在【艺术字样式】组中单击【文本效果】下拉按钮，从弹出的下拉菜单中选择【转换】|【上弯弧】选项(如图 11-11 所示)，完成艺术字效果的设置，效果如图 11-12 所示。

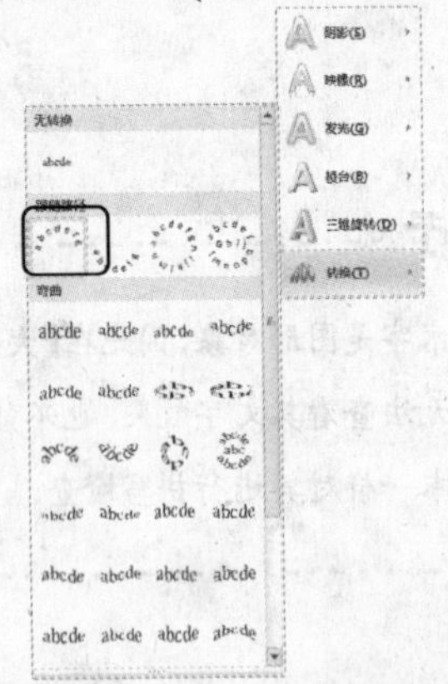

图 11-11　选择文本效果样式

图 11-12　更改艺术字填充色、轮廓和效果

(5) 拖动艺术字周围的白色尺寸控制点，放大艺术字尺寸，并将其移动到如图 11-13 所示的位置。

(6) 选中艺术字，在【形状样式】组中单击【形状效果】按钮，从弹出的菜单中选择【三维旋转】|【极左极大透视】选项，为艺术字应用该三维效果，如图 11-14 所示。

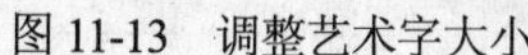
图 11-13　调整艺术字大小

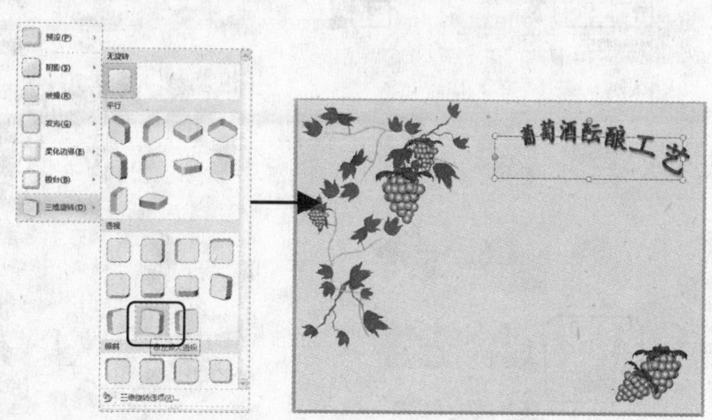

图 11-14　设置艺术字三维效果

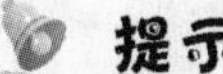

提示

用户还可以为艺术字添加阴影效果。选中艺术字后，自动打开【绘图工具】的【格式】选项卡，在【形状样式】组中单击【形状效果】按钮，从弹出的菜单中选择【阴影】选项，然后在弹出的阴影样式列表中选择喜欢的样式即可。

11.1.2　插入与设置图片

在演示文稿中插入图片，可以使演示文稿图文并茂，更生动形象地阐述其主题和思想。用户可以方便地插入各种来源的图片文件，如利用其他软件制作的图片、从因特网上下载的或通过扫描仪及数码相机输入的图片等。

1. 插入剪贴画

PowerPoint 2010 附带的剪贴画库内容非常丰富，所有的图片都经过专业设计，它们设计精美、构思巧妙、能够表达不同的主题，适合于制作各种不同风格的演示文稿。

要插入剪贴画，可以在【插入】选项卡的【图像】组中，单击【剪贴画】按钮，打开【剪贴画】任务窗格，在剪贴画预览列表中单击剪贴画，即可将其添加到幻灯片中。

下面将在“宣传广告”的演示文稿中插入剪贴画，具体操作如下：

(1) 启动 PowerPoint 2010 应用程序，打开“宣传广告”演示文稿。

(2) 默认显示第 1 张幻灯片，打开【插入】选项卡，在【图像】组中单击【剪贴画】按钮，打开【剪贴画】任务窗格。

(3) 在【搜索文字】文本框中输入文字“葡萄”，单击【确定】按钮，此时剪辑列表中显示所有与葡萄相关的图片，如图 11-15 所示。

(4) 单击要插入的剪贴画，将其添加到幻灯片中，并调整其位置，效果如图 11-16 所示。

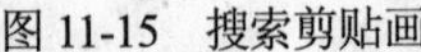

图 11-15　搜索剪贴画

图 11-16　在幻灯片中插入剪贴画

知识点

选中插入的剪贴画，其周围将出现 8 个白色的尺寸控制点和 1 个绿色旋转控制点，通过拖动这些控制点可以改变剪贴画的大小和旋转角度。

2. 插入来自文件的图片

用户除了插入 PowerPoint 2010 附带的剪贴画之外，还可以插入本地磁盘中的现有图片。这些图片可以是 Windows 的标准 BMP 位图，也可以是其他应用程序创建的图片、从因特网上下载的或通过扫描仪及数码相机输入的图片。

打开【插入】选项卡，在【图像】组中单击【图片】按钮，打开【插入图片】对话框，选择需要的图片后，单击【插入】按钮，即可将图片文件插入到当前幻灯片中。

下面将在“宣传广告”的演示文稿中插入来自文件的图片，具体操作如下：

(1) 启动 PowerPoint 2010 应用程序，打开“宣传广告”演示文稿。

(2) 在幻灯片浏览窗格中单击第 2 张幻灯片缩略图，将其设置为当前幻灯片。同时选中幻灯片中的两个文本占位符，按下 Delete 键将其删除，效果如图 11-17 所示。

(3) 打开【插入】选项卡，在【图像】组中单击【图片】按钮，打开【插入图片】对话框，选择需要的图片，如图 11-18 所示。

(4) 单击【插入】按钮，将图片添加到幻灯片中，效果如图 11-19 所示。

(5) 使用同样的方法，插入另一张图片，效果如图 11-20 所示。

图 11-17　删除占位符

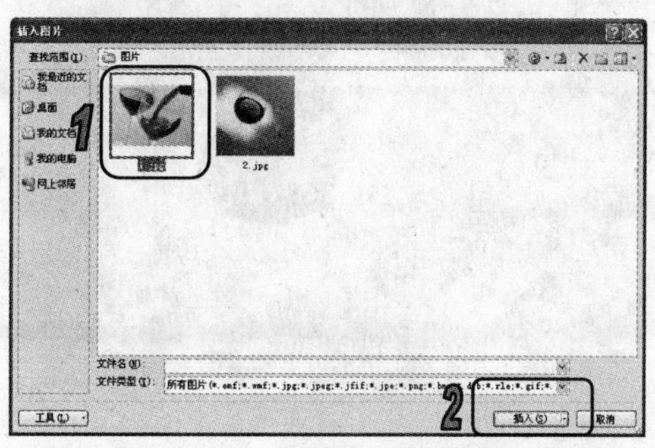

图 11-18　选择要插入的图片

图 11-19　在幻灯片中插入来自文件的图片

图 11-20　插入另一张图片

3. 设置图片格式

选中图片后，自动打开【图片工具】的【格式】选项卡，如图 11-21 所示，使用功能区中的命令按钮可以完成各种编辑操作，例如设置色彩、对比度、亮度、裁剪、透明色、图片样式、边框和效果等，使它们更能适应用户的需要。

图 11-21　【图片工具】的【格式】选项卡

下面将在“宣传广告”演示文稿中为插入的图片设置格式，具体操作如下：

(1) 启动 PowerPoint 2010 应用程序，打开“宣传广告”演示文稿。

(2) 在幻灯片预览窗格中选择第 2 张幻灯片缩略图，将其显示在幻灯片编辑窗口中。

(3) 选中插入到幻灯片的绿色底纹图片，打开【图片工具】的【格式】选项卡，在【大小】组中单击【裁剪】按钮，此时图片周围出现 8 个裁剪标志，如图 11-22 所示。

(4) 向内拖动图片右上角的ㄱ标志到如图 11-23 所示的位置。释放鼠标后，完成裁剪操作。

图 11-22　裁剪图片时出现的黑色短线

图 11-23　拖动裁剪标志

(5) 在幻灯片的空白处单击鼠标，退出图片的裁剪状态，效果如图 11-24 所示。

图 11-24　裁剪后的图片效果

知识点

将鼠标移动到┐、┃、━等裁剪标志上，按下鼠标左键拖动，此时鼠标指针也呈裁剪标志形状，并带有虚线框。将虚线框拖动到需要的位置，松开鼠标，即可完成裁剪。

(6) 选中图片，将鼠标指针移动到图片右下角的白色尺寸控制点上，当鼠标指针变为↘时，拖动鼠标到合适的位置释放，调节图片大小，效果如图 11-25 所示。

(7) 使用键盘上的方向键，调整图片的位置，此时图片效果如图 11-26 所示。

图 11-25　调整图片大小

图 11-26　调整图片位置

(8) 打开【图片工具】的【格式】选项卡，在【图片样式】组中单击【其他】按钮，从弹出的列表框中选择第 2 行第 7 列的样式，为图片快速应用该样式，如图 11-27 所示。

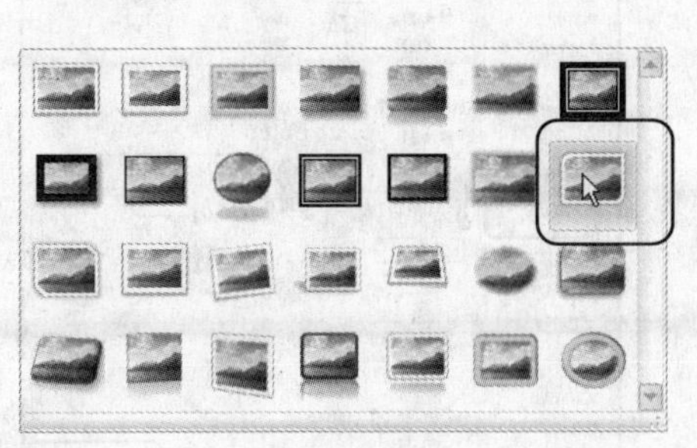

图 11-27 设置图片样式

提示

如果要设置图片边框样式，可以在【图片样式】组中单击【图片边框】下拉按钮，从弹出的下拉菜单中设置边框的颜色、粗细和虚线等。

(9) 选中插入的另一张图片，将鼠标指针移动到图片右下角的白色尺寸控制点上，当鼠标指针变为↘时，按住 Ctrl 键向内拖动鼠标至合适位置释放，并调节位置，此时幻灯片图片效果如图 11-28 所示。

提示

按住 Ctrl 键调整图片大小时，将保持图片中心位置不变；拖动图片 4 个角上的控制点时，将自动保持图片的长宽比例不变。

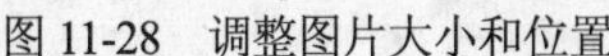

图 11-28 调整图片大小和位置

(10) 在【排列】组中，单击【上移一层】按钮，将图片上移一层，叠放在绿色底纹的图片上层，效果如图 11-29 所示。

(11) 右击选中的图片，从弹出的快捷菜单中选择【设置图片格式】命令，打开【设置图片格式】对话框。

(12) 打开【图片更正】选项卡，在【亮度】微调框中输入 10%，在【对比度】微调框中输入 20%，如图 11-30 所示。

图 11-29　设置图片叠放次序

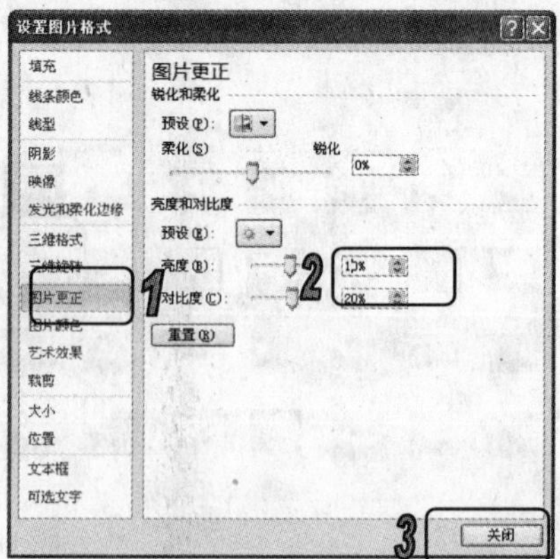

图 11-30　【设置图片格式】对话框

(13) 单击【关闭】按钮，完成对比度和亮度的设置，效果如图 11-31 所示。

(14) 选中图片，打开【图片工具】的【格式】选项卡，在【图片样式】组中单击【其他】按钮▾，从弹出的列表框中选择第 3 行第 3 列的样式，为图片快速应用【旋转，白色】样式，效果如图 11-32 所示。

图 11-31　设置对比度和亮度后的图片效果

图 11-32　设置【旋转，白色】图片样式

(15) 在快速访问工具栏中单击【保存】按钮，将修改后的“宣传广告”演示文稿保存。

11.1.3　插入与设置图形

PowerPoint 2010 提供了功能强大的绘图工具，利用绘图工具可以绘制各种线条、连接符、几何图形、星形以及箭头等复杂的图形。

1. 绘制图形

打开【插入】选项卡，在【插图】组中单击【形状】按钮，弹出形状样式列表框，在其中包含了许多类图形，如线条、基本形状、流程图元素、星与旗帜、标注等。用户可以选择不同的选项以便绘图或制作各种图形及标志。

下面将在“宣传广告”的演示文稿中使用绘图工具绘制图形，具体操作如下：

(1) 启动 PowerPoint 2010 应用程序，打开“宣传广告”演示文稿。

(2) 在幻灯片预览窗格中选择第 2 张幻灯片缩略图，将其显示在幻灯片编辑窗口中。

(3) 打开【插入】选项卡，在【插图】组中单击【形状】按钮，从弹出的列表框的【矩形】区域中选择【矩形】选项，如图 11-33 所示。

(4) 将鼠标移动到幻灯片中，鼠标指针将变为十形，拖动鼠标绘制矩形图形，如图 11-34 所示。

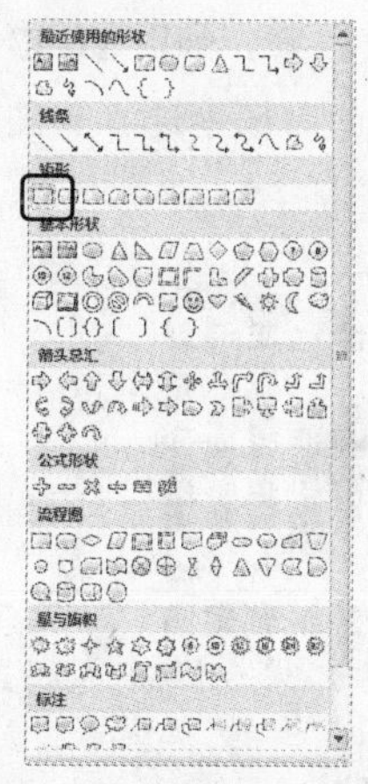

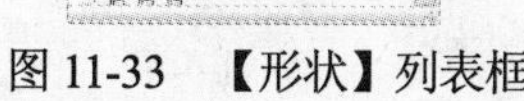

图 11-33　【形状】列表框

图 11-34　绘制矩形图形

(5) 使用同样的方法，在幻灯片中绘制几个椭圆图形，效果如图 11-35 所示。

(6) 在【插入】选项卡的【插图】组中单击【形状】按钮，从弹出的列表框的【箭头汇总】区域中选择【上弧形箭头】选项。

(7) 将鼠标移动到幻灯片中，鼠标指针将变为十形，在合适的位置按下鼠标左键不放，向右拖动至合适的大小后，释放鼠标，即可绘制出上弧形箭头图形，如图 11-36 所示。

图 11-35　绘制椭圆图形

图 11-36　绘制上弧形箭头图形

2. 设置图形格式

PowerPoint 具有功能齐全的图形设置功能，可以利用【绘图工具】的【格式】选项卡提供的线型、箭头样式、填充颜色、阴影效果和三维效果等对绘制的图形进行修饰。

下面将在“宣传广告”演示文稿中设置图形的格式，具体操作如下：

(1) 启动 PowerPoint 2010 应用程序，打开“宣传广告”演示文稿。

(2) 在幻灯片预览窗格中选择第 2 张幻灯片缩略图，将其显示在幻灯片编辑窗口中。

(3) 按住 Ctrl 键，同时选中多个椭圆图形，打开【绘图工具】的【格式】选项卡，在【形状样式】组中单击【形状填充】下拉按钮，从弹出的下拉菜单中选择【其他填充颜色】命令，打开【颜色】对话框。

(4) 打开【自定义】选项卡，设置 RGB=226,188,221，单击【确定】按钮，如图 11-37 所示。

(5) 在【形状样式】组中单击【形状轮廓】下拉按钮，从弹出的颜色面板中选择如图 11-38 所示的淡紫色色块，此时椭圆图形的效果如图 11-39 所示。

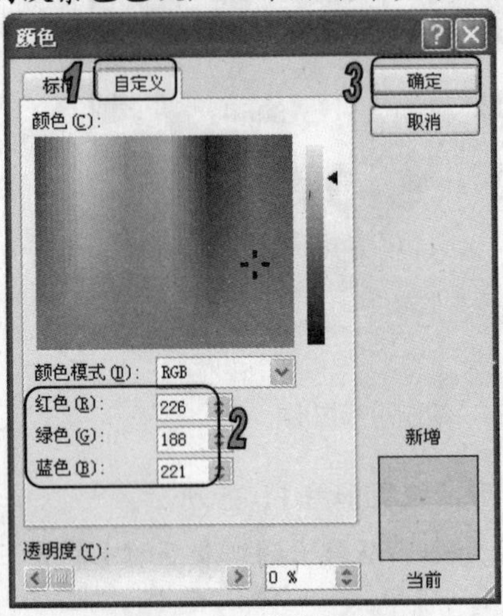

图 11-37 【自定义】选项卡

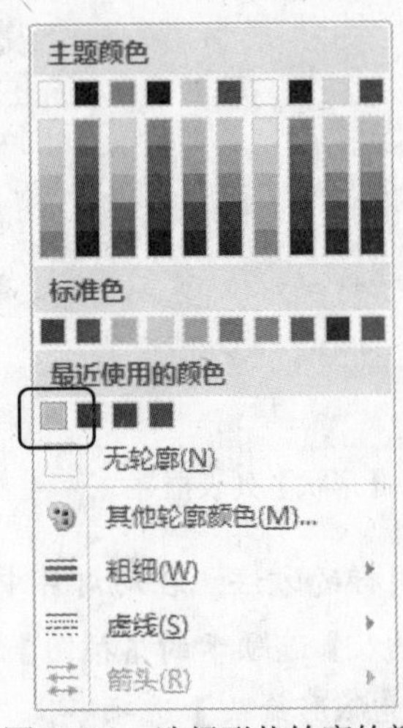

图 11-38 选择形状轮廓的颜色

(6) 使用同样的方法，为矩形图形设置填充色和轮廓，效果如图 11-40 所示。

图 11-39 设置椭圆的填充色和轮廓

图 11-40 设置矩形的填充色和轮廓

(7) 选中上弧形箭头图形，打开【绘图工具】的【格式】选项卡，在【形状样式】组中单击【形状填充】下拉按钮，从弹出的颜色面板中选择【深绿】色块，然后再次单击【形状填充】

下拉按钮，从弹出的下拉菜单中选择【渐变】|【中心辐射】选项，为图形应用渐变填充色，如图 11-41 所示。

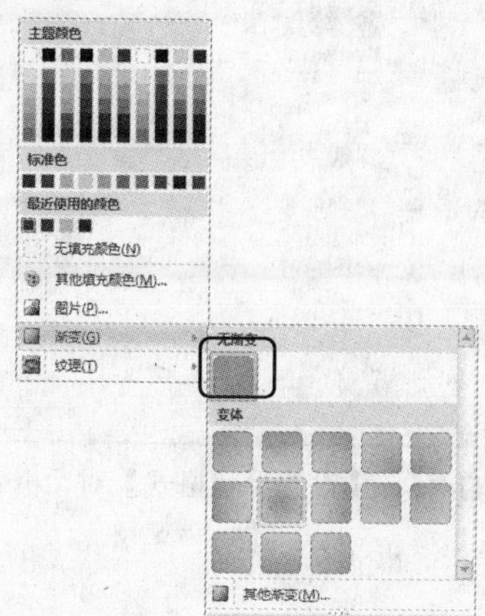

图 11-41　椭圆的填充效果

(8) 选中上弧形箭头图形，在【绘图】工具栏中单击【形状效果】按钮，从弹出的菜单选择【映像】选项，然后从弹出的列表框中选择如图 11-42 所示的样式，此时图形效果如图 11-43 所示。

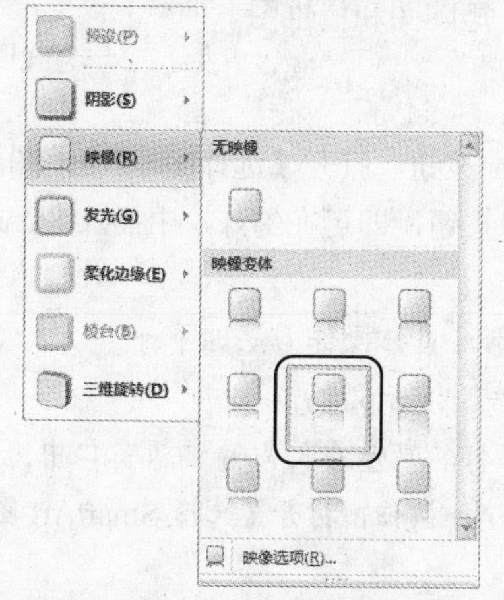

图 11-42　选择映像样式

图 11-43　显示上弧形箭头的映像效果

(9) 右击矩形图形，从弹出的快捷菜单中选择【编辑文字】命令，此时在矩形图形中显示闪烁的光标，在其中输入文字“送红酒送健康”，并设置字体为【华文隶书】，字形为【加粗】，字号为 40，字体颜色为【绿色】，效果如图 11-44 所示。

(10) 在快速访问工具栏中单击【保存】按钮，将修改后的“宣传广告”演示文稿保存。

提示

右击选中的形状图形，从弹出的快捷菜单中选择【设置形状格式】命令，打开【设置形状格式】对话框，如图 11-45 所示。在其中同样可以设置形状的填充色、线条颜色、线型、阴影效果、映像效果、发光和柔光边缘效果、三维格式等属性。

图 11-44　为矩形图形添加文字

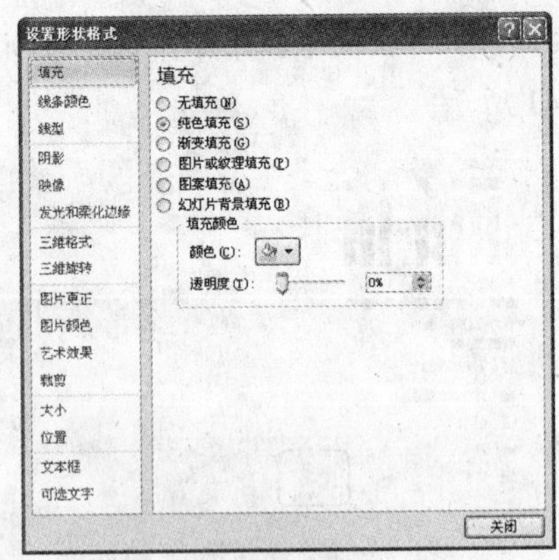

图 11-45　【设置形状格式】对话框

11.1.4　插入与设置 SmartArt 图形

SmartArt 图形可以用来说明各种概念性的资料。PowerPoint 2010 提供的 SmartArt 图形库主要包括列表图、流程图、循环图、层次结构图、关系图、矩阵图和棱锥图。

1. 插入 SmartArt 图形

打开【插入】选项卡，在【插图】组中单击 SmartArt 按钮，打开【选择 SmartArt 图形】对话框，用户可根据需要选择合适的类型，单击【确定】按钮，即可在幻灯片中插入 SmartArt 图形。

下面将在“宣传广告”演示文稿中插入 SmartArt 图形，具体操作方法如下：

(1) 启动 PowerPoint 2010 应用程序，打开“宣传广告”演示文稿。

(2) 在幻灯片预览窗格中选择第 3 张幻灯片缩略图，将其显示在幻灯片编辑窗口中。

(3) 打开【插入】选项卡，在【插图】组中单击 SmartArt 按钮，打开【选择 SmartArt 图形】对话框。

(4) 打开【关系】选项卡，在右侧的列表框中选择【基本目标图】选项，单击【确定】按钮，将该 SmartArt 关系图插入到幻灯片中，如图 11-46 所示。

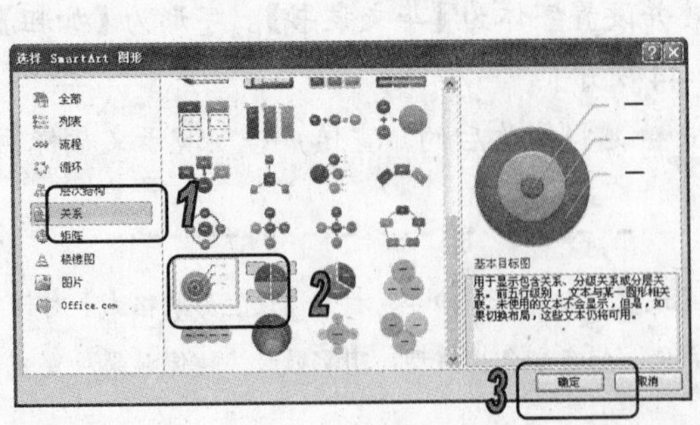

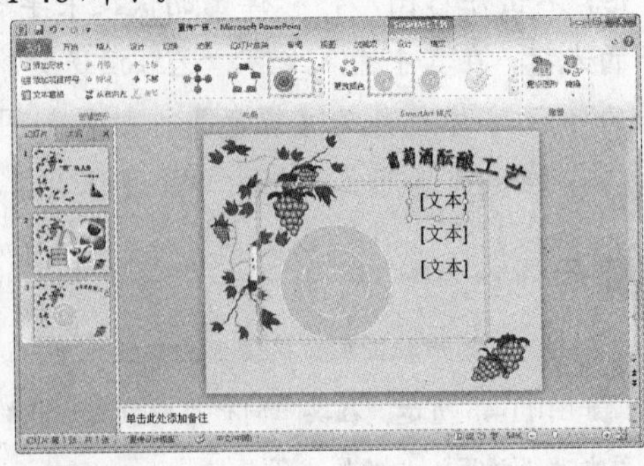

图 11-46　在幻灯片中插入图形

> **提示**
>
> 用户在 SmartArt 图形边框(外围大的方框)内的空白处单击鼠标，可选中整个图形，此时将鼠标移至边框上方，其形状将变为✥，按下鼠标左键拖动 SmartArt 图形即可移动其位置。

(5) 使用鼠标拖动图形周围的白色控制点，调整其整体大小，并拖动到幻灯片的适当位置，如图 11-47 所示。

图 11-47　调整图形的大小和位置

> **提示**
>
> 一般情况下，图形在 SmartArt 中的每一个图块中都可以插入文字。单击图形中的【[文本]】字样，可进入文本编辑状态，用户可以输入说明性的文字。

2. 设置 SmartArt 的格式

打开【SmartArt 工具】的【设计】或【格式】选项卡，通过单击相关的命令按钮，可以对插入的 SmartArt 图形进行设置，如添加、删除图块，更改结构图，设置 SmartArt 样式等，如图 11-48 所示。

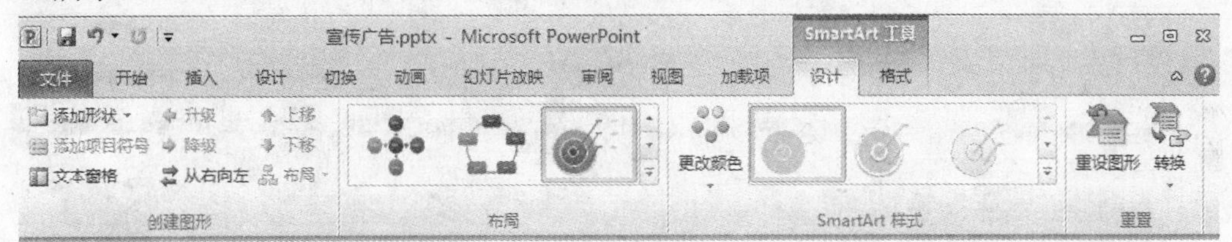

图 11-48　【SmartArt 工具】的【设计】和【格式】选项卡

下面将在“宣传广告”演示文稿中对插入 SmartArt 图形的格式进行设置，具体操作如下：

(1) 启动 PowerPoint 2010 应用程序，打开“宣传广告”演示文稿。

(2) 在幻灯片预览窗格中选择第 3 张幻灯片缩略图，将其显示在幻灯片编辑窗口中。

(3) 选中插入的 SmartArt 图形，打开【SmartArt 工具】的【设计】选项卡，在【创建图形】组中单击【添加形状】按钮，从弹出的菜单中选择【在后面添加形状】命令(如图 11-49 所示)，即可在图形后面添加形状。

(4) 使用同样的方法，为 SmartArt 图形再添加另一个形状，使其效果如图 11-50 所示。

(5) 打开【SmartArt 工具】的【设计】选项卡，在【创建图形】组中单击【文本窗格】按钮，打开【在此处键入文字】任务窗格，在其中的文本框中输入如图 11-51 所示的文本。

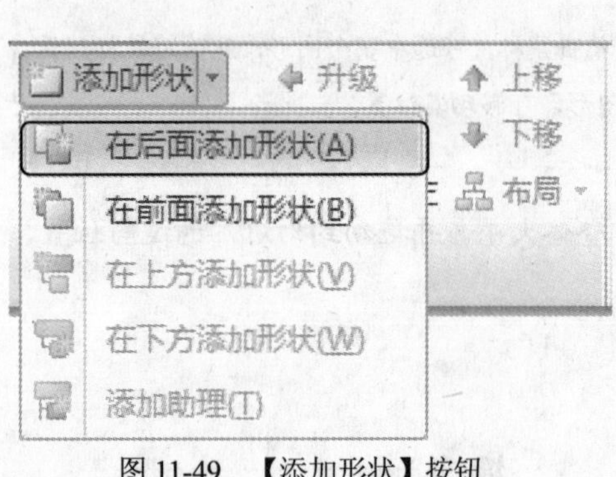

图 11-49 【添加形状】按钮

图 11-50 添加形状

提示

如果要删除形状，只需单击形状的边框将其选中，然后按下键盘上的 Delete 键即可。

(6) 按 Ctrl 键的同时，选中 SmartArt 图形中的文本框，设置文字字号为 18，字型为【加粗】，效果如图 11-52 所示。

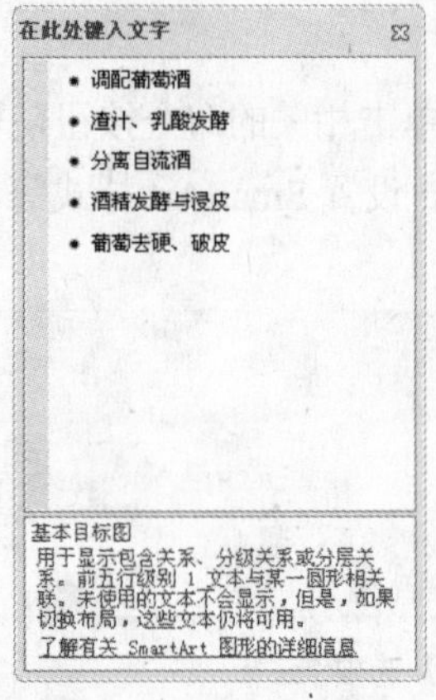

图 11-51 【在此处键入文字】任务窗格

图 11-52 设置文本格式

(7) 选中 SmartArt 图形，打开【SmartArt 工具】的【设计】选项卡，在【SmartArt 样式】组中单击【更改颜色】按钮，从弹出的列表框中选择如图 11-53 所示的样式，为图形快速应用该样式，效果如图 11-54 所示。

(8) 选中 SmartArt 图形中的所有的圆形，打开【SmartArt 工具】的【格式】选项卡，在【样式】组中单击两次【增大】按钮，放大圆形图形，效果如图 11-55 所示。

(9) 选中 SmartArt 图形，打开【SmartArt 工具】的【设计】选项卡，在【SmartArt 样式】组中单击【其他】按钮，在弹出的【三维】列表框中选择【优雅】选项，为图形快速设置三维效果，最终效果如图 11-56 所示。

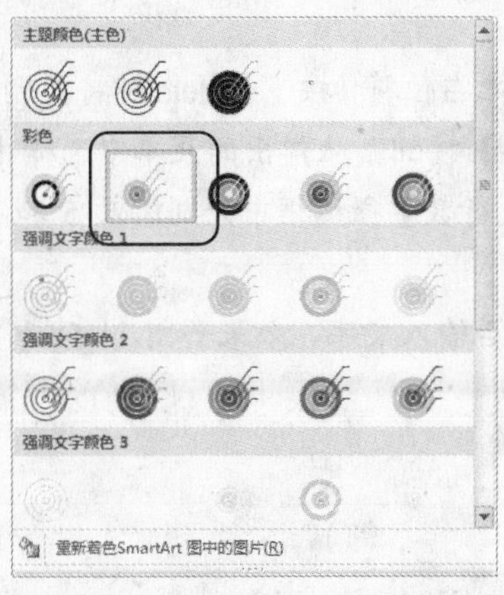

图 11-53 更改 SmartArt 颜色

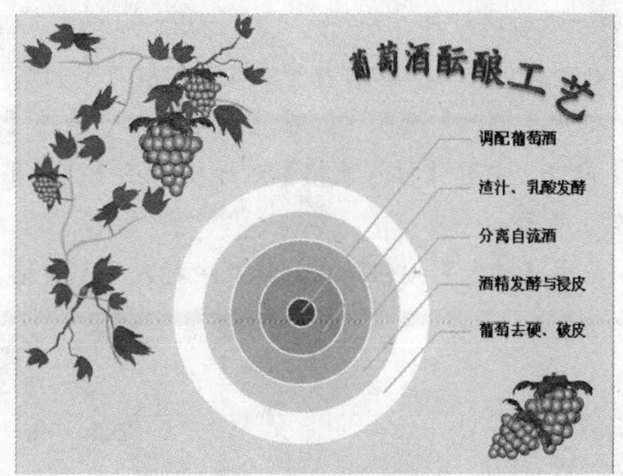

图 11-54 设置文本格式

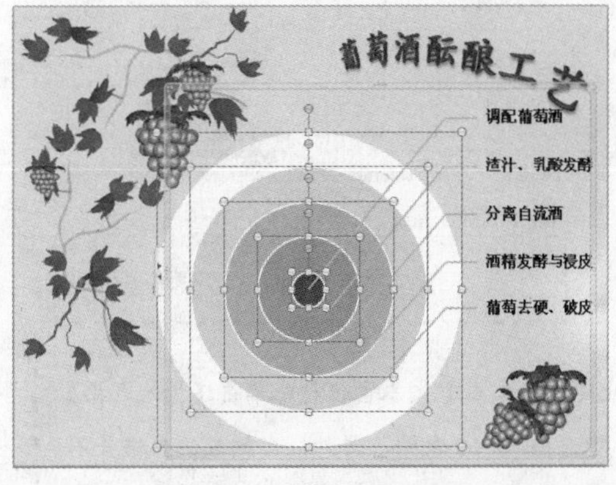

图 11-55 增大圆形图形

图 11-56 设置优雅三维效果

(10) 在快速访问工具栏中单击【保存】按钮，将修改后的“宣传广告”演示文稿保存。

11.1.5 插入与设置表格

与页面文字相比较，表格采用行列化的形式，更能体现内容的对应性及内在的联系。表格的结构适合表现比较性、逻辑性、抽象性强的内容。

1. 插入表格

打开【插入】选项卡，在【表格】组中单击【表格】按钮，从弹出的菜单的【插入表格】选取区域中拖动鼠标选择列数和行数，或者选择【插入表格】命令，打开【插入表格】对话框，设置表格列数和行数，就可以在当前幻灯片中插入一个表格。

下面将在“宣传广告”演示文稿中添加一张幻灯片，并在其中插入表格，具体操作如下：

(1) 启动 PowerPoint 2010 应用程序，打开“宣传广告”演示文稿。

(2) 在幻灯片预览窗格中选择第 3 张幻灯片缩略图，将其显示在幻灯片编辑窗口中，按 Enter

键，添加一张新幻灯片。

(3) 在新建的第 4 张幻灯片中，选中幻灯片中的两个文本占位符，按下 Delete 键将其删除。

(4) 打开【插入】选项卡，在【表格】组中单击【表格】按钮，从弹出的菜单中选择【插入表格】命令，打开【插入表格】对话框，在【列数】和【行数】微调框中分别输入 5 和 3，如图 11-57 所示。

(5) 单击【确定】按钮，在幻灯片中插入一个表格，然后输入文字，效果如图 11-58 所示。

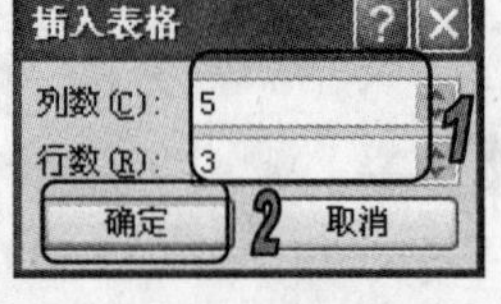

图 11-57 【插入表格】对话框

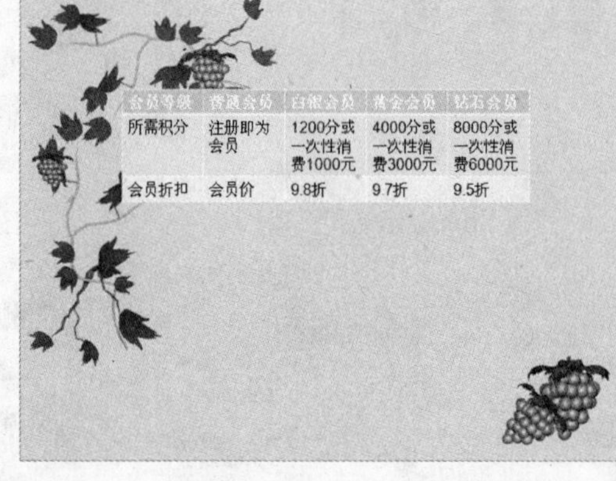

图 11-58 插入表格

知识点

新幻灯片自动带有包含内容的版式，此时在【单击此处添加文本】文本占位符中单击【插入表格】按钮，打开【插入表格】对话框，设置列数和行数，即可插入一个表格。另外，当插入的表格并不是完全规则时，也可以直接在幻灯片中绘制表格。绘制表格的方法很简单，打开【插入】选项卡，在【表格】组中单击【表格】按钮，从弹出的菜单中选择【绘制表格】命令。当鼠标指针将变为【✏】形状，此时即可拖动鼠标在幻灯片中进行绘制。

2. 设置表格属性

插入到幻灯片中的表格不仅可以像文本框和占位符一样被选中、移动、调整大小及删除，还可以为其添加底纹，设置边框样式和应用阴影效果等。

插入表格后，自动打开【表格工具】的【设计】和【布局】选项卡，如图 11-59 所示，使用功能组中的命令按钮来设置表格的属性。

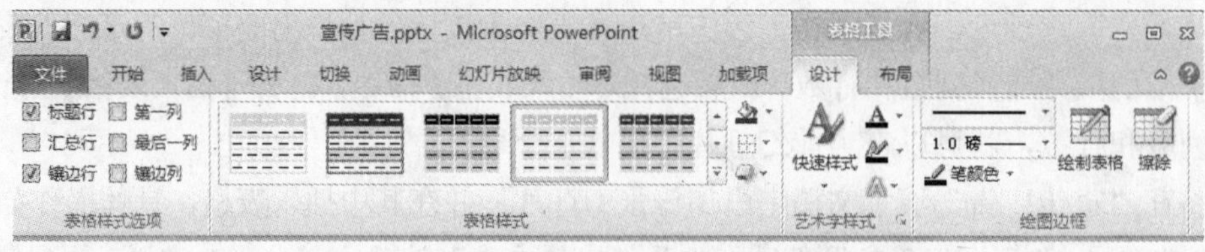

图 11-59 【表格工具】的【设计】和【布局】选项卡

下面将在“宣传广告”的演示文稿设置表格单元格中的文字属性、表格边框及填充颜色，具体操作如下：

(1) 启动 PowerPoint 2010 应用程序，打开“宣传广告”演示文稿。

(2) 在幻灯片预览窗格中选择第 4 张幻灯片缩略图，将其显示在幻灯片编辑窗口中。

(3) 在幻灯片中选中整个表格，拖动鼠标调节表格的大小和位置，效果如图 11-60 所示。

(4) 选中整个表格，打开【表格工具】的【布局】选项卡，在【对齐方式】组中单击【垂直居中】按钮和【居中】按钮，设置单元格中所有文本垂直居中对齐显示，效果如图 11-61 所示。

图 11-60 调节表格大小和位置

图 11-61 设置单元格的文字对齐方式

(5) 选中整个表格，打开【开始】选项卡，在【字体】组中单击【字体颜色】下拉按钮，从弹出的颜色面板中选择【绿色】色块，然后选中第 1 列中的所有文本，单击【加粗】按钮，设置文本加粗显示，效果如图 11-62 所示。

(6) 选中表格，打开【表格工具】的【设计】选项卡，在【表格样式】组中单击【边框】下拉按钮，从弹出的下拉菜单中选择【外边框】命令，为表格添加外边框，效果如图 11-63 所示。

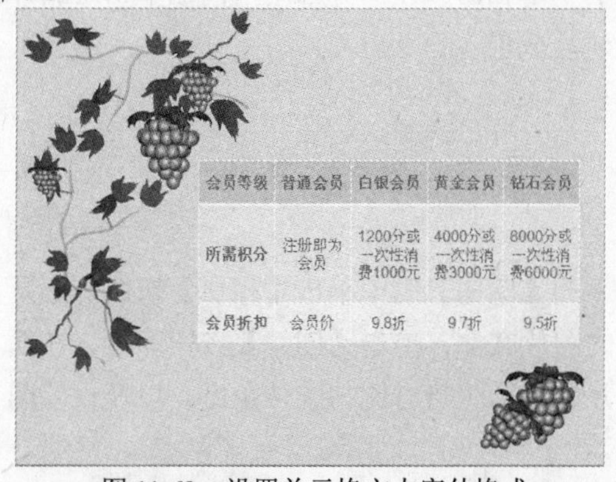

图 11-62 设置单元格文本字体格式

图 11-63 设置表格边框

(7) 选中表格的第 1 行，打开【表格工具】的【设计】选项卡，在【表格样式】组中单击【底纹】下拉按钮，从弹出的颜色面板中选择【淡紫】色块，如图 11-64 所示，为表格设

置底纹效果。

(8) 使用同样的方法为表格的第 1 列填充【淡紫】底纹，最终效果如图 11-65 所示。

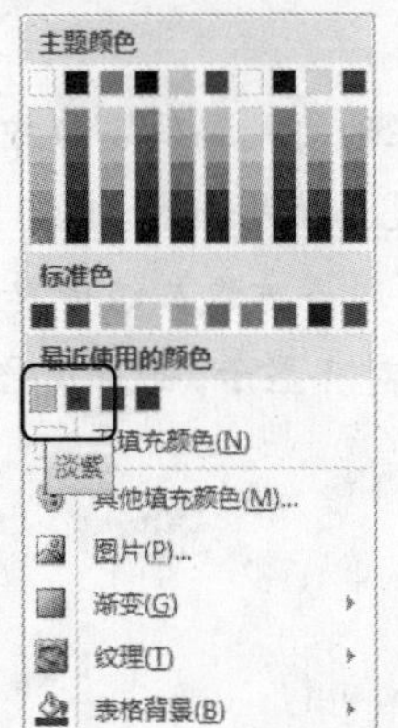

图 11-64　选择底纹颜色

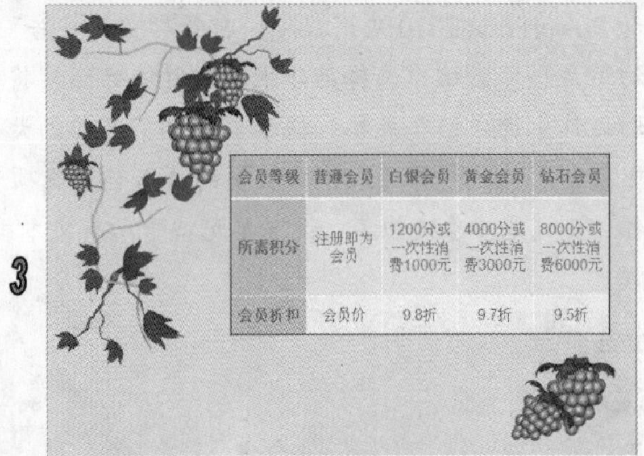

会员等级	普通会员	白银会员	黄金会员	钻石会员
所需积分	注册即为会员	1200分或一次性消费1000元	4000分或一次性消费3000元	8000分或一次性消费6000元
会员折扣	会员价	9.8折	9.7折	9.5折

图 11-65　设置表格的底纹

提示

打开【表格工具】的【设计】选项卡，在【表格样式】组中单击【其他】按钮，从弹出的表格样式列表中可以选择一种内置的表格样式，从而方便用户快速应用该表格样式。

(9) 在快速访问工具栏中单击【保存】按钮，将修改后的“宣传广告”演示文稿保存。

11.2　插入相册—实战 34：制作“旅游景点展示相册”

随着数码相机的普及，使用计算机制作电子相册的用户越来越多，当没有制作电子相册的专业软件时，使用 PowerPoint 也能轻松制作出漂亮的电子相册。在商务应用中，电子相册同样适用于介绍公司的产品目录，或者分享图像数据及研究成果。

11.2.1　新建相册

在幻灯片中新建相册时，只要在【插入】选项卡的【图像】组中单击【相册】按钮，打开【相册】对话框，从本地磁盘的文件夹中选择相关的图片文件，单击【创建】按钮即可。在插入相册的过程中可以更改图片的先后顺序、调整图片的色彩明暗对比与旋转角度，以及设置图片的版式和相框形状等。

下面将在演示文稿幻灯片中插入相册，制作“旅游景点展示相册”，具体操作步骤如下：

(1) 启动 PowerPoint 2010 应用程序，打开一个空白演示文稿。

(2) 打开【插入】选项卡，在【插图】组中单击【相册】按钮，打开【相册】对话框，单击【文件/磁盘】按钮，如图 11-66 所示。

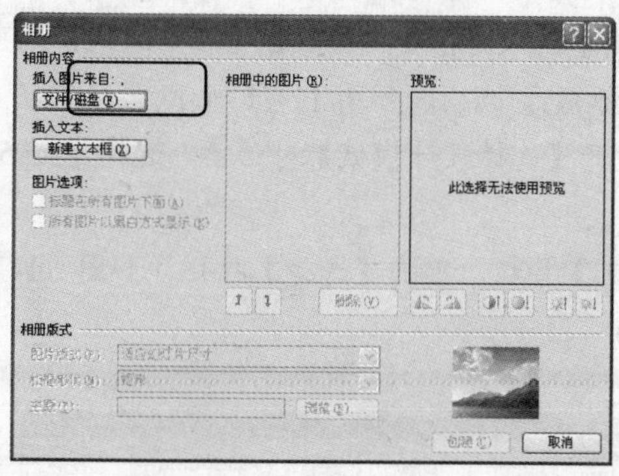

图 11-66　【相册】对话框

> **提示**
>
> 用户可以直接从数码相机或其他外部设备中导入相片。在【相册】对话框中单击【扫描仪/照相机】按钮，即可直接连接到外部设备的驱动程序。

(3) 打开【插入新图片】对话框，在图片列表中选中需要的图片，如图 11-67 所示。

(4) 单击【插入】按钮，返回至如图 11-68 所示的【相册】对话框。

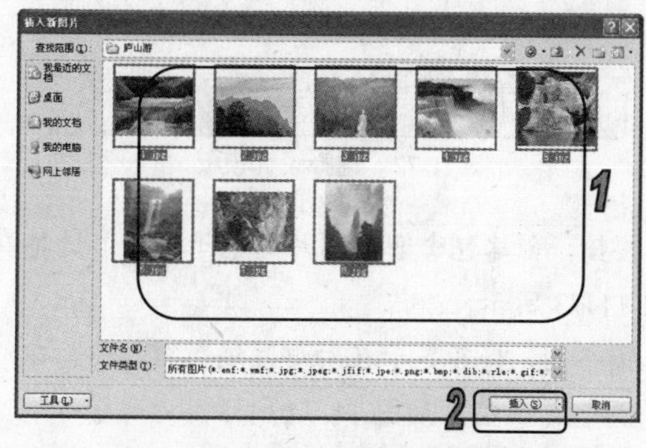

图 11-67　【插入新图片】对话框

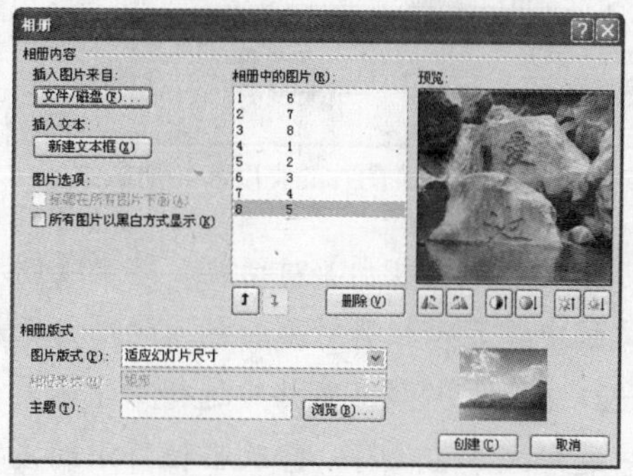

图 11-68　选择图片后的对话框效果

(5) 在【相册中的图片】列表框中选中名称为 6 的图片，单击↓按钮，将图片移动到名称为 5 的图片的下方。

(6) 参照步骤(5)，分别选中列表框中的图片名称，单击↑按钮或↓按钮，使它们按照名称为 1~8 的顺序从上到下依次排列，效果如图 11-69 所示。

(7) 在【相册中的图片】列表框中选中名称为 3 的图片，此时该图片显示在右侧的预览框中，如图 11-70 所示。

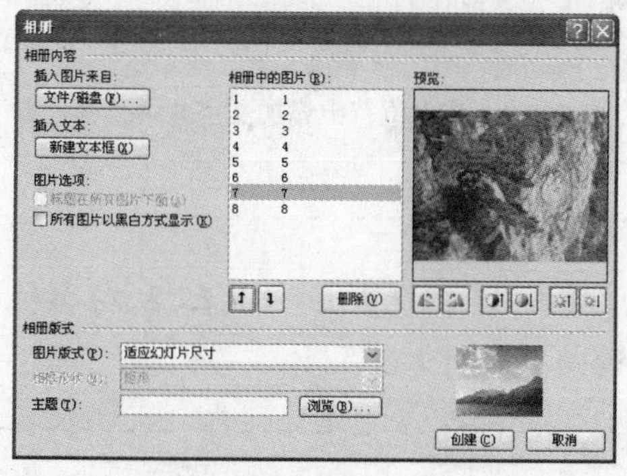

图 11-69　预览窗格中调整图片的顺序

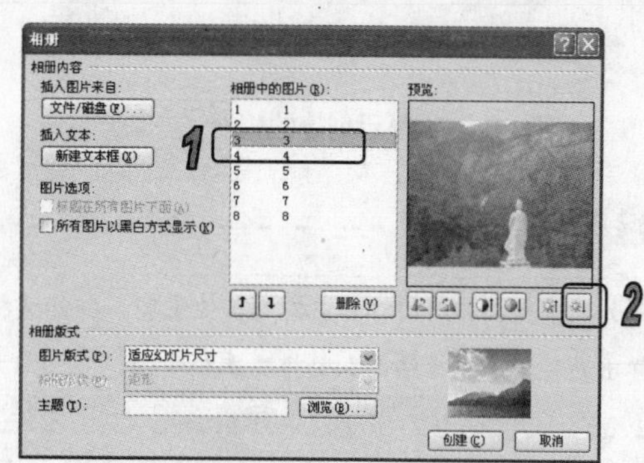

图 11-70　选择图片

(8) 单击预览框下方的【减少亮度】按钮，调整图片的亮度，然后在【相册版式】选项区域的【图片版式】下拉列表中选择【1 张图片(带标题)】选项，如图 11-71 所示。

(9) 在【主题】列表框中单击【浏览】按钮，打开【选择设计模板】对话框，选择【zdy5】模板，单击【选择】按钮。

(10) 打开【选择设计模板】对话框，选择【zdy5】模板，单击【选择】按钮，如图 11-72 所示。

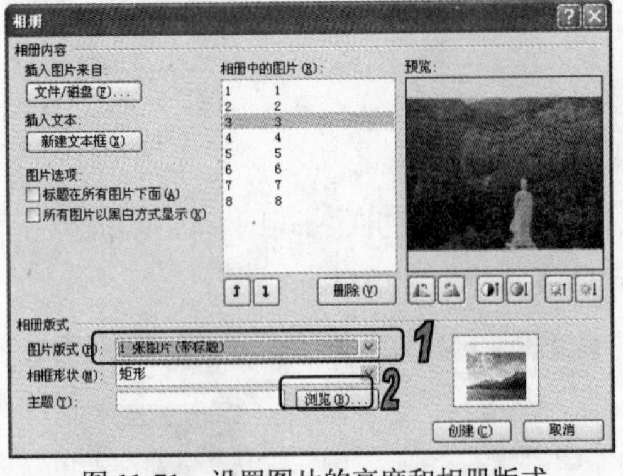

图 11-71　设置图片的亮度和相册版式

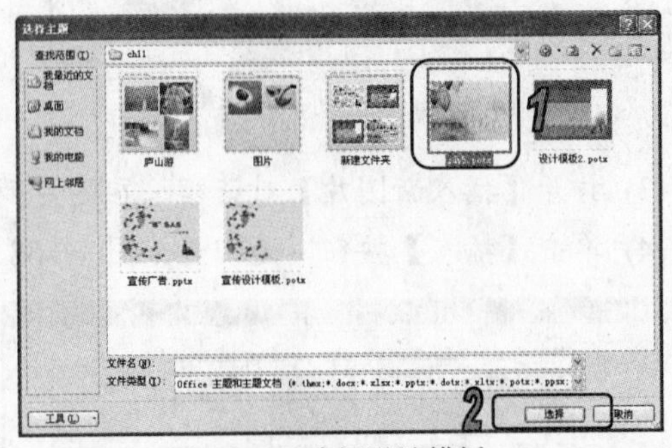

图 11-72　选择设计模板

(11) 返回到【相册】对话框，单击【创建】按钮，创建包含 8 张图片的电子相册，这时在演示文稿中将显示相册封面和插入的图片，如图 11-73 所示。

(12) 在幻灯片预览窗格中选择第 1 张幻灯片缩略图，将其显示在幻灯片编辑窗口中。在幻灯片中选中文本占位符，修改占位符中的文字并调整其位置，如图 11-74 所示。

图 11-73　显示创建的相册

图 11-74　在占位符中添加文字并调整其位置

提示

如果需要在相册幻灯片中输入其他文字，打开【插入】选项卡在【文本】组中单击【文本框】按钮，从弹出的菜单中选择横排和竖排文本框命令，在幻灯片中绘制并创建文本框。

(13) 依次单击第 2~9 张幻灯片缩略图，在幻灯片编辑窗口中调整相片的大小，使其与模板

大小吻合，并在每张幻灯片的【单击此处添加标题】文本占位符中添加图片的主题，如图 11-75 所示。

图 11-75　调整幻灯片中的相片大小并输入相片主题

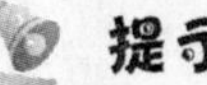

提示

在创建的相册中，设置所有幻灯片中的标题文本字体为【华文新魏】，字号为 60，字形为【加粗】和【阴影】。

(14) 在快速访问工具栏中单击【保存】按钮，打开【另存为】对话框，将演示文稿以文件名“旅游景点展示相册”进行保存。

11.2.2　设置相册格式

对于建立的相册，如果不满意它所呈现的效果，可以在【插入】选项卡的【图像】组中单击【相册】下拉按钮，从弹出的下拉菜单中选择【编辑相册】命令，打开【编辑相册】对话框，在其中重新修改相册的顺序、图片版式、相框形状、演示文稿设计模板等相关属性。设置完成后，PowerPoint 会自动帮助用户重新整理相册。

下面将为已制作的旅游景点展示相册重新设置格式，具体操作如下：

(1) 启动 PowerPoint 2010 应用程序，打开“旅游景点展示相册”演示文稿。

(2) 打开【插入】选项卡，在【图像】组中单击【相册】下拉按钮，从弹出的下拉菜单中选择【编辑相册】命令，打开【编辑相册】对话框。

(3) 在【相册版式】选项区域的【图片版式】下拉列表中选择【2 张图片】选项，在【相框形状】下拉列表框中选择【扇形相角】选项，如图 11-76 所示。

(4) 单击【更新】按钮，此时幻灯片效果如图 11-77 所示。

(5) 在幻灯片预览窗格中选择第 6~13 张幻灯片缩略图，按下 Delete 键将它们删除，然后在第 2~5 张幻灯片中调整相片的大小和位置，使它们与演示文稿的模板相符合，如图 11-78 所示。

(6) 在快速访问工具栏中单击【保存】按钮，将修改后的“旅游景点展示相册”演示文

稿保存。

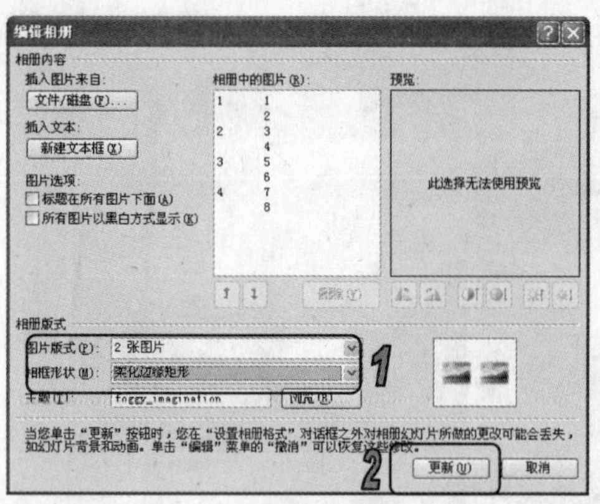

图 11-76 【设置相册格式】对话框

图 11-77 重新设置相册格式后的幻灯片效果

图 11-78 调整相片的大小和位置

11.3 插入多媒体—实战 35：制作“纺织机械”文稿

作为一个优秀的多媒体演示文稿制作程序，PowerPoint 允许用户方便地插入声音和视频等

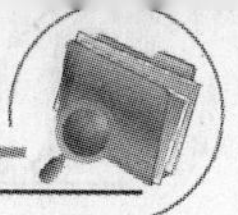

多媒体对象，使用户的演示文稿从画面到声音多方位地向观众传递信息。

11.3.1　插入声音

在制作幻灯片时，用户可以根据需要插入声音，以增加向观众传递信息的通道，增强演示文稿的感染力。

1. 插入剪辑管理器中的声音

打开【插入】选项卡，在【媒体】组中单击【音频】下拉按钮，在弹出的下拉菜单中选择【剪辑画音频】命令，如图 11-79 所示，此时 PowerPoint 将自动打开如图 11-80 所示的【剪贴画】任务窗格，该窗格显示了剪辑中所有的声音，单击某个声音文件，即可将该声音文件插入到幻灯片中。

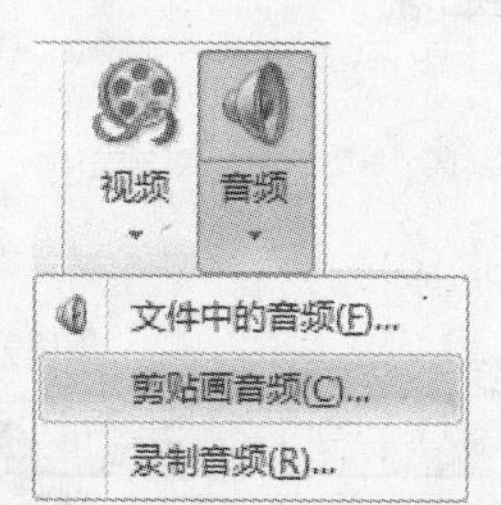

图 11-79　【音频】下拉菜单

图 11-80　【剪贴画】任务窗格

2. 插入文件中的声音

要插入文件中声音，可以在【音频】下拉菜单中选择【文件中的音频】命令，打开【插入音频】对话框，从该对话框中选择需要插入的声音文件，然后单击【确定】按钮。

下面将新建一个名为“纺织机械”演示文稿，在幻灯片中插入来自文件的声音，具体操作如下：

(1) 启动 PowerPoint 2010 应用程序，打开一个空白演示文稿。单击【文件】按钮，从弹出的【文件】菜单中选择【新建】命令，打开 Microsoft Office Backstage 视图。

(2) 在中间的【可用模板和主题】列表框中选择【我的模板】选项，打开【新建演示文稿】对话框，在【个人模板】选项区域中选择自定义添加的【设计模板 2】选项，如图 11-81 所示。

(3) 单击【确定】按钮，将该模板应用到当前演示文稿中，如图 11-82 所示。

(4) 在第 1 张幻灯片的【单击此处添加标题】文本占位符中输入文字“三滚筒清棉机”，设置其字体为【华文琥珀】、字号为 54、字型为【阴影】；在【单击此处添加副标题】文本占位符中输入文字“——型号 FA100”，设置其字号为 28、字型为【加粗】，如图 11-83 所示。

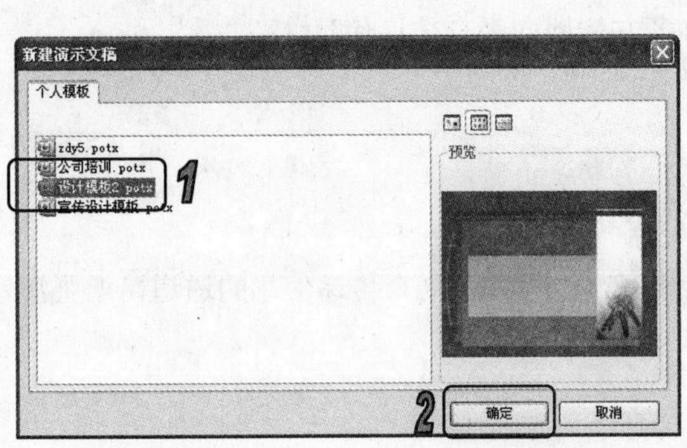

图 11-81 【新建演示文稿】对话框

图 11-82 为演示文稿应用模板

(5) 打开【插入】选项卡，在【媒体】组中单击【音频】下拉按钮，从弹出的菜单中选择【文件中的音频】命令，打开【插入音频】对话框，选择需要插入的声音文件，如图 11-84 所示。

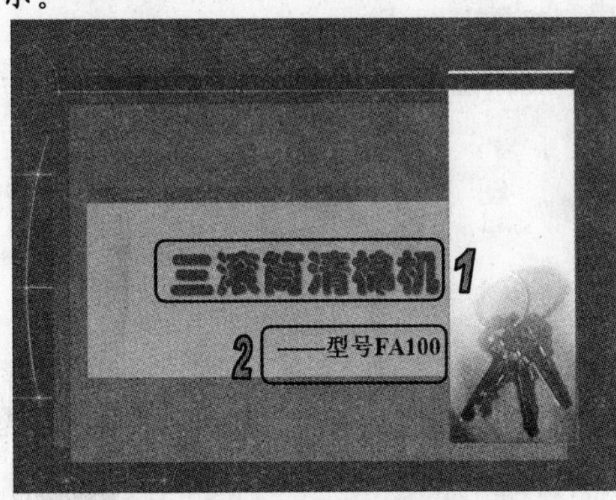

图 11-83 输入幻灯片标题文本

图 11-84 【插入音频】对话框

(6) 单击【确定】按钮，此时幻灯片中将出现声音图标，单击鼠标将其拖动到幻灯片的正标题上侧，效果如图 11-85 所示。

(7) 切换到第 3 张幻灯片，在占位符中输入文本，设置标题文字字体为【华文琥珀】，字号为 44，字体效果为【阴影】；设置文本文字字体为【宋体】，字号为 24，字型为【加粗】，效果如图 11-86 所示。

图 11-85 调整声音图标位置

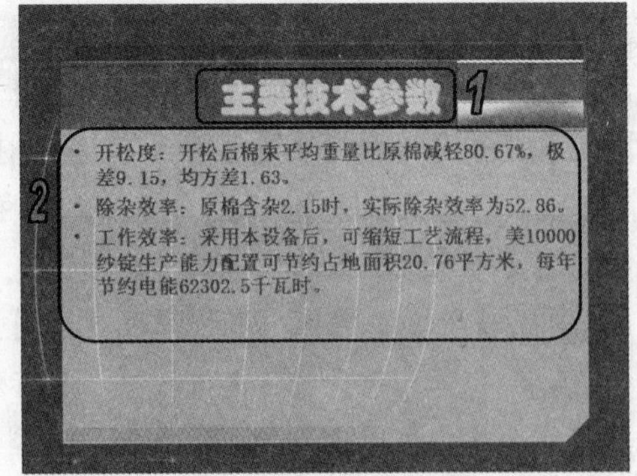

图 11-86 输入第 3 张幻灯片文本

(8) 在快速访问工具栏中单击【保存】按钮，打开【另存为】对话框，将演示文稿以“纺织机械”为名保存。

3. 录制音频

用户还可以根据需要自己录制声音，为幻灯片添加声音效果。录制声音的操作很简单，在【插入】选项卡的【媒体】组中单击【音频】下拉按钮，在弹出的菜单中选择【录制音频】命令，打开【录音】对话框，如图 11-87 所示。单击【录音】按钮，开始录制声音。录制完毕后，单击【停止】按钮，录制结束，然后单击【播放】按钮，即可播放该声音。播放完毕后，单击【确定】按钮，即可在幻灯片中插入录制的声音文件。

图 11-87　【录音】对话框

知识点

在幻灯片中选中声音图标，功能区将出现【声音工具】选项卡。使用该选项卡可以设置声音效果。如果要循环播放声音，则可在【播放】选项卡的【音频】组中选中【循环播放，直至停止】复选框。

11.3.2　插入与设置视频

用户可以根据需要插入 PowerPoint 2010 自带的视频和计算机中存放的影片，用于丰富幻灯片的内容，增强演示文稿的鲜明度。

1. 插入剪辑管理器中的视频

打开【插入】选项卡，在【媒体】组中单击【视频】下拉按钮，在弹出的下拉菜单中选择【剪贴画视频】命令，如图 11-88 所示，此时 PowerPoint 将自动打开如图 11-89 所示的【剪贴画】任务窗格，该窗格显示了剪辑中所有的视频或动画，单击某个动画文件，即可将该剪辑文件插入到幻灯片中。

图 11-88　【音频】下拉菜单

图 11-89　视频【剪贴画】任务窗格

2. 文件中的视频

很多情况下，PowerPoint 剪辑库中提供的影片并不能满足用户的需要，这时可以选择插入来自文件中的影片。单击【视频】下拉按钮，在弹出的菜单中选择【文件中的视频】命令，打开【插入视频文件】对话框。选择需要的视频文件，单击【插入】按钮即可。

3. 设置视频属性

对于插入到幻灯片中的视频，不仅可以调整它们的位置、大小、亮度、对比度、旋转等属性，还可以进行剪裁、设置透明色、重新着色和设置边框线条等操作，这些操作都与图片的操作方法相同。

知识点

对于插入到幻灯片中的 GIF 动画，用户不能对其进行剪裁。当 PowerPoint 放映到含有 GIF 动画的幻灯片时，该动画会自动循环播放。

下面将在“纺织机械”演示文稿中插入视频，并设置其格式，具体操作方法如下：

(1) 启动 PowerPoint 2010 应用程序，打开“纺织机械”演示文稿。

(2) 自动显示第 1 张幻灯片，打开【插入】选项卡，在【媒体】组中单击【视频】下拉按钮，在弹出的下拉菜单中选择【剪辑画视频】命令，打开【剪贴画】任务窗格。

(3) 单击需要插入的动画，将其插入到第 1 张幻灯片中，并拖动鼠标调节其大小和位置，如图 11-90 所示。

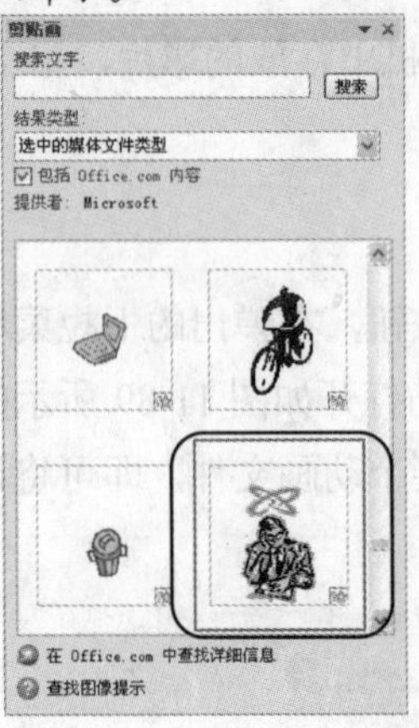

图 11-90　插入剪切画视频到幻灯片中

(4) 在幻灯片预览窗格中选择第 2 张幻灯片缩略图，将其显示在幻灯片编辑窗口中。

(5) 在【单击此处添加标题】文本占位符中输入文本“机械运行效果”，设置文字字体为【华文琥珀】，字号为 48，字体效果为【阴影】；选中【单击此处添加文本】文本占位符，按下 Delete 键将其删除，此时幻灯片效果如图 11-91 所示.

(6) 打开【插入】选项卡，在【媒体】组中单击【视频】下拉按钮，在弹出的下拉菜单中选择【文件中的视频】命令，打开【插入视频文件】对话框，选择需要的视频文件，如图 11-92

所示。

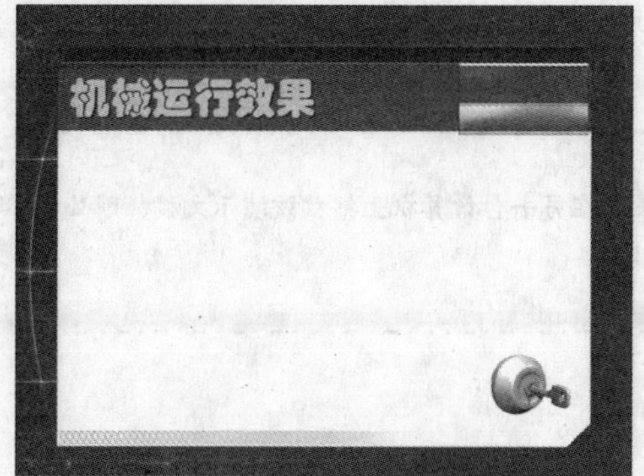

图 11-91　输入并设置标题文本

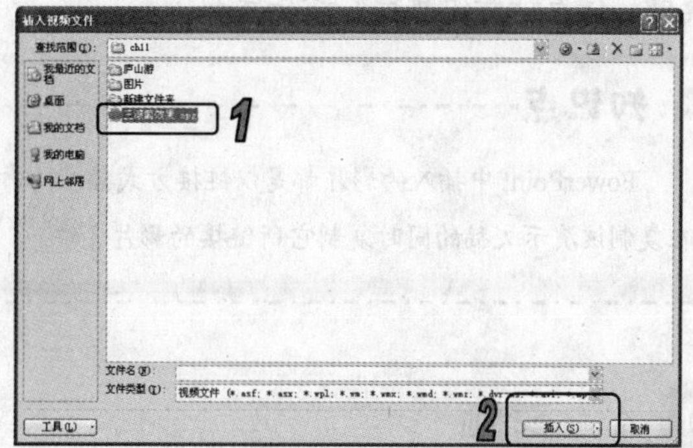

图 11-92　【插入视频文件】对话框

(7) 单击【插入】按钮，将视频文件插入到幻灯片中，如图 11-93 所示。

(8) 在幻灯片中调整视频的位置和大小，在【视频工具】的【格式】选项卡的【大小】组中单击【剪裁】按钮，拖动鼠标，将该影片周围的白色区域剪裁掉，如图 11-94 所示。

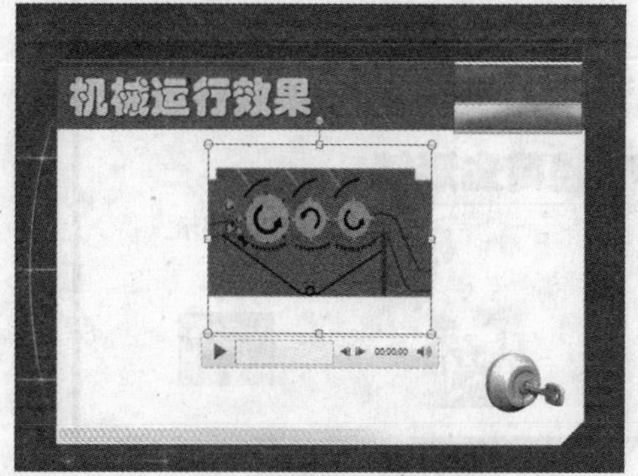

图 11-93　显示插入的视频

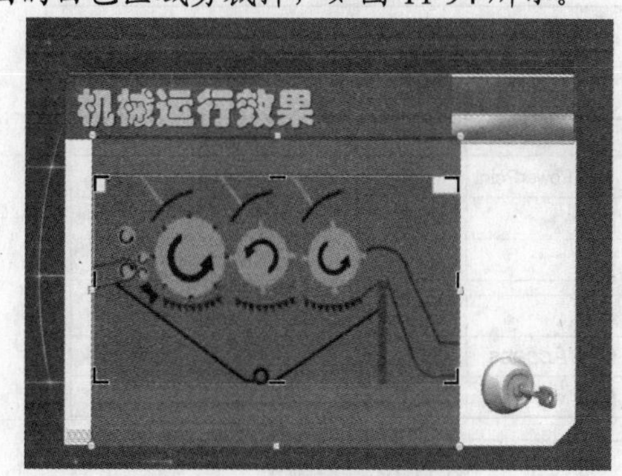

图 11-94　裁剪视频

(9) 在幻灯片任意处单击，退出剪裁状态。

(10) 在【视频样式】组中单击【其他】按钮，在打开的列表中选择【监视器，灰色】选项，为视频设置该样式，如图 11-95 所示。

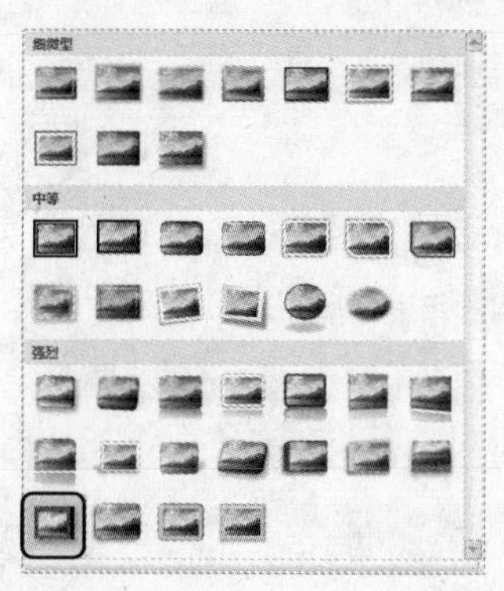

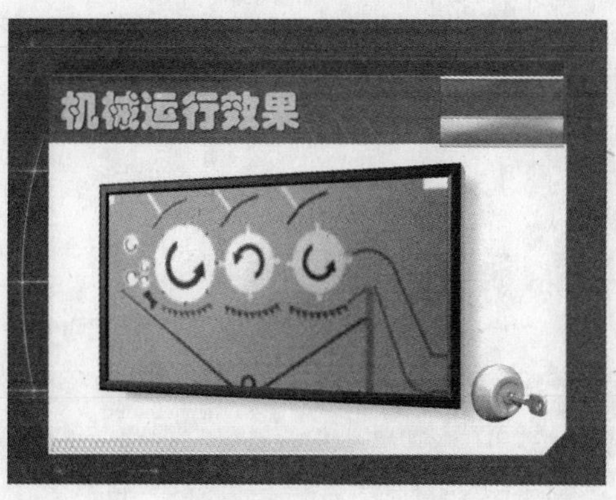

图 11-95　为视频应用内置的样式

(11) 打开【影片工具】的【播放】选项卡，选中【循环播放，直到停止】复选框，按 Ctrl+S 快捷键，保存“纺织机械”演示文稿。

知识点

PowerPoint 中插入的影片都是以链接方式插入的，如果要在另一台计算机上播放该演示文稿，则必须在复制该演示文稿的同时复制它所链接的影片文件。

11.4 习题

1. 制作如图 11-96 所示的“课程表”幻灯片，并在其中插入艺术字和表格。

2. 使用模板 Blends，制作如图 11-97 所示的幻灯片。其中插入的声音对象为剪辑管理器中的【掌声.wav】，插入的影片为剪辑管理器中的影片。

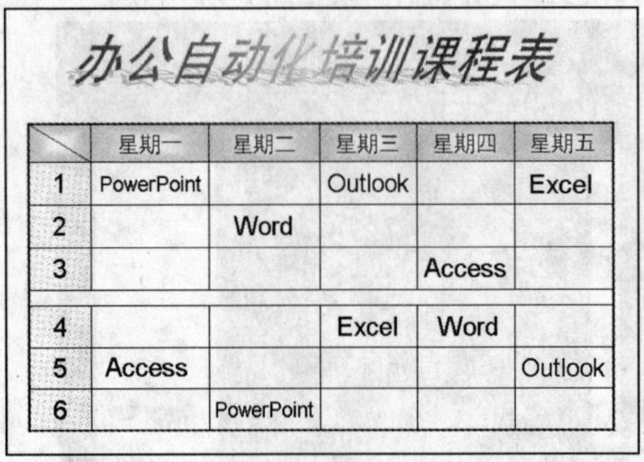

办公自动化培训课程表

	星期一	星期二	星期三	星期四	星期五
1	PowerPoint		Outlook		Excel
2		Word			
3				Access	
4			Excel	Word	
5	Access				Outlook
6		PowerPoint			

图 11-96　习题 1

图 11-97　习题 2

第12章 PowerPoint幻灯片设计

学习目标

在设计幻灯片时，使用 PowerPoint 提供的预设格式，例如设计模板、主题颜色、动画方案及幻灯片版式等，可以轻松地制作出具有专业效果的演示文稿；也可以加入动画效果，在放映幻灯片时，产生特殊的视觉或声音效果；还可以加入页眉和页脚等信息，使演示文稿的内容更为全面丰富。

本章重点

- 设置幻灯片母版
- 设置页眉和页脚
- 应用设计模板和主题颜色
- 设置幻灯片背景
- 设置幻灯片切换效果
- 设置幻灯片动画效果

12.1 幻灯片外观设计—实战 36：设计“促销快讯”文稿

为了使不同演示文稿体现不同的特色，需要为幻灯片中的对象设计不同颜色，搭配成不同的效果。PowerPoint 提供了大量的预设格式，例如设计模板、配色方案及幻灯片版式等，应用这些格式，可以轻松地制作出具有专业效果的演示文稿。

12.1.1 设置幻灯片母版

母版是演示文稿中所有幻灯片或页面格式的底板，或者说是样式，它包括了所有幻灯片具有的公共属性和布局信息。用户可以在打开的母版中进行设置或修改，从而快速地创建出样式各异的幻灯片，提高工作效率。

PowerPoint 2010 中的母版分为幻灯片母版、讲义母版和备注母版 3 种类型，不同母版的作用和视图都是不相同的。打开【视图】选项卡，在【母版视图】组中单击相应的视图按钮，即可切换至对应的母版视图。

- 幻灯片母版：是存储模板信息的设计模板。幻灯片母版中的信息包括字形、占位符大小和位置、背景设计和配色方案，如图 12-1 所示。用户通过更改这些信息，即可更改整个演示文稿中幻灯片的外观。
- 讲义母版：是为制作讲义而准备的，通常需要打印输出，因此讲义母版的设置大多和打印页面有关。它允许设置一页讲义中幻灯片的张数，设置页眉、页脚、页码等基本信息，如图 12-2 所示。在讲义母版中插入新的对象或者更改版式时，新的页面效果不会反映在其他母版视图中。

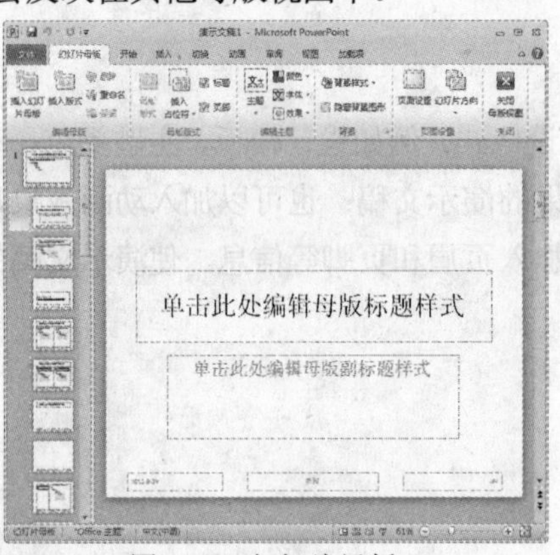

图 12-1　幻灯片母版

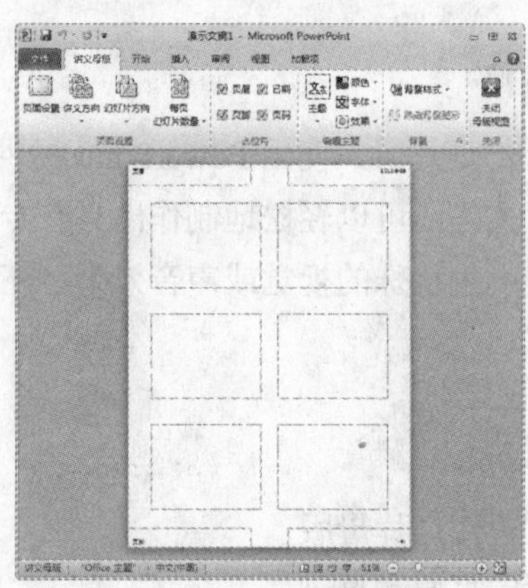

图 12-2　讲义母版

- 备注母版：主要用来设置幻灯片的备注格式，一般也是用来打印输出的，所以备注母版的设置大多也和打印页面有关，如图 12-3 所示。在备注母版视图中，可以设置或修改幻灯片内容、备注内容及页眉页脚内容在页面中的位置、比例及外观等属性。

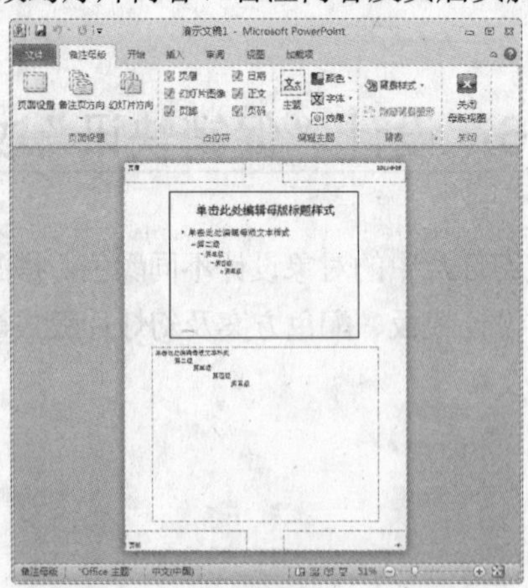

图 12-3　备注母版

> **提示**
>
> 无论在幻灯片母版视图、讲义母版视图还是备注母版视图中，如果要返回到普通模式，只需要在默认打开的视图选项卡中单击【关闭母版视图】按钮即可。

提示

当用户退出备注母版视图时，对备注母版所做的修改将应用到演示文稿中的所有备注页上。只有在备注视图模式下，对备注母版所做的修改才能表现出来。

幻灯片母版决定着幻灯片的外观，用于设置幻灯片的标题、正文文字等样式，包括字体、字号、字体颜色、阴影等效果。由于讲义母版和备注母版的操作方法比较简单，且不常用，因此这里只对幻灯片母版的设计方法进行介绍。

下面将打开素材“商场促销快讯”演示文稿，对幻灯片母版的标题字体进行设置，具体操作如下：

(1) 启动 PowerPoint 2010 应用程序，打开如图 12-4 所示的“商场促销快讯”演示文稿。

(2) 打开【视图】选项卡，在【母版视图】组中单击【幻灯片母版】按钮，将当前演示文稿切换到幻灯片母版视图，如图 12-5 所示。

图 12-4　“商场促销快讯”演示文稿

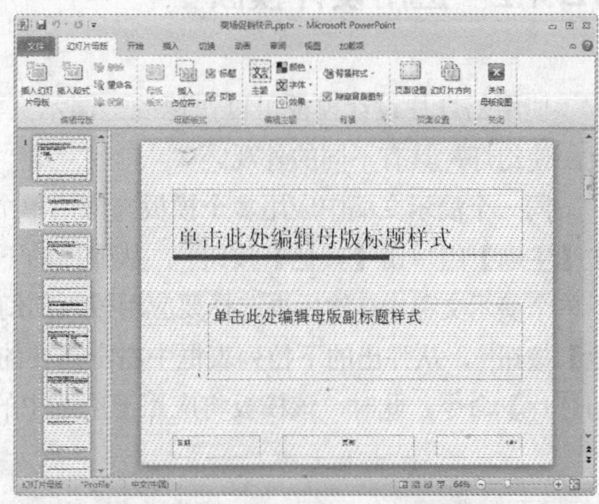

图 12-5　切换到幻灯片母版视图

(3) 在幻灯片母版缩略图中选择第 1 张幻灯片缩略图，选中【单击此处编辑母版标题样式】占位符，在格式工具栏中设置文字标题样式的字体为【方正综艺简体】，字号为 38，字体颜色为【橙色】，效果为【阴影】，如图 12-6 所示。

(4) 打开【幻灯片母版】选项卡，在【关闭】组中单击【关闭母版视图】按钮，返回到普通视图模式。

(5) 在每张幻灯片中重新输入标题文本，此时自动应用格式，完成后的幻灯片效果如图 12-7 所示。

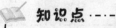

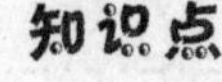

知识点

在幻灯片母版中同样可以添加图片，打开【插入】选项卡，在【图像】组中单击【图片】按钮，打开【插入图片】对话框，选择所需的图片，单击【插入】按钮即可。

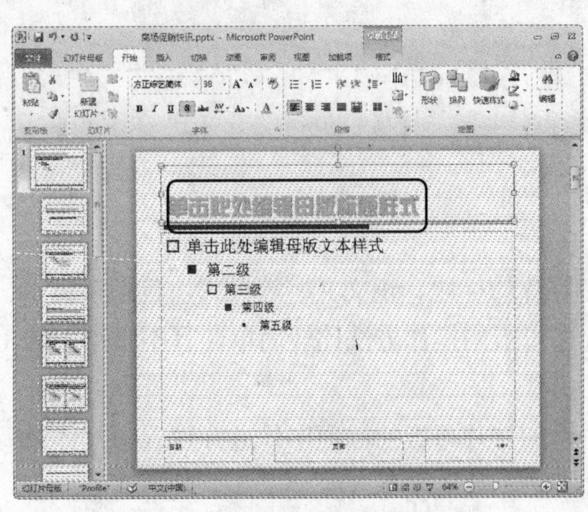

图 12-6　更改母版中的文字格式

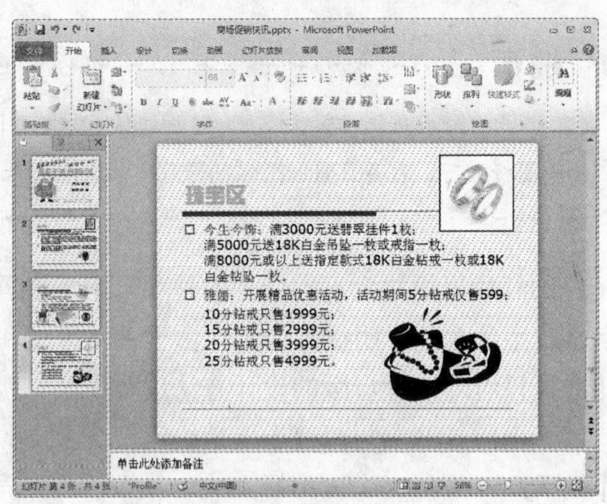

图 12-7　输入文字

12.1.2　应用设计模板

使用幻灯片设计模板可以快速统一演示文稿的外观，一个演示文稿可以应用多种设计模板，使幻灯片具有不同的外观。

同一个演示文稿中应用多个模板与应用单个模板的步骤非常相似，打开【设计】选项卡，在【主题】组单击【其他】按钮，从弹出的下拉列表框中选择一种模板，即可将该目标应用于单个演示文稿中，然后再选择要应用模板的幻灯片，在【设计】选项卡的【主题】组单击【其他】按钮，从弹出的下拉列表框中右击需要的模板，从弹出的快捷菜单中选择【应用于选定幻灯片】命令，此时，该模板将应用于所选中的幻灯片上，如图 12-8 所示。

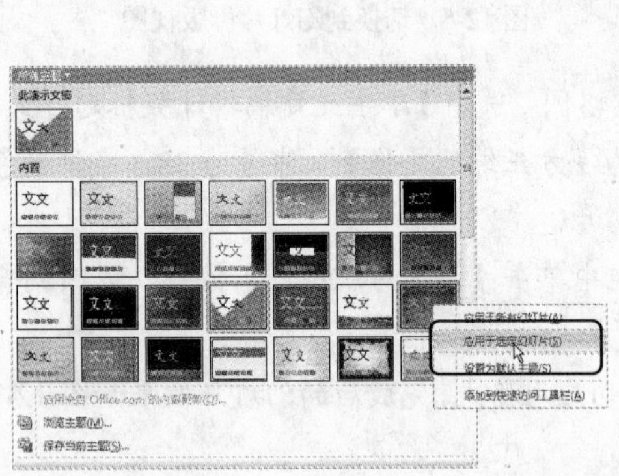

图 12-8　应用多模板

提示

在同一演示文稿中应用了多模板后，添加幻灯片时，所添加的新幻灯片会自动应用与其相邻的前一张幻灯片相同的模板。

12.1.3　为幻灯片配色

PowerPoint 中自带的主题颜色可以直接设置为幻灯片的颜色，如果感到不满意，还可以对其进行修改，使用十分方便。

1. 应用主题颜色

打开【设计】选项卡，在【主题】组中单击【颜色】按钮 颜色 ，从弹出的如图 12-9 所示的下拉列表框中选择一种主题颜色，即可将主题颜色应用于演示文稿中。

另外，右击某个主题颜色，从弹出的快捷菜单中选择【应用于所选幻灯片】命令，该主题颜色只会被应用到当前选定的幻灯片中。

2. 自定义主题颜色

如果对已有的配色方案都不满意，可以在【主题颜色】下拉列表框中选择【新建主题颜色】命令，打开【新建主题颜色】对话框，如图 12-10 所示。在该对话框中，可以自定义背景、文本和线条、阴影等项目的颜色。

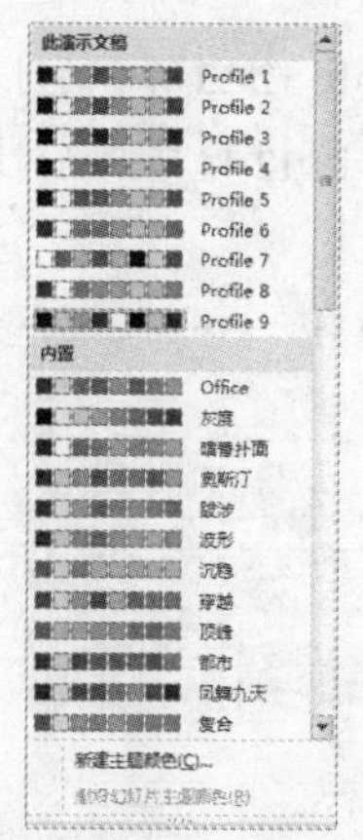

图 12-9　【主题颜色】下拉列表框

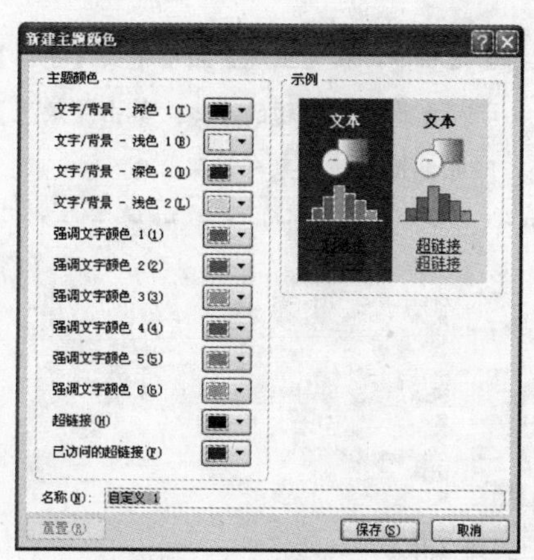

图 12-10　【新建主题颜色】对话框

下面将在“商场促销快讯”演示文稿中为幻灯片配色，具体操作如下：

(1) 启动 PowerPoint 2010 应用程序，打开“商场促销快讯”演示文稿。

(2) 在幻灯片预览窗格中选择第 1 张幻灯片缩略图，将其显示在幻灯片编辑窗口中。

(3) 打开【设计】选项卡，在【主题】组中单击【颜色】按钮，从弹出的下拉列表框中右击【复合】颜色，从弹出的快捷菜单中选择【应用于所选幻灯片】命令，如图 12-11 所示。

(4) 此时将该主题颜色应用到第 1 张幻灯片中，效果如图 12-12 所示。

提示

要恢复应用主题颜色前的状态，可以在【设计】选项卡的【主题】组中单击【颜色】按钮，从弹出的菜单中选择【重设幻灯片主题颜色】命令即可。

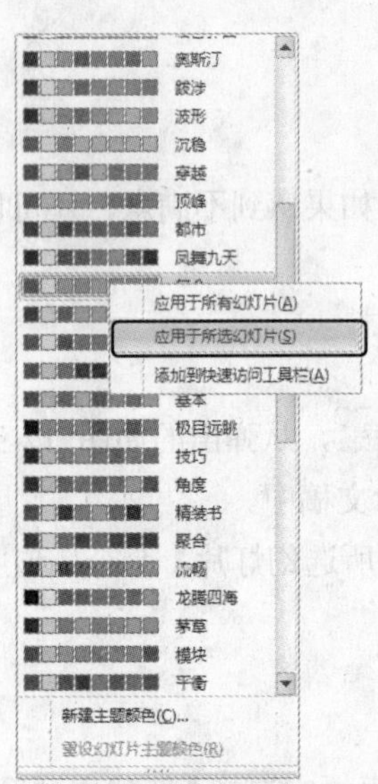

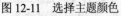

图 12-11　选择主题颜色

图 12-12　应用主题颜色

知识点

打开【设计】选项卡，在【主题】组中单击【字体】按钮，从弹出的如图 12-13 所示的列表框中选择一种字体样式，即可更改当前主题的字体；单击【效果】按钮，从弹出的如图 12-14 所示的列表框中选择一种效果样式，即可更改当前主题的效果。

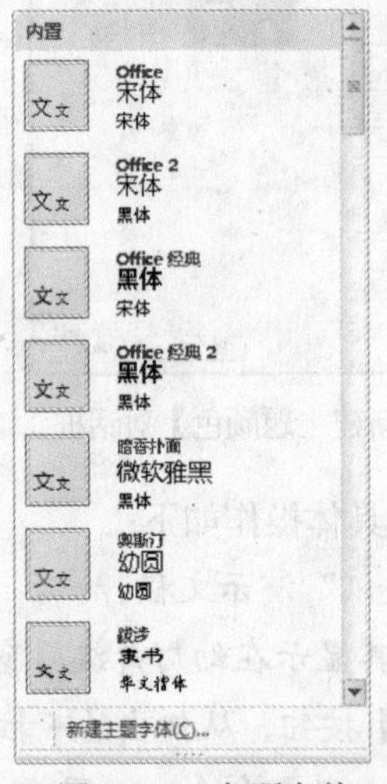

图 12-13　主题字体

图 12-14　主题效果

12.1.4　设置幻灯片背景

在 PowerPoint 中，除了可以使用设计模板或主题颜色来更改幻灯片的外观，还可以通过设

置幻灯片的背景来实现。

用户可以根据需要任意更改幻灯片的背景颜色和背景设计，如删除幻灯片中的设计元素，添加底纹、图案、纹理或图片等。

1. 更改背景样式

打开【设计】选项卡，在【背景】组中单击【背景样式】下拉按钮，从弹出的下拉列表框中选择一种背景样式，如图 12-15 所示。选择【设置背景格式】命令，打开【设置背景格式】对话框，如图 12-16 所示，在其中可以为幻灯片设置填充颜色、渐变填充及图案填充格式等。

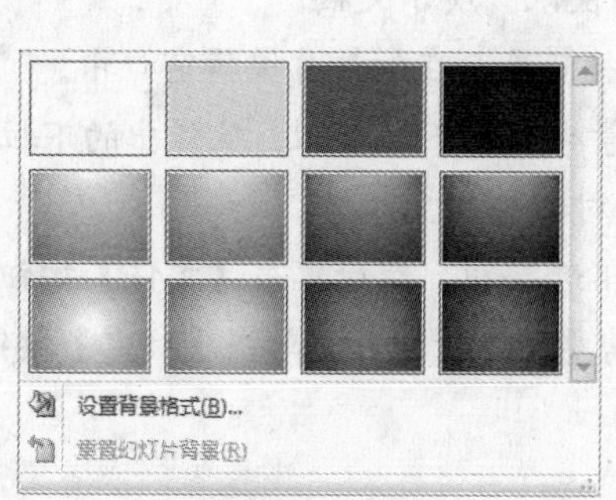

图 12-15　背景样式

图 12-16　【设置背景格式】对话框

下面将在“商场促销快讯”演示文稿中更改背景样式，具体操作如下：

(1) 启动 PowerPoint 2010 应用程序，打开“商场促销快讯”演示文稿。

(2) 在幻灯片预览窗格中选择第 1 张幻灯片缩略图，将其显示在幻灯片编辑窗口中。

(3) 打开【设计】选项卡，在【背景】组中单击【背景样式】下拉按钮，在弹出的下拉菜单中选择【设置背景格式】命令，打开【设置背景格式】对话框。

(4) 打开【填充】选项卡，选中【纯色填充】单选按钮，单击【颜色】右侧的填充颜色下拉按钮，从弹出的颜色面板中选择如图 12-17 所示的色块。

(5) 单击【关闭】按钮，将设置的背景图案应用到当前幻灯片中，效果如图 12-18 所示。

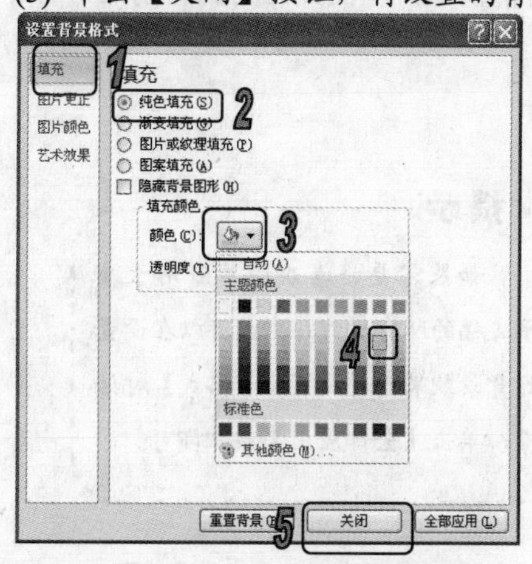

图 12-17　【填充】选项卡

图 12-18　设置背景颜色

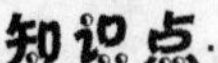

知识点

要为幻灯片背景设置渐变和纹理样式时，可以打开【设置背景格式】对话框的【填充】选项卡，选中【渐变填充】、【图片或纹理填充】和【图案填充】单选按钮，并在其中的选项区域中进行相关的设置。

2. 自定义背景

当用户不满足于 PowerPoint 提供的背景样式时，可以通过自定义背景功能，将自己喜欢的图片设置为幻灯片背景。

下面将在“商场促销快讯”演示文稿中自定义背景样式，具体操作如下：

(1) 启动 PowerPoint 2010 应用程序，打开“商场促销快讯”演示文稿。

(2) 在幻灯片预览窗格中选择第 1 张幻灯片缩略图，将其显示在幻灯片编辑窗口中。

(3) 打开【设计】选项卡，在【背景】组中单击【背景样式】下拉按钮，从弹出的下拉菜单中选择【设置背景格式】命令，打开【设置背景格式】对话框。

(4) 打开【填充】选项卡，选中【图片或纹理填充】单选按钮，然后单击【文件】按钮。

(5) 打开【插入图片】对话框，打开图片路径，选择需要的背景图片，单击【确定】按钮，如图 12-20 所示。

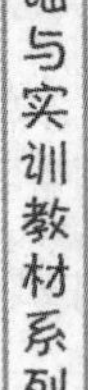

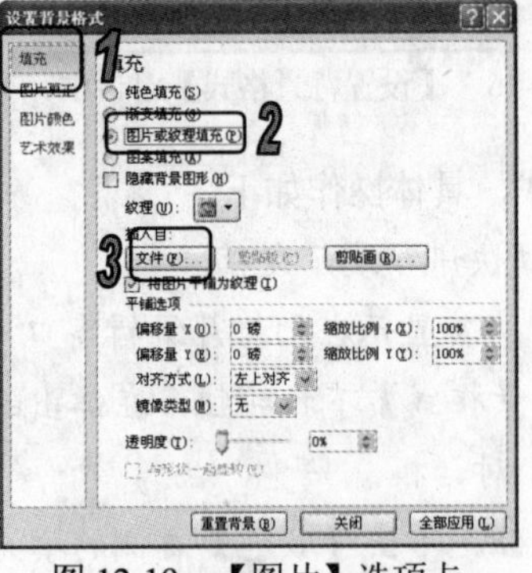

图 12-19　【图片】选项卡

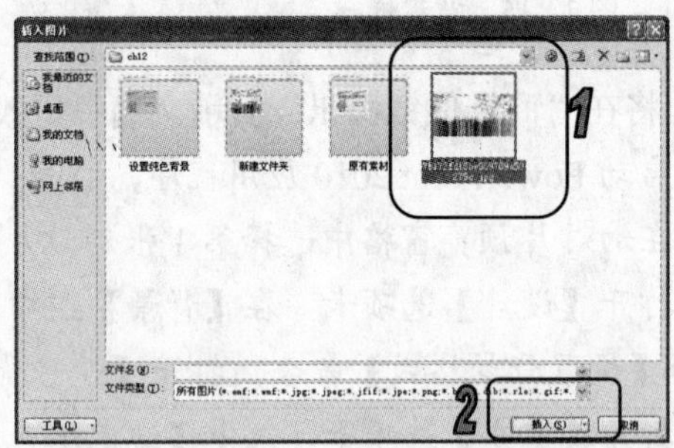

图 12-20　【选择图片】对话框

(6) 返回到【设置背景格式】对话框，单击【关闭】按钮，将图片应用到当前幻灯片中，效果如图 12-21 所示。

图 12-21　应用图片背景后的幻灯片效果

提示

如果需要将喜欢图片应用于演示文稿的所有幻灯片中，可以在设置好背景效果的【设置背景格式】对话框，单击【全部应用】按钮即可。

(7) 在快速访问工具栏中单击【保存】按钮，将修改后的“商场促销快讯”演示文稿进行保存。

提示

当不希望在幻灯片中出现设计模板默认的背景图形时，选中某张或某些幻灯片后，打开【设计】选项卡，在【背景】组中选中【隐藏背景图形】复选框，即可忽略幻灯片中的背景。

12.1.5 设置页眉和页脚

在制作幻灯片时，用户可以利用 PowerPoint 提供的页眉页脚功能，为每张幻灯片添加相对固定的信息，如在幻灯片的页脚处添加页码、时间和公司名称等内容。

1. 添加页眉和页脚

要为幻灯片添加页眉页脚，可以打开【插入】选项卡，在【文本】组中单击【页眉和页脚】按钮，打开【页眉和页脚】对话框，然后在其中设置要显示的内容。

下面将在“商场促销快讯”演示文稿中添加页眉和页脚，具体操作如下：

(1) 启动 PowerPoint 2010 应用程序，打开“商场促销快讯”演示文稿。

(2) 选中第 2~4 张幻灯片，打开【插入】选项卡，在【文本】组中单击【页眉和页脚】按钮，打开【页眉和页脚】对话框。

(3) 打开【幻灯片】选项卡，选中【自动更新】单选按钮，在【日期】下拉列表框中选择一种日期形式，选中【幻灯片编号】复选框，在【页脚】文本框中输入“商业百货”，并选中【标题幻灯片中不显示】复选框，如图 12-22 所示。

(4) 打开【备注和讲义】选项卡，选中【自动更新】单选按钮，在【日期】下拉列表框中选择一种日期形式，在【页眉】文本框中输入“商品促销快讯”，在【页脚】文本框中输入“商业百货”，如图 12-23 所示。

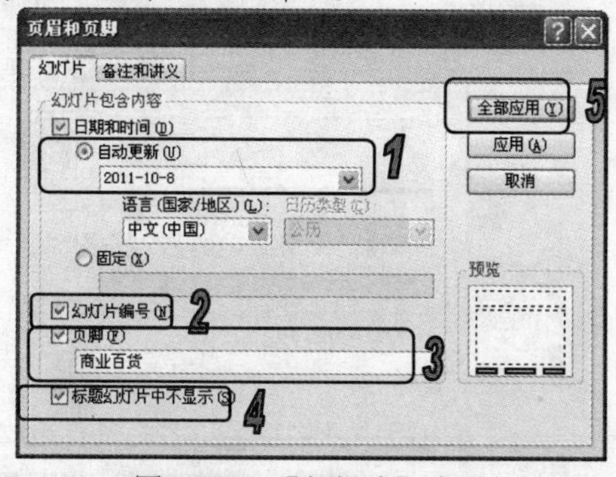

图 12-22 【幻灯片】选项卡

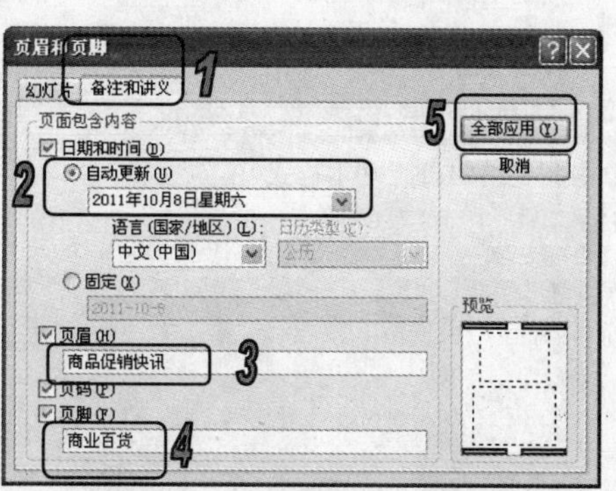

图 12-23 【备注和讲义】选项卡

(5) 单击【全部应用】按钮，完成页眉页脚的设置，效果如图 12-24 所示。

(6) 打开【视图】选项卡，在【演示文稿视图】组中单击【备注页】按钮，切换到备注视图模式下，效果如图 12-25 所示。

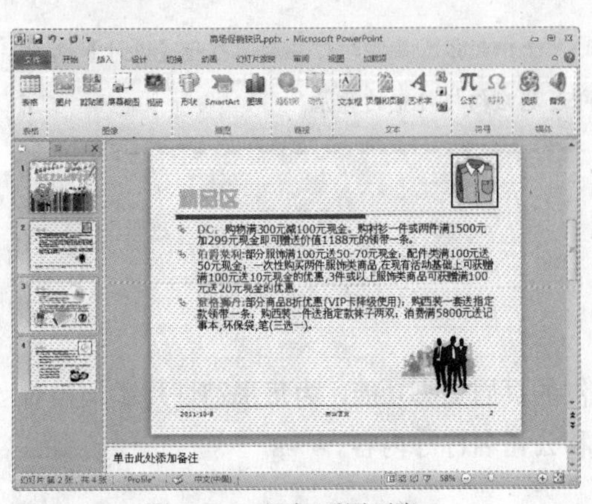

图 12-24　添加页眉页脚

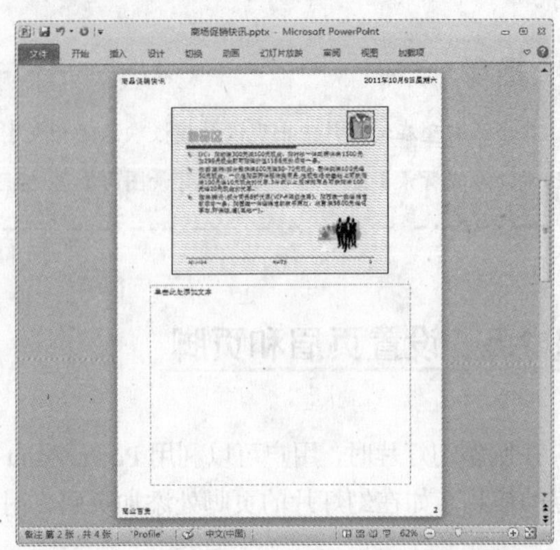

图 12-25　备注视图模式下的效果

2. 设置页眉和页脚格式

添加了页眉和页脚之后，还可以设置页眉和页脚的文字属性。下面将在“商场促销快讯”演示文稿中设置页眉和页脚格式，具体操作如下：

(1) 启动 PowerPoint 2010 应用程序，打开“商场促销快讯”演示文稿。

(2) 打开【视图】选项卡，在【母版视图】组中单击【幻灯片母版】按钮，打开幻灯片母版视图。

(3) 选中页脚文本框，在格式工具栏中设置文字字体为【华文隶书】，字号为 16，字型为【加粗】，如图 12-26 所示。

(4) 在【幻灯片母版】选项卡的【关闭】组中单击【关闭母版视图】按钮，此时幻灯片效果如图 12-27 所示。

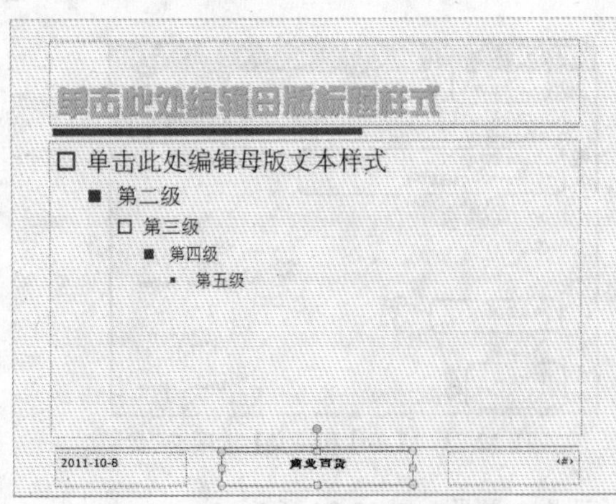

图 12-26　设置页脚格式

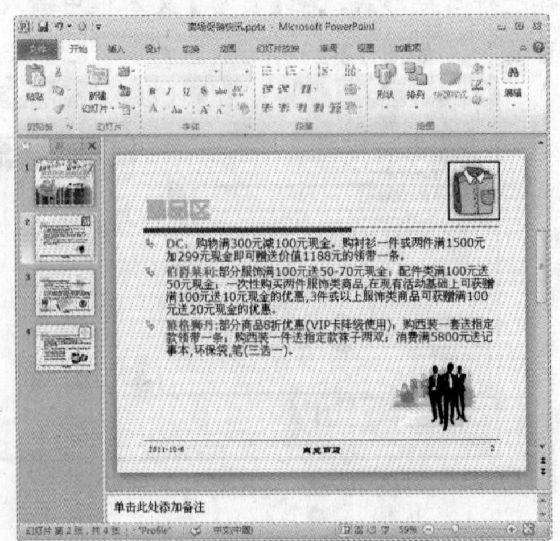

图 12-27　幻灯片中页脚的效果

(5) 打开【视图】选项卡，在【母版视图】组中单击【备注母版】按钮，打开备注母版视图。选中页眉和页脚文本框，在格式工具栏中设置文字字体为【华文新魏】，字号为 18，字型为【加粗】，如图 12-28 所示。

(6) 在【备注母版】选项卡的【关闭】组中单击【关闭母版视图】按钮，然后打开【视图】选项卡，在【演示文稿视图】组中单击【备注页】按钮，切换到备注视图模式下，效果如图 12-29 所示。

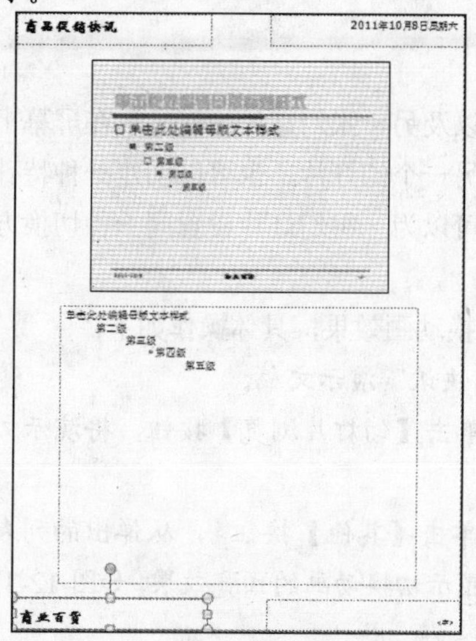

图 12-28　设置页眉和页脚格式

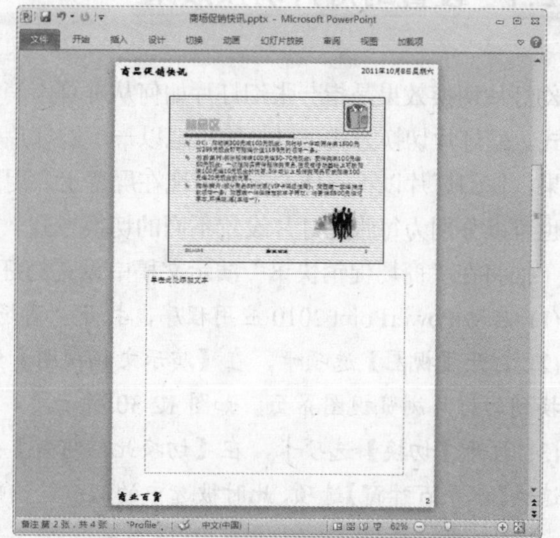

图 12-29　备注视图下的页眉和页脚效果

(7) 在快速访问工具栏中单击【保存】按钮，将修改后的“商场促销快讯”演示文稿进行保存。

知识点

要删除页眉和页脚，可以直接在【页眉和页脚】对话框中，选择【幻灯片】或【备注和讲义】选项卡，取消选择相应的复选框即可。如果想删除几个幻灯片中的页眉和页脚信息，需要先选中这些幻灯片，然后在【页眉和页脚】对话框中取消选中相应的复选框，单击【应用】按钮即可；如果单击【全部应用】将会删除所有幻灯片中的页眉和页脚。

12.2 幻灯片动画设计—实战 37：设计“促销快讯”文稿的动画

动画是为文本或其他对象添加的，在幻灯片放映时产生的特殊视觉或声音效果。在 PowerPoint 中，演示文稿中的动画有两种主要类型：一种是幻灯片切换动画，另一种是对象的动画效果。

提示

幻灯片切换动画又称为翻页动画，是指幻灯片在放映时更换幻灯片的动画效果；自定义动画是指为幻灯片内部各个对象设置的动画。

12.2.1 设置幻灯片切换效果

幻灯片切换效果是指一张幻灯片如何从屏幕上消失，以及另一张幻灯片如何显示在屏幕上的方式。幻灯片切换方式可以是简单地以一个幻灯片代替另一个幻灯片，也可以创建一种特殊的效果，使幻灯片以不一样的方式出现在屏幕上。用户既可以为一组幻灯片设置同一种切换方式，也可以分别为每张幻灯片设置不同的切换方式。

下面将在“商场促销快讯”演示文稿中设置幻灯片切换动画效果，具体操作如下：

(1) 启动 PowerPoint 2010 应用程序，打开“商场促销快讯”演示文稿。

(2) 打开【视图】选项卡，在【演示文稿视图】组中单击【幻灯片浏览】按钮，将演示文稿切换到幻灯片浏览视图界面，如图 12-30 所示。

(3) 打开【切换】选项卡，在【切换此幻灯片】组中单击【其他】按钮，从弹出的列表框中选择【水平百叶窗】选项，此时被选中的幻灯片缩略图显示切换动画的预览效果，如图 12-31 所示。

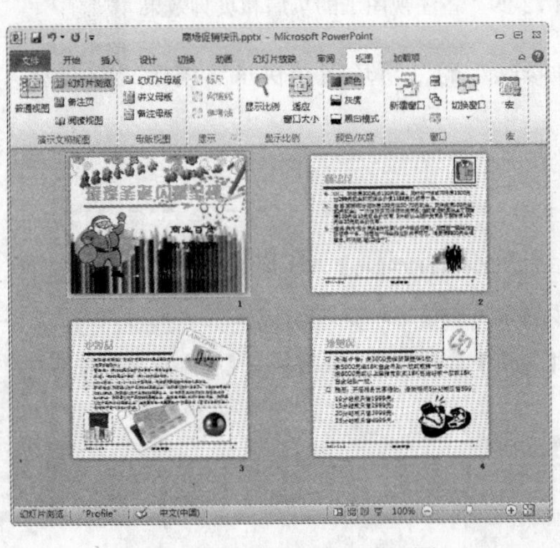

图 12-30 幻灯片浏览视图

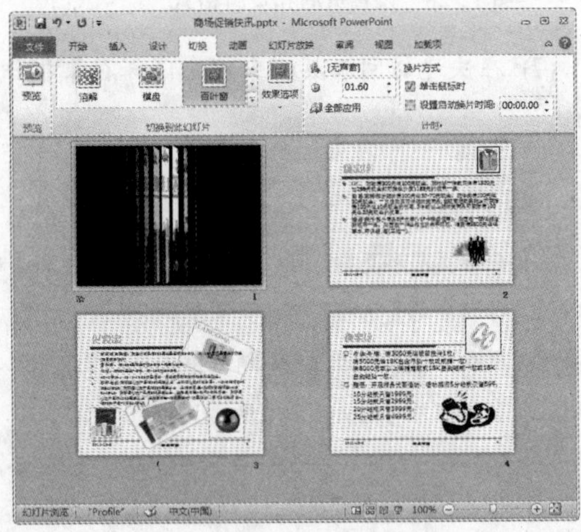

图 12-31 幻灯片切换预览效果

知识点

在【切换】选项卡的【切换此幻灯片】组中单击【效果】按钮，从弹出的效果下拉列表框中可以选择【垂直】或【水平】切换效果。

(4) 在【切换】选项卡的【计时】组中，单击【声音】下拉按钮，在打开的列表中选择【风

铃】选项，然后单击【全部应用】按钮，将演示文稿的所有幻灯片都应用该切换方式。此时幻灯片预览窗格显示的幻灯片缩略图左下角都将出现动画标志。

(6) 在【切换】选项卡的【计时】组中，选中【单击鼠标时】复选框，选中【设置自动换片时间】复选框，并在其右侧的文本框中输入"00：05"，单击【全部应用】按钮，将演示文稿的所有幻灯片都应用该换片方式，此时幻灯片预览窗格显示的幻灯片缩略图左下角都将出现换片的时间，如图 12-32 所示。

(7) 打开【幻灯片放映】选项卡，在【开始放映幻灯片】组中单击【从头开始】按钮，此时演示文稿将从第一张幻灯片开始放映。单击鼠标，或者等待 10 秒钟后，幻灯片切换效果如图 12-33 所示。

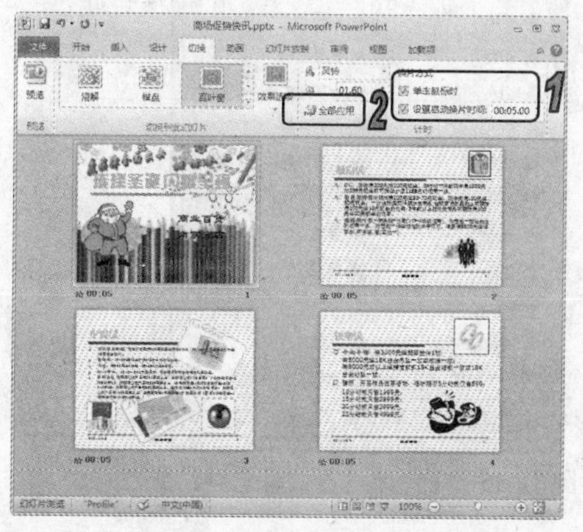

图 12-32　缩略图下方显示动画标记和换片时间

图 12-33　放映演示文稿时的切换效果

知识点

在【切换】选项卡的【计时】组中，选中【设置自动换片时间】复选框，用户可以在其右侧的文本框中输入等待时间。这时当一张幻灯片在放映过程中已经显示了规定的时间后，演示画面将自动切换到下一张幻灯片。

(8) 在快速访问工具栏中单击【保存】按钮，将修改后的"商场促销快讯"演示文稿进行保存。

12.2.2　为幻灯片中的对象添加动画效果

在 PowerPoint 中，除了可以设置幻灯片切换动画外，还可以设置幻灯片的动画效果。所谓动画效果，是指为幻灯片内部各个对象设置的动画效果。用户可以对幻灯片中的文本、图形、表格等对象添加不同的动画效果，如进入动画、强调动画、退出动画和动作路径动画等。

1. 添加进入动画效果

进入动画可以让文本或其他对象以多种动画效果进入放映屏幕。在添加动画效果之前，需要像设置其他对象属性时那样，首先选中对象。对于占位符或文本框来说，选中占位符、文本框，以及进入其文本编辑状态时，都可以为它们添加动画效果。

选中对象后，打开【动画】选项卡，单击【动画】组中的【其他】按钮▼，在弹出的如图 12-34 所示的【进入】列表框中选择一种进入效果，即可为对象添加该动画效果。选择【更多进入效果】命令，将打开【更改进入效果】对话框，如图 12-35 所示，在其中可以选择更多的进入方式。

图 12-34 【进入】动画效果列表框

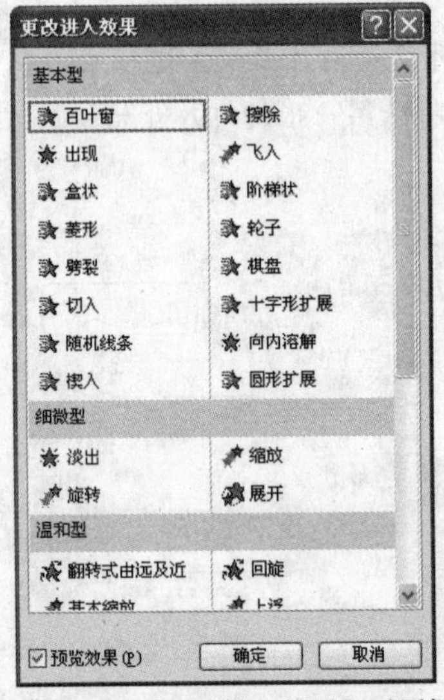

图 12-35 【更改进入效果】对话框

另外，在【高级动画】组中单击【添加动画】按钮，同样可以在弹出的【进入】列表框中选择内置的进入动画效果，若选择【更多进入效果】命令，则打开【添加进入效果】对话框，如图 12-36 所示，在其中同样可以选择更多的进入方式。

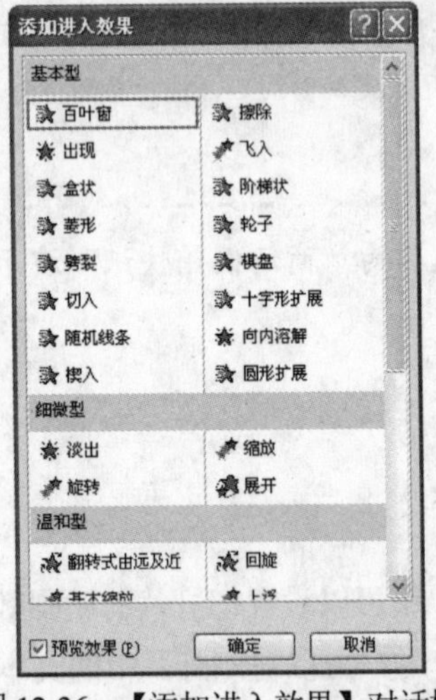

图 12-36 【添加进入效果】对话框

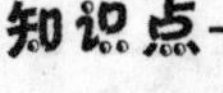

知识点

【更改进入效果】或【添加进入效果】对话框的动画按风格分为【基本型】、【细微型】、【温和型】和【华丽型】4 种类型，选中对话框最下方的【预览效果】复选框后，则在对话框中单击一种动画时，都能在幻灯片编辑窗口中看到该动画的预览效果。

下面将为“商场促销快讯”演示文稿中的对象添加进入动画效果，具体操作如下：

(1) 启动 PowerPoint 2010 应用程序，打开“商场促销快讯”演示文稿。

(2) 在第 1 张幻灯片中，选择标题文字，打开【动画】选项卡，在【动画】组单击【其他】按钮，在弹出如图 12-34 所示的【进入】列表框选择【飞入】进入效果，将该标题应用飞入效果，如图 12-37 所示。

提示

当幻灯片中的对象被添加动画效果后，在每个对象的左侧都会显示一个带有数字的矩形标记。这个小矩形表示已经对该对象添加了动画效果，中间的数字表示该动画在当前幻灯片中的播放次序。在【动画】选项卡的【高级动画】组中单击【动画窗格】按钮，打开【动画窗格】任务效果，如图 12-38 所示。在该窗格中会按照添加的顺序依次向下显示当前幻灯片添加的所有动画效果。当用户将鼠标移动到该动画上方时，系统将会提示该动画效果的主要属性，如动画的开始方式、动画效果名称等信息。

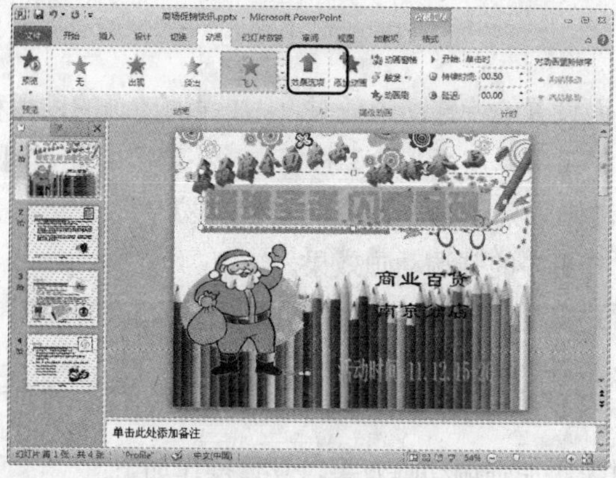

图 12-37　【自定义动画】任务窗格

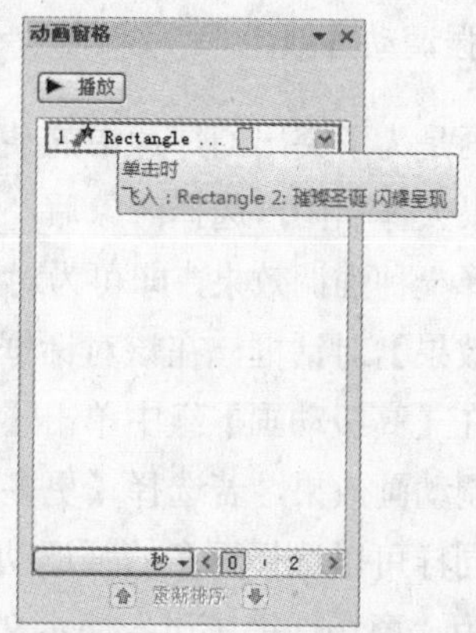

图 12-38　【动画窗格】任务窗格

(3) 选择副标题文字，打开【动画】选项卡，在【高级动画】组单击【添加效果】下拉按钮，从弹出的下拉菜单中选择【更多进入效果】命令，打开【添加进入效果】对话框。

(4) 在【细微型】选项区域中选择【展开】选项，如图 12-39 所示。

(5) 单击【确定】按钮，为副标题应用展开效果，如图 12-40 所示。

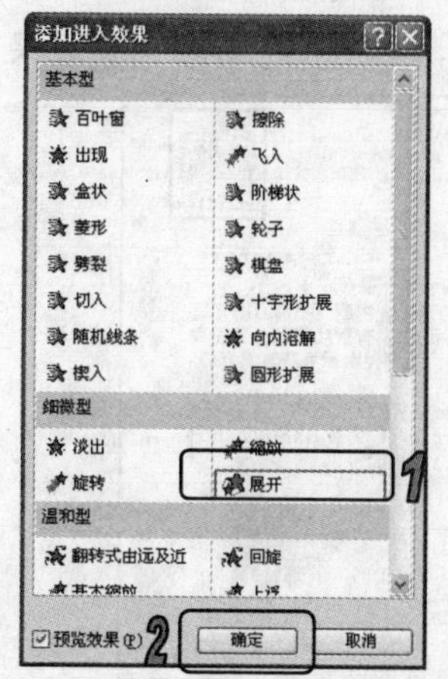

图 12-39　【添加进入效果】对话框

图 12-40　应用展开效果

(6) 在【动画】选项卡的【预览】组中单击【预览】按钮，此时即可在幻灯片中预览添加的动画效果，如图 12-41 所示。

图 12-41　预览幻灯片中对象的动画效果

2. 添加强调动画效果

强调动画是为了突出幻灯片中的某部分内容而设置的特殊动画效果。添加强调动画的过程和添加进入效果大体相同，选择对象后，在【动画】组中单击【其他】按钮，在弹出的【强调】列表框中选择一种强调效果，即可为对象添加该动画效果。选择【更多强调效果】命令，将打开【更改强调效果】对话框，在该对话框中可以选择更多的强调动画效果。

另外，在【高级动画】组中单击【添加动画】按钮，同样可以在弹出的【强调】列表框中选择一种强调动画效果，若选择【更多强调效果】命令，则打开【添加强调效果】对话框，在该对话框中同样可以选择更多的强调动画效果。

下面将为“商场促销快讯”演示文稿中的对象添加强调动画效果，具体操作如下：

(1) 启动 PowerPoint 2010 应用程序，打开“商场促销快讯”演示文稿。然后在幻灯片预览窗格中选择第 2 张幻灯片缩略图，将其显示在幻灯片编辑窗口中。

(2) 选中文本占位符，打开【动画】选项卡，在【动画】组单击【其他】按钮，在弹出菜单中选择【更多强调效果】命令，打开【更改强调效果】对话框，在【华丽型】选项区域中选择【波浪形】选项，单击【确定】按钮，如图 12-42 所示。

(3) 此时即可为文本添加【波浪形】效果，并显示如图 12-43 所示的动画预览效果。

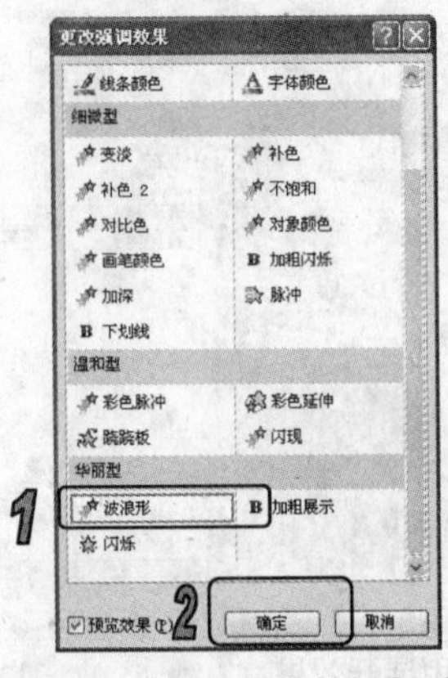

图 12-42 【添加强调效果】对话框

图 12-43　波浪形动画预览效果

3. 添加退出动画效果

退出动画是为了设置幻灯片中的对象退出屏幕的效果。添加退出动画的过程和添加进入、强调动画效果大体相同。

在幻灯片中选中需要添加退出效果的对象，在【动画】组中单击【其他】按钮，在弹出的【退出】列表框选择一种强调效果，即可为对象添加该动画效果。选择【更多退出效果】命令，将打开【更改退出效果】对话框，在该对话框中可以选择更多的强调动画效果。

另外，在【高级动画】组中单击【添加动画】按钮，在弹出的【退出】列表框中选择一种强调动画效果，若选择【更多退出效果】命令，则打开【添加退出效果】对话框，在该对话框中可以选择更多的退出动画效果。

提示

> 退出动画效果名称有很大一部分与进入动画效果名称相同，所不同的是，它们的运动方向存在差异。

下面将为“商场促销快讯”演示文稿中的对象添加退出动画效果，具体操作如下：

(1) 启动 PowerPoint 2010 应用程序，打开“商场促销快讯”演示文稿，然后在幻灯片预览窗格中选择第 4 张幻灯片缩略图，将其显示在幻灯片编辑窗口中。

(2) 选中文本占位符，打开【动画】选项卡，在【高级动画】组中单击【添加效果】下拉按钮，从弹出的【退出】列表框中选择【飞出】选项(如图 12-44 所示)，该动画预览效果如图 12-45 所示。

图 12-44　选择【飞出】动画

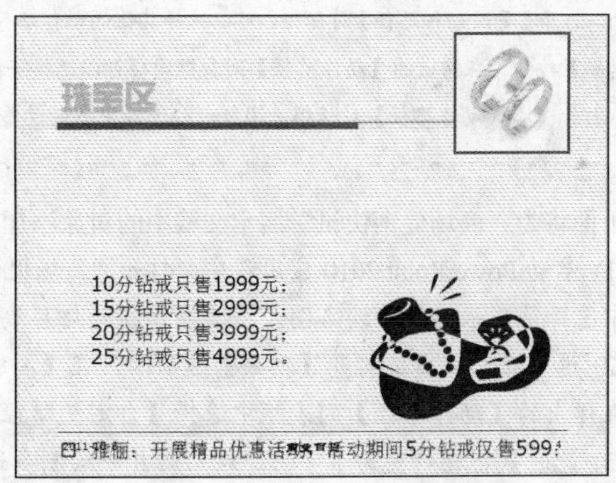

图 12-45　【飞出】动画预览效果

(3) 选中珠宝图片，在【高级动画】组中单击【添加效果】下拉按钮，在弹出的下拉菜单中选择【更多退出效果】命令，打开【添加退出效果】对话框。

(4) 在【华丽型】选项区域中选择【浮动】选项，如图 12-46 所示。

(5) 单击【确定】按钮，为图片对象添加动画效果，该动画的预览效果如图 12-47 所示。

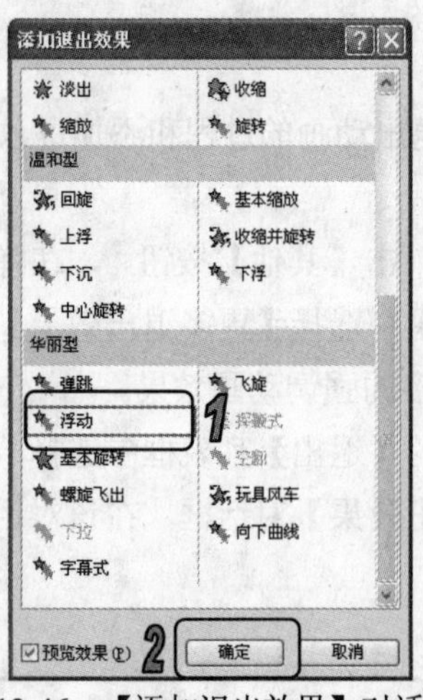

图 12-46 【添加退出效果】对话框

图 12-47 浮动动画预览效果

4. 添加动作路径动画效果

动作路径动画又称为路径动画，可以指定对象沿预定的路径运动。PowerPoint 中的动作路径动画不仅提供了大量可供用户简单编辑的预设路径效果，还可以由用户自定义路径，进行更为个性化的编辑。

知识点

添加动作路径效果的步骤与添加进入动画的步骤基本相同，在【动画】组中单击【其他】按钮，在弹出的【动作路径】列表框选择一种动作路径效果，即可为对象添加该动画效果。若选择【其他动作路径】命令，打开【更改动作路径】对话框，可以选择其他的动作路径效果。另外，在【高级动画】组中单击【添加动画】按钮，在弹出的【动作路径】列表框同样可以选择一种动作路径效果；选择【其他动作路径】命令，打开【添加动作路径】对话框，同样可以选择更多的动作路径。

下面将为“商场促销快讯”演示文稿中的对象添加动作路径动画效果，具体操作如下：

(1) 启动 PowerPoint 2010 应用程序，打开“商场促销快讯”演示文稿，然后在幻灯片预览窗格中选择第 3 张幻灯片缩略图，将其显示在幻灯片编辑窗口中。

(2) 选中正文文本，打开【动画】选项卡，在【高级动画】组中单击【添加效果】下拉按钮，在弹出的【动作路径】列表框中选择【自定义路径】命令，如图 12-48 所示。

(3) 此时鼠标指针变为十字形，在幻灯片中绘制多边形路径，释放鼠标后，幻灯片分别显示 5 个段落的路径，如图 12-49 所示。

知识点

绘制完的动作路径起始端将显示一个绿色的标志，结束端将显示一个红色的标志，两个标志以一条虚线连接；在绘制路径时，当路径的终点与起点重合时双击鼠标，此时的动作路径变为闭合状，路径上只有一个绿色的标志。

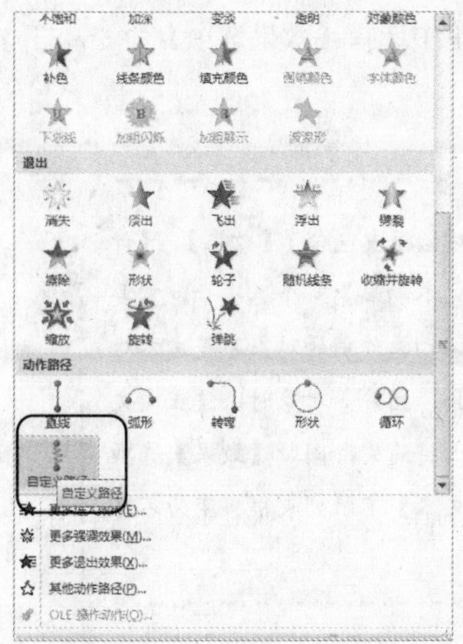

图 12-48　在幻灯片中绘制多边形路径

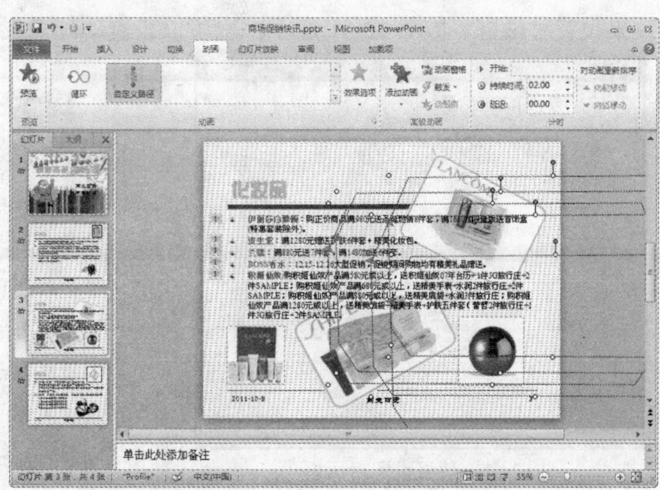

图 12-49　幻灯片显示 5 个段落的路径

(4) 在【动画】选项卡的【预览】组中单击【预览】按钮，此时将放映该张幻灯片，幻灯片动路径效果如图 12-50 所示。

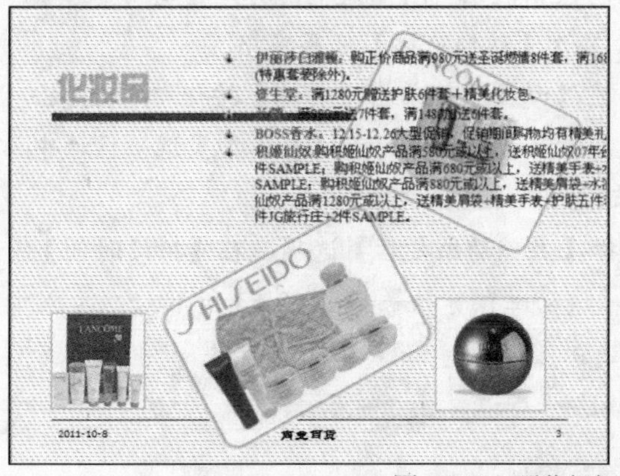

图 12-50　预览幻灯片中的多边形路径效果

(5) 在快速访问工具栏中单击【保存】按钮，将修改后的“商场促销快讯”演示文稿进行保存。

12.2.3　设置动画效果选项

为对象添加了动画效果后，该对象就应用了默认的动画格式。这些动画格式主要包括动画开始运行的方式、变化方向、运行速度、延时方案、重复次数等。

打开【动画窗格】任务窗格，在动画效果列表中单击动画效果，在【动画】选项卡的【动画】和【高级动画】组中重新设置对象的效果；在【动画】选项卡的【计时】组中【开始】下拉列表框中设置动画开始方式，在【持续时间】和【延迟】微调框中设置运行速度。

另外，在动画效果列表中右击动画效果，从弹出的快捷菜单中选择【效果选项】命令，打开效果设置对话框，如图 12-51 所示，也可以设置动画效果。

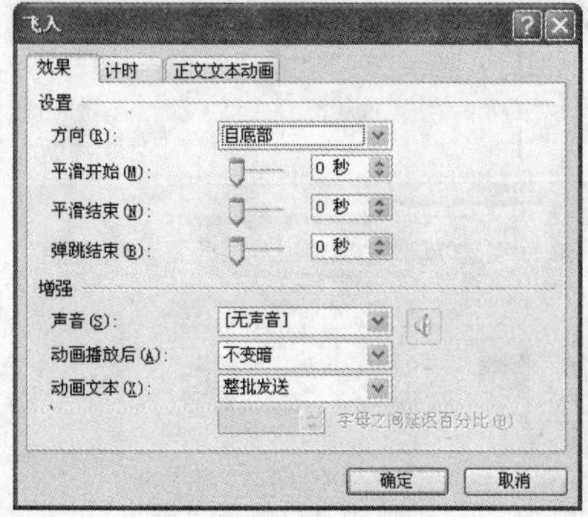

图 12-51　效果设置对话框

提示

效果设置对话框中包含了【效果】、【计时】和【正文文本动画】3 个选项卡，需要注意的是，当该动画作用的对象不是文本对象，而是剪贴画、图片等对象时，【正文文本动画】选项卡将消失，同时【效果】选项卡中的【动画文本】下拉列表框将变为不可用状态。

下面将在“商场促销快讯”演示文稿中更改添加的动画效果，并设置相关动画选项，具体操作如下：

(1) 启动 PowerPoint 2010 应用程序，打开“商场促销快讯”演示文稿，打开【动画】选项卡，在【高级动画】组中单击【动画窗格】按钮，打开【动画窗格】任务窗格。

(2) 在动画效果列表中单击第 1 个动画效果，在【动画】组单击【其他】按钮，在弹出菜单中选择【更多进入效果】命令，打开【更改进入效果】对话框，在【基本型】选项区域中选择【棋盘】选项，将标题文字应用棋盘动画效果，如图 12-52 所示。

(3) 在【计时】组的【开始】下拉列表框中选择【上一动画之后】选项，在【持续时间】微调框中输入 80 秒，单击【播放】按钮，该动画预览效果如图 12-53 所示。

图 12-52　更改进入动画效果

图 12-53　预览动画效果

(4) 使用同样的方法，将后 2 个动画效果更改为【字体颜色】强调动画效果，并且在窗格的动画列表中右击该动画效果，在弹出的快捷菜单中选择【效果选项】命令，如图 12-54 所示。

(5) 打开【字体颜色】对话框，在【字体颜色】下拉列表框中选择一种橘黄色色块，如图 12-55 所示。

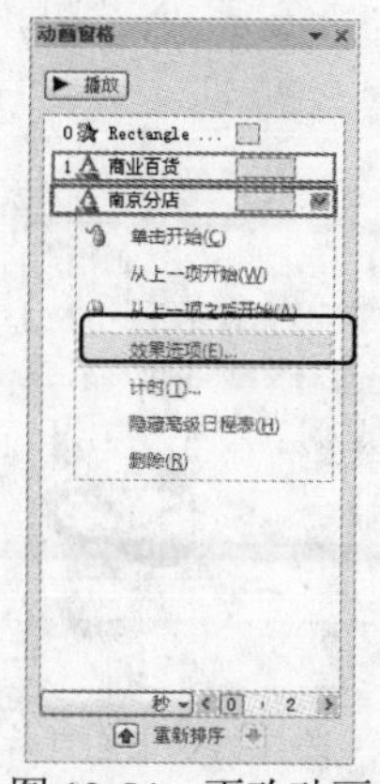

图 12-54　更改动画

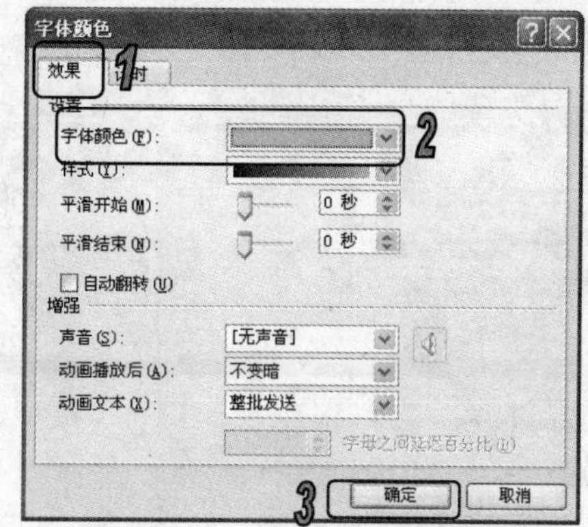

图 12-55　【字体颜色】对话框

(6) 在【动画窗格】任务窗格中单击【播放】按钮，此时该动画预览效果如图 12-56 所示。

(7) 在幻灯片编辑窗口中显示第 2 张幻灯片，在【动画任务】任务窗格中选中所有的动画，在【计时】组中的【持续时间】微调框中输入时间为 1 分钟。

(8) 在动画效果列表中右击动画效果，在弹出的快捷菜单中选择【效果选项】命令，打开【波浪形】对话框。

(9) 打开【正文文本动画】选项卡，在【组合文本】下拉列表框中选择【作为一个对象】选项，单击【确定】按钮，如图 12-57 所示。

图 12-56　预览【字体颜色】动画效果

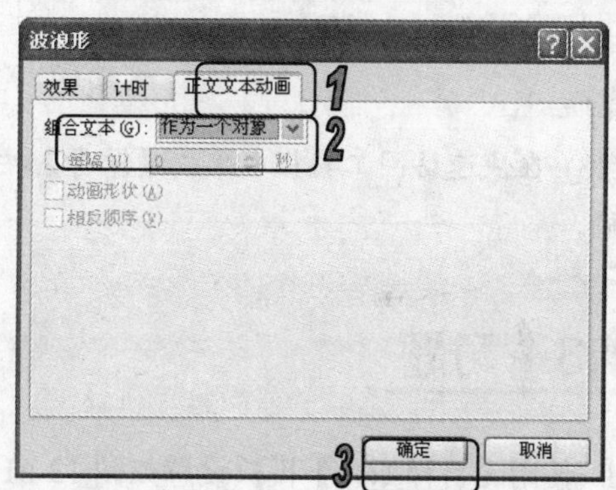

图 12-57　打开【正文文本动画】选项卡

(10) 此时之前显示的 3 个段落路径将组合为一个对象运动，如图 12-58 所示。

(11) 在幻灯片编辑窗口中显示第 4 张幻灯片，参照步骤(8)~(9)，将多个文本对象组合为一个对象，如图 12-59 所示。

(12) 打开【幻灯片放映】选项卡，在【开始放映幻灯片】组中单击【从头开始】按钮，此时更改动画效果后的对象放映效果如图 12-60 所示。

知识点

在【动画窗格】任务窗格的列表中选中动画效果，单击上移按钮或下移按钮可以调整该动画的播放次序。其中，上移按钮表示将该动画的播放次序提前一位，下移按钮表示将该动画的播放次序向后移一位。

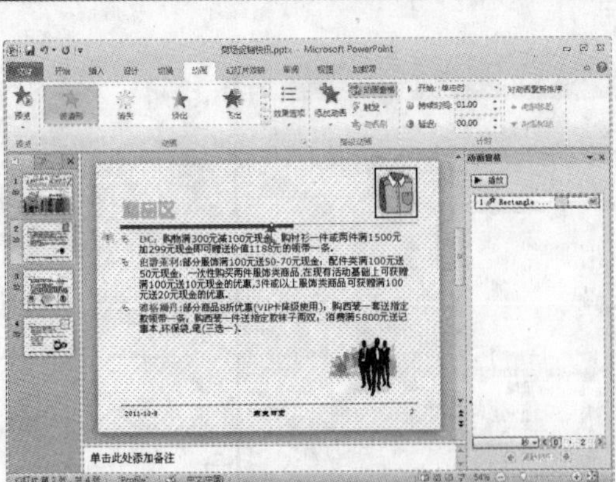

图 12-58 组合对象

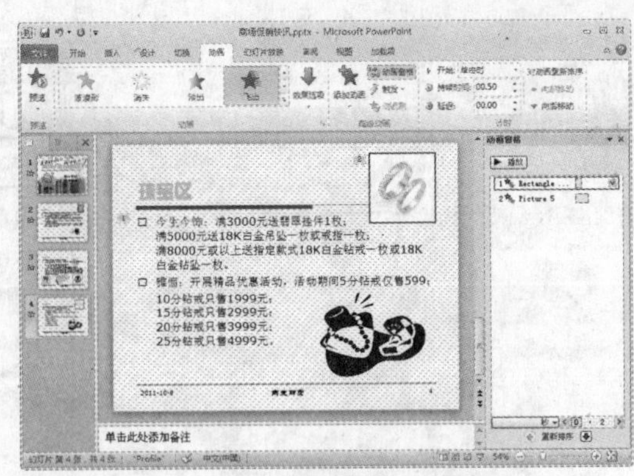

图 12-59 设置第 4 张幻灯片动画选项

图 12-60 对象的动画效果

(13) 在快速访问工具栏中单击【保存】按钮，保存设计动画效果后的“商场促销快讯”演示文稿。

12.3 习题

1. 使用【吉祥如意】模板设置如图 12-61 所示的幻灯片，要求设置页脚字体为【楷体】，字号为 16；设置【强调】颜色为【绿色】，【强调文字和已访问的超链接】颜色为【浅黄】。

2. 创建如图 12-62 所示的幻灯片，要求将标题设置为自顶部的【飞入】动画，期间为【快速】；将副标题设置为【棋盘】动画，期间为【慢速】；设置剪贴画为【向左】动作路径动画。

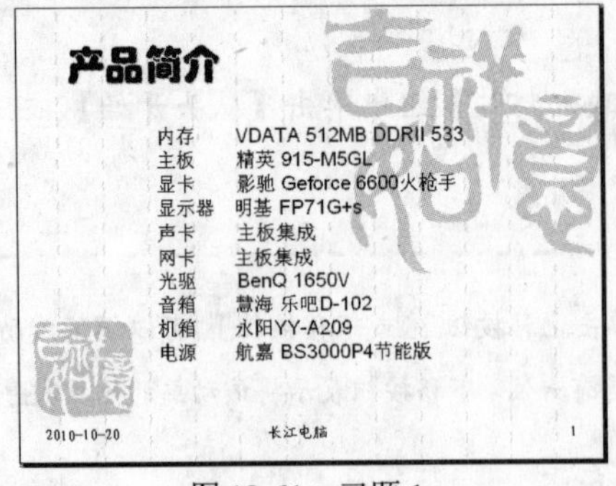

图 12-61 习题 1

图 12-62 习题 2

第13章 演示文稿的放映、打印和打包

学习目标

PowerPoint 2010 为用户提供了多种放映幻灯片、控制幻灯片和输出演示文稿的方法，用户可以设置最为理想的放映速度与放映方式，使幻灯片在放映过程中结构清晰、节奏明快、过程流畅，还可以将利用 PowerPoint 制作出来的演示文稿输出为多种形式，以满足用户在不同环境及不同目的情况下的需要。本章将介绍创建交互式演示文稿、设置幻灯片放映方式、打印和打包演示文稿的操作方法。

本章重点

- 创建交互式演示文稿
- 设置和控制幻灯片放映
- 演示文稿页眉设置和打印输出
- 打包演示文稿

13.1 创建交互式演示文稿—实战 38：设计“宣传广告”文稿

在 PowerPoint 中，用户可以为幻灯片中的文本、图形、图片等对象添加超链接或者动作。当放映幻灯片时，单击链接和动作按钮，程序将自动跳转到指定的幻灯片页面，或者执行指定的程序。此时演示文稿具有了一定的交互性，可以在适当时放映所需内容，或做出相应的反映。

13.1.1 添加超链接

超链接是指向特定位置或文件的一种连接方式，可以利用它指定程序的跳转位置。超链接只有在幻灯片放映时才有效，当鼠标移至超链接文本时，鼠标将变为手形指针。在 PowerPoint

中，超链接可以跳转到当前演示文稿中的特定幻灯片、其他演示文稿中特定的幻灯片、自定义放映、电子邮件地址、文件或 Web 页上。

下面将为“宣传广告”演示文稿中的对象设置超链接，具体操作如下：

(1) 启动 PowerPoint 2010 应用程序，打开“宣传广告”演示文稿。

(2) 在打开的第 1 张幻灯片中选中【单击此处添加副标题】文本占位符中的文本“——葡萄酒”，打开【插入】选项卡，在【链接】组中单击【超链接】按钮，打开【插入超链接】对话框。

(3) 在【链接到】选项区域中单击【本文档中的位置】按钮，在【请选择文档中的位置】列表框中选择【幻灯片标题】选项下的【幻灯片 3】选项，如图 13-1 所示。

(4) 单击【确定】按钮，此时为文字“——葡萄酒”添加了超链接，文字下方出现下划线，文字颜色更改为淡蓝色，如图 13-2 所示。

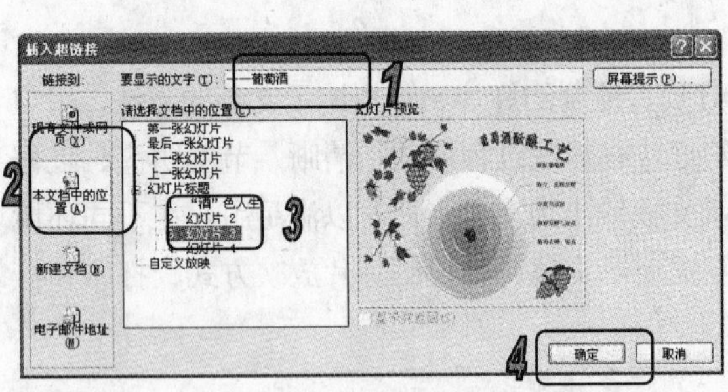

图 13-1 【插入超链接】对话框

图 13-2 将文字应用超链接

提示

只有幻灯片中的对象才能添加超链接，备注、讲义等内容不能添加超链接。幻灯片中可以显示的对象几乎都可以作为超链接的载体。添加或修改超链接的操作一般在普通视图中的幻灯片编辑窗口中进行，在幻灯片预览窗口的大纲选项卡中，只能对文字添加或修改超链接。

(5) 按下 F5 键放映幻灯片，此时将鼠标指针移动到文字“——葡萄酒”上时，鼠标指针变为形状，单击鼠标，演示文稿将自动跳转到第 3 张幻灯片中，如图 13-3 所示。

图 13-3 单击超链接文本实现演示文稿间的跳转

知识点

当用户在添加了超链接的文字、图片等对象上右击时，将弹出快捷菜单。在快捷菜单中选择【编辑超链接】命令，即可打开与【插入超链接】对话框十分相似的【编辑超链接】对话框，用户可以按照添加超链接的方法对已有超链接进行修改。

13.1.2　添加动作按钮

动作按钮是 PowerPoint 中预先设置好特定动作的一组图形按钮，这些按钮被预先设置为指向前一张、后一张、第一张、最后一张幻灯片、播放声音及播放电影等链接，用户可以方便地应用这些预置好的按钮，实现在放映幻灯片时跳转的目的。

动作与超链接有很多相似之处，几乎包括了超链接可以指向的所有位置，动作还可以设置其他属性，比如设置当鼠标移过某一对象上方时的动作。设置动作与设置超链接是相互影响的，在【设置动作】对话框中所作的设置，可以在【编辑超链接】对话框中表现出来。

下面将在“宣传广告”演示文稿中添加动作按钮，具体操作如下：

(1) 启动 PowerPoint 2010 应用程序，打开“宣传广告”演示文稿。

(2) 在幻灯片预览窗口中选择第 3 张幻灯片缩略图，将其显示在幻灯片编辑窗口中。

(3) 打开【插入】选项卡，在【插图】组中单击【形状】按钮，在打开菜单的【动作按钮】选项区域中选择【动作按钮: 第一帧】选项，在幻灯片的右下角拖动鼠标绘制形状，如图 13-4 所示。

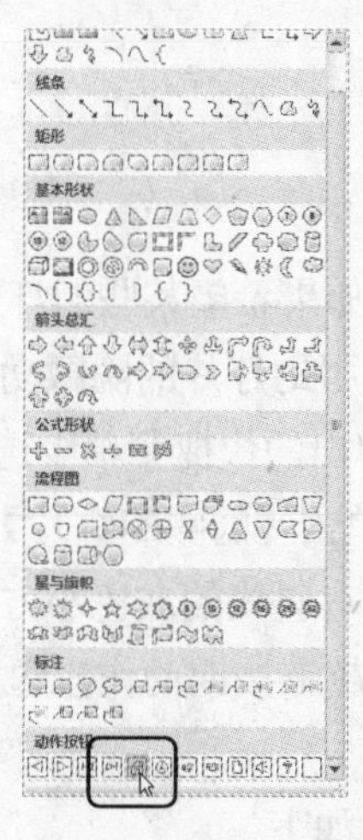

图 13-4　绘制动作按钮

(4) 释放鼠标，自动打开【动作设置】对话框，在【单击鼠标时的动作】下拉列表框中选择【第一张幻灯片】选项，选中【播放声音】复选框，并在其下拉列表框中选择【单击】选项，如图 13-5 所示。

(5) 单击【确定】按钮，此时幻灯片效果如图 13-6 所示。

知识点

如果在【动作设置】对话框的【鼠标移过】选项卡中设置超链接的目标位置，那么在放映演示文稿过程中，当鼠标移过该动作按钮(无需单击)时，演示文稿将直接跳转到该幻灯片。

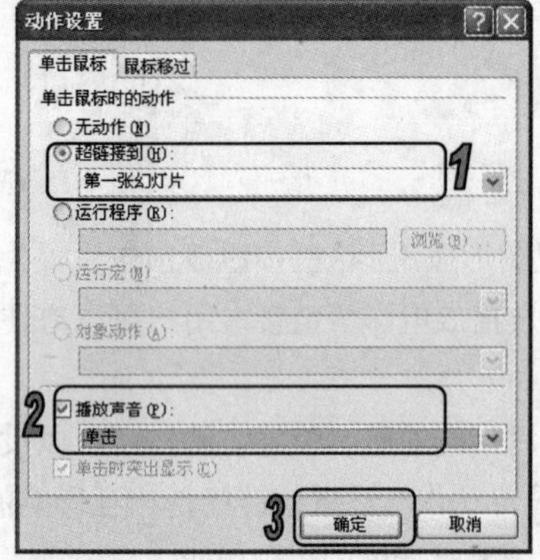

图 13-5 【动作设置】对话框

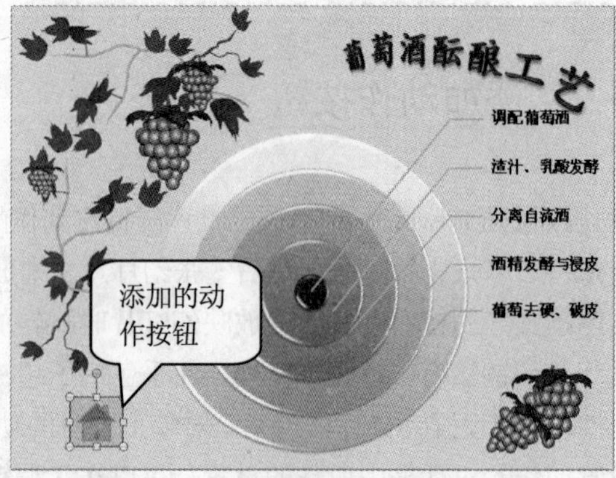

图 13-6 添加动作按钮后的幻灯片

提示

添加在幻灯片中的动作按钮，本身也是自选图形的一种，用户可以像编辑其他自选图形那样，用鼠标拖动其位置、旋转、调整大小及更改颜色等属性。

13.1.3 隐藏幻灯片

当通过添加超链接或动作将演示文稿的结构设置得较为复杂时，如果希望某些幻灯片只在单击指向它们的链接时才会被显示出来。要达到这样的效果，可以使用幻灯片的隐藏功能。

在普通视图模式下，右击幻灯片预览窗格中的幻灯片缩略图，从弹出的快捷菜单中选择【隐藏幻灯片】命令，或者打开【幻灯片放映】选项卡，在【设置】组中单击【隐藏幻灯片】按钮，即可将正常显示的幻灯片隐藏。被隐藏的幻灯片编号上将显示一个带有斜线的灰色小方框1，这表示幻灯片在正常放映时不会被显示，只有当用户单击了指向它的超链接或动作按钮后才会显示。

下面将在“宣传广告”演示文稿中隐藏第 3 张幻灯片，具体操作如下：

(1) 启动 PowerPoint 2010 应用程序，打开“宣传广告”演示文稿。

(2) 在幻灯片预览窗格中选择第 3 张幻灯片缩略图，将其显示在幻灯片编辑窗口中。

(3) 打开【幻灯片放映】选项卡，在【设置】组中单击【隐藏幻灯片】按钮，即可将正常显示的幻灯片隐藏，如图 13-7 所示。

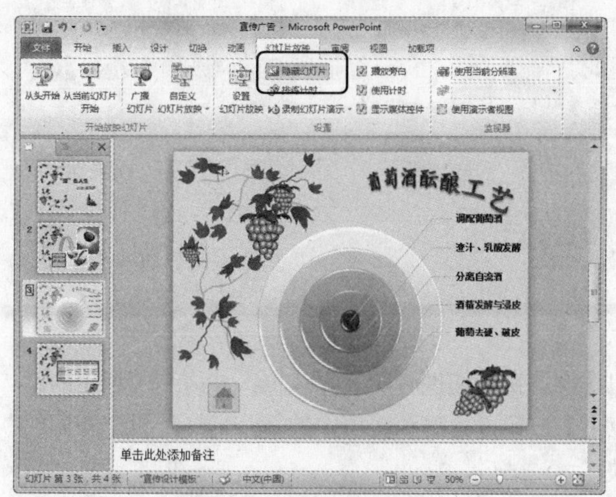

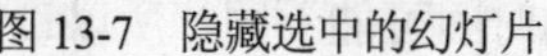
图 13-7　隐藏选中的幻灯片

知识点

如果要取消幻灯片的隐藏，只需再次右击该幻灯片，在快捷菜单中选择【隐藏幻灯片】命令，或者在【幻灯片放映】选项的【设置】组中单击【隐藏幻灯片】按钮。

(4) 按下 F5 键放映幻灯片，当放映到第 2 张幻灯片时，单击鼠标，则 PowerPoint 将自动播放第 4 张幻灯片。若在放映第 1 张幻灯片中，单击“——葡萄酒”链接，即可放映隐藏的幻灯片。

(5) 放映完毕后，在快速访问工具栏中单击【保存】按钮，将修改后的“宣传广告”演示文稿进行保存。

13.2　幻灯片放映—实战 39：“商场促销快讯”演示文稿放映设置

PowerPoint 提供了灵活的幻灯片放映控制方法和适合不同场合的幻灯片放映类型，使演示更为得心应手，更有利于主题的阐述及思想的表达。

13.2.1　设置幻灯片放映方式

PowerPoint 2010 提供了多种演示文稿的放映方式，最常用的是幻灯片页面的演示控制，主要有幻灯片的定时放映、连续放映及循环放映。

1. 定时放映幻灯片

用户在设置幻灯片切换效果时，可以设置每张幻灯片在放映时停留的时间，当等待到设定的时间后，幻灯片将自动向下放映。

打开【切换】选项卡，如图 13-8 所示，在【计时】组中选中【单击鼠标时】复选框，则用户单击鼠标或按下 Enter 键和空格键时，放映的演示文稿将切换到下一张幻灯片；选中【设置自动切换时间】复选框，并在其右侧的文本框中输入时间(时间为秒)后，则在演示文稿放映时，当幻灯片等待了设定的秒数之后，将自动切换到下一张幻灯片。

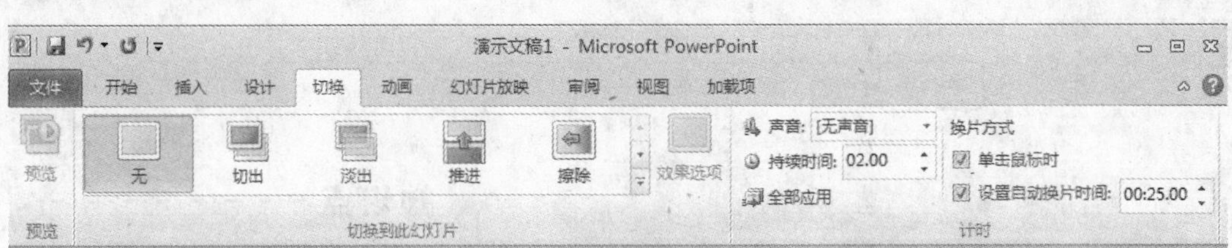

图 13-8 【切换】选项卡

2. 连续放映幻灯片

在【切换】选项卡，在【计时】组选中【设置自动切换时间】复选框，并为当前选定的幻灯片设置自动切换时间，然后单击【全部应用】按钮，为演示文稿中的每张幻灯片设定相同的切换时间，即可实现幻灯片的连续自动放映。

需要注意的是，由于每张幻灯片的内容不同，放映的时间可能不同，所以设置连续放映的最常见方法是通过【排练计时】功能完成。

提示

排练计时功能的设置方法将在下面的 13.2.3 节中详细介绍。。

3. 循环放映幻灯片

用户将制作好的演示文稿设置为循环放映，可以应用于如展览会场的展台等场合，让演示文稿自动运行并循环播放。

打开【幻灯片放映】选项卡，在【设置】组中单击【设置幻灯片放映】按钮，打开【设置放映方式】对话框，如图 13-9 所示。在【放映选项】选项区域中选中【循环放映，按 Esc 键终止】复选框，则在播放完最后一张幻灯片后，会自动跳转到第 1 张幻灯片，而不是结束放映，直到用户按 Esc 键退出放映状态。

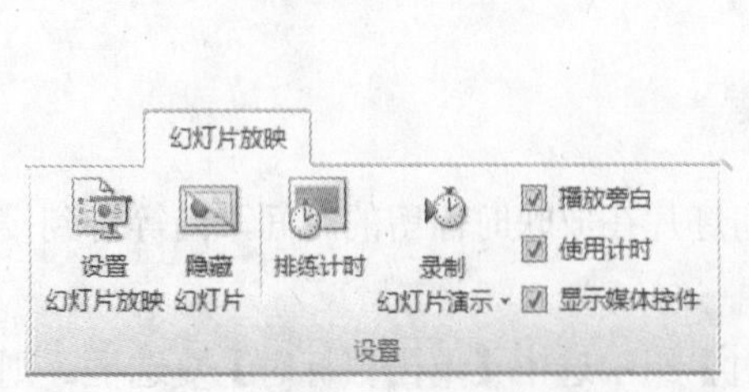

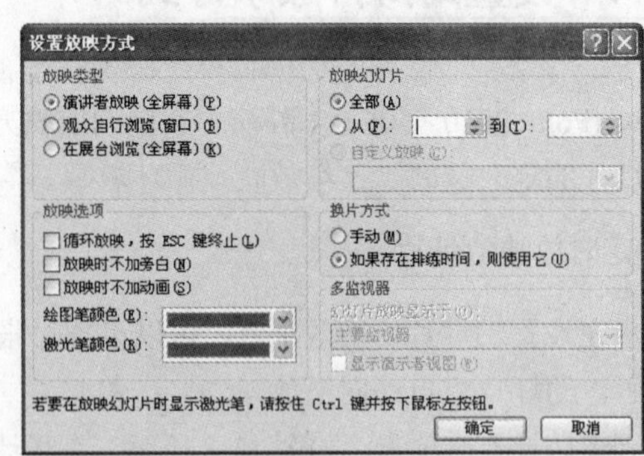

图 13-9 打开【设置放映方式】对话框

4. 自定义放映幻灯片

自定义放映是指用户可以自定义演示文稿放映的张数，使一个演示文稿适用于多种观众，

即可以将一个演示文稿中的多张幻灯片进行分组，以便给特定的观众放映演示文稿中的特定部分。用户可以用超链接分别指向演示文稿中的各个自定义放映，也可以在放映整个演示文稿时只放映其中的某个自定义放映。

下面将为“商场促销快讯”演示文稿创建自定义放映，具体操作如下：

(1) 启动 PowerPoint 2010 应用程序，打开“商场促销快讯”演示文稿。

(2) 打开【幻灯片放映】选项卡，单击【开始放映幻灯片】组的【自定义幻灯片放映】按钮，在弹出的菜单中选择【自定义放映】命令，打开【自定义放映】对话框，单击【新建】按钮，如图 13-10 所示。

(3) 打开【定义自定义放映】对话框，在【幻灯片放映名称】文本框中输入文字“促销快讯”，在【在演示文稿中的幻灯片】列表中选择第 2 张~第 4 张幻灯片，然后单击【添加】按钮，将幻灯片添加到【在自定义放映中的幻灯片】列表中，如图 13-11 所示。

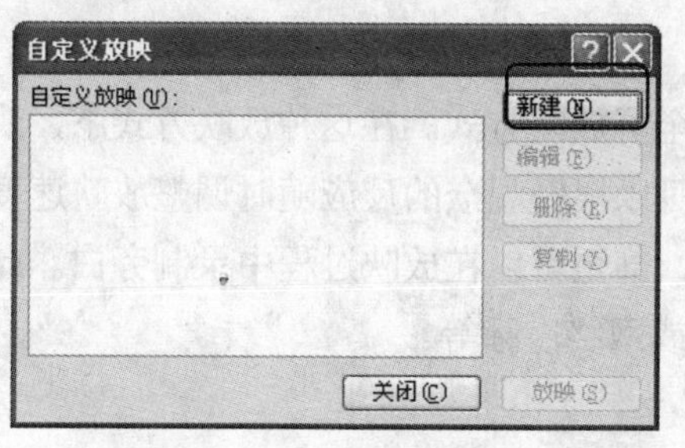

图 13-10　【自定义放映】对话框

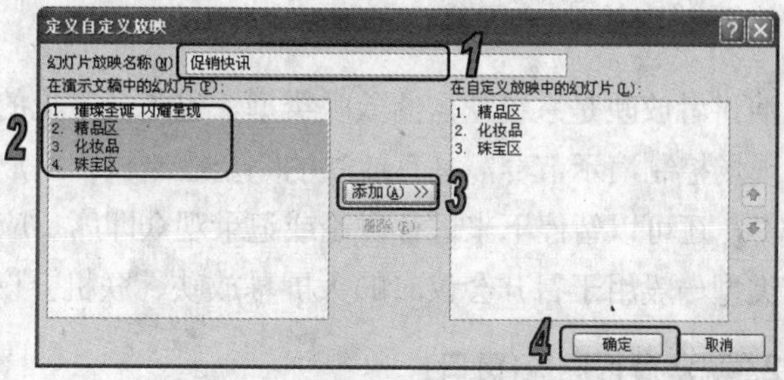

图 13-11　【定义自定义放映】对话框

(4) 单击【确定】按钮，关闭【定义自定义放映】对话框，则刚刚创建的自定义放映名称将会显示在【自定义放映】对话框的【自定义放映】列表中，如图 13-12 所示。

(5) 单击【关闭】按钮，关闭【自定义放映】对话框。

(6) 打开【幻灯片放映】选项卡，在【设置】组中单击【设置幻灯片放映】按钮，打开【设置放映方式】对话框，在【放映幻灯片】选项区域中选中【自定义放映】单选按钮，然后在其下方的列表框中选择需要放映的自定义放映，如图 13-13 所示。

(7) 单击【确定】按钮，关闭【设置放映方式】对话框。此时按下 F5 键时，PowerPoint 将自动播放自定义放映幻灯片。

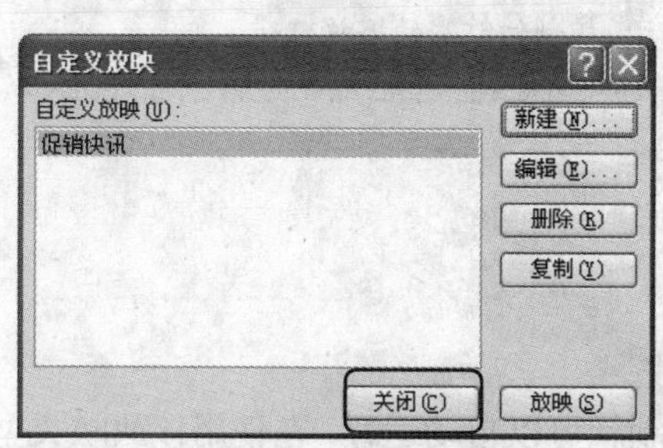

图 13-12　自定义放映名称显示在对话框中

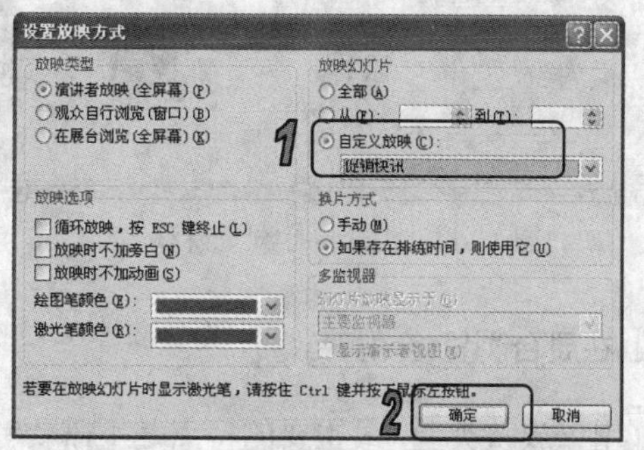

图 13-13　【设置放映方式】对话框

(8) 单击【文件】按钮，在弹出的菜单中选择【另存为】命令，将该演示文稿以文件名“自

定义放映”进行保存。

提示

在【自定义放映】对话框中，用户可以新建其他自定义放映，或是对已有的自定义放映进行编辑，还可以删除或复制已有的自定义放映。

13.2.2 设置幻灯片放映类型

PowerPoint 2010为用户提供了演讲者放映、观众自行浏览及在展台浏览三种不同的放映类型，供用户在不同的环境中选用。

1. 演讲者放映(全屏幕)

演讲者放映是系统默认的放映类型，也是最常见的全屏放映方式。在这种放映方式下，演讲者现场控制演示节奏，具有放映的完全控制权。用户可以根据观众的反应随时调整放映速度或节奏，还可以暂停下来进行讨论或记录观众即席反应，甚至可以在放映过程中录制旁白。此放映类型一般用于召开会议时的大屏幕放映、联机会议或网络广播等。

2. 观众自行浏览(窗口)

观众自行浏览是在标准Windows窗口中显示的放映形式，放映时的PowerPoint窗口具有菜单栏、Web工具栏，类似于浏览网页的效果，便于观众自行浏览，如图13-14所示。该放映类型用于在局域网或Internet中浏览演示文稿。

图13-14　观众自行浏览窗口

提示

使用该放映类型时，可以在放映时复制、编辑及打印幻灯片，并可以使用滚动条或Page Up/Page Down按钮控制幻灯片的播放。

3. 在展台浏览(全屏幕)

采用该放映类型，最主要的特点是不需要专人控制就可以自动运行，在使用该放映类型时，如超链接等控制方法都失效。当播放完最后一张幻灯片后，会自动从第一张重新开始播放，直至用户按下Esc键才会停止播放。该放映类型主要用于展览会的展台或会议中的某部分需要自

动演示等场合。需要注意的是使用该放映时，用户不能对其放映过程进行干预，必须设置每张幻灯片的放映时间或预先设定排练计时，否则可能会长时间停留在某张幻灯片上。

知识点

打开【幻灯片放映】选项卡，按住 Ctrl 键，在【开始放映幻灯片】组中单击【从当前幻灯片开始】按钮，即可实现幻灯片缩略图放映效果，如图 13-15 所示。

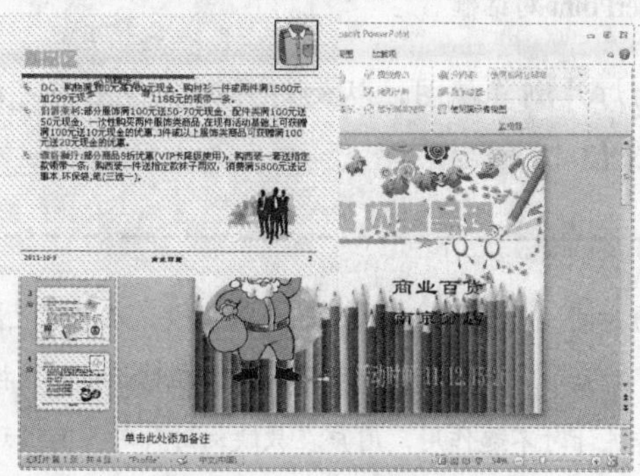

图 13-15　幻灯片缩略图

提示

幻灯片缩略图放映是指可以让 PowerPoint 在屏幕的左上角显示幻灯片的缩略图，从而方便在编辑时预览幻灯片效果。

13.2.3　排练计时

当完成演示文稿内容制作之后，可以运用 PowerPoint 2010 的排练计时功能来排练整个演示文稿的放映时间。在排练计时的过程中，演讲者可以确切掌握每一页幻灯片需要讲解的时间，以及整个演示文稿的总放映时间。

下面使用【排练计时】功能排练“商场促销快讯”演示文稿的放映时间，具体操作如下：

(1) 启动 PowerPoint 2010 应用程序，打开“商场促销快讯”演示文稿。

(2) 打开【幻灯片放映】选项卡，在【设置】组中单击【录制幻灯片演示】按钮，并单击【排练计时】按钮，演示文稿将自动切换到幻灯片放映状态，此时演示文稿左上角将显示【录制】对话框，如图 13-16 所示。

图 13-16　播放演示文稿时显示【录制】对话框

提示

在排练计时过程中，用户可以不必关心每张幻灯片的具体放映时间，主要应该根据幻灯片的内容确定幻灯片应该放映的时间。预演的过程和时间，应尽量接近实际演示的过程和时间。

(3) 整个演示文稿放映完成后，将打开 Microsoft PowerPoint 对话框，该对话框显示幻灯片播放的总时间，并询问用户是否保留该排练时间，如图 13-17 所示。

图 13-17　Microsoft PowerPoint 对话框

(4) 单击【是】按钮，此时演示文稿将切换到幻灯片浏览视图，从幻灯片浏览视图中可以看到：每张幻灯片下方均显示各自的排练时间，如图 13-18 所示。

知识点

用户在放映幻灯片时可以选择是否启用设置好的排练时间。打开【幻灯片放映】选项卡，在【设置】组中单击【设置放映方式】按钮，打开【设置放映方式】对话框，如图 13-19 所示。如果在对话框的【换片方式】选项区域中选中【手动】单选按钮，则存在的排练计时不起作用，用户在放映幻灯片时只有通过单击鼠标或按键盘上的 Enter 键、空格键才能切换幻灯片。

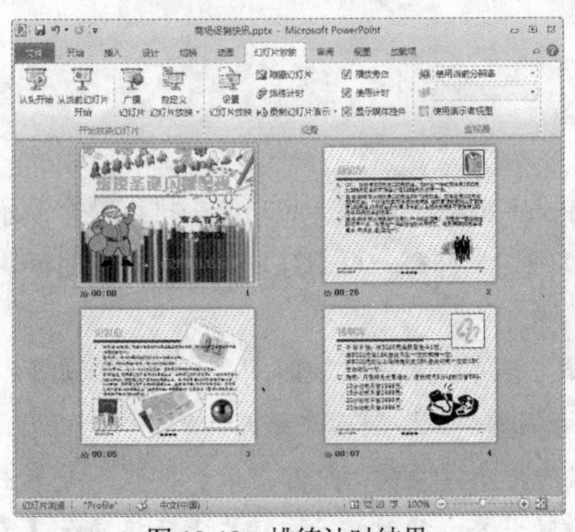

图 13-18　排练计时结果

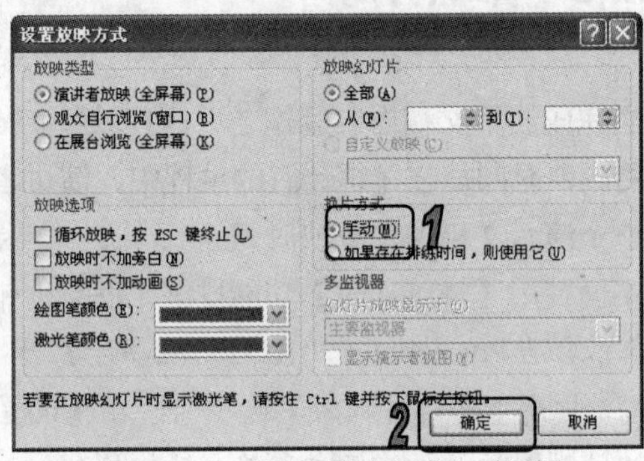

图 13-19　“设置放映方式”对话框

13.2.4　控制幻灯片的放映过程

在放映演示文稿的过程中，用户可以根据需要进行各类操作，按放映次序依次放映、快速定位幻灯片，为重点内容添加墨迹，使屏幕出现黑屏或白屏和结束放映等。

1. 按放映次序依次放映

如果需要按放映次序依次放映，则可以进行如下操作：

- 单击鼠标左键。
- 在放映屏幕的左下角单击按钮。

- 在放映屏幕的左下角单击按钮，在弹出的菜单中选择【下一张】命令。
- 单击鼠标右键，在弹出的快捷菜单中选择【下一张】命令。

2. 快速定位幻灯片

如果不需要按照指定的顺序进行放映，则可以快速定位幻灯片。在放映屏幕的左下角单击按钮，从弹出的如图 13-20 所示的菜单中选择【上一张】或【下一张】命令进行切换。

另外，单击鼠标右键，在弹出的快捷菜单中选择【定位至幻灯片】命令，从弹出的子菜单中选择要播放的幻灯片，如图 13-21 所示，同样可以实现快速定位幻灯片操作。

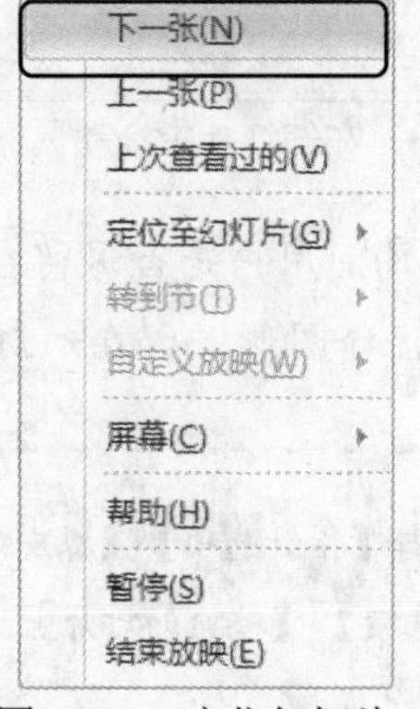

图 13-20　定位幻灯片

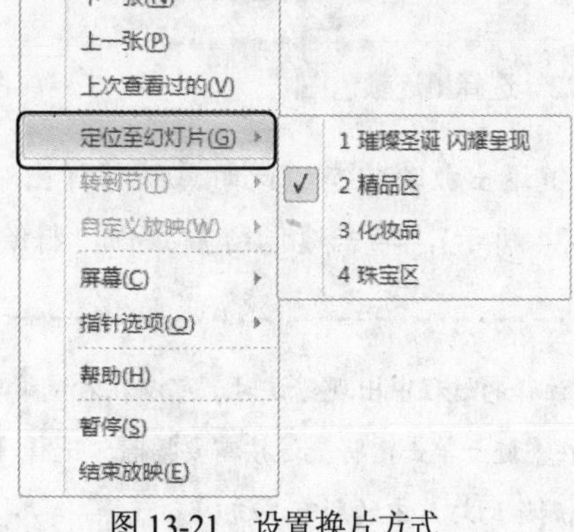

图 13-21　设置换片方式

知识点

在幻灯片放映的过程中，有时为了避免引起观众的注意，可以将幻灯片黑屏或白屏显示。具体方法为，单击右键在打开的菜单中选择【屏幕】|【黑屏】命令或【屏幕】|【白屏】命令即可。

13.2.5　添加墨迹注释

使用 PowerPoint 2010 提供的绘图笔可以为重点内容添加墨迹。绘图笔的作用类似于板书笔，常用于强调或添加注释。用户可以选择绘图笔的形状和颜色，也可以随时擦除绘制的笔迹。

下面将在“商场促销快讯”演示文稿放映时，使用绘图笔标注重点，具体操作如下：

(1) 启动 PowerPoint 2010 应用程序，打开“商场促销快讯”演示文稿，按下 F5 键，播放排练计时后的演示文稿。

(2) 当放映到第 2 张幻灯片时，单击按钮，或者在屏幕中右击，在弹出的快捷菜单中选择【荧光笔】选项，将绘图笔设置为荧光笔样式；单击按钮，在弹出的快捷菜单中选择【墨迹颜色】命令，在打开的【标准色】面板中选择【黄色】选项，如图 13-22 所示。

(3) 此时鼠标变为一个小矩形形状，用户可以在需要绘制重点的地方拖动鼠标绘制标注，如图 13-23 所示。

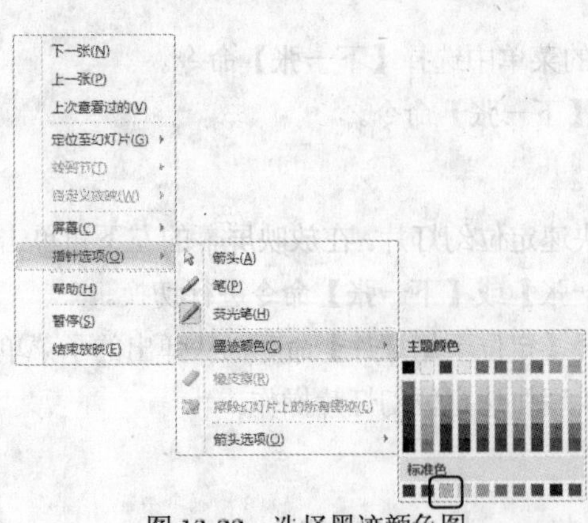

图 13-22 选择墨迹颜色图

图 13-23 在幻灯片中拖动鼠标绘制重点

(4) 按下 Esc 键退出放映状态，此时系统将弹出对话框询问用户是否保留在放映时所做的墨迹注释(如图 13-24 所示)，单击【保留】按钮，将绘制的注释图形保留在幻灯片中。

知识点

当用户在绘制注释的过程中出现错误时，可以在右键菜单中选择【指针选项】|【橡皮擦】命令，如图 13-25 所示，然后在墨迹上单击，将墨迹按需要擦除；选择【指针选项】|【擦除幻灯片上的所有墨迹】命令，即可一次性地删除幻灯片中的所有墨迹。

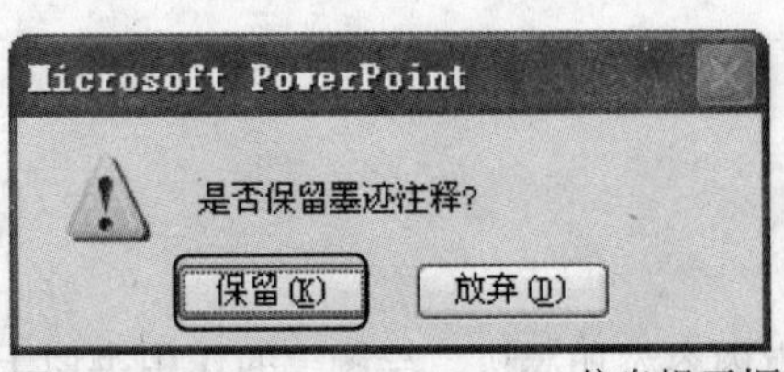

图 13-24 Microsoft PowerPoint 信息提示框

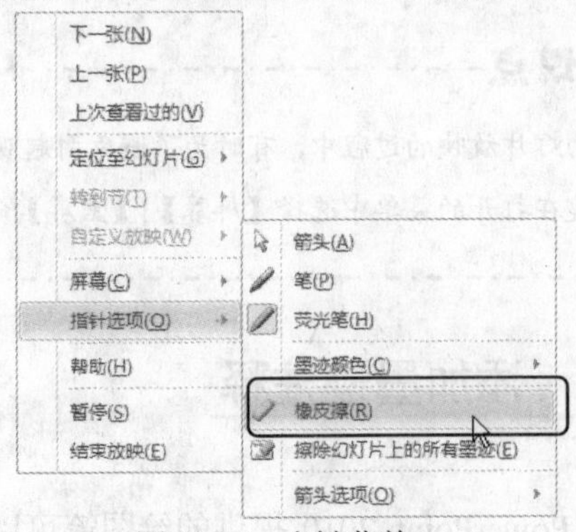

图 13-25 右键菜单

(5) 在快速访问工具栏中单击【保存】按钮，将修改后的“商场促销快讯”演示文稿保存。

13.2.6 录制旁白

在 PowerPoint 中用户可以为指定的幻灯片或全部幻灯片添加录音旁白。使用录制旁白可以为演示文稿增加解说词，使演示文稿在放映状态下主动播放语音说明。

下面将为“商场促销快讯”演示文稿录制旁白，具体操作如下：

(1) 启动 PowerPoint 2010 应用程序，打开“商场促销快讯”演示文稿。

(2) 打开【幻灯片放映】选项卡，在【设置】组中单击【录制幻灯片演示】按钮，从弹出

的菜单中选择【从头开始录制】命令，打开【录制幻灯片演示】对话框，保持默认设置，如图 13-26 所示。

(3) 单击【开始录制】按钮，进入幻灯片放映状态，同时开始录制旁白，单击鼠标或按 Enter 键切换到下一张幻灯片，如图 13-27 所示。

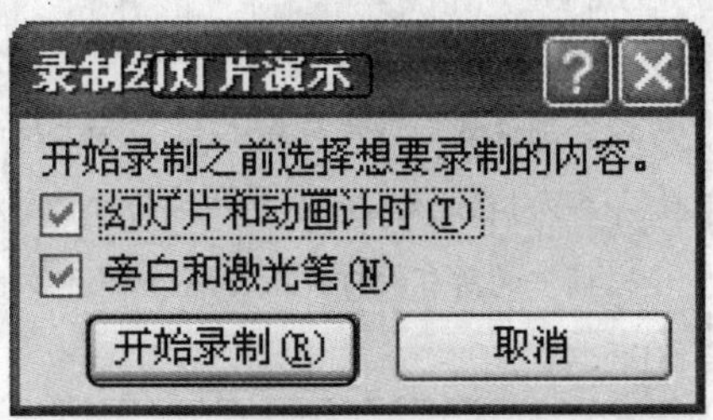

图 13-26　【录制幻灯片演示】对话框

图 13-27 录制旁白

(4) 当旁白录制完成后，按下 Esc 键或者单击鼠标左键即可，此时演示文稿将切换到幻灯片浏览视图，从幻灯片浏览视图中可以看到每张幻灯片下方均显示各自的排练时间，如图 13-28 所示。

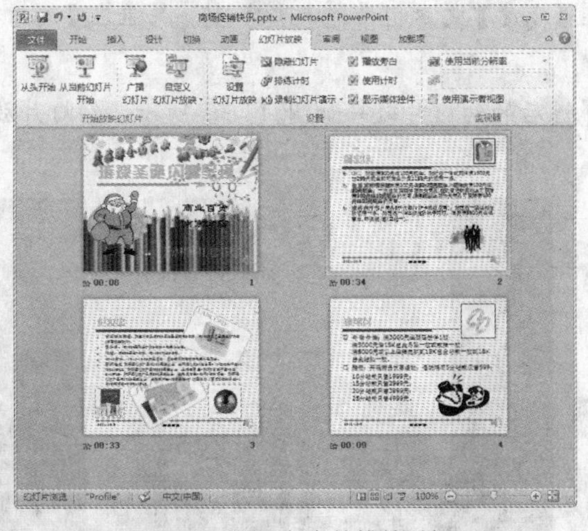

图 13-28　显示各自的排练时间

提示

在录制了旁白的幻灯片的右下角都会显示一个声音图标，PowerPoint 中的旁白声音优于其他声音文件，当幻灯片同时包含旁白和其他声音文件时，在放映幻灯片时只放映旁白。选中声音图标，按键盘上的 Delete 键即可删除旁白。

(5) 在快递访问工具栏中单击【保存】按钮，将修改后的“商场促销快讯”演示文稿保存。

13.3 打印输出演示文稿—实战 40：输出“商场促销快讯”文稿

在 PowerPoint 2010 中，可以将制作好的演示文稿通过打印机打印出来。在打印时，可以先根据用户的需求设置演示文稿的页面，再将演示文稿打印或输出为不同的形式。

13.3.1 设置演示文稿页面

在打印演示文稿前，可以根据自己的需要对打印页面进行设置，使打印的形式和效果更符合实际需要。

打开【设计】选项卡，在【页面设置】组中单击【页面设置】按钮，打开【页面设置】对话框，如图 13-29 所示，在其中对幻灯片的大小、编号和方向进行设置。

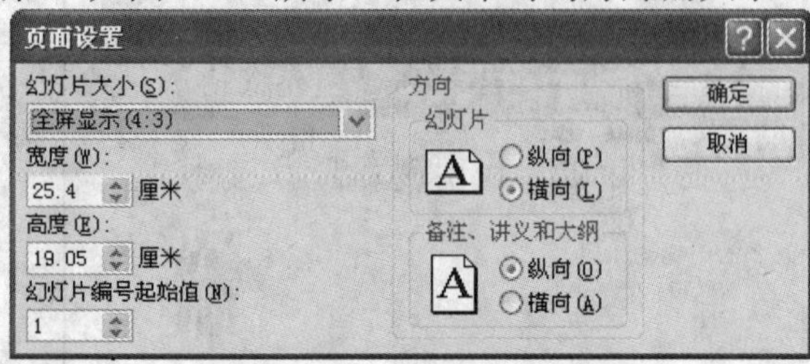

图 13-29 【页面设置】对话框

提示

在【页面设置】对话框的右侧，用户可以分别设置幻灯片与备注、讲义和大纲的打印方向，在此处设置的打印方向对整个演示文稿中的所有幻灯片及备注、讲义和大纲均有效。

下面将在“商场促销快讯”演示文稿中设置幻灯片页面属性，具体操作如下：

(1) 启动 PowerPoint 2010 应用程序，打开“商场促销快讯”演示文稿。

(2) 打开【设计】选项卡，在【页面设置】组中单击【页面设置】按钮，打开【页面设置】对话框。

(3) 在【宽度】文本框中输入数字 30，在【高度】文本框中输入数字 35，并且在【幻灯片】选项区域中选中【纵向】单选按钮。

(4) 单击【确定】按钮，此时设置页面属性后的幻灯片效果如图 13-30 所示，幻灯片放映时效果如图 13-31 所示。

图 13-30 设置页面属性后的幻灯片效果

图 13-31 幻灯片放映效果

13.3.2 打印预览

用户在页面设置中设置好打印参数后，在实际打印之前，可以使用打印预览功能先预览一

下打印的效果。预览的效果与实际打印出来的效果非常相近，可以避免打印失误而造成不必要的浪费。

下面将在“商场促销快讯”演示文稿中使用打印预览功能，具体操作如下：

(1) 启动 PowerPoint 2010 应用程序，打开“商场促销快讯”演示文稿。

(2) 单击【文件】按钮，从弹出的菜单中选择【打印】命令，打开 Microsoft Office Backstage 视图，在最右侧的窗格中可以查看幻灯片的打印效果，如图 13-32 所示。

(3) 单击预览页中的【下一页】按钮，查看每一张幻灯片效果。

(4) 在【显示比例】进度条中拖动滑块，将幻灯片的显示比例设置为 60%，查看其中的文本内容，如图 13-33 所示。

图 13-32　打印预览模式

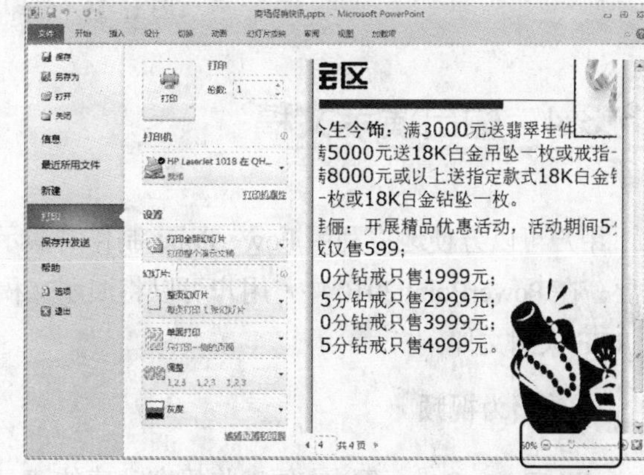

图 13-33　设置显示比例查看内容

(5) 打印预览完毕后，单击【文件】按钮，返回到幻灯片普通视图。

13.3.3　打印演示文稿

对当前的打印设置及预览效果满意后，可以连接打印机开始打印演示文稿。单击【文件】按钮，从弹出的菜单中选择【打印】命令，打开 Microsoft Office Backstage 视图，在中间的【打印】窗格中进行相关设置。

下面将打印“商场促销快讯”演示文稿，具体操作如下：

(1) 启动 PowerPoint 2010 应用程序，打开“商场促销快讯”演示文稿。

(2) 单击【文件】按钮，从弹出的菜单中选择【打印】命令，打开 Microsoft Office Backstage 视图。

(3) 在中间的【份数】微调框中输入 2；单击【整页幻灯片】下拉按钮，在弹出的下拉列表框选择【4 张水平放置的幻灯片】选项，并取消选中【幻灯片加框】命令前的复选框；在【灰度】下拉列表框中选择【颜色】选项，如图 13-34 所示。

(4) 设置完毕后，单击左上角的【打印】按钮，即可开始打印幻灯片。

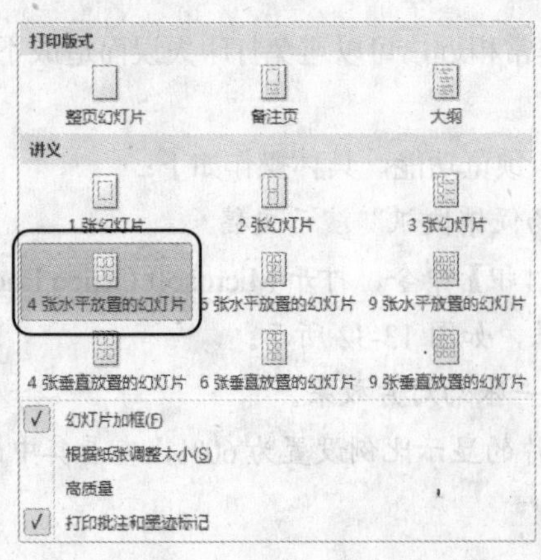

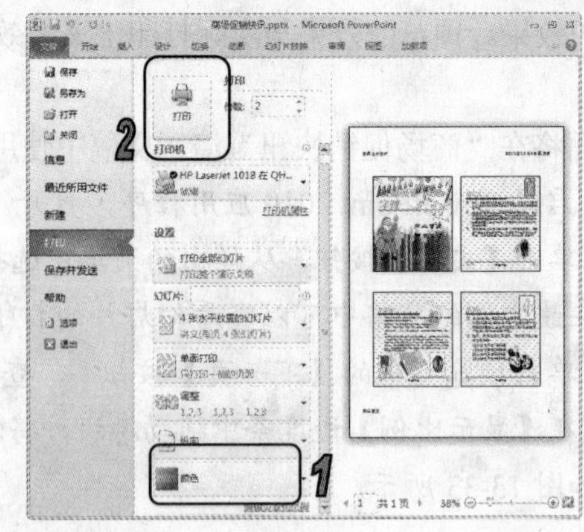

图 13-34　打印演示文稿

13.3.4　输出演示文稿

用户可以方便地将利用 PowerPoint 制作的演示文稿输出为其他形式，以满足用户多用途的需要。在 PowerPoint 2010 中，用户可以将演示文稿输出为视频、多种图片格式、幻灯片放映以及 RTF 大纲文件。

1. 输出为视频

使用 PowerPoint 可以方便地将极富动感的演示文稿输出为视频文件，从而与其他用户共享该视频。

下面将“商场促销快讯”演示文稿输出为视频，具体操作如下：

(1) 启动 PowerPoint 2010 应用程序，打开“商场促销快讯”演示文稿。

(2) 单击【文件】按钮，从弹出的菜单中选择【保存并发送】命令，在右侧打开的窗格的【文件类型】选项区域中选择【创建视频】选项，在【创建视频】选项区域中设置显示选项和放映时间，单击【创建视频】按钮，如图 13-35 所示。

(3) 打开【另存为】对话框，设置视频文件的名称和保存路径，单击【保存】按钮，如图 13-36 所示。

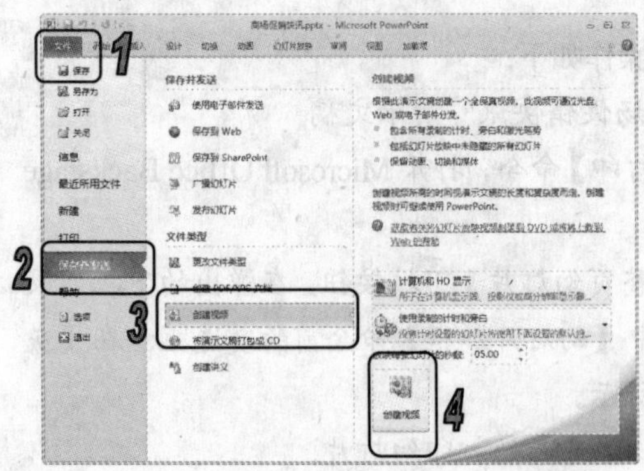

图 13-35　创建视频

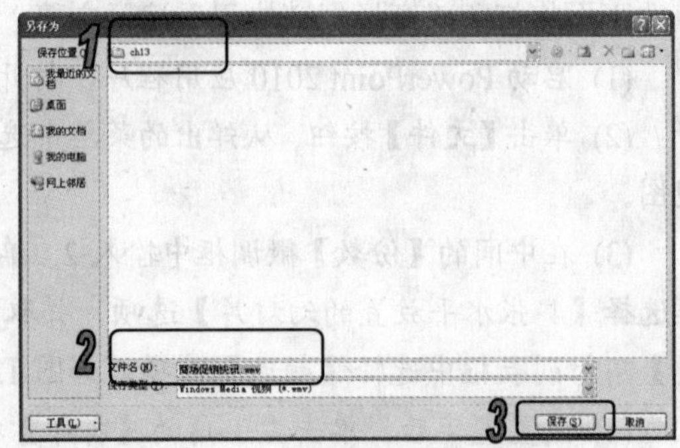

图 13-36　【另存为】对话框

(4) 此时 PowerPoint 窗口任务栏中将显示制作视频的进度，如图 13-37 所示。

(5) 制作完毕后，打开视频存放路径，双击视频文件，即可使用计算机中的视频播放器来播放该视频，如图 13-38 所示。

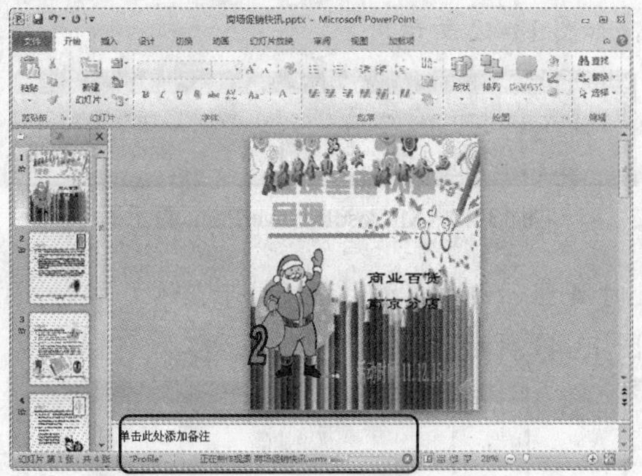

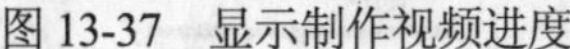

图 13-37　显示制作视频进度

图 13-38　输出的网页文件浏览效果

知识点

在 PowerPoint 演示文稿中，打开【另存为】对话框，在【保存类型】中选择【Windows Media 视频】选项，单击【保存】按钮，同样可以执行输出视频操作。

2. 输出为图形文件

PowerPoint 2010 支持将演示文稿中的幻灯片输出为 GIF、JPG、PNG、TIFF、BMP、WMF 及 EMF 等格式的图形文件。这有利于用户在更大范围内交换或共享演示文稿中的内容。

下面将“商场促销快讯”演示文稿输出为图形文件，具体操作如下：

(1) 启动 PowerPoint 2010 应用程序，打开“商场促销快讯”演示文稿。

(2) 单击【文件】按钮，从弹出的菜单中选择【保存并发送】命令，在右侧打开的窗格的【文件类型】选项区域中选择【更改文件类型】选项，在右侧的窗格的【图片文件类型】选项区域中选择【JPEG 文件交换格式】选项，单击【另存为】按钮，如图 13-39 所示。

(3) 打开【另存为】对话框，设置存放路径，单击【保存】按钮，如图 13-40 所示。

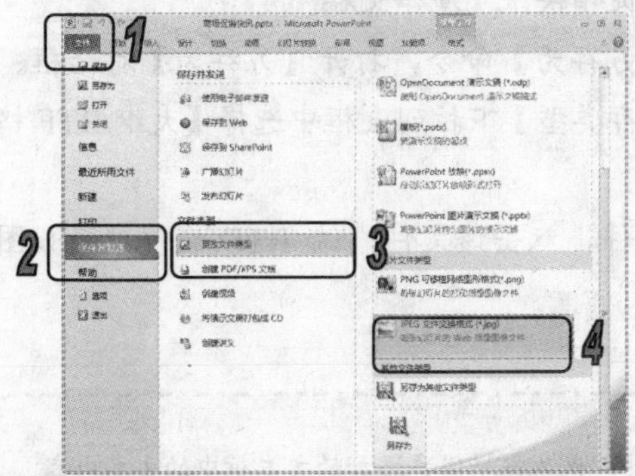

图 13-39　选择输出的文件类型

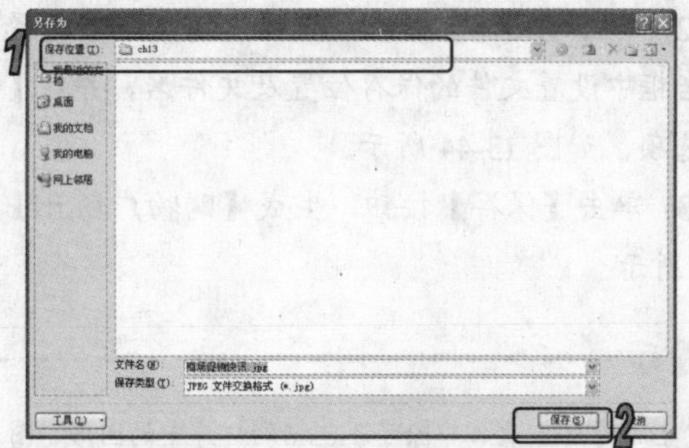

图 13-40 设置输出的图片范围

计算机基础与实训教材系列

(4) 此时系统会弹出提示对话框，供用户选择输出为图片文件的幻灯片范围，单击【每张幻灯片】按钮，如图 13-41 所示。

(5) 此时将演示文稿输出为图形文件，并弹出提示框，提示用户每张幻灯片都以独立的方式保存到文件夹中，单击【确定】按钮即可，如图 13-42 所示。

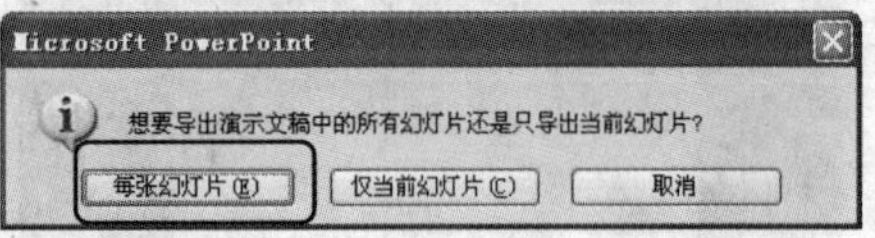

图 13-41　设置输出的图片范围

图 13-42　Microsoft PowerPoint 提示框

(6) 在路径中双击打开保存的文件夹，此时 4 张幻灯片以图形格式显示在该文件夹中，双击某张图片，即可打开该图片查看内容，如图 13-43 所示。

图 13-43　输出的图形文件浏览效果

3. 输出为幻灯片放映及大纲

在 PowerPoint 中经常用到的输出格式还包括幻灯片放映和大纲。PowerPoint 输出的大纲文件是按照演示文稿中的幻灯片标题及段落级别生成的标准 RTF 文件，可以被 Word 等文字处理软件打开或编辑。

下面将“商场促销快讯”演示文稿输出为大纲文件，具体操作如下：

(1) 启动 PowerPoint 2010 应用程序，打开“商场促销快讯”演示文稿。

(2) 单击【文件】按钮，从弹出的菜单中选择【另存为】命令，打开【另存为】对话框。在对话框中设置文件的保存位置及文件名，并在【保存类型】下拉列表框中选择【大纲/RTF 格式】选项，如图 13-44 所示。

(3) 单击【保存】按钮，生成【购物广场.rtf】文件，双击该文件，该 RTF 文件效果如图 13-45 所示。

提示

生成的 RTF 文件中除了不包括幻灯片中的图形、图片外，也不包括用户添加的文本框中的文本内容。

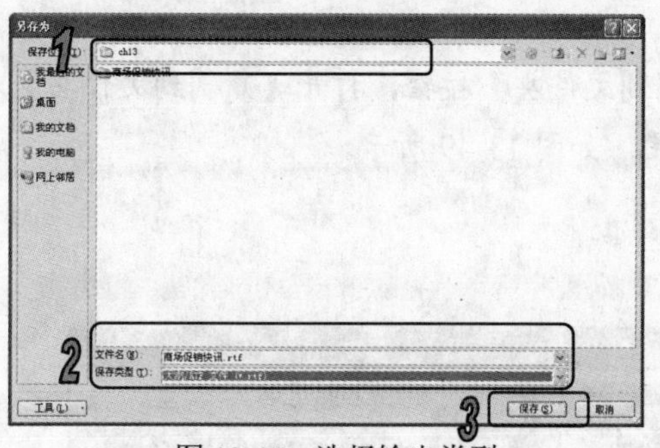

图 13-44　选择输出类型

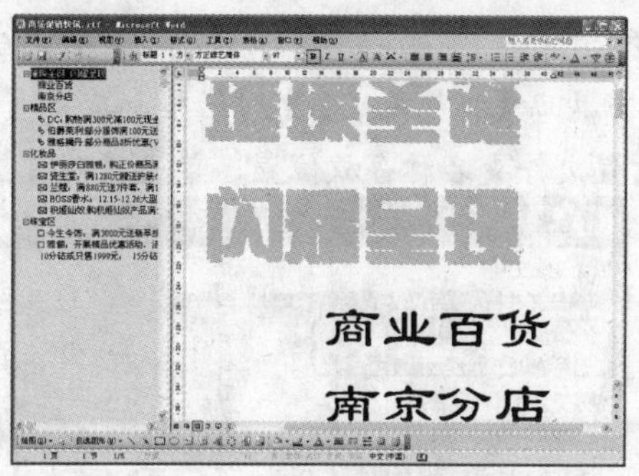

图 13-45　输出的 RTF 文件格式

13.4　打包演示文稿—实战 41：打包“商场促销快讯”文稿

PowerPoint 2010 中提供了打包成 CD 功能，在有刻录光驱的计算机上可以方便地将制作的演示文稿及其链接的各种媒体文件一次性打包到 CD 上，轻松实现演示文稿的分发，或将演示文稿转移到其他计算机上进行演示。

下面将“商场促销快讯”演示文稿进行打包，具体操作如下：

(1) 启动 PowerPoint 2010 应用程序，打开“商场促销快讯”演示文稿。

(2) 单击【文件】按钮，在弹出的菜单中选择【保存并发送】命令，在打开的窗格的【文件类型】选项区域中选择【将演示文稿打包成 CD】选项，并在右侧的窗格中单击【打包成 CD】按钮，如图 13-46 所示。

(3) 打开【打包成 CD】对话框，在【将 CD 命名为】文本框中输入“商场活动”，如图 13-47 所示。

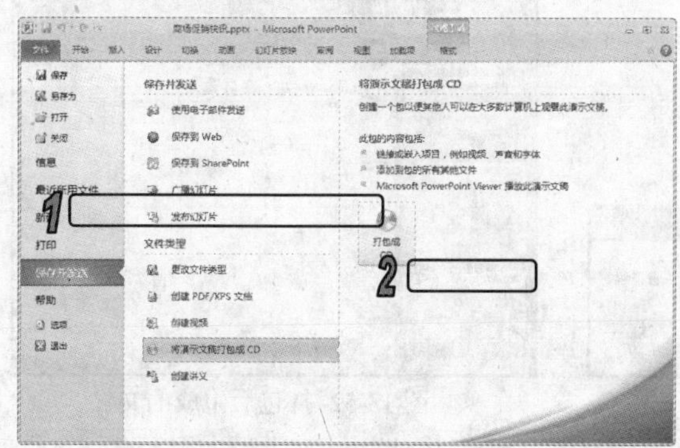

图 13-46　选择文件类型

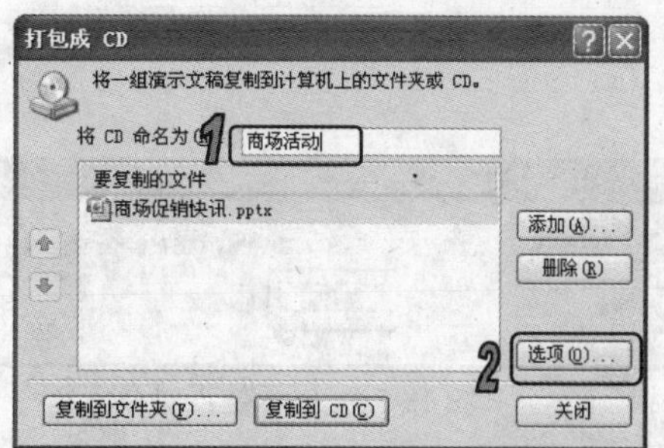

图 13-47　【打包成 CD】对话框

提示

在默认情况下，PowerPoint 只将当前演示文稿打包到 CD，如果需要同时将多个演示文稿打包到同一张 CD 中，可以单击【添加文件】按钮来添加其他需要打包的文件。

(4) 单击【选项】按钮，打开【选项】对话框，保存默认设置，单击【确定】按钮，如图

13-48 所示。

(5) 返回【打包成 CD】对话框，单击【复制到文件夹】按钮，打开【复制到文件夹】对话框，设置文件夹名称存放位置，单击【确定】按钮，如图 13-49 所示。

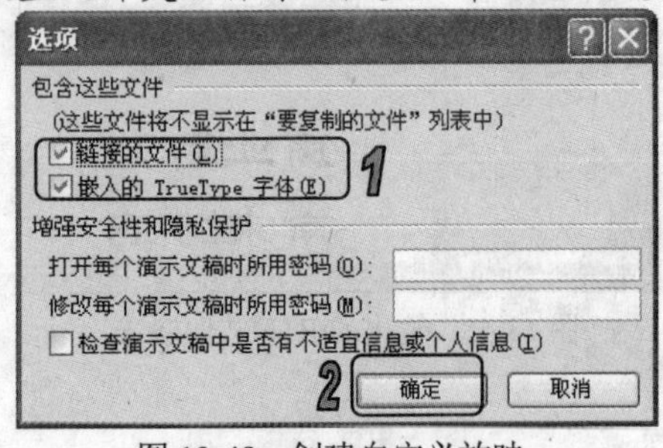

图 13-48　创建自定义放映

图 13-49　【复制到文件夹】对话框

(6) 此时 PowerPoint 将弹出提示框，询问用户在打包时是否包含具有链接内容的演示文稿，单击【是】按钮，如图 13-50 所示。

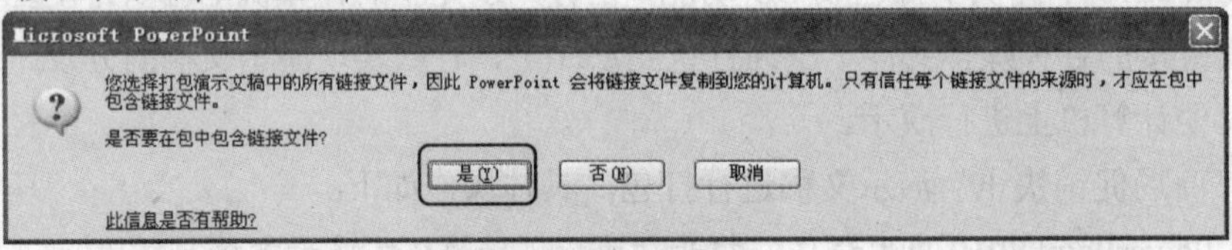

图 13-50　提示框

(7) 打开另一个提示框，提示是否要保存批注、墨迹等信息，单击【继续】按钮，此时 PowerPoint 将自动开始将文件打包，如图 13-51 所示。

(8) 打包完毕后，将自动打开保存的文件夹“商场活动”，将显示打包后的所有文件，如图 13-52 所示。

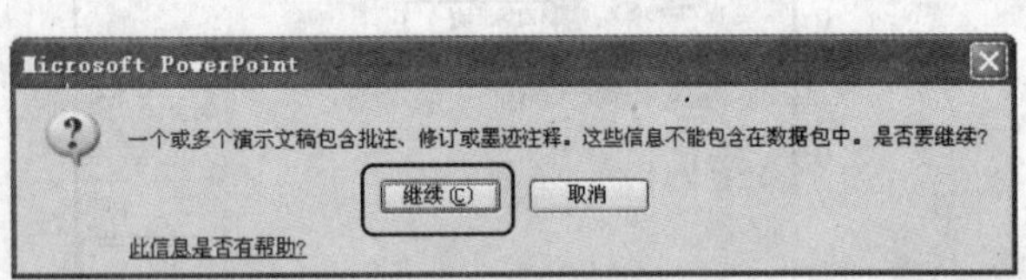

图 13-51　提示是否保存信息

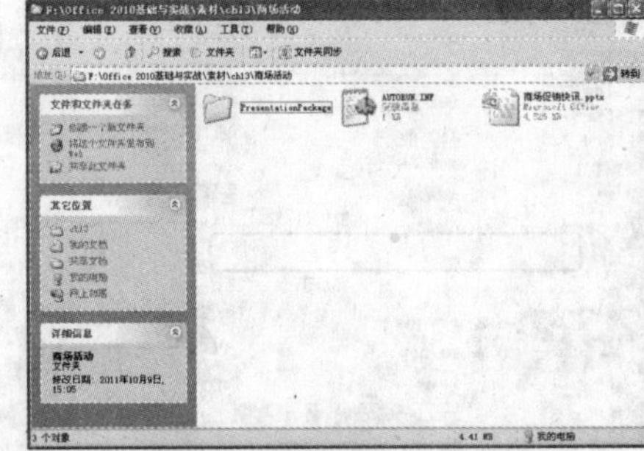

图 13-52 打包后生成的文件

13.5　习题

1. 为第 11 章创建的“旅游景点展示相册”演示文稿创建自定义放映，并使用观众自行浏览模式放映该演示文稿。

2. 将习题 1 中创建的自定义放映演示文稿“旅游景点展示相册”输出为图形文件。

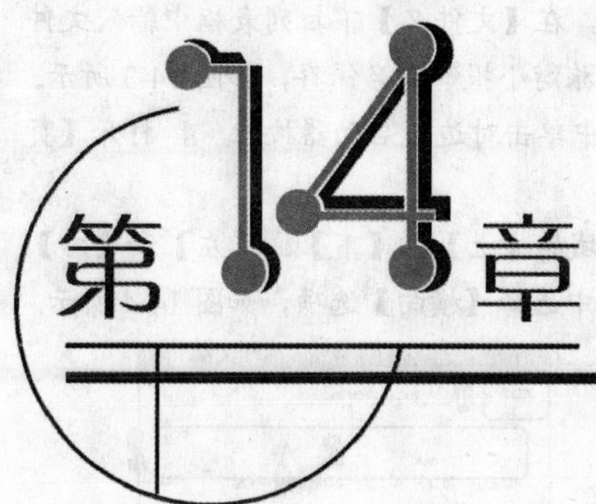

第14章 综合实例

学习目标

本章主要通过综合应用各种功能制作美观实用的 Word 文档、Excel 数据表和 PowerPoint 演示文稿，帮助用户灵活运用 Office 2010 的各种功能，提高综合应用的能力。

本章重点

- 使用 Word 2010 编辑文档
- 使用 Excel 2010 制作表格
- 使用 PowerPoint 2010 制作演示文稿

14.1 制作“旅游小报”

本例通过制作“旅游小报”，巩固使用格式化文本，添加边框和底纹，页面设置，插入图片和表格等知识。实例效果如图 14-1 所示。

(1) 启动 Word 2010 应用程序，系统自动新建一个名为“文档 1”的文档，在快速访问工具栏上单击【保存】按钮，打开【另存为】对话框，如图 14-2 所示。

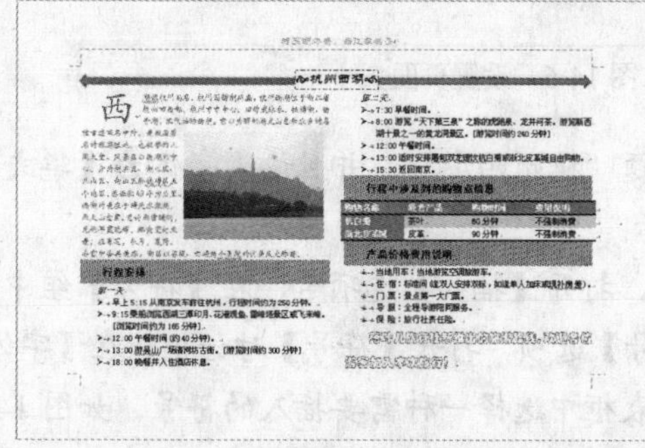

图 14-1 制作“旅游小报”

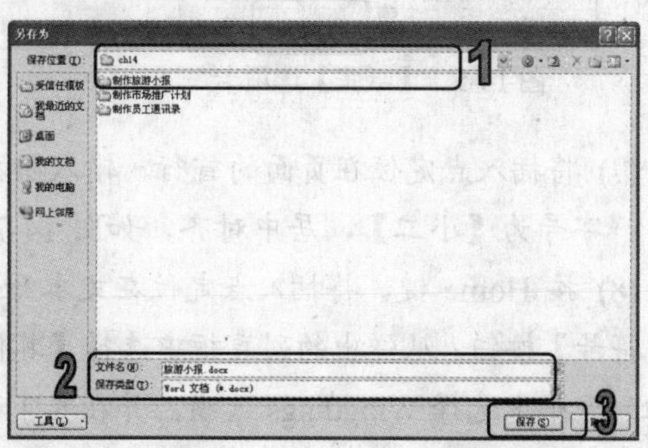

图 14-2 【另存为】对话框

(2) 在【保存位置】下拉列表框中选择保存的位置，在【文件名】下拉列表框中输入文件名“旅游小报”，然后单击【保存】按钮，文档将以“旅游小报”为名保存，如图 14-3 所示。

(3) 打开【页面布局】选项卡，在【页面设置】组中单击对边框启动器按钮，打开【页面设置】对话框。

(4) 打开【页边距】选项卡，在【页边距】选项区域的【上】、【下】、【左】和【右】微调框中均输入 3 厘米，并且在【纸张方向】选项区域中选择【横向】选项，如图 14-4 所示。

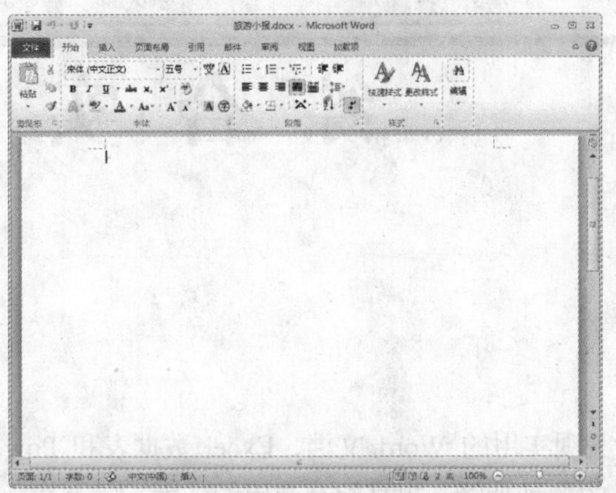

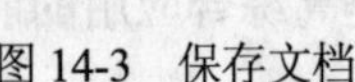
图 14-3　保存文档

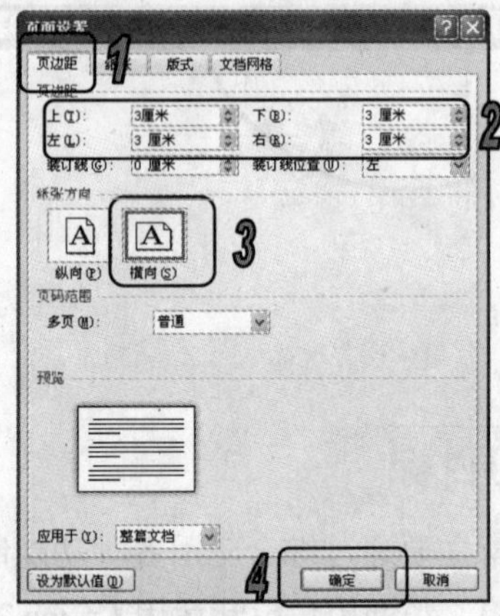

图 14-4　【页边距】选项卡

(5) 打开【纸张】选项卡，在【纸张大小】下拉列表框中选择【自定义大小】选项，并且在【宽度】和【高度】微调框中分别输入 30 厘米和 20 厘米，如图 14-5 所示。

(6) 单击【确定】按钮，完成页面的设置，效果如图 14-6 所示。

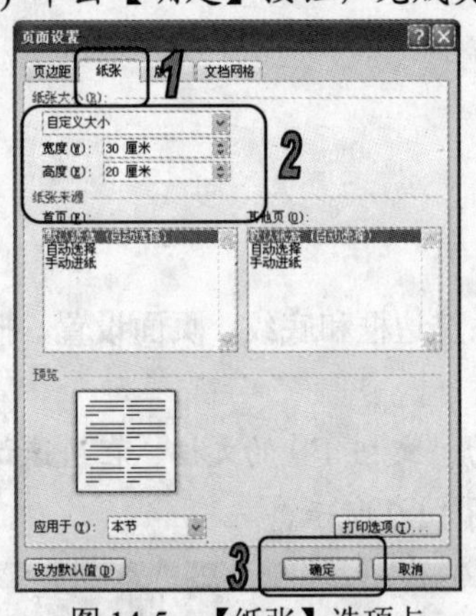

图 14-5　【纸张】选项卡

图 14-6　设置页面大小

(7) 将插入点定位在页面的首行，输入小报标题“杭州西湖”，并且设置字体为【华文隶书】，字号为【小二】，居中对齐，如图 14-7 所示。

(8) 按 Home 键，将插入点定位在文本开始处，打开【插入】选项卡，在【符号】组中单击【符号】按钮，从弹出的列表框中选择【其他符号】选项，打开【符号】对话框，在【字体】下拉列表框中选择 Wingdings 选项，并在其下的列表框中选择一种需要插入的符号，如图 14-8

所示。

(9) 单击【插入】按钮，将该符号插入到标题开始处，单击【关闭】按钮，关闭【符号】对话框。

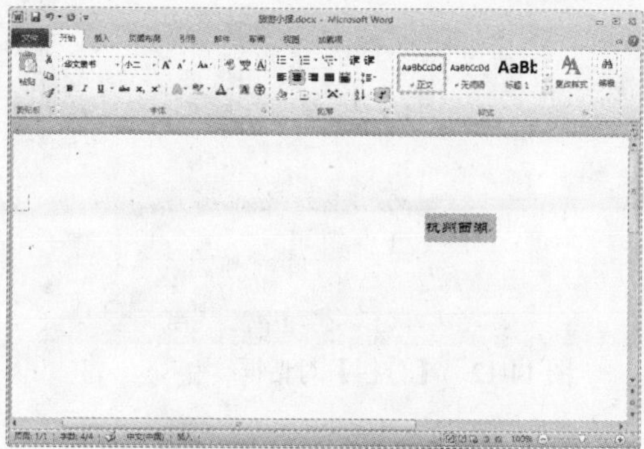

图 14-7 输入小报标题

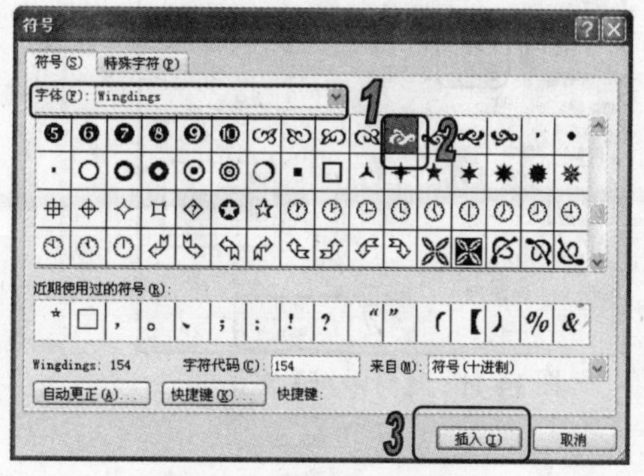

图 14-8 【符号】对话框

(10) 使用同样的方法，在标题末尾处插入符号，效果如图 14-9 所示。

(11) 打开【页面布局】选项卡，在【页面布局】组中单击【分隔符】按钮，在弹出的菜单的【分节符】选项区域中选择【连续】命令(如图 14-10 所示)，即可在文档中插入分节符，并且自动换行。

图 14-9 插入符号

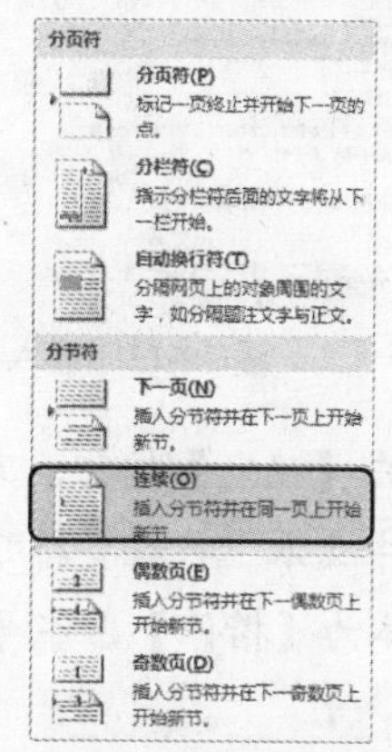

图 14-10 分隔符菜单

(12) 按 Backspace 键，将插入点移动到开头处，设置字体为【宋体】，字号为【五号】。

(13) 打开【页面布局】选项卡，在【页面布局】组中单击【分栏】按钮，从弹出的菜单中选择【更多分栏】命令，打开【分栏】对话框，在【预设】选项区域中选择【两栏】选项，如图 14-11 所示。

(14) 单击【确定】按钮，完成分栏的设置，按 Enter 键，换行后的效果如图 14-12 所示。

(15) 将插入点定位在标题的下一行，输入文本内容，效果如图 14-13 所示。

(16) 选中所有的文本，打开【开始】选项卡，在【段落】组中单击对话框启动器按钮，打开【段落】对话框。

(17) 打开【缩进和间距】选项卡，在【特殊格式】下拉列表框中选择【首行缩进】选项，

在【磅值】微调框中输入"2 字符"，如图 14-14 所示。

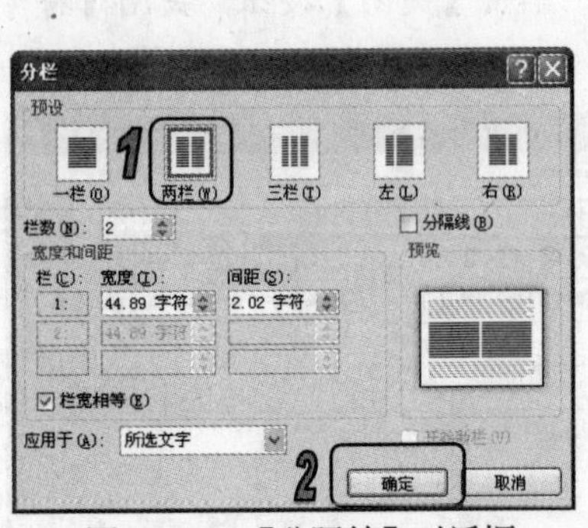

图 14-11 【分隔符】对话框

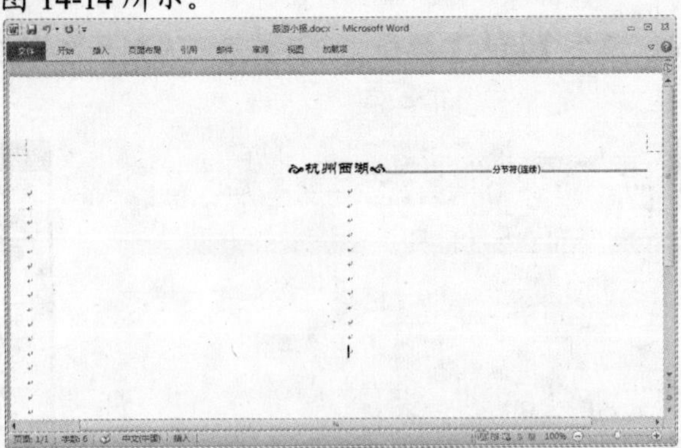

图 14-12 【分栏】对话框

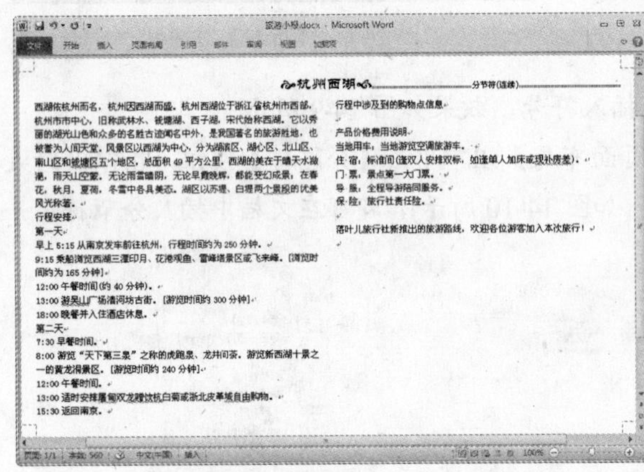

图 14-13 输入文本内容

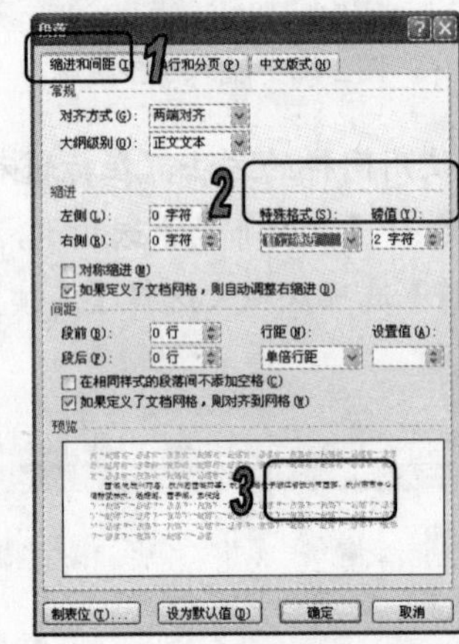

图 14-14 【缩进和间距】选项卡

(18) 单击【确定】按钮，完成段落的设置，效果如图 14-15 所示。

(19) 选中文本"行程安排"、"行程中涉及到的购物点信息"、"产品价格费用说明"，设置文本字体为【楷体】，字号为【四号】，字形为【加粗】，效果如图 14-16 所示。

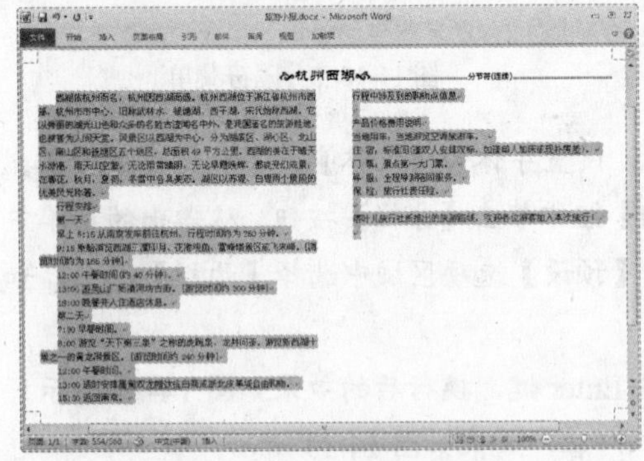

图 14-15 设置首行缩进

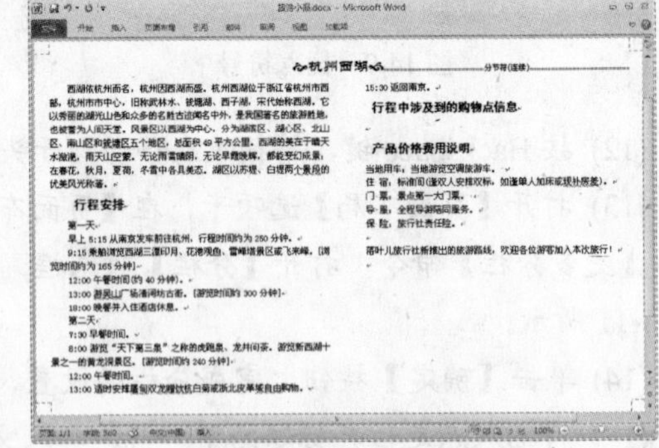

图 14-16 设置文本格式

(20) 使用同样的方法，设置其他段文本的格式，效果如图 14-17 所示。

(21) 选中文本"第一天"下的文本段，在【开始】选项卡的【段落】组中单击【项目符号】

下拉按钮，从弹出的下拉列表框中选择如图 14-18 所示的项目符号样式，为文本段添加项目符号。

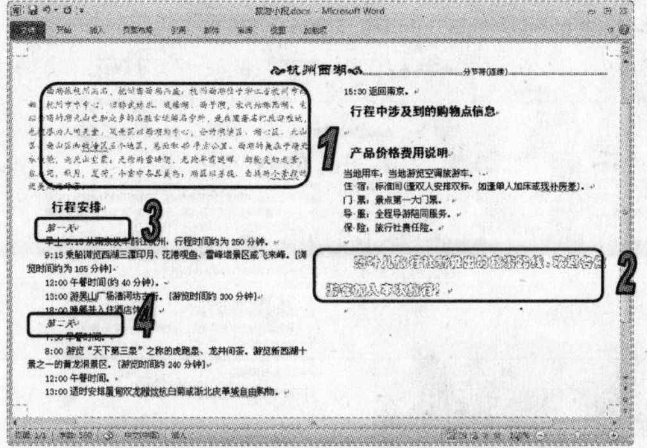

图 14-17　设置其他文本段格式

提示

设置第一段的文本字体为【华文楷体】，字体颜色为【蓝色】；设置最后一段文本字体为【华文彩云】，字号为【三号】，颜色为【红色】；设置文本“第一天”和“第二天”的字形为【加粗倾斜】，字体颜色为【红色】。

(22) 使用同样的方法，为其他文本段添加项目符号，效果如图 14-19 所示。

图 14-18　选择项目符号

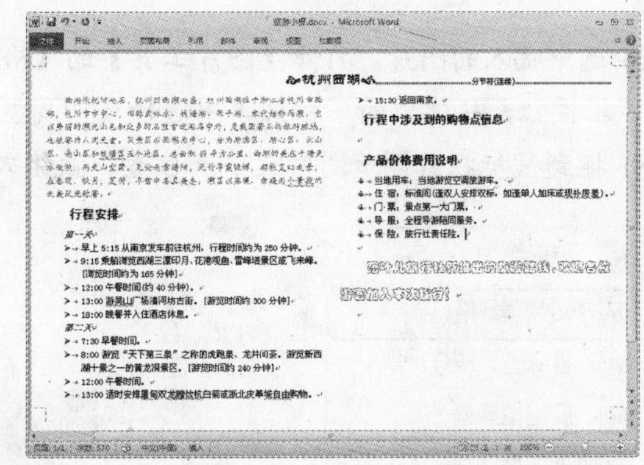

图 14-19　添加项目符号

(23) 选中开头文字“西”，打开【插入】选项卡，在【文本】组中单击【首字下沉】下拉按钮，从弹出的下拉菜单中选择【首字下沉】命令，打开【首字下沉】对话框。

(24) 选择【下沉】选项，在【距正文】微调框中输入“0.3 厘米”(如图 14-20 所示)，单击【确定】按钮，完成首字下沉设置，效果如图 14-21 所示。

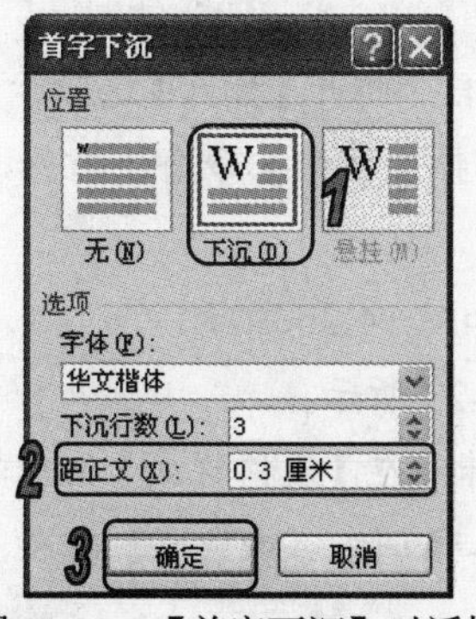

图 14-20　【首字下沉】对话框

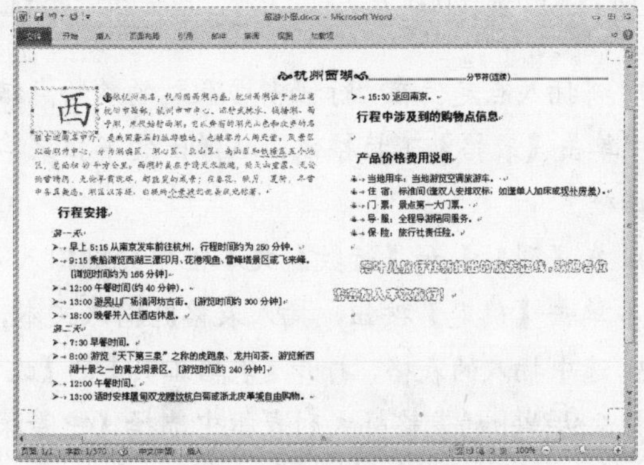

图 14-21　显示首字下沉的效果

(25) 将插入点定位在第一段文本末尾处，打开【插入】选项卡，在【插图】组中单击【图片】按钮，打开【插入图片】对话框，选择需要插入的图片，如图 14-22 所示。

(26) 单击【确定】按钮，在第一段文本末尾处插入图片，如图 14-23 所示。

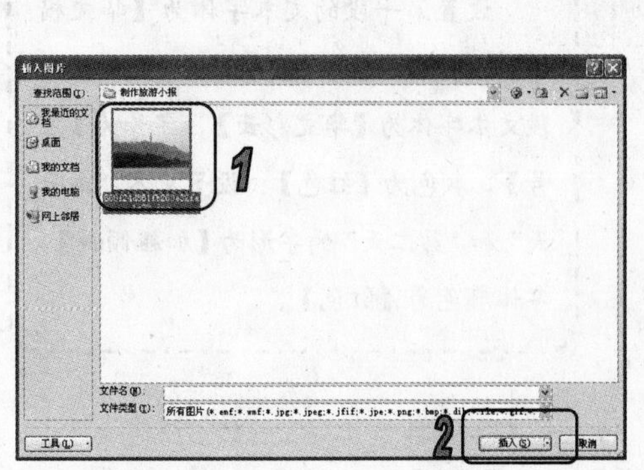

图 14-22 【插入图片】对话框

图 14-23 插入图片

(27) 选中插入的图片，打开【图片工具】的【格式】选项卡，在【排列】组中单击【自动换行】下拉按钮，从弹出的下拉菜单中选择【四周型环绕】选项，如图 14-24 所示。

(28) 拖到鼠标指针调节图片大小和位置，最终效果如图 14-25 所示。

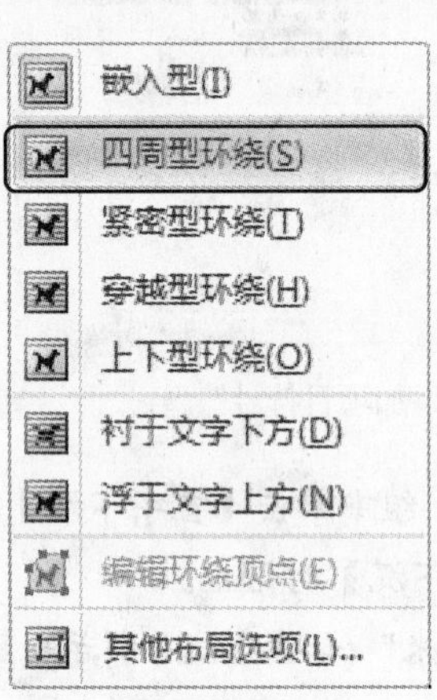

图 14-24 选择环绕方式

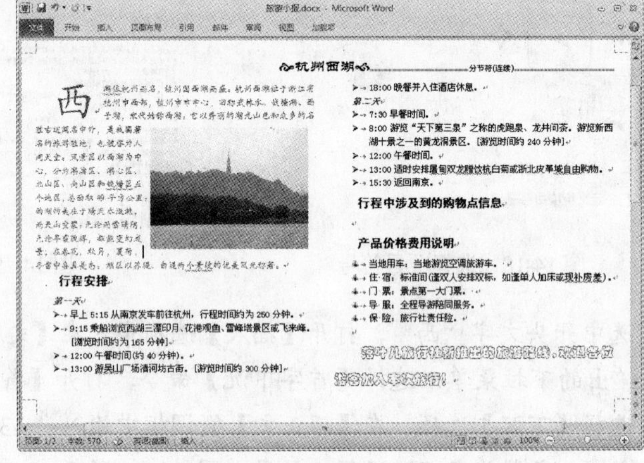

图 14-25 调节图片的位置和大小

(29) 将插入点定位在“行程中涉及到的购物点信息”下一段，打开【插入】选项卡，在【表格】组中单击【表格】下拉按钮，从弹出的下拉菜单中选择【插入表格】命令，打开【插入表格】对话框。

(30) 在【列数】和【行数】文本框中分别输入 4 和 3，如图 14-26 所示。

(31) 单击【确定】按钮，插入表格并输入文本，如图 14-27 所示。

(32) 选中插入的表格，打开【表格工具】的【设计】选项卡，在【表格样式】组中单击【其他】按钮，从弹出的表格样式列表框中选择【中等深浅底纹 2-强调文字颜色 1】选项，为表格快速应用样式，如图 14-28 所示。

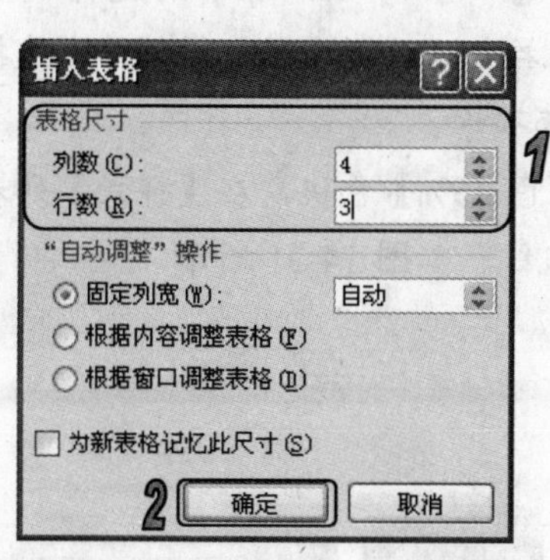

图 14-26 【插入表格】对话框

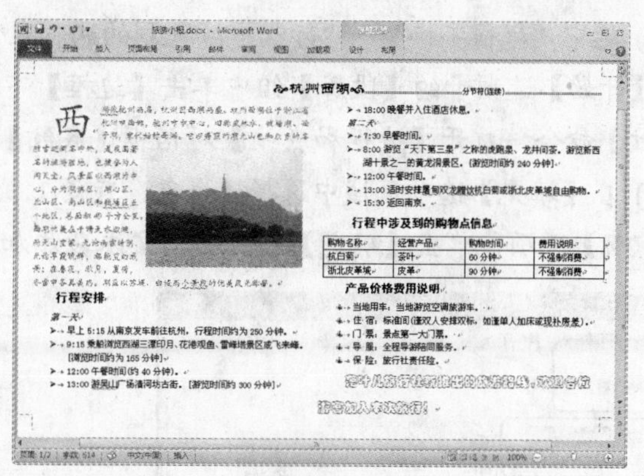

图 14-27 在文档中插入表格

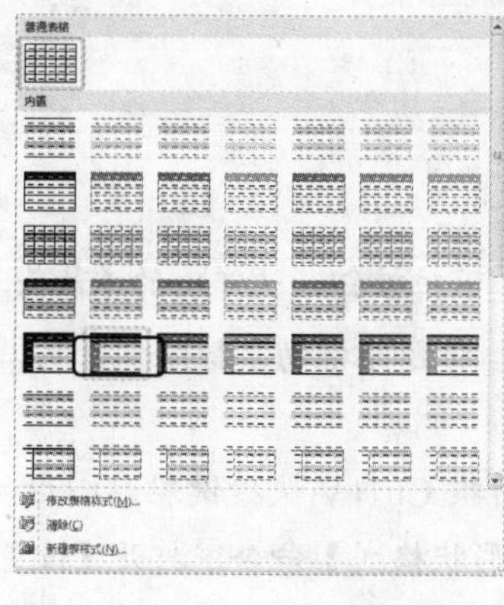

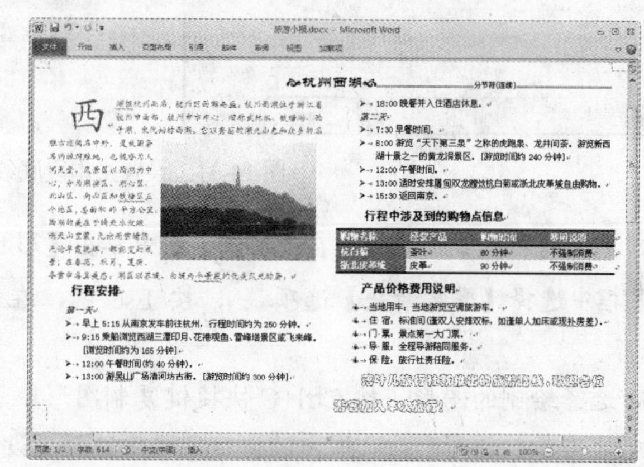

图 14-28 套用表格样式

(33) 选中标题文字，打开【开始】选项卡，在【段落】组中单击【边框】下拉按钮，从弹出的下拉菜单中选择【边框和底纹】命令，打开【边框和底纹】对话框。

(34) 打开【边框】选项卡，在【设置】选项区域中选择【方框】选项，在【线型】选项区域中选择一种样式，在【宽度】下拉列表框中选择【1.5 磅】选项，在【应用于】下拉列表框中选择【文字】选项，如图 14-29 所示。

(35) 单击【确定】按钮，为标题文字添加边框，如图 14-30 所示。

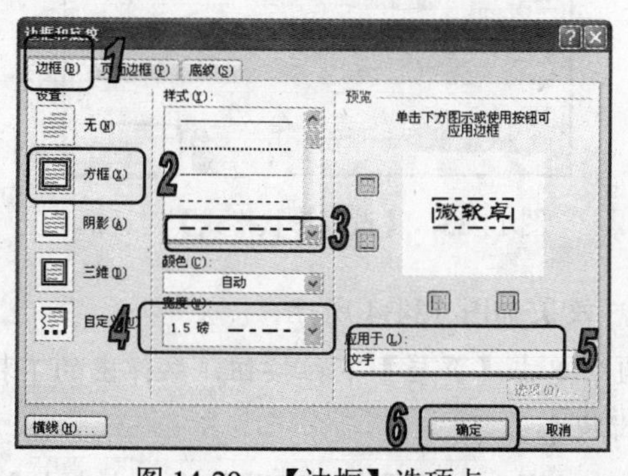

图 14-29 【边框】选项卡

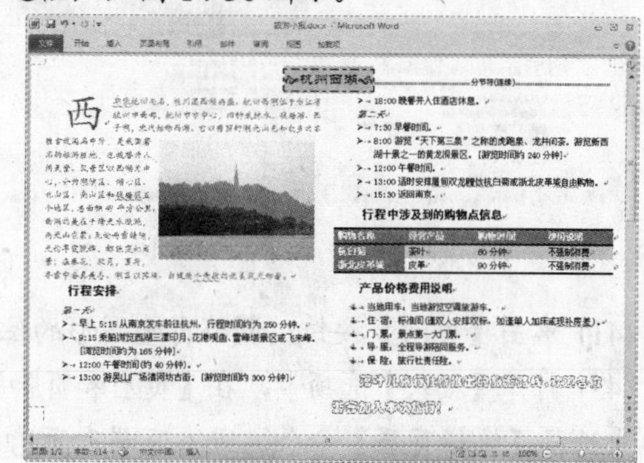

图 14-30 添加边框

(36) 选中“行程安排”、“行程中涉及到的购物点信息”、“产品价格费用说明”段文本，然后在【开始】选项卡的【段落】组中单击【边框】下拉按钮，从弹出的下拉菜单中选择【边框和底纹】命令，打开【边框和底纹】对话框【底纹】选项卡。

(37) 在【填充】选项区域中选择【白色，背景 1，深色 35%】色块，在【样式】列表框中选择【10%】选项，单击【确定】按钮，为文本段添加底纹，如图 14-31 所示。

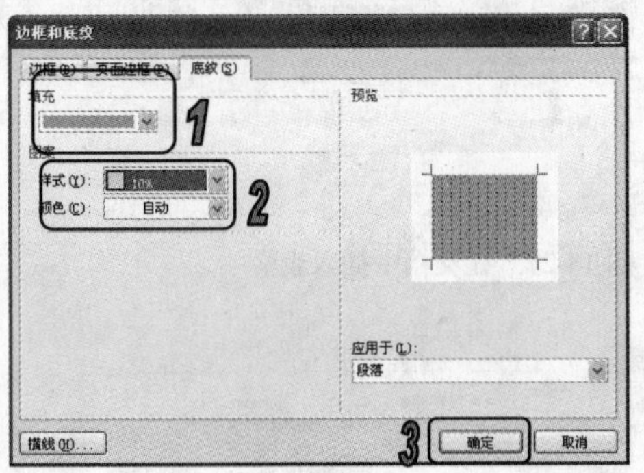

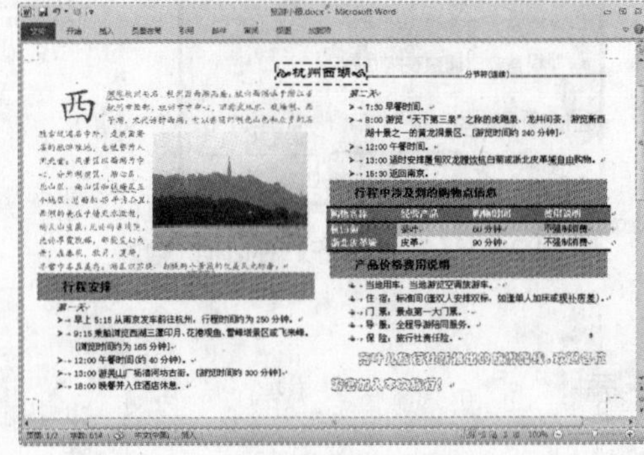

图 14-31　设置文本段底纹

(38) 打开【插入】选项卡，在【插图】组中单击【形状】下拉按钮，从弹出的【箭头总汇】下拉列表框中选择【虚尾箭头】选项，按 Esc 键，在文档标题处拖动鼠标绘制箭头，如图 14-32 所示。

(39) 选择绘制的图形，按 Ctrl+C 快捷键复制图形，然后按 Ctrl+V 快捷键粘贴图形。

(40) 右击复制的图形，从弹出的快捷菜单中选择【设置形状格式】命令，打开【设置形状格式】对话框的【三维旋转】选项卡，在【旋转】选项区域的 X 微调框中输入 180°，如图 14-33 所示。

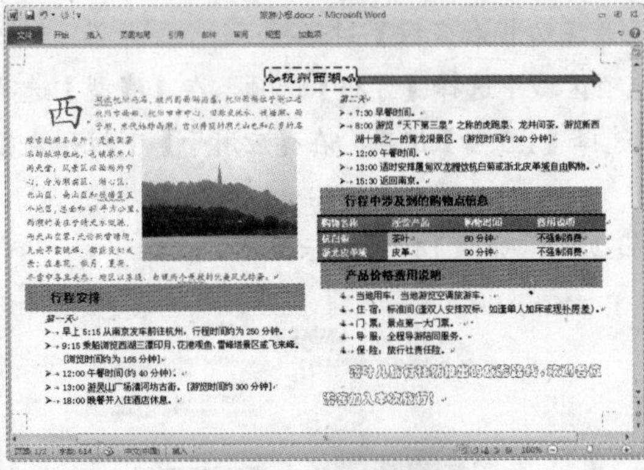

图 14-32　绘制自选图形

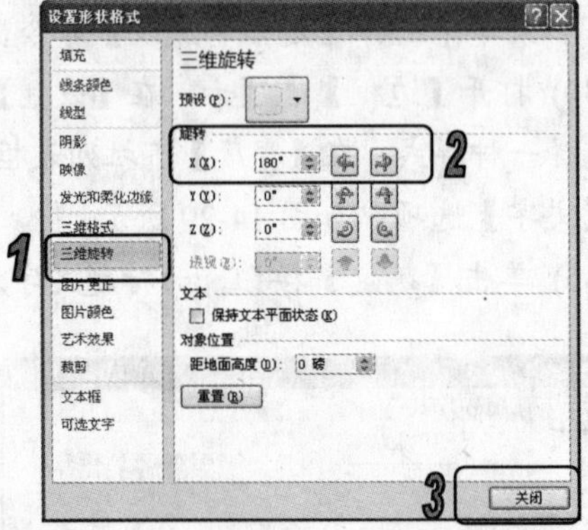

图 14-33　【设置形状格式】对话框

(41) 单击【关闭】按钮，调节自选图形的位置，效果如图 13-34 所示。

(42) 打开【插入】选项卡，在【页眉和页脚】组中单击【页眉】下拉按钮，从弹出的下拉菜单中选择【编辑页眉】命令，进入页眉和页脚编辑状态。

(43) 在页眉区选中输入文本“看西湖美景，品江南名茶”，设置文字字体为【华文隶书】，

字号为【四号】，字体颜色为【绿色】，如图 13-35 所示。

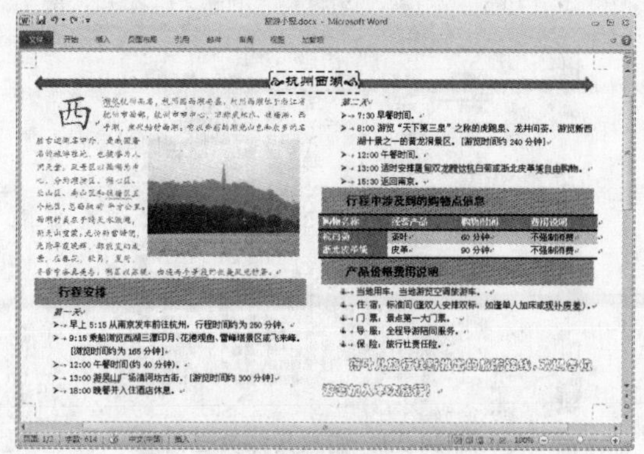

图 14-34　调整自选图形的位置

图 14-35　设置页眉文本

(44) 打开【页眉和页脚工具】的【设计】选项卡，在【关闭】组中单击【关闭页眉和页脚】按钮，退出页眉和页脚编辑状态，此时“旅游小报”就制作完成了，效果如图 14-1 所示。

14.2　制作“员工通讯录”

本例通过制作“员工通讯录”巩固 Excel 2010 的基本操作，包括创建工作簿，调整行、列与单元格格式，输入和修改数据，插入对象等。

(1) 选择【开始】|【所有程序】| Microsoft Office | Microsoft Excel 2010 命令，启动 Excel 2010 应用程序。

(2) 单击【文件】按钮，从弹出的【文件】菜单中选择【保存】命令，打开【另存为】对话框，将“工作簿 1”工作簿以“员工通讯录”为名称保存，如图 14-36 所示。

(3) 在 B5:G5 单元格区域中依次输入“编号”、“姓名”、“性别”、“部门”、“职务”、“联系电话”列标题，完成后如图 14-37 所示。

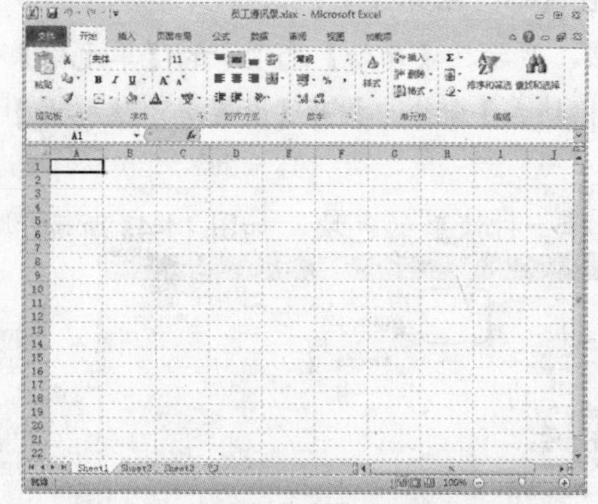

图 14-36　新建“员工通讯录”工作簿

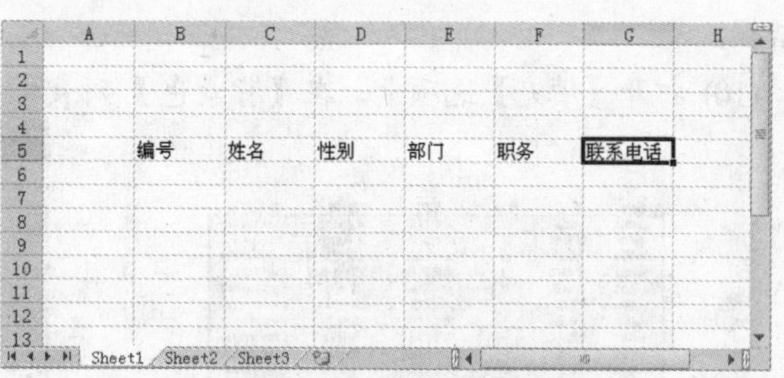

图 14-37　输入列标题

(4) 选定 B5:G5 单元格区域，在【开始】选项卡的【字体】组中单击【加粗】按钮 B；在【对齐方式】组中单击【居中】按钮，设置选定单元格的文本格式，如图 14-38 所示。

(5) 然后在列标题下输入具体员工信息，完成后如图 14-39 所示。

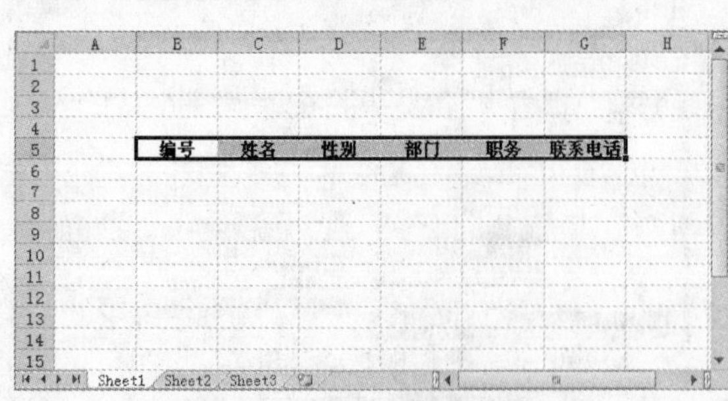

图 14-38　设置列标题格式

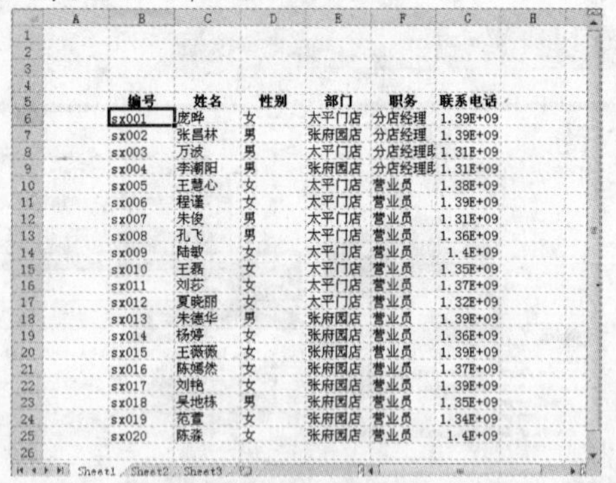

图 14-39　输入具体员工信息

(6) 选定 E、F、G 三列，在【开始】选项卡的【单元格】组中单击【格式】按钮，从弹出的菜单中选择【列宽】命令，打开【列宽】对话框，在【列宽】文本框中输入 12，如图 14-40 所示。

(7) 单击【确定】按钮，即可增大 E、F、G 三列的列宽，效果如图 14-41 所示。

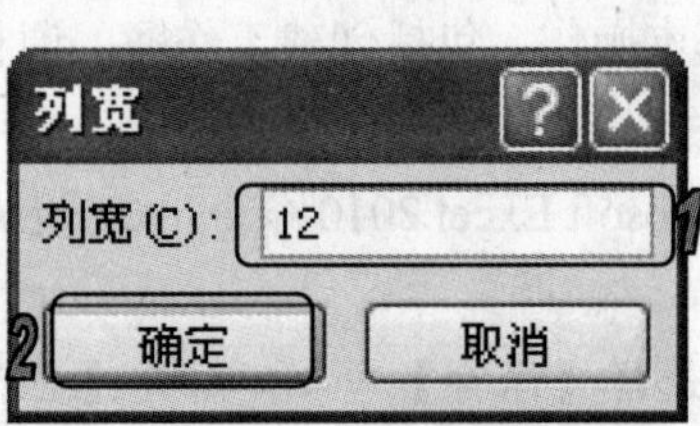

图 14-40　【列宽】对话框

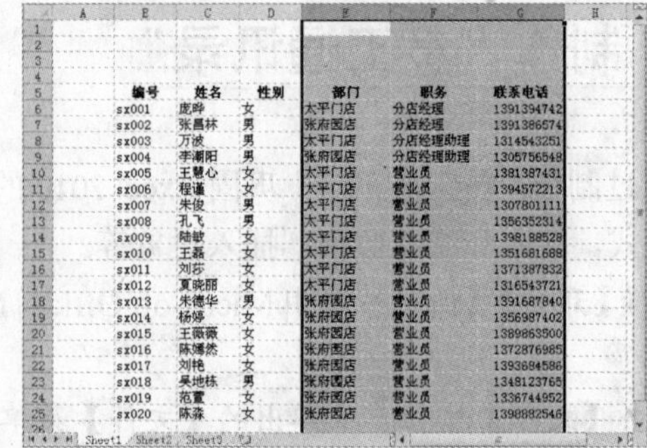

图 14-41　增大列宽

(8) 在工作表中选定具体数据存放的 B6:G25 单元格区域，然后参照步骤(4)设置文本格式为【加粗】、字号为 10，并且【居中】对齐，完成后如图 14-42 所示。

(9) 选定表格中的第一条记录所在的 B6:G6 单元格区域，然后在【开始】选项卡的【单元格】组中，单击【格式】按钮，从弹出的菜单中选择【设置单元格格式】命令，打开【设置单元格格式】对话框。

(10) 打开【填充】选项卡，在【背景色】列表框中选择一种淡蓝的色块，如图 14-43 所示。

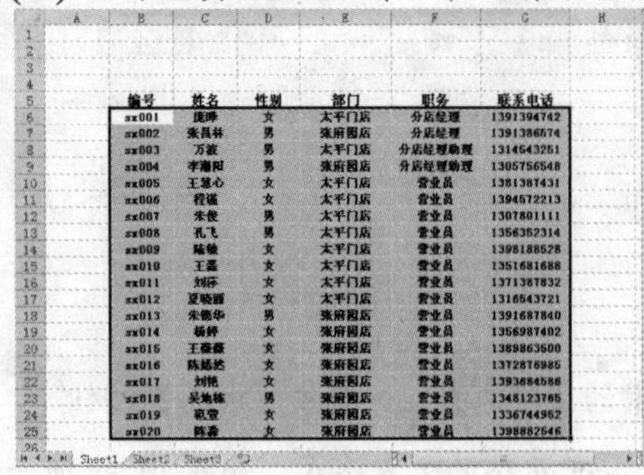

图 14-42　设定文本格式

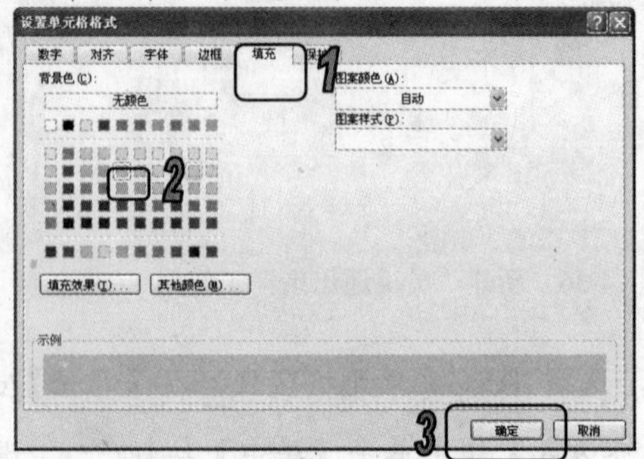

图 14-43　【图案】选项卡

(11) 单击【确定】按钮，即可设置第一条记录的底纹颜色为淡蓝色，如图 14-44 所示。

(12) 使用同样方式依次为编号为单数的记录设置为淡蓝色底纹，完成后效果如图 14-45 所示。

图 14-44　设置底纹颜色

图 14-45　隔行设置底纹颜色

(13) 选择表格所在的 B5:G25 单元格区域，然后打开【设置单元格格式】对话框的【边框】选项卡，在【预置】选项区域中单击【外边框】按钮，然后在【线条】选项区域的【样式】列表中选择一款边框样式，单击【确定】按钮，即可为表格添加边框效果，如图 14-46 所示。

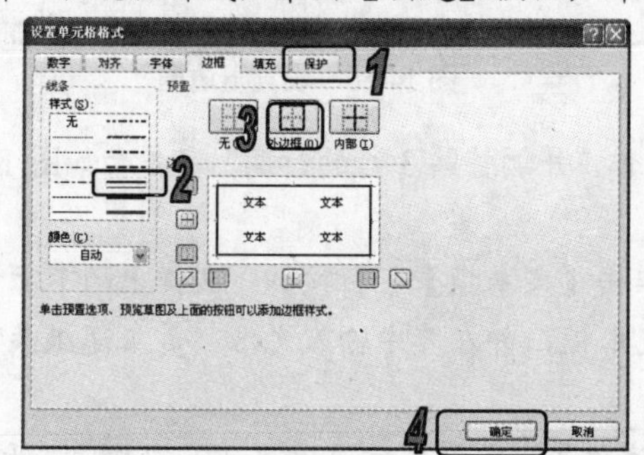

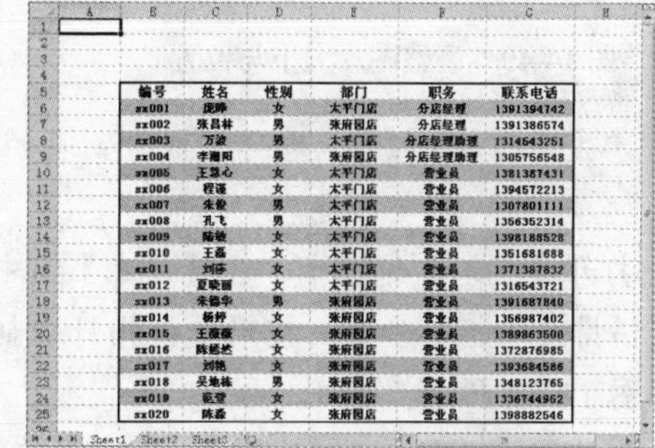

图 14-46　添加边框

(14) 下面添加公司标志图片，选定工作表中的任意单元格，打开【插入】选项卡，在【插图】组中单击【图片】按钮，打开【插入图片】对话框，选择公司标志图片，如图 14-47 所示。

(15) 单击【插入】按钮，即可将其插入工作表中，效果如图 14-48 所示。

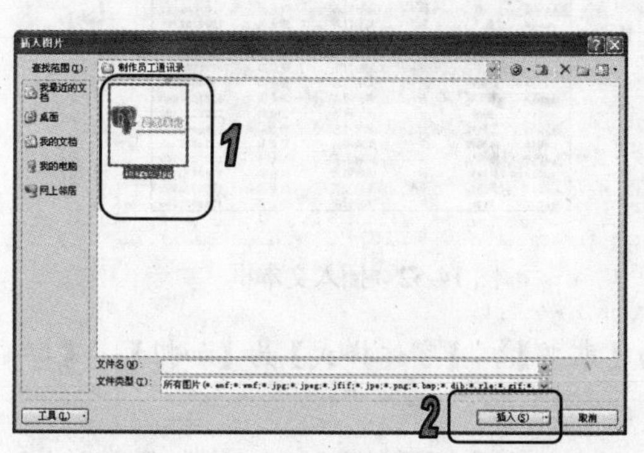

图 14-47　【插入图片】对话框

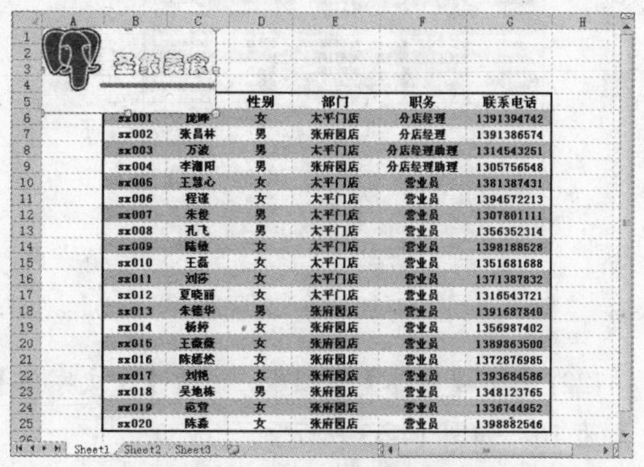

图 14-48　插入图片

(16) 拖动鼠标调整图片大小和第 2 行的行高，并将图片拖放至表格右上角，完成后如图 14-49 所示。

(17) 下面制作分割线把标志图片与表格主体分开。选择 B3:G3 单元格区域，打开【设置单元格格式】对话框的【边框】选项卡。

(18) 在【颜色】下拉列表框中选择【淡蓝】选项，在【线条】选项区域的【样式】列表框中选择较粗的样式，在【边框】选项区域中选择下边框，如图 14-50 所示。

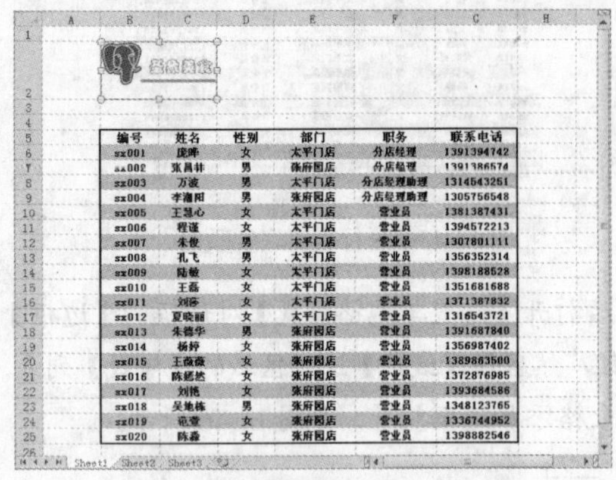

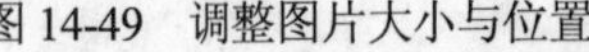

图 14-49　调整图片大小与位置

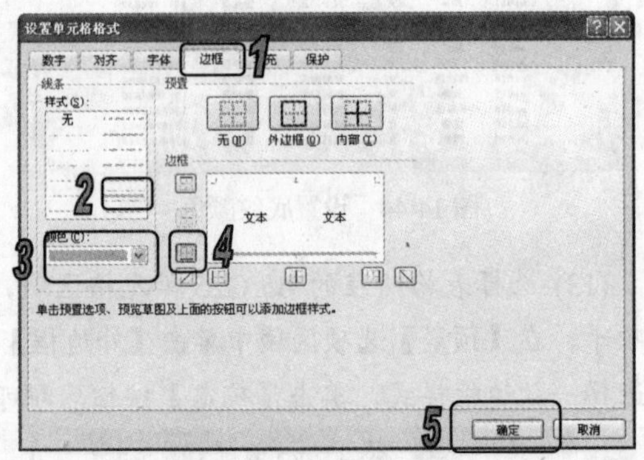

图 14-50　设置下边框

(19) 单击【确定】按钮，即可完成分割表的制作，并调整第 3 行的行高，完成后如图 14-51 所示。

(20) 打开【插入】选项卡，在【文本】组中单击【文本框】下拉按钮，从弹出的下拉菜单中选择【横排文本框】命令，拖动鼠标指针绘制文本框，并在其中输入文本“员工通讯录”，完成后如图 14-52 所示。

(21) 选定文本框，打开【开始】选项卡，在【字体】组中单击对边框启动器按钮，打开【字体】对话框。

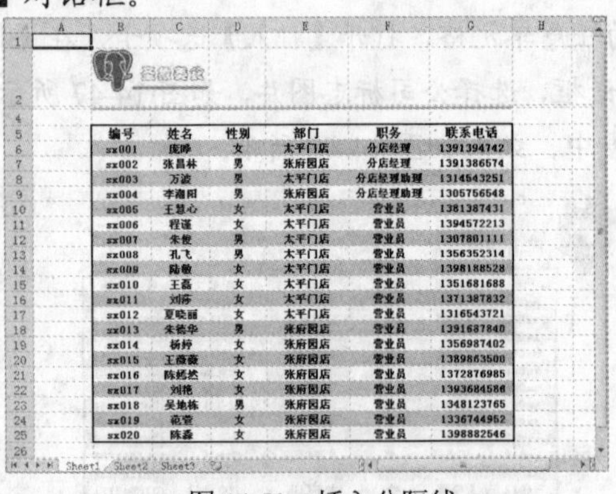

图 14-51　插入分隔线

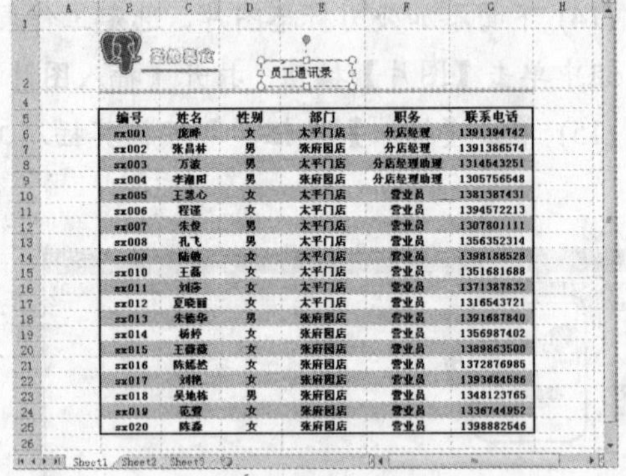

图 14-52　插入文本框

(22) 打开【字体】选项卡，设置【中文字体】为【隶书】，【字体样式】为【加粗】，【字号】为 16，如图 14-53 所示。

(23) 打开【字符间距】选项卡，在【间距】下拉列表框中选择【加宽】选项，在【度量值】微调框中输入 5，单击【确定】按钮，如图 14-54 所示。

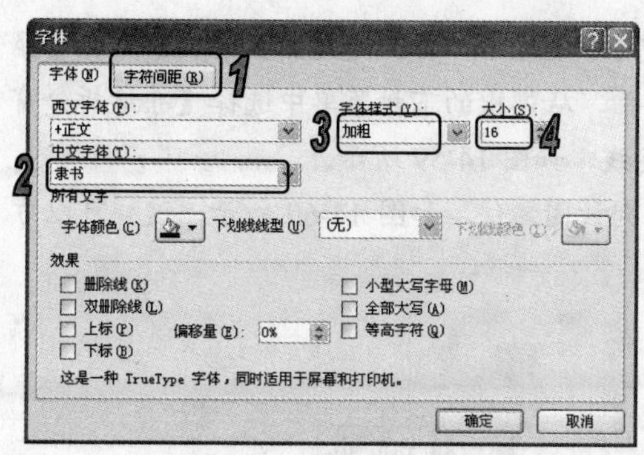

图 14-53　【字体】选项卡

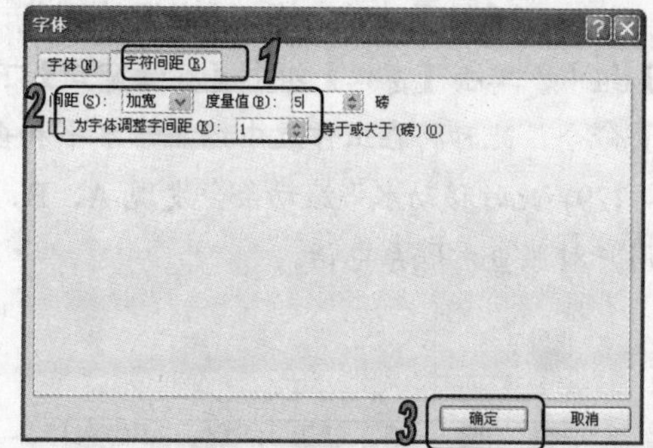

图 14-54　【字符间距】选项卡

(24) 选中文本框，打开【绘图工具】的【格式】选项卡，在【形状样式】组中单击【形状轮廓】下拉按钮，从弹出的下拉菜单中选择【无轮廓】命令，如图 14-55 所示。

(25) 打开【开始】选项卡，【对齐方式】组中单击【居中】按钮，完成对文本框的格式设置，然后拖动文本框调节位置和大小，最终效果如图 14-56 所示。

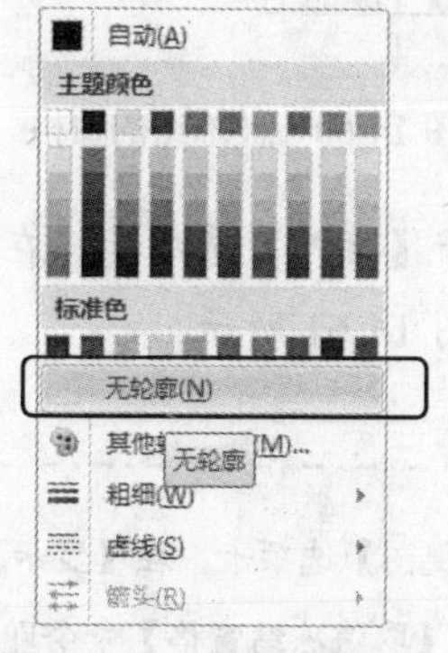

图 14-55　设置无轮廓

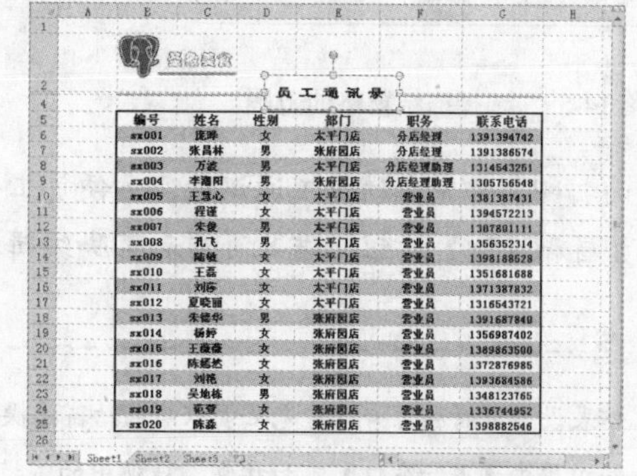

员工通讯录

编号	姓名	性别	部门	职务	联系电话
sx001	庞晔	女	太平门店	分店经理	1391394742
sx002	张昌林	男	张府园店	分店经理	1391386574
sx003	万波	男	太平门店	分店经理助理	1314543251
sx004	李瀚阳	男	张府园店	分店经理助理	1305756548
sx005	王慧心	女	太平门店	营业员	1381387431
sx006	程谨	女	太平门店	营业员	1394572213
sx007	朱俊	男	太平门店	营业员	1307801111
sx008	孔飞	男	太平门店	营业员	1356352314
sx009	陆敏	女	太平门店	营业员	1398188528
sx010	王磊	女	太平门店	营业员	1351681688
sx011	刘莎	女	太平门店	营业员	1371387832
sx012	夏晓丽	女	太平门店	营业员	1316543721
sx013	朱德华	男	张府园店	营业员	1391687840
sx014	杨婷	女	张府园店	营业员	1356987402
sx015	王薇薇	女	张府园店	营业员	1389863500
sx016	陈嫣然	女	张府园店	营业员	1372876985
sx017	刘艳	女	张府园店	营业员	1393684586
sx018	吴地栋	男	张府园店	营业员	1348123765
sx019	范莹	女	张府园店	营业员	1336744952
sx020	陈淼	女	张府园店	营业员	1398882546

图 14-56　设置文本框大小和位置

(26) 下面隐藏工作表中的网格线。打开【视图】选项卡，在【显示】组中取消选中【网格线】复选框，如图 14-57 所示。

(27) 此时系统自动隐藏工作表中的网格线，工作表的效果如图 14-58 所示。

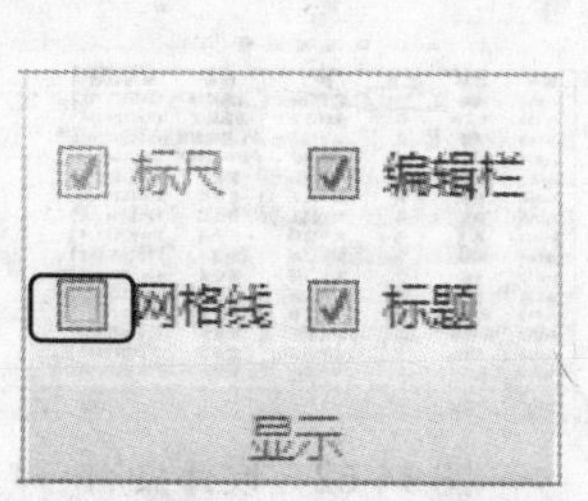

图 14-57　【选项】对话框

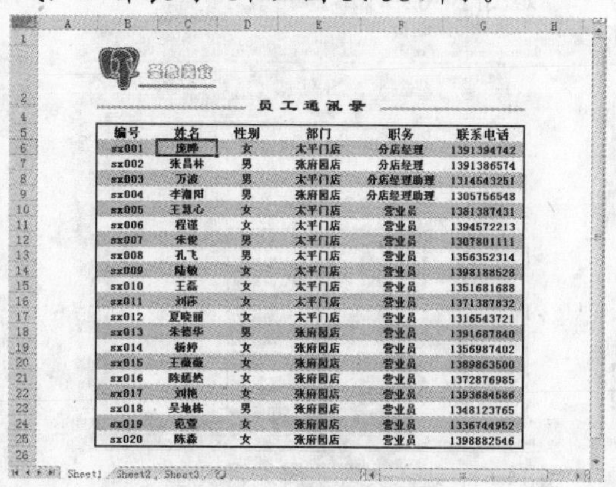

员工通讯录

编号	姓名	性别	部门	职务	联系电话
sx001	庞晔	女	太平门店	分店经理	1391394742
sx002	张昌林	男	张府园店	分店经理	1391386574
sx003	万波	男	太平门店	分店经理助理	1314543251
sx004	李瀚阳	男	张府园店	分店经理助理	1305756548
sx005	王慧心	女	太平门店	营业员	1381387431
sx006	程谨	女	太平门店	营业员	1394572213
sx007	朱俊	男	太平门店	营业员	1307801111
sx008	孔飞	男	太平门店	营业员	1356352314
sx009	陆敏	女	太平门店	营业员	1398188528
sx010	王磊	女	太平门店	营业员	1351681688
sx011	刘莎	女	太平门店	营业员	1371387832
sx012	夏晓丽	女	太平门店	营业员	1316543721
sx013	朱德华	男	张府园店	营业员	1391687840
sx014	杨婷	女	张府园店	营业员	1356987402
sx015	王薇薇	女	张府园店	营业员	1389863500
sx016	陈嫣然	女	张府园店	营业员	1372876985
sx017	刘艳	女	张府园店	营业员	1393684586
sx018	吴地栋	男	张府园店	营业员	1348123765
sx019	范莹	女	张府园店	营业员	1336744952
sx020	陈淼	女	张府园店	营业员	1398882546

图 14-58　隐藏网格线

(28) 下面设置冻结窗格，方便用户浏览。选定 D6 单元格，打开【视图】选项卡，在【显示】组中，单击【窗口】组中【冻结窗口】下拉按钮，从弹出的下拉菜单中选择【冻结拆分窗格】命令，此时将在工作表中经显示水平和垂直直线，如图 14-59 所示。

(29) 此时移动水平滚动条会发现 A、B、C 三列被固定住，如图 14-60 所示，这样可以方便用户对照查看联系电话。

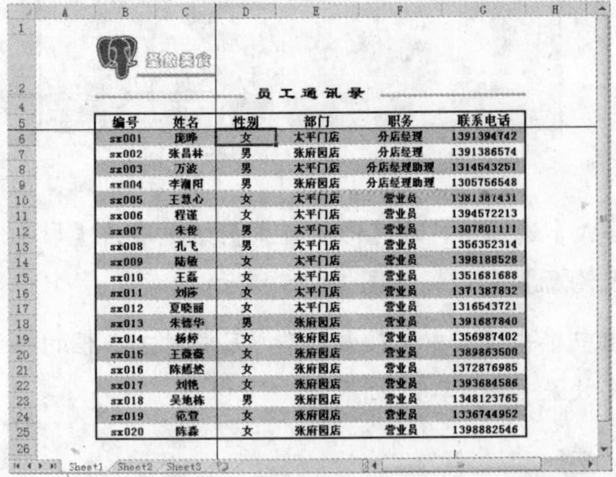

图 14-59 选择冻结窗格的范围

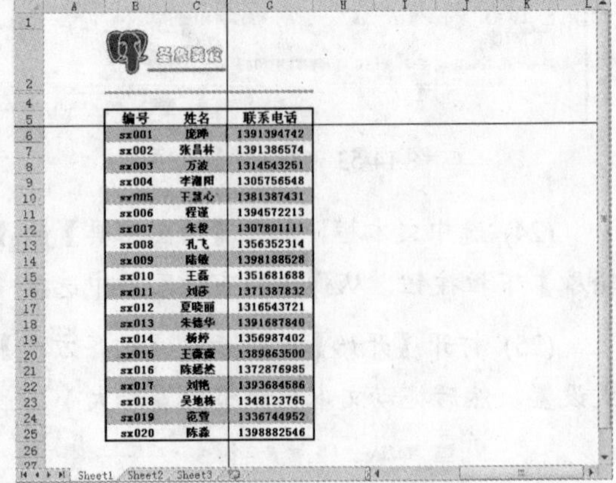

图 14-60 被冻结的窗格

(30) 下面打印制作完成的员工通讯录，方便员工查看。打开【插入】选项卡，在【文本】组中单击【页眉和页脚】按钮，进入页眉和页脚编辑状态，如图 14-61 所示。

知识点

要为工作表设置页眉和页脚，首先必须取消冻结窗格操作，打开【视图】选项卡，在【显示】组中，在【窗口】组中单击【冻结窗口】下拉按钮，从弹出的下拉菜单中选择【取消冻结窗格】命令即可。

(31) 选定页眉最左侧的文本框，打开【页眉和页脚工具】的【设计】选项卡，在【页眉和页脚元素】组中单击【页码】按钮，在左边页眉文本框中插入页码，在最右侧的文本框中输入“圣象美食”，如图 14-62 所示。

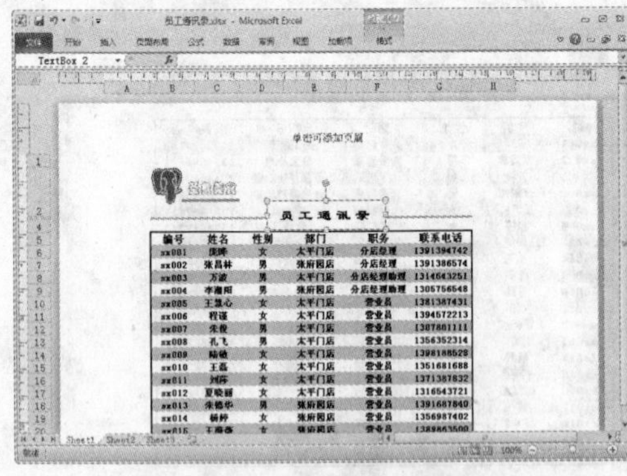

图 14-61 进入页眉/页脚编辑状态

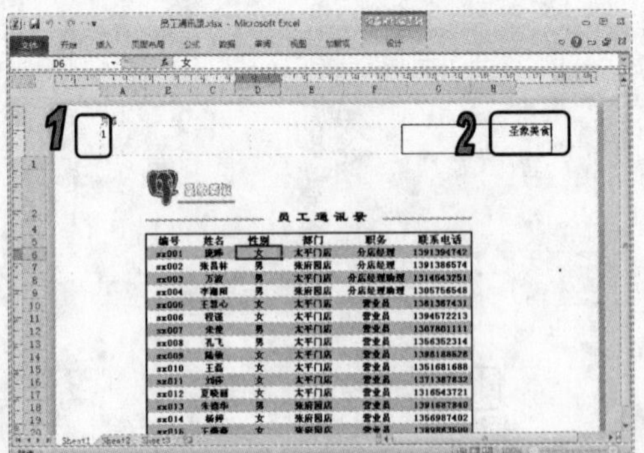

图 14-62 设计页眉

(32) 在页脚处单击【单击可添加页脚】文本框，打开【页眉和页脚工具】的【设计】选项

卡，在【页眉和页脚元素】组中单击【页数】按钮，在文本框中输入“总页数”，如图14-63所示。

(33) 单击【文件】按钮，从弹出的【文件】菜单中选择【打印】按钮，打开Microsoft Office Backstage视图，在右侧的窗格中可以打印预览工作表。

(34) 在中间的窗格的【打印机】下拉列表框中选择要使用的打印机；在【份数】选项区域的【打印份数】文本框中输入20，单击【打印】按钮，如图14-64所示，即可打印“员工通讯录”工作表。

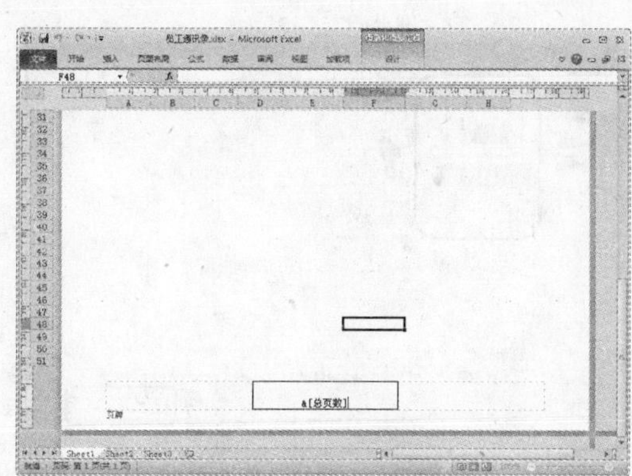

图14-63 设计页脚

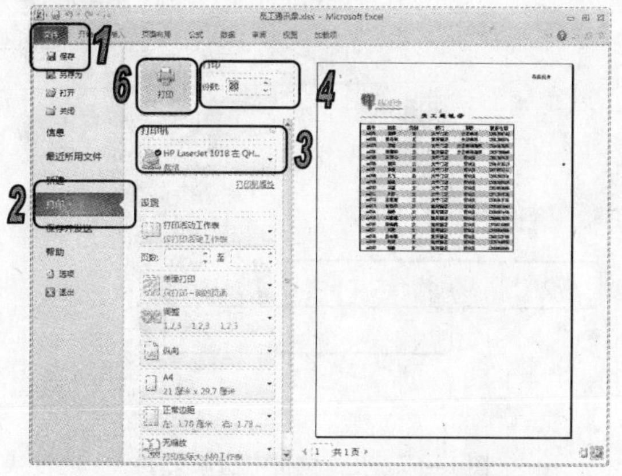

图14-64 打印预览和打印工作表

14.3 制作市场推广计划

本例通过制作“市场推广计划”巩固应用文本框、艺术字、自选图形来修饰幻灯片，并为幻灯片标题和内容添加动画效果，同时也为插入的图示设置特定的三维效果。

(1) 启动PowerPoint 2010应用程序，打开一个空白演示文稿。

(2) 单击【文件】按钮，从弹出的菜单中选择【新建】命令，打开Microsoft Office Backstage视图，在中间的任务窗格中选择【我的模板】选项，打开【新建演示文稿】对话框。

(3) 在【个人模板】列表框中选择自定义添加的【设计模板5】选项，单击【确定】按钮，如图14-65所示。

(4) 此时自动新建一个基于【设计模板5】样式的演示文稿，效果如图14-66所示。

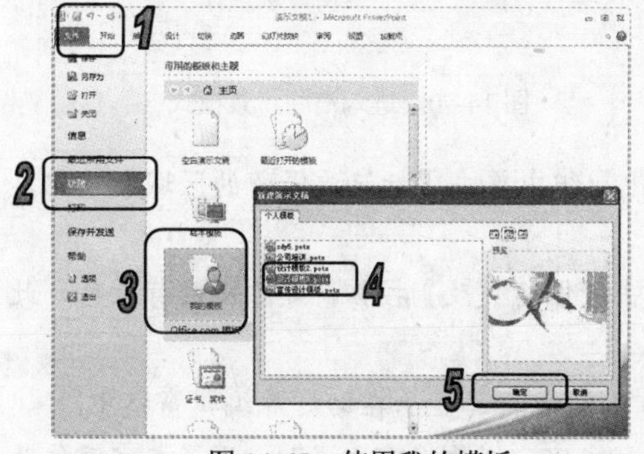

图14-65 使用我的模板

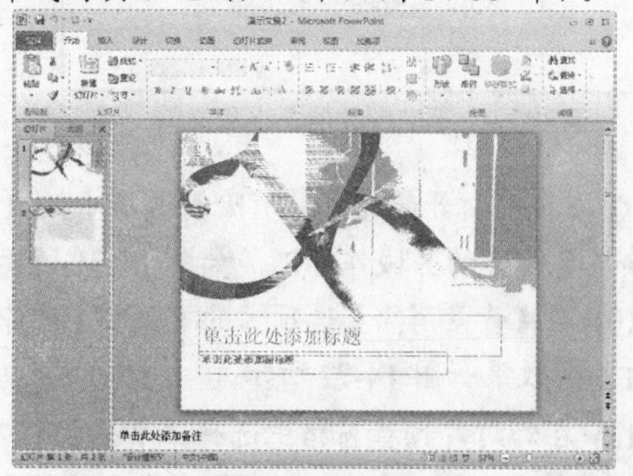

图14-66 新建一个基于模板的演示文稿

(5) 在【单击此处添加标题】文本占位符中输入文字“2011 市场推广计划”，使用【开始】选项卡的【字体】组中的命令按钮，设置文字字体为【华文行楷】，字号为 48，字形为【加粗】；在【单击此处添加副标题】文本占位符中输入文字“家庭影院宣传”，设置文字字体为【宋体】，字号为 32，文字对齐方式为【右对齐】，此时幻灯片效果如图 14-67 所示。

(6) 打开【插入】选项卡，在【图像】组中单击【图片】按钮，选择需要插入的图片，如图 14-68 所示。

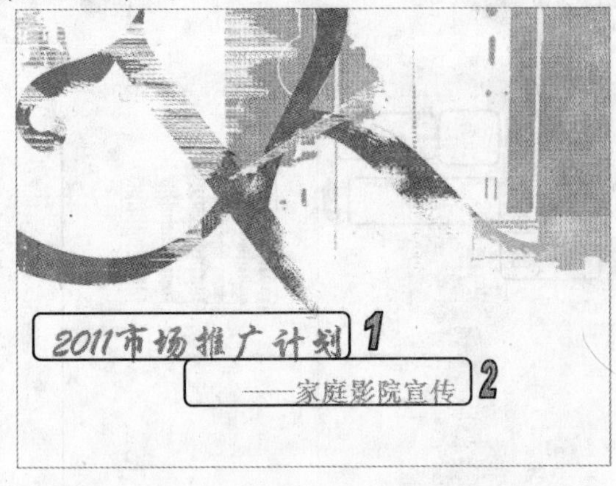

图 14-67　在占位符中输入文字

图 14-68　在幻灯片中插入图片

(7) 单击【插入】按钮，在幻灯片中插入图片，并拖动鼠标调节图片的位置和大小，效果如图 14-69 所示。

(8) 选中图形，打开【图片工具】的【格式】选项卡，在【调整】组中单击【删除按钮】按钮，此时在图片中出现紫色的背景填充效果，如图 14-70 所示。

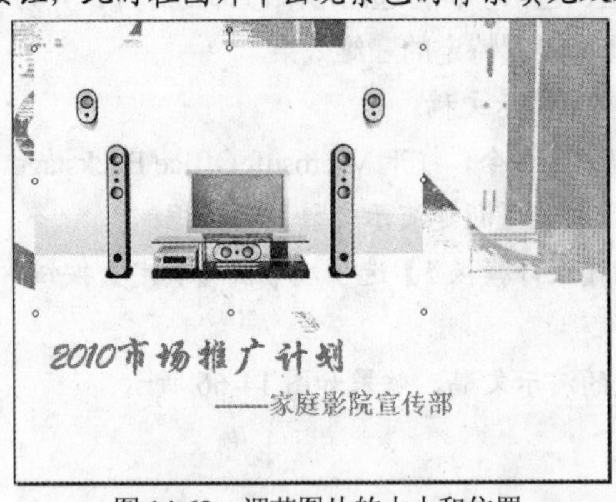

图 14-69　调节图片的大小和位置

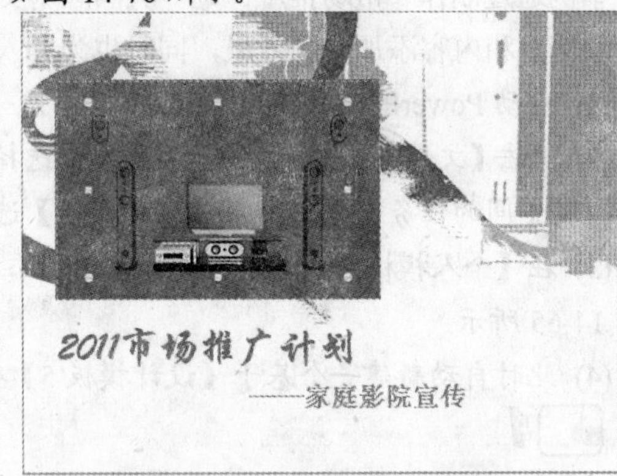

图 14-70　进入消除背景模式

(9) 在自动打开的【背景消除】选项卡的【优化】组中单击【标记要保留的区域】按钮，然后单击要保留的区域作标记，如图 14-71 所示。

(10) 在【背景消除】选项卡的【关闭】组中单击【保留更改】按钮，删除图片背景色，此时幻灯片的效果如图 14-72 所示。

(11) 在幻灯片预览窗格中选择第 2 张幻灯片缩略图，将其显示在幻灯片编辑窗格中。

(12) 在【单击此处添加标题】文本占位符中输入文字“媒体发布方式”，设置文字字体为

【华文琥珀】，字号为 48；选中【单击此处添加文本】文本占位符，按下 Delete 键将其删除，如图 14-73 所示。

(13) 打开【插入】选项卡，在【插图】组中单击 SmartArt 按钮，打开【选择 SmartArt 图形】对话框，在【选择图示类型】列表中选择【基本棱锥图】选项，如图 14-74 所示。

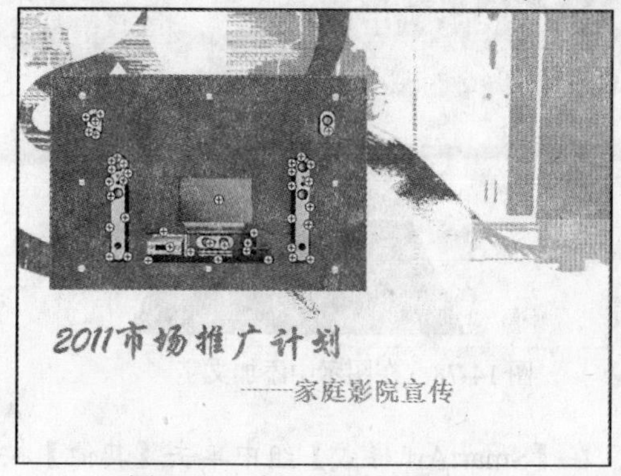

图 14-71　标记保留的图片区域

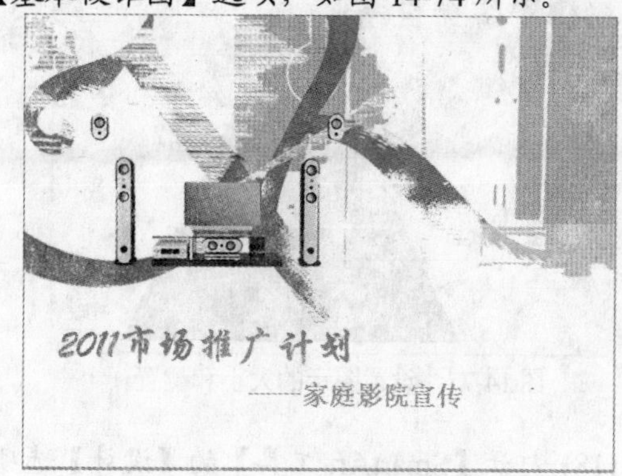

图 14-72　删除图片背景色

图 14-73　删除占位符后的幻灯片效果

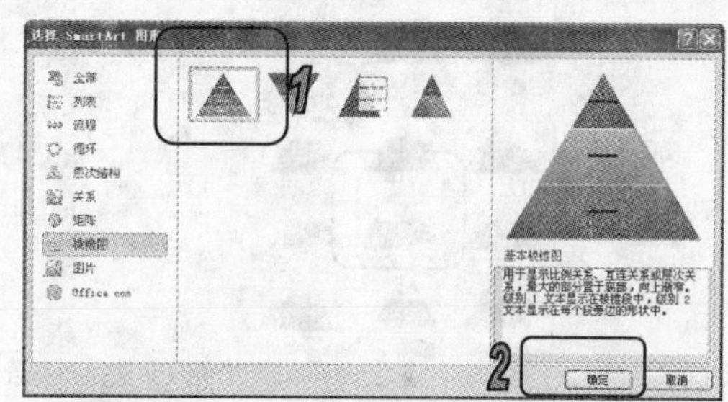

图 14-74　【插入 SmartArt 图形】对话框

(14) 单击【确定】按钮，在幻灯片中插入 SmartArt 图形，如图 14-75 所示。

(15) 打开【SmartArt 工具】的【设计】选项卡，在【SmartArt 样式】组中单击【更改颜色】按钮，从弹出的列表框中选择一种彩色系列的样式，快速为图形更改颜色，如图 14-76 所示。

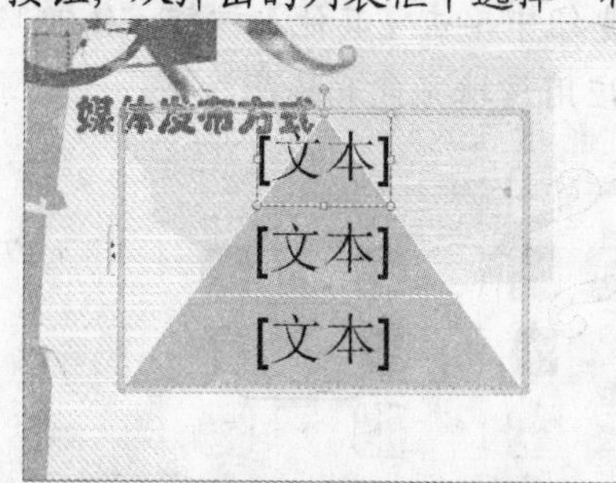

图 14-75　在幻灯片中插入图示

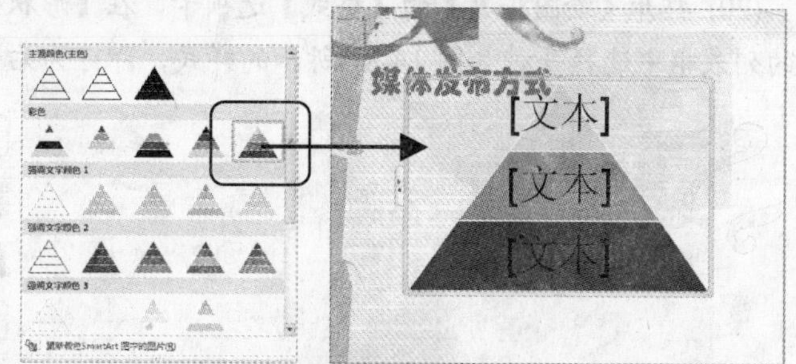

图 14-76　为图形更改颜色

(16) 打开【SmartArt 工具】的【格式】选项卡，在【大小】组中【高度】和【宽度】文本框中输入“15 厘米”，设置 SmartArt 图形大小，并调整至合适的位置，效果如图 14-77 所示。

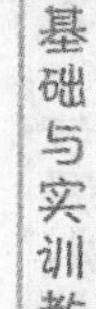

(17) 在【[文本]】占位符中分别输入如图 14-78 所示的文字，设置文字字号为 28，字形为【加粗】。

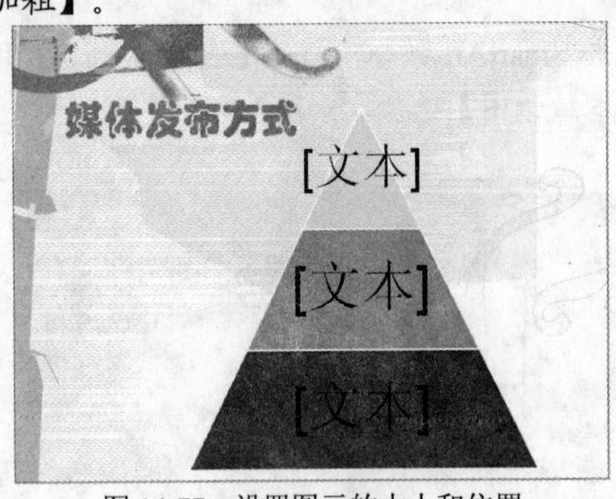

图 14-77 设置图示的大小和位置

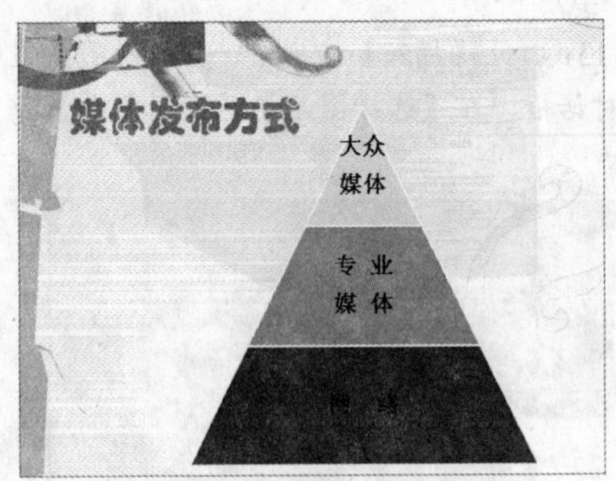

图 14-78 在图示中添加文字

(18) 打开【SmartArt 工具】的【设计】选项卡，在【SmartArt 样式】组中单击【其他】按钮，从弹出的列表框中选择【砖块场景】样式，快速为图形应用该样式，如图 14-79 所示。

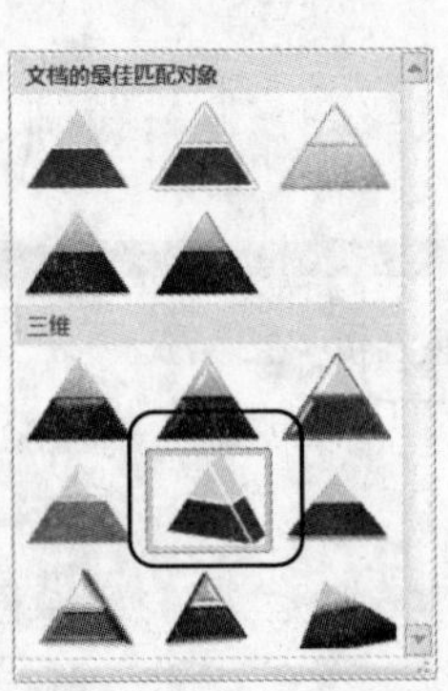

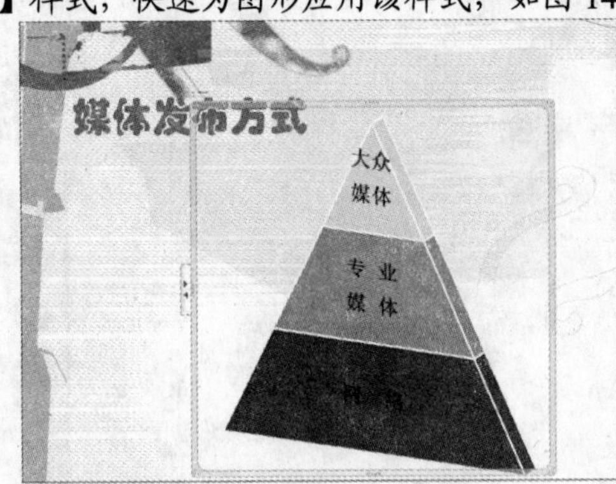

图 14-79 快速应用 SmartArt 样式

(19) 打开【插入】选项卡，在【插图】组中单击【形状】下拉按钮，从弹出的下拉列表框【箭头总汇】选项区域中选择【右箭头】选项，返回到幻灯片中绘制一条右箭头，如图 14-80 所示。

(20) 打开【绘图工具】的【格式】选项卡，在【形状样式】组中单击【其他】按钮，从弹出的列表框中选择一种如图 14-81 所示的样式，即可为右箭头应用该填充色和轮廓效果。

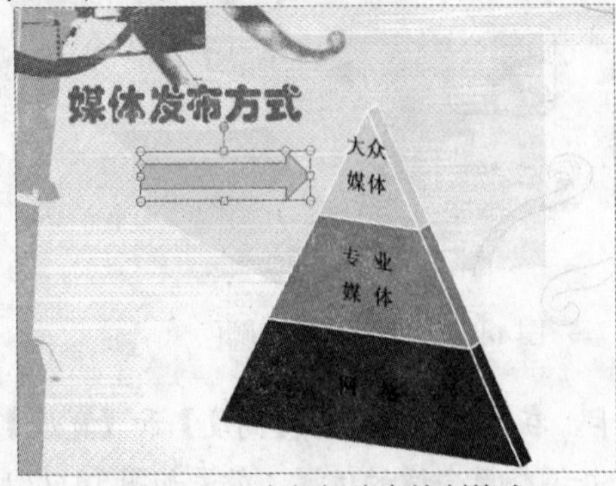

图 14-80 在幻灯片中绘制箭头

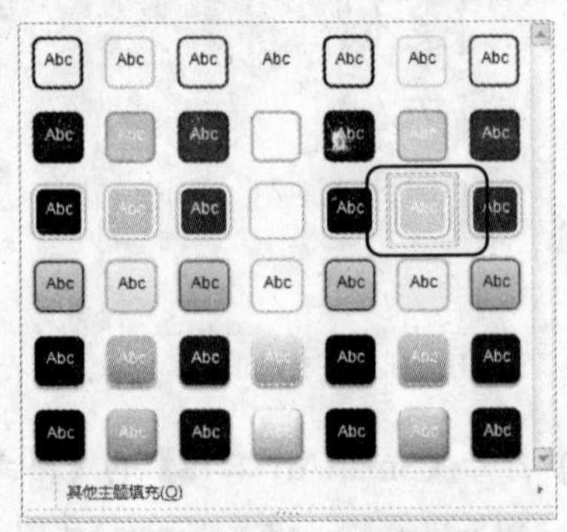

图 14-81 设置箭头的形状样式

(21) 在幻灯片中复制粘贴两个相同的箭头，设置其填充颜色，并调节其位置，效果如图 14-82 所示。

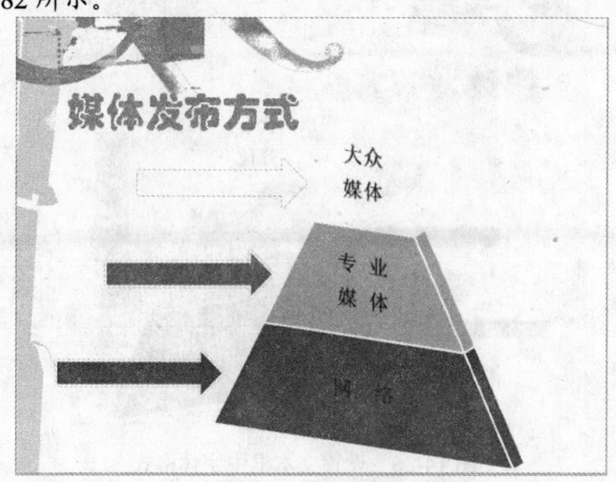

图 14-82　添加其他箭头图形

知识点

选中箭头图形，图形周围将出现一个黄色形状控制点，拖动该控制点将调整箭头顶端的形状样式。

(22) 打开【插入】选项卡，在【文本】组中单击【文本框】下拉按钮，从弹出的下拉菜单中选择【垂直文本框】命令，在幻灯片中插入一个竖排文本框，并在文本框中输入文字“广告宣传策略”，如图 14-83 所示。

(23) 右击文本框，在弹出的快捷菜单中选择【设置形状格式】命令，打开【设置形状格式】对话框。

(24) 打开【填充】选项卡，在【填充】选项区域中选中【纯色填充】单选按钮，单击【颜色】下拉列表，在打开的菜单中选择如图 14-84 所示的绿色色块。

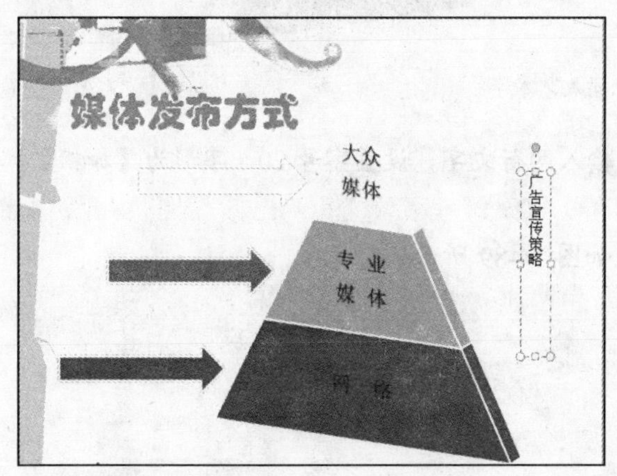

图 14-83　插入竖排文本框

图 14-84　设置文本框的填充色

(25) 打开【线条颜色】选项卡，在【线条颜色】选项区域中选中【实线】单选按钮，在【颜色】下拉列表中选择如图 14-85 所示的白色色块选项，单击【关闭】按钮。

(26) 设置文本框中的文字字号为 24，字型为【加粗】，字体效果为【阴影】，文本【居中对齐】，并调整该文本框在幻灯片中的位置，使其如图 14-86 所示。

(27) 打开【插入】选项卡，在【文本】组中单击【艺术字】下拉按钮，在弹出的下拉列表框中选择一种艺术字样式，即可在幻灯片中快速插入该样式的艺术字，如图 14-87 所示。

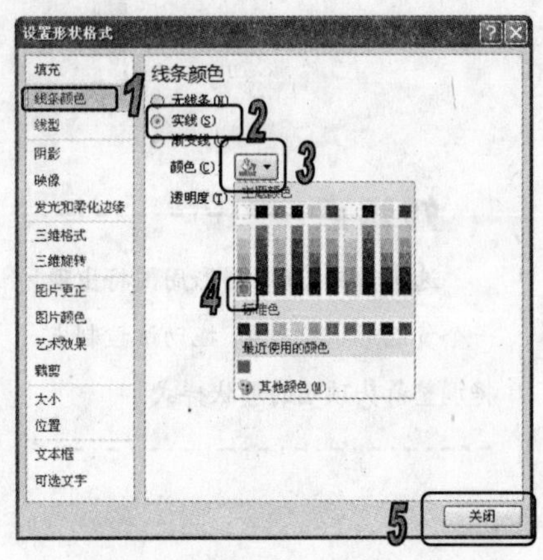

图 14-85 设置水平文本框线条颜色

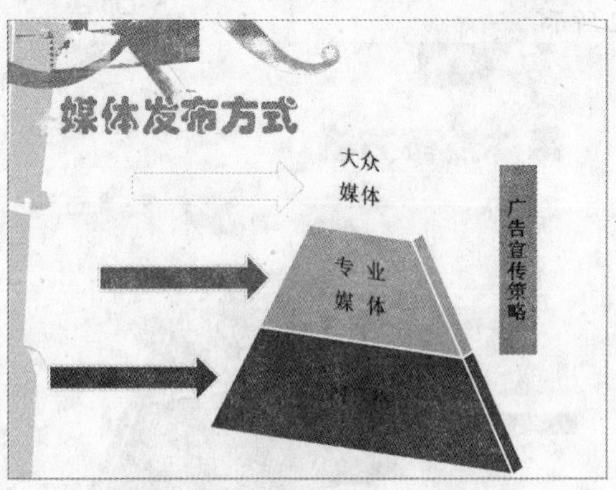

图 14-86 设置文本框中字体格式

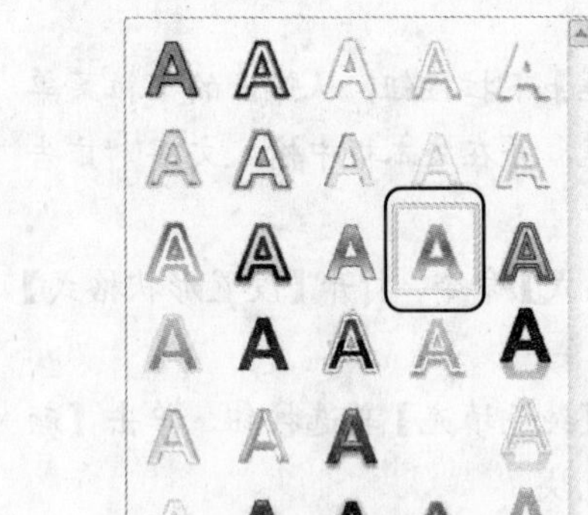

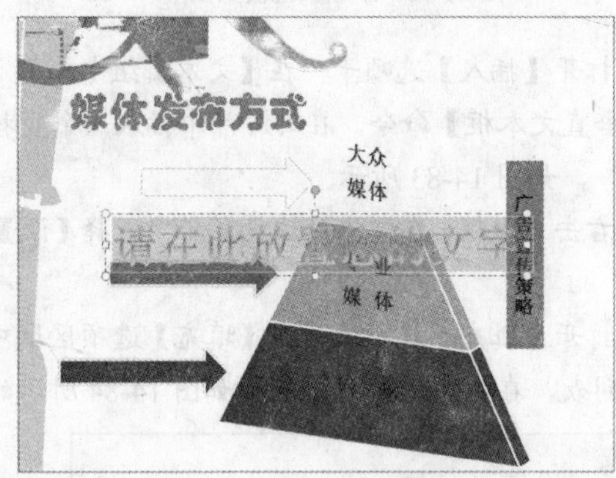

图 14-87 插入艺术字

(28) 在【请在此放置您的文字】文本框中输入两行文字，设置字号 20，字形为【加粗】，并调节其位置，效果如图 14-88 所示。

(29) 参照步骤(27)~(38)，在幻灯片中插入如图 14-89 所示的艺术字。

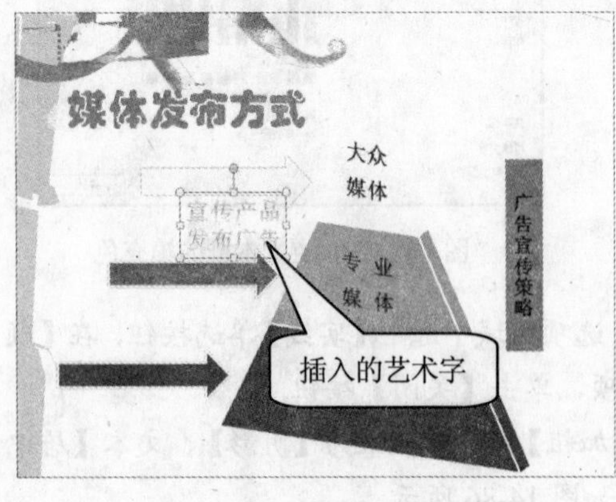

图 14-88 输入艺术字文本

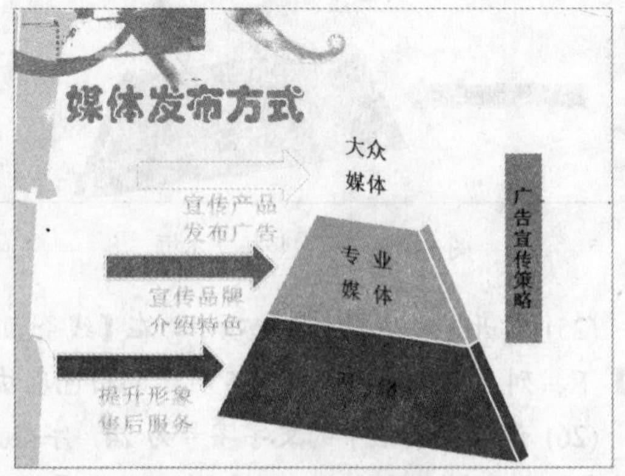

图 14-89 插入的其他艺术字

(30) 打开【开始】选项卡，在【幻灯片】组中单击【新建幻灯片】按钮，在第 2 张幻灯片后面插入一张新幻灯片。

(31) 在幻灯片的两个文本占位符中输入如图 14-90 所示的文字，设置标题文字字体为【华文隶书】，字号为 48，字型为【加粗】，字体效果为【阴影】；设置文本文字的字号为 28，字型为【加粗】。

(32) 选中文本占位符，打开【开始】选项卡，在【段落】组中单击【项目符号】下拉按钮 ，从弹出的下拉菜单中选择【项目符号和编号】命令，打开【项目符号和编号】对话框。

(33) 打开【项目符号】选项卡，单击【图片】按钮，如图 14-91 所示。

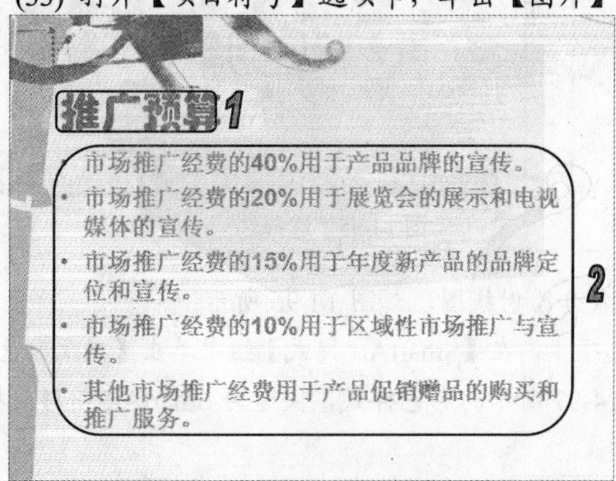

图 14-90 在占位符中输入文字

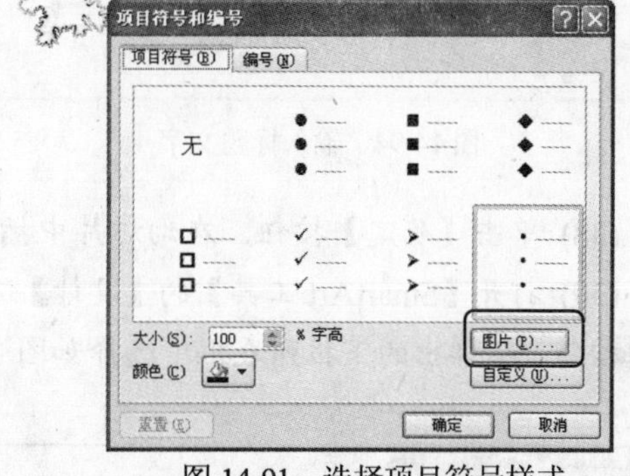

图 14-91 选择项目符号样式

(34) 打开【图片】对话框，选择如图 14-92 所示的图片样式，单击【确定】按钮，此时文本占位符中的段落将添加该项目图片，效果如图 14-93 所示。

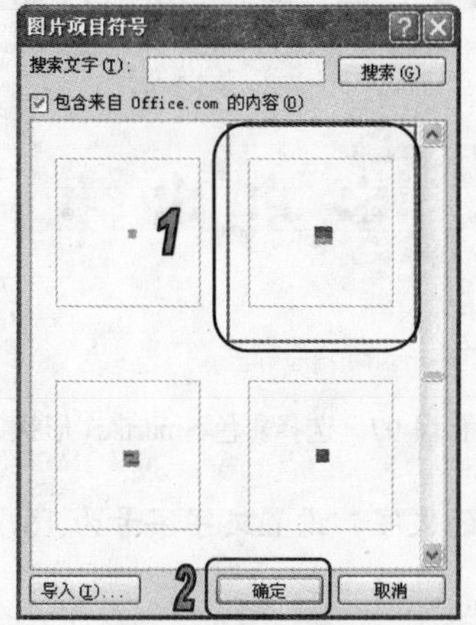

图 14-92 【图片项目符号】对话框

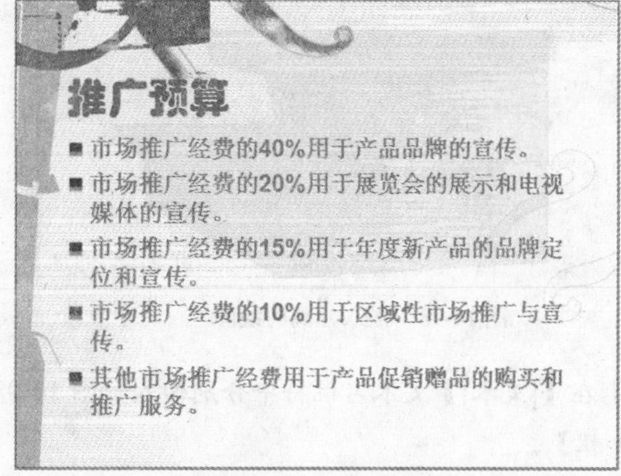

图 14-93 输入项目符号

(35) 打开【开始】选项卡，在【幻灯片】组中单击【新建幻灯片】按钮，在第 3 张幻灯片后面插入一张新幻灯片。

(36) 在幻灯片的标题占位符中输入并设置标题文本，按 Delete 键，删除文本占位符，如图 14-94 所示。

(37) 打开【插入】选项卡，在【插图】组中单击 SmartArt 按钮，打开【选择 SmartArt 图形】对话框，选择一种循环样式的图形，如图 14-95 所示。

图 14-94　输入标题文字

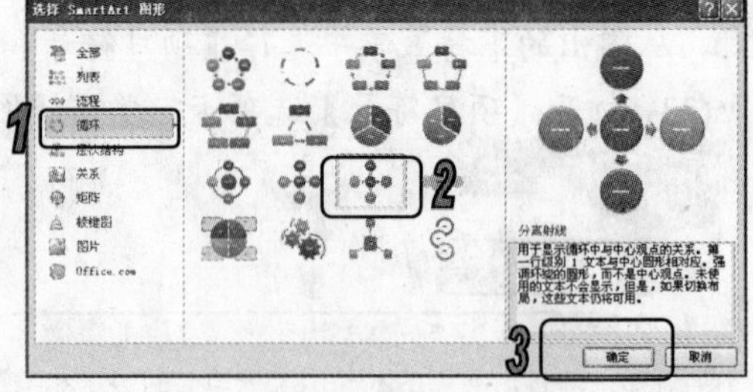

图 14-95　选择 SmartArt 图形

(38) 单击【确定】按钮，在幻灯片中插入分离射线图，如图 14-96 所示。

(39) 打开【SmartArt 工具】的【设计】选项卡，在【SmartArt 样式】组中单击【更改颜色】下拉按钮，从弹出的下拉列表框中选择如图 14-97 所示的彩色样式，快速为 SmartArt 图形更换颜色。

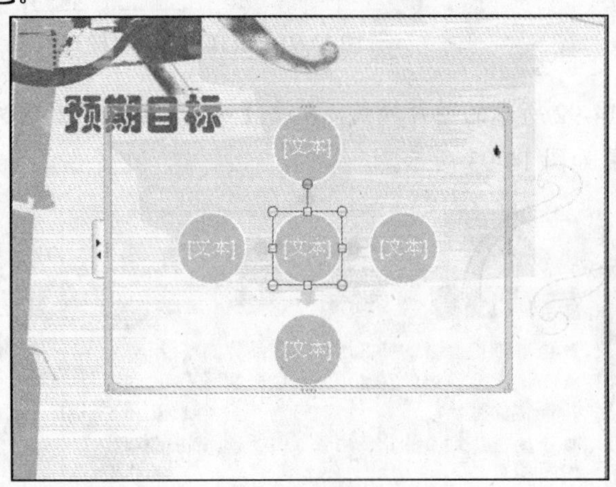

图 14-96　插入分离射线图

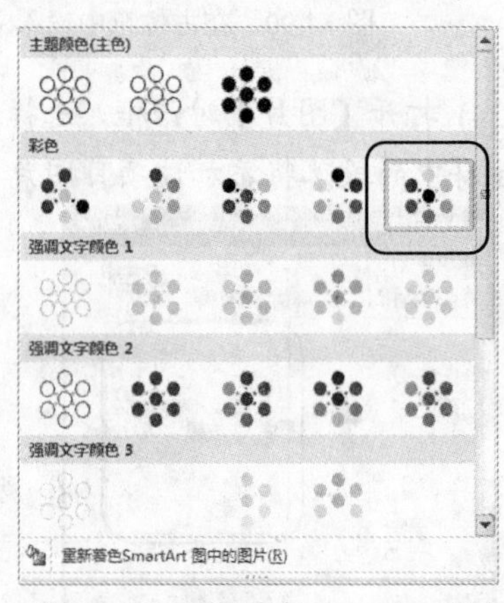

图 14-97　选择彩色 SmartArt 形状

(40) 在【[文本]】文本占位符中分别输入如图 14-98 所示的文字，设置文字字号为 16，字型为【加粗】。

(41) 选中“提高服务质量”形状，打开【SmartArt 工具】的【设计】选项卡，在【创建图形】组中单击【添加形状】按钮，添加一个形状，并在其中输入和设置文本，如图 14-99 所示。

(42) 选中 SmartArt 图形，在【SmartArt 样式】组中单击【其他】按钮，从弹出的列表框中选择如图 14-100 所示的 SmartArt 样式，快速应用该 SmartArt 样式。

(43) 拖动鼠标调节 SmartArt 图形的大小和位置，效果如图 14-101 所示。

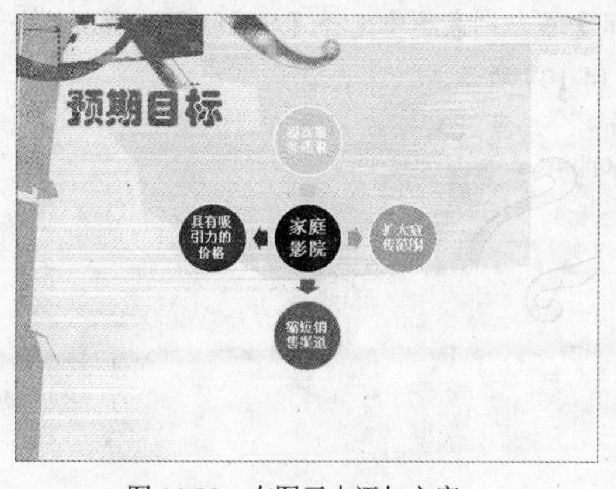

图 14-98　在图示中添加文字

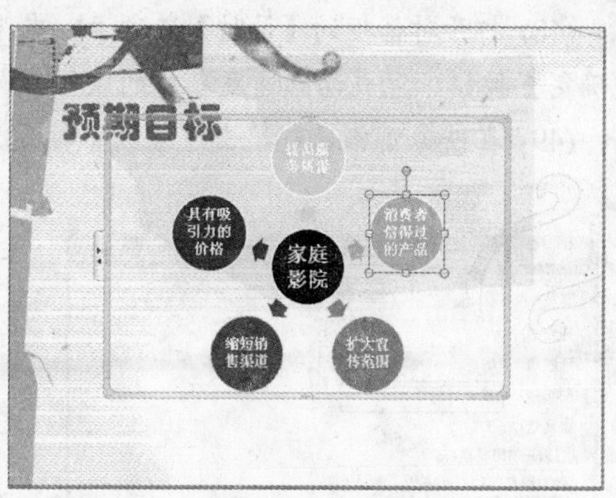

图 14-99　添加形状

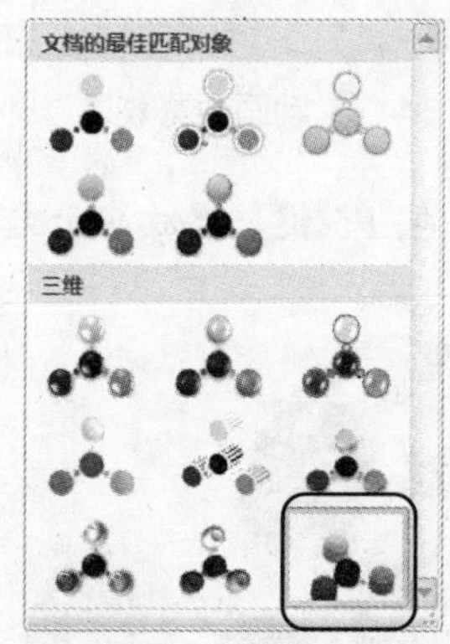

图 14-100　选择形状样式

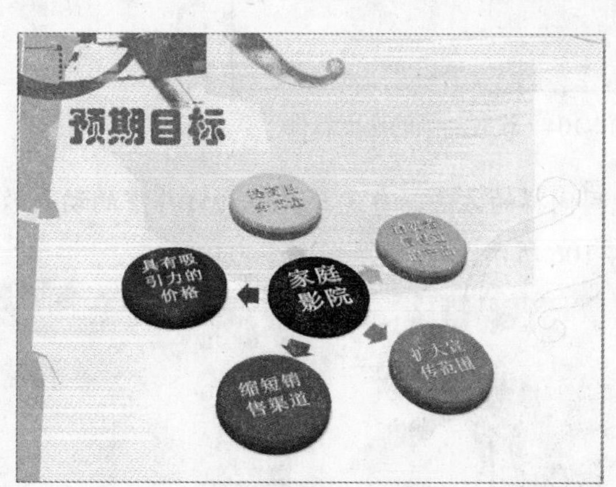

图 14-101 快速 SmartArt 样式

(44) 在幻灯片预览窗格中选择第 3 张幻灯片缩略图，将其显示在幻灯片编辑窗格中。

(45) 选中除标题文字外的所有文本，打开【动画】选项卡，在【高级动画】组中单击【添加动画】按钮，从弹出的菜单中选择【更多进入效果】按钮，打开【添加进入效果】对话框。

(46) 在【温和型】列表框中选择【翻转式由远及近】选项，如图 14-102 所示。

(47) 在【动画】选项卡的【高级动画】组中单击【动画窗格】按钮，打开【动画窗格】任务窗格，右击动画，从弹出的快捷菜单中选择【效果选项】命令，如图 14-103 所示。

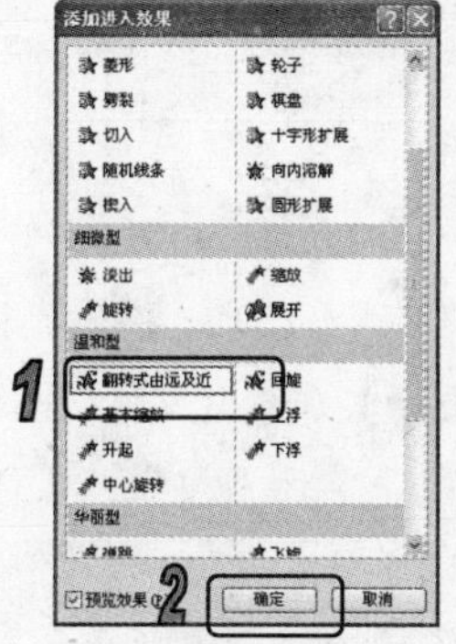

图 14-102　【添加进入效果】对话框

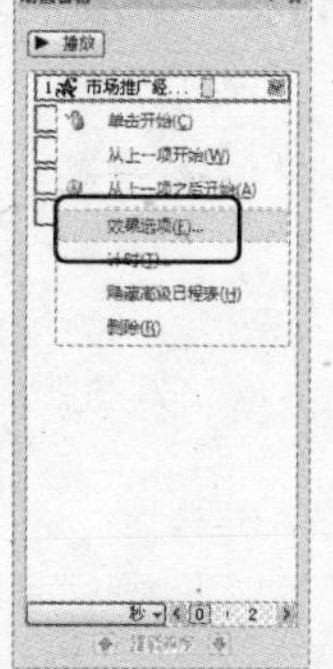

图 14-103　【动画窗格】任务窗格

(48) 打开对话框的【计时】选项卡，在【期间】下拉列表框中选择【非常快】选项，单击【确定】按钮，完成动画速度属性的设置，如图 14-104 所示。

(49) 在任务窗格底部单击【播放】按钮▶ 播放，动画效果预览如图 14-105 所示。

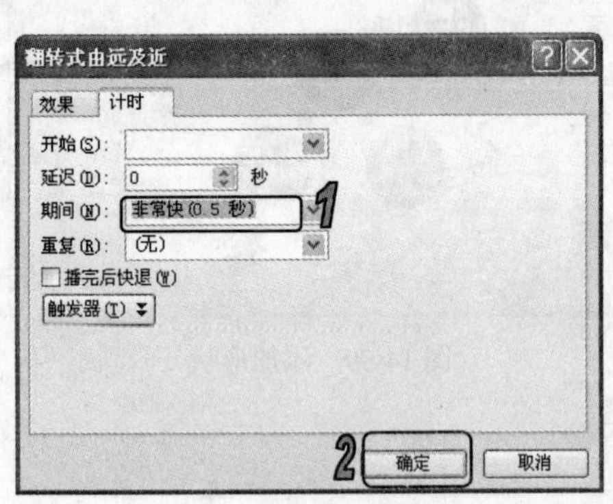

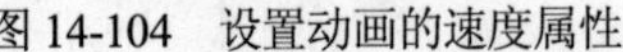

图 14-104 设置动画的速度属性

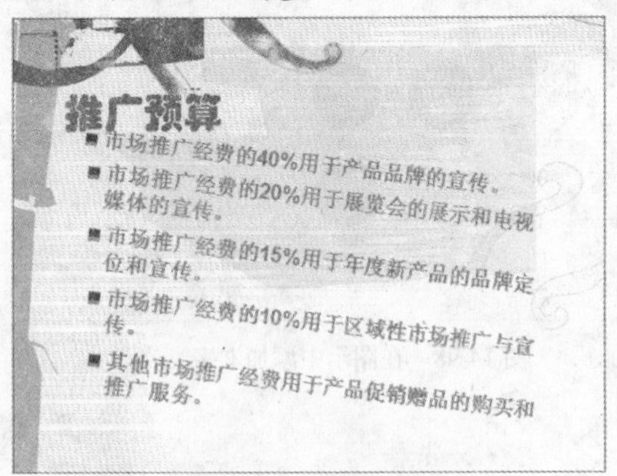

图 14-105 动画预览效果

(50) 使用同样的方法，自定义其他幻灯片中的动画效果，按 F5 键，播放演示文稿，部分效果如图 14-106 所示。

图 14-106 演示文稿的放映

(51) 播放完毕后，单击鼠标退出播放视图，然后在快速访问工具栏中单击【保存】按钮，打开【另存为】对话框，将演示文稿以文件名“市场推广计划”进行保存。